도시설계

장소 만들기의 여섯 차원

Public Places-Urban Spaces
The Dimensions of Urban Design

도시설계
장소 만들기의 여섯 차원

초판1쇄 발행 | 2009년 4월 30일
초판3쇄 발행 | 2015년 1월 30일

저자 | Matthew Carmona·Tim Heath·Taner Oc·Steve Tiesdell
역자 | 강홍빈·김광중·김기호·김도년·양승우·이석정·정재용
등록 | 제 311-47호
펴낸이 | 김호석
펴낸곳 | 도서출판 대가

주소 | 경기도 고양시 일산동구 장백로 200(장항동 892) 유국타워 1014호
전화 | (02) 305-0210/306-0210
팩스 | (031)905-0221
전자우편 | dga1023@hanmail.net
홈페이지 | www.bookdaega.com

ISBN 978-89-6285-011-6 93530

정가 27,000원

● 역자와의 협의 하에 인지는 생략합니다.
● 파손 및 잘못 만들어진 책은 교환해 드립니다.

도시설계

장소 만들기의 여섯 차원

강홍빈・김광중・김기호・김도년・양승우・이석정・정재용 공역

PUBLIC PLACES-URBAN SPACES
The Dimensions of Urban Design

Matthew Carmona | Tim Heath | Taner Oc | Steve Tiesdell

MORPHOLOGICAL

PERCEPTUAL

SOCIAL

VISUAL

FUNCTIONAL

TEMPORAL

ELSEVIER 　 도서출판대가

우리나라의 건축·도시관리법제에 도시설계가 도입된 지 28년이 되었다. 도시설계 업무가 일상화되고 도시설계 프로그램이나 학과도 생겨났다. 도시설계학회와 학술지도 등장했다. 하나의 분야로서 도시설계가 이제 성년에 이른 듯하다. 그러나 자기성찰을 하기에는 분야가 너무 '젊은' 탓인지 정작 도시설계가 무엇이고 도시 설계를 어떻게 할 것인지에 대한 논의는 미약하다. 도시설계가 도시 계획, 건축, 단지 계획, 지구단위 계획과 어떻게 다르고 같은지, 또는 어떻게 다르고 같아야 하는지에 대해서는 관련 분야 종사자들 간에 공유하는 인식 기반이 없어 보인다. 이는 도시설계 분야의 정체성을 정립하기 위해서는 짚고 넘어가야 할 물음일 것이다.

어떤 분야에서든 다양한 생각, 접근법, 문제의식은 바람직한 것이다. 그러나 하나의 전문 분야는 사회적 구성체이다. 공유하는 인식 기반이 있을 때 비로소 구성원들은 서로의 생각과 시도를 나누고 더하며 키우고 이어갈 수 있다. 그것이 없으면 분야의 발전도 사회에 대한 공헌도 기대하기 어렵다. 교과과정의 설계, 교육도 방향을 잃기 쉽다.

이 책의 역자들은 도시설계 교육과 실무 일선에서 함께 활동해온 오랜 동료들이다. 이 분야 1세대에서 2세대까지 연배도 차이 나고 한국, 미국, 영국, 독일 등 수학 배경도 다양하지만, '도시설계'의 마땅한 교재가 없는 데서 오는 불편함은 모두가 느끼고 있었다. 공동으로 책을 쓰기로 하고 의논을 하던 중 이 책을 접하고 우선 이 책부터 번역해내기로 뜻을 모았다.

역자들이 이 책에 호감을 가진 이유는 여러 가지이다. 무엇보다도 '장소를 만드는 일'로 도시설계에 접근하는 시각을 높이 샀다. 시설, 부동산, 공간, 작품이 아니라 삶의 구체적인 터전인 장소를 중심에 둘 때 비로소 사람이 척도가 되는 인본주의 도시설계가 가능해진다. 자유시장과 정부 규제가 교차하는 속에서 도시설계 과정을 바라보는 관점 역시 관 주도의 유산과 '신자유주의'의 물결 앞에서 갈등을 겪는 우리의 상황에 균형 잡힌 관점을 제공해준다.

형태, 지각, 사회, 시각, 기능, 시간의 여섯 차원으로 나누어 도시설계를 다각도로 조명하는 종합적인 구도 역시 돋보인다. 또한 부동산 개발 과정과 공공 규제에 대한 부분도 매우 실용적인 기술이다. 그뿐 아니라 그동안 진행되었던 여러 연구들의 성과를 섭력하여 인용하는 서술 방식은 도시설계를 학술적으로 연구하는 데 길잡이가 된다.

물론 이 책에 불만이 없는 것은 아니다. 우리와 다른 역사 배경, 문제 상황, 제도 환경 속에서 만들어진 책인 만큼 종종 우리로서는 크게 실감할 수 없는 주제에 많은 페이지가 할애된 반면 우리에게 절실한 주제는 소홀히 다루어지기도 했다. 예컨대 '경제' 차원에서 장소를 바라보는 시각이 빠져 있다. 또한 '사회' 차원에서도 장소와 관련된 양극화의 문제라든지 계층간 갈등에 대한 조명이 부족하다. 정보통신기술이 매개하는 '스마트 장소'에 대한 논의와 에너지와 지구환경문제 등을 고려한 도시설계 논의도 미약한 것이 아쉬운 점이다.

그러나 하나의 책이 모든 것을 다룰 수는 없다. 역자들이 보기에 이 책은 종합적이며 균형 잡힌 시각에서 도시설계의 다양한 면모를 나름대로 심도 있게 다루고 있다. 우리와 다른 배경에서 나온 책이지만 그 '다름' 역시 활용하기 나름으로는 우리의 현실을 대조해 비추어 보는 거울일 수도 있다. 그래서 우리는 이 책이 도시설계에 입문하는 학생이나 도시설계를 가르치는 교사들 모두에게 유익한 안내서가 되기에 충분하다고 여긴다.

이 책을 번역하면서 역자들은 가끔 모호하고 견해가 다른 남의 글을 자신의 생각처럼 명료하게 옮기는 것이 얼마나 어려운지를 절감했다. 번역하며 애쓰느니 차라리 새로 쓰자는 의견도 간간이 나왔다. 그러나 나름대로 의미 있는 일, 초벌 번역을 서로 바꿔가며 읽고 학생들에 보여 어색한 부분을 바로잡는 사이 두 해가 지났다.

특히 용어 정리에 애를 많이 먹었다. 용어는 한 분야의 지식이 누적, 집약된 생각의 도구다. 새삼 우리나라 용어가 빈약함을 절감했다. 그만큼 아직도 도시설계 사고의 기반이 미약하다는 증거일 것이다. 외국어 표현이 관행이 된 것들을 빼고는 가능한 한 우리말로 옮기려고 노력했다.

일단 역자들의 작업은 끝났다. 우리 노력의 결실이 저자 표현대로 '사람들을 위한 좋은 장소'를 만드는 일에 도움이 되기를 바란다. 그리고 그런 일을 가르치고 배우는 이들에게도 시야를 넓게 하고 방향을 바로 세우는 데에 길잡이가 되기를 바랄 뿐이다.

2009. 3.

역자 일동

공공, 민간부문 할 것 없이 도시설계의 가치에 대한 인식이 전 세계적으로 높아지고 있고, 이에 따라 하나의 학문분야로서 도시설계의 중요성도 커지고 있습니다. 어느 때보다도 더 도시설계가에 대한 수요가 도시의 현장에서 자라나고 있으며, 도시설계 교육에 대한 요구 역시 대학과 실무교육 현장에서 확대되고 있습니다.

이렇게 도시설계가 새로운 위상을 가지게 된 데에는 이미 상당한 분량에 이르렀고 계속 늘어나고 있는 이론적 저작들의 역할이 큽니다. 이들 저작들은 2차 대전 후 모더니즘에 대한 비판들, 특히 1960년 이후 발표된 일련의 고전적 저술에 그 뿌리를 두고 있습니다. 이 고전적 저작들에서 제기된 일련의 생각들은 그 뒤 반세기에 걸쳐 이론, 현장, 정책입안 등 다양한 분야의 종사자들에 의해 재해석되고 비판되며 확장되어 왔습니다. 오늘날 도시설계 실무의 사상적 정당성은 바로 이러한 이론적 노력과 저술의 축적 위에서 유지될 수 있습니다.

이 책에서 저와 제 동료 저자들은 그동안 도시설계에 대해 전개되었던 다양한 논의들을 서로 연관된 여러 이론과 실천의 차원들로 나누어 정리함으로써 하나의 정돈된 도시설계 논의구조를 제시하고자 했습니다. 이러한 저자들의 시도는 전 세계적으로 호평을 받았습니다. 진화하는 도시설계 논의에 유용한 맥락과 얼개를 제공했다는 평가를 받고 있습니다. 저는 이번에 출간되는 한국어판이 구미에서 진행되어온 도시설계 논의과정을 한층 더 확장시키는 데에 큰 역할을 할 것으로 믿습니다. 우리 도시의 미래를 만드는 데에 중추적인 역할을 맡게 될 새롭고 중요한 한국의 독자들에게 이 책이 전달될 수 있게 된 것을 무척 기쁘게 생각합니다.

2009년 1월 런던에서 저자들을 대표하여

매튜 카모나 교수

Reflecting the increasingly widespread recognition of the value of urban design across public and private sectors around the world, urban design is now seen as a serious and significant area of academic endeavour. This change in perception is being matched by a higher than ever demand for urban designers in the market, and by an increasing demand for urban design training at universities and in the workplace.

This new found status of urban design is based on a large and growing body of theoretical writings that have their roots in critiques of post-war modernism, and, in particular, in a number of classic texts dating from the 1960s. The ideas emanating from these early writers have been worked over, criticized, tested, and extended by a wide range of theorists, practitioners and policy makers over the last half century. Today, the resulting urban design literature is extensive and growing, and collectively constitutes a legitamising theoretical underpinning for practice in urban design.

Public Places, Urban Spaces represented an attempt to structure this body of writing into a number of inter-related dimensions of thought and practice. The result has been accepted widely across the world as a useful framework within which to situate evolving discussions about urban design. I am therefore particularly pleased that this Korean version of the text will continue this process, allowing the text to reach a new and important audience with a critical role to play in shaping the future of our urban areas.

Prof. Matthew Carmona

London, 2009

차례

서문

이 책은 서로 다르면서도 깊이 연관된 도시설계의 여러 차원에 대해 서술하고 있다. 이 책의 관심사는 도시설계의 전체 모습을 그리는 것이다. 도시설계의 품질과 관련된 체크리스트에 한정하지 않고 중요한 영역은 빠짐없이 모두 다룬다. 도시설계를 처음 접하는 사람들이나 도시설계에 대한 폭넓은 안내가 필요한 사람들에게 도시설계의 개관을 제공하는 것이 이 책의 목적이다. 그런 만큼 쉽게 구성되어 있다. 각 장과 절은 독립적이면서도 서로 참조할 수 있도록 이루어져 있다. 특정 부분에 관심을 가진 독자는 그 부분을 바로 읽어도 된다. 책을 처음부터 끝까지 통독하는 독자는 도시설계의 여러 차원에 대한 지식을 한 켜 한 켜 쌓아 올라갈 수 있을 것이다.

이 책은 도시설계를 설계 과정으로서 서술한다. 어떤 설계 과정이나 마찬가지로 도시설계 과정에는 '옳고' '그른' 해답이란 없고, '좀 더 낫거나' '좀 더 못한' 해답이 있을 뿐이다. 어떤 해답이 좀 더 낫거나 좀 더 못한지는 시간이 다소 지나야 알 수 있다. 그렇기 때문에 끊임없이 의문을 던지고 탐구하는 자세가 필요하다. 교조주의적인 자세는 아주 금물이다. 따라서 이 책은 '도시설계는 모름지기 이래야 한다'라는 교조주의적 도시설계 이론을 새롭게 창출하는 데에는 관심이 없다. 도시설계에 대한 특정 '공식'을 해결책으로 제시하지도 않는다. 그 대신 '도시설계란 도시를 개발 또는 재개발하고 관리하며 계획하고 환경을 보전하는 과정 속에서 아주 중요한 위치를 점하는 구성 부분'이라는 폭넓은 인식, 또는 접근자세를 제시한다.

이 책은 도시설계에 대한 현존하는 문헌과 연구 성과에 기반을 두고 있다. 최근까지 제시된 여러 개념과 이론 등을 폭넓게 섭렵하여 이들을 종합하고 통합한다. 이 책에는 또한 도시계획, 건축, 도시

조사 등 대학에서 도시설계를 가르치고 그에 대해 연구하며 집필한
경험이 고스란히 녹아들어 있다.

집 필 동 기

저자들이 이 책을 쓰기로 한 것은 두 가지 서로 다른 이유에서
다. 하나는 1990년대 저자들이 노팅엄대학의 학부과정에서 당시로
서는 아주 혁신적인 도시설계 과정을 시도한 경험에서 비롯된다.
당시 저자들은 학제적, 창의적, 문제해결 지향적 분야의 중심에 도
시설계를 위치시키려 했는데, 그렇게 하는 것이 학생들에게 보다
우수하고 가치 있는 교육 기회를 제공하는 길일 뿐 아니라 졸업 후
전문가로서 성장하는 데 보다 든든한 기초를 제공하리라고 확신했
기 때문이다. 우리의 그러한 생각은 후에 사실로 증명되었다. 도시
설계는 대개 도시계획학과에서 표현하는 그대로 주변과 분리된 하
나의 독립된 '상자'처럼 취급되며, 그래서 교내 도시설계 '전문가'
들만이 가르치는 과목으로 여겨진다. 그래서는 안 된다는 것이 우
리의 주장이다. 도시계획 교과과정의 전체가 아니더라도 대부분 과
정에 도시설계에 대한 인식과 감수성이 확산되어야 한다고 믿는다.
건축과 측량 학교에서도 마찬가지다.

둘째는 도시설계 스튜디오 교육을 지원하는 이론 강좌의 필요
성에서 연유한다. 도시설계 실무를 제대로 가르치려면 도시설계의
원리, 개념, 이론을 가르치는 학부과정의 강의과목이 필요하다. 그
동안 도시설계를 다룬 훌륭한 책들이 많이 나왔지만, 저자들이 보
기에 도시설계에 대한 이론적, 사상적 연구를 폭넓게 섭렵한 기초
위에서 쓰인 책은 하나도 없었다. 이러한 이론 강의과목들을 준비

하면서 이 책에 대한 구상을 구체화시켜 나갔다. 이 책의 구성 또한
그런 작업의 소산이다.

책 의   구 성

이 책은 세 부분으로 구성되어 있다. 책의 첫머리에서는 도시설
계가 이루어지는 맥락에 대해 폭넓게 서술하고 있다. 이어 1장에서
는 도시설계 분야와 도시설계가가 당면한 도전에 대해 논의한다.
읽다 보면 분명해지지만, 이 책은 가장 광범위한 의미의 '도시설
계', '도시설계가'를 다룬다. 스스로 도시설계가라고 의식하는 경
우뿐 아니라 의식하지 않은 채 도시의 장소 만들기에 참여하는 경
우도 도시설계로 포함해서 다룬다. 이 장에서 도시설계를 이렇게
넓은 의미로 규정하는 것은 도시설계가 도시 개발에서 단지 물리
적, 시각적 부분만 다루지 않고 여러 분야를 연결하고 종합하며 통
합하는 역할을 한다는 점을 강조하기 위함이다.

도시설계의 영역은 넓고 경계도 불명확하지만 그 중심적인 관
심은 분명하다. 그것은 사람을 위해 장소를 만드는 것이다. 사람을
위해 장소를 만드는 일, 바로 이 주제가 이 책의 핵심을 이룬다. 보
다 현실적으로 말하자면, 다른 어떤 방법으로 만드는 것보다 더 좋
은 장소를 만드는 것, 이것이 바로 도시설계의 임무다. 우리는 주저
함 없이, 그리고 강력하게 주장한다. 도시설계는 장소 만들기에 다
름 아니다. 이러한 우리의 주장은 도시설계가 그래야 한다는 규범
적인 주장이지 실제상황에서 도시설계가 항상 그러했다는 것은 아
니다. 도시설계가 사람을 위해 장소를 만드는 일인 이상, 도시설계
는 윤리적인 활동이라고 봐야 할 것이다. 그 첫째 이유는 도시설계

는 가치의 문제와 연결되어 있기 때문이다. 둘째로 도시설계는 사회정의, 형평성의 가치를 다루어야 하고, 또 실제 다루기 때문이다.

2장에서는 오늘날의 도시 상황에서 나타나는 변화의 문제들을 살펴보고 그에 대해 논의한다. 3장에서는 국지적 맥락, 범지구적 맥락, 정부 규제, 시장 경제 등 서로 교차하면서 도시설계 실무의 외적 환경을 형성하는 네 종류의 맥락을 제시한다. 이 네 가지 맥락에 대한 이해는 2부에서 서문설명하는 도시설계의 원리와 실천을 구성하는 여러 차원에 대한 논의를 파악하는 데 필수적이다.

2부는 도시설계를 구성하는 형태, 지각, 사회, 시각, 기능, 시간의 여섯 차원을 차례로 다룬다. 도시설계는 본래 여러 차원을 연결하는 활동이며, 여기에서 장별로 차원들을 나눈 것은 단지 서술과 분석의 편의를 위한 것이다. 이 여섯 차원은 일상적인 도시설계 활동에서 항상 만나게 된다. 3장에 등장하는 도시설계의 맥락들은 이 모든 차원을 통해 각각에 구체적인 성격을 부여한다. 도시설계의 내용과 외연을 규정하는 여섯 가지 차원과 네 가지 맥락은 도시설계를 문제 해결의 과정으로 파악하는 관점에 의해 다시 통합되고 연결된다. 2부에서 도시설계의 차원을 장으로 나눈 것은 각 차원의 영역에 울타리를 치려 함이 아니라 각 차원의 범위가 상당히 넓다는 점을 강조하기 위함이다. 그리고 이들 영역 간의 연결에 대해서는 분명하게 언급하고 있다. 이 모든 차원(실천의 영역)을 동시에 고려할 수 있을 때 비로소 도시설계는 총체성을 획득할 수 있다.

3부에서는 도시설계 실천과 의사전달 기제에 대해 알아본다. 도시설계 일은 어떻게 발생하고 어떻게 통제되며 어떻게 소통되는지를 알아본다. 여기서 강조하는 것은 도시설계란 이론에서 실천으로 옮아가는 과정이라는 점이다. 마지막 장에서는 도시설계의 여러

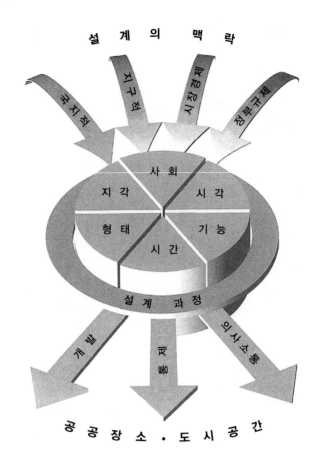

차원을 다시 하나로 묶어 고찰함으로써 도시설계의 총체성을 강조
한다.

도 시 설 계

| 새롭게 대두, 진화하는 실천활동

영국에서는 최근에 이르러서야 기성 도시개발 관련 전문 분야
들이 도시설계를 아주 중요한 실천영역으로 인정하게 되었다. 그리
고 이어서는 중앙정부와 지방정부도 도시설계의 중요성을 인식하

고 보다 본격적으로 도시계획체계 속에 도시설계를 편입하게 되었다. 도시설계를 촉진하기 위해서 도시계획, 건축 등 기성 도시개발 관련 전문 기구들이 연대하여 여러 분야를 아우르는 총괄조직으로서 도시설계연대(UDAL : Urban Design Alliance)를 발족시켰다.

미국의 몇몇 주에서는 도시설계가 이미 도시개발 관련 기존 분야에 개념화되어 통합되어 있기도 한다. 샌프란시스코나 포틀랜드 같은 도시의 도시계획 역사를 살펴보면 이런 사실이 잘 드러난다. 그러나 보편적인 상황은 영국과 비슷해서 최근에서야 정부와 전문 분야의 공동 노력으로 도시설계의 중요성이 부각되었다. 공공 부문에서는 설계 심의를 강화하여 계획적으로 도시설계의 질을 높여가고 있으며, 도시와 관련된 여러 분야에서도 뉴어버니즘회의(The Congress for New Urbanism)의 창설처럼 도시설계를 향한 노력을 확산해나가고 있다. 그뿐 아니라 도시설계는 주민이 주도하여 자신들의 동네를 설계, 관리, 개선하는 지역 공동체의 조직적인 활동의 구심 영역으로 자리잡아가고 있다.

이렇듯 도시설계의 영역이 확장되면서 공공 부문, 민간 부문 할 것 없이 도시설계 전문가에 대한 수요가 전례 없이 자라나고 있다. 이런 수요에 부응하여 학부와 대학원 과정에서 도시설계 과목이 새롭게 개설되고 있으며 도시계획, 건축, 측량(부동산) 교육에서 도시설계의 중요성이 새삼 부각되고 있다. 또한 공공 부문과 민간 부문을 통틀어 기성 도시개발 관련 종사자들로부터도 이러한 수요에 부응하는 새로운 지식과 기술 습득에 대한 요구가 커지고 있다.

스스로를 도시설계 전문가로 여기든 그렇지 않든 간에 모든 도시설계 관련자들은 건조활동에 개입하는 자신들의 활동이 결과적으로 어떻게 양질의 인간 중심적이며 생동감 있고 실용적인 도시환경을 만들어내는지, 아니면 열악하고 인간 소외를 부추기며 단조로운 환경을 만들어내게 되는지 그 과정을 잘 이해해야 한다. 하나의 실천 분야로서 도시설계는 이제 주목의 대상이 되고 있으며, 도시환경을 다루는 다른 여러 기성 분야 가운데서 학제적인 과제에 대응하는 가장 핵심적인 수단으로 확고한 위치를 확보하기에 이르렀다. 이러한 위치에서 도시설계는 정책과 현장에서의 실천 모두를 포함하며, 건축이나 도시계획에서나 마찬가지로 이론적 토대가 탄탄하고 적절할 때 그 내용이 충실해진다. 도시설계의 이론적 토대는 이제 무척 넓고 깊어졌다. 이 책은 바로 그렇게 축적된 이론적 토대에 근거하여 도시환경의 총체적 수준과 거주성 향상을 지향하는 핵심적인 연구 성과를 다수 소개하고자 한다.

도시설계는 빠르게 성장했으며 현재도 계속 진화하고 있다. 저자들은 시간이 흘러도 이 책의 구성 방식이 타당성을 잃지 않기를 바란다. 도시설계의 이론과 실천에 대한 저자들의 생각에 진전이 있을 때에는 추후라도 이를 반영할 것이다. 잘 모르거나 그 중요성을 인식하지 못해 빠트린 부분이 있다면 이 역시 나중에라도 포함시키려 한다. 무엇이 좋은 도시설계인가에 대한 이해를 키우는 것이 이 책의 취지인 만큼 저자들은 훌륭한 도시공간과 공공장소를 설계하고 개발하며 개선하고 보전하는 데 이 책이 조금이라도 기여를 할 수 있기를 바라 마지않는다.

1부

도시설계의 현주소

The Context for Urban Design

01

오늘날의
도시설계

서론

이 책에서는 도시설계란 '사람을 위한 장소를 만드는 일' 이라는 관점에서 출발하여 넓은 의미에서 도시설계를 다루고자 한다(그림 1.1, 1.2). 더 정확하게 말하면, 사람들에게 보다 나은 장소를 만들어주기 위한 일련의 과정으로서 도시설계를 강조하고 있는 것이다. 도시설계의 개념을 이렇게 규정하는 것은 앞으로 이 책에서 계속 제기될 다음의 네 가지 주제를 강조하기 위함이다. 첫째, 도시설계는 사람을 위한, 사람에 대한 활동이다. 둘째, 도시설계에서는 장소의 가치와 의미가 중요하다. 셋째, 도시설계는 현실세계에서 작용하는 것이어서 그 영역이 경제(시장)와 정치(법제) 환경에 의해 제한받는다. 넷째, 도시설계는 과정이다. 사실 도시설계가 더 좋은 장소를 만드는 일이라는 개념은 그래야 한다는 저자들의 규범적인 주장이다. 도시설계의 현주소가 꼭 그렇다는 말은 아니다.

이 장에서는 세 부분으로 나누어 도시설계의 개념을 다룬다. 먼저 주제에 대한 이해를 도모하고, 이어 현시대에서 도시설계가 왜 필요한가를 살펴보며, 마지막으로 도시설계의 실무에 대해 검토하기로 한다.

| 도시설계의 이해 |

'도시설계(urban design)'라는 표현은 1950년대 말 북아메리카에서 생겨난 말로서 그동안 이보다 좁은 의미로 쓰였던 '시빅디자인(civic design)'이라는 구식 용어를 대체한 것이다.❶ '시빅디자인'은 '도시미화운동(city beautiful movement)'❷의 핵심을 이루었다. 시빅디자인의 주된 관심사는 시청, 오페라극장, 박물관 등 중요 공공건물의 배치와 설계 그리고 이들을 옥외공간과 잘 조화시키는 데 있었다. 이렇듯 한정된 의미를 지녔던 시빅디자인과는 달리 '도시설계'는 업무 영역을 훨씬 더 확장하려고 시도했다. 건물의 입체적 배치, 건물들 사이의 빈 공간 등 당초 시빅디자인이 추구했던 심미적 관심에서 한 걸음 더 나아가 공공영역의 물리적, 사회·문화적 수준을 높여 사람들이 이용하기에 쾌적하고 편한 장소를 만들고자 했다.

　도시설계는 '도시의(urban)'라는 형용사와 '설계(design)'라는 명사의 합성어로 원천적으로 뜻이 모호하다. 떼어놓고 보면 '도시의'와 '설계'란 단어는 각각 분명한 의미를 지니고 있다. '도시의'는 크고 작은 도시들이 공유하는 속성을 의미하며, '설계'는 스케치·계획·배열·색칠·패턴 창출 등과 같은 일정한 활동을 지칭한다. 그러나 이 책에서는 현대 도시설계의 용례와 같이 '도시'는 실제 도시뿐 아니라 농촌과 마을도 포함하는 의미로, 그리고 '설계'는 한정된 심미적인 의미를 넘어서 효과적인 문제해결, 개발사업의 진행과 조직활동 등을 아우르는 넓은 의미로 사용하기로 하겠다.

　매더니푸르는 폭넓은 검토 끝에 도시설계의 개념을 규정함에 있어 다음 일곱 가지 사항이 애매한 부분이라고 지적했다(Madanipour, 1996, pp.93~117).

1. 도시설계는 특정 규모나 차원의 대상만을 다루어야 하는가?
2. 도시설계는 오로지 도시환경의 시각적 속성에만 초점을 둘 것인가, 아니면 도시공간의 구성과 관리문제까지 폭넓게 다룰 것인가?
3. 도시설계는 단순히 공간 배치를 변화시키는 일인가, 아니면 공간과 인간사회에 깊숙이 뿌리내린 사회·문화적 관계까지 다루어야 하는 일인가?

역주 ____

❶ 첫 도시계획/설계 교육과정은 1909년 영국의 리버풀 대학에 설치되었는데 이때도 '시빅디자인(civic design)'이라는 용어를 사용했다. 다음해 하버드 대학에 설치된 미국 최초의 도시설계 과정 역시 '시빅디자인'이라는 명칭을 사용했다.

❷ 도시미화운동(city beautiful movement)은 1890년에서 1900년대 미국에서 풍미했던 건축도시운동이다. 공공청사, 도서관, 공원 등 기념비적인 시설을 조성하여 도시를 미화함으로써 도시민의 공공의식과 자긍심을 높여 도시 발전을 이루고자 했다. 1894년 콜럼버스의 미대륙 발견 400년을 기념해 개최되었던 시카고 대박람회와 이를 계기로 작성된 다니엘 번햄(Daniel Burnham)의 시카고 개조계획이 효시가 되었으며, 건축가 매킴과 화이트, 조경건축가 프레데릭 옴스테드 등도 활약했다. 워싱턴 몰을 비롯하여 필라델피아, 피츠버그, 클리블랜드, 뉴헤이븐, 덴버 등 여러 도시의 중심부를 조성하는 계기가 되었다.

그림 1.1 사람들을 위한 장소 – 항구의 계단, 미국 워싱턴 주 시애틀

그림 1.2 사람들을 위한 장소 – 브로드게이트, 영국 런던

4. 도시설계는 결과물, 즉 도시환경에 초점을 두어야 하는가, 혹은 결과물의 생산과정까지 다뤄야 하는가?

5. 도시설계는 건축의 영역에 속하는가, 아니면 도시계획 혹은 조경건축의 영역에 속하는가?

6. 도시설계는 공공부문의 일인가, 민간부문의 일인가?

7. 도시설계는 객관적이고 논리적인 과정(과학)으로 보아야 하는가, 아니면 주관적인 감성표현의 과정(예술)으로 보아야 하는가?

1, 2, 3번 질문은 도시설계의 '성과물(product)'에 관한 것이고, 4, 5, 6번 질문은 과정으로서의 도시설계에 대한 것이며, 마지막 7번 질문은 결과와 과정의 딜레마에 관한 것이다. 매더니푸르는 의도적으로 상호대립적, 상호배제적인 형태로 질문을 만들었지만, 물론 현실에서는 그런 상황은 드물다. '이것이면서 저것인' 중첩적인 상황이 일반적이다. 따라서 스스로 목적과 활동에 대해 뚜렷한 의식을 지니고 건축환경의 형태를 만들고 이를 관리하는 도시설계가라면 과정과 결과 양쪽 모두에 관심을 갖고 이와 씨름하게 된다(Madanipour, 1996, p.117). 개발의 모든 결과물과 과정을 지칭해 도시설계라 할 수도 있지만, 그보다는 개발의 과정과 결과에 '질을 더해주는' 일로 한정시켜 도시설계라는 용어를 사용하는 것이 보다 유용하다.

　도시설계에 관한 여러 논의를 요약하면서 티볼즈는 '창밖으로 보이는 모든 것이 도시설계다'라는 식의 개념 규정에 대해 비판한다(Tibbalds, 1988a). 물론 이러한 포괄적인 개념 규정에도 일리와 타당성은 있을 수 있다. 그러나 모든 것이 도시설계가 될 수 있다면 아무것도 도시설계가 될 수 없다는 말 또한 성립한다(Daganhart and Sawicki, 1994). 도시설계의 잠재적 영역의 폭과 다양성을 인정한다면 영역의 외연에 대한 논란은 큰 의미가 없다. 중요한 것은 영역의 핵심과 중심을 분명히 하는 것이지 그 경계를 긋는 일이 아니다. 다시 말하지만 영역의 경계를 정해 도시설계가 아닌 것을 배제함으로써 도시설계를 규정하려 하기보다는 도시설계의 근간을 이루는 신념과 활동의 특징을 분명히 하는 것이 훨씬 더 중요하다.

　그렇지만 실제로는 도시설계가 무엇인지 분명하게 규정하는 것보다 도시설계가 아닌 것을 예시하는 편이 훨씬 쉽다. 도시설계는 건축도, 토목공학도, 교통공학도 아니며, 조경이나 부동산관리, 도시계획도 아니다. 도시설계는 이 모든 것을 넘어서는 그 무엇이면서 그 이하의 것이기도 하다(University of Reading, 2001). 자기가 아닌 다른 것과의 관계를 서술함으로써 정체성을 규정하는 관계론 방식으로 도시설계를 말할 수도 있다. 일반적으로 도시설계는 건축 및 도시계획과의 연관 속에서 규정된다. 예컨대 고슬링과 메이틀랜드는 도시설계를 건축과 도시계획 사이의 '공유영역'으로 기술했고(Gosling and Maitland, 1984), 영국 사회과학연구재단에서는 '건축 · 조경 · 도시계획에 연접해 있으면서 건축과 조경으로부터는 설계사조를, 현대 도시계획으로부터는 환경관리와 사회과학의 사조를 이어 받은 분야'로 그리고 있다(Bently and Butina, 1991). 그러나 도시설계는 단순히 여러 분야가 만나는 접면만이 그 대상은 아니다. 도시설계는 여러 분야와 활동을 포괄하며 이들을 포섭하기까지 한다. 그래서 롭 코완은 아래와 같이 반어적으로 묻는다(Rob Cowan, 2001a, p.9).

　정책을 해석하고, 지역경제와 부동산시장을 평가하며, 토지이용 · 생태조건 · 경관 · 지형조건 · 사회적 요인 · 역사 · 고고학 · 도시형태와 교통 등 다양한 관점에서 대지와 지역을 감정하고, 시민참여 과정을 관리 및 촉진하

고, 설계원칙을 만들고 예시하며, 개발과정의 프로그램을 짜는 데 가장 적
합한 분야는 무엇인가?

코완의 주장대로 도시설계의 요강이나 마스터플랜을 작성할 때에는 위
에 열거한 모든 능력이 요구되기도 한다. 그러나 전문가 한 사람이 이
모든 능력을 갖춘 경우는 드물다. 최고수준의 도시설계 요강과 마스터
플랜을 작성하기 위해서는 다양한 기량을 갖춘 많은 사람들의 협력이
필수적이다. 도시설계는 근본적으로 여러 분야의 협동적·학제적·종
합적 접근을 요구하며, 따라서 다양한 영역의 전문적인 능력과 기술을
필요로 하는 분야이다.

　　대상공간의 규모를 기준으로 도시설계를 정의하기도 한다. 일반적
으로 도시설계의 대상영역은 도시계획(정주지)과 건축(개별건물) 사이
의 중간 규모로 한다. 레이너 배넘(Reyner Banham)은 도시설계의 대
상을 대략 '1,300,000m²의 도시상황'으로 규정하기도 했다. 이런 식의
규정은 도시설계를 건축과 도시계획의 매개분야로 볼 때에만 유효하다.
케빈 린치는 이보다 폭넓게 정의했다(Kevin Lynch, 1981, p.291). 그는
"도시설계는 다양한 규모의 공간을 대상으로 폭넓은 관심사를 다루는
분야이다. 실제로 도시설계가는 지역 접근성에 대한 종합적인 연구, 신
도시나 지역공원의 체계 설정, 근린지구의 가로환경 보호, 공공광장의
재활성화, 개발사업에 대한 관리지침 작성, 도시축제를 위한 계획 수립
등 무척 다양한 업무를 수행한다."고 강조한다. 중요한 것은 도시설계
가 특정한 공간규모에만 적용되는 분야가 아니라, 다양한 규모의 공간
에 대해 혹은 규모와 상관없이 적용됨을 분명히 인식하는 것이다.

　　물론 특정 공간규모와 결부지어 도시설계를 생각하는 편이 편리할
수는 있다. 하지만 그 경우 도시환경이 크고 작은 공간들이 수직적으로
통합되어 이뤄진 '통일체'라는 점을 간과하기 쉽다. 도시설계가는 항
상 자신이 직접 대상으로 다루는 공간뿐 아니라 그 아래위 공간들을 염
두에 두어야 한다. 또한 전체와 부분을 동시에 고려할 수도 있어야 한
다. "무엇보다도 장소가 제일 중요하다."는 프란시스 티볼즈의 말은 도
시건조환경에 관련된 모든 종사자들이 꼭 기억해야 할 말이다(Francis
Tibbalds, 1992, p.9).

"우리는 한발 물러서서 스스로 무엇을 만들고 있는지, 그림 전체를 파악하는 능력을 잃고 있다. 이제 개별건물이나 물리적인 인공물을 놓고 시시콜콜 따지는 것을 그만두고 전체적인 관점에서 장소를 고려해 보아야 한다." 크리스토퍼 알렉산더(Christopher Alexander)는 그의 저서『패턴 언어(A Pattern Language)』에서 대상공간의 규모에 따라 실내설계를 위한 패턴에서 전체 도시의 전략설계를 위한 패턴에 이르기까지 다양한 패턴이 도시설계에 적용되는 모습을 보여주었다. 알렉산더와 그의 동료들은 어떤 패턴도 홀로 존재하지 않음을 강조한다 (1977, p.xiii). "각각의 패턴은 다른 패턴의 지원 속에서 존재한다. 어떤 패턴이든 그것을 포함하는 더 큰 패턴이 있고, 그 주변에는 비슷한 크기의 다른 패턴들이 있으며, 그 안에는 부분을 이루는 더 작은 패턴들이 있기 마련이다."

도시설계 패러다임의 흐름

설계과정과 그 결과에 접근하는 두 가지 대조적인 시각이 도시설계의 역사를 지배해왔다. 봅 자비스(Bob Jarvis)는 '시각예술 또는 사회 맥락으로서의 도시환경'이라는 논문에서 건물과 공간의 시각적 특성에 관심을 쏟는 '시각예술'과 사람·장소·활동의 사회적 특성에 집중하는 사회적 활용성 두 측면에서 구별되는 사조에 대해 언급한다. 이러한 대조적인 접근 시각은 최근 '장소 만들기'라는 세 번째 유형으로 통합되어오고 있다.

(i) 시각예술 패러다임

시각예술 패러다임은 사회적 활용성 패러다임보다 역사가 더 길며, 보다 건축의 관점에서 도시설계에 접근한다. 과정보다 결과물에 관심이 있으며, 좋은 장소를 만드는 데 기여하는 문화·사회·경제·정치·공간의 요인보다는 도시공간의 시각적 특성과 심미적 체험을 강조한다. 시각예술 패러다임의 효시는 카밀로 지테(Camilo Sitte)의 저서『예술적 원리에 따른 도시계획(1889)』이다. 미학적으로는 지테와 정반대의 입장에 있는 르 코르뷔지에의 작업 역시 시각예술 사조에 큰 영향을 주었다. 시각예술 사조는 레이몬드 언윈(Raymond Unwin)의 '도시계획실무

역주 ____
❸ 영국의 도시계획과 도시설계에 큰 영향을 끼친 레이몬드 언윈(Raymond Unwin, 1863~1948)은 정신성이 결여된 산업기술에 맞서 공예전통을 되살려 인간 중심의 생활환경을 도시분야에서 구현하려 했다. 세계 최초의 전원도시 레치워스(Letchworth)를 비롯하여 햄프스테드 가든 등 많은 도시를 설계했으며 영국의 건축가협회장을 역임하고 미국의 뉴딜정책 수립에도 기여했다. 1932년 작위를 받았다.

(Town Planning Practice, 1909)' ❸와 MHLG의 '도시와 농촌의 설계(MHLG Design in Town and Village, 1953)'에서도 잘 나타난다. 프레드릭 기버드(Fredrick Gibberd)는 사생활 보호나 공간에 개성을 주는 설계보다는 건물 앞의 정원을 그림처럼 아름답게 만드는 데 더 많은 관심을 쏟았다. 바로 시각예술 패러다임의 생생한 예이다(Jarvis, 1980, p.53).

시각예술 패러다임은 1940년대 후반에 대두되었다가 1980년대에 다시 풍미한 고든 컬렌(Gordon Cullen)의 '도시경관(Townscape)'에서도 잘 나타난다. 그러나 컬렌의 도시경관론은 도시환경에 대한 개인의 심미적 반응을 잘 발전시켰지만 공동체적 인식의 문제는 간과하고 있다고, 펀터와 카모나는 지적한다. 물론 이 주제는 동시대에 발간된 『도시의 이미지(The Image of the City highlighted)』라는 책에서 케빈 린치가 집중적으로 조명하고 있다(Lynch, 1960).

(ii) 사회적 활용성 패러다임

사회적 활용성 패러다임의 주 관심사는 장소가 사람에 의해 어떻게 이용되고 사적공간으로 전환되는가 하는 점이다. 따라서 핵심주제는 장소인식과 장소성이다. 자비스(Jarvies)는 사회적 활용성 패러다임의 창시자로 케빈 린치를 꼽는다. 린치는 두 가지 측면에서 기존 도시설계의 접근방식을 전환하려 했다.

- 하나는 도시환경을 체험하는 데 있어 보편성에 대한 문제다. 린치는 소수 엘리트만이 도시환경을 체험하면서 즐거움을 느끼는 것이 아니라 누구나 그런 즐거움을 느낄 수 있음을 강조했다.
- 다른 하나는 도시연구의 대상에 대한 것인데, 그는 도시환경의 물리적·물질적 형태보다도 사람이 어떻게 그러한 형태를 인식하고 이미지로 간직하게 되는지 그 과정을 탐구하는 것이 도시연구의 주 대상이 되어야 한다고 주장했다.

사회적 활용성 패러다임의 주창자로는 제인 제이콥스(Jane Jacobs)를 들 수 있다. 그녀는 모더니스트 도시계획의 기본전제를 신랄하게 비판한 『미국 대도시의 삶과 죽음(The Death and Life of Great American Cities)』이라는 책을 썼는데, 오늘날 도시설계의 접근방식을 예시한 명저이다. 제이콥스는 도시를 예술품으로 바라보는 모더니스트의 접근방식을 신랄하게 비판했다. 예술이 삶에서 정제된 요소들로 재구성되는 것이라면 도시는 삶 그 자체, 그것도 가장 생동적이며 복합적이고 치열한 삶의 현장이라는 점을 강조했다(1961, p.386). 제이콥스는 가로·보도·공원이야말로 인간의 활동을 담는 용기이자 사회적 교류를 촉진하는 장소로서 중요한 사회적 기능을 지니고 있음을 보여주었다. 제이콥스 이후 도시장소의 사회적 기능을 두고 상세한 연구가 이어졌다. 스칸디나비아의 공공장소에 대한 얀 겔(Jan Gehl, 1971)의 연구와 뉴욕의 공공장소에 대한 윌리엄 화이트(William H. Whyte, 1980)의 연구 등이 대표적이다.

사회적 활용성 패러다임은 크리스토퍼 알렉산더에서도 이어진다. 『형태의 통합에 관한 소고(Notes on the Synthesis of Form, 1964)』와 『도시는 나무가 아니다(A City is Not a Tree, 1965)』에서 알렉산더는 '맥락 없는 형태'에 몰두하는 설계철학, 장소와 인간활동 사이에서 다양한 관계가 형성될 수 있는 여지를 배제하는 도시설계 접근법의 오류와 위험성을 지적했다(Jarvis, 1980, p.59). 알렉산더는 이러한 생각을 『패턴 언어(A Pattern Language)』와 『시간을 초월한 건축방법(The Timeless Way of Building)』에서 한층 더 발전시켰는데, 여기서 그는 여러 유형의 패턴을 제시했다. 그는 패턴을 '완성된 디자인'으로 보지 않았다. 디자인을 위해 꼭 필요한 최소한의 요소들을 엮은 초벌 그림으로 계속 구체적인 형태를 부여하고 정교하게 발전시켜 나가야 할 스케치로 본 것이다(Jarvis, 1980). '패턴 언어'를 통해서 알렉산더가 설계가에게 제시하고자 한 것은 활동과 공간을 연결하는, 유용하나 사전에 결정되지 않은 관계망이었다. 도시설계의 시각적·공간적 사조에서 잘 알려진 패턴들조차, 예컨대 카밀로 지테의 경우에서도(알렉산더는 카밀로 지테를 자주 인용한다) 실은 사람들이 장소를 이용하는 방식에 대한 관찰에서 유래된 것이며 패턴의 타당성 역시 관찰에 의해 입증되고 있음을 알렉산더는 강조한다.

(iii) 장소 만들기 패러다임

지난 20년 사이에 '사람을 위한 장소 만들기'의 관점이 도시설계의 주된 관점으로 떠올랐다. 이러한 관점의 변화는 도시설계에 대한 다음과 같은 정의의 변화에서 잘 나타난다.

• 1953년 프레드릭 기버드가 규정한 도시설계의 목적은 도시의 원활한 기능과 함께 도시외관의 쾌적성을 높이는 것이다.
• 1963년 제인 제이콥스는 도시나 주거지를 대규모 건축으로 취급하는 것은 마치 삶을 예술로 치환하는 것과 같다고 했다.
• 1988년 피터 부캐넌(Peter Buchanan)은 도시설계란 근본적으로 장소를 만드는 것이며, 장소는 그저 특정 공간이 아니라 그것을 장소로 만드는 모든 활동이자 그 속에서 벌어지는 사건들의 총체라고 주장했다.

현대 도시설계는 이전의 두 패러다임을 종합하여 도시공간을 심미적 대상인 동시에 인간이 활동하는 무대로 보고 있다. 현대 도시설계에서 특히 주목하는 것은 다양성과 인간활동으로서 이들이 곧 성공적인 장소를 만드는 요인이기 때문이다. 공간에 부여된 기능이 원활하게 수행되고 사람들이 편안하게 활동하기 위한 장소를 어떻게 만들 것인가, 바로 여기에 도시설계의 주안점이 있다. 이러한 개념의 연장선에서 공공영역을 설계, 관리하는 일이 도시설계라는 관점이 생겨난다. 여기서 공공영역이란 일반인에게 개방된 건물 전면, 건물과 건물 사이의 공간, 그리고 이 공간에서 일어나는 모든 활동과 이를 관리하는 일을 말한다(그림 1.3, 1.4). 물론 이것은 건물이 어떤 용도로 쓰이는가에 따라, 즉 사적영역의 상황에 의해 크게 영향을 받기 마련이다(Gleave, 1990, p.64, 6장 참조).

  최근에 이르러서는 도시설계에 대한 '공식적' 정의에도 장소 만들기와 공공영역에 대한 생각을 담기 시작했다. 한 예로 영국의 계획정책지침에서는 도시설계의 의미를 다음과 같이 정리한다.

한 건물과 다른 건물 간의 관계, 건물과 길·광장·공원 등 공공영역을 구성하는 다른 공간과의 관계, 마을·소도시·대도시의 한 부분과 다른 부분

그림 1.3 사람들을 위한 장소 – 달링하버, 오스트레일리아 시드니

그림 1.4 사람들을 위한 장소 – 워터프런트 공원, 미국 오리건 주 포틀랜드

과의 관계, 이들 공간에 나타나는 교통과 활동 패턴. 간단히 건조환경을 이
루는 모든 요소와 비건조 자연공간 사이의 복합적인 관계(DOE Planning
Policy Guidance Note 1, 1997, 14절)

이어서 교통환경지역부(DTER, 환경부의 후신), 그리고 건축과 건조환
경위원회(CABE, 왕립미술위원회의 후신)에서는 더욱 포괄적인 입장을
취하여 '도시설계란 사람들을 위해 장소를 만드는 일'이라고 규정했다.

도시설계는 외관뿐 아니라 지역사회의 안전문제 같은 장소의 기능적 측면을 다룬다. 도시설계는 장소와 사람의 상호관계, 통행과 도시형태, 자연과 건조환경 간의 상호관계를 다루며, 성공적인 농촌·마을·도시를 만들기 위한 여러 과정을 다룬다(DETR/CABE, 설계를 통해 : 계획체계 속에서의 도시설계 : 보다 향상된 실천을 위하여(By Design : Urban Design in the Planning System : Towards Better Practice, 2000a, p.8)).

이 지침에서는 도시설계가 지향하는 7대 목표를 제시했다. 모두 장소의 개념과 관련되어 있다.

- 특징(character) : 고유한 특징을 지닌 장소 만들기
- 연속성과 위요성(continuity and enclosure) : 공공공간과 사적공간이 명료하게 구분되는 장소 만들기
- 공공영역의 질적 수준(quality of the public realm) : 외부공간이 잘 이용되는 매력적인 장소 만들기
- 통행의 편리성(ease of movement) : 도달하고 지나기 쉬운 장소 만들기
- 가독성(legibility) : 명료한 이미지를 갖고 이해하기 쉬운 장소 만들기
- 적응성(adaptability) : 변화시키기 쉬운 장소 만들기
- 다양성(diversity) : 다양하고 선택의 폭이 큰 장소 만들기

도시설계의 이론 구도

'장소 만들기' 패러다임에서는 성공적인 도시장소, 좋은 도시 형태에 나타나는 공통적인 특성을 찾기 위해 노력해왔다. 그러한 노력의 예로 다음 다섯 가지 시도를 소개한다.

케빈 린치(Kevin Lynch)

린치는 도시설계로 구현해야 할 다섯 가지의 성능차원(performance dimension)을 제시한다(1981, pp.118~19).

1. 생명력(vitality) : 사람에게 필요한 생물학적 조건과 요구를 지원하는 정도
2. 센스(sense) : 이용자가 시공간에 따라 인지, 체계화하기 쉬운 정도
3. 적합성(fit) : 현실에서 벌어지거나 벌어지기를 희망하는 행위의 패턴에 주어진 공간이 형태와 규모 면에서 얼마나 알맞은가의 정도
4. 접근성(access) : 다른 사람, 활동, 자원, 서비스, 정보 또는 장소에 대한 도달 가능성(도달 가능한 요소의 양과 다양성 모두 포함)
5. 통제성(control) : 장소의 이용자, 근로자, 거주자가 공간과 활동을 만들고 접근할 수 있는 정도

린치는 이 다섯 가지의 성능차원을 넘어서는 상위 기준으로 두 가지 차원을 더 제시한다. 하나는 효율성의 차원으로서, 위에 언급된 범주의 일정 수준에 도달하도록 장소를 만들고 유지하는 데 소요되는 비용이다. 다른 하나는 정의의 차원으로서 환경의 편익이 이용자에게 어떻게 배분되는가에 관한 것이다. 그러므로 장소 만들기와 관련하여 린치에게는 두 가지 질문이 가장 핵심적인 관심사다. (i) 생명력, 센스, 적합성, 접근성, 통제성을 일정 수준 확보하려면 상대적 비용이 얼마나 드는가? (ii) 누구에게 얼마나 편익이 돌아가는가?

앨런 제이콥스(Allan Jacobs)와 도널드 애플야드(Donald Appleyard)

제이콥스와 애플야드는 '도시설계선언'에서 좋은 도시환경을 만들기 위한 필수 목표로 일곱 가지를 들고 있다(1987, pp. 115~16).

1. 거주성(livability) : 누구나 쾌적하게 살 수 있는 도시여야 한다.
2. 정체성과 통제성(identity and control) : 실 소유권과는 별개로 환경 일부에 대해 개인적으로나 집단적으로 귀속감을 느낄 수 있는 도시여야 한다.
3. 기회, 상상, 기쁨(access to opportunity, imagination and joy) : 일상의 틀에서 벗어난 다양한 체험과 즐거움을 주는 장소여야 한다.

4. 진정성과 의미(authenticity and meaning) : 도시 형태, 공공기능과 시설, 제공되는 기회 등을 시민들이 이해할 수 있는 도시여야 한다.

5. 공동체와 공공 생활(community and public life) : 공동체와 공공 생활에 대한 시민의 참여를 북돋는 도시여야 한다.

6. 도시 자족성(urban self-reliance) : 에너지, 희귀자원을 이용하는 측면에서 자족성에 대한 요구가 자라나고 있다.

7. 모두를 위한 환경(an environment for all) : 좋은 환경은 모두에게 열려 있어야 한다. 모든 시민은 일정 수준의 거주 · 정체 · 통제 · 기회에 대한 권리를 갖는다.

제이콥스와 애플야드는 양질의 도시환경을 만들기 위해서는 다섯 가지의 물리적 속성, 혹은 필수조건이 충족되어야 한다고 본다.

1. 살기 좋고 편리한 거리와 동네
2. 최소 수준의 주거개발 밀도와 토지이용 강도
3. 거주, 일, 쇼핑의 혼합 : 이러한 기능은 서로 가까이 있어야 한다.
4. 공공공간을 명확하게 규정하는 인공환경 – 공공공간은 건조물로 명료하게 구획되어야 한다. 대지 위에 홀로 선 건물들로는 공공공간이 명료하게 규정되기 어렵다. 건조물이 외부에서 둘러쌀 때 공공공간은 명확하게 그 형체가 규정된다.
5. 대형건물 몇 동보다 특징적인 건물 여러 동이 복합적으로 구성되어 있을 것

대응형 환경(responsive environments)

1970년대 말에서 1980년대 초반, 옥스퍼드 공대에서 도시설계에 대한 새로운 접근관점을 담은 『대응형 환경 : 도시설계가를 위한 편람(Responsive Environments : A Manual for Urban Designers)』이라는 책을 발간했다(Bently 외, 1985). 여기에서 연구자들은 사람들을 풍요롭게 만드는 민주적인 환경이 필요하며, 이용자에게 폭넓은 선택의 기회를 보장하는 환경이 좋은 환경이라는 주장을 펼친다. 그리고 이용자의 선택 기회와 내용은 장소의 설계에 따라 영향을 받는다고 역설한다.

- 가서 이용할 수 있는 곳과 그렇지 못한 곳의 구분
- 제공되는 용도의 다양성과 범위
- 그 장소에서 제공하는 활용 기회를 쉽게 알아볼 수 있는지 여부
- 장소의 외관에서 그 장소를 활용하는 다양한 방법과 기회를 인지할 수 있는지 여부
- 감각 체험의 선택 여지
- 그 장소에 자신만의 흔적을 남길 수 있는가의 정도

대응형 환경을 만드는 데 핵심 요소로서 침투성·다양성·식별성·강건성·시각적 적합성·풍부성·개인화 가능성 등 일곱 가지 항목이 제시되었고, 뒤이어 도시 형태와 활동 패턴의 생태적인 파급 영향을 고려하여 자원 효율성·청결성·생명 부양성 등의 요인이 추가되었다(Bently, 1990). 맥글린과 머린은 실무와 교육경험에 비추어서 이 가운데서도 침투성, 다양성(생동성·근접성·집중성), 식별성, 강건성(회복력)이 가장 기본적인 가치라고 주장했다(McGlynn and Murrain, 1994). 이에 벤틀리는 '대응형 도시유형학'을 제안했는데, 그 예로 변형 격자망, 복합적 토지이용 패턴, 강고한 필지개발, 명확한 개인영역 구분, 가로연접형 건물 그리고 지역 고유의 블록체계 등을 들었다(Bently and Bently, 1999, pp. 215~17).

프란시스 티볼즈(Francis Tibbalds)

1989년 웨일스 공(찰스 왕태자)은 건축설계요강을 제시했는데, 그의 발언은 중요한 논쟁을 불러오기도 했다. 찰스 왕자의 제안에 대응해 당시 왕립도시계획협회 회장이자 영국 도시설계그룹의 창시자인 프란시스 티볼즈는 열 가지 원칙으로 구성된 도시설계요강을 발표했다(Francis Tibbalds, 1988b, 1992).

1. 건물보다 장소를 먼저 생각한다.
2. 겸손하게 과거로부터 배우고 맥락을 존중한다.
3. 도시에서는 용도의 혼합을 권장한다.
4. 사람을 중심으로 설계한다.

5. 보행의 자유를 넓힌다.

6. 사회 모든 부문의 요구에 응하고 이들과 협의한다.

7. 알아보고 이해하기 쉬운 환경을 만든다.

8. 오래 유지되고 변화에 적응하도록 만든다.

9. 한 번에 과대한 규모의 환경 개조를 피한다.

10. 모든 수단을 동원해 도시환경의 복잡성과 즐거움, 시각적 기쁨을 키운다.

뉴어버니즘 운동

뉴어버니즘은 1980년대 후반에서 1990년대 초반에 걸쳐 미국에서 대두된 새로운 도시계획운동으로 일련의 설계사조를 지칭하는 용어다. 핵심 개념은 전통적 마을이 지녔던 장소의 특성들을 되살리는 식으로 신 주거지를 개발하자는 것이다. 신 마을특성 재현운동(NTDs), 마을특성 재현운동(TNDs)이 여기에 포함된다(Duany, Plater-Zeybeck, 1991). 또한 대중교통의 경제성을 확보하기 위해 고밀도로 지역을 설계하고 이를 대중교통망과 연결하는 대중교통지향개발(TOD) 역시 뉴어버니즘의 일환이다(Calthorpe, 1989, 1993). 혼합적 토지이용, 환경에 대한 감수성, 길과 건물유형의 체계적인 위계화, 중심과 외곽부의 명확한 구분, 보행 존중, 언어에 의존하는 전통적인 규제방식 대신 시각적인 기호로 간결하게 설계지침을 활용하자는 것 등이 뉴어버니즘의 특징을 이룬다. 뉴어버니즘의 연원은 매우 다양하다. TOD는 보행자 천국(pedestrian pockets), 대중교통망, 열린 공간체계를 전제로 하며 에너지와 환경윤리에 대한 고려에서 출발했고, TND는 전통적 도시나 마을, 건축의 고유 특성을 재현하려는 의도에서 출발했다.

뉴어버니즘 운동은 1993년 뉴어버니즘 회의의 창설과 CIAM의 1933년 아테네 헌장을 본뜬 뉴어버니즘 헌장의 발간을 계기로 공식화되었다. 이 운동의 목적은 "시민참여형 도시계획과 도시설계를 통해 물리적 환경의 건설과 사회적 공동체의 건설이라는 두 측면을 재통합하는 것"이다(CNU, 1999). 물리적 방법만으로는 사회·경제 문제를 해결할 수 없지만, 동시에 물리적 환경의 지원 없이는 경제 활성화, 공동체의 안정, 환경의 건강성 등도 기대할 수 없다고 뉴어버니즘 헌장은 천

명한다. 따라서 다음 원리에 입각해 정책과 개발관행을 바꿔야 한다고
주장한다.

- 근린주구(neighbourhood)의 토지용도와 인구구성을 다양하게 한다.
- 주거단지(community)는 자동차뿐 아니라 보행과 대중교통을 전체적
  으로 고려해서 설계한다.
- 도시의 형태는 물리적으로 명료하고, 누구나 공공공간이나 공공시설
  에 쉽게 접근할 수 있도록 설계한다.
- 장소를 구성하는 건축, 조경설계는 해당 지역의 역사나 기후, 생태조
  건, 건설관행 등을 반영한다.

뉴어버니즘 헌장은 정책, 개발관행, 도시계획 및 설계에 적용할 지침을
지역(거대도시 · 도시 · 소도시)과 근린주구(지구), 블록(가로와 개별 건
축물)의 세 권역으로 나누어 제시하고 있다.

이론적 구도

앞서 소개한 도시설계의 다양한 이론적 구도에서는 바람직한 물리적 ·
공간적 형태와 관련해 여러 수준의 규정을 제시했다. 가장 기준이 낮은
틀은 린치의 것으로, 여기에서는 물리적인 형태를 규정하는 대신에 도
시설계를 인도하고 평가하기 위한 일반기준만 제시하고 있다. 반면 제
이콥스와 애플야드의 틀은 훨씬 더 규범적이다. 그들은 샌프란시스코나
파리처럼 생명력 있고 잘 통합된 도시형태를 제안한다. 뒤에서 다시 논
하겠지만 도시형태는 지나치게 규범적으로 다루어서는 안 된다고 생각
한다. 한 지역의 기후나 문화상황에서 적합한 형태라도 다른 상황에서
는 그렇지 못할 수도 있기 때문이다.

　앞서 제시한 도시설계의 틀은 그 자체로는 모두 건전하다. 그러나
건전한 틀이라도 경직된 원리나 기계적인 공식으로 받아들이면 많은
위험이 따르기 마련이다. 이들을 올바르게 활용하기 위해서는 그 틀에
내재된 편견, 타당성, 상호연관성 등을 깊이 이해해야 한다. 몇 가지
공식으로 도시설계를 축소하는 것도 피해야 한다. 내용이 타당하더라
도 기계적으로 공식을 따르다가는 일반원리를 현실상황에 맞게 조정

하는 적극적인 설계과정을 놓치게 된다. 어떤 과정에서도 전적으로 옳거나, 전적으로 틀린 해답은 없다. 오직 상대적으로 조금 낫거나 부족한 해답이 있을 뿐이다. 과정이 진행되어야 설계의 수준을 판단할 수 있다.

더욱이 도시설계의 틀은 설계의 결과물을 강조하는 나머지 그것이 만들어지는 과정을 등한시하는 경향이 있다. 좋은 환경, 좋은 도시설계의 특성을 제시하지만, 그러한 특성이 만들어지는 과정에 대해서는 침묵하는 것이다. 도시환경이 형성되는 과정을 제대로 이해하기 위해서는 도시공간과 도시공간의 형성에 관련된 권력의 작용을 알아야 한다. 다시 말해 도시설계가들은 그들이 일하는 현장의 사회적 맥락(3장 참조)과 함께 장소와 개발사업의 전개과정(10, 11장 참조)을 잘 이해하고 있어야 한다.

다른 영역에서와 마찬가지로 이론과 실천 사이에는 간극이 있기 마련이다. 뉴어버니즘과 관련해서도 이러한 사례가 나타난다. 뉴어버니즘에는 세 가지 이질적인 요소가 공존하고 있다(Sohmer and Lang, 2000, p.756). (i) 건축 스타일(신전통주의, 맥락주의적 건축), (ii) 도시설계의 실천(가로형태, 가로벽면, 공공장소, 밀도 등), (iii) 토지이용 정책(용도 및 소득수준의 혼합, 대중교통지향 개발정책) 등이 그것이다. 이 세 요소를 실현이 쉬운 것에서 어려운 것까지 피라미드식으로 정리할 수 있는데, 같은 방식으로 뉴어버니즘의 활용성도 생각해볼 수 있다. 뉴어버니즘 건축양식은 다른 두 요소와 무관하게 독립적으로 활용 가능하다. 가령 주거지를 개발할 때 기존의 교외지역 위에 뉴어버니즘에서 유래한 신전통주의적 양식의 주택을 짓는 것이다. 뉴어버니즘의 두 번째 요소인 도시설계는 비록 건축양식처럼 쉽게 채택되지는 않겠지만 세 번째 요소인 토지이용 정책보다는 훨씬 보편적으로 활용된다. 소머와 랭은 이 세 가지 요소를 다 갖추어야만 진정한 뉴어버니즘이라 할 수 있다고 주장한다. 그러나 진정한 뉴어버니즘에서 건축 스타일은 필수요소가 아니라는 주장도 있다(11장 참조).

| 도시설계의 필요성 |

도시설계의 범위에 대한 논의를 마치고 이제 도시설계가 왜 필요한가에 대해 살펴보기로 한다. 1970년대 중반부터 도시설계에 대한 관심이 부쩍 늘었는데, 이는 (i) 도시환경의 현실, (ii) 도시의 개발과정, (iii) 도시환경을 통제하는 관련 전문가들의 역할 등 전반적인 상황에 대해 비판적 인식이 자라났기 때문이다(Bently, 1976). 도시환경을 전체로서 바라보는 통합적인 시각 결여와 전체적인 특성에 대한 관심부재, 다양한 분열 양상 등이 이러한 비판적 인식을 낳은 요인으로 지적되었다.

도시환경의 결과와 개발과정

건조환경의 현실은 많은 비판의 대상이 되어왔다. 현대도시의 환경수준은 낮고 도시환경의 총체적 질적 수준에 대한 관심 또한 적은데, 이는 도시환경의 생산과정과 그 과정에 개입하는 여러 힘들이 직결되어 나타나는 현상이다. 현대도시가 이러한 상황에 봉착하게 된 것은 개발산업 탓이라는 지적이 많다. 영국의 환경교통개발부(DETR)와 주택공사에서 공동으로 펴낸 『도시설계편람(Urban Design Compendium)』에도 그러한 비판이 제기되어 있다(Llewelyn-Davies, 2000). 개발과정과 관련 종사자들이 개발산업에 내재된 보수성, 단기적이고 공급자 위주의 시각에 함몰되어 '(사람을 위한) 장소'를 만드는 대신 개발사업을 양산하는 '시스템의 도구'로 전락했다는 것이다. 오늘날 도시환경의 수준이 이토록 낮아진 이유는 '의식 없는' 도시설계가들이 환경 전체를 생각하지 않고 단편적인 설계에 따라 개발을 진행해온 탓이기도 하다는 주장이다.

이와 비슷한 상황 인식에서 출발하지만 루카이투와 사이데리스는 도시설계 과정보다 결과물에 주목하면서 '균열'의 개념을 사용해 오늘날 도시의 질적 저열성을 분석한다(Loukaitou and Sideris, 1996, p.91).

• 공간의 총체적 연속성을 위협하는 도시 형태의 균열
• 저개발, 저활용, 노후화된 자투리 공간
• 의도적 혹은 우발적으로 사회세계를 나누는 물리적 구획물
• 개발에서 외면당한 낙후공간, 또는 신개발로 파편화되고 단절된 공간

균열은 여러 유형의 장소에서 나타난다. 한껏 자기 존재를 과시하면서도 정작 도시에 등을 돌린 대기업 고층건물, 보행자 활동을 방해하는 지하 또는 고가광장, 고가도로, 옥상정원, 거리의 연속성을 끊어놓는 아스팔트 주차지대 등이 도심에서 쉽게 볼 수 있는 분열의 사례다(p.91). 다른 장소에서도 균열은 흔히 나타난다. 보도는 물론 보행자 편익시설은 일체 없고 자동차로만 접근 가능한 도로변 상업지구, 주변경관과는 담을 쌓고 폐쇄적으로 자신의 개별성을 강조하는 담장으로 둘러쳐진, 외부인의 출입이 통제되는 단지도 그러한 예이다(pp.91~2).

현대의 사회경제 추세도 도시환경을 악화시키는 요인이다. 사회의 균질화, 표준화, 공동의 이슈보다 개인적인 문제에 집착하는 경향, 생활과 문화의 사영역화, 공공영역의 쇠퇴 등이 그것이다. 제이콥스와 애플야드에 따르면, 소비사회는 공공영역보다 개인적, 사적 영역을 중시하도록 유도하고 이는 다시 도시, 특히 미국 도시의 광범위한 사영역화를 초래한다(Jacobs and Appleyard, 1987, p.113). 무엇보다도 자동차 이용이 증가하면서 사영역화는 더욱 심화되고 이는 '새로운 도시형태'를 만들어내기에 이른다.

황무지 같은 주차장과 고속으로 주행하는 자동차에 둘러싸이고, 창문 하나 없는 휑한 벽 뒤의 폐쇄적이고 고립된 섬… 갇힌 실내에서 의례적으로 열리는 공식행사에 의존해 공동생활의 명맥을 유지할 뿐, 대부분 미국 도시의 공공환경은 황량한 사막으로 변해버렸다.

건조환경 관련 전문분야의 역할

현대 도시설계의 주된 관심은 건조환경 분야에 대한 비판과 관련된다. 1960년대 이후로 한때 확고해 보였던 모더니스트 건축 및 도시계획 원리는 점차 회의의 대상이 되었다. 도시환경 분야에 몸담고 있던 사람들 사이에서는 자신의 일이 무엇이며 무엇을 해야 하는지 등 정체성과 신념의 위기가 확산되었다. 랭은 현대의 도시설계는 바로 이런 모더니스트 전통의 실패에 대한 인식에서 비롯하였다고 주장한다. 지난 시대, 모더니스트 운동이 추구했던 개념을 정책과 건축에 충실하게 적용해 도시환경을 만들었지만 그 결과는 결국 주민에게 전적으로 거부당하는 불모의 환경을 만드는 데에 불과했다는 인식이라는 것이다(Lang, 1994, p.3). 사람들은 이제 건축 및 도시계획가들의 가치관과 주장을 거부하기 시작했으며, 이들 '전문가'에게 과연 근대 이전 도시의 공간적·물리적 형태를 개선할 역량이 있는지조차 불신하게 되었다(McGlynn).

　　현대에 들어서면서 질이 낮은 도시개발사업이 성행하는 원인으로 흔히 의도는 좋으나 발상이 잘못된 공공규제와 전체적인 인식이 결여된 단편적 개발규제기준을 든다. 존 라우스(Jon Rouse)는 존 러스킨(John Ruskin)의 『건축의 일곱 램프(Seven Lamps of Architecture)』에서 영감을 받아 『도시설계의 일곱 족쇄(The Seven Clamps of Urban Design)』를 썼는데(Box 1.1), 여기서 그는 현대 도시설계가 질적으로 실패한 원인을 밝히고 있다. 듀아니와 그의 동료들 역시 개발 관련 법규들 때문에 건조환경의 질적 수준이 낮아진다고 주장한다(Duany, 2000, p.19).

> 개발규제는 문제의 증상이자 동시에 그 결과이다. 규제의 핵심이 없다. 물리적 형태에 대한 비전 없이 단지 규제를 위한 규제에 머문다. 규제에는 이미지도, 다이어그램도, 권장하고자 하는 모델도 없고 오직 숫자와 단어만 나열되어 있을 뿐이다. 규제를 만드는 사람들에게는 지향하는 커뮤니티의 비전도 없다. 동경하는 장소, 본뜨고 싶은 건물의 이미지도 없다. 지향점을 그리는 대신 오직 배제하고 싶은 것들만을 생각하는 것 같다. 어떻게 하면 혼합적 토지이용, 서행하는 자동차, 주차면의 부족, 높은 밀도를 없앨 것인가 하는 생각만이 그들의 머릿속을 가득 채우고 있다.

경직된 기술기준 때문에 좋은 장소를 만들려는 창의적인 시도가 좌절되는 일은 흔하다. 듀아니와 그의 동료들이 지적하듯이, 찰스턴 같은 아름다운 도시를 새로 만드는 일은 이제 불가능하다(Duany, 2000, p.xi). 현행법에 저촉되기 때문이다. 보스턴의 비컨힐❹, 낸터킷❺, 산타페❻, 카멜❼ 등은 모두 유명한 관광지다. 그러나 이들 모두 현행 지역지구 조례에는 정면으로 대치된다. 고속도로와 교통시설 설계기준의 경우 문제는 더욱 심각하다. 이런 기준을 기계적으로 적용해 주거지를 개발하고 단지 형태를 결정하다 보면 공간이 이리저리 잘리게 된다. 전체를 못 보고 부분만 본 결과다. 설계란 바로 '전체'를 만드는 과정이라는 명제를 망각한 결

역주 ─────

❹ 비컨힐(Beacon Hill)은 보스턴에서 가장 역사 오랜 주거지다. 보스턴의 중앙공원(Boston Common과 Boston Public Garden)을 바라보는 언덕 위에 조성되었다. 황금빛 돔을 얹은 불핀치의 매사추세츠 주청사 건물을 중심으로 가스등으로 조명되는 벽돌 바닥의 좁은 골목을 따라 3층 정도의 벽돌 연립주택이 들어서 있다. 미국에서 가장 아름답고 비싼 주거지로 손꼽힌다.

❺ 낸터킷(Nantucket)은 미국 매사추세츠 남부의 케이프콧(Cape Cod)에 있는 작은 섬으로 역사 오랜 그림처럼 아름다운 마을이 있어 여름 관광지로 유명하다. 예술가들의 마을로도 알려져 있다.

❻ 산타페(Santa Fe)는 미국 뉴멕시코주의 주도이다. 15세기 신대륙의 스페인 식민도시에 공통적으로 적용되었던 '인도법'에 따라 중앙광장을 중심으로 가로망이 격자형으로 짜여 있으며, 건물도 이 지역의 전통을 고수하여 아도비 진흙으로 마감되어 독특한 경관을 제공하여 관광명소가 되었다. 미국 서부의 예술 중심도시이기도 하다.

❼ 해안의 카멜(Carmel-by-the-Sea), 줄여서 카멜은 미국 캘리포니아 몬테레이 반도에 있는 작은 마을로 인구는 4,000에 불과하나 자체의 교향악단을 보유하고 음악제, 미술제, 연극제를 개최하는 예술중심지이다. 모든 건축물도 예술적 수준을 지키도록 엄격하게 마을에서 통제한다. 영화배우 클린트 이스트우드가 시장을 역임하기도 했다.

Box 1.1

도시설계의 일곱 족쇄(Jon Rouse, 1998)

1) 전략공백의 족쇄

국가·지역·도시 차원의 정책기제가 불충분해서 도시설계가 정치와 행정의 의사결정의 중심사안이 되지 못한다.

2) 대증성의 족쇄

도시계획 체제는 전략적인 관점에서 도시설계에 접근하지 못하고, 적극적인 개입 대신 대증적이며 금지 위주의 규제에 머무른다.

3) 과잉규제의 족쇄

시기와 장소를 불문하고 불필요한 규제를 남발함으로써 혁신, 창의, 모험의 싹을 자른다. 물론 개발과정에서 유연성 확보와 강력한 통제를 통해 설계의 질적 수준을 높이는 일은 조화를 이루어야 한다.

4) 인색함의 족쇄

세상에 공짜는 없다는 것은 알면서도 많은 것의 진정한 가치를 잊고 사는 현시대에서 설계, 특히 도시설계는 희생을 강요당한다. 설계에는 돈이 든다. 그렇지만 설계를 통해 오래 남는 가치가 창출된다.

5) 문맹의 족쇄

극히 소수의 사람들만이 우수한 도시설계를 알아보고 요구하며 만들 줄 안다. 도시설계에 관한 한 우리는 문맹이 되었으며, 모두 다시 배우지 않으면 안 된다.

6) 소심증의 족쇄

내향성, 야망의 결여, 최소한의 공통분모에 귀의하면서 과거의 성공, 실패에 지나치게 집착하는 경향이 현시대의 도시개발을 특징짓는다.

7) 단기주의의 족쇄

틀에 박히고 근시안적인 환경 때문에 100년의 건물수명과 사후관리에 대한 고려가 아니라, 5년의 재원조달 프로그램, 4년의 정치주기, 3년의 공공지출협약, 그리고 1년의 예산제도의 망령이 신개발의 내용을 결정한다.

과이기도 하다. 11장에서 논의하겠지만, 규제를 위한 규제여서는 안 된다. 총체적인 인식에서 출발하는 스마트컨트롤(smart control)이 필요하다.

현대 도시설계가 등장하게 된 또 하나의 주요인으로 벤틀리는 환경분야의 파편화를 든다. 분야마다 완고하게 자기 영역 주위에 담장을 치는 관행이 제도화됨으로써 '전문 분야의 파편화'와 '분야들 사이의 간극 확대'를 초래하고 있다는 것이다(Bently, 1998, p.15). 분야들 사이의 간극이 굳어지고 제도화되면 공공영역에 대한 관심이 그 간극으로 빠져나간다. 건물과 건물 사이의 공간, 길, 일상적인 도시체험의 구성요소인 장소들이 무관심의 영역으로 사라져버린다(McGlynn, 1993, p.3). 이러한 상황은 이제 분야별 활동을 하나로 통합하고, 환경을 하나의 총체로서 재인식할 필요가 있음을 보여준다. 1960년대 이후 분야별로 직무가 세분화되면서 도시환경 악화와 개발사업의 질적 저하, 열악한 장소의 양산이라는 현상을 낳았다는 인식이 확산되기에 이르렀다.

| 결합자로서의 도시설계 |

위에서 언급한 논의는 도시설계의 임무와 역할에 대한 새로운 자각을 일깨워준다. (i) 도시설계는 분리된 여러 전문 분야를 결합하는 수단이다. (ii) 도시설계는 주변 맥락에 대한 고려 없이 개별적·내향적으로 추진되는 개발사업에 통합성 및 연속성을 복원시키거나 제공하는 수단이다. 바꾸어 말하면, 환경 전반의 질적 수준을 높이고 보다 좋은 장소를 만드는 수단이다.

분야의 결합

오늘날 도시환경이 보이는 질적 열악성의 문제에는 상호연결성, 복합성, 불확정성, 모호성, 상호갈등 같은 여러 공통적인 특징이 있다. 이런 문제들은 근본적으로 다차원이면서 서로 의존적인 관계에 있다. 따라서 어떤 차원은 전적으로 어떤 분야의 몫이라는 식의 일대일 대응관계는 성립되지 않는다. 물론 자신의 분야에만 몰두하는 세분화된 전문분야도 필요하다. 그러나 지나친 세분화가 가져오는 문제도 크다(가령 우리에게는 뇌수술 전문의도 필요하지만 가정의 또한 필요하다). 지나친 세분화는 각 분야마다 한정된 시각으로만 대상을 보도록 하여 공유영역을 분산시키고, 도시를 종합적으로 보고 전체의 관점에서 조정하는 것을 어렵게 만든다. 확실히 이제는 여러 갈래로 나뉜 관심분야와 전문적인 역량을 한데로 모아야 할 필요성이 절실하다. 다시 말해 경계를 완고하게 고집하는 패쇄된 전문성이 아니라 유연하게 열린 전문성, 그리고 보다 협동적이며 포용적인 실천력이 필요하다.

　　1970년대에 이르러 일부 전문가들이 이런 문제에 관심을 갖기 시작했고, 상황에 따라 도시환경의 전체 질적 수준을 담보하는 역할을 자임하기까지 했다. 이들은 도시계획에 있어 장소와 환경문제에 보다 많은 주의를 기울일 것을 요구하고, 건축에 대해서는 맥락을 더 잘 이해하고 존중하도록 요청하면서(소유권 경계를 넘어 보다 넓은 시각에서 대상 지역을 이해할 것을 요구함), 도시환경의 특성을 제약하는 여러 현실적인 문제를 제기했다.

이러한 시대의 필요성을 절감한 몇몇 중심 인물과 조직들이 각각의 전문분야를 잇는 교량을 만들어 대화의 장을 열고 공동의 목표를 정립하는 선도적 역할을 수행했다. 영국의 경우, 1978년에 이러한 활동을 위한 최초의 연합체인 '도시설계그룹(UDG : Urban Design Group)'이 결성되었다. UDG는 어떤 형태로든 도시환경 만들기에 참여하는 모든 사람들을 도시설계가로 여겼는데, 바로 이들의 결정이 모여서 도시공간의 질적 수준을 결정하기 때문이었다(Linden and Billingham, 1998). 이어 1997년에는 도시 트러스트, 조경협회, 토목공학협회, 왕립건축가협회(RIBA), 왕립측량협회(RICS), 왕립도시계획협회(RTPI), 도시설계그룹(UDC)이 공동으로 도시설계연합(UDAL : Urban Design Alliance)을 창설했는데, 이로써 여러 분야를 아우르는 도시설계의 성격은 한층 더 공고해졌다. 도시설계연합(UDAL)은 도시설계에 대한 인식 확대와 수준 향상을 목표로 삼았다. 후에 영국 정부가 도시설계에 대한 접근방식을 대대적으로 바꾸게 된 데에는 이 조직이 펼쳤던 캠페인의 영향이 크게 작용했다(11장 참조).

도시환경의 결합

스템버그(Stemberg)는 도시설계의 일차적인 역할은 '도시체험의 응집성'을 재확립하는 데 있다고 주장했다. 그 역시 패트릭 게데스(Patrick Geddes), 루이스 멈포드(Lewis Mumford), 그리고 최근에는 크리스토퍼 알렉산더의 사상에 큰 영향을 끼쳤던 '유기체론' 입장에서 자유시장의 메커니즘이 현대사회에 중심동력을 제공하기는 하지만 동시에 지역사회와 자연, 도시의 원자화, 파편화를 초래하는 주원인이라고 지적했다. 생물학적 비유와 '생철학적' 개념에 심취된 유기체론자들은 기계적인 시장 메커니즘의 압박(위협)에서 벗어나 도시의 자연스러운 성장과 아울러 도시체험의 총체성을 되살리려고 노력한다(Stemberg

2000, p.267). 스템버그는 "현대 도시설계의 근저에는 인간체험은 상품화가 불가능하다는 인식이 깔려 있다."고 주장한다. 자본주의 경제에서 토지와 건물은 소유권으로 구분되어 개별적인 상품으로 교환이 가능하지만, 도시환경에 대한 사람의 체험은 결코 소유의 경계선으로 구분할 수 있는 것이 아니며, 체험의 한 부분을 전체에 대한 체험으로부터 임의로 분리할 수도 없다. 그러므로 이 시대에 도시설계가 해야 할 일은 도시공간을 토지와 건물의 개별적인 상품으로 파편화하는 부동산 시장의 논리에 대항해서 도시체험의 총체성을 회복하고 재생하는 것이라는 데에 많은 선구적 도시설계 이론가들이 동의한다. 비록 개발사업은 개별적이며 내향적으로 진행되더라도, 이런 사업에 주변 맥락과의 연결성을 부여하고 전체환경의 응집성을 확보하려고 의도적으로 노력하지 않는다면 도시의 총체적인 환경수준을 높일 수 없다.

'사물'과 '관계'에 대한 알렉산더의 논의에서 스템버그의 주장은 한층 더 도시설계의 문제와 직결된다. 알렉산더는 건물·벽·거리·담장과 같이 우리가 일상적으로 사물이라 생각하는 것들을 그저 사물로 인식하는 데 그칠 것이 아니라 다른 패턴들과 관계를 맺고 있는 하나의 패턴으로 인식하는 것이 바람직하다고 말한다. 예컨대 창문은 안팎과의 관계, 즉 공적 영역과 사적 영역의 관계를 나타내는 패턴으로 볼 수 있다는 것이다. 그러한 것들을 관계가 배제된 사물로 보면, 즉 맥락이 끊긴 고립된 물건으로 보게 되면 패턴은 생명력을 잃어버리고 독립해서 존재할 수도 없다. 모든 패턴은 그것을 둘러싸고 있는 또 다른 패턴의 일부이다. 그러므로 도시설계의 역할은 건축가, 개발사업자, 고속도로 엔지니어 등 다른 전문가들이 나름대로 제공하는 패턴들을 하나로 결합하는 것이다.

| 도시설계의 실무 |

도시설계가는 누구인가? 포괄적으로는 도시환경 형성에 관련된 결정을 내리는 모든 사람들이라고 할 수 있다. 예컨대 건축가, 조경건축가, 도시계획가, 토목공학자, 측량기술자뿐 아니라 개발사업자, 투자자, 입주자, 공무원, 정치가, 이벤트 기획자, 경찰, 소방관, 환경위생 담당 공무원 등이다. 여러 사람과 집단이 다양한 입장에서 다양한 목적으로 도시설계과정에 참여한다. 이들은 도시설계의 결정사항에 직·간접적인 영향을 미친다. 자신을 도시설계가로 여기는 사람들은 '의식적으로 도시를 설계'하지만, 스스로 도시설계 종사자라는 인식이 없는 사람들도 결과적으로는 도시설계에 참여하기도 한다(Beckley, 1979 ; Rowley 1995, p.187).

바로 이런 의미에서 '의식적' 도시설계에서 '무의식적' 도시설계에 이르기까지 여러 유형의 도시설계를 생각할 수 있다. 의식적이냐 아니냐의 구별은 결과물의 질적 수준과는 무관하다. 의식적 도시설계의 성과물은 좋을 수도 있고 나쁠 수도 있다. 무의식적 도시설계도 마찬가지다. 다만 현대도시환경이 너무나 복잡해서 무의식적인 설계로는 좋은 도시환경을 만들기가 어렵다는 것이다. 무의식적으로 도시설계를 할 경우, 전체 환경의 질적 수준에 대해 의식적으로 고려한다는 것은 어려운 일이다. 현대도시는 우연의 산물이 아니다. 의도대로 만들어진 것은 아니나 그렇다고 우연히 만들어진 것도 아니다. 도시는 고유목적에 따라 내려진 수많은 결정들이 집적되어 형성된 결과물이다. 단지 그러한 목적과 파생효과의 상호적인 관계가 아직 충분히 고려되지 않았을 따름이다(Barnett, 1982, p.9).

의식적 도시설계가는 도시설계에 대한 전문성을 인정받은 직업인이다. 개중에는 도시설계에 대한 전문적인 교육을 받지 않고 건축, 도시계획, 조경을 배우고 실무경험을 쌓아 도시설계 전문가가 된 이들도 많다. 스스로 도시설계가라는 의식은 없지만 도시환경의 질적 수준을 좌우하는 결정 과정에 큰 영향을 미치는 사람들도 있다. 부동산의 가치 창출과 장기적 상업성에 미치는 도시설계의 효과를 알아보는 부동산 개발업자들이 이 부류에 해당한다.

의도하지는 않았지만 도시설계에 큰 영향을 미치는 무의식적 도시설계가는 다음과 같은 사람들이다(그림 1.5, 1.6).

• 중앙정부 및 주정부의 정치가 : 국가경제발전전략 또는 지속가능성을 위한 정책의 맥락에서 도시설계에 관한 전략적인 윤곽을 결정한다.
• 지방정부의 정치가 : 공공영역에 대한 공공투자를 결정하고, 지방의 상황에 맞게 중앙정부의 정책을 해석, 발전, 실천한다.

그림 1.5 뚜렷한 의도 없이 이루어진 '도시설계'의 예 : 런던의 그리니치에 도입된 바퀴 달린 쓰레기통으로 거리를 깨끗이 하려는 의도와 달리 지저분해졌다.

그림 1.6 애버딘 보전지구의 경우로, 재활용 쓰레기통의 설치장소가 적절치 못해 가로경관이 지저분하게 된 예이다.

- 기업가와 공무원 : 물리적 인프라 등에 대한 투자결정을 내린다.
- 회계사 : 공공부문과 민간부문에서 투자 자문역을 수행한다.
- 엔지니어 : 도로와 대중교통 인프라를 설계, 공공영역과 통합한다.
- 투자자 : 개발사업, 개발사업자와 관련하여 투자기회와 투자대안을 평가한다.
- 도시재생관련기구 : 도시재생사업이나 환경·사회·경제적 균형을 위해 공공 자금을 투자한다.
- 인프라 공급자 : 전기·가스·통신회사 등 눈에 보이지 않는 인프라를 건설하고 유지한다.
- 지역주민단체 : 개발사업에 찬성 혹은 반대할 위치에 있다. 환경 개선을 위한 캠페인을 펼치거나 다른 방식으로 개발과정에 영향을 미친다.
- 주민과 거주자 : 자신의 부동산을 관리하고 사적 영역으로 만든다.

수준 높은 도시설계란 어떤 것인지, 그런 도시설계의 참된 가치가 무엇인지에 대해 뚜렷한 인식 없이 도시개발을 추진하다 보면 흔히 좋은 도시를 만드는 데 필수적인 요건들을 배제할 수 있다. 따라서 의식적 도시설계가들에게 주어진 과제는 도시설계의 중요성과 가치를 몸소 실천하

며 무지와 게으름, 혹은 편리성에 대한 근시안적 집착으로 인해 도시설
계에 대한 관심을 저버리지 않는 것이다. 이런 맥락에서 무의식적인 도
시설계가들에게 그들이 수행하는 역할이 얼마나 중요한지 교육시키는
일은 매우 큰 의미를 갖는다.

┃ 도시설계의 실무유형 ┃

일반적으로 도시설계가가 수행하는 역할은 두 가지 유형으로 나눠볼 수
있다. '도시계획적 도시설계'와 '건축적 도시설계'이다. 도시계획적 도
시설계가는 도시개발에 관련된 다른 주체들의 활동지침을 만들거나 그
들의 활동을 조정한다. 지역 전체의 공간적·물리적인 장기 비전을 제
시하는 마스터플랜과 도시설계요강을 작성하기도 한다. 최근에는 이러
한 역할이 더욱 부각되고 있다. 공적 관점에서 사적 이익을 보호, 지도
하는 것이 타당하다고 여겨지는 경우에는 민간부문에 개입하여 활동을
통제하기도 한다. 반면 건축적 도시설계가는 도시개발 사업에 포함된
특정 건물, 특정 건물군의 설계를 담당한다.

　　그러나 현대 도시설계의 영역은 이보다 훨씬 넓다. 영국환경교통부
(DETR)의 한 연구에서는 현대 도시설계의 실천유형으로 도시개발 사업
의 설계, 설계정책·지침·통제, 공공영역의 설계, 지역사회의 도시설계
등 네 가지 유형을 제시하고 있다(표 1.1). 랭 역시 네 유형의 도시설계 활
동을 들고 있다. 전과정 설계, 마스터플랜 설계, 인프라 설계, 지침설계
등이 그것이다. 다른 유형도 많지만 아래에서는 열 가지로 도시설계의 실
천유형을 정리했다. 이 유형들은 각각 상호배제적이 아니라 도시설계가
한 사람이 하나의 프로젝트 안에서 여러 역할을 동시에 수행하기도 한다.

- 전과정 설계가(total designer) : 구상부터 완공까지 프로젝트의 모든
　과정과 단계를 한 개인 혹은 집단이 맡아 수행한다. 물론 개발과정에
　서 도시설계가가 중심 역할을 담당하기는 하지만, 학제적인 도시설계
　의 특성 그리고 개발과정에도 여러 주체들이 참여하기 마련이므로 한
　개인이 전 과정을 일괄 설계하는 경우는 드물다.

- 마스터플랜 수립자(all-of-a piece designer) : 하나의 설계가 혹은 설계회사가 건물설계 시의 세부지침을 사전에 작성하여 설계가 및 건축가에게 건넨다. 즉 하나의 설계가나 설계회사가 마스터플랜을 만들어 개별건물을 설계하는 건축가들이 준수해야 할 상세지침을 사전에 작성하는 경우다. 여기서 도시설계가는 하위단계의 설계안을 검토하는 일을 맡는다. 이런 상황에서는 대개 프로젝트에 포함된 건물들은 동시에 아니면 최대한 짧은 시간에 지어진다.
- 비전 창출자(vision maker)-개념 제공자(concept provider) : 도시나 부분지역의 공간을 어떻게 구성할지에 대한 개념을 제공한다. 다른 주체들이 세부적인 여러 단계를 구체화해 나갈 수 있도록 도시설계의 틀이나 지침을 제공한다.
- 인프라 설계가(infrastructure designer) : 주로 토목공학과 관련되지만 도시계획과도 무관하지 않다. 가로 · 공원 · 공공공간 그리고 다른 여러 공공시설을 설계하는데, 이들 시설은 도시환경의 특성을 크게 좌우하므로 인프라 설계가의 역할이 매우 중요하다.

표 1.1 도시설계 실무유형

	전문영역	특징	활동
도시개발 설계	전통적으로 건축영역, 조경과 기타 설계분야 지원	개발과정의 근거, 단지와 근린 규모의 개발사업에 주로 적용	관련된 모든 부분을 일괄 설계하며, 경우에 따라 마스터플랜 작성
설계정책, 지침과 통제	전통적으로 도시계획의 영역으로 건축, 조경, 보전 전문가 등 지원	도시계획과정에서 설계 차원 담당(예 : 주로 도시설계의 질에 대한 도시변화의 파급영향을 예상하고 이에 따라 개발과정 외부로부터 설계지침과 통제가 적용됨. 고려 영역은 도시개발설계보다 넓어 모든 규모의 도시설계에 적용	(1) 대상지의 평가, 설계전략, 정책 입안 (2) 보충적 설계지침과 요강의 작성 (3) 설계심의, 미관심의와 통제를 포함
공공영역의 설계	엔지니어, 계획가, 건축가, 조경 설계가 등. 그러나 종종 다른 참여자들의 무의식적인 결정과 의도하지 않은 활동에 의해 공공영역이 형성되기도 한다.	기간시설망(가로, 보행로와 포장, 주차장, 대중교통 결절점, 공원, 기타 도시공간 등)의 설계를 포괄. 다양한 규모에 해당	(1) 특정 프로젝트의 설계와 실현 (2) 특정 장소의 설계와 개선을 위한 지침 작성과 이의 실행 (3) 활동과 이벤트를 포함한 장소의 지속적 유지관리
지역사회 설계	특정 전문분야 없음	지역사회 안에서 함께 아래로부터 개선안을 작성, 특히 근린 단위에 적합	해당 환경의 이용자가 계획과정에 참여하도록 다양한 접근법과 기법 활용

(출처 : 리딩 대학, 2001)

- 정책 수립자(policy maker) : 도시의 미래를 창조하는 일에 적극적으로 관여하는 정치가, 정책결정자들이다. 이들은 사업을 촉진하는 데 결정적인 역할을 맡고 있다. 개발사업의 목표를 설정하고, 다른 주체들이 준수해야 할 지침을 작성하며, 사업의 조정과 시행과정의 모니터 및 평가 등 도시환경에 가해지는 변화의 성격과 관련하여 정책 결정자를 지원하고 돕는다. 그리고 정책 결정자들은 자신들의 결정에 따른 장·단기적 파급효과를 고려할 뿐만 아니라 다음 세대의 요구에 부응해야 하며, 지역주민과 도시환경 전체를 아우르는 정책을 펼쳐야 한다.

- 지침 설계가(guideline designer) : 공공공간의 성격을 규정하거나 이를 설계하고 개발사업을 진작하며 기존 환경을 보존하는 등 구체적인 설계원칙을 세운다. 이러한 설계지침은 정책과 실천을 연결하는 수단으로서 공공부문뿐 아니라 민간부문에서도 점차 활용되고 있다.

- 도시 관리자(urban manager) : 도시공간의 개선·개발·관리를 맡는다. 대개 도시환경 전체를 대상으로 하는데 간혹 도시 이벤트 촉진자(아래에서 설명)가 수행하는 활동을 병행하기도 한다. 또한 이해집단의 연대회의를 통해 개발사업을 주도하기도 하고, 공공영역의 서비스와 유지관리도 담당한다.

- 도시 이벤트 촉진자(facilitator of urban events) : 문화축제 프로그램을 만들거나 운영함으로써 도시활동을 촉진한다. 문화축제 프로그램이란 다양한 부류의 사람들이 도시의 특정 장소를 방문하도록 유도하는 사회 이벤트나 볼거리를 말한다. 다양한 시간과 장소에서 펼쳐지는 여러 유형의 이벤트와 활동이 있는데, 모두 지역주민의 관심과 자치단체의 승인 및 지원을 필요로 한다. 그런 만큼 이벤트 조직자들은 이벤트의 목적과 방법, 장소, 그리고 대상계층에 대해 충분히 고려해야 한다.

- 지역사회운동가(community motivator or catalyst) : 도시설계, 도시계획, 환경관리 등 도시개발 과정에서 지역사회의 참여역량을 키우는 역할을 한다. 지역상황과 시간, 자원조건 등에 부응해 원활하게 사업을 추진하려면 지역사회의 모든 부문과 시민 참여가 중요한데, 이를 위해 회의, 포럼, 워크숍 등 광범위한 방법을 동원하기도 한다.

- 지역보전운동가(urban conservationist) : 보전과 변화의 미묘한 균형에 영향을 미치는 의사결정 과정에 참여한다. 이를 위해서는 도시의 변화과정과 그 역동적 기제에 대해 잘 알아야 한다. 보전의 범위와 수준은 개별건물에서 넓은 지역의 도시경관, 도시의 주거지나 특정 지역, 또는 도시 전체에 이르기까지 다양하다. 지역보전운동가는 건물과 지역의 보호뿐 아니라 주변경관이 더욱 강화되는 방향으로 도시의 변화를 촉진하는 역할도 담당한다.

도시설계의 고객과 소비자

이러한 도시설계에 부과된 역할에 따라 도시설계 실무자들은 다양한 이해관계를 가진 '고객'들에게 전문적인 서비스를 제공하게 된다. 한 개인으로서, 지역사회의 구성원으로서, 현 세대의 일원으로서 그리고 다음 세대의 일원으로서 여러 유형의 사람들은 직·간접으로 도시설계의 과정과 결과에 의해 영향을 받는다.

랭은 도시설계의 고객을 '비용을 지불하는 고객'과 '비용을 지불하지 않는 고객'의 두 유형으로 나눈다. 비용을 지불하는 고객에는 기업가와 금융지원자들이 있다. 공공부문에서 '기업가'라 하면, 정부기구와 정치가이고 이들의 금융지원자는 납세자를 말한다. 민간부문에서 기업가는 개발사업자이며 금융지원자는 은행이나 융자기관 등을 의미한다. 이들 주체는 종종 매수자, 입주자, 사용자 등 궁극적으로 생산된 건물과 환경에 대해 비용을 지불할 사람들의 대리인 역할을 수행한다. 랭은 여러 유형의 '비용 비지불 고객'도 언급하고 있는데, 그 가운데 주된 두 유형은 다음과 같다.

- 점유자와 이용자(occupiers and users) : 이들은 점유 및 이용하게 될 건물과 장소의 설계가를 직접 고용하거나 거래하지 않는다는 점에서 비용 비지불 고객이다. 따라서 점유자·이용자와 설계가 사이에는 행정적, 경험적 차이가 생긴다(10, 11장 참조). 종종 공공기구나 시장분석전문가가 사용자를 대변하기도 한다. 그것은 이들이 최종 이용자의 요구와 그 요구를 충족시키는 방법에 대해 전문지식을 갖고 있다고 인정되기 때문이다.

- 공공이익(the public interest) : 도시설계가는 공익에 봉사해야 한다고 말한다. 그러나 현실에서는 공익을 지키기도 규정하기도 어렵다. 개발과정에 참여하는 전문가들도 서로 다르고 엇갈리는 목표를 추구한다. 게다가 자신이 속한 분야와 계급의 이해관계로 인해 공익을 낮게 규정하기 쉽다. 실제상황에서 공익은 경쟁그룹 간의 절충과 협상을 통해 규정된다.

도시설계의 고객과 소비자에 대한 논의에서 주목할 점은 이들 사이에 여러 종류의 간극이 있다는 점이다. 예컨대, 도시환경과 관련해 생산자와 이용자 · 소비자 사이에는 전형적인 간극이 존재하며(10장 참조), 설계가와 이용자 그리고 전문가와 일반인 사이에도 소통의 간극이 있기 마련이다(12장 참조). 따라서 도시설계를 통해 사람을 위한 장소를 만들고자 한다면 이러한 간극을 줄이도록 노력해야 한다.

결론

지난 40년에 걸쳐 도시설계는 공인된 전문분야로 자리 잡았다. 도시설계는 영역이 넓고 경계가 분명하지 않아 종종 경합의 대상이 된다. 그러나 이 장에서는 도시설계란 '각각의 부분을 결합하는' 종합적인 활동이어야 한다고 주장했다. 이런 주장을 뒷받침하는 근간에는 '도시설계는 사람을 위한 장소를 만드는 일'이라는 관점이 자리하고 있다. 도시설계 자격증을 가진 전문가를 포함해서 여러 전문 집단이 도시설계의 전유권을 주장하겠지만(이런 현상은 불가피하다), 도시설계는 어느 특정 분야가 전담하기보다는 여러 분야가 공유해야 할 영역이다. 왜냐하면 도시설계로 풀어야 할 문제와 도전은 너무 복잡해서 한 개인이나 특정분야가 감당할 수 없는 일인 데다 도시환경의 전체 수준을 높이는 임무가 종종 기존 도시환경 관련 분야들의 틈바구니 사이로 빠져나가기 때문이다.

도시환경을 개선하고 공공장소의 매력을 높이는 일은 그 분야 전문가들과 그들의 지원단체만의 특권이 아니다. 도시설계는 일상생활을 하는 장소를 만들고 그것이 기능할 수 있도록 하는 데 조금이라도 관련된 모든 사람들이 함께 노력해야 하는 일이다. 그러므로 도시환경과 여러 장소를 만들어내기 위해서는 수많은 주체들이 관여해야 한다. 중앙정부, 자치단체, 지역사회, 기업가, 부동산 개발업자, 투자자, 입주자, 사용자, 그저 지나가는 행인, 미래 세대의 일원 등 모든 사람들이 도시설계에 대해 나름대로의 이해와 일정한 역할을 가지고 있다.

02
도시의
시대적 변화

서론

최근 들어 도시환경은 괄목할 만한 변화를 보이고 있다. 이에 따라 도시는 어떻게 변화해가는 것이 바람직한지, 도시환경을 어떻게 설계하고 개선해야 하는지에 대한 생각도 많은 변화를 나타내고 있다. 이제껏 중요시되어온 '장소(place)'라는 개념도 그 중요성이 약화되고 있다. 커뮤니케이션의 수단과 방법이 새롭게 등장하고 세계화가 빠른 속도와 강도로 진행되고 있는 상황에서 지역적 특성을 강조하는 '장소'에 대한 중요성이 약해지고 있는 것이다. 전통적인 도시들은 중심이 분명하고 뚜렷한 형태를 가지고 있었다. 그러나 오늘날의 도시는 기능과 중심이 분산되고 드넓게 확산되어 있어서 그 형태를 무엇이라고 딱히 규정하기가 어렵다. 전통적인 도시에서 볼 수 있었던 도심 집중형 도시형태라든가 강력한 중심업무지구와 같은 개념이 전처럼 명확하게 드러나지 않으며, 이에 따라 지금껏 도시구조를 설명해온 '도시중심부', '교외지역', '외곽경계' 같은 말도 그 의미가 점차 약해지고 있다. 이제 도시의 각 지역은 한곳에 의존하지 않고 일정한 주행거리 내에 있는 다수의 지역들과 연계를 맺으며 각각 그들만의 커뮤니티를 만들어가고 있는 것이다(Fishman, 1987, p.185).

여기서는 크게 두 가지 맥락으로 나누어 살펴보고자 한다. 먼저 시대의 흐름에 부응해 변화하고 있는 도시공간 설계에 대한 생각을 논의한다. 다음은 산업화시대, 후기 산업화시대 그리고 정보화시대의 도시형태를 살펴보면서 도시의 시대적 변화과정과 그 결과를 논의한다.

| 도시공간 설계 |

'전통적인 도시공간(traditional urban space)'이란 산업화와 도시화가 대규모로 진행되기 시작한 시점 바로 이전까지 형성되었던 도시형태라고 할 수 있다. 산업화 이전의 전통적인 도시의 성장과정은 크게 '유기적인' 측면과 '계획적인' 측면 두 부분으로 나누어볼 수 있다. 대부분의 도시는 유기적인 성장과정을 거쳐왔다. 즉 개별적인 행위에 의해 점진적으로 성장하였는데, 기존의 대지에서 기존의 건물을 대치하는 방식이었다. 한편 계획된 도시는 그리스와 로마에 의해 개발된 도시에서 보는 바와 같이 대개 격자형으로 구획되어 있으며, 이러한 예는 프랑스의 중세 요새마을(bastide town)이나 영국 에드워드 1세의 개척도시(plantation town)에서도 엿볼 수 있다.

특히 르네상스 시대에 접어들어 도시의 계획적인 개발방식이 더욱 부각되었는데, 이 시기의 계획가와 건축가들은 도시가 규범적으로 어떠해야 하는가에 대한 이론을 만들어냈다. 이에 따라 도시는 '하나의 전체'로서 인식·계획되었고, 상당 부분은 예술적인 일이 되었다(Gehl, 1996, p. 43). 이들은 도시공간은 자연발생적으로 형성되는 것이 아니라 의식적으로 설계되고 개발되어야 한다고 생각했으며, 이는 이후 광장, 공공공간, 가로망체계, 기존 도시의 확장 등과 관련한 도시설계에 반영되었다. 파리의 방돔광장(The Place Vendome)과 보주광장(Place des Vosges), 식스투스 5세의 로마 도시계획, 오스만(Haussmann)의 파리 개조, 에든버러의 신도시 확장과 바르셀로나의 세르다 계획(The Cerda plan), 비엔나의 링슈트라세(Ringstrasse) 등이 그러한 예이다. 그러나 이러한 계획도시조차 이후에는 분할된 토지소유권에 근거해 점차 확장되는 도로와 기반시설을 따라가면서 점진적이고 유기적인 개발과정을 거쳤다(Kostof, 1991).

산업혁명에 이르기까지 도시개발은 여러 요인으로 인해 근본적으로 제약을 받았다. 오늘의 기준에 비추어 보면 당시 도시공간의 규모는 상대적으로 작았는데, 그것은 다음과 같은 요인들에 의해서였다.

• 수송방식과 속도 : 보행·마차·수레 등에 의존해 있어 수송방식과 속도가 제약받았다.

- 건축자재의 이용 가능성 : 각 도시는 그 지역에서 생산되는 재료를 사용할 수밖에 없었고, 이는 상대적으로 통일된 외관을 보였다.
- 건설공법 : 하중을 받는 벽돌조(조적조)나 목조방식에 한정되어 있었다. 이러한 재료의 사용은 건물의 높이를 최대 6~7층 정도로 제한하였고, 고층 건축에 필요한 리프트가 없었던 점도 제약으로 작용했다. 더 높은 건물은 성당이나 망루같이 특별한 용도로 예외적으로 건설된 것뿐이었다.

산업혁명에 이르기까지 도시조직은 대체로 점진적인 변화를 보였다. 이러한 도시의 변화방식은 다음 세대에게 연속성과 안정성을 느낄 수 있게 해주었다. 그러나 19세기에 들어 자본주의가 발달하고 도시화가 급격히 진행되면서부터 도시가 가지고 있던 규모나 개발속도는 현저히 달라졌다. 산업화로 인해 판유리, 철골, 콘크리트, 경량골조 등 새로운 건축자재와 기술이 도입되면서 그때까지 건축과 그 규모를 제약하던 요소들도 변하게 되었다. 철도, 엘리베이터, 내연엔진과 같은 기술적인 발전도 도시공간을 크게 바꿔놓았다. 또한 여러 가지 사회경제적인 혁신도 도시를 크게 변모시켰는데, 가령 병원, 대형 사무실, 호텔, 공장 등과 같은 새로운 기관이 나타난 것이다. 건축가와 엔지니어들은 새로운 수요와 도전에 부응해 새로운 계획과 구조물을 창안해내려고 노력했다. 그리고 이러한 노력은 이른바 모더니즘으로 발전하게 되었다.

모더니즘(modernism)은 19세기 말과 20세기 전반에 걸쳐 건축과 도시계획 분야에서 대두되었다. 모더니즘은 한편으로는 19세기 공업도시의 열악한 슬럼이 제기하는 사회문제를 해결해야 한다는 생각에서 태동했고, 또 다른 한편으로는 새로운 '기계의 시대'의 도래에 따라 기술발전과 산업생산으로부터 사회가 편익을 얻을 수 있는 만큼 건축과 도시계획이 이에 부응해야 한다는 생각에서 태동한 것이다. 도시설계 문제에 있어 선도적인 모더니스트는 스위스의 건축가이자 계획가인 르 코르뷔지에(Le Corbusier)였다. 당시 가장 영향력 있는 도시설계 강령으로 '아테네 헌장(The Charter of Athens)'이 공표되었는데, 이는 르 코르뷔지에의 주도하에 창설된 CIAM(The International Congress of Modern Architecture)의 1933년 총회에서 채택된 것이었다.

　당시 여러 가지 사회문제와 기회요소는 모더니스트들의 도시공간 설계에 대한 생각에 영향을 미쳤다. 그들은 현대 사회가 제기하는 여러 문제와 기회에 대응하여 도시형태는 어떠해야 하는가에 대해 새로운 원칙을 개발했다(Box 2.1). 낮은 건물이 늘어선 거리와 광장, 바깥으로 건물이 둘러싼 외곽형 블록(perimeter block)과 같은 전통적인 도시형태보다는 오픈스페이스와 공원이 풍부한 가운데 슬래브 건물이 자유롭게 배치된 포인트 블록(point block)이 더 낫다고 보았다. 전처럼 도시공간이 건물들에 의해 둘러싸이기보다는 건물 주위를 자유로이 흐르는 것이 바람직하다고 생각한 것이다.

　모더니즘의 이념을 구현할 수 있는 기회와 정치적 의지는 1945년 이후 가시화되었다. 2차 세계대전 후 유럽의 도시재건 노력과 미국의 슬럼지구 재개발 프로그램 그리고 대부분 선진국에서 추진된 도로 건설 정책 등이 그것이다. 이전 도시형태에 대한 점진적인 수복과 개량, 충진적 개발 같은 부분적인 개선보다는 전면적인 재개발을 통해 눈에 띄게 물리적인 환경을 개선해야 한다는 주장이 채택되었고, 이는 진보와 현대성에 대한 욕구와 열망으로 정당화되었다. 2차 세계대전 후 도시는 철거와 재개발을 통해 변화의 속도가 극적으로 가속화되고 규모 면에서도 괄목할 만한 물리적인 변화를 보였다.

　전면적인 도시 재개발은 도시환경의 질을 높이고 보다 효율적인 교통망을 제공할 것이라는 희망을 낳았다. 그러나 동시에 역사적인 가로망 패턴과 도시공간에 대한 전통적인 관념을 파괴하기도 했다. 도시 재개발은 기존의 경제적·사회적 인프라를 교란시켰고, 그 결과 상당한 부작용을 드러냈다. 가령 재개발을 통해 만들어진 대형 블록은 토지이용 패턴을 단순화했는데, 그것은 경제적으로 미미할지 모르나 사회적으로는 바람직한 용도와 활동을 담을 수 있는 틈새공간을 없앤 것이었다. 그리고 이러한 용도와 활동이 바로 지역사회를 다양하고 생명력 있게 가꿔주던 것들이었다. 그런데도 2차 세계대전 직후인 이 시기에는 중심도시 지역이나 혼합 용도의 근린주구, 저소득 노동계층의 주거지 등에서 물리적·사회적·문화적으로 촘촘히 얽힌 공간조직이 파괴되는 것을 대부분 심각한 문제없이 받아들였다.

Box 2.1

모더니즘 도시공간 설계의 특성

건강한 건물

초기의 모더니즘 도시계획과 설계는 공업도시의 열악한 물리적 조건에 대한 대응이었다. 19세기 말에서 20세기 초에 개발된 의학지식은 보다 건강한 건물과 환경을 어떻게 설계해야 하는가에 대해 기준을 제시했다(채광 · 통풍 · 환기 · 오픈스페이스에 대한 접근성 등). 이를 위한 최선의 방법은 건물들을 서로 떼어놓고, 태양을 향하도록 배치하며(이전처럼 길에 면하여 배치하는 것이 아니라), 공기가 자유롭게 흐르도록 하고, 풍부한 빛과 통풍을 확보하기 위해 건물을 분산시키고 고층화하는 것이라고 주장했다.

건강한 환경

모더니스트들은 건물의 내부조건을 보다 건강하게 하는 동시에 건강한 환경을 창조하기 위해서도 노력했다. 보다 큰 규모의 건축에서는 좋은 환경의 조건으로 통풍과 채광 확보를 중요시했는데, 이는 혼잡을 줄이고 거주밀도를 낮추며 주거와 산업지를 분리함으로써 이룰 수 있다고 믿었다. 기능적으로 토지이용을 구분하자는 생각은 아테네 헌장(The Charter of Athens)의 기본이었다. 토지이용이 상이한 지역들 사이에 그린벨트를 두도록 하기 위해 도시계획에서 엄격한 용도지역 구분을 제안했다. 이것은 환경적인 측면은 물론 결과적으로 도시가 더욱 효율적이고 질서가 잡힐 것이라는 점에서도 정당화되었다. 이와 같이 구분된 토지이용을 새로운 교통수단을 통해 통합할 수 있을 것이라고 믿었던 것이다.

자동차의 수용

자동차와 고속도로는 새 시대를 나타내는 상징이었다. 이를 통해 도시는 농촌의 일부가 될 것이라고 생각했다. 르 코르뷔지에는 "나는 사무실에서 한쪽 방향으로 50km 떨어져 소나무 아래서 살 것이다. 그리고 내 비서는 그 반대 방향으로 50km 떨어져 또 다른 소나무 아래서 살 것이다. 우리는 모두 차를 가질 것이다. 타이어와 기어를 사용하고, 오일과 가솔린을 소비할 것이다."라고 말했다(Le Corbusier, 1927). 아테네 헌장은 기존의 도시가 자동차와 다른 여러 형태의 기계화된 교통수단을 수용하기에는 취약하다고 선언했다. 그러므로 도시를 대대적으로 개조할 필요가 있는데, 이때 자동차와 보행자는 서로를 분리하고, 자동차의 속도를 떨어뜨리는 길은 없앰으로써 해결이 가능하다고 주장했다.

건축설계 철학

모더니즘은 건물설계 시 외부공간보다 내부공간을 우선시했다. 즉 무엇보다 건물의 기능적 요구조건을 충족시키는 것을 중요시했고, 이에 따라 통풍 · 채광 · 위생 · 전망 · 여가 · 활동성 · 개방성 등을 우선 고려했다. 건물을 설계할 때는 반드시 도시의 맥락에 대응할 필요는 없고, 자체의 내적 논리에 따라 공간 속의 오브제로, 즉 하나의 조각품으로 설계되어야 한다고 믿었다. 그리고 이러한 방식으로 건물을 설계해야만 건물의 현대성을 표현할 수 있다고 여겼다.

과거에 대한 태도

모더니즘은 19세기 역사주의에 반하는 입장을 취하면서도 당시의 시대정신은 적극 포용하려고 했다. 모더니즘은 과거와의 과감한 단절과 탈피를 표현했다. 과거를 미래에 대한 장애물로 인식했으며, 연속성보다는 상이함을 강조했다. 비록 이러한 과거에 대한 부정이 실제로 그랬다기보다는 수사적인 면이 강했다 할지라도 이는 모더니즘의 자세와 가치를 정립하는 데 중요하게 작용했다(Middleton, 1983, p.730).

　　이러한 도시공간 설계에 대한 모더니스트의 이념과 당시 풍미하던 도시개발의 관행 및 결과에 대해 여러 가지 대응과 비판이 있었다(Box 2.2). 오늘날의 도시공간 설계는 이러한 결점을 인식하고 여기서 자극을 받게 되었다. 그러나 모더니즘을 비판하는 사람들은 대부분 모더니즘을 실제보다 더 획일적으로 보려는 경향이 있다. 따라서 모더니즘과 관련해서 보다 섬세하고 체계적인 논의들을 살펴볼 필요가 있다. 웰소프가 말했듯이, 모더니즘의 많은 장점이 이제는 그저 주어진 당연한 것으로 간주되고 있기 때문이다(Wellsthorpe, 1998, p.105).

　　'4가지 운동으로 본 현대 도시'라는 흥미로운 논문에서 슈와처는 현대 도시의 다양한 개발과정과 도시설계 아이디어를 다음과 같은 유형으로 요약하고 있다(Mitchell Schwarzer, 2000, pp.129~36).

1. 전통적 도시론(traditional urbanism) : 이 유형은 격자형 가로, 공공 광장, 어느 정도 밀도가 높은 주거 및 보행자 통로 등으로 특징지어지는 지난 시대의 도시형태를 추구한다. 오늘날 자동차 중심의 도시에서 드러나는 장소성의 상실과 무분별한 도시 확산을 비판하면서 전통적인 도시의 특성으로부터 보다 진정한 도시의 틀이라고 여겨지는 것을 회복하고자 한다.

2. 관념적 도시론(conceptual urbanism) : 이 유형은 도시가 과거에 어떠했으며, 현재는 어떤 모습이고, 또 미래는 어떠해야 하는가에 대한 가정에 얽매이지 않고 보다 급진적인 태도를 취한다. 관념적 도시주의자들은 도시의 유동적인 불안정성과 그것이 갖는 실재적 관성을 인정하고 받아들인다. 이들은 현대 도시생활의 혼돈과 혼잡을 비난하지 않을 뿐 아니라 그러한 단절과 무질서로부터 새로운 도시이론을 찾으려는 실험을 계속한다.

3. 시장적 도시론(marketplace urbanism) : 이 유형은 도시에서 나타나는 거대한 재정적·기술적·정치적 에너지를 반영하고 있다. 이러한 에너지는 고속도로의 인터체인지 주변, 수천 에이커에 달하는 농경지, 또는 기존 도시의 경계부에서 집중적으로 도시개발을 일으킨다. 시장적 도시론자들은 교외지역에서 일어나는 대규모 개발과 막강한 경제력을 가진 주변도시가 일반대중의 가치(popular value)에

Box 2.2

모더니즘 도시공간 설계의 특성과 비판

참여와 개입

모더니즘은 최종 사용자와의 대화가 부족했던 것으로 인식되어왔다. 예컨대 르 코르뷔지에(Le Corbusier)는 "사람들이 그의 비전을 알기 위해서는 교육을 다시 받아야할 것"이라고 주장한 바 있다(Knox, 1987, p.364에서 인용). 월터 그로피우스(Walter Gropius)도 건물 사용자들과 대화를 나누는 것은 바람직하지 않다고 생각했는데, 그들이 지적으로 충분히 성숙하지 않았기 때문이라는 것이 이유였다(Knox, 1987, p.366에서 인용). 이에 사용자들의 의견·선호·열망을 이해하고 그에 대응하기위해 사용자와 지역사회에 의견을 묻는 일의 가치를 옹호하는 주장이 새롭게 대두되기도 했다. 그러나 실제로일어난 일은 이러한 주장에 완전히 부합하지는 못했다. 참여를 추구한 여러 시도가 있었지만 대체로 하향적인접근방식을 벗어나지 못했으며, 이 또한 시민을 위한다는 명분만 있었지 시민과 함께하거나 시민에 의해서 이루어지는 방식의 참여는 아니었다.

보존

1960년대 말에 이르러 전통적인 환경이 가지고 있는 문화·역사적 속성에 대한 인식이 새롭게 바뀌었다. 모더니즘 환경에 대한 비판과 회의가 늘면서 전통적 환경이도심활동과 시민생활을 더 잘 수용하고 지원할 수 있으리라는 인식이 확산된 것이다. 실제로 1960년대와 1970년대 초반에 걸쳐 유럽 전역과 미국에서 역사지구를 보호하려는 여러 정책이 도입되었고, 보존은 도시계획의중요한 일부가 되었다. 이에 따라 도시환경의 맥락에 대한 관심이 고조되었고, 장소와 역사의 고유성을 존중하고 지역의 공간적 패턴과 유형의 연속성을 살려나가려는움직임이 곳곳에서 일어났다. 모더니즘이 추구하는 국제주의와는 상반된 입장이었다.

혼합 용도

토지이용을 기능적으로 구분해야 한다는 논리는 교통수단의 발달과 높은 지가로 인해 더욱 힘을 받는다. 높은지가는 수익이 낮은 용도를 배척할 수밖에 없으며, 이러한 토지이용 논리에 따라 도시 중심부는 이전보다 덜 복잡하고 활력도 떨어지게 되었다. 도심부가 점점 더 황량해지는 것은 단일기능의 대규모 오피스블록을 조성한 때문이며, 전통적인 가로활력의 활동을 대부분 건물 내부로 끌어들이는 쇼핑몰을 건설하는 것도 한 이유이다.

도시형태

전통적인 도시의 특성과 규모에 대한 새로운 자각이 일면서 일부 비평가들은 도시설계에 있어 형태론적 접근을옹호했다. 형태론적 접근은 이제까지 실제에 적용하여검증받은 전통적인 공간형태와 유형에 기반을 두는데,이는 과거와의 단절보다는 연속성을 강조한다. 모더니즘의 도시공간 설계가 낳은 결과에 만족하지 못한 여러 이론가들이 점차적으로 많은 영향을 발휘했다. 이들은 모더니즘이 이룬 최고의 단일 업적은 더 많은 거장을 만든것이지만, 좋은 거리와 도시를 만드는 일에는 실패했다고 평가한다. 일반적인 도시 조직과 그것의 전반적인 조화에 있어서 모더니즘 이전의 시대가 더 좋았다는 인식이다(Kelbaugh, 1997, p.95).

건축

모더니즘 건축에 대한 각성, 혹은 산업화된 생산방식과건설공법에 대한 환상에서의 깨달음은 『Form Follows Fiasco(Blake, 1974)』나 『From Bauhaus to Our House(Wolfe, 1981)』와 같은 책에 잘 나타나 있다. 로버트 벤추리(Robert Venturi)는 1966년 그의 저서 『건축의복잡성과 모순성(Complexity and Contradiction in Architecture)』에서 세계적인 건축양식과 건축적 모더니즘이 표방하는 순수주의, 최소주의 및 엘리트주의의 독

▶

단에 의문을 제기했다. 이 책에 이어 출간한 저서 『라스베이거스로부터의 교훈(Learning from Las Vegas)』에서는 건축에 대한 새로운 아이디어를 제시했는데, 이는 건조환경에는 장식적이고 맥락적인 속성이 있음을 인식하고 건축양식의 다양성을 받아들이자는 것이었다. 북미의 많은 도시 중심부는 코스토프(Kostof)가 말하는 '자동차 영역'으로 변했다. 빼곡하게 개발된 블록 옆에는 주차장에 자리를 내어준 빈 블록들이 있다.

사람을 위한 도시

도시형태에 있어 자동차의 영향은 미국의 많은 도시 중심부에서 생생하게 확인할 수 있다. 코스토프(Kostof, 1992, p.277)는 특히 디트로이트·휴스턴·로스앤젤레스 같은 도시는 근대주의적 도시성을 나타내고 있지만 그것은 르 코르뷔지에가 꿈꾸었던 것과는 거리가 멀다고 본다. "르 코르뷔지에의 상징적인 비전인 공원 속의 타워는 미국 도시에서 주차장 속의 타워로 변질되었다." 미국보다는 그 변형의 정도가 약하지만 유럽의 도시들도 도로건설 등으로 인해 변화를 경험했다. 도로는 가로의 사회적 속성을 갖지 않으며, 도시를 자르고 파편화하는 경향은 단절의 문제를 야기한다(4장 참조). 자동차만을 지나치게 강조하는 근대주의 사고에서 벗어나 보행자에 관

심을 쏟는 새로운 관심이 대두되었다. 보행자가 주가 되는 환경(자동차를 완전 배제하는 것은 아니지만 보행자를 위한 규모와 페이스, 안락함 등을 확보하는 것)과 다양한 교통형태의 이용을 촉진하는 환경을 만들고자 하는 욕구가 있었던 것이다.

잘 부합하는 증거라고 본다. 이러한 도시성을 추구하는 입장을 실용주의라고 할 것인데, 실용주의란 결국 시장에서 상품화하는 것과 다를 바 없다.

4. 사회적 도시론(social urbanism) : 도시 현실의 사회적 의미를 되새겨 보려는 입장으로서 오늘날의 미국 도시가 나타내는 대부분의 양상, 특히 상품화된 자본주의가 초래한 불균등한 결과를 비판한다. 이들은 도시 안에서 자본이 무시하거나 회피한 지역에 초점을 맞추어 자본주의의 도시성을 비판한다. 이러한 지역은 자본의 불균등한 집중, 기업과 부동산시장의 쉴 새 없는 경쟁, 끊임없는 사회운동에 따른 도시생활의 지속적인 훼손을 나타내는 것으로 본다.

이상의 네 가지 유형은 서로 반대되는 것끼리 묶어 두 개의 유형으로 나누어볼 수 있다. 전통적 도시론과 관념적 도시론은 도시를 설계하는 데 무엇을 참고해야 하며, 도시형태를 어떻게 만들어갈 것인지에 대해 서로 다른 아이디어를 제시한다. 시장적 도시론은 현대 도시의 형태를 만들어내는 힘들에 대한 생각을 보여주는 반면, 사회적 도시론은 그러한 현대 도시의 조건을 비판한다. 전통적 도시론은 뉴어버니즘과 생각을 같이하며, 관념적 도시론은 뉴모더니즘과 연결된다(Box 2.3). 슈와처(Schwarzer)의 유형 구분은 주로 미국의 사례에 기반을 두고 있긴 하지만 일반적으로 적용하는 데는 무리가 없을 것이다. 또한 그가 제시한 유형이 전부는 아닐 것이며, 다른 접근도 가능하다. 예컨대 시장적 도시론과 사회적 도시론이 나타내는 두 가지의 현실을 모두 인정할 수도 있고, 관념적 도시론의 기회를 받아들이면서 전통적 도시론의 가치를 존중할 수도 있는 것이다.

┃ 도시형태의 변화 ┃

도시는 역사적으로 크게 세 단계의 시대를 거쳐 진화해왔다. 첫 단계에서 도시는 주로 교역의 장소였으며, 두 번째는 산업생산의 중심지였고, 세 번째는 서비스와 소비의 중심지였다. 도시가 태생한 것은 사람들이 모여야 할 필요가 있기 때문이었다. 즉 사람들은 안전과 방어, 상품과 서비스의 교환 및 판매, 정보와 자원의 획득과 같은 목적을 위해 모일 수밖에 없었다. 어떤 조직을 형성하고 공동작업을 한다든지, 특별한 장비나 기구를 공동으로 사용하기 위해서도 사람들은 모일 필요가 있었다. 이렇듯 적어도 처음에는 사람들이 같은 시간에 같은 장소에 모여 서로 교류하지 않을 수 없었고, 이는 도시를 형성하는 데 근간을 이루었다.

시간과 공간상에서 사람들이 모인다는 것은 중요한 사회적 의미를 지닌다. 문화적인 관점에서 그것은 도시적인 것의 본질이기 때문이다. 예컨대 올덴버그(Oldenburg, 1999, p.xxviii)는 "대중이 모이는 장소는 사람들의 생활과 떼려야 뗄 수 없는 관계인데, 이런 곳이 없다면 도시라는 개념은 성립되지 않는다. 도시의 본질이란 사람들이 여러 형태로 관

Box 2.3

뉴모더니즘(new modernism)

1980년대 중반 이후로 급진적인 뉴모더니스트 접근방법이 해체주의와 밀접히 연관되면서 건축적 아방가르드를 형성해오고 있다. 실제로 완성된 프로젝트로서보다는 주로 아이디어로 나타나고 있는 이 새로운 흐름은 건축과 도시가 현대의 사회조건을 보다 정확히 반영해야 한다고 주장한다. 젱크스는 뉴모더니즘이 그 이념을 전달하기 위해 사용하는 수사학 표현들을 추려낸 적이 있는데, 예를 들면 '괴리적 복잡성', '폭발적인 공간', '열광적인 불협화음', '주제를 가진 장식', '기억의 흔적', '희극적 파괴', '비장소적 확산' 등의 생소한 표현들이다(Jencks, 1990, pp. 268~87). 뉴모더니스트들은 사회를 적극적으로 만들려고 시도하기보다는 단지 작품에 사회를 반영하려는 경향이 강하며, 이러한 작업에 있어서 모더니즘이 가졌던 사회적 이념으로부터는 등을 돌린다. 켈바우(Kelbaugh)는 이것을 기본적으로 '허무주의'라고 보는데, 그것이 현대생활의 균열과 이탈, 날카로움, 일시성을 받아들이고 심지어는 이를 축복까지 하기 때문이라는 것이다. 이와 유사한 입장에서 엘린은 해체주의를 아무런 사회적 어젠다를 갖지 못한다는 점에서 극도로 냉소적인 것으로 간주한다(Ellin, 1999, p. 14). 그들은 그저 "이 세상은 혼잡하고 어수선하니 우리는 정직하게 그것을 표현해야 한다."고 말할 뿐이라는 것이다.

뉴모더니스트의 여러 프로젝트는 수학의 한 분야인 '프랙탈 기하학(fractal geometry)'을 사용했다는 점에서 특이하다. 휘어진 모양과 구조를 구성할 수 있는 컴퓨터의 성능을 이용해 뉴모더니스트들은 건물형태를 나누고 해체시켜 가는 조각과 파편 모양으로 만들었으며, 또 어떤 이들은 건물을 비틀고 뒤틀어서 포장지로 싼 듯한, 정돈되지 않은 건물을 만들었다(Kelbaugh, 1997, p. 71).

뉴모더니스트들은 도시설계를 이 책에서 의도하는 것과 같이 보다 넓은 의미로 이해하기보다는 규모가 큰 건축으로 보려는 경향이 있다. 지금까지는 도시개발 과정에 실제로 미친 영향보다 이론적인 영향이 더 컸다. 뉴모더니즘의 주요 이론가들이 설계한 건물과 도시 프로젝트는 얼마 되지 않는다. 아직까지 대규모의 프로젝트도 없다. 다만 프랭크 게리(Frank Gehry)의 빌바오

구겐하임미술관이나 다니엘 리베스킨드(Daniel Libeskind)의 베를린 유태인박물관과 같이 실제로 지어진 건축물들은 괄목할 만한 도시 이벤트의 성격이 강하다. 이들은 주변의 도시 맥락과 화합하지 않고 오히려 매우 다른 형태로 배치되면서 풍부한 시각적·심미적 체험을 할 수 있도록 한 극단적인 예이다(8장 참조). 이렇듯 뉴모더니즘이 흥미로운 건물이나 환경, 공간을 만들어냈는지는 모르지만, 그런 건물이나 환경은 그 속에서 살거나 일하기 위한 것이라기보다는 그저 바라보거나 가끔 방문하는 사람들을 위해 만들어진 것이 아닐까 싶다. 켈바우는 해체주의나 모더니즘 모두 자기중심적인 건물을 만들어왔다는 점을 주목하면서, 이 두 가지는 도시의 기존 맥락을 철저히 불신하고 있다고 여긴다. 모더니즘은 순수한 유클리드 기하학을 추구하며, 해체주의는 파편적인 프랙탈 기하학을 추구한다. 켈바우는 결론적으로 다음과 같이 말한다. "해체주의는 중심 없이 파편화된 현대사회의 현실을 예찬함으로써 도시의 명료성·응집성·문명화를 포기했으며 심지어 도시적 특성 그 자체의 가능성마저 포기했다(Kelbaugh, 1997, p. 71)."

구겐하임미술관, 스페인 빌바오, 프랭크 게리 설계

계를 맺고 다양한 방식으로 접촉하는 것인데 모이는 장소가 없다면 이것들을 담아내고 배양할 여지가 없기 때문이다."라고 주장했다(6장 참조).

정착생활을 시작한 이후 사람들이 모여 살아야 할 필요성은 상당히 커졌다. 같은 시간, 같은 장소에 효과적으로 모일 수 있는 기술과 수단도 늘어났으며, 이는 주거지의 형태와 특성에도 중요한 영향을 미쳤다. 운하 · 철도 · 자동차 등 교통수단의 혁신을 통해 기동성이 증대되었고, 향상된 기동성은 공간상의 활동 분포와 도시공간의 형태 변화에 핵심적인 요인으로 작용했다. 시공간(단위시간당 여행 가능 거리)을 크게 단축시켰으며, 도시 지역은 더욱 넓게 뻗어나갈 수 있게 되었다. 통신기술에서도 전보 · 전화 · 이메일 · 화상회의 등 많은 변혁이 있었고, 이러한 기술은 다양한 교류방식을 가능하게 해주었다.

각 시대의 도시개발 형태는 교통 및 통신기술의 발달에 따른 산물이라고 할 수 있다. 예컨대, 보르헤르트는 미국 도시의 발전 단계를 다음과 같이 구분하고 있으며, 각 시대는 각기 다른 도시형태를 만들어냈다(Borchert, 1991 ; Knox and Pinch, 2000, p.86에서 인용).

- 철도 이전 시대(1830년 이전)
- 기관차 시대(1830~1870)
- 시내전차 시대(1870~1920)
- 자동차 및 저렴한 유가 시대(1920~1970)
- 제트엔진 및 전자통신 시대(1970년 이후)

『비트의 도시 : 공간, 장소, 정보고속도로(City of Bits : Space, Place and the Infobahn)』라는 책에서 미첼은 이전 시대에 상하수도망, 전기, 기계화된 교통수단, 전선, 전화 같은 것들이 그랬던 것 못지않게 미래에는 디지털 정보통신망이 도시형태와 기능을 급격히 바꾸어놓을 것이라고 주장한다(William Mitchell, 1994). 이전에는 사람들의 활동이 한곳에 국한되었지만, 이제는 전자통신 네트워크의 구축으로 시공간을 초월해서도 교신을 할 수 있기 때문이라는 주장이다.

근접 · 원격 또는 동시적 · 비동시적 커뮤니케이션의 비용과 편익에 대해 미첼은 동료에게서 정보를 얻는 사례를 통해 설명하고 있다(1999,

p.136). 그는 역사적인 맥락에서 커뮤니케이션의 방식을 네 가지 단계로 나누고 있는데, 이러한 구분은 도시형태의 발달을 설명하는 데 도움이 된다(그림 2.1). 대면 접촉 커뮤니케이션은 가장 집중적이고 높은 질과 즐거움을 얻을 수 있는 상호교류 방식이지만, 반면 이동을 하고 공간을 소비해야 하므로 가장 비싼 방식이기도 하다. 이와는 달리, 원격 및 비동시적 커뮤니케이션은 참여자들이 시공간상에서 서로 떨어져 있기는 하지만 훨씬 더 편리하고 대체로 비용도 덜 드는 방식이다. 그러므로 물리적 공간상이든 네트워크상이든 증가된 기동성은 활동공간에 집중할 필요성을 줄임으로써 여러 활동의 공간적인 분산을 낳게 되었다.

　아마도 전자통신은 인간의 활동을 분산하고 도시화를 해체하는 이제까지 경험해보지 못한 가장 강력한 힘일 것 같다. 많은 전문가들은 초고속 정보통신망(information superhighway)이 도시로부터 사람들과 일자리를 더욱 분산시킬 것이라고 전망한다. 피터 홀은 결국 전화나 자동차와 같은 이전의 기술혁신에서도 나타났듯이 초고속 정보통신망 또한 그것의 기술혁신에 따라 이 사회를 변화시킬 것이라고 밝혔다(Peter Hall, 1998, p.957). 미첼은 새로운 기술이 이제껏 사람과 활동을 모여 있게 만들었던 '접착제(glue)'를 녹여버렸다고 본다(1995, p.94). 그 접착제란 함께 일하는 사람들과 대면 접촉을 해야 하는 필요성, 값비싼 정보처리장비와 중심지 정보에 접근해야 할 필요성 같은 것들이었다. 또

그림 2.1 커뮤니케이션의 방식

	동시적(synchronous)	비동시적(asynchronous)
근접 (local)	예 : 마주 보면서 말함. 문자를 쓰기 이전의 사회에서 다른 대안이 없어 사용한 방식. 활동은 근접해 동시적으로 접촉할 수 있는 방식에 국한되었고 커뮤니케이션의 비용은 도시의 규모와 형태를 제약함	예 : 노트를 남김. 문자를 사용할 수 있게 되면서 상당 부분의 교류가 이 방식으로 전환됨. 도시는 현대적인 특징을 갖는 형태로 발전하기 시작
원격 (remote)	예 : 전화로 말함. 통신기술의 발달로 멀리 떨어져 있으면서도 동시에 교류할 수 있는 유형이 생겨남. 조직과 사회단위의 규모가 커지고 세계화의 과정이 시작됨	예 : 이메일을 보냄. 디지털 네트워크의 발달로 활동이 매우 저렴한 원격-비동시적 유형으로 전환됨

(출처 : Mitchell, 1999, pp.136~8을 활용하여 작성)

한 교통 및 통신기술이나 사회경제적 조직형태 그리고 다른 부문의 기술(예컨대 건설공법)은 계속 변화하고 있다. 아마존(Amazon) 같은 온라인 서점과 전통적인 지역 서점을 비교함으로써 앞으로 일어날 잠재적인 변화를 살펴볼 수 있다(표 2.1).

이렇듯 통신기술의 발달로 도시와 주변 도시권역은 공간적으로 분산되고 유동적이 되었지만, 이런 물리적 측면이 아닌 전자적인 측면에서 보면 오히려 전보다 더 긴밀히 연결되고 통합되어 있다. 다만 교통과 통신기술의 중요성을 인정한다는 것이 기술적 결정론으로 흐르지는 않도록 해야 한다. 기술을 적용하는 것은 사회의 흐름에 따라 조정된다. 분산이라든가 소위 '거리의 소멸(death of distance)', 그리고 도시의 종말 같은 섣부른 결론은 경계해야 한다. 피터 홀은 "정보기술이 그처럼 단순하거나 결정적인 방식으로 분산을 가져오리라고는 생각하지 않는다."고 했다(Peter Hall, 1998, p.943). 그에 의하면, "새로운 기술은 이전의 산업을 변형해 새로운 산업을 만들어내고, 기업과 사회 전체를 새로이 조직할 수 있는 방식을 제시하며, 사람들의 삶에 대한 잠재력을 변모시키는 등 새로운 기회와 가능성을 제공하는 것일 뿐 이러한 변화를 강제하는 것은 아니다."는 것이다. 카스텔도 도시의 인구 집중 현상이 사라질 것이라는 여러 예언에도 불구하고 집약적인 도시 파리가 가정에 기반을 둔 텔레마틱 시스템(telematic system: 전화와 컴퓨터를 결합한 정보 서비스 시스템)을 이용하는 데 있어 얼마나 성공적인가를 간파한 바 있다(Manual Castells, 1989, pp.1~2). 또한 미첼도 다음과 같은 의문을 제기한다(1995, p.169). 전국적·세계적 정보 인프라

표 2.1 통신기술의 영향

전통적인 지역 서점	온라인 서점
• 고객이 책을 살펴보고 구매할 수 있는 공간을 제공 • 책을 살펴보고 구매하는 행위는 사회적 접촉이 됨 • 책을 살펴보고 구매하는 것은 개점시간 동안에만 가능 • 책은 서점 안에 비치해야 함 • 서점은 고객 가까이 입지해야 함 • 서점은 '실제로' 존재하며, 광고와 고객 접촉은 지역 내에서 이루어짐 • 서점의 관리와 회계 업무는 건물 내의 사무실에서 이루어짐	• 책을 살펴보고 구매하는 일은 장소에 상관없이 인터넷이 연결된 곳이라면 어디서나 가능(이러한 행위는 분산됨) • 책을 사는 행위는 개인적 활동이 됨 • 책의 구매는 24시간 내내 가능 • 책의 보관 및 배송은 지가가 저렴하고 교류가 좋은 곳에 집중됨 • 서점은 모든 곳에 있을 수도, 혹은 어느 곳에도 없을 수도 있음 • 서점은 가상적으로 존재함 • 노동력을 구할 수 있는 곳이면 어디서든 서점 운영이 가능함

(출처 : Mitchell, 2002, p.19로부터 재작성)

의 개발과 그에 따른 사회경제적 활동의 사이버 공간으로의 이동이 기존 도시를 파편화하고 붕괴할 것인가? 아니면 파리는 사이버 공간이 도저히 가질 수 없는 어떤 특징을 갖고 있는가?

다음에 이어지는 세 파트에서는 하나의 강한 중심부를 가졌던 산업시대의 도시로부터 중심부가 여러 개로 분산되고 공간적으로도 확장된 후기 산업 및 정보화시대의 도시 지역에 이르기까지 도시형태의 진화에 대해 논의한다. 도시설계가들이 이러한 도시의 진화과정을 이해하는 것은 중요하다. 도시설계는 새로운 도시형태를 만들어내는 일을 다루지만, 동시에 이제까지 도시의 성장과정을 통해 만들어진 도시형태에 대응해야 하는 일이기도 하기 때문이다.

| 산업도시 |

18세기 자본주의 경제가 본격적으로 출현하고 19세기 산업혁명이 도래하기 이전까지 도시는 기본적으로 규모가 작은 정주공간이었다. 18세기 말과 19세기에 걸쳐 처음에는 영국에서, 그리고 뒤를 이어 다른 나라에서도 중요한 사회경제적인 변화가 일어났다. 인구가 빠르게 증가하면서 농업 생산기술이 발전했고, 이는 농촌지역의 노동력 과잉현상을 낳았다. 이에 반해 공장과 광산이 있는 도시 지역은 꾸준히 번영해 그곳에 가면 일자리를 구할 수 있을뿐더러 생활환경의 수준도 높다는 인식을 갖게 하여 도시 지역으로의 이주현상을 촉발했다. 또한 증기기관의 발명으로 노동력의 집중을 더욱 필요로 하는 공장 시스템이 가능해졌다.

이러한 도시의 급격한 성장은 심각한 문제를 불러왔다. 대중교통 수단이 없어 노동자들은 공장에서 도보거리 내에 밀집해 거주해야 했고, 매우 부실하게 건설된 노동자들의 집들 주위로 공장이 무분별하게 들어서 주택과 공장이 구분 없이 혼재하게 되었다. 이러한 조건은 비위생적이고 건강하지 못한 환경을 만들어냈다. 또한 급격한 성장에 따른 문제에 대처하는 데 있어 시 당국은 경험도 없는 데다 제대로 조직도 갖추지 못하고 있었다.

그럼에도 도시인구의 성장은 괄목할 만한 수준이었다. 1801년 잉글랜드와 웨일즈 지역의 도시인구는 3백만 명으로서 전체 인구의 약 1/3

을 차지하고 있었다.❶ 그러나 1911년에 이르러, 도시인구는 3천6백만 명으로 영국 전체 인구의 대략 80%에 이르렀다. 결국 현대도시 혹은 산업도시는 산업혁명의 산물이었다고도 볼 수 있다.

20세기 초에 들어 도시형태 및 구조를 규정하고 설명하는 데 있어 가장 영향력 있는 주장이 시카고대학의 도시사회학과에서 나왔는데, 이들은 '시카고 학파(Chicago School)'로 알려져 있다. 시카고는 당시 새롭게 발전하는 도시로서 산업화 과정을 통해 빠른 성장세를 보이고 있었다. 버지스(Burgess)의 동심원 모델을 주축으로 도시구조에 대한 여러 모형이 시카고대학의 연구에 기초하고 있었는데, 그렇기 때문에 이들 모형은 시카고의 도시구조가 어떠하며 그것을 만들어낸 힘은 무엇인가에 대한 연구결과를 반영한 것이기도 했다(그림 2.2). 발달된 산업도시는 전형적으로 상업기능을 하는 하나의 강한 도시중심부(a dominant city center), 또는 중심업무지구(CBD : Central Business District)를 갖는다. 중심부를 둘러싸고 공장들이 반지 모양으로 들어서며, 그 인근에는 대규모의 노동자 거주지를 필요로 하므로 다시 그 바깥에 노동자 계층의 주거지가 반지 모양으로 개발된다. 이 너머에는 주로 중산층의

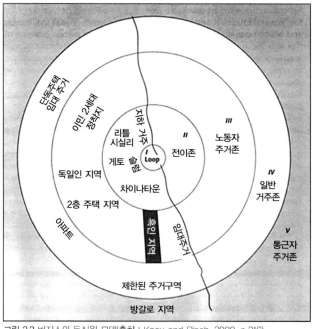

그림 2.2 버지스의 동심원 모델(출처 : Knox and Pinch, 2000, p.216)

주거지가 다시 반지 모양으로 교외지역을 형성한다. 이러한 모형은 도시중심부(CBD)가 교통망과 도로체계의 중심이기 때문에 가장 접근성이 좋은 도시중심부에 초점을 맞추어 도시구조를 설명한다. 어떤 부지를 이용하려고 서로 경쟁을 하고 토지이용 용도에 따라 더 높은 가격을 지불할 용의가 있다는 것은 곧 토지의 가치는 접근성이 월등한 도시중심부에서 가장 높다는 것을 의미한다. 즉 토지의 가격과 도시개발의 강도는 도시중심부에서 멀어질수록 점차 감소한다.

┃ 후기 산업시대의 도시형태 ┃

1960년대 들어서면서부터 새로운 도시형태가 등장하기 시작했다. 이것은 형태, 지가의 유형, 사회적 특성에 있어서 이전의 근대 산업도시와 현격한 차이를 보였다. 산업혁명에 의한 도시화 과정을 거쳐 도시에 대량수송체계가 도입되자 일터와 주거는 반드시 공간적으로 근접해 있어야 한다는 통념이 무너졌다. 산업도시들은 처음에는 밀도를 높임으로써 성장해왔지만, 1870년 이래 교외 철도노선이 개설되면서는 공간적으로도 확장되었다. 1900년대 초기에는 트램(tram)이나 버스를 말이 끌었으나 곧 기계화되었고, 아주 큰 도시에서는 1차 세계대전이 일어나기 수년 전부터 지하철이 개설되었다.

이와 같은 교통수단의 발달은 주거지역이 도시중심부에서 벗어나 공간적으로 분산되는 것을 가능하게 했다. 사람들이 교외에서 살고자 한 첫 번째 동기는 오염·질병·범죄 등 산업도시의 중심부가 가지고 있던 문제를 벗어나기 위함이었다. 또 다른 한편으로는 보다 나은 주거환경의 매력, 가령 전원적인 분위기나 건강한 거주조건, 사회적인 신분 상승과 같은 이점들이 있기 때문이었다. 1930년대에 들어 안정된 봉급을 받는 중산층이 두텁게 형성되자 은행들은 모기지의 형식으로 주택구입자금을 빌려주기 시작했다. 그리고 이것은 교통수단의 확장과 함께 기능하여(대부분의 나라에서 부실한 도시계획 체제도 한몫을 했다) 엄청난 개발을 촉진하고 교외화(suburbanization)를 심화시켰다. 2차 세계대전 이후에는 자동차 소유의 증가에 따라 개인의 기동력이 향상되면서 이전에는 서로 근접해 있던 주택, 직장, 기업 및 여가활동이 공간적으로 분산되고 이로써 도시의 교외 확산은 더욱 진전되었다.

2차 세계대전 이후 도시가 빠르게 분산과정을 거친 것은 대부분 서구 국가들에서 나타난 현상이고 미국의 경우는 좀 더 일찍 시작되었다. 브레헤니는 이러한 분산이 나라별로 어떠한 특성을 보이는지 살펴본 바 있다(Breheny, 1997, p.21). 북미와 일본, 호주에서는 교외화가 대대적으로 확산되는 양상을 띤 반면 유럽 국가들에서는 소도읍의 성장을 동반하는 경향을 보였는데 이는 부분적으로 대도시 주변에 그린벨트를 지정한 결과로 인한 것이었다. 사람들이 교외지역에 거주하면서 도시로 출퇴근을 하게 되자 접근성 및 교통혼잡의 문제가 대두되었고, 접근성이 좋다는 도시중심부(CBD)의 이점도 줄어들었다.

1950~60년대에 걸쳐 교외에서 도심중심부로의 접근성을 높이기 위한 도로건설계획이 세워졌고, 이 계획을 보완하는 환상도로와 우회도로, 국가 간선도로를 잇는 연결도로 등이 건설되었다. 시간이 흐르면서 수송패턴은 중심지로부터 방사선으로 퍼져나가는 차륜형태(hub-and-spoke)에서 네트워크 형태로 변형되었다. 접근성으로 보면 차륜형태에서는 중심부인 허브가, 네트워크 형태에서는 연결망속의 결절점이 가장 높다. 이러한 변형은 도시 지역에서 접근성의 유형을 공간적으로 바꾸어 놓았다. 19세기에는 접근성이 좋은 도심부에 근접해야 할 필요성으로 인해 도시가 조밀하고 동심원적인 패턴을 나타냈으나 이제 그러한 필요성이 없어지고 분산된 성장을 할 수 있는 잠재력을 가지게 되었다 (Southworth and Owens, 1993). 이제는 교외지역처럼 낮은 밀도의 직장 및 주거지가 도심부에 인접해 나타날 수도 있고, 복합적인 주거·업무·상업기능이 도시의 외곽지역에서 집중적으로 개발될 수도 있다. 후자와 같은 개발이 교외에서 대규모로 일어나는 것을 두고 조엘 거로우는 '외곽도시(edge city)' 라는 용어를 만들어냈다(Joel Garreau, 1991).

도심부가 접근성 면에서 이점을 잃게 되자 중심도시는 쇠퇴하고, 단일 도심의 특성이 약화된 새로운 도시형태가 출현하게 된 것은 불가피했을 것이다. 많은 경우에 있어서 이러한 현상은 정치·경제·사회적 그리고 상징적으로 하나의 중심 장소였던 도심부의 해체를 가져왔다. 이것이 바로 '도시의 공동화' 라 불리는 과정이다. 피시맨은 외곽지역에서 기능적으로 독립된 중심부를 가지고 출현하는 주변도시에 주목한다 (Fishman, 1987, p.17). 이러한 사례는 미국에서 가장 두드러졌다. 유럽에서는 대체로 여전히 도심부가 활력을 갖고 있었으며(재활성화 노력을 통해서), 그것을 외곽지역(shatter zone)이, 그다음에는 교외지역이 둘러싸고 있었다. 교외지역은 보다 질 높은 주거개발과 쇼핑몰·레저단지·업무단지·고용센터 등의 혼합개발로 채워졌다(Fishman, 1987, p.29).

　　캘리포니아 지역의 학자들은 방대한 연구를 통해 로스앤젤레스야말로 전형적인 후기 산업사회도시 또는 포스트모던도시라고 규정하고 있다. 이러한 관점을 가진 이들을 '로스앤젤레스 학파'라고 지칭할 수 있는데, 이들은 후기산업사회의 도시들이 형태 면에서는 점차 파편적이고 구조도 혼란스럽게 될 것이라고 주장한다. 즉 후기산업사회의 도시는 이전의 도시와 다른 도시화 과정을 통해 형성될 것이라는 주장이다(Box 2.4). 여기서 핵심적인 주제는 도시의 형태와 경제·사회·지리의 파편화에 관한 것이다(그림 2.3). 그레이엄과 마빈은 다음과 같이 기술하고 있다(Graham and Marvin, 2001, p.115).

> 성장과 쇠퇴, 집중과 분산, 빈곤과 부가 조각조각 복잡하게 얽혀서 서로 병치되어 있다. 도심부는 일부 높은 수준의 서비스 기능으로 지배력을 유지하고 있기는 하지만, 후선 지원업무(back office), 대기업, 연구개발 및 대학 캠퍼스, 쇼핑몰, 공항과 물류 보관지역, 소비·여가·주거공간이 대도시권의 중심으로부터 점점 더 멀리 퍼져나가고 있다.

이러한 성장유형에 가장 크게 기여한 것은 자동차였다. 슈와처가 구분한 '시장경제논리'의 도시론자들은 자동차를 '도시생활의 불로장수약' 같은 것으로 보았다. 자동차가 주거와 직장, 쇼핑 등을 기차 교통망에 대한 의존으로부터 떼어놓았다는 것이다. 도시 중심부에서는 토지를 규합해 대규모 부지를 마련하기도 어렵거니와 규제도 까다롭고 세금도 높기 때문에 이러한 내부도시의 제약을 피해 외곽지역에서 주변도시들이 활발하게 생겨나고 있다. 그리고 범죄에 대한 우려에서 벗어나 이곳에서 사유화된 공간을 조성하며, 자동차로 접근할 수 있고 온도조절이 가능한

Box 2.4

로스앤젤레스 학파(The Los Angeles School)

로스앤젤레스 학파가 수행한 작업의 가치는 많은 도시에서 새로운 유형의 경관과 경제, 문화가 출현하고 있다는 것을 일찍이 포착하고 이것들이 형성되는 과정을 명료하게 파악했다는 데 있다. 소야는 여섯 가지의 새로운 지리적 현상 또는 재구조화 과정에 대해 다음과 같이 설명한다(Soja, 1995, 1996).

① 탈산업화와 재산업화가 합쳐지는 과정이 나타나고, 이에 따라 유연한 형태의 경제적 조직과 생산이 새로이 부상한다. 이는 대규모 산업단지를 중심으로 밀접하게 조직화된 대량생산과 대량소비 체제에서 '새로운 산업공간(new industrial spaces)'에 지리적으로는 모여 있지만 기능적으로는 위계적으로 통합되어 있지 않은 더욱 유연한 생산체제로의 전환을 나타낸다(1995, p.129).

② 국제화, 자본의 세계화, 범지구적인 세계도시 체제의 형성 같은 흐름이 더해져 지방적인 것을 국제화하고 세계적인 것을 지방화한다.

③ 분산과 재집중, 중심의 주변부화와 주변의 중심지화 같은 후기산업사회의 새로운 도시형태가 출현한다. 도시는 동시에 안쪽이 바깥쪽이 되기도 하고, 바깥쪽이 안쪽이 되기도 한다.

④ 분열·분리·양극화 같은 새로운 사회현상이 나타나고, 이는 공간적인 격리와 불평등을 더욱 야기한다. 구조조정은 소득격차를 넓히고 부유와 빈곤 사이의 노골적인 대비를 증폭시키며, 소득·문화·언어·라이프스타일에 있어서 차이를 극명하게 드러낸다.

⑤ 위의 네 가지 과정은 보호·감시·배척에 기반을 둔 감옥건축(carceral architecture)이 부상하도록 했다. 만화경과도 같은 복잡성 때문에 포스트모던 도시는 점점 더 통제할 수 없는 도시가 되었다.

⑥ 도시경관에서 시뮬레이션이 점차 늘어가는데, 이것은 우리가 진짜라고 생각하는 것의 이미지를 경험하는 현실 자체와 연결하는 방식에 있어 급진적인 변화가 일고 있는 것으로 볼 수 있다(1995, p.134). 이러한 재구조화 과정을 설명하기 위해 소야(Soja)는 보드리야르(Baudrillard, 1989)의 '시뮬라크라'라는 개념을 활용한다. 이 개념은 실제로 존재하지 않는 것을 모방하는 것이나 원본이 없는 복사물을 의미한다(5장 참조).

공간을 조성해 보다 안락하고 편리한 환경을 추구한다(Schwarzer, 2000, p.131). 자동차가 이렇게 도시활동을 공간적으로 분산하고 효율적인 생활을 하는 데 필수품이 된 반면, 사회나 환경은 점차적으로 자동차에 의존적이 되었다(Kunstler, 1994 ; Kay, 1997 ; Duany 외, 2000). 이러한 환경에서 도시형태와 교통수단은 더욱 자동차에 의존적이 될 수밖에 없고, 이는 여러 가지 환경·경제·사회적 문제와도 연결된다(표 2.2).

미국에서 개발유형에 대한 높은 관심은 '스마트 성장(smart growth)'이라는 개념의 등장을 이끌었다. 스마트 성장을 지지하는 사람들은 무질서한 도시 확산을 비판하면서 그로 인한 문제점을 다음과 같이 제시

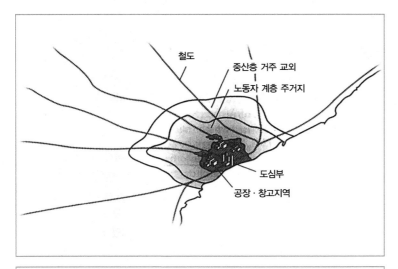

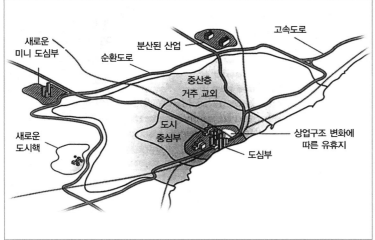

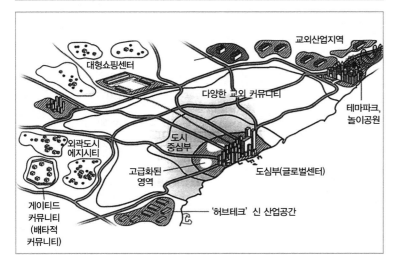

그림 2.3 도시구조의 시대적 변화(출처 : Knox and Pinch, 2000, p.69)

(위) 고전적 산업도시(개략 1850~1945)

(가운데) 대량생산 산업도시(fordist city : 개략 1945~1973)

(아래) 후기 대량생산 산업 대도시(post-fordist metropolis : 개략 1975년 이후)

표 2.2 자동차 의존의 문제점

환경적 문제	경제적 문제	사회적 문제
• 석유 공급의 취약성 • 석유화학의 스모그 • 납, 부탄 등 독성물질 방출 • 높은 온실가스 배출 • 도로포장으로 인한 우수문제	• 사고와 공해에서 유발되는 외부비용 • 도로건설에도 불구하고 발생하는 혼잡비용 • 신규 교외 확산의 높은 기반시설 설치 비용 • 생산적인 농촌토지의 손실 • 포장에 따른 도시토지 손실	• 가로활력의 저하 • 커뮤니티의 상실 • 공공안전성의 저하 • 자동차를 갖지 못한 사람과 장애인의 접근성 문제

(출처 : Newman and Kenworthy, 2000, p.109)

했다. 즉 교외지역을 개발하기 위해 도심지역의 기반시설을 방치한다는 점, 새로운 직장은 교외에서 생겨나고 노동자는 도시 내에 위치하는 부조화 현상으로 인해 사회적 비용이 발생한다는 점, 기성 시가지는 그대로 두고 교외의 농경지나 오픈스페이스를 개발하는 것과 그에 따른 불가피한 장거리 출퇴근이 환경적 비용을 파생한다는 것 등이다(Environmental Protection Agency, 2001). 다운스는 스마트 성장의 열네 가지 요소(Box 2.5)와 그것을 지지한다고 주장하는 네 집단을 정리해보았다(Downs, 2001).

1. 반성장 또는 느린 성장 옹호자 : 자동차 의존도를 줄이고 보다 느린 도시 확산을 의도함
2. 성장 옹호자 : 미래의 성장을 충분히 수용하기 위해 외곽으로의 확장을 지지함
3. 도시 내부 옹호자 : 외곽의 성장으로 인해 도시 내부지역의 자원이 유출되는 것을 방지하는 것을 의도함
4. 보다 나은 성장 옹호자 : 부정적인 영향을 줄이면서 합리적으로 성장해야 한다고 주장함

재구조화 과정은 사회문화적으로 어떤 선택을 하느냐에 따라, 또 여러 제도와 기존의 물리적 형태에 의해서도 조정이 된다. 산업도시(시카고)나 후기산업도시(로스앤젤레스)의 형태를 전형적으로 보여주는 도시들은 상대적으로 이전의 개발유형에서 자유로웠다. 반면에 대부분의 도시, 특히 유럽 도시들은 이전의 도시화 단계에서 물려받은 광범위한 물리적 · 사회경제적 유산으로 제약을 받았다. 그러나 그것은 북미 도시들이 도심

Box 2.5

스마트 성장의 원칙(Downs로부터 재정리, 2001)

스마트 성장을 지지하는 그룹에서 상당한 의견 차이를 야기하는 요소

• 외곽 확장에 제한 설정
• 기존의 체제를 유지하면서 성장에 필요한 추가적인 기반시설에 대한 재정 지원
• 개인 승용차, 특히 나 홀로 차량에 대한 의존도 감축

스마트 성장을 지지하는 그룹 가운데 의견 일치를 불러오는 요소

• 대규모 오픈스페이스의 보존 및 환경 보호
• 도시 내부 핵심지역의 재개발 및 미개발지역 개발
• 도시와 교외지역의 도시설계 혁신에서 장애요소 제거
• 동네와 지역 간의 커뮤니티 의식을 진작하고, 대도시 전역에 걸쳐 상호의존성과 결속을 더욱 고취함

스마트 성장을 지지하는 그룹 가운데 완전한 합의를 보지 못한 요소

• 밀집되고 복합적인 용도의 개발 촉진
• 주정부의 기본원칙에 따라 '스마트 성장' 계획을 수립하는 지자체를 위해 상당한 재정적 인센티브 마련
• 지자체 간의 재정 공유 제도 채택
• 토지이용 여부를 통제하는 사람 결정
• 보다 신속한 개발 허가 절차를 채택, 개발업자에게 보다 폭넓은 전망을 제공하고 사업 수행 비용을 낮춰줌
• 외곽 신규 성장지역에 더 저렴한 주택 개발
• 민간과 공공 사이의 합의과정 창출

부에 투자를 기피함으로써 경험했던 수준의 심각한 문제는 아니었다. 그러므로 로스앤젤레스식의 재구조화 및 도시형태가 어떤 도시의 미래에는 적용될 수 있지만 반드시 모든 도시가 그렇게 될 것이라고는 볼 수 없는 것이다. 녹스와 마스턴은 유럽 도시가 미국 도시와는 다르며 로스앤젤레스식의 재구조화 과정을 받아들이지 않는 형태적 특성이 있음을 깨닫고, 유럽 도시의 독특한 물리적·사회적·경제적 특성을 가려냈다 (Knox and Marston, 1998, pp. 449~53).

• *복잡한 가로망 패턴* : 오래전에 만들어져 장기간 느리게 성장해온 도시유형을 반영하고 있다는 점
• *광장 및 공공공간의 존재* : 중요한 활동 중심지로서 광장과 공공공간이 남아 있다는 점
• *높은 밀도와 압축적인 형태* : 도시화의 수준이 높고, 도시개발의 역사가 길며, 방어 목적의 성곽으로 인해 성장에 제약을 받은 데다 최근까지도 강력한 계획규제에 따라 성장을 통제받고 있다는 점

- 낮은 건물 높이 : 전통적인 건축재료와 공법에 제약을 받으며 지어졌고, 주요한 건축물과 도시경관을 보존하려는 도시계획 및 건축규제로 인해 높이가 낮다는 점
- 활력 있는 도심부 : 교외화를 촉진하는 자동차의 영향이 비교적 뒤늦게 나타났으며, 도시의 외연적인 확산을 막으려는 강한 규제로 인해 도심부가 살아 있다는 점
- 사회적·물리적으로 안정성을 가진 주거지 : 유럽 사람들은 미국 사람보다 주거 이동이 잦지 않으며, 주택들이 보다 내구성이 좋은 건축재료(벽돌이나 석재)를 사용하였기 때문에 물리적인 변화주기도 미국보다 더 길다. 따라서 주거지가 사회적으로나 물리적으로 안정성을 가진다는 점
- 전쟁의 상처 : 방어를 위해 언덕 정상부에 도시가 입지하고 성곽을 두른 것이 현대적인 도시로 성장하는 데 제한을 주고 영향을 미쳐왔다는 점
- 상징성 : 다양하고 오랜 역사를 통해 건조환경과 역사지구에 풍부하고 다양한, 가치 있는 상징적인 유산이 남아 있다는 점
- 자치적 사회주의 전통 : 일반적으로 유럽의 복지국가는 대중교통과 주택을 포함하는 광범위한 공공서비스를 제공해왔다는 점

| 정보화시대의 도시형태 |

도시형태의 현대적인 재구성은 단순히 산업시대에서 후기산업시대로의 전환에 따른 결과는 아니다. 카스텔의 주장처럼, 그것은 일부 산업시대에서 정보화시대로 이행한 데 따른 것이기도 하다(Manual Castells, 1989). 정보화시대에서 도시 지역이 정확히 어떻게 개발될 것인가에 대해서는 아직 알려진 바 없다. 이에 '도시라는 개념 자체를 다시 정의해야 한다' 는 주장이 있다. "가로망 체계처럼 컴퓨터 네트워크가 도시생활에 기본적인 요소가 되었다. 메모리와 스크린 스페이스가 가치 있는 투자의 대상이 되었다. 많은 경제·사회·정치·문화적 활동이 사이버 공간으로 이동하고 있다."는 것이다(Mitchell, 1995, p.107).

　전자통신의 발달에 따른 또 다른 측면은 텔레커뮤팅(telecommuting, 재택근무 또는 원격근무)의 잠재적인 가능성이다. 이는 가정과 일터의 구

분을 모호하게 하며, 기존의 거주와 노동의 조건을 혁신적으로 바꾸고 주
거지에 대한 선택의 여지를 훨씬 넓혀주는 것으로 논의되어왔다. 그러므
로 이러한 상황에서 도시적 특성이라 하면, '필요'에 의한 것이기보다는
'선택'에 의한 것일지도 모른다. 텔레커뮤팅이 사람들이 살고 일하고 즐
기는 장소를 만들고 설계해야 할 필요를 없애버리는 것은 아니다. 그것은
또한 공간적으로 유연하고도 복잡한 도시적인 생활방식을 촉진할지도 모
른다. 예컨대 그레이엄과 마빈은 원격근무를 하더라도 일주일에 하루 이
틀은 직장에 나가 얼굴을 맞대고 회의를 하기 때문에 대부분의 원격근무
가 도시 또는 그 주변지역에서 일어난다는 점을 밝힌다(Graham and
Marvin, 1999, pp.95~6).

한편 정보화시대는 고속도로망과 고도로 분산된 도시가 제공하는
자유를 찬미했던 웨버의 생각을 더욱 발전시킨다(Melvin Webber,
1963, 1964). 웨버는 '비장소적 도시영역(여기서 장소는 지리적인 위치
를 가리킴)'이라는 개념을 만들었는데 이는 부동산 개발에서 '첫째도
위치, 둘째도 위치, 셋째도 위치'라고 정설처럼 여겨온 위치의 중요성
에 도전하는 개념이다. 로스앤젤레스처럼 분산된 도시도 뉴욕처럼 전통
적인 고밀도 도시와 조금도 다름없이 잘 기능함을 주장하면서, 특히 웨
버는 "도시의 본질적인 속성은 영역적인 것이 아니라 문화적인 것이
다."라고 설파했다. 이러한 속성은 도시를 공간적인 현상으로 보는 개
념과 반드시 연계되어 있는 것은 아니라는 것이다(1963, p.52). 이러한
도시성을 찬양하면서, 웨버는 다음과 같이 결론짓는다.

> 바람직한 도시구조의 속성은 공간구조 그 자체에 있는 것이 아니다. 어떤 정
> 주공간의 유형은 오로지 그것이 현재의 사회적 과정을 잘 수용하고 정치공동
> 체의 비공간적인 목적들을 더욱 진작시킬 수 있을 때 비로소 다른 유형보다
> 우월하다고 할 수 있다. 나는 공간적으로나 물리적으로 어떤 도시형태가 심
> 미적인 우월성을 가진다는 생각을 단호히 거부한다(Webber, 1963, p.52).

전자통신은 미래의 도시가 비공간적이고 비지리적이 될 수 있음을 의미
하기도 한다. 미첼(Mitchell)은 "인터넷은 기하학 공간을 무의미하게 만
든다. 그것은 근본적으로 철저하게 비공간적이다. 인터넷은 공기처럼

순환한다. 어느 특정한 곳에 있는 것이 아니라 동시에 모든 곳에 있다."고 주장한다(1995, p.8). 컴퓨터가 어디에 있는가는 문제되지 않는다. 컴퓨터들이 서로 연결되어 있어 인터넷은 어디에서든 접근 가능한, 즉 보편적 접근성을 제공한다는 측면에서 자동차보다도 훨씬 탁월하다. 도시형태와 관련해 디어와 플러스티(Dear and Flusty)는 복권게임의 일종인 케노(Keno)에서 이름을 빌린 케노 자본주의(Keno capitalism)라는 개념을 가지고 한 가지 시사할 만한 상황을 보여준다. 디어와 플러스티는 "전통적으로 교통의 제약조건 때문에 공간적으로 근접해야 할 필요성마저 사라진 상황에서 한때 표준이었던 시카고 학파의 동심원적 공간구조 논리는 더 이상 설득력을 갖지 못하고, 오히려 공간상에 분산되어 있으면서 무질서하게 병치되어 있는 듯한 토지이용이 이를 대신하고 있다."고 주장한다(Dear and Flusty, 1999, p.77). 그들은 또한 도시형태의 측면에서 볼 때, 결과적으로 복권게임의 일종인 케노 게임카드(Keno gamecard)에 의해 형성된 것과 다르지 않은 경관일 수 있다고 한다. 케노 게임카드에서 보면, 자본은 우연히 어느 한 대지에 손을 대는데, 다른 대지에 어떤 기회가 있는가에 대해서는 고려하지 않는다. 그래서 한 대지는 개발되고 다른 대지는 개발되지 않는데 둘 사이의 관계는 단절적이며 무관하다는 것이다. 따라서 현대도시는 시카고 학파의 전통적인 도시형태론으로는 설명할 수 없으며, 대지 단위의 개별적이고 소비지향적인 경관이 꼴라주처럼 연속성 없이 나타나는 형태를 가진다는 것이다. 이러한 도시형태는 전통적인 중심이 없는 대신 전자통신망에 의해 연결되어 있다(1998, p81).

그럼에도 불구하고 장소 또는 시설은 독립적인 자산이며, 장소에 대한 가상적인 체험보다는 직접적인 체험이 여전히 중요하다. 입지를 선정하는 데 있어 공간 속에서의 위치(지리적 위치)가 덜 문제가 된다면, 지역적인 장소의 질은 더욱 문제가 될지도 모른다. 그레이엄과 마빈(1999)은 IT기술이 주로 대도시에서 적용되는 점을 토대로 새로운 통신기술이 도시를 해체할 것이라는 가정을 반박한다. 그들은 IT산업에 종사하는 사람들이 어떻게(how) 살고, 특히 어디에(where) 살면서 사회적인 접촉을 갖기를 원하는가에 주목한다. 이는 IT산업의 부가가치가 소프트웨어와 콘텐츠의 혁신을 지원하는 장소로 이전하고 있기 때문이다.

그레이엄과 마빈은 뉴욕 맨해튼의 소호(SoHo)와 트라이베카 (TriBeCa) 지역에 대한 한 연구를 제시한다. 이 연구를 통해 그들은 소호 와 트라이베카 지역에 그러한 산업이 입지할 수 있고 또 혁신을 창출하 는 원자재가 된 것은 그 지역에 존재하는 비공식적 네트워크, 높은 수준 의 창의력과 숙련도, 잠재적인 지식, 높은 강도의 지속적인 혁신과정이 있었기 때문이라고 밝히고 있다. 그리고 이것들은 지속적인 대면 접촉에 기반을 둔 장소 밀착형 문화 속에서 가능했다고 설명한다. 더불어 장소 와 문화의 결합이 가능했던 것은 만나는 장소와 공공공간이 풍부하고 조 밀하게 그리고 독립적으로 이루어져 있기 때문이라고 밝힌다(1999, p.97). 또한 그레이엄과 마빈은 전자상거래의 증가에도 불구하고 관광, 쇼핑, 박물관, 여가시설, 식당과 술집, 스포츠, 공연장, 영화관 등의 다양 한 소비 서비스 영역이 도시 지역에 그대로 자리하고 있으며, 온라인에 서 제공하는 비슷한 서비스에 별다른 영향를 받지 않는다는 점을 주목한 다(1999, p.95).

환경적 지속 가능성

지구온난화와 환경오염, 특히 차량에 의한 오염과 화석연료의 고갈 등 에 대한 관심은 도시형태의 변화에 영향을 미치는 또 다른 요소이다. 연 료가격의 상승은 입지 선택에 영향을 미칠 수 있다. 어떤 사람들은 이것 이 더욱 조밀하고 집중적인 도시형태를 유도할 것이라고 주장하지만, 이러한 예측에 관해서는 상당한 논쟁이 있다. 브레헤니는 도시의 압축 화(urban compaction)나 압축도시를 추구하는 주요한 배경은 이농거 리를 줄이고 대중교통 이용도를 높임으로써 재생할 수 없는 연료의 소 비와 차량의 배출가스를 줄여야 하는 필요성 때문으로 본다(Breheny, 1997, pp.20~1). 이외에도 여러 가지 이유가 있는데, 교외 오픈스페이 스의 보존, 가치 있는 야생동물의 서식처 보호, 교통 서행화, 보행과 자 전거 이용의 장려, 경제성 있는 시설과 쾌적한 환경 제공, 사회적 지속 가능성 증진 및 상호접촉의 촉진 등이 그것이다.

도시가 조밀할수록 교통이 줄어들 것이라는 주장의 중심에는 뉴먼 과 켄워시(Newman and Kenworthy)의 연구가 있다. 이 연구는 세계 의 많은 대도시들을 대상으로 인구밀도와 1인당 석유소비의 관계를 파

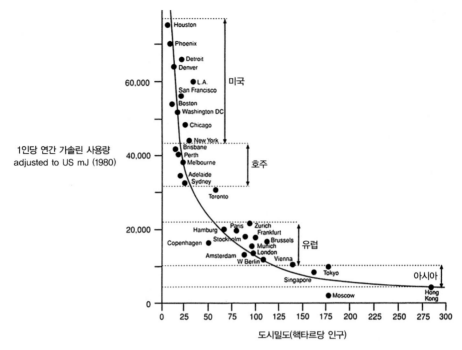

그림 2.4 인구밀도와 1인당 석유소비에 대한 뉴먼과 켄워시의 비교(출처 : Newman and Kenworthy, 1989)

악, 인구밀도가 높을수록 연료의 소비가 줄어든다는 점을 일관되게 설명하고 있다(그림 2.4). 그러나 이들의 주장에 대해 반론이 제기되었는데, 그중에서도 특히 밀도라는 단일한 변수에 초점을 맞추고 있는 점을 비판했다. 홀은 여행거리와 교통수단의 선택은 도시구조에도 영향을 받는다고 주장했다(Hall, 1991). 고든과 리처드슨은 도시의 분산에도 불구하고 미국의 경우 통근거리는 그대로이거나 오히려 줄었음을 밝히면서, 이는 사람과 직장이 서로 재배치를 통해 통근거리를 조절하며, 대부분의 통근 및 비통근 통행이 중심지와 교외 사이에 일어나기보다는 교외와 교외 사이에서 일어나고 있기 때문이라고 설명했다(Gordon and Richardson, 1991). 일반적으로 말해서 직장과 상업기능은 사람들이 사는 곳으로부터 멀리 떨어져 나간 것이 아니라 더욱 가까운 곳으로 이동하였다는 주장이다(Pisarski, 1987).

이외에도 여러 사람들이 지속 가능한 도시형태에 대해 아이디어를 제시했다. 분산은 되지만 대중교통 수단으로 연결해 조밀하게 집중된 구조, 또는 집중된 결절점과 고밀도로 개발된 회랑 같은 개념이 그것이다(Frey, 1999). 이러한 유형은 상대적으로 작은 규모의 보행 중심 주거지를 개발해 그것들을 모아 지속 가능한 도시형태를 구성한다는 생각에 기초를 두고 있다. 수잔 오웬스는 다음과 같은 도시형태를 제안한다(Susan Owens, from Hall, 1998, p.972).

- 광역적 차원(regional scale) : 1만~1만5천 명이 거주하는 근린주구 규모의 거주지들이 대중교통망을 중심으로 선형 혹은 장방형 구조로 모여서 보다 큰 거주공간을 형성한다.
- 준 광역적 차원(subregional scale) : 선형 혹은 장방형의 조밀한 거주공간은 고용 및 상업기능을 가질 수 있는데, 이들은 분산되어 이질적인 토지이용의 유형을 보이기도 한다.
- 도시 차원(local scale) : 도시 차원에서는 이의 하부단위인 근린주구가 있는데, 이는 보행자와 자전거에 맞는 규모로 조성되고 주거밀도는 중밀 또는 고밀이며, 가능하면 높은 선형 밀도를 갖는다. 여기에서는 다목적 통행을 위해 직장 · 상업 · 서비스 기능을 한곳에 모으기도 한다.

결론

이 장에서는 오늘날 도시설계가 처하고 있는 사회적 여건을 살펴보았다. 20세기 들어 도시형태에 대해 다양한 도전이 있었다. 미래는 우리가 알지 못하며, 지금과도 또 다를 것이다. 미첼은 "디지털 혁신은 우리의 일상생활이 이루어지고 있는 공간과 장소를 다루는 건축가, 도시설계가, 기타 관련 분야 종사자들의 지적이고 전문적인 어젠다를 다시 규정할 것"이라고 주장한다(Mitchell, 1999, p.7). 공해, 지구온난화, 그리고 화석원료의 고갈 같은 문제도 급격한 변화를 촉구한다. 미첼의 주장에 따르면, 미래의 도시환경에서는 우리에게 친숙한 많은 것들이 그대로 남아 있기도 하겠지만, 한편으로는 새로운 변화의 단층이 생겨날 것이라고 한다. 그것은 고속통신망이나 첨단기술이 작동하는 스마트한 장소, 그리고 점차 필수적이 되어가는 소프트웨어로 구성될 것이며, 여기서는 기존의 도시요소의 기능과 가치가 급격히 바뀌는 양상을 보일 것이라는 것이다. 그 결과로서 그는 다음과 같이 제시한다.

> 새로운 도시 조직은 살면서 일도 하는 거주공간, 24시간 활동이 있는 동네, 도처에 퍼져 있으면서도 전자장치에 의해 느슨하게 연결되는 만남의 장소, 유연성을 가지면서 분산화된 생산·마케팅·분배체계 그리고 전자장치를 통한 호출 및 배달 서비스 등에 의해 특징 지어질 것이다.

그러므로 미래의 도시설계는 점차 혼합 용도의 도시마을과 주거지, 업무와 고용단지, 여가단지, 사무실건물, 쇼핑몰, 그리고 주거·직장단위 등에 대한 것일지도 모른다. 이들은 아주 근접해 있거나 널리 퍼져 있으며, 개발의 강도와 밀도의 변화에 대한 토지가격의 논리도 약해질 듯하다. 그러므로 '도시중심지'라든가 '교외지역', '변두리' 같은 용어들도 점차 그 의미가 퇴색할 것 같다. 부유하고 특권층의 사람들을 위한 배타적인 거주영역이 있는 반면 가난하고 소외받는 사람들이 모여 있는 장소가 있기 때문에 미래의 도시는 사회적·공간적으로 파편화가 지속될지도 모른다.

도시설계는 변화에 그저 수동적으로 대응하지 않는다. 도시설계는 변화를 주도해 바람직한 장소를 만들어내고자 하는 적극적인 노력이며,

또 그래야 한다. 최근 영국의 도시 르네상스 어젠다(Urban Task Force, 1999)와 미국의 스마트 성장 운동은 연결성·접근성·혼합 용도와 같은 도시설계의 기본적인 고려사항을 무시할 때, 지속가능하지도 않고 사회적으로 공평하지도 않으며, 장기적으로는 경제적으로도 타당하지 않은 도시형태가 출현할 수 있다는 점을 보여주고 있다. 어떤 유형의 도시형태가 바람직한가에 대해서는 계속 고찰해나가야겠지만, 중요한 것은 도시장소(urban place)가 어떻게 짜여 있는가 하는 점이다. 더욱이 도시의 공간적·물리적 특성과 그것의 기능적·사회경제적·환경적 질은 명백한 관련을 맺고 있다. 그러므로 도시와 장소가 더 잘 기능하고, 사람 친화적이며, 환경에 긍정적인 영향을 미치도록 이들을 설계하는 일이 중요하다고 하겠다.

03

도시설계의 맥락

서론

이 장에서는 도시설계 행위의 모든 영역을 규제하고 형성하는 네 가지 폭넓은 '맥락', 즉 지역적, 세계적 맥락 그리고 시장과 규제 환경에 대해 논의한다. 맥락은 시간에 따라 변하지만 어떤 특정 시점에 상대적으로 고정되어 있기도 하며, 일반적으로는 도시설계 실무자의 영향력 밖에 존재한다. 따라서 도시설계 프로젝트와 규제에서 맥락은 주어진 것으로 받아들여야 한다. 이러한 맥락은 뒤 여섯 장에서 다룰 도시설계의 차원과 관련한 논의의 배경이며 축이 된다. 이런 도시설계 차원들은 도시설계의 일상적 소재로서, 도시설계가들이 쉽게 조절하거나 바꿀 수 있다. 그러나 실제 '맥락'과 '차원'의 경계는 희미하다. 일반적으로 도시설계가들이 건물형태나 미관을 결정할 수는 있다. 그러나 개발사업이 특정한 지역과 세계적인 맥락 속에 위치하고 있다는 사실, 시장경제 내에서 크고 작은 규제 속에서 개발된다는 사실을 바꿀 수는 없다. 네 가지 맥락과 여섯 가지 차원을 잘 연계시키는 것은 문제를 해결하는 과정으로서 도시설계가 반드시 해야 할 일이다. 그러므로 이 장의 마지막 부분에서 도시설계 과정에 관해서 논의하고자 한다.

| 지역적 맥락 |

도시설계 행위로서 공공영역의 전략을 준비할 경우, 계획 대상지는 그 자체가 맥락의 일부가 된다. 도시설계 행위가 개발계획을 수반하는 경우, 맥락은 대상지뿐만 아니라 그 주변 지역을 포함하는 것으로 간주할 수 있다. 일반적으로 프로젝트의 규모가 클수록 그 개발로 기존의 맥락을 조절하고 새로 만들 수 있는 여지도 점점 커진다. 그러나 어떤 규모이든 간에 모든 도시설계 행위는 지역적 맥락 속에 스며들어 있고, 또 그것에 기여하게 된다. 그러므로 도시설계의 모든 행위는 보다 큰 전체를 만드는 일에 기여한다.

'장소가 가장 중요하다'는 프란시스 티볼즈(Francis Tibbalds)의 금언은 맥락을 존중하고 이를 잘 이해하는 것이 도시설계의 성공에서 가장 중요한 요소임을 뜻한다. 각 장소의 고유한 성격은 가장 소중한 설계 요소이며, 도시설계가들은 이를 구체화하고 복합적으로 이용한다. 2장에서도 언급한 바 있듯이, 모더니즘 도시설계는 이념에 종속된 혁신과 백지에서 출발하는 종합적인 도시공간 설계를 추구했지만 결과적으로 그 때문에 배척받게 되었다. 그 대응으로 지역적 특성과 맥락을 중시하는 점진적인 개발이 선호되게 되었다(그림 3.1).

모든 맥락이나 장소가 동일한 수준의 '맥락 대응적 설계'를 요구하지는 않는다. 고도로 통합된 특성을 가진 지역은 보다 섬세한 대응책을 요구하는 반면, 환경의 질이 낮은 지역은 오히려 새로운 특징을 만들어내는 큰 기회를 제공한다. 대부분의 지역이 이러한 양 극단 사이에 놓여 있다. 마찬가지로 역사적으로나 미적으로 특별한 가치는 없지만, 사회문화적으로 존중해야 할 가치를 지닌 장소일 수 있다. 맥락의 개념은 폭넓게 고려해야 한다. 부캐넌은 "맥락은 단순히 대상지 인접지가 아니라 도시 전체와 그 주변 지역"이라고 주장했다(Buchanan, 1988, p.33). 그것뿐만이 아니라, 대지 용도와 부동산 가치, 지형과 미기후, 역사와 상징적인 중요성, 사회문화적인 현실과 열망, 그리고 (특히 중요한 것이지만) 보다 넓은 통신망과 기간시설망에서의 위치까지도 포함된다.

런던 도시환경의 질에 관한 한 연구는 기존 도시맥락의 다양성을 탐구하는 데 유용한 착안점으로 여덟 가지를 제시한다(Tibbalds 외 1993, 그림 3.2). 랭은 네 요소의 결합으로 모든 환경을 개념화할 수 있다고 주장한다(Lang, 1994, p.19).

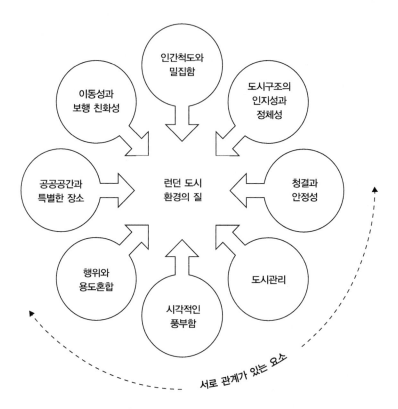

그림 3.1 런던 도시환경의 질(출처 : Tibbalds 외, p. 22)

그림 3.2 런던의 아일 오브 도그스(Lsle of Dogs) 내에서 이루어진 새로운 개발은 주변의 맥락을 거의 고려하지 않았으며, 연계성을 찾아볼 수도 없다. 지역 내에 대한 많은 투자에도 불구하고, 인접해 있는 지역에 아무런 긍정적인 효과를 주지 못하고 있다.

1. 지구환경 : 지구 그리고 지구의 구조와 순환작용
2. 생물환경 : 환경에 서식하는 살아 있는 유기체
3. 사회환경 : 사람들 사이의 유대관계
4. 문화환경 : 사회의 행동규범, 사회가 만들어낸 인공물

지구 및 생물환경 요소는 기후와 미기후, 자연환경과 그 기반을 이루는 지질, 토지형태와 지형의 특성, 환경적 위협, 식량과 수자원 등이 이에 해당한다. 사회문화적 요소는 정주지의 당초 기능과 시간에 따른 변화 및 인간의 개입, 대지 소유권의 유형, 거주민들의 문화, 이웃주민과의 관계 그리고 환경 변화에 대한 적응성 등이다. 주어진 시간, 장소에서 '도시환경'은 다양한 생물공동체가 공존하는 지구환경의 특정 부분이다. 그 속에서 다층화된 사회적 상호작용으로 고유한 지역문화가 만들어지며, 그로써 다양하고 복잡한 도시맥락의 복합체 속에서 한 부분을 이룬다.

맥락은 단순한 물리적 의미에서의 '장소' 뿐만 아니라 장소를 만들고 점유하며 사용하는 사람들과도 연관지어 이해해야 한다. 지역의 사회문화적 맥락과 문화의 차이를 이해하는 것이 중요한다. 그래야 도시 공간을 '읽고' 이해하며, 그것을 창조하고 유지하는 문화에 대해서도 제대로 이해할 수 있다.

문화와 환경은 서로 영향을 주고받는다. 시간이 지남에 따라 사람들의 선택이 모여 문화를 형성하고 문화는 환경을 형성, 보강하며, 환경은 문화를 상징, 표현한다. 이러한 선택은 이전의 경험을 토대로 목표, 개인적·사회적 가치 그리고 선호도가 변하면서 따라서 변한다. 사람들과 그들의 선택은 공동으로 사회문화적 맥락을 형성하는 것이지 진공 상태에서 이루어지는 것이 아니라는 뜻이다. 예를 들면 지불능력이나 지불의지에 의해 선택이 달라질 수 있으며, 지역 기후여건에 따른 기회와 제약, 동원 가능한 기술과 자원 및 동원비용 등도 선택을 움직이는 요인이다. 그 예로 미국의 현대 도시환경은 비교적 낮은 차량운영비(그리고 낮게 유지되리라는 기대)에 입각한 선택의 결과물이다. 그러나 이와 달리 다수의 유럽국가에서는 비교적 높은 차량운영비에 입각한 선택의 결과물을 볼 수 있다.

기술, 특히 통신기술과 운송기술은 새로운 기회를 제공한다. 기술변화가 사회와 문화생활에 주는 영향은 극적이고 혁신적일 수 있으나, 변화는 대개 점진적이고 미세하게 나타나기 때문에 실제로는 변화가 일어날 당시보다 나중에 회고해볼 때 변화의 실재를 더 의식하게 된다. 사회, 문화 그리고 기술이 사회, 문화, 경제생활에 대해 어떤 영향을 미치는지는 최근까지 지역중심 변화가 어디에서나 찾아볼 수 있었던 은행을 보면 알 수 있다. 그동안 은행은 건축적으로 잘 지어진 건물을 점유하여 대면 서비스를 제공했다(Mitchell, 2002, p.19). 그러다 점차적으로 하루 24시간 은행 기능을 제공하는 현금 자동지급기의 공급이 늘어나고 텔레뱅킹과 인터넷뱅킹이 적극적으로 활용되면서 은행들은 문을 닫기 시작했으며, 은행건물은 다른 용도를 찾게 되었다.

이러한 변화는 새로운 기술의 유용성을 바탕으로 개별 시장 선택들이 집적된 결과다. 도시설계가들은 사람들의 사회문화적 가치와 선호도를 존중하고 그 틀 안에서 일해야 한다. 반면, 도시설계는 문화변화에 반응하기도 하면서 그 자체가 이러한 변화를 위한 수단이 되기도 한다. 개발과정에 개입하고 도시환경을 만들고 관리하는 일을 통해서 도시설계가들은 사회문화적 삶과 상호작용의 방식을 구체화하나 이를 결정하지는 못한다. 한 예로, 지난 20년간 영국 도심에서는 '카페사회', '로프트 주거문화'❶ 그리고 도심거주를 선호하는 문화가 생겨났다. 이는 이러한 생활스타일을 추구하는 사람들과 이들에 대한 긍정적 이미지를 표현하는 미디어와 문화산업의 결과물이며, 개발업자와 설계가들은 이러한 기회를 제공했다.

도시설계의 원리는 여러 문화 사이에서 보편적이며 어디에나 적용할 수 있어야 한다는 가정은 순진한 가정이다. 도시설계는 문화적 다양성에 대한 섬세함을 요구한다. 더군다나 세계화가 진행되는 가운데 문화적 다양성을 압도할 수 있는 위협이 커지기 때문에 계속 존재하는 것에 대해 존중하는 자세가 더욱 중요해진다.

이 책은 주로 서양(대체로 영국) 중심의 시각에서 쓰였지만, 바리오 쉘턴(Barrio Shelton)의 『Learning from the Japanese City : West meets East in Urban Design』이라는 책은 도시공간에 대한 생각이 문화에 따라 서양인의 눈에는 일본도시들은 공공공간, 보도, 광장, 공원,

역주 ____

❶ 로프트 생활(Loft Living)은 도시재생의 일환으로 도심에 버려진 19세기 말과 20세기 초 공장 또는 창고건물을 개조하여 주거로 리모델링한 도심주거에서 누릴 수 있는 새로운 도심주거문화를 말한다. 1980년부터 미국 뉴욕의 소호지역 또는 영국 리버풀의 알보트도크에 버려진 창고건물을 주거로 개조하였는데, 이러한 산업건물은 높은 천정을 가지고 있어서 로프트 아파트먼트 또는 콘도미니엄으로 불리게 되었다. 로프트란 뜻은 건물의 다락 또는 지붕 아래 높은 천정고를 가진 공간을 말한다.

비스타(vista) 등이 부족하다고 쉘던은 지적한다. 즉 일본의 도시들은 문명화된 서양도시를 특징짓는 물리적 요소가 부족하다는 것이다. 그는 일본문화에 깊이 뿌리박힌 생각과 바라보는 방법에 대해 설명한다. 가령 '선(line)'에 초점을 둔 서양에 비해 건축과 도시공간에 대한 일본인의 생각은 다다미와 건물의 바닥을 중요시하는 데서 알 수 있듯이 '면(area)'에 훨씬 더 친숙하다. 또 다른 예로서 유럽과 미국의 도시설계 전통에 대한 논쟁을 들 수 있다. 이는 대체로 미국의 도시설계 전통이 유럽의 전통양식을 모방한 것이라기보다는 미국의 독특한 경향을 찾으려는 시도라는 점을 부각하려는 논쟁이다(Dyckman, 1962 ; Attoe and Logan, 1989).

경제, 사회, 문화 그리고 기술적 맥락이 계속해서 변함에 따라 도시환경도 변화한다. 변화는 필연적이며 때로는 바람직하다. 산업혁명 이전의 건축환경은 느리고 점진적인 변화 양상을 띠었다. 그 후 변화의 속도와 규모는 특정 지역의 개발 압력, 장소와 맥락의 동질화에 상응하여 증대했다. 여기서 압력이라 함은 국제화와 세계화, 건물 유형과 스타일 그리고 건설방법의 표준화, 지역 전통의 쇠퇴, 대량생산품의 사용, 지방분산, 자연으로부터 인간의 소외, 개발산업과 주민들의 생활환경에 대한 투기적 압력, 건설환경을 획일화하는 공공기관의 규제 그리고 개인 이동성과 차량 소유의 증가 등을 포함한다.

이러한 압력은 지역적 · 세계적 특성을 갖고 있으며 지역과 세계적인 맥락 사이에 연결고리를 만들어준다.

| 세계적 맥락 |

도시설계의 행위가 지역적 맥락에 깊이 관련되었듯이 세계적 맥락과도 깊은 연결고리를 갖고 있다. 세계 차원의 행위가 지역의 영향과 결과를 갖는 반면 지역 내 행위도 세계적 영향과 결과를 갖는다. 지구온난화에 대한 경고와 자연환경의 오염, 화석연료 자원의 고갈, 환경적 책임 등은 도시설계가들이 중요하게 고려해야 할 대상이다. 이것은 설계과정의 여러 단계에 영향을 주며 다음과 같은 내용을 포함한다.

- 신규 개발과 기존 건축물 및 인프라의 통합(예 : 위치 · 장소 선정, 인프라 사용, 다양한 교통수단의 접근성)
- 개발을 포함한 다양한 용도(예 : 복합용도, 편리 및 쾌적성을 위한 접근, 재택근무)
- 단지계획 및 설계(예 : 밀도, 조경 · 녹화, 자연서식지, 일조 · 일광)
- 개별건물의 설계(예 : 건물 형태, 방위, 미기후, 건물의 견고성, 건물 재활용, 재료의 선택)

지속가능한 개발이란 환경뿐만 아니라 경제, 사회 차원의 지속성을 포함한다. 도시설계가들은 환경적 · 사회적 영향과 더불어 장기적으로도 지속가능한 경제에 대해 관심을 가져야 한다.

때로는 인간의 필요와 열망, 욕구, 충족은 환경적 책임과 공존하는 데서 긴장상태가 발생한다(그림 3.3). 인간의 필요성은 단기적이고 '절박한' 것으로, 자연의 필요성은 장기적이고 '중요한' 것으로 간주된다

그림 3.3 영국 런던, 그리니치 반도의 슈퍼마켓. 이 개발은 개념에 내재된 모순을 빈번히 보여주고 있으며, '에너지 효율성'의 사례이지만 여전히 차량에 의존하고 있다.

면, 단기와 장기의 이해관계에서는 균형이 필요하다. 장기적으로 중요
한 것들을 희생시키며 단기적이고 절박한 필요성에 특권을 부여하는 경
향이 있는데 이것은 문제다. 시장 행태의 단기성에 대해 언급하면서, 경
제학자 존 메이너드 케인스(John Maynard Keynes)는 "시장의 관점에
서 장기적인 것은 중요하지 않다. 왜냐하면 장기적으로 우리는 모두 죽
을 것이기 때문이다."라고 말했다. 그리고 "우리는 조상으로부터 세상
을 물려받은 것이 아니라 아이들로부터 빌린 것이다."라는 시애틀 인디
언 추장(Chief Seattle)의 현명하고 시적인 말에서 다른 시각을 엿볼 수
있다. 향후 세대가 환경의 질과 오늘날 누렸던 인생의 질을 경험해야 한
다면, 지속가능한 설계와 개발전략은 무엇보다 중요할 것이다.

근본적인 문제는 환경의 중요성은 무시하거나 나 아닌 '타인의 문
제'로 보기 쉽다는 것이다. 개발에 있어서 환경의 가치는 재정상 타산
에 맞거나 공공법규에서 요구하는 한도 내에서 마지못해 다루어진다.
개발과정에서 이루어지는 비용산출은 강제성 결핍, 무능함, 소극적인
의지 등으로 인해 모든 환경비용을 포함하지 못한다. 개발업자는 일반
적으로 계획의 실용성에 직접적인 영향을 주는 비용에만 관여하고, 투
자자, 거주자 그리고 크게는 사회에 영향을 주는 보다 넓은 환경에는 관
여하지 않는다.

개발은 보이는 것보다 훨씬 넓은 환경에 영향을 준다. 이는 환경영
향권에서 볼 수 있다(Box 3.1). 지속가능한 도시설계는 예를 들어 자원
을 위한 환경의존도를 줄이는 것과 폐기물로 인한 환경오염을 감소시킴
으로써 전체적으로 환경의 영향 범위를 줄이는 것이다. 이것을 달성하
기 위해 개발은 건설기간뿐 아니라 사용기간 전체에 걸쳐 최대한 자급
자족해야 한다. 바턴 외 저자들은 일련의 중첩된 영향권의 잣대로 개발
사업을 분석한다(Barton 외, 1995, 그림 3.4). 보다 지속적이고 자급자
족적인 개발을 위해서는 외부영역에서 내부영역에 미치는 영향력을 줄
임으로써 자율성을 높여야 한다. 많은 도시설계활동이 개별적으로 그
규모는 작지만 모두 합쳐지면 주변지역, 이웃, 도시는 물론 궁극적으로
는 지구 전체의 생물권에 이르는 자연계에 지대한 영향을 미친다.

일부 비평가들은 도시환경을 명백히 자연생태계로 보아야 한다고
주장한다. 예를 들면, 랜 맥하그는 『자연을 통한 설계(Design with

Box 3.1

환경영향권(environmental footprints)

개발이 환경에 미치는 영향력을 보면 초기에는 그 범위가 작게 나타날 수 있다. 자연환경의 파괴를 수반하는 개발이 진행 중인 부지에 국한되어 보인다. 개발의 진행과정에서 '보이지 않는' 환경적 자본이 고려되었을 때, 두 번째 더 큰 영향을 미치는 범위는 명백해진다(즉 에너지와 자원은 제조과정과 재료 수송과정에서 소비된다. 에너지는 부지와 개발건설을 준비할 것을 요구하는데, 이는 부지 등 서비스가 필요한 기반시설을 확장하기 위해서다). 세 번째, 개발이 일어나면 영향을 미칠 수 있는 범위는 한층 더 광범위해진다(에너지와 자원은 지속적인 발전을 위해 소비된다. 예를 들어 개발을 유지하기 위한 에너지와 자연자원, 유지관리를 위한 요구사항, 폐기물 처리, 이 시설을 이용하는 자들의 교통 유발 등). 마지막으로 개발 수명이 다 되었을 때, 재개발 또는 철거를 위한 에너지와 토지 및 폐기물을 관리하는 비용이 포함되어야 개발에 대한 전체 환경비용을 알 수 있으며, 환경영향권은 더 확대된다. 대부분의 개발업자들은 공사가 환경에 미치는 영향(1, 2차 비용)에만 관심을 가지면서 흔히 투자자, 거주자, 사회 전체가 장차 떠안게 될 개발에 따른 환경적 영향에 대해서는 걱정하지 않는다.

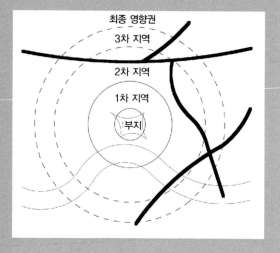

Nature)』라는 저서에서 도회지와 대도시를 보다 광범위하고 기능적인 생태계의 일부로 보아야 한다고 밝히고 있다(Ian McHarg, 1969). 마찬가지로 허우는 생태학이 광역 녹지계획에서 필수기반이 되었듯이, 비록 사람 손이 가해졌으나 여전히 도시 내에서 작동하는 자연과정에 대한 이해와 적용방법이야말로 도시설계의 중심이 되어야만 한다고 주장한다(Hough, 1984, p.25). 의사결정자들은 도시지역 내에서 진행되는 자연과정을 깨닫고 이해할 필요가 있다(그림 3.5).

많은 저자들은 지속가능한 도시설계와 관련해 보다 구체적인 원리를 밝혀왔다. 예를 들면 마이클 허우(Michael Hough, 1984)는 다섯 개의 친환경적인 설계원칙을 세웠다.

1. 과정과 변화에 대한 평가 : 자연계의 작용은 멈출 수 없고 변화는 불가피하나 항상 나쁜 방향으로 흐르지는 않는다.

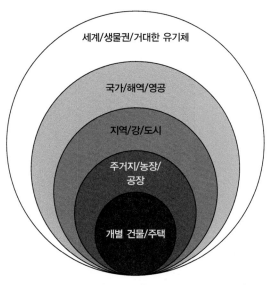

그림 3.4 겹친 영향력의 범위(출처 : Barton 외 1995, p.12)

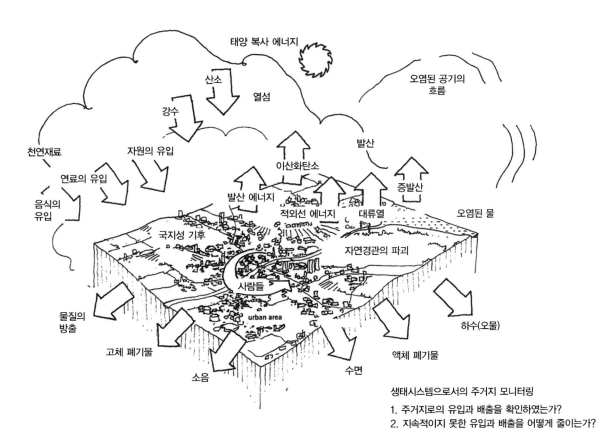

생태시스템으로서의 주거지 모니터링

1. 주거지로의 유입과 배출을 확인하였는가?
2. 지속적이지 못한 유입과 배출을 어떻게 줄이는가?

그림 3.5 생태시스템으로서의 주거지(출처 : Barton 외 1995, p.13)

2. 경제적 수단 : 최소의 노력과 에너지로 최대치를 끌어내는 것
3. 다양성 : 환경과 사회의 활력을 위한 기초
4. 환경에 대한 지식 : 생태학적 이슈에 대한 보다 넓은 이해를 위한 기초
5. 환경개선 : 피해를 최소화하는 것이 아니라 변화의 결과물로서 바라
   본다.

여러 비평가들과 협회는 지속가능한 도시개발과 설계를 위한 일련의 원칙도 제안했다(표 3.1). 이중 지속가능한 설계원칙에 대해서는 바턴을 비롯한 저자들의 분석이 가장 포괄적이며, 이 원칙들을 조합하여 일련의 기준을 만들 수도 있다(Barton, 1995, 표 3.2).

환경적으로 책임을 다할 수 있는 도시설계를 위해 가장 우선적인 원칙은 미래의 선택여지를 만들라는 것이다. 도시설계를 위한 '실용주의 원칙'을 제안하면서 랭은 기술이 항상 해답을 찾아내리라고 믿지 말고, 도시설계가는 환경친화적 자세를 유지하면서 이용자의 자유로운 선택을 촉진하는 융통성 있고 건전한 환경을 만들어야 한다고 주장한다(Lang, 1994, p.348). 예를 들면 단기적으로는 사람들이 자동차를 계속 선택하기 쉽겠지만, 도보나 자전거, 대중교통 같은 이동수단도 선택가능하도록 제공해야 한다는 것이다. 표 3.3은 다양한 공간규모에 대한 환경설계의 문제를 요약하고 있다.

| 시장의 맥락 |

세 번째, 네 번째 맥락, 즉 시장(경제)과 규제(정부)는 동전의 양면(국가-시장)으로 볼 수 있다. 대다수의 사람들이 시장경제 속에서 살고 있는 것처럼, 대부분의 도시설계행위는 수요와 공급의 맥락 속에서 발생한다. 보상(또는 적어도 생산비용을 초과하는 보수) 획득에 대한 필요성으로 최소한 예산상에 제약이 생긴다. 게다가 시장경제에서는 공공적 결과를 수반하는 많은 결정도 사적영역에서 이루어진다. 그러나 민간부문에서의 의사결정은 시장경제의 힘을 조절하기 위한 정책과 규제의 틀(규제구조)과 통제수단의 맥락에 의해 조정된다. 따라서 도시설계행위는 강하게든 약하게든 규제받는 시장경제 안에서 일어난다.

표 3.1 지속가능한 개발 설계를 위한 전략들

마이클 브리헤니(1992)	유럽공동체위원회(1990)	에반스 외(2001)	URBED[2](1997)
• 도시확산 억제정책의 채택과 지방분권의 둔화 • 극도의 압축도시 제안은 부적절 • 도심지와 도시 내부의 재생 • 도시녹화 장려 • 대중교통수단의 개선 필요 • 교통중심지 주위에서 이용밀도 증대 • 복합용도계획의 장려 • 열병합발전(CHP)의 폭넓은 사용	• 건강과 삶의 질을 개선하는 적절한 오픈스페이스와 시민 공간 • 오염을 개선하는 데 있어 식재와 경관의 중요성 • 조밀하고 혼합된 개발형태 • 이동의 감소 • 재활용과 에너지 절감 • 지역의 특색 유지 • 분야, 부서를 관류하는 통합된 계획	• 오염으로부터 해방 : 폐기물의 최소화 • 생물학적 지원 : 생물의 다양성 유지 • 자원 보존 : 공기, 물, 표토, 광물 그리고 에너지 • 복원력 : 수명 긴 개발 • 투과성 : 길(노선)의 선택 제공 • 활력 : 최대한 안전한 곳 • 다양성 : 용도의 선택 제공 • 가독성 : 사람들이 구획과 장소의 활동을 이해할 수 있도록 하는 것 • 개성 : 경관과 문화의 고유성	• 좋은 공간 : 매력적, 인간적인 도시 • 거리와 광장의 구조 : 잘 유지되는 길과 공간 • 풍부한 복합용도와 소유방식 • 적절한 활동밀도 : 시설물과 활기찬 거리 유지 • 최소한의 환경피해 : 개발하는 동안이나 시간이 흐르면서 수용하고 변화하는 능력 • 통합과 투과성 • 새로움과 오래됨의 혼합된 장소감 • 보살펴지고 있다는 느낌
이안 벤틀리(1990)	**휴 바턴(1996)**	**그레이엄 휴턴과 콜린 헌터(1994)**	**리처드 로저스(1997)**
• 에너지 효율 : 장소의 건설과 사용을 위한 외부에너지의 최소화와 에너지, 특히 태양에너지 사용의 극대화 • 복원력 : 사람의 욕구가 변화할 때마다 허물거나 재건축하는 것보다 시간이 지나도 다른 용도로 사용가능한 건물(초기의 강건한 원리의 확장) • 청결함 : 오염물 배출을 최소화하고, 오염을 피할 수 없는 경우에는 가능한 스스로 자정하도록 설계 • 야생생물 지원 : 종의 다양함을 지원하고 증가시키는 장소 계획 • 투과성 : 선택가능한 다양한 접근로 제공 • 활력 : 사람들과 사람들의 눈길의 존재 • 다양성 : 경험의 선택 • 가독성 : 어떤 선택대안들이 있는지 알 수 있을 것	• 지역의 자급자족 증대 : 모든 개발을 유기체 혹은 작은 생태계로 인식 • 인간의 욕구 : 기본욕구의 충족과 지속가능한 개발의 조화 • 에너지 효율적 네트워크에 기반을 둔 개발 : 보행, 자전거, 대중교통에서 출발 • 오픈스페이스 네트워크 : 녹지공간 공급의 향상, 오염, 야생생물, 에너지, 물, 그리고 오수 관리 • 선형 집중 : 도시혼잡을 피하는 동시에 통행 네트워크 주변에 집중 • 에너지 전략 : 비용 절약, 연료의 결핍 축소, 자원의 착취 및 방출 축소 • 물에 대한 전략 : 흘려버리는 물을 줄이며 지반 안으로의 침투 증가	• 다양성 : 다양한 건물 양식, 시대 그리고 상태가 공존하는 다기능 지구 • 집중 : 거주자를 포함한 다양성과 활동을 유지하기 위한 충분한 밀도 • 민주주의 : 활동하는 장소에 대해서 선택을 제공함 • 투과성 : 사람들 간의 연결과 사람과 시설물의 연결 • 안전성 : 공간설계를 통한 개인의 안정성 향상 • 적합한 규모 : 지역적 맥락에서 건물을 개발하고 지역조건을 반영 • 유기체적 설계 : 역사적 내용과 지역의 특색 반영 • 절약 방안 : 자연을 통한 설계와 지역 자원의 이용 • 창조적인 관계 : 건물, 가로와 오픈스페이스의 관계 • 융통성 : 시간의 흐름에 따른 적응성 • 자문 : 지역의 요구충족, 전통 존중, 자원이용 • 참여 : 설계, 유지관리에서의 참여	• 정의로운 도시 : 정의, 음식, 피난처, 교육, 건강 그리고 희망이 균등하게 분배되고 모든 사람들이 거버넌스에 참여하는 곳 • 아름다운 도시 : 예술, 건축 그리고 경관이 상상력을 자극하고 정신을 고양시키는 곳 • 창조적인 도시 : 열린 생각과 실험정신으로 인적자원의 잠재력이 최대로 발현되고 변화에 잘 대응하는 도시 • 생태적인 도시 : 생태학적 충격을 최소화하며, 자연경관과 건물형태가 균형을 이루고 건물과 기반시설이 안전하고 자원효율적인 곳 • 접근이 쉬운 도시 : 공공영역이 커뮤니티와 이동성을 장려하며, 정보가 대면접촉으로 또는 전자적으로 쉽게 교환되는 곳 • 압축적 다핵 도시 : 교외지역을 보호하며, 근교에 공동사회를 통합하고 집중시켜 접근을 최대화하는 곳 • 다양성이 있는 도시 : 생기, 영감을 만들고 활기찬 공공 생활을 육성하도록 폭넓은 활동이 보장된 곳

역주 ____
❷ URBED : Urban Environment & Development

표 3.2 지속가능한 설계 원리의 매트릭스

	마이클 허우 (1984)	이안 벤틀리 (1990)	유럽공동체위원회 (1990)	마이클 브리헤니 (1990)	앤드류 블로어 (1993)
책무	변화를 통한 향상		통합계획	도심지 재생	
자원 효율	절약방안	에너지 효율	이동거리 감소, 에너지 감소, 재활용	대중교통, 지역 열병합발전	토지, 광물, 에너지자원, 기반시설과 건물
다양성과 선택	다양성	다양성, 투과성	복합개발	복합용도	
인간의 요구		명료성			미학, 인간욕구
복원력	과정 변화	복원력			
오염 감소		청결성	식재를 통한 오염 개선		기후, 물, 공기
집중		활력	작으나 꽉 짜인 개발	억제, 강화	
개성			지역의 개성		유산
생물체의 지원			오픈스페이스	도시녹화	오픈스페이스, 생물 다양성
자급자족	환경에 대한 이해도				자급자족

효과적인 작업을 위해 도시설계가들은 장소와 개발이 일으키는 금융과 경제과정을 이해할 필요가 있다. 시장경제는 이윤추구와 위험부담 대비 보상기대에 따라 움직인다. 시장경제는 자본축적의 전략체제로 특성화된다. 기존 환경의 개발이나 재개발은 이윤추구와 자본축적의 수단이기 때문에, 도시설계와 건조환경의 생산행위는 이러한 전략의 중요한 구성요소가 된다(Harvey, 1989). 건축가에 대한 논의에서, 특히 도시설계가에게 보다 직접적으로 적용되는 논의에서, 녹스는 소비를 촉진하고 자본의 회전을 도움으로써 설계가들은 새로움과 혁신을 끊임없이 추구하여 경제발전과정에서 유용한 역할을 담당한다고 주장한다(Knox, 1984, p.115).

그레이엄 휴턴과 콜린 헌터(1994)	휴 바턴(1996)	URBED(1997)	리처드 로저스(1997)	에반스 외(2001)	할데브란트 프레이(1999)
		책임감	창조적인 도시		
절약 방안	에너지 효율 운동 에너지 전략	최소한의 환경 파괴	생태도시	자원 보존	대중교통, 교통량 감소
다양성, 투과성		통합 투과성, 복합 용도의 풍부	접근이 쉬운 도시 다양한 도시	투과성, 다양성	복합용도, 서비스와 시설의 위계
안정성 적당한 규모	인간의 욕구	안전한 구조, 읽기 쉬운 공간	정의로운 도시 아름다운 도시	가독성	낮은 범죄, 사회 혼합, 상상력
유연함		적응과 변화의 능력		복원력	적응성
	물 이용 전략			오염으로부터 자유로운 상태	낮은 오염과 소음
집중	선형 집중	충분한 활동유형과 양	압축, 다핵도시	활력	억제, 서비스 지원의 밀도
창조적 관계, 유기체적 설계		장소성		특수성	중심성, 장소성
	오픈스페이스 네트워크			생명의 지원	녹지공간-공공/개인/공생도시/교외
민주주의, 협의, 참여	자급자족				지역자치, 자급자족

(출처 : Carmona, 2001, from Layard 외, 2001)

　　도시설계가들은 개발을 추진하는 과정을 이해하고 존중해야 하지만, 그들은 종종 두 가지 착오를 범한다. 그 하나가 건조환경 전문가들은 도시공간을 구체화하는 주요 대행자라는 것이고, 두 번째는 개발업자들이 중요한 결정을 하고 설계가들은 그 중요한 결정을 위한 '포장'만을 제공한다는 것이다(Madanipour, 1996, p.119). 첫 번째 착오는 설계가의 역할을 과장되게 말하고 있는데, 여기서 설계가는 실인즉 그들의 통제 밖에 있는 개발의 여러 상황에 대해서 쉽게 비평할 수 있다고 오해한다. 두 번째 착오는 도시환경을 구체화하는 데 있어서의 역할을 과소평가하는 오류를 범한다. 건축가의 역할(그리고 개발과정에서 다른 전문가들의 역할)에 대한 과장된 인식은 '디자인의 숭배'라고 불릴 정도였

표 3.3 공간규모에 따른 지속가능한 설계

	건물	외부공간	지역(지구)	정주지
책무	• 맥락을 반영하고 향상시킴 • 유지관리하기 쉬운 설계	• 맥락에 대응하고 향상시킴 • 서행 조치 • 공공공간의 개인화 허용 • 공공영역의 관리	• 도시재생을 위한 설계 • 장기적인 비전 개발 • 필요한 자원의 투자	• 설계, 계획, 교통, 도시관리를 묶어 질을 높이기 • 투자자의 참여를 조장하는 거버넌스
자원 효율성	• 패시브(액티브) 태양에너지 획득 기술의 사용 • 에너지 유출방지를 위한 설계 • 내재 에너지 : 지역 재료와 에너지 절약재료 사용 • 재활용과 재생재료의 사용 • 자연광과 환기를 위한 설계	• 태양광의 투과 허용 계획 • 차량의 속력을 줄이고 순환을 제한하는 공간 • 바람의 풍속을 줄이고 미기후를 높이는 공간 • 지역의 천연재료 사용	• 주차소요 기준 완화 • 태양과 자연광 유입을 위한 도시블록 깊이 줄이기 • 열병합 발전 사용 • 대중교통을 위한 접근성 제공	• 대중교통 기반시설에의 투자 • 기반시설망 확장보다 이용효율화 우선
다양성과 선택	• 건물 내에서 복합용도 제공 • 건물 유형, 연도와 소유형태의 혼합 • 수명이 길고 이용이 쉬운 건물 건설	• 블록 안과 거리를 따라서 복합 용도 계획 • 걷거나 자전거 타기를 위한 설계 • 공공영역의 민영화를 위한 노력 • 지역의 접근성을 위한 장애요소 제거	• 지구내에서 복합용도를 조장 • 촘촘한 가로와 공간 네트워크(소규모) • 근린지구 내에서 다양성 지원 • 편의와 서비스 시설을 지역에 분산 제공	• 통행수단의 통합 • 통행 네트워크 연결(거시적인 규모) • 선택을 지원하는 중심 위계 • 중심지와 중심지 사이의 서비스와 시설의 다양성 • 접근 장애요소 제거
인간의 요구	• 혁신과 설계 안에서 예술적인 표현 조장 • 인간척도를 위한 설계 • 시각적으로 흥미가 있는 건물 설계	• 높은 수준의 상상력과 공공 공간 제공 • 공간설계를 통한 범죄 제거와 관리 • 보행자, 차량의 상충을 줄임으로써 안전성 향상 • 사회적 접촉과 아이들 놀이 안전성을 위한 설계	• 시각적으로 흥미가 있는 공간 네트워크 설계 • 랜드마크와 공간배치로 명료성 향상 • 사회계층 혼합 추구	• 지구의 개성을 높여 가독성 향상 • 토지이용 배치에서의 형평성 추구 • 소속감을 높이도록 주거지 이미지의 형성
복원력	• 확장가능한 건물 건설 • 적응력 있는 건물 건설 • 지속가능한 건설 • 복원력 있는 재료 사용	• 확고한 공간, 여러 용도에 적합한 설계 • 지면 위아래의 기반시설 요구 수용, 서비스할 수 있는 공간 설계 • 쓸모 있는 공간 만들기	• 지구를 가로질러 미세한 기능/용도 변화 • 강건한 도시블록 계획 설계	• 튼튼한 기간시설망 건설-지속 적이며 적용가능한 기반시설 • 생활과 직업의 변화양식 인식

다. 도시환경의 생산과 의미를 둘러싸고 있는 보다 넓은 사회적 과정과 관계보다도 건물과 건축가에 과도하게 초점을 맞춘다(Dickens, 1980).

사실상 도시개발은 자원을 통제하는 사람들 또는 그 자원에 접근할 힘이 있는 사람들이 결정한다. 건물을 만들고 도시개발을 수행하는 데 는 많은 비용이 드는데, 여기에 비용을 대는 사람들은 자신의 목적을 위

	건축물	외부공간	지역(지구)	정주지
오염 감소	• 오수의 재사용과 재활용 • 소음 전달을 줄이도록 수직, 수평으로 차단 • 오수처리 현장조사 제공	• 포장면과 유출수 최소화 • 시설 재활용 • 오염 축적을 막기 위해 환기가 잘되는 공간 설계 • 대중교통 우선	• 이산화탄소 방출에 맞는 식재 계획 세움 • 오염을 줄이기 위한 나무 심기 • 빛의 공해 제어	• 물, 오수 처리에서 '배출구' 문제 처리 방식에 도전 • 민간차량의 교통 조절 • 깨끗하고 변함없이 지속되는 도시
집중	• 열손실을 줄이도록 튼실하게 건물설계 디자인(예: 테라스) • 사용하지 않는 건물의 사용 • 적절한 장소에 고층건물 고려	• 공간이 길로 덮이는 것을 줄임 • 공간이 주차로 덮이는 것을 줄임 • 활동 집중을 통한 활력의 증가	• 교차로 주변 교통의 증강 • 밀도기준을 끌어올리고 저밀도 건물을 피함 • 적절한 범위의 용도, 시설을 유지할 수 있는 밀도로 건설 • 사생활과 안전요구를 존중	• 도시 팽창의 억제 • 교통경로를 따라 도시화 통제 • 높은 활동의 중심을 연결
특수성	• 주변의 건축 특성을 반영한 설계 • 지역의 건축적 개성 강화 • 중요 건축물의 보존	• 도시형태, 경관과 부지 특성 반영 • 부지 특성의 유지 • 국지적 특성을 반영하여 장소성 증진 • 중요한 건물군과 공간 유지	• 형태의 패턴과 점진적이며 계획된 역사의 반영 • 중요한 민간단체 확인, 반영 • 주택지구 사용과 수준 고려	• 지역의 정체성과 경관 특성 보호 • 지형환경 이용 • 고고학적 유산 보존
생물체의 지원	• 건물녹화 기회 제공 • 동식물 서식지로서의 건물 고려	• 강건하면서도 부드러운 경관 설계 • 가로수 식재 및 재사용 • 녹화와 개인 정원의 장려	• 최소한 공공의 오픈스페이스 기준 제공 • 개인의 오픈스페이스 제공 • 새롭거나 현존하는 주거환경 창조 • 자연의 특징 존중	• 네트워크 내에 공공(민간) 오픈스페이스 연결 • 도시 외곽지를 녹화 • 도시와 농촌의 통합 • 고유한 종 지원
자급 자족	• 공공부문의 도시적 책임감 표현 • 민간부문 도시적 책임감 고취 • 자전거 보관소 제공 • 인터넷 연결	• 설계를 통한 자기단속 장려 • 작은 규모의 소매를 위한 공간 제공 • 자전거 보관 시설 제공	• 공동사회 의식의 형성 • 의사결정에서 공동사회 참여 • 지역농산물 장려 : 분할된 농지, 정원, 도시농장 • 지역적인 손해로 인한 비용 지불	• 실례와 홍보를 통해 환경지식 함양 • 비전 만들기와 설계에 있어서 협의와 참여

(출처 : adapted from Carmona, M., in Layard 외, 2001, pp. 179~81)

해, 대개 이윤추구를 위해 그렇게 한다. 벤틀리가 관찰한 바에 의하면, 대부분의 주요 부동산 개발업자들은 '예술을 위한 예술'에는 관심이 없으며, 적정한 이윤을 얻지 못하면 다른 곳에 투자하려는 주주들을 고려하지 않을 수 없다. 따라서 경제와 시장동력은 개발을 일으킬 힘과 재원을 지닌 집단의 손에 달려 있다(Bentley, 1998, p.31). 코완은 "시장을 이끄는 것은 설계가 아니라 투자"라고 주장했다. 도시설계 자체의 영향력은 원천적으로 한정되어 있다. 즉 도시설계의 전략과 작용이 시장의 기존 추세를 강화할 수는 있어도, 시장 활동을 다른 방향으로 돌리려는 시도는 성공하기 어렵다(Cowan, 2000, p.24). 캐드먼과 오스틴-크로는 "세심한 설계나 장려정책만으로는 열악한 위치에서 오는 불이익이나 위치에 관계없이 경제적인 가격대의 주거에 대한 수요부족 문제를 완전히 극복할 수는 없다."라고 경고한다(Cadman and Austin-Crowe, 1991, p.19).

어떤 개발이든 가치, 비용, 위험·보상, 불확실성을 고려해야 하며, 따라서 모든 개발사업을 착수 이전에 그 경제적 타당성이 검증되어야 한다. 개발기회에 수반되는 잠재적 보상과 위험 정도는 개발과정의 복잡성과 개발을 둘러싼 보다 광범위한 경제적 맥락을 반영한다. 모든 단계에서 개발사업은 내외적인 위험, 그중에서도 시가변동과 자금유동성 유지의 위협에 취약하다(그림 3.6). 민간부문에서 개발타당성을 판단할 때에는 위험과 보상 사이의 균형을 고려하는데, 이때 보상은 주로 이윤의 관점에서 파악된다. 도시설계의 질을 높이는 데 있어 주요한 장애요인은 그런 개발은 적어도 투자자가 요구하는 시간 차원에서는 '수익성이 없다'는 주장이다. 공공부문에서 개발타당성은 공동재산(또는 납세자의 재산)의 측면과 건전한 경제를 이루고 유지하는 보다 광범위한 목적의 두 가지 측면에서 고려해야 한다.

시장의 작용

물건이나 서비스를 위해 금전을 교환하려는 구매자가 수익을 위해 물건이나 서비스를 교환하려는 판매자와 접촉할 때 시장이 생겨난다. 시장론자들에 따르면 시장기제에는 다음과 같은 두 가지 이점이 있다.

1. 경쟁 : 생산자와 공급자 사이에서의 경쟁으로 상품과 서비스가 효율적으로 배분된다. 가격은 수요와 공급의 상호작용에 의해 결정되며, 질과 가격의 경쟁으로 소비자는 보다 낮은 가격에 상품을 구매할 수 있게 되어 이익은 소비자에게 돌아가고, 모든 생산자는 다른 생산자보다 한 차원 높은 훌륭한 서비스를 제공하고자 노력한다. 그 때문에 생산

자는 더욱 경쟁하거나 사업을 포기하게 된다. 경쟁은 또한 사업주로 하여금 이익을 얻기 위해 기술을 혁신하고 활용하도록 촉진한다.

2. 선택 : 시장은 경쟁하는 공급자에 대한 접근을 허용함으로써 소비자에게 선택의 기회를 주며, 개인의 선호에 따라 상품과 서비스를 여러 형태의 조합으로 이용할 수 있게 한다. 사람들은 개인의 복지를 극대화할 수 있으며, 오직 지출에 대한 그들의 의지와 능력에서만 제약을 받는다.

클로스터만은 "경쟁시장은 개인들의 행위를 조정하고, 개인의 행위에 자극을 주며 사회가 원하는 제품과 서비스를 사회가 요구하는 양과 타당한 가격으로 공급할 수 있게 한다."고 설명한다(Klosterman, 1985, p.6). 잘 알려진 대로 아담 스미스(Adam Smith)는 이를 자율경쟁시장을 조절하는 '보이지 않는 손'이라 불렀다. 그는 비록 개인이 자신의 이익을 추구할지라도 자유로운 이익추구가 전체로서 사회에 가장 커다란

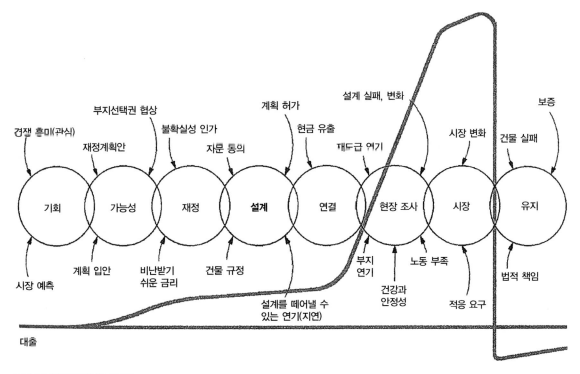

그림 3.6 조달과정에서의 위험성

이익을 가져온다고 생각했다. 각 개인은 보이지 않는 손에 의해 인도되어 의도하지 않은 결과를 만들어낸다. 따라서 스미스가 저술한 바에 따르면, 자율경쟁시장의 논리는 "우리의 식사는 푸줏간 주인, 양조자, 제빵업자의 자비심에서 나오는 것이 아니라, 그들 자신의 이익추구에서 나온다." 바로파키스는 보이지 않는 손은 말 그대로 염치없이 사익을 좇는 사람들로 하여금 성자에게나 적합한 집적성과를 만들어낸다(Varoufakis, 1998, p.20).

시장이론(신고전주의)에 따르면 생산자는 소비자가 원하는 것을 정확하게 공급하지만, 실제로는 그 전제가 되는 경쟁이 발생하지 않기 때문에 이러한 '소비자 주권'은 이론에서나 존재한다. 비평가들은 대기업의 이권과 다국적 기업이 시장을 지배하고 있기 때문에 소비자들은 불가피하게 자신이 정말 원하는 것이 아니라 팔려고 내놓은 제품과 서비스를 구매하도록 조종된다고 지적한다. 또 다른 문제는 대기업이 점점 특정 장소를 유지하려는 의무로부터 자유로워지고, 이를 소원시하는 경제적 이해를 나타낸다는 것이다. 주킨은 이동가능한 '국제적 자본'과 이동불가능한 '지역공동사회' 간의 근본적인 긴장상태를 강조하는 반면, 하비는 자본이 더 이상 장소에 관심이 없다고 본다(Zukin, 1991, p.15 ; Harvey, 1997, p.20). 자본이 필요로 하는 인력은 적어지고, 대부분의 자본은 문제가 되는 장소와 사회계층을 버리고 원하는 대로 전 세계 어디로나 이동할 수 있다. 그 결과 장소와 무관한 익명의 비인간적인 경제적 힘이 장소의 운명을 좌우한다.

시장이 효율적으로 작용하기 위해서는 '완벽한' 경쟁이 필요하며, 경쟁이 존재하려면 다음의 요소들이 있어야 한다. 즉 많은 수의 구매자와 판매자가 존재하고, 한 판매자가 제공하는 상품의 양이 전체 거래량보다 적어야 하며, 모든 판매자가 똑같은 물품이나 서비스를 판매하고 완벽한 정보를 보유하며 자유롭게 시장에 진입할 수 있어야 한다는 것 등이다. 그러나 현실의 시장은 자주 실패한다. 독과점, 공공(또는 집합소비) 제품, 외부경제나 과잉현상, 개별 행동이 차선의 집합결과를 가져오는 '죄수의 딜레마' 그리고 공동소유권이 있는 '공유상품' 등이 그 원인이다.

아담스에 따르면 토지와 부동산 시장에서 시장의 실패가 많은데, 그 까닭은 그 속성상 토지는 '개인의' 상품이라기보다 '사회적' 상품이기 때문이다(Adams, 1994, pp.70~71). 토지의 잠재적 이용도와 가치는 필연적으로 그 연접지에 대한 일련의 행위로 인해 제약받기 때문에 토지는 사회적 상품이다. 따라서 토지는 상호의존적 자산이고 대부분의 토지가치(또는 가치의 결핍)는 필지의 경계를 넘어선 행위로부터 영향을 받는다.

사회적 비용과 생산, 사적 소비에 따른 편익의 관계는 '일출효과(spill-over effect)'의 개념으로 고려해볼 수 있다. 이러한 비용과 편익은 자발적인 시장거래 과정에서는 고려되지 않는다(다시 말해, 그것은 가격(지불금)과는 무관하다). 공기를 오염시키고 교통체증을 가중시키는 차량이 야기하는 사회적ㆍ환경적 비용이 그 예이다(Hodgson, 1999, p.64). 개별 자동차 운전자들이 부담하는 환경비용은 적다. 대부분은 다른 사람들에게 부과된다. 게다가 시장은 운전자에게 환경오염에 따른 사회적 비용에 상응해서 벌금을 부과하지 않기 때문에 운전여부에 대한 결정은 사회적 비용보다도 운전자의 사적 비용과 편익에 의해 결정된다. 또한 부정적인 외부경제는 개발로 인해 이웃에게 가해지는 과밀, 소음 그리고 프라이버시 침해 비용을 무시하는 토지소유자들로부터 나온다. 새로운 교통수단, 다른 큰 규모의 개발과의 연계로 토지가치가 오르면 토지소유자들은 긍정적인 외부경제의 혜택을 누린다. 비록 그러한 수익이 정부에 의해(예, 개발이익세) 환수되지만, 사적 토지소유자들은 대부분 비용부담 없이 편익을 얻는다. 외부경제와 일출효과에 대한 이해는 도시설계에서 중요하다. 좋은 효과는 높이고 부정적인 효과는 최소화하는 것이 도시설계가 하는 일이다(8장 참조). 지리적으로 제한된 지역 내에서 혼합용도의 개발로 나타나는 긍정적인 시너지가 좋은 예다.

비록 토지와 부동산 시장이 사적 비용과 편익을 다루도록 잘 갖추어져 있지만, 사회적 비용과 이익은 제대로 반영하지 못한다(Adams, 1994, p.10). 이윤극대화(혹은 더 단순한 이윤 찾기)를 추구하게 되면서 개발업자들은 대체로 '사회적' 비용과 편익의 희생 속에서 '사적인' 개발비용을 최소화하여 이익을 최대화하려 한다. 그 결과 개발의 과정과 생산물에 종종 결점이 발생하는데, 그것은 본래의 고유한 부분을 형성하는 장소를 만들기보다는 지역의 맥락을 무시하는 개별적 개발업자들의 이윤추구가 앞서기 때문이다. 이렇게 사회적 비용이 종종 무시될 수 있기에 시장에서는 사회에 이익을 가져다주는 공동의(사회적) 결과보다 개인에게 이익이 되는 개인적(사적) 결과를 우선시하는 매우 개인적인 행동이 나타난다.

건조환경은 일단 형성되면 내구성이 있어서 여러 해 남으나, 개발을 위한 자금은 투자수익률에 따라 다르지만 보통 건물이 지어지고 몇 년 안에 건축개발비를 채우고도 남을 만큼 수익이 보장되어야 조달가능하다(Adams, 1994, p.71). 개발을 평가하는 전통적 방법에서 장기간에 걸쳐 발생하는 비용과 수익은 고려사항이 아니다. 그러므로 장기사업보다 단기사업이 우선시되고, 장기적 목표는 무시되며 그 결과로 단기주의가 조장된다.

공공부문에 의한 것이든 민간부문에 의한 것이든 간에 도시설계는 항상 공공적 결과를 가져온다. 예를 들면, 개발된 건물의 외부 입면은 미학적으로나 기능적으로 공공영역의 일부이다. 그것은 주지적인 '공공(집합)재'이다. 한 개인의 향유가 다른 사람들의 향유를 방해할 수 없기 때문이다. 또한 그 편익이 거리에 따라 감소하기 때문에 그 건물의 입면은 국지적 공공재인 것이다. 그러한 공공재에의 접근을 통제하는 것은 거의 불가능하다.

반대로 사적 재화에 대한 접근은 제한할 수 있으며, 그것을 즐기는 것에 요금을 부과하기도 한다. 개인이 공공재로부터 받는 편익은 그 사람이 공공재 생산에 기여한 정도가 아니라 공익의 총공급량에 달려 있다. 특정상품의 비용을 부담해야 할 때 사람들은 다른 사람들이 그 비용을 지불할 것을 기대하면서, 자신의 선호는 낮추어 표현하는 경향을 보인다. 이것은 사적 비용을 부담하지 않고도 재화를 즐기는 '무임승차'를 가능하게 만든다. 그러나 모두가 무임승차를 하면 공공재를 생산할 재원 자체가 마련될 수 없다. 결국 사적 주체 혼자서 그 편익과 보상을 배분하기 어렵기 때문에 '합리적인' 개발자들은 사적 편익이 보장되는 한도 내에서 공공이 사용 가능한 인프라나 공공공간을 개발하는 데 기여한다. 이와 같은 논리는 집단이 쓰는 기반시설구조에도 적용된다. 이러한 이유로 사적 부문에서는 공공시설물의 공급과 창조에 있어 무관심하기 쉽다. 민간부문에서 공공 인프라시설을 제대로 공급하지 못하면, 정부가 인프라시설을 공급해야 하거나 혹은 공급 자체가 되지 않는 상황까지 생긴다.

이상의 논의에서 도출되는 결론은 시장의 실패를 바로잡기 위해서는 정부의 개입이 필요하다는 것이다. 불완전한 시장에 대한 대안이 '완벽한 정부'라는 명제 또한 오류다. 결국 선택(종종 정치적)은 어떠한 불완전한 조직형태가 더 나은 결과를 가지고 올 것인가에 있다(Wolf, 1994). 때로는 완전한 자유시장의 힘과 정부 주도하의 경제 사이에서 두 가지 선택만 존재한다고 보이지만, 종종 정부의 개입이 시장의 작용을 더 원활하게 만들기도 한다. 도시설계 행위(특히 공공부문에서의)는 대체로 토지와 부동산 시장 내에서 이루어지는 공공개입행위이다. 토지와 부동산 시장에 대한 정부의 개입이 그런 개입이 없는 자유시장보다 더 나은 환경, 보다 효율적이거나 공평한 환경을 낳는다는 논리다. 그러나 개입과 규제를 하는 공공기관은 시장구조의 작용을 완벽하게 감지해야 하며, 아울러 개입과 규제에 따른 직간접적 결과를 예상할 수 있어야 한다. 말하자면 시장을 읽고 의식해야 한다는 뜻이다. 도시설계 측면에서 보면, 설계가들은 시장지향적이고 시장주도적인 개발과정의 특성을 제대로 인식할 필요가 있다.

| 규제의 맥락 |

도시설계의 네 번째 맥락은 규제의 맥락이다. 거시적인 규제(정부 차원)의 맥락은 공공정책의 구체적인 이행, 특히 도시설계 정책과 설계의 관리 및 개건트 사업에 구체적인 맥락을 제공한다(11장 참조). 거시적인 규제의 맥락을 주어진 대로 받아들여야 하지만, 도시설계가들은 종종 전문적인 사회집단과 직업조직을 통해서 그들이 원하는 변화를 유도하기 위해 노력한다.

'정치'와 '정부'의 규제를 구별하는 것이 중요하다. 정치의 본질은 정책선택을 위해 개인과 집단이 정부의제로 요구한 공적문제에 대한 대처방법들을 두고 그 장단점을 토론하는 것이다. 예를 들면, 경제와 환경의 목표 사이에서 균형점을 결정한다. 정치와 비교해서 정부는 전체를 대표하여 결정을 하고 법과 정책의 틀을 만든다. 따라서 정치적 과정이 규제의 맥락에 의해 알려지고 우선된다. 규제의 맥락은 정책이 제정되기 전에 정치적인 논쟁이 우선되어야 함을 보여주는 것이다.

대의 민주주의에서는 선출된 정치가들이 대중의 다양한 관점과 의견을 우선적으로 고려하고 조화시켜 정책을 결정한다. 그렇게 결정된 정책은 보통 정부기구가 직접 실행하지만, 정책적, 행정적, 법적 체제와 재정적 법령(세금, 세금감면, 보조금)을 통해 민간사업자들에게 맡기기도 한다. 대부분의 시장경제 체제에서 공공부문은 민간부문의 주체(개발업자, 토지소유자 등)를 직접 통제하지 않는다. 대신 민간부문의 의사결정에 영향을 미칠 공공정책과 규제의 틀을 만들고 인센티브를 설정하여 특정방향으로 활동을 유도한다.

정부가 얼마만큼 직접적인 역할을 해야 하는지, 그리고 토지와 부동산 시장에 어느 정도로 간섭해야 하는지에 대한 논쟁은 필연적이지만 많은 도시설계가들에게 있어 이것은 오직 학문적 관심일 뿐이다. 도시설계 프로젝트는 일반적인 시장 조건과 그 시대에 존재하는 규제의 맥락에 따라서 설계되고 이행되어야 하는 것이 현실이다.

정부와 거버넌스의 구조

민주주의에서는 다양한 계층의 정부구성원은 선출되어 한시적으로 복무하며, 임기 위에는 재선되어야 계속 일할 수 있다. 따라서 정부 관리와 정치가들은 선거로 방출되기도 한다. 도시를 제대로 개선하는 데에는 긴 시간과 과정이 필요하다. 그러나 선출직의 임기는 짧고, 경제주기 또한 다양해서 장기적인 투자나 전략적 계획을 이행하는 데에 안정적인 여건을 제공하지 않는다. 실제로 정치가와 선출직 지자체장들의 즉각적인 효과에 집착하거나 인기 없는 정책을 피하기 일쑤이며, 단기적 성과에 집착해 선거에 불리하다는 이유로 장기적인 목표를 희생시킨다. 그렇지만 몇몇 정치가들은 우수한 디자인을 강력히 주장하며, 도시개발의 수준을 높이는 영향력을 갖이는 사람이 된다.

행정의 변화 또한 특정정책과 방침을 흔들 수 있어 장기적인 목표와 전략의 방침은 특별히 보호할 필요가 있다. 장기목표를 달성하기 위해서는 이해관계가 다른 단체들의 폭넓은 협력과 지지가 필요하다. 수준 높은 도시설계로 유명한 도시들을 살펴보면, 지역의 이해 관계자들이 높은 질의 설계를 위해 장기적으로 노력했음을 알 수 있다(Abbott, 1997 ; Punter, 1999).

규제의 맥락(거시적인)의 주요요소는 정부의 위계 간 관계와 각 위계의 상대적 자율성 정도이다. 특히 지방 문제와의 기회와 여건에 독자적으로 대응할 수 있는 지방정부의 자율성이 중요하다. 중앙정부와 지방자치단체 간의 관계는 많은 정치학 연구와 논쟁의 초점이 되고 있다. 미국에서는 도시계획이나 도시설계에 있어서 연방정부가 거의 역할을 하지 않기 때문에 각 주와 도시들은 상대적으로 자유롭게 자체의 반응과 지역 중심 차원에서 개발을 전개한다. 이는 도시설계의 질적 측면에서 낮거나 높은 두 가지 결과로 나타난다. 프랑스의 경우, 시장을 정점으로 하는 수직적 행정 시스템에서는 시장이 도시설계를 중시할 경우 지방개혁을 촉진하고, 국가차원의 계획은 설계의 표본으로 작용한다. 영국에서는 상대적으로 중앙정부가 강하고, 이에 상응해서 지방정부는 덜 자율적이어서 일관성 있는 도시설계를 강조할 수 있는 분위기가 형성되었지만, 1990년대 중반 이전까지는 지방의 정책주도력이 약화되었다.

상대적으로 간단하고 위계적인 시스템에서 보다 복잡한 시스템으로 거버넌스 체제가 변환되고 있다. 다양한 중앙정부 기관이나 준정부 조직과 NGO들이 기능이 서로 다른 분야와 지역을 아우르며 설립되고 있다. 위계를 가진 서로 다른 단계, 부분, 그리고 지역 내에서 작용하는 다양한 형태의 민간 파트너십이 이러한 신설조직을 보완한다.

시장 – 국가의 관계

규제의 맥락에서 중요한 부분은 공공부분과 사적부분 사이의 균형이다. 어떤 부문의 입장에서 보는가에 따라 개발도 다르게 인식된다. 이는 몇 가지 기본적인 차이를 통해 확인할 수 있다(Box 3.2).

양 부문 사이의 균형문제는 어느 정도로 민간부분을 제어할 것인가 하는 문제를 야기하며, 이는 다시 도시설계의 목적에 대한 논의를 제기한다. 주된 이슈는 '누구를 위한 도시설계인가?', 즉 '민간부문 투자수익률의 극대화를 위함인가', 아니면 '일반대중의 이익을 위함인가' 이다. 실제로 각 부문은 목표 달성을 위해 서로 반대부문에 의존하며, 그들의 역할은 최근 공공과 민간의 파트너십 급증사례에서 드러나듯이 서로 적대적이기보다는 상호보완적인 측면이 많다.

공공부문과 민간부문의 차이점

공공부문의 목적

• 지역의 조세기반을 넓히는 개발
• 책임 범위 내에서 장기 투자기회의 확대
• 현재의 양질의 환경 향상, 또는 새로운 양질의 환경 창조
• 지역의 일자리를 창출하거나 지원하고 사회편익을 얻기 위한 개발
• 공공부문 서비스를 유지하기 위한 기회 찾기
• 지역의 요구를 충족시키는 개발

민간부문의 목적

• 위험과 유동성을 고려한 투자에서의 좋은 소득(이윤차액) 얻기
• 언제 어디서나 투자기회에 대한 기대
• 투자가 지속되는 동안 자산가치를 떨어뜨리지 않는 특정한 개발을 지원하는 상황
• 지역의 구매력과 시장수요에 입각한 투자 결정
• 개발의 소요비용과 재원확보 가능성

시장과 국가 관계를 이야기할 때 '혼합경제'와 '시장 주도' 경제의 차이를 인식해야 한다. 엄밀한 의미에서는 둘 다 혼합경제라고 할 수 있으며, 국가가 경제관리에 얼마나 직접적이고 중요한 역할을 하느냐에 따라 구별된다. 혼합경제에서 국가는 공공기구의 직접적인 활동과 함께 시장에 '간섭하는' 실행역할을 한다. 이 체제에서 도시설계의 정책과 결정은 기본적으로 건축적인 관점뿐만 아니라 공공의 관심사, 지역의 맥락을 도시설계에 더 충실하게 반영하기에 유리하다. 시장 주도의 경제에서 국가는 '불개입'의 원칙을 통해 촉진하는 역할을 하며 민간으로 하여금 직접적 활동을 하게 한다.

경제상의 이유와 건설의 효율성 때문에 시장분석에 기초해 설계가 결정된다. 이때 폭넓은 공공이익에 기여하는 것이 주된 가치가 되지는 않으며, 자산가치가 없다면 주위 맥락도 주요 관심사가 아니다. 장소에 대한 기여보다는 개별 건물의 질이나 개성이 우선시되는 실정이다.

국가의 직접적인 개입은 대체로 공공지출을 포함한다. 그래서 개입의 정도는 납세자들의 공공서비스와 인프라지원 의지에 대한 정치가와 정당들의 인식에 따라 좌우된다. 랭은 도시설계의 '비용 부담자'와 '비용 비부담자'를 유용하게 구별한다(Lang, 1994, pp. 459~62). 공공부문과 민간부문에서 비용 부담자는 기업가와 그들의 재정적 후원자들이다. 공공부문에서 기업가는 정부기구와 정치가이며, 그들의 재정적 후원자

는 납세자와 민간부문(예를 들면 개발 이익에 대한 직접 지불)이다. 전통적으로 공공부문은 공공영역 내에서 공공의 이익을 대표하여 활동한다. 기간시설망은 주로 공공부문에 의해 주창되고 공공재정으로 건설된다(4장 참조). 또한 사회 전체에 편익을 가져다주지만 이용료로는 조성 불가능하거나 이용료 징수가 어려운 시설들을 다루는 것도 공공부문이다. 그러한 공공재화는 일반과세를 통해 조성된다.

납세자들은 자신에게 직접적인 혜택이 없는 공공시설의 건설이나 개발에 투자하거나 보조하는 것을 꺼리며, 그런 성향은 점점 증가하고 있는 것으로 나타났다. 랭에 따르면, 일반적인 납세자들은 최소한의 세금만 내려고 한다. 오직 자신의 이익에만 관심을 두며, 스스로의 이익과 관련될 때에만 비로소 공공시설이나 건조환경의 디자인에 관심을 가진다(Lang, 1994, p.459). 갤브레이스에 따르면 공공 인프라 건설과 관련하여 현재의 소요비용과 세금은 주체적인데 비해 장기적 편익은 시간축을 따라 분산되기 때문에 그 건설을 위한 지출과 새로운 투자는 강력하게, 효과적으로 저항을 받게 된다(Galbraith, 1992, p.21). 뒷날 다른 사람들이 이익을 얻게 되겠지만 왜 알지 못하는 타인을 위해 세금을 지불하는가? 납세자들은 정부가 '자신들의' 세금을 '제대로' 활용하지 못할까 걱정한다. 결과적으로 세금을 제한하려는 압력 때문에 정부 활동에 제약과 아래에서 보듯 '사유화'의 욕구가 생겨난다.

지난 30여 년에 걸쳐 민간부문과 공공부문의 적절한 역할에 대해, 그리고 정부와 시장의 관계에 대해 논의가 자라났다. '큰 정부'와 '더 많은 정부의 역할'이 해결책이라는 명제가 비판의 대상이 되었고, 실제로는 정부가 문제의 한 부분이며 규제철폐를 통해 시장을 자유화하는 것이 해결책이라는 주장도 대두되었다. 1970년과 1980년대에 신자유주의와 뉴 라이트 이념(특히 미국의 레이건 시대와 영국의 대처 시대에서 두드러졌던)이 대두되어 시장의 역량이 커지도록 국가의 권력과 역할을 축소하는 데 많은 노력이 경주되었다. 그 결과 시장주도형 경제의 전환이 이루어졌다.

1980년대 중반부터는 노를 젓기보다 방향타를 잡도록 '정부를 재창조'해야 한다는 '관리주의론'이 중심주제로 떠올랐다. 관리주의 국가는 민간부문과 유사하게 움직인다(Osbourne and Gaebler, 1992). 여기서 강조하는 바는 정부가 운영을 '더 잘하게' 하는 것이다. 운영을 잘하고 못하고를 재는 잣대는 제공되는 서비스의 질과 결과보다는 좁은 의미의 비용(낮은 조세율)과 정부의 규모이다. 지방정부의 재정적 압박과 새로운 정치이념이 결합되어 민간부문의 투자자와 개발업자들에게 공공기관이 의존하지 않을 수 없게 만들었다. 민간공급과 민영화를 향한 명백한 움직임이었다.

'사유화'는 특히 미국과 영국, 그 외 많은 선진세계에서 지배적인 정책의 테마가 되었다. 사유화를 위한 주된 수단은 공공서비스의 민영화와 종전에는 공공서비스였던 것을 민간이 공급하도록 하는 것이다. 도시설계의 맥락에서 그레이엄은 어떻게 도시의 공공영역과 인프라가 사유화되고 이윤을 좇는 기업이나 민관협력기관에 팔리는지 설명했다(Graham, 2001, p.365). 루카이토-사이더리스는 미국 도심에서는 세 가지 상호연관된 요인 때문에 공공공간이 민영화되었다고 지적한다(1991, from Loukaitou-Sideris and Banerjee, 1988, p.87). 민간투자를 이끌어내고 이로써 재정부담을 덜고자 하는 공공기관들의 요구(희망), 개발정책에 대한 민간에 참여하여 사적 개발에서 준공공공간을 제공하는 민간합동개발에 참여하려는 의지, 사적으로 건설된 오픈스페이스에서 제공하는 시설과 서비스에 대한 시장수요의 존재 등이다. 그에 따르면 '위협적'인 사회집단과 격리되기를 원하는 사무직, 관광객, 컨벤션 참가자의 욕구로부터 민간이 만들고, 유지하며, 통제하는 공간에 대한 시장수요가 자라난다(6장 참조).

적극적인 공공정책과 직접적인 공공투자의 쇠퇴를 배경으로 루카이토-사이더리스와 배너지는 미국 서해안 도시들에서 시장주도형 도시설계의 결과를 조사했다(Banerjee, 1998, p.280).

• 도시설계는 사유화되어왔고 이를 주도한 것 역시 개인들이다.
• 투자 수익률을 최대화하기 위해 공공보다는 입주자를 염두에 둔 도시설계 개입이 이루어졌다.
• 설계정책은 기회주의적이었고 공공정책은 적극적이 아니라 대증적이었다.

- 그 결과로 개발은 임의적이며 흐트러지고 분절적이며 점진적 성격을 갖는다.
- 이 새로운 도시설계는 보다 큰 공공의 목적이나 비전을 잃어버렸다.
- 민영화는 양극화를 심화시켰다. 미국의 노후 도심지의 빈곤층과 부유층의 찬란한 사적 도심으로 양분되었다.

이와 비슷한 결과가 1980년대와 90년대 전반에 걸쳐 영국에서도 나타났다. 단기주의와 전략적인 비전의 부족, 우수한 디자인에 대한 관심부재 등은 공공기관에서 종종 나타나는 경향인데, 이는 결국 도시설계의 포기로 이어지기도 한다. 런던 도크랜드(Docklands) 지역의 초기개발에 대해 언급하면서 개발의 관리를 위한 도시설계 체계를 도입하지 않은 어리석음에 대해 마이클 윌포드(Michael Wilford)는 다음과 같이 주장했다. 모든 것을 해결해주는 마법사로 인식하는 자유로운 자본주의에 대한 의존은 항상 실현성이 없는 꿈으로 증명되었다. 그리고 이것은 도시설계를 맡은 사람들의 비겁한 책임회피 때문이다(그림 3.7). 카나리 와프(Canary Wharf) 개발은 공공부문의 도시설계 포기에 대한 긍정적 방향으로의 한 전환점이 된다. 투자의 장기적 실용성을 보호하기 위해 개발업자와 투자자들(올림피아앤드 요크)은 보다 좋은 디자인과 인프라 기준을 주장하여, 비록 내향적이긴 하지만 높은 질의 민간상업공간을 개발했다.

1990년대부터 2000년대까지 '정부는 좋고, 시장은 나쁘다(혹은 그 반대)'라는 극단적으로 단순화된 관념을 넘어서서 '제3의 길' 혹은 더 정확하게, 제3의 길들을 찾는 노력이 경주되었다(Giddens, 2001). 제3의 길이라는 개념은 현대사회가 근본적이고 되돌릴 수 없는 변화에 직면해 있다는 주장에 기초하며, 기존의 정치활동과 정책결정과정에 큰 의구심을 갖는다. 제3의 길은 자유시장의 역할에 대한 태도로서 정의되는 전통적인 왼쪽, 오른쪽의 범주를 넘어서자고 주장한다. 신자유주의의 '제2의 길'과는 대조적으로, 제3의 길은 시장의 영향을 조절하기 위해 정부 개입의 필요성을 인정하지만, 동시에 사회민주주의의 '첫 번째 길'과는 달리 국가역할의 중요한 한계를 인식한다. 지방정부는

그림 3.7 규제 완화 정책으로 개발된 런던 도크랜드(London Docklands)와 같은 시기에 만들어진 브로드게이트(Broadgate)는 런던 금융가의 과열된 개발맥락 내에서 완성되었다. 브로드게이트 개발은 런던 시에 일관성을 제공하고, 도시 맥락에 부합하며, 성공적인 일련의 공공공간을 형성한다. 또한 민간부문의 혁신적 역할과 질적으로 우수한 성과를 달성할 수 있는 잠재력을 보여준다.

정책을 수립하고 집행하는 데 명령과 통제의 모델을 취하지 않는다. 대신 그들의 고유권력을 통해 리더십을 제공하고 지역 협력체계를 구축하며, 민간과 자원봉사 부문의 자원과 에너지, 창조성을 활용하도록 요구받는다.

규제의 맥락에 대한 이러한 논의는 보다 좋은 도시설계를 하려면 이런저런 경제체제가 유리하다는 주장을 펴려는 것이 아니다. 단지 도시설계 실천에서 대응해야 할 규제여건(거시적인)에는 여러 유형이 있음을 지적하기 위함이다. 그러나 이런 주장은 타당하다. 즉 규제환경은 도시설계의 가치를 인정하며 그 수준을 높이려고 노력하는 데 도움이 되어야 한다. 1990년대 영국에서는 그렇게 시작된 도시의 규제여건에 대해서 긍정적인 변화가 있었다(Carmona, 2001, pp. 304~319). 예를 들어 질적 수준을 향상시키려는 욕구는 1994년부터 1997년까지 정부의 '도시와 농촌의 질적 향상을 위한 정책(Quality in Town and Country Initiative)'의 중심이 되었다. 환경의 질을 향상시키는 데 있어 디자인의 역할이 중요하다는 사상이 널리 구축되고 있었다. 베를린 IBA(Berlin IBA) 개발, 바르셀로나와 보스턴의 워터프론트, 그리고 버밍엄 도심재생계획 사례에서 도시설계는 환경의 질을 높이고 보강하는 수단으로 인식되기 시작했다.

| 도시설계 과정 |

과정으로서 도시설계의 개념은 이 책에서 계속 되풀이되는 주제이다. 위에서 논의됐던 네 개의 맥락과 2부에서 논의될 여섯 개의 차원들이 설계과정을 통해서 서로 엮인다. 그러므로 도시설계 과정에 초점을 맞춰 1부 논의를 마치려 한다. 도시설계에 있어 '디자인'은 예술의 과정만은 아니다. 연구와 의사결정 과정이기도 하다. 설계는 목적과 제약을 평가하고 균형 잡는 창조적, 탐구적 문제해결활동이며, 문제를 규정하고 이에 대한 가능한 해결방법을 탐구하여 최선의 결과를 이끌어낸다. 그것은 개별요소에 가치를 더하기 때문에 부분의 합보다 전체가 더 크다.

모든 디자인은 설정된 기준을 만족시켜야 한다. 비트루비우스 (Vitruvius)의 '튼튼함, 편리함 그리고 기쁨'은 제품 디자인으로서의 도시설계의 기준으로 받아들일 수 있다. 튼튼함은 필요한 기술기준의 성취와 관련 있고, 편리함은 기능기준에 관계되며, 기쁨은 미학적 매력에 대한 것이다. 이러한 항목들은 중요도에 따라 순서를 매길 수 있는 것이 아니다. 좋은 디자인은 모든 기준을 동시에 만족시켜야 한다. 자연자원 부족에 대한 인식이 커지는 시대에서 네 번째 기준 '경제'가 더해져야 한다. 여기에는 예산압박에는 재정적인 인식뿐만 아니라 환경비용의 최소화 같은 보다 폭넓은 인식이 포함된다.

모든 '디자인' 활동은 본질적으로 비슷한 과정을 따른다. 존 자이젤은 이것을 '나선형 디자인' 과정으로 나타냈다. 창조적인 도약 혹은 개념의 전환을 통해서 점차적으로 문제해결에 접근해가는 순환과정이다 (John Zeisel, 1981, 그림 3.8). 일반적으로 설계가는 먼저 과제를 설정하고 이에 대해 일차적인 해결방법이나 여러 대안, 접근방법을 만든다. 이러한 대안들은 본래의 문제나 일련의 목표에 따라 평가되며, 오류나 부적절한 개념을 찾아 솎아내는 과정을 통해 보완, 발전되거나 아니면 폐기된다. 그러므로 디자인은 시험—검사—변화를 거치는 지속적인 과정이며, 이미지화(해결책 관점에서의 고려), 표현, 평가 그리고 재이미지화(대안의 재고와 발전)의 과정을 모두 아우른다. 그 과정은 제안이 타당하니 채택해서 실행에 옮기자는 결정이 날 때까지 최종 해결책을 향해 움직인다. 그 제안은 또한 실행과정을 통해서도 더욱 수정되고 개선될 것이다.

디자인 과정은 해결책을 찾는 과정일 뿐만 아니라 디자인의 문제점을 조사하고 연구하는 과정이기도 하다. 폰 마이스의 지적대로, 디자인 문외한(일반대중, 정치가, 의뢰인 등)에게 디자인에 내재된 '불확실성'이란 참 이해하기 어려운 것이다(Von Meiss, 1990, p. 202). 또한 칼 포퍼는 디자인의 탐구적 본성을 강조한다(Karl Popper, 1972, p. 260).

우리는 문제 또는 난제를 가지고 출발한다. 처음으로 문제를 마주할 때 그것이 무엇이든 간에, 우리는 그 실체를 잘 모른다. 기껏해야 그 문제가 대체로 어떤 것이라는 데에 대한 막연한 생각만을 가지고 있을 뿐이다. 그렇

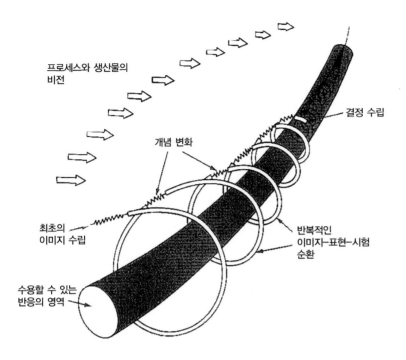

프로세스와 생산물의
비전

결정 수립

개념 변화

최초의
이미지 수립

반복적인
이미지-표현-시험
순환

수용할 수 있는
반응의 영역

그림 3.8 나선형 디자인(출처 : John Zeisel, 1981)

다면 어떻게 적절한 해결책을 만들 수 있는가? 분명히 우리는 만들 수 없
다. 우선 문제에 대해서 더 잘 알아야 한다. 그러나 어떻게 알 수 있을까?
나의 대답은 매우 간단하다. 미흡한 대로 해결책을 만들고, 그것을 비판하
는 것이다. 오직 이 방법으로만 우리는 문제의 이해에 도달할 수 있다. 문
제를 이해하는 것은 그 문제의 어려움을 이해하는 것을 의미한다. 그리고
문제의 어려움을 이해하는 것은 왜 그것이 쉽게 해결되지 않는지, 왜 더 당
연해 보이는 해결책이 작용하지 않는지를 이해하는 것을 의미한다. 그러므
로 우리는 먼저 당연해 보이는 해결책을 만들어야 한다. 그리고 왜 그 해결
책이 먹혀들지 않는지를 알기 위해 그것을 비판해야 한다. 이런 식으로 우
리는 문제를 해결하게 된다. 이러한 과정에서 우리는 문제를 인식하게 되
고, 창조적인 능력으로 접근한다면 처음의 불충분한 해결책에서 더 나은 해
결책으로 나아갈 수 있다. 이 방식은 '문제를 연구하는 것'을 의미한다. 만
약 문제를 충분히 긴 시간 동안 집중적으로 연구한다면, 문제의 핵심을 파
악하게 된다. 어떤 종류의 추측이나 가설 혹은 가정이 문제의 핵심을 놓치

기 때문에 전혀 작용하지 않으리라는 것을 안다는 의미에서 또한 문제를 풀려면 어떤 조건들을 충족해야 하는지 알게 된다는 의미이기도 하다. 다른 말로 하면 우리는 문제의 부분들, 하위문제나 다른 문제와의 연결을 보기 시작한다.

거시적인 관점에서 도시설계의 과정은 두 가지 구별되는 형태로 나눌 수 있다(1장 참조).

1. 비계획적 설계(unknowing design) : 상대적으로 작은 시행착오와 결정과 조정이 축적되면서 진행된다. 많은 도시들이 이런 식으로 천천히, 점진적으로 전체에 대한 설계는 전혀 없이 개발된다. 이렇게 점전적으로 자라난 많은 도시들은 오늘날 높이 평가되기도 한다. 이 같은 도시발전 방식은 변화가 느리고 개발규모가 작았기 때문에 가능했다. 좋든 나쁘든 간에 현대의 많은 도시환경은 계획이나 설계에 대한 고려 없이 단편적이며 점진적인 개발을 통해 형성된다.

2. 계획적 설계(knowing design) : 개발의 설계, 계획, 정책, 다양한 목표를 설정하고 균형점을 찾아 조절 통제하는 과정

최근에는 대체로 간단한 배치, 설계, 실행, 실행 후 사후평가의 네 가지 주요 단계를 따르고 있다. 각각의 단계에서 새로운 정보와 조건이 나타날 때 문제의 성격은 변하므로, 그 결과 정책, 지침, 설계안을 도출하는 과정은 반복되게 된다. 특히 새로운 목표가 설정되거나 외부 영향의 개입으로 재고되거나 부분적으로만 이행되는 과정에서 당초의 계획이 바뀌는 경우도 있다.

　　네 가지 주요 단계에서 도시설계가는 네 덩어리의 사고과정을 거친다.

• 목표 설정 : 여러 행위주체(특히 의뢰인과 투자자)를 고려하면서 동시에 경제적, 정치적 현실, 제시된 소요기간, 의뢰인과 투자자의 요구를 감안해서 설정한다.

• 분석 : 설계안 도출에 도움이 될 정보와 개념의 수집과 분석

- 비전 수립 : 자신의 경험과 설계철학에 기초하여 이미지화를 만들고 표현하는 반복과정을 통해 여러 대안을 만들어 발전시킴
- 종합과 예견 : 실행가능한 대안인지 확인하기 위해 제시된 해결책을 검증
- 의사 결정 : 대안 가운데 버릴 것과 보다 섬세하게 다듬고 개선할 대안을 선정
- 평가 : 설계목표를 척도로 하여 완성된 결과물의 목표달성 여부를 검증

다이어그램에서 제시하는 설계과정은 일반적으로 선형과정으로 개념화 되지만 실제로는 각 단계의 복잡한 활동 때문에 반복적이고 순환적이 며, 기계적이기보다는 직관적이다.

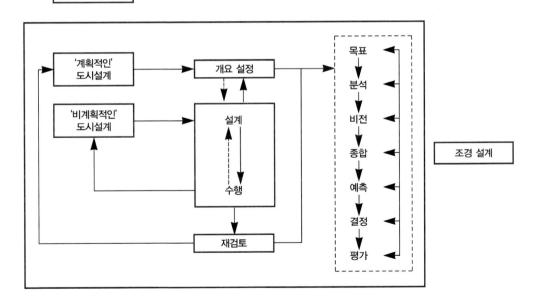

그림 3.9 통합된 도시설계 과정

이런 차원에서 보면 도시설계의 과정은 도시 전체를 다루는 도시계획, 개별건물의 건축설계, 기반시설의 토목설계, 여러 규모에 걸친 조경설계 등에서의 계획설계과정과 크게 다르지 않다(그림 3.9). 이것은 개발과 계획과정에서 도시설계가 지니는 위치와 도시설계의 학제적, 다중주체적 성격을 잘 보여준다(10장, 11장 참조).

결론

이 장에서는 도시설계 행위를 위한 네 가지의 기본 맥락을 소개했다. 핵심은 도시설계가 지역적, 세계적 맥락 그리고 시장과 규제의 맥락을 존중해야 한다는 것이다. 도시설계는 다른 모든 설계와 마찬가지로 순환적·반복적 과정임도 강조했다.

여기 네 가지 맥락은 1장의 첫머리에서 제시한 도시설계의 정의에 포함된다. 그냥 만들어지는 경우보다 사람들을 위해 더 나은 장소를 만드는 과정이 도시설계라는 정의는 이 책 전반에 걸쳐 언급되는 네 가지 주제의 중요성을 강조하는 것이기도 하다. 첫 번째로 도시설계는 사람을 위한, 사람에 대한 것이다. 평등·성별·소득계층을 고려하면서 좁고 개별적인 결과보다는 넓고 집합적인 결과를 우선시한다. 두 번째로 도시설계는 장소의 가치, 장소 만들기의 이슈에 대한 관심, 그리고 지역과 세계적인 맥락의 대응에 대한 필요성을 강조한다. 세 번째로 도시설계는 '현실' 세계에서 작용한다. 도시설계가들의 기회영역은 대체로 그들의 통제와 영향을 넘어선 힘(시장과 규제)에 의해 강요되고 구속된다. 그렇다고 기회영역의 경계에 도전하고 이를 확장하려는 시도를 막지는 않는다. 네 번째로, 도시설계는 과정이라는 점이 중요하다.

다음에 소개되는 여섯 개의 장은 도시설계의 여러 차원들, 즉 형태, 인지, 사회, 시각, 기능, 시간 등의 차원에 대해 설명한다. 도시설계는 모든 것을 연결하는 활동이기 때문에 이런 분류는 단지 설명과 분석의 편의를 위한 것이다. 겹치고 서로 관련되면서 이 여섯 가지 차원은 도시설계의 일상적 소재가 된다. 이 장에서 언급된 맥락들은 모든 차원들을 서로 연관시키고 소개한다. 맥락과 차원은 설계의 과정으로서 설계의 개념과 연결되고 관련을 맺는다. 도시설계가 효과적이기 위해서는 지역적, 세계적 맥락과 함께 경제(시장), 정치(규제)의 지배적인 현실을 존중하고 이에 기반을 두어야 한다. 그것이 개발이든 실현 가능성이 없는 단순한 공상적 열망이든 간에, 도시설계는 이런 맥락과 차원 없이는 '도시설계'라고 부를 만한 가치가 없다.

2부

도시설계의 차원

The Dimensions of Urban Design

04

형태의 차원

서론

이 장에서는 도시설계에 있어 형태적 차원(morphological dimension)의 문제, 즉 도시형태와 도시공간의 배치와 형상에 대한 문제를 세 단락으로 나누어 다룬다. 도시의 공간을 엮는 방식에는 크게 두 가지가 있는데, 여기에서는 편의상 '전통적 방식'과 '모더니스트적 방식'으로 부르기로 한다(Box 4.1). 전통적 방식은 건물들이 도시블록을 구성하고 도시블록이 외부공간을 규정한다. 모더니스트적 방식은 전각처럼 공간에 나 홀로 선 건물들이 도시를 구성한다. 현대에 들어서 공공공간망의 형태에 두 가지 구조적인 변화가 나타났다(Pope, 1996 ; Bently, 1998). 하나는 건물 유형의 변화로, 길과 광장의 형태를 만들고 도시블록을 규정하던 연속된 건축이 나 홀로 건축 유형으로 바뀌어 도시공간에 개별적으로 들어서는 것이다. 다른 하나는 가로 유형의 변화로, 그물망처럼 촘촘하게 엮이고 이어지던 격자가로망이 내향적이고 독립적인 섬들을 외곽에서 둘러싸는 도로망으로 바뀌었다. 이 두 가지 변화에 대해서 살펴보고 그런 다음 블록 구조에 대해서 검토해보려 한다. 우선 도시형태학(urban morphology)에 대해 알아보면서 논의를 시작하기로 한다.

| 도시형태학 |

도시형태학은 도시의 형태와 형상을 연구하는 학문이다. 형태학에 대한 지식은 도시설계가가 다루는 대상지역의 개발 패턴과 변화 과정을 이해하는 데 많은 도움을 준다. 초창기 도시형태학에서는 주로 전통 공간의 형성과 변화 과정을 분석하는 데에 치중했다. 형태학자들은 전통 공간이 몇 개의 핵심 요소로 기술될 수 있음을 보여주었는데, 한 예로 컨젠은 도시형태의 네 가지 구성요소로 토지 이용, 건축물(building structures), 필지 패턴, 가로 패턴을 제시했다(Conzen, 1960).

컨젠은 이 네 요소의 변화 속도가 다름을 강조했다. 제일 쉽고 빨리 변화하는 것은 건물과 그 건물에 담기는 용도이다. 필지 패턴은 건물과 토지 이용에 비하면 좀 더 안정적이라 할 만하지만, 이 역시 개별 필지들의 합병과 분할에 따라 변화한다. 네 요소 중에서 가장 변하지 않는 것은 가로 패턴이다. 가로는 공공의 소유이고 가로변의 토지는 사유재산이기에, 기존의 가로를 크게 변형하거나 재구성하는 것은 현실적으로 어렵다. 그러나 가로 패턴도 변한다. 전쟁이나 자연재해로 인해 바뀔 수도 있고, 현대에 들어와서는 대규모 재개발사업에 의해 의도적으로 파괴되어 변화하고 있다. 이제부터 컨젠의 네 가지 형태적 요소를 다루고자 한다. 이들 요소가 결합해서 다양한 도시형태를 만들어내는데, 이를 살펴보는 데에는 카니기아가 제시한 '도시 조직(tessuto urbano 혹은 urban tissue)'의 개념이 유용하다(Caniggia and Maffel, 1979, 1984).

토지 이용

다른 요소에 비해서 토지의 용도는 자주 바뀐다. 종종 새로이 유입되는 용도는 재개발과 새로운 건축물의 축조, 합필 또는 필지 분할과 가로 패턴의 변화를 초래한다. 반면 구시가지 기존 건물에서 용도의 변화가 일어나는 경우가 있다. 그런 경우 재개발이 아니라 기존 건물을 보수하거나 재활용하기도 한다.

건축물

필지는 종종 건축 개발의 과정이나 자취를 보여준다. 영국에서도 이러한 변화 과정을 볼 수 있는데 길이나 통로에 접해서 좁고 길게 분할되었

Box 4.1

전통적 도시공간과 모더니스트적인 도시공간

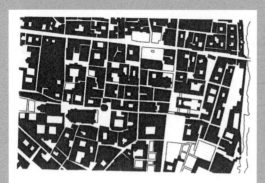

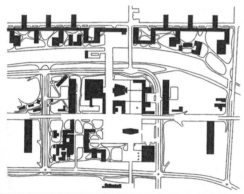

파르마(Parma)의 그림-배경 도면(figure-ground diagram)과 생디에(Saint-Die)(출처 : Rowe and Koetler, 1978, pp.62~3)

이러한 그림-배경 도면은 전통적 도시공간과 모더니스트적인 도시공간의 서로 다른 패턴을 보여준다. 파르마(위의 도면)에서 건물들은 연속된 입방체로서 가로와 광장을 규정하는 도시블록을 구성하고, 이런 블록은 작은 규모를 갖는 명확한 격자가로망을 형성한다. 건물은 대체로 낮고 비슷한 높이다. 예외적으로 높은 건물이 있는데 이들은 대개 종교건물이나 주요 공공건물로서 도시맥락상 중요한 의미를 갖는다. 가로 패턴은 격자로 구성되며, 그 조직은 비교적 작다.

반면, 생디에(아래의 도면)의 모더니스트적인 건물들은 도시공간에 독립적으로 들어서 있는 '나 홀로형 건물'로서 느슨한 도로망을 이루고 있다. 일반적으로 2~3km²의 크기를 갖는 이러한 슈퍼블록은 지역 외부로부터 차량의 접근을 유도하는 주요 도로에 의해 둘러싸여 있다. 모더니스트적인 도시공간은 일반적으로 '초원'에 건설되었을 때 그 진정한 형태가 드러난다.

	작은 블록 패턴	슈퍼블록 패턴
공간을 정의하고 에워싸는 건물	A	B
공간에서 오브제로서의 건물	C	D

각각의 공간 체계는 두 가지 요소, 즉 2차원 패턴(작은 블록이나 슈퍼블록 패턴)과 3차원 형태(공간을 에워싸는 건물이나 공간에서 오브제로서의 건물)로 구성된다. 이상적인 체계를 고려할 때, 작은 블록과 공간을 에워싸는 건물(즉 파르마의 전통적인 도시형태─유형 A), 그리고 슈퍼블록과 오브제로서의 건물(즉 생디에의 모더니스트적인 도시공간─유형 D)로 묶어서 생각해볼 수 있다. 그러나 사실 이들을 이상적인 체계로 보기는 어렵다. 정확히 어느 시점부터 '건물들 사이의 공간'이 '건물들을 담는 오픈스페이스'가 되는지 명확하지 않기 때문이다. 결국 다른 조합을 생각해볼 수 있는데, 이는 유형 B나 C로서 위의 체계가 변형된 것이라 할 수 있다. 이 유형에서는 런던이나 홍콩 도심에서와 같이 높은 건물이 종종 소형 블록 안에서 갑자기 솟아나기도 한다. 유형 C는 나 홀로형 건물이 작은 블록 가로 패턴에 건설되는 상황을 의미한다.

Box 4.2

세장형 필지의 변화 과정

접근성과 교역 및 상업의 이유로 처음에는 건물이 가로의 전면이나 필지의 앞부분에 지어진다. 시간이 지나면서 필지나 건물의 용도가 변하는데, 필지의 후부나 건물 층수의 확장이 요구되고 후면으로도 접근할 수 있도록 필지의 뒷부분에 건물을 짓게 된다. 이로 인해 필지 중간에 공간이 생기게 되는데 처음에는 채마밭이나 정원으로 쓰이기도 하지만 결국은 독립적인 건물 부지나 기존 건물의 증축 부지로 사용된다. 기존 건물이 헐리고, 더 크고 높은 신축 건물이 들어서기도 한다. 이렇게 계속되는 개발의 결과로 필지 안의 오픈 스페이스는 작은 안뜰 정도로 줄어든다. 가로에 직접 닿지 않고, 채광과 통풍도 잘 되지 않는 방들을 만들며 밀도가 높아지면서 개발의 한

계에 다다른다. 이렇게 모든 필지가 고밀도로 개발되었을 때를 이 순환의 '절정단계'라 할 수 있다. 그다음 단계로, 부분 철거에 의한 재개발 또는 완전 철거에 의한 전면 재개발이 이루어질 수 있다. 개발 압력에 따라 필지의 형태가 변하기도 한다. 좀 더 큰 건물을 짓기 위해 필지가 통합되기도 하고, 독립적인 필지를 얻기 위해 블록 중간에 골목길을 만들기도 한다.

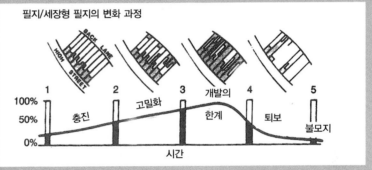

필지/세장형 필지의 변화 과정

(출처 : Larkham, 1996, p.33)

던 중세의 세장형 필지(burgage)가 오늘날의 형태로 변한 것이 그 예이다(Conzen, 1960, Box 4.2). 세장형 필지에서 우선적으로 개발할 수 있는 곳은 가로에 접한 부분이었으며, 결과적으로 가로를 따라 늘어선 '가로형 건물'이 많이 지어졌다. 로이어에 따르면 18세기와 19세기의 파리, 19세기의 산업도시, 그리고 20세기의 교외지역에도 비슷한 유형의 고밀도 개발 형태가 나타난다(Loyer, 1988 ; Whitehead, 1992). 반면 세장형 필지의 전통이 정착되지 않았던 신대륙에서는 처음부터 격자형 도시구조를 채택했다. 무돈(Moudon)은 샌프란시스코의 알라모 광장(Alamo Square) 주변지역을 대상으로 하여 블록과 필지와 건물 패턴의 변화 과정을 상세하게 기술했다(Moudon, 1986).

교회 · 성당 · 공공건물 등은 다른 용도의 건물보다 오래 보전된다. 이런 건물은 설계하고 건설하고 장식하는 데 상대적으로 많은 비용이 들어가 상징성도 크기 때문이다. 또한 이 건물들은 주민과 방문객에게

특별한 의미를 주고 도시의 상징으로서도 작용한다. 보전법이 적용되지 않는 일반 건물은 토지 이용의 변화에 적응할 수 있을 때에만 존속이 가능하다. 다시 말해 '강건성(robustness)'이 클 때만 유지된다(9장 참조). 강건성이 높은 오래 존속하는 건물은 다양한 용도를 수용한다. 예를 들어 주거용으로 지어진 타운하우스는 고급 단독주택으로나 사무실, 학생을 위한 기숙사로도 쓰일 수 있다.

필지 유형

블록(urban blocks)이라 불리기도 하는 지적 단위(cadastral units)는 필지로 나뉜다(그림 4.1). 일반적인 방식은 '등을 서로 맞댄(back to back)' 필지 분할방식으로, 필지 앞부분은 가로에, 필지 뒷부분은 다른 필지의 뒤쪽에 접하도록 하는 형태다. 필지 앞면은 큰길에 접하고 뒷면은 블록 뒤쪽의 서비스용 골목에 접하는 분할방식도 있다. 드물지만 필지 양쪽 끝이 모두 큰 길로 열리는, '관통형 필지(through plots)'도 있다. 시간이 흘러 필지의 매매가 이루어지고 그 과정에서 큰 필지가 분할되고 작은 필지가 합병되면서 필지 경계에 변화가 생기기도 한다. 대규모 개발을 위해 필지들을 합병하여 대형 필지를 만들기도 한다. 필지 분

그림 4.1 프라하(Prague) 중심부의 건물들은 공공공간에 접해 있는 원래의 길고 폭이 좁은 필지를 보여준다.

할보다는 필지 합병이 훨씬 흔하다. 도심에 쇼핑센터를 건설할 때 여러 블록을 합병하고 블록 사이에 있던 길을 사유화하여 대지로 바꾸는 극단적인 경우도 있다. 이렇게 필지와 블록이 합병되면 처음의 공간 형태는 사라진다. 그러나 많은 도시, 특히 유럽의 역사도시에서는 아직도 초기의 형태가 남아 있다. 그렇다 해도 필지와 같은 시대의 건물은 별로 없다. 이런 사실은 건물이 필지보다 빨리 변한다는 사실을 보여준다.

가로 패턴

가로 패턴(cadastral pattern)이란 도시블록의 배치 형태, 그리고 블록 사이의 공공공간 및 이동통로 혹은 공공공간망의 배치형태를 말한다. 블록은 도시공간을 규정하고 역으로 도시공간은 블록을 규정한다. 도시의 지표면에는 시대의 연원을 달리하는 여러 지층이 중첩되어 있다. 지난 시대의 용도 위에 새로운 용도가 덧씌워지지만 옛 시대의 흔적이 완전히 지워지지 않고 남아 있기도 한다. 이러한 변화 과정을 옛 글씨를 긁어낸 위에 새 글씨를 쓰는 '양피지사본(palimpsest)'에 비유하기도 한다. 옛 가로망을 무시하고 그 위를 가로지르는 20세기의 도로로 인해 오랜 역사의 도시경관이 조각나버리기도 한다. 보통 가로와 도시공간은 수백 년에 걸쳐 형성되기에 도시 평면에서 형성 시기가 다른 패턴의 단편과 흔적을 찾아낼 수도 있다. 예컨대 플로렌스 도심에는 로마시대의 가로 패턴이 아직도 뚜렷하게 남아 있다(그림 4.2).

한 도시의 질적 수준을 가늠하는 척도로 '투과성(permeability)'이 있다. 투과성이란 어떤 환경에서 이동경로의 선택이 얼마나 다양한지를 나타내며 이동성의 척도가 되기도 한다. 이와 관련해서 '접근성'은 실제 공간에서의 척도로 개인과 가로 패턴 간의 상호작용의 결과물이라고 할 수 있다. 투과성은 두 가지로 나눌 수 있는데 하나는 일정한 환경에서 통로가 얼마나 보이는가에 관련된 '시각적 투과성'이고, 다른 하나는 그 통로를 실제로 지날 수 있는가를 따지는 '물리적 투과성'이다. 이둘은 반드시 일치하지는 않는다. 시각적 투과성은 있지만 물리적 투과성은 없는 경우, 또는 그 반대의 경우가 있기 때문이다.

작은 블록으로 가로 패턴이 구성되었을 때, 이를 도시입자(urban grain)가 '작다' 또는 '미세하다'고 말한다. 반대로 큰 블록으로 가로

그림 4.2 플로렌스 중심부의 가로 패턴은 로마시대 취락의 조직을 유지하고 있다(**출처** : Braunfels, 1988).

패턴이 구성되는 경우에는 도시입자가 '크고 거칠다'고 말한다. 작은 블록의 경우, 즉 도시입자가 섬세할 때는 이동경로가 보다 조밀하고 다양해지며 환경의 투과성이 더욱 높아진다(그림 4.3). 블록이 작을수록 시각적 투과성도 높아져 한 교차점에서 다음 교차점까지 잘 보인다. 이에 따라 선택 가능한 경로를 파악하기도 더 쉬워진다.

기하학적 정연성에 따라 격자형 구조도 규칙적인 형태의 '정형 격자'와 유기적 형태이거나 불규칙적으로 보이는 '부정형 격자'로 나눌 수 있다. 격자의 형태는 물리적 투과성과 무관하다. 그러나 부정형 격자의 경우에는 시각적 투과성이 낮기 때문에 소통에 지장을 줄 수도 있다(7장 참조).

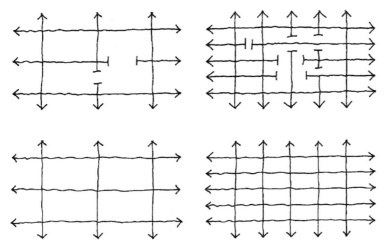

그림 4.3 투과성. 명확한 격자망은 다양한 이동경로를 제공한다. 만약 격자망이 막다른 길이나 길의 단절로 인해 유지되지 못한다면 투과성은 줄어든다. 이러한 현상은 느슨한 격자망에 더욱 심각한 문제를 불러일으킨다.

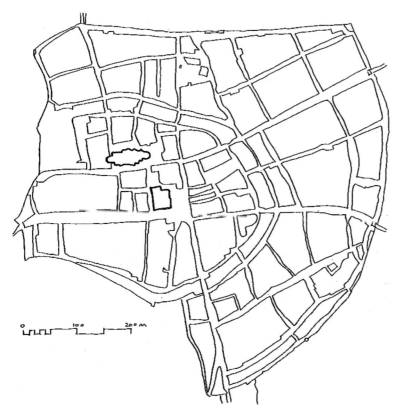

그림 4.4 독일 로텐부르크(Rothenburg) 평면. 부정형 격자에서 공간의 구조는 두 가지로 변형된다. 한 가지는 시선이 직선이 아닌 건물의 벽을 따라 꺾이도록 도시블록이 형성되고 배치된다. 다른 하나는 가로공간의 폭이 다양하게 변한다. 힐리어는 격자의 변형이 시각적인 투과성에 영향을 주어 이동에 중요한 영향을 미친다고 주장했다(Hillier, 1996 ; Bentley, 1998).

부정형 격자는 오랜 시간에 걸쳐 점진적으로 자라온 도시에서 흔히 나타난다(그림 4.4). 부정형 격자는 의도적으로 만든 인공물이 아니라 자연적으로 진화된 형태와 같다는 의미로 유기체에 비유되기도 한다. 이런 유기체적 도시형태는 대개 그 지역의 지형에 순응하는 보행로를 따라 형성되는데, 여기에서 보행로는 단순한 통행도로가 아니다. 보행로와 인접해 있는 건물은 건축적인 일체로서 구성되며 오랜 세월 실제로 이용되면서 변화해온 것이다. 힐리어는 이동 패턴과 도시격자 형성 과정의 관계를 설명하면서 정교한 이론을 제시했다(Bill Hillier, 1996a, 1996b ; Hillier 외, 1993). 그의 핵심 주장은 교통과 도시공간의 형상은 서로 영향을 미치는 가운데 결정된다는 것이다. 이 이론의 출발점은, 공간의 형상만 갖고 보자면 도시격자의 구조야말로 이동 패턴을 결정하는 가장 강력하고 유일한 요소라는 것이다(Hillier, 1996b, p.43, 7장 참조).

정형 격자는 대개 계획의 산물로서 기하학적으로 어느 정도 일정한 규칙을 갖고 있다. 직선도로로 도시를 계획하는 것이 손쉽기 때문에 계획도시들은 대체로 직사각형의 형태를 보인다. 여러 유럽 도시들은 그리스와 로마시대의 정형 격자 정주지에 기원을 두고 있다. 유럽 도시에서 격자 형태는 대부분 보다 유기체적인 공간구조에 덮어쓰거나 아니면 이를 확장하는 차원에서 계획되었는데, 세르다의 바르셀로나 확장계획이 대표적인 예다. 아메리카 신대륙의 도시들도 대개 정형 격자구조로 계획되었는데, 이는 관리와 매각에 편리한 필지 단위로 넓은 토지를 나누기 쉽기 때문이다.

미국 도시에서는 시간이 흐르면서 단순한 형태의 격자구조가 주를 이루었다. 그러나 사바나, 필라델피아, 워싱턴처럼 초기 도시에는 광장과 사선가로 같은 개성 있는 요소들이 격자형 가로망에 많이 가미되었다. 그러다 점차 이런 요소들이 빠지고 단순한 직선도로와 사각형 가구 형태로 대체되었다. 모리스는 "미국 도시에서 격자형 가로망이란 공평하게 땅을 나누는 효율적 장치 그 이상도 이하도 아니었다."라고 평가하면서 중요한 예외사례로 사바나를 꼽는다. 그리고 중서부 도시들도 사바나의 영향을 받았다면 단조로움을 조금은 더 피할 수 있었을 것이라고 개탄한다(Morris, 1994, p.347, 그림 4.5)

일부 계획된 가로 패턴은 전체 마스터플랜에서 중요한 상징적인 의미를 갖는다. 예를 들어 중국의 고대 수도는 정방형으로 계획되어 각 면에 세 개의 대문, 모두 열두 개의 대문이 배치되도록 만들어졌는데, 이는 1년의 12개월을 표현하는 것이다. 로마에서 도시를 새로 만들 때에는 두 가로축을 교차시켰는데, 이는 태양 운행의 축과 춘분, 추분의 선을 상징하는 것이다. 이러한 구성이 항상 종교적인 의미를 지니는 것은 아니다. 또한 오래된 도시에서만 이런 구성이 나타나는 것도 아니다. 한 예로 워싱턴DC에서 백악관과 의회건물의 축을 직교시킨 것은 행정과 입법의 권한 분리를 나타낸다.

부정형 격자구조에서는 공간의 위요감이 길을 따라 계속 바뀌기 때문에 풍경화 같은 경관을 드러낸다. 반면 정형 격자구조는 일반적으로 단조로운 구조로 여겨져 비판의 대상이 되곤 한다. 카밀로 지테는 만하임 시의 가로가 조금의 예외도 없이 직교하며, 성 밖의 지역까지 직선으

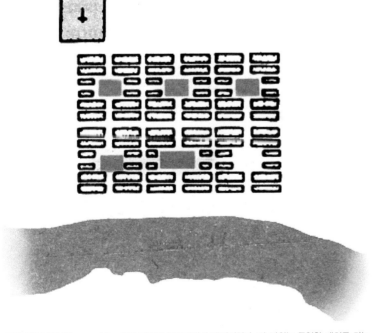

그림 4.5 사바나(Savannah)는 기본 단위를 반복하면서 배치되었다. 각 단위는 동일한 배치를 갖는다. 열 개의 주거용 필지로 이루어진 네 개 그룹과 공공광장 주변의 공공건물 또는 좀 더 중요한 건물을 위해 지정된 네 개의 신탁된 필지(trust plots). 주요 통과 교통은 기본 단위들 사이로 지나가게 하여 공공광장에서는 가능한 교통을 통제한다. 일정한 간격을 두고 넓은 가로수길이 있다(출처 : Bacon, 1967).

로 뻗어나가는 그 '여유 없는 철저함'을 비난했다(Camillo Sitte, 1889, translated in 1965, p.93). 그러나 리브친스키는 격자형 가로망이 꼭 심미적으로 무미건조하지는 않다고 주장하며, 로스앤젤레스의 격자망이 협곡을 만나 변형된 경우처럼 격자형이 자연 지형을 만나 변형되면 그림 같은 경관이 생겨난다고 했다(Rybczynski, 1995, pp.44~5). 또한 격자라고 해서 획일적이고 반복적이어야 할 필요도 없다. 1811년 당시 맨해튼 중심부의 평면을 보면 변화와 흥미를 주는 요소가 많다. 큰 건물들이 들어선 넓고 짧은 남북가로, 작은 연립주택들이 늘어선 좁고 긴 동서가로, 광장과 대로, 그리고 굽이치는 브로드웨이 등 다양한 요소들로 도시공간이 구성되어 있다.

19세기 말과 20세기 초에 걸쳐 여러 나라, 특히 미국에서 천편일률적인 직사각형 격자망에서 벗어나려는 시도가 있었다. 새로운 대안으로서 곡선 형태에 넓고 깊지 않은 필지(종전의 세장형 필지 대신)를 결합하여 공간감을 부여하려는 시도였다. 곡선형 공간구조는 19세기 초 영국의 회화적인 설계방식에서 유래했다. 대표적인 사례로 1823년 존 내시(John Nash)가 설계한 리전트 공원 주위의 '파크 빌리지'가 있으며, 이는 다시 1868년 옴스테드(Olmsted)와 복스(Vaux)의 시카고 주변 '리버사이드'와 1905년 '레치워스 가든시티(Letchworth Garden City)'에 모범이 되었다. 곡선도로를 따라 이동하면 시각적으로 둘러싸인 듯한 느낌을 주는 공간의 연속성을 연출하여 시각적인 호기심을 유발한다. 반면에 시각적 투과성이 약하기 때문에 그 장소를 잘 모르는 방문자들을 적극적으로 유도하지는 못한다.

1800년대 후반에서 1920~30년대까지 등장한 곡선형 가로망의 대부분은 격자망의 변형이었다. 한 단계 변형된 것이 언윈(Unwin)과 파커(Parker)가 1898년에 뉴 이어스위크(New Earswick)에서 소개하여 1950년대 후반에 일반화된 컬데삭 패턴이다. 컬데삭은 곡선형 가로망이 지닌 미적 효과를 유지하면서도 통과 교통이 불러오는 위험을 줄이기 위한 목적에서 고안되었다. 이 장의 끝에서 다루겠지만, 컬데삭 형식이 널리 퍼지면서 공공공간망은 격자형에서 위계적이며 불연속적인 가로망으로 바뀌게 된다.

| 공공공간망과 기간시설망 |

가로 패턴은 도시영역 내 공공공간의 네트워크를 형성하며, 넓은 의미에서 기간시설망(capital web)의 중요한 요소이다. 공공공간은 사유재산(필지)의 '공적 얼굴' 이 향하는 공간이자 사유재산으로 연결이 이루어지는 공간이다. 따라서 공공공간망은 이동공간인 동시에 사회적 공간이다. 여기서 사회적 공간이란 사람들의 경제 · 사회 · 문화의 교류활동을 위한 외부공간으로서 도시 영역에서 결정적인 부분이다(6장 참조). 보행은 가로를 사회적 공간으로 만드는 행위이며 실제로 보행과 사람들 간의 교류활동에는 상호보완적인 관계가 있다. 반대로 자동차에 의한 이동은 단순하며, 차에서 내려야만 다른 사람과의 교류가 이루어진다. 그러므로 자동차 교통의 핵심은 목적지에 도달하는 것이지 그 운행 그 자체에 있지 않다.

인간의 두 발과 말이 주요 이동수단이었을 시절, 이동공간은 곧 사회적 공간이었다. 이 둘은 별개의 영역이 아니라 거의 하나로 통합된 영역이었던 것이다. 그러나 새로운 교통수단의 등장과 함께 당초 하나였던 영역은 자동차 교통을 위한 공간과 보행 및 사회 교류를 위한 공간으로 나뉘게 되었다. 이에 따라 공공공간을 점령한 자동차로 인해 가로의 사회적 기능은 위축되었으며, 결국 가로는 단지 교통기능이 전부인 도로가 되었다.

도시의 지면을 구성하는 블록의 패턴과 공공공간의 네트워크, 그리고 기본 도시 기반시설과 그 밖의 비교적 고정적인 몇몇 요소는 데이비드 크레인(David Crane)이 말하는 '기간시설망' 의 시각적 요소이다. 부캐넌에 따르면 기간시설망은 도시와 그 도시의 토지 이용과 가치, 개발 밀도와 이용 강도를 결정하고 도시에서의 이동과 도시에 대한 시각 및 기억, 시민들 간의 만남의 방식까지 결정한다(Buchanan, 1988a, p.33).

기간시설망을 다루는 도시설계가는 변화 속에서도 유지되는 '안정성의 패턴' 을 볼 줄 알아야 한다. 빨리 쉽게 변하는 요소와 구별하여 변하지 않거나 천천히 변함으로써 장소에 개성과 정체성을 부여하는 요소를 찾아내는 것이 중요하다. 부캐넌에 의하면, 이동공간의 네트워크와 그 아래에 묻힌 서비스 시설, 이동공간 사이에 세워진 기념건조물과 공공건물, 그리고 그것들이 형성하는 이미지가 비교적 지속적인 요소이다 (Buchanan, 1988, p.32). 개별 건물의 건축, 토지 이용 및 활동은 이러한 틀 속에서 생겼다 사라지기를 반복한다. 그렇기에 끊임없는 변화에도 도시의 핵심적인 정체성은 유지되는 것이다(9장 참조).

| 공간을 규정하는 건물과 나 홀로형 건물 |

도시블록을 구성하는 건물이 변화하면서 공공공간망의 형태에도 구조적 변화가 일어났다. 가로와 광장을 둘러싸며 공간의 형태를 규정하던 기존의 연속적인 가로형 건축물이 도시공간에 독립적으로 들어선 나 홀로형 건물로 바뀌게 된 것이다. 모더니스트의 기능주의 관점에서 보면 건물 내부공간의 편리성은 외부의 형태를 결정하는 주요한 요소이다. 건물을 비누거품에 비유한 르 코르뷔지에(Le Corbusier)의 경우가 한 예이다. "거품 안에서 공기가 고르게 퍼지고 잘 조절될 때 그 거품은 완벽하고 조화롭다. 거품의 외면은 내면의 상태에 따라 결정된다." 기능 요건의 충족과 빛·공기·위생·외관·조망·동선·개방성 등만 고려해서 건물을 설계한다면, 다시 말해 건물을 '안으로부터 밖으로' 설계한다면 그 건물은 하나의 조각품 또는 공간에 서 있는 오브제가 되어버린다. 이 경우 건물의 외부 형태, 다시 말해 건물과 공공공간의 관계는 내부공간을 처리하는 부산물에 지나지 않는다.

모더니스트 설계에서 지향한 목표는 건물로 공간의 윤곽을 뚜렷하게 만드는 것이 아니라 공간이 건물 주위를 자유롭게 흐르도록 만드는 것이었다. 그렇게 하는 것이 건강한 생활조건을 만들고 환경을 보다 아름답게 하며 자동차 교통을 수용하기에도 편하다고 여긴 것이다. 예를 들어 르 코르뷔지에는 전통적인 가로를 도랑, 깊은 틈, 좁은 통로 정도로밖에 생각하지 않았다. 그리고 비록 우리가 그것을 1000년 넘게 익숙하게 사용하고 있지만 그렇게 '닫힌 공간을 형성하는 벽'에 의해 항상 중압감을 받는다고 말했다(Broadbent, 1990, p.129). 공중보건과 관련해서, 혹은 밀도·도로폭·시선제한과 지하시설에 필요한 공간확보, 가로조례와 일조각도 등에 관한 일반적인 계획기준이 마련되면서 기존의 닫힌 공간에서 벗어나고자 하는 욕구는 더욱 커졌다.

'나 홀로형 건물'은 좀 더 튀는 건물을 만들고자 하는 개발사업자와 투자자의 상업적인 이해가 맞물리면서 더욱 보편적인 것이 되었다. 건물을 돋보이게 하는 방법은 여러 가지가 있다. 물리적으로 주위 건물과 분리하거나 더 높게 짓거나 혹은 주변과 대조되는 특징적인 디자인 요소를 끌어들이는 방법 등이 흔히 쓰인다. 이렇게 되면 건물은 좋든 나쁘든 주변의 공간적 맥락으로부터 해방된 나 홀로형 건물이 되고 만다. 근대 이전에는 교회·시청·왕궁 등 몇 개의 건물 유형만이 이런 방식으로 주변 건물과 구분되고자 했다. 이들은 전형적으로 공적인 건물이었고, 도시민에게 큰 중요성을 갖는 내부공간을 지니고 있었다. 폰 마이스(Von Meiss)는 "20세기 도시의 큰 문제는 오브제의 확산과 도시 조직의 무시에 있다."고 주장하며, "너무나 많은 건물들이 우리 사회의 가치체계로 볼 때 실제로 수행하는 공적 역할이나 주어진 위상과는 무관하게 너무 스스로를 높여 오브제로 내세운다."라고 지적했다. 그뿐 아니라 "현재 통용되는 건설방식의 산물로서 그저 평범할 뿐인 건물들이 마치 중요한 시설인 것처럼 오브제로서의 모습을 보이게 되었다."고 비판했다(Von Meiss, 1990, p.77).

전통도시공간에 나 홀로형 건물이 들어서게 되면 전통도시의 블록 체계가 위협받고 파괴된다. 연속된 건물들에 의해 가로공간이 형성되었던 전통도시공간에서는 건물의 입면이 곧 오픈스페이스의 벽을 형성한다. 가로에서 보이는 유일한 요소인 건물의 정면은 건물의 정체성과 특성을 결정하는 요소로 설계된다. 조밀한 도시 조직에 끼어 있는 건물의 뒷면과 옆면은 도시 영역에 상관없이 비교적 자유롭게 설계할 수 있다. 건물의 정면은 그 자체로서 완결성을 띠기도 하지만 가로와 도시블록을 구성하는 요소이기도 하다.

도시의 블록 구조는 토지주와 개발사업자가 신개발을 추진하더라도 블록 구조의 틀을 깨지 않는다는 암묵적인 전제하에서 유지된다. 토지주와 개발사업자가 그런 암묵적인 규범을 지키는 것은 그렇게 하는 것이 자신에게 이익이 되고 남들도 그렇게 하리라고 믿기 때문이다. 그러나 남들이 그런 규범을 지키리라는 믿음이 없으면 개발사업자는 혼자 규범을 지키기보다 독자적으로 자유롭게 개발하는 길을 택하게 된다. 만일 옆 건물이 철거되거나 확장 아니면 전혀 다른 형태로 재건축되리라는 조짐이 보이면 굳이 옆 건물의 전면과 관련시켜 자기 건물의 앞모습을 설계하거나 옆 건물의 후면에 자기 건물의 후면을 향하도록 하여 프라이버시를 지키려 하지 않을 것이다. 인접 건물이 규모나 형식 면에서 자신의 건물과 다를 것 같으면, 다시 말해 맥락의 지속성이 의심스러우면 건물주나 건축주는 나 홀로형 건물 유형을 건설하고자 할 것이다.

나 홀로형 건물은 전통도시공간에서 일반화되며 공공공간의 성격에 큰 변화를 가져왔다. 직접적인 변화로, 공공공간망은 명확한 공간 유형(가로, 광장 등)에서 형태가 없는 공간 유형으로 바뀌며, 이런 공간은 명확하게 디자인되고 관리되지 않는 한, 단지 건물을 세우고 남은 아무 의미 없는 공간이 되어버린다. 20세기 중반 이후로 이런 개발방식이 일반화되면서 도시공간의 공간적 맥락이 사라지게 되었다. 도시공간이 서로 무관하든가 아니면 경쟁하는 기념건조물이나 건물, 도로와 주차장이나 제 각각의 조경 속에 나 홀로 서 있는 건물들의 우발적인 집합체가 되고만 것이다.

모더니즘과 현대적인 건설 및 도시개발 과정이 결합되면서 새로운 종류의 도시가 탄생했다. 이런 도시는 기념적인 건물이나 서로 관련성이 없는 개체들이 여기저기 서 있는 형태가 없는 공간으로 이루어져 있다(Brand, 1994, p.10). 건물들 사이의 공간을 고려하지 않으면서 도시 환경은 단순한 개별 건물들의 집합체가 되어버렸다. 이렇게 의도하지 않은 결과물로서의 도시공간은 모더니스트들의 생각이었다. 이에 대해 트랜식은 "자유롭게 흐르는 공간과 순수한 건축에 대한 이상을 추구하다 보니 누구도 의도하지는 않았지만 결과적으로는 고속도로에 의해 단절되고 서로 분리된 개별 건물들의 도시가 만들어졌다."고 지적한다(Trancik, 1986, p.21). 르페브르(Lefebvre) 역시 결과는 '공간의 파괴'였다고 주장한다. "도시 조직 그 자체, 즉 가로와 도시를 산산조각 낼 정도로 제멋대로인 요소들이 무질서를 초래했다."는 것이다.

도시블록, 즉 공간을 규정하는 물리적 연속체와 나 홀로형 건물 사이에서 어느 쪽을 선택하느냐의 문제는 심미적 차원을 넘어서는 것이다. 그 결과에 따라 공간의 사회적 특성이 달라지기 때문이다. 벤틀리가 말했듯이, 나 홀로형 건물은 건물의 전면과 배면의 구별을 무시하는데,

이러한 구별은 오래된 사회적 관행으로 사적 공간과 공적 공간과의 관계를 명확하게 보여준다(Bentley, 1999, p. 125). 일반적으로 공공공간에 면한 앞쪽은 건물의 입구, 공적 디스플레이 및 활동을 수용하고, 뒷면은 좀 더 개인적인 활동을 위한 공간으로 구성될 때 개발의 수익성이 생긴다. 다시 말해 건물의 뒷면은 사적 공간이나 다른 건물의 뒤를 향하고, 앞면은 공공공간과 길 건너 다른 건물들의 전면을 마주 보고 있어야 한다는 것이다. 그러나 '파사드(façade)'를 부정하는 건축 경향으로 인해 뚜렷한 앞면과 뒷면을 갖는 건축은 더욱 등한시되었다(Bentley, 1999, p. 125).

이와 관련하여 정면을 '능동적(active)' 정면과 '수동적(passive)' 정면으로 구별할 수 있다. 사회적 공간은 사람들 간의 상호작용과 교류의 기회를 제공하는 공간이다. 그러므로 사회적 공간에 면한 개발은 사회적으로 '능동적'인 역할을 수행한다. 반면 이동공간에서는 상호교류의 기회가 별로 없다. 그러므로 이러한 공간에 면한 개발은 사회적으로 '수동적'이기 쉽다. 이동공간 역시 공공공간이기는 하지만 이동통로를 향해서는 사회적으로 수동적인 기능이 배치되어 창문이 없다든가 사람의 흔적이 드문 경우가 많다(8장 참조).

"나 홀로형 건물은 공공공간으로 둘러싸이게 되는데 그러다 보니 공공공간의 어떤 부분은 불가피하게 건물의 뒷면에 접하지 않을 수 없다. 이러한 상황에서는 건물의 프라이버시를 위해 가리는 장벽이 필요하고 결국 창도 문도 없는 맨벽이 공공공간과 건물 사이에 들어서게 된다. 이런 경향은 연도건축형 가구에서 나 홀로형 건물로 전환됨에 따라 더욱 보편화된다(Bentley, 1999, p. 184)." 나 홀로형 건물이 늘어나면서 건물과 공공공간 사이의 접면은 점차 사회적으로 '능동적'인 것에서 '수동적'인 것으로 바뀌는 것이다.

┃ 전통도시공간으로의 회귀 ┃

최근 도시설계에서 새로운 경향이 확산되고 있다. 모더니스트 접근법과 현대의 개발 관행을 거부하고 전통도시들이 유지했던 건조공간과 비건조공간의 관계에 대한 관심을 되살리려는 노력이다. 이에 따라 부분의 합보다 더욱 풍부한 전체를 만들려는 시도, 다시 말해 전체 공공공간이 개별 건물이나 개발사업의 단순한 집합이 아니라 그 이상의 효과를 갖는 총체가 되도록 개별 사업과 이들의 관계를 의도적으로 조절하려는 시도가 자라나고 있다. 이의 일차적 목표는 명료하게 규정된 유형 공간(positive space)을 창출하는 것이다(7장 참조). 대표적인 참고 사례는 연속된 개별 건축물이 블록을 구성해 유형 공간을 만들어내는 전통도시이다. 이런 새로운 움직임은 과거와의 단절을 추구하는 모더니스트적인 도시관을 정면으로 거부한다. 대신 장소의 연속성을 존중하고 선례를 적극적으로 연구해 교훈의 원천으로 삼고자 한다.

도시공간의 재평가에 기여한 주요 인물 중 하나가 콜린 로우(Colin Rowe)이다. 그의 영향으로 1960년대 초 코넬대학에서는 역사적으로 형성된 도시의 공간구조와 전통 공간유형을 살려 새로운 개발과 접목시키려는 연구가 활발하게 진행되었다. 이 연구에서 특히 의미 있는 부분은 '그림-배경 도면(figure-ground diagram)'을 이용한 분석이다. 이 분석을 통해 콜린 로우는 건물을 단순히 오브제로만 볼 것이 아니라 도시공간을 형성하는 '배경'으로도 볼 것을 건축 지망생들에게 주지시켰다(그림 4.6).

그뒤 출간된 『콜라주 시티(Collage City, 1978)』에서 로우(Rowe)와 쾨터(Koetter)는 모더니스트 도시의 공간 문제를 오브제와 맥락의 개념으로 풀고 있다(pp. 50~85). 오브제가 조각처럼 공간에 자유롭게 서 있는 건물이라면, 맥락은 공간을 규정하는 건물들이 구성하는 배경 기반이다. 로우와 쾨터는 '그림-배경 도면'을 통해 전통도시와 현대도시(modernist cities)가 공간구조 면에서 얼마나 대조적인가를 보여주었다. 전통도시의 도면은 거의 흑색이다. 건물을 나타내는 검은색 면이 건물 사이의 빈 공간을 의미하는 백색 면을 압도한다. 반면, 현대도시의 도면은 거의 백색이다. 건물보다는 빈 무정형 공간이 압도한다. 이러한 대비를 통해 저자들은 유형 공간이 더 우월하다거나 오브제로서의 건축물이 더 바람직하다는 주장을 펴지는 않는다. 다만 유형마다 적합한 상황이 따로 있다는 점을 강조할 뿐이다. 이들이 이상적이라고 보는 상황은 건물과 공간이 균형을 이루면서도 긴장관계를 유지하는 것이다. 양자 중 어느 한쪽이 다른 쪽을 압도하지 않는 상황, 다시 말해 양자

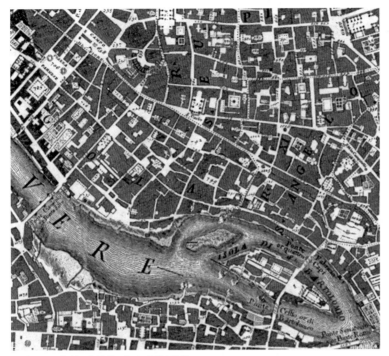

그림 4.6 로마의 놀리 플랜(nolli plan)에서 발췌

가 동등한 비중을 갖는 상황이다(Rowe and Koetter, 1978, p.83). 또한 이는 그림과 배경이 역전될 수 있는 상황을 뜻하기도 한다(7장 참조).

　　1960년대 중반에 이르러 또 다른 갈래의 형태주의적 도시설계론이 알도 로시(Aldo Rossi)와 이탈리아의 이성주의 학파에 의해 시작되었고, 이는 롭 크리어(Rob Krier)와 레온 크리어(Leon Krier)로 이어졌다. 알도 로시는 저서 『도시건축(The Architecture of the City, 1982)』에서 건축 유형과 유형학(typology)의 개념을 부활시켰다. 건축 유형은 건물 유형과는 다른 개념이다. 건물 유형이 건물이 담아내는 기능과 연관된 개념인 데 반해, 건축 유형은 건물 형태에 대한 형태학적 개념이다. 건축 유형은 기본 원리와 착상 그리고 형태의 추상화된 개념으로서 끝없이 반복 사용하고 복제할 수 있는 3차원적 원형(templates)을 지칭한다(Kelbaugh, 1997, p.97).

　　건축 또는 형태학 유형에 대한 연구는 경험과 선례에 의한 학습 과정을 효과적으로 구체화하고 조직화하여 다시금 전통적인 방법으로 기능을 고려하도록 만들었다. 모더니스트 기능주의가 건물과 도시설계에서 추구한 것은 프로그램과 건설기술에 내재된 새로운 형태를 발견하는 것이었다. 반면 유형론의 관점에서는 모더니스트적인 기능주의보다는 오랜 세월 진화하면서 검증된 건축 유형이야말로 무엇보다도 확실한 설계의 출발점이라고 여겼다.

켈바우의 설명처럼, 유형론자들은 디자인이 전례에 없는 새로운 사회의 이슈나 기술 발전을 표현할 수 있다는 점은 인정하지만 인간의 본성과 욕구, 신체조건이 변하지 않았을 뿐 아니라 기후와 지리환경 역시 그다지 변함이 없음을 강조한다(Kelbaugh, 1997, p.96). 장기간 존속되는 형태학적 유형의 보고는 물론 역사도시이다. 고슬링과 메이틀랜드(Gosling and Maitland, 1984, p.134)가 지적하듯이, 20세기의 '끔직한 혁신'으로 파괴되기 전에는 도시에 어떤 유형들이 형성되어 있었다. 이들 유형은 오랜 세월 도태와 선정 과정을 거쳐 진화한 결과로서 고도로 단순하면서도 일관되고 보편적인 공간 활용법을 제시했다. 핵심 유형으로 지구(quarter)나 도시블록을 들 수 있고, 이에 더해 가로나 대로, 아케이드, 콜로네이드(colonnades, 회랑) 등이 있다. 롭 크리어(Rob Krier)는 저서 『도시공간(Urban Space, 1979)』에서 도시공간을 분석하고 도시광장의 유형학을 발전시켰다(그림 4.7). 도시공간의 미적 효과를 집중해서 다루었던 카밀로 지테나 주커와는 대조적으로, 롭 크리어는 기초기하학에서 출발한다(Camillo Sitte, 1889 ; Zucker, 1959, 8장 참조). 롭 크리어의 동생 레온 크리어(Leon Krier) 역시 전통도시공간의 형태와 유형에 입각해 모더니스트적인 도시설계를 비판했다. 그는 도시공간 체계를 네 유형으로 분류한다(L. Krier, 1978a, 1978b, 1979, 그림 4.8).

오늘날의 도시설계가 보편적으로 역사와 전통에 대한 모더니스트의 입장을 비판하며 역사적인 측면을 강조하기는 하나, 많은 사람들이 그런 접근방식에 회의적이다. 리드는 근대 건축운동을 되돌아보며 그들의 한계를 인식함과 동시에 당시의 근본적인 문제는 산업도시의 문제였다는 것을 잊지 말아야 한다고 경고했다(Read, 1982). "시간이 지난 지금 시점에서 산업도시의 문제에 대한 해결책으로 모더니스트들이 제시했던 형태를 거부할 수는 있다. 그렇다고 해서 산업도시 이전으로 거슬러 올라가 그 도시형태에 집착하는 것은 문제가 있다. 산업도시가 야기한 문제들이 그렇게 해서 사라지는 것은 아니기 때문이다." 마찬가지로 선

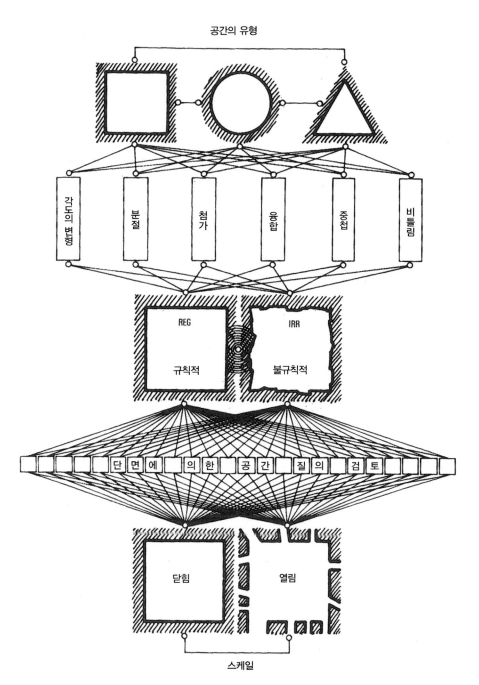

그림 4.7 롭 크리어(Rob Krier)의 도시광장 유형학 : 크리어의 분석에 의하면 유럽의 도시광장은 일반적으로 사각형, 원, 삼각형의 세 가지 기본 형태로 시작한다. 이러한 기본 형태는 다양한 방식으로 적용되거나 변형된다. 그대로 사용되거나 다른 것과 혼합되어 사용되기도 한다. 규칙적이거나 불규칙적으로 변형된다. 그리고 기본 형태의 각도나 차원을 변형시키거나 아니면 기존 형태에서 더하거나 빼서 형태를 조정한다. 또한 비틀거나 나누거나 관통시키거나 중첩시켜 변형한다. 벽이나 아케이드, 열주를 만들어 광장을 닫히거나 열리게 한다.

건물의 입면은 광장 공간의 틀을 형성하고 다양하게 만든다. 창문·문·아케이드·열주 등과 같은 여러 종류의 개방요소를 갖는 입면, 전면이 유리로 된 입면 등에 따라 다양한 광장 공간이 형성된다. 광장 바닥면과 광장 변 건축물 높이가 이루는 비례는 공간의 질을 결정하는 중요한 요소로서 광장의 기본 형태를 다양하게 변형시킨다. 광장의 입면 설계 또한 공간의 질에 영향을 미치는 요소로 각기 다르게 설계되기도 한다. 마지막으로 교차로의 수와 위치에 따라 광장은 닫히거나 열리는 특성이 결정된다(**출처** : R. Krier, 1990).

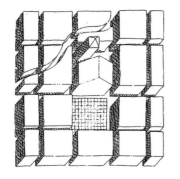

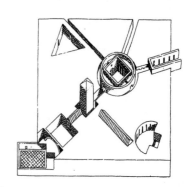

그림 4.8 레온 크리어(Leon Krier)는 도시공간을 네 가지 유형으로 나눈다. 앞의 세 개는 전통적인 도시공간 유형이고 네 번째 것은 모더니스트적인 도시공간 형태이다(출처 : L. Krier, 1990).
(i) 도시블록은 가로와 광장의 패턴에 의해 결정된다. 패턴은 유형적으로 분류할 수 있다.
(ii) 가로와 광장의 패턴은 블록 배치에 의해 결정된다. 블록은 유형적으로 분류할 수 있다.
(iii) 가로와 광장은 명확한 유형이다. 공공의 장소는 유형적으로 분류할 수 있다.
(iv) 건물은 명확한 유형이다. 공간에서 건물의 배치는 임의로 이루어진다.

도적인 모더니스트들 역시 새롭고 다른 것만을 강조한 나머지 변하지 않는 요소를 경시하는 오류를 범했다고 할 수도 있다. 알도 반 아이크는 모더니스트 건축가들을 비판한다(Aldo Van Eyck, Smithson, 1962, p.560). 그들은 우리 시대가 과거와 어떻게 다른지를 끊임없이 되뇌다가 과거와 다르지 않은 것들, 시간이 지나도 변하지 않는 것들에 대해 감각을 상실했다는 것이다.

경험에서 배우려면 시간의 흐름에 따라 무엇이 변하고 무엇이 변하지 않는지를 구분하여 파악하는 것이 매우 중요하다. 그러나 여기에는 두 가지 어려움이 있다.

첫째, 도시의 경제, 사회 기능적인 면이 도시형태를 결정한다고 생각했던 모더니스트들과는 반대로, 도시설계의 형태학적 접근방법은 도시형태의 패턴을 전제로 한다. 이 경우 특정 도시형태를 바람직한 규범으로 삼게 되는데, 이러한 태도는 환경결정론적이라는 비난을 초래할 수도 있다(6장 참조). 공간 형태가 사회 행태를 결정한다는 주장은 천진난만한 생각이다. 그러나 어떤 특정한 공간형태에는 특정한 사회 행태를 유발하는 잠재력이 있을 수 있다는 주장까지 잘못된 것은 아니다. 더불어 과거에 어떤 도시형태가 만들어져 일정기간 시험과 검증 과정을 거쳤다 하더라도 그 형태가 미래에도 지속될 것이라고 믿을 만한 근거도 없다. 또한 특정한 형태가 문화 · 기후 · 사회조건이 달라도 보편적으로 적용 가능하다는 주장 역시 논란의 여지가 있다. 물론 이러한 비판이 지역적으로 적합한 유형의 존재까지 부정하는 것은 아니다.

둘째, 설계과정에서 빚어지는 갈등으로 인해 고유성과 창의성의 가치 및 유형의 역할이 상충하는 문제이다. 벤틀리가 지적하듯, 이미 존재하는 유형은 정의상 한 개인의 창의물이 아니다(Bently, 1999, p.55). 그러나 다른 동료들과 시장에서 경쟁해야 하는 설계자로서는 자신의 '작품'에 대한 독창성을 주장할 필요가 있다. 다만 그 작품이 기존의 보편화된 유형에서 골라 약간 손질해서 만들어낸 것에 불과하다면 독창성의 주장은 설득력을 잃는다(Bently, 1999, p.55). 많은 설계이론가들이 유형론을 비판한다(Lawson, 1980, p.110). 그러나 벤틀리는 오히려 유형론이 개인의 창조력을 무시한다는 비판을 반박한다. 유형도 시간에 따라 변화하며 그러한 변화는 개개인의 활동에 의해서만 이루어진다는 것이다. 크게 보면 고유성 · 창조성 · 참신성에만 몰두하는 이념의 편향이 잘못된 것이다. 이런 가치를 최종 목표라기보다 더 좋은 건물과 도시환경을 만들기 위한 수단으로서 인식하는 것이 훨씬 더 유익하다.

| 가로 · 블록 구조와 도로망 |

공공공간망의 형태 구조에 자동차 교통을 수용하기 위해 또 하나의 큰 변화가 일어났다. 즉 조밀한 격자망이 슈퍼블록과 고립된 영역을 둘러싸는 도로망으로 바뀐 것이다. 걷거나 말을 타고 이동하던 시절, 교통공간(movement space)과 사회공간은 상충할 것이 없었다. 그러나 운하와 철도처럼 특별한 장치를 수반하는 교통수단이 도입되면서 이들을 위한 분리된 교통 기반시설이 건설되었다. 하지만 전차와 자동차는 여전히 보행자와 같은 공간을 사용하고 있었고 이로써 교통공간과 사회공간의 요구 사이에서 치열한 경쟁이 벌어지게 되었다.

결국 자동차가 공공공간망의 보행자 공간을 점유하고 이에 따라 자동차 도로가 등장하게 되었다. 18세기에서 19세기 동안 많은 도시들은 가로에서 보행자를 차량공간으로부터 격리하는 정책을 취했다. 가로의 중앙은 자동차 우선 공간으로 하고 가로의 양쪽 가장자리는 포장하여 보행자가 조심히 지나다녀야 하는 공간으로 분리했다. 또 공중 위생의 개선방안으로 도로면의 중앙을 가장자리보다 높게 설계하고 낮은 가장자리를 따라 도랑을 건설하여 오수와 빗물을 효율적으로 수거하고자 했다. 그리고 포장 된 보도는 이러한 도랑으로부터 보행자를 격리하는 역할도 했다(Taylor, 2002, p. 28).

20세기 초반에는 보다 극단적인 수단이 등장했다. 증가하는 자동차 교통을 효과적으로 수용하기 위해 자동차 전용 도로망을 도입한 것이다. 버디(Boddy)는 소란스럽고 혼잡한 거리를 싫어했던 르 코르뷔지에를 언급하며, 그의 도시론은 좀 더 합리적인 대안을 지속적으로 만들어내는 것이었다고 주장했다(1992, p. 132). 르 코르뷔지에는 교통수단을 엄격하게 분리하는 한편 교차로 등에서 이들을 적극적으로 결합한 도시 계획안을 내놓았다. 그리고 1920년대 후반에서 1940년대까지 알커 트립(Alker Tripp)을 비롯한 설계가들은 교통수단의 공간적 분리안을 더욱 발전시켰다. 알커 트립은 저서 『도로교통과 통제(Road Traffic and its Control, 1938)』와 『도로계획과 도로교통(Town Planning and Road Traffic, 1942)』을 통해 교통의 흐름을 위계적으로 구분해 각기 별개의 통로를 가져야 한다고 강조했다.

교통 위계에 따라 도로를 구분하는 목적은 보다 높은 교통 부하를 담당하는 도로를 만들려는 것이다. 횡단보도와 위계가 낮은 도로들과의 교차를 줄여 교통 흐름이 방해받지 않도록 하는 것이다. 오늘날에도 이런 방법은 널리 쓰인다. 영국의 도로설계지침(Design Bulletin 32 : Residential Roads and Footpaths)에서는 도로를 위계에 따라 네 가지 차원으로 구분한다. 주집분산도로, 지구집분산도로, 지구도로, 주거지 접근로 등이다(DETR, 1998, p. 15).

전통적인 격자도로에도 위계시스템이 적용되었다. 주간선도로로 지정된 일부 도로에서는 진입 차량을 제한하여 좀 더 빠르고 자유롭게 이동할 수 있도록 했다. 이런 목적으로 도로를 넓히는 과정에서 도로변 건물의 철거가 불가피했다. 주간선도로의 등장으로 전통적인 블록 여러 개를 포함하는 슈퍼블록이 생겨났는데, 포프는 이런 과정을 '격자망의

Box 4.3

전통적 격자망에서 슈퍼블록으로의 변형

그물망이나 격자망 도로는 한 가지 이동 체계가 아닌 여러 층이 중첩되어 다양한 이동 체계를 갖는다. 각각의 층은 이동 형식의 종류에 따라, 또는 같은 형식이라도 속도, 교통 흐름, 효율성에 따라 구분된다. 위계가 있는 도로망은 여러 층의 도로들로 구성된다. 주요 고속도로는 스스로 하나의 층을 형성한다. 위계가 높은 도로는 빠른 교통 흐름을 유지하기 위해 위계가 낮은 도로의 접근을 제한한다. 예를 들어 보도와의 교차를 줄이고, 도로의 연결을 제한하며, 개인 차로가 위계 높은 도로로 연결되는 것을 막는다. 안전성을 높이고 교통의 흐름을 원활하게 하는 등 여러 이유에서 도로와 각 층들 간의 연계를 줄이고는 있으나, 연계의 부재는 이동 체계의 투과성을 줄이고 연속성을 방해하는 요소가 되기도 한다.

알버트 포페는 저서 『사다리체계(Ladders)』에서 "접근이 제한된 고속도로는 격자망의 연속성을 단절하고 주요 경로만을 강요함으로써 도시 조직을 파괴하고 경로의 선택권을 없앤다."고 밝히고 있다(Albert Pope, 1996, p.109). 격자망은 다양한 방향과 경로를 허용하지만 사다리망(Ladder)은 오직 A에서 B로(또는 그 반대로)의 경로만을 허용한다. 포페는 또한 격자망의 침식현상, 즉

전통적인 격자망이 슈퍼블록 체계로 변형되는 과정, 특히 누에고치 시스템(pod system)으로 변화하는 과정에 대해서도 논하고 있다. 그 과정은 주요 도로에서 진출입에 제한을 주어 격자형 가로체계가 사다리 도로체계로 변하는 것을 포함한다. 현대의 많은 교외지역 개발은 격자 배치가 아닌 사다리 배치로 시작했다.

각 도로의 끝이나 주거지역의 컬데삭(cul-de-sac)은 도로를 오직 하나의 장소에서 다른 장소로 가기 위해 지나치는 곳으로 만든다. 이것은 힐리어(Hillier)가 말한 이동의 '부산물(by-product, 출발점에서 목적지로 가는 기본 활동에 부수적으로 발생할 수 있는 활동의 가능성)'을 감소시킨다. 힐리어는 이동의 '부산물'이 도시에서 중요한 요소라고 말한다(8장 참조). 또한 포페는 사다리망은 '외부인을 배척하는 영역(xenophobic enclaves)'을 형성하여 독점, 격리, 분리에 대한 요구를 충족해 주고 있다고 언급했다. 분리된 영역을 전이하는 것이 동일성·사회성·안전성 있는 주거환경을 만드는 데 도움을 주기에 이러한 고립된 구역이 정당화될지도 모르지만 그러한 개발은 게이티드 커뮤니티를 형성하기도 한다(6장 참조).

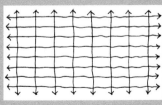

격자 가로 체계

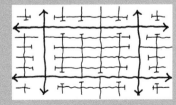

격자 침식의 과정

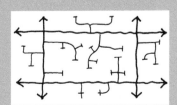

사다리 가로 체계

침식'으로 표현했다(Pope, 1996, p.189). 사방으로 열린 격자 모양을 이루던 거리가 마치 사닥다리처럼 뚜렷한 위계를 갖는 단계적인 도로로 대치되어, 마지막 위계인 고속도로로 연결된다(Box 4.3).

위계를 강조하는 도로시스템은 주로 신개발 지역에서 많이 사용된다. 주도로들 간의 간격을 크게 하여 통과 교통만을 허용하고 주도로망 내의 위계가 낮은 도로는 국지적 교통만을 담당한다. 즉 주도로로 구획되는 슈퍼블록의 내부도로에서는 지구 내의 교통만 허용하여 통과 교통의 지름길로 쓰이지 못하도록 하는 것이다. 그 한 가지 방법은 국지도로를 막다른 길로 만들어 지역 도로와의 연결을 차단하거나 약화시키는 것이다. 1929년 클라렌스 페리(Clarence Perry)가 제안한 '근린주구(neighbourhood unit)'는 간선도로로 구획된 슈퍼블록으로, 근린주구 내 도로는 엄격한 위계에 따라 구성되었다. 각 도로의 폭원은 목표 교통량을 수용하는 규모(크기)로 계획되었으며, 도로를 의도적으로 격자형이 되지 않도록 함으로써 통과교통이 지구 내 도로를 관통하지 못하게 하였다(그림 4.9). 페리는 통과 교통이 지역 공동체의 형성을 저해한다고 생각해서 대용량의 도로는 근린주구 외곽 경계부에 배치했다.

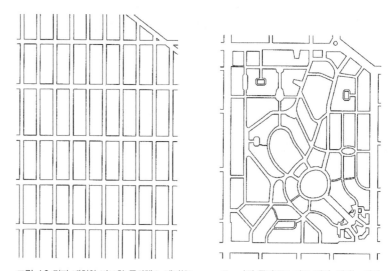

그림 4.9 격자 배치와 비교한 클라렌스 페리(Clarence Perry)의 근린주구 가로 패턴. 페리는 간선도로가 근린주구를 가로지르는 것을 막기 때문에 근린주구를 보호하기 위해 간선도로를 우회시켜야 한다고 제안했다. 상대적으로 빈약하게 연결된 가로들의 위계는 근린주구를 통과하는 통과 교통을 저지하고 있다.

위계가 있는 도로망을 주장한 트립(Tripp, 1942)도 슈퍼블록 내에서의 차량 통제원칙을 강조하며, 블록 내부에 외부 차량을 배제한 단일 용도의 특별한 구역을 구상했다. 1960년대 초에 발표되어 큰 반향을 불러왔던 부캐넌(Buchanan)의 보고서 「도시의 교통(Traffic in Towns, 1964)」에서도 유사한 개념이 나타난다. 부캐넌은 도시를 '환경지역'으로 나눌 것을 제안했는데, 여기서 환경지역이란 간선도로로 구획되고 통과 교통이 배제된 복합 용도의 슈퍼블록을 지칭한다(그림 4.10). 부캐넌을 비판하는 사람들은 그의 보고서의 요지가 도로의 건설 확대에 있다고 주장하지만, 반드시 그런 것은 아니다. 부캐넌은 도로공학자였을 뿐만 아니라 건축가이기도 했다. 그는 교통의 편의성만 고려하다가는 주거지와 길의 건축 맥락이 파괴되기 쉽다는 사실을 잘 알고 있었다. 그는 교통 수요를 충족하고 도시생활의 질을 유지하는 두 가지 목적 사이에서 균형을 이루는 것이 중요하다고 강조했다.

이와 관련하여 한 가지 문제는 간선도로가 쉽게 건널 수 없는 장벽으로 작용해 도시공간의 분리와 분절을 초래한다는 점이다(그림 4.11). 르페브르는 고속도로가 확산되면서 어떻게 도시공간을 조각내고 붕괴하고 파괴하는지 기술하고 있다(Lefebvre, 1991, p.359). 파편화된 공간과 공간

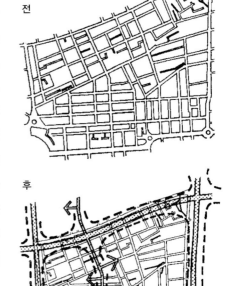

그림 4.10 부캐넌(Buchanan)의 '환경지역' 콘셉트
(출처 : Scoffham, 1984)

그림 4.11 미국 시카고. 간선도로가 도시공간을 분리하고 있다.

사이의 이동은 사회적 경험이 결부된 단순한 이동 경험이 된다. 가로는 이동공간인 동시에 사회공간이기도 해서 공간을 가로지르며 건물과 인간 활동을 연결하지만 도로는 이동공간일 뿐이어서 지역을 나누고 분리한다. 애플야드와 린텔은 비슷한 점도 많으나 처리하는 교통량과 사용 행태가 다른 샌프란시스코의 세 길을 선정하여 비교했다(Appleyard and Lintell, 1972). 도로가 지역을 단절시켜 사람들의 이동을 방해하는 곳은 지하보도와 육교로 이어주었는데(그림 4.12), 보행자 입장에서는 매우 불편한 시설이 되었다(그림 4.13). 그래서 현재 여러 도시에서는 지하보도를 없애고 횡단보도로 대체하는 노력을 기울이고 있다(그림 4.14, 4.15).

| 누에고치형 개발(pod development) |

도시 지역의 형태적 구조에 있어 한 단계 더 나아간 변화는 가로 지향적이던 도시블록에서 블록 내부를 강조하는 복합건물로서 소위 '누에고치(pods)'로 불리는 형태이다(Ford, 2000). 누에고치 형태에서 쇼핑몰·패스트푸드 아울렛·오피스 파크·아파트·호텔·주거 등 각각의 용도는 하나의 독립된 요소로 계획되어 일반적으로 집산도로(collector road)나 분산도로(main distributor road)와 직접 연결된 공용주차장으로 둘러싸인다. 포드는 "이 계획은 각각의 토지 이용을 각기 다른 사회적·기능적 영역으로 분리하여 담을 치고자 하는 것이다."라고 밝혔다(Ford, 2000, p.21).

개별 '누에고치'의 설계가 잘될 수도 있다. 문제는 이와 관계없이 누에고치는 내부 지향적인 섬이라는 점이다. 간선도로와 황량한 주차장에 의해 주위 세계로부터 단절되어 있는 누에고치는 종종 주변을 외면한다. 그래서 지리적으로는 가까워도 사회적으로는 무척 멀다. 서로 자동차로만 오갈 뿐이어서 자동차 도로 이외의 다른 연결로는 전혀 필요없다. 그렇다 보니 도시공간을 바라보는 기본 시각도 완전히 바뀌게 된다. 공간을 규정하는 블록 위주의 사고방식에서 공간에 떠 있는 듯한 나홀로형 건물과 내향적인 동네 주변을 지나는 자동차 도로 중심으로 사고방식이 바뀌는 것이다. 나 홀로형 건물과 내향적인 동네 사이의 공간은 조경으로 처리되기도 하지만 주차장으로 채워지는 경우가 훨씬 더

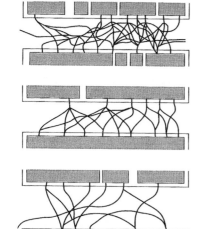

그림 4.12 애플야드와 린텔은 유사점이 많지만 교통량은 서로 다른 샌프란시스코의 가로 세 개를 비교했다(Appleyard and Lintell, 1972). 교통이 매우 혼잡한 가로에서 보도는 집과 목적지 간의 이동공간으로만 이용된다. 교통량이 많지 않은 가로에서는 사회 교류가 활발하게 일어나는데, 사람들은 보도와 모퉁이 가게를 교류의 장소로 이용했다. 넓고 교통량이 많은 가로는 교통량이 적은 가로보다 사회적 공간으로서의 역할이 약한 것으로 보였다.

그림 4.13 영국 셰필드 퍼니발 게이트(Furnival Gate). 차를 피하기 위해 보행자들은 상당한 불편을 감수한다.

많다(그림 4.16). 그뿐만 아니라 누에고치는 대개 표준화되어 반복된다. 두아니(Duany)와 그의 동료들은 이를 '쿠키커터(cookie cutter)'로 표현했는데, 이는 지역의 맥락이나 지형과 자연 경관을 고려하지 않은 채 단순히 위에서 떨어뜨린 것같이 배치되었기 때문이다. 대체로 누에고치 개발은 중심지 밖의 복합 개발과 외곽도시에서 전형적으로 나타나는 형태이다(Garreau, 1991).

　누에고치 사이에는 보행의 흐름이 없고 자동차 흐름만 있다. 그래서 누에고치는 분산도로를 향해 열려 있는 것이 아니라 오로지 슈퍼블록 내의 도로와 가로망 어디에 주차할 수 있는지에 초점을 맞춘 내향적인 개발방식을 취한다. 누에고치의 대안으로 '큰 덩어리(large lump)' 개발이 등장했는데, 여기에서도 바다 같은 거대한 주차장이 가구 중심에

그림 4.14와 4.15 내부순환도로에 의해 야기된 공간의 단절을 극복하여 좀 더 보행이 편한 환경을 조성하기 위한 전략으로 버밍햄 내부순환도로의 한 부분은 낮게 만들고 기존 도시 중심부와 센터너리 광장(Centenary Square)의 새로운 공공공간을 연결하는 넓은 보도교를 만들었다. 현재 보행자들은 그들이 혼잡한 내부순환도로를 건너고 있다는 사실을 잘 인식하지 못한다.

배치되는 쇼핑센터, 오피스 복합건물, 멀티스크린 극장, 대형 호텔 주변을 둘러싼다.

　간혹 '누에고치 개발'에도 건물에 의해 명확히 규정된 공간의 틀을 갖는 보행공간이 만들어질 때도 있으나, 그렇게 형성된 보행공간도 일반인의 접근과 통행이 철저하게 감시, 통제되는 사적 공간인 경우가 태반이다(6장 참조). 그레이엄과 마빈의 저서 『조각난 도시(Splintered Urbanism)』를 보면 도시공간이 고속도로와 주차장으로 연결된 내향적인 섬들로 바뀌는 과정이 잘 나타나 있다(Graham and Marvin, 2001, pp.120~1). 벤틀리 역시 도시가 어떻게 쓰고 남은 공간의 바다 위에 떠있는 요란 법석한 섬들로 재구성되는지 관찰하고 있다(Bentley, 1999, p.88). 19세기 후반 처음 등장한 주거지의 막다른 길인 컬데삭 역시 '누에고치형' 개발의 한 유형이다. 컬데삭은 도로의 끝부분을 회차공간으로 이용하기 위해 망치머리 모양이나 원형으로 만든 짧고 막다른 길로서 대개 20~30가구를 수용한다. 교통량이 적은 컬데삭은 건설비용이 저렴하다는 장점이 있다. 1950년대 후반 이후 주거지를 관통하는 통과교통의 문제가 커지자 대안으로 제시된 것이 도로에 위계를 부여하여 지구도로와 간선도로가 직접 연결되지 않도록 하는 것이었는데, 이 과정에서 컬데삭이 보편화되었다. 당시 개발된 주거지의 상당수는 고속도로에서 분리된 굽은 형태의 집분산로에 막다른 길이 잔가지처럼 매달린 '나무' 형태의 공간구조로 설계되었다. 극단적인 경우에는 큰 길에 면한 집은 하나도 없이 모두가 막다른 길에 매달린 경우도 있다. 이런 배치방식을 형태의 특징을 따서 '고리'와 '막대사탕'으로 비꼬아 부르기도 한다.

　사우스워스와 벤 조셉이 지적하듯, 컬데삭은 대다수 건축 및 도시전문가들이 비판하는 교외지역의 한 상징이 되었다(Southworth and Ben-Joseph, 1997, pp.120~1). 비슷비슷한 사적 영역이 끝없이 이어지는 형체 없는 섬, 물리적·사회적으로 외부세계와 단절되고 오로지 자동차에 의지하는 고립된 동네로서 오늘날 교외지역은 그런 섬들의 집합체인 것이다. 뉴어버니스트들은 컬데삭을 혹독하게 비판하며 상호 연결된 격자형 가로 패턴을 옹호한다(Duany 외, 2000). 그러나 이런 비판에도 불구하고, 컬데삭은 여전히 교외지역 거주자와 개발사업자들이 선

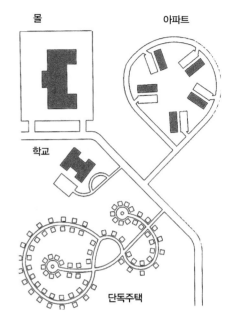

그림 4.16 각각의 누에고치 개발은 다른 누에고치(pod)와 연결되지 않은 자급자족 체계로 집산도로와는 오직 하나의 길로만 연결되어 있다.

호하는 패턴이다(Box 4.4). 하지만 사우스워스와 벤 조셉은 "옛것을 재현하는 것이 더 쉬운 일은 아니다."라며, "차량의 진입을 억제하면서도 연결된 보행자 네트워크를 형성하는 새로운 주거지를 설계하는 일은 가능하다."고 말한다(Southworth and Ben-Joseph, 1997, p.126).

| 가로공간으로의 회귀 |

이와 같이 자동차 교통의 안전과 속도가 우선시되면서 길이 지녔던 사회적 공간은 소멸되고 이동공간으로 대체되었다. 부캐넌에 따르면, "도시에서 공간적·기능적으로 이동이 분리된 것은 단지 최근의 일이다(1988a, p.32). 기존에 장소를 오가는 행위는 항상 길과 길 연변에서 벌어지는 다른 일들과 연결될 뿐만 아니라 그런 일을 유발하기도 했다. 지금도 많은 도시는 다양한 교통수단의 필요한 모든 기능을 충족시키면서도 사회 교류를 원활하게 지원하는 도시설계를 필요로 한다. 공공공간망에서 교통 기능과 사회공간 기능 사이에는 긴장과 상충이 생기기 마련이다. 어쩔 수 없는 경우 두 기능을 분리해야겠지만, 가능하면 서로 중첩하는 다목적 공공공간망이 바람직하다." 알렉산더는 '나무' 구조의 예로서 보차분리를 들면서 "이것이 좋은 아이디어이기는 하지만 때로는 그 반대의 상황이 필요할 때도 있다."고 언급했다(Alexander, 1965). 보차혼용 속에서만 제 기능을 할 수 있는 택시가 그 예다. 빈 택시는 승객을 찾아 넓은 지역을 훑을 수 있도록 빠른 교통 흐름을 타야 하지만, 보행자 입장에서는 어디에서나 택시를 불러 세울 수 있고 또 쉽게 내릴 수도 있어야 한다. 그러므로 택시가 포함된 교통 시스템을 고려한다면 자동차와 보행의 두 교통 체계를 중첩시켜야 한다.

교통만을 위한 도로도 필요하지만, 사회적 공간이자 도시의 구성요소를 분리하지 않고 연결하는 가로의 재발견 또한 무척 중요한 과제다. 많은 전문가들이 한 목소리로 강조하듯 함께 사는 삶의 질을 높이는 데에 가로의 역할이 중요하며, 그런 사회적 목적을 위해 가로와 보도를 잘 활용해야 한다(Appleyard, 1981 ; Moudon, 1987 ; Hass-Klau, 1990 ; Jacobs, 1993 ; Loukaitou-Sideris and Banerjee, 1998 ; Hass-Klau 외 1999 ; Banerjee, 2001). 루카이토–사이더리스와 배너지는 캘리포

Box 4.4

컬데삭(출처 : Southworth and Ben-Joseph, 1997, pp. 121~5)

컬데삭에 대한 찬성 입장

- 더 조용하고 안전한 가로 제공 : 거주민들에게 교통사고에 대한 두려움을 최소로 줄여주면서 아이들이 안전하게 놀 수 있는 조용하고 안전한 가로를 제공한다.
- 주민들 간의 교류 촉진 : 격자망과는 달리 비연속적인 짧은 가로체계는 이웃 간의 유대감과 상호교류를 촉진한다.
- 지역성 제공 : 컬데삭의 규모가 지역성을 제공한다.
- 범죄 기회 감소 : 전통적인 가로 배치와 비교했을 때, 위계가 있는 비연속적인 배치는 범죄자들이 잡히기 쉬운 가로 패턴이어서 범죄의 기회가 줄어들게 된다(Mayo, 1979 ; Newman, 1995, 6장 참조).

컬데삭에 대한 반대 입장

- 상호 연결성의 부족 : 교통의 단절은 동시에 거의 모든 것으로부터의 단절을 의미한다. 어느 곳을 가든지 컬데삭을 벗어나 집산도로를 이용해야 한다. 더욱이 자동차 접근 중심의 컬데삭 형태에서는 보행로를 체계적으로 조성하기가 어렵다. 운송수단의 경로를 따라가야 한다면 그 길은 길고 불편할 것이다.

- 자동차에 대한 의존 증대 : 컬데삭을 벗어나 주도로로 가기 위해서는 자동차가 필요하다. 따라서 너무 어리거나 나이 든 사람, 차가 없는 사람들은 고립되고 다른 수단에 의존해서만 이동할 수 있는 생활을 하게 된다.
- 교통 혼잡 발생 : 모든 이동은 집산도로로 진입해야 하기에 결국 컬데삭에서 벗어나 격자나 그물망 도로에 접근해야 한다. 결과적으로 집산도로에서 사고가 나면 더 혼잡해진다.
- 범죄에 대한 기회 증가 : 컬데삭 패턴은 사람들의 이동을 방해하고 사람들이 존재함으로써 얻을 수 있는 치안효과를 감소시킨다(6장 참조).
- 정체성과 특성 부족 : 명확한 구조와 정체성, 공동체나 마을의 부분이라는 소속감은 각 장소들을 연결하는 도로의 부재로 인해 사라지게 된다. 컬데삭 안에서는 정체성이 있지만 그곳을 벗어나는 순간 사라진다.

니아 현대도시들의 도심이 서로 무관한 영역으로 파편화된 현실을 언급하면서, "더 이상 모더니즘의 관점에서 교통을 위한 도로로만, 혹은 도시미화운동 시대처럼 심미적 요소로만 가로를 바라보아서는 안 된다."고 강조한다(Loukaitou-Sideris and Banerjee, 1998, p. 304). 이런 관점보다는, 혹은 이런 관점에 덧붙여 "도시설계는 서로 다른 도심의 영역을 꿰매고 합쳐 때로는 그것들을 꿰뚫는 연결자로서 가로가 제공하는 사회적인 역할을 재발견해야 한다."라고 논한다.

문제는 사회적 공간으로서 가로기능이 교통의 요구에만 밀리는 것이 아니라는 점이다. 더 큰 문제는 보행자보다 다른 교통수단을 우선시한다는 데 있다. 부캐넌은 공공공간이 사회적 기능과 역할을 상실한 채

오로지 교통로 역할 위주로 취급되는 현실을 비판했다(Buchanan, 1988, p.32). 이러한 관점에서 자동차는 비길 데 없는 특권을 누린다. 셸러와 어리는 이렇게 말한다(Sheller and Urry, 2000, p.745). "사람들이 이용하는 경로는 자동차의 고속 질주를 거의 방해하지 않으나, 자동차 교통은 사람들이 도시공간을 이용하는 데 상당한 제한을 가한다. 또한 저속으로 달려야 할 골목길과 주거지를 과속으로 통과하여 사람들을 무자비하게 위협하기도 한다." 애버딘(Aberdeen)의 도심부에 관한 한 연구 결과를 보면 보행자와 자동차 이용자의 비율이 4 : 1인데도 이들에게 제공된 공간의 비율은 1 대 4로 오히려 역전되어 있다. 도심에 보행공간을 넓히자는 시민운동에서 이런 수치는 유용하게 쓰인다.

여러 교통수단을 별다른 충돌 없이 수용하려면 요구조건을 잘 조화시키는 섬세한 도시설계가 필요하다. 자동차로부터 사회공간을 보호하며, 자동차에 접근할 수 있으면서도 보행자 우선인 지역을 만들어야 한다(Moudon, 1987 ; Hass-Klau, 1990 ; Southworth and Ben-Joseph, 1997). 보차혼용도로, 주거지 내 속도제한구역(Home Zone), 네덜란드 주거지 내 보행자 우선가로(woonerf) 등이 대표적인 예로서 이런 길에서는 보행자와 자동차가 노선 구분 없이 한 공간을 공유한다. 우너프(woonerf)는 1960년대 후반에 델프트대학의 니이크 드 보어(Niek De Boer) 교수가 설계하고 이름을 붙인 길로서, 정원을 조심스럽게 통과하는 운전자처럼 이 길에서 운전자는 보행자를 배려하지 않을 수 없게 된다(Southworth and Ben-Joseph, 1997, p.112). 보차혼용로의 핵심 개념은 보행자에게 우선권을 주고 운전자 스스로 보행구역에 있음을 인식하여 안전운전을 하도록 만드는 것이다.

데이비드 엥위트(David Engwicht)는 주거지역에 관해 언급한 글에서 사회적 공간을 회복하는 과정을 일컬어 '가로의 복원'이라고 했다. 과속방지턱 같은 장치로 속도를 낮추는 일보다 훨씬 진전된 개념이다. 그는 "이동을 위한 공간의 비율이 커질수록 그만큼 사회 교류를 위한 공간은 약화되고, 그에 따라 도시를 집합 교류의 장으로 만드는 핵심 요소를 잃게 된다."고 주장한다(Engwicht, 1999, p.19). 집을 설계하면서 교류공간인 방을 크게 만들고 이동공간인 복도를 작게 설계하는 것이 합리적이라면, 도시 역시 마찬가지로 이동공간보다 교류공간에 우위를 두고 설계를 해야 한다는 주장이다. 이런 논리에서 그는 교통을 줄이는 방안으로 다섯 'R'을 제시한다. 첫째 자동차를 다른 교통수단으로 대체하고(replace), 둘째 여러 목적지를 한데 엮어 불필요한 교통 발생을 줄이며(remove), 셋째 교통거리를 단축하고(reduce), 넷째 절약한 공간을 재활용하며(reuse), 다섯째 함께 노력해서 혜택을 서로 주고받는 것이다(reciprocate). 처음 세 가지는 각 가정에서 노력할 수 있는 일들로 잘하면 생활방식을 크게 바꾸지 않더라도 자동차 이용을 25~50% 정도 줄일 수 있다. 마지막 두 가지는 가로·동네·도시차원의 일인데 모두가 함께 노력해야 성공할 수 있는 방안이다. 일부만 참여할 경우, 모처럼 여유가 생긴 교통공간은 함께 노력하지 않는 다른 운전자들의 자동차가 곧 메워버릴 것이기 때문이다. 이런 방법은 전적으로 자동차에 의존하는 도시환경에서는 적용하기가 어렵다. 다양한 교통수단과 그에 따른 선택 가능성이 있을 때만 가능한 방법이다.

| 도시블록 패턴 |

위에서 서술한 도로와 자동차 교통 위주의 사고에 따른 공공공간망의 파괴에 대한 비판과 함께, 전통도시가 지녔던 공간의 질이 새롭게 인식되고 있다. 도시설계의 최근 프로젝트에서는 공간 속에 나 홀로 서 있는 건물이 아니라 공간을 규정하는 도시블록을 설계한다(그림 4.17).

　　도시블록의 배치와 구성은 이동의 형태를 결정하고 향후 개발의 방향을 설정한다는 의미에서 중요하다. 블록 패턴은 공공공간망을 구성하면서 여러 가능성을 열어보인다. 동시에 물리적 변수에 대한 몇 가지 기본 건축 유형과 규칙을 적용하면 통일감을 주는 '좋은' 도시형태를 제시할 수 있다. 말하자면 개별 건물의 설계 없이 도시를 설계하는 것과 같다(Barnett, 1982). 블록 패턴은 기간시설망을 구성하는 기본 요소이기에 블록의 모양과 형태를 계획할 때에는 각각의 요소마다 변화 속도가 다르다는 점을 감안해야 한다. 또한 가로 패턴은 도시 기반시설 중 가장 변하지 않는 요소이므로 계획 시에 변화를 수용하면서도 오랜 시간 변하지 않을 강건하고 내구성이 높은 형태와 규모를 설정해야 한다.

그림 4.17 현대의 많은 도시개발 계획은 도시블록 구조를 사용한다. 스코틀랜드 에든버러, 그랜튼의 마스터플랜(출처 : Llewelyn Davies)

블록의 크기와 모양에 따라 환경이 변한다. 계획할 때에는 미기후, 바람, 일조조건 등을 고려해야 한다. 북방이나 남방지역의 기후조건에서 높은 건물들이 들어선 좁은 길에는 1년 내내 일조가 불충분하다. 신 개발이나 기성 도시의 개조사업 모두 상충하는 두 요구를 적절히 조화시켜야 한다. 한편으로는 이익을 위해 가능한 많은 가용용지를 개발해야 하지만, 동시에 효율적이며 쾌적한 교통과 사회공간을 위해 공간을 일부 남겨두기도 한다. 또 하나 균형을 지켜야 하는 것은 블록 규모이다. 작은 블록과 조밀한 보행자 공간 형성, 공간의 사회적 이용과 함께 큰 블록과 건축 유형의 적정한 배치, 오픈스페이스 형성 등과 관련한 논의에서 일정한 균형이 필요하다(아래 참조). 다양한 건물 유형과 토지이용을 수용하려면 작은 블록을 포함해서 블록의 규모를 다양하게 유지하는 것이 바람직하다.

블록의 규모는 지역적 맥락에 따라 결정할 수 있다(그림 4.18). 공간적 맥락이 이미 형성되어 있는 기성 시가지나 산업과 공장이 빠져나간 지역을 개발할 경우에는 치유의 관점에서 블록 규모를 설정한다. 다시 말해, 기존의 도시 조직과 과거로부터 물려받은 공간 패턴을 활용하여 고립된 조각들을 재통합하고 신 개발과 기존의 공간적 맥락을 통합할 새로운 연결고리를 만드는 것이다. 신도시 개발과 같은 경우에는 블록의 규모를 결정하는 데 단서가 될 맥락이 없다. 이런 경우에는 사무실, 주거, 상점, 공장 등 특정 용도에 적합한 요건을 검토하거나 오랜 시간 변화에 적응하며 유지되어온 패턴의 선례를 참고해서 블록의 규모를 정한다. 레온 크리어는 "획일적으로 이상적인 키를 정할 수 없듯, 이상적인 블록 규모를 선험적으로 정하는 것은 불가능하다."고 말한다(1990, p.197). 오직 비교관찰과 경험을 통해서만 복합적인 도시패턴을 구성하는 데 적합한 블록 규모를 정할 수 있다는 것이다. 크리어가 관찰한 바에 따르면, 유기적으로 성장한 유럽 도시의 경우, 도심부의 블록이 제일 작으며 유형학적으로 제일 복잡하고, 도심에서 멀어질수록 크고 단순한 모양이 되다가 결국 도시 외곽에서는 블록의 개념이 사라지고 나 홀로형 건물들이 들어선 불명확한 형태의 영역이 되어버린다.

생동감과 침투성, 시각적 묘미와 식별성을 높이는 데에는 작은 블록이 대형 블록보다 유리하다는 견해가 일반적이다. 제인 제이콥스는 생

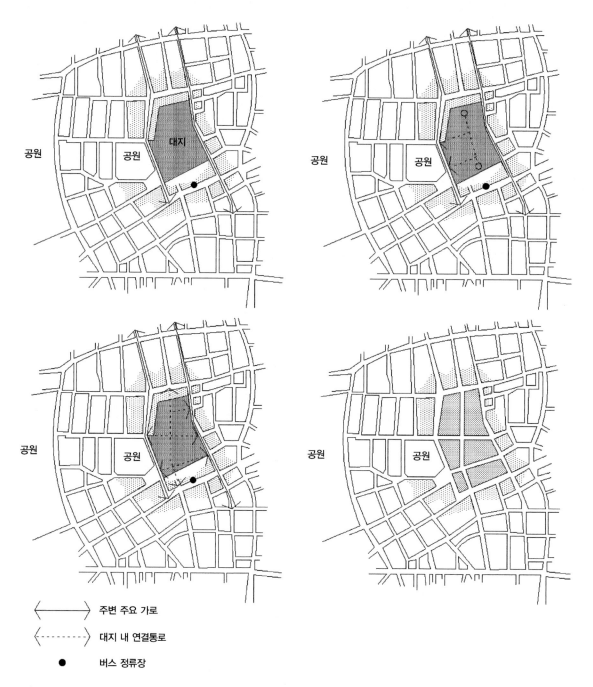

⟨———⟩	주변 주요 가로
⟨------⟩	대지 내 연결통로
●	버스 정류장

그림 4.18 블록의 규모는 기존 가로와의 연계와 지역 맥락을 고려하여 결정된다. 위 그림은 도시설계매뉴얼(Urban Design Compendium)에서 인용한 것으로 대지가 주변의 주요 가로와 대중교통 수단과 어떻게 연결되는가를 보여준다. 두 번째 다이어그램은 컬데삭 개념이 얼마나 내향적이고 주변 맥락에 연계되지 못하는가를 보여준다. 세 번째 다이어그램은 주변 맥락을 통합하고 기존 도로와 연계되는 보행 위주의 접근을 제안하고 있다. 네 번째 다이어그램은 가로 패턴은 도시블록의 기본을 형성한다는 것을 보여준다. 이러한 접근을 '도시 치료'나 '도시 엮기'라고 할 수 있다(**출처** : Llewelyn Davis, 2000, p. 36).

동감과 선택의 폭 등 작은 블록의 이점을 설명하는 데 있어 그의 명저인 『미국 도시의 삶과 죽음(The Death and Life of Great American Cities)』한 장 전체를 할애했다(Jane Jacobs, 1961, pp. 191~9). 크리어 역시 작은 블록이 도시성을 높이는 데 유리하다고 본다. 전적으로 경제 적인 이유 때문에 작은 블록과 고밀 거주현상이 생겨난다면, 바로 그런 이유로 작은 블록이 더 도시성을 가지게 된다는 논리다. 도시문명과 사 회, 문화, 경제의 교류는 바로 그러한 환경 기반에서 자라난다.

중앙에 채광용 공간이나 중정이 있는 단일 건물 전체가 하나의 작은 블록을 형성하기도 한다. 이런 블록에서는 나 홀로형 건물에서와 마찬 가지로 건물의 앞면과 뒷면의 문제가 생겨난다. 좀 더 큰 연도건축형 가 구(perimeter block)에서는 건축물이 블록 외부의 공공면에 전면을 두 고 블록 중앙 쪽으로 사적 공간을 배치하면서 연속적으로 세워진다(그 림 4.19). 또한 건물의 깊이는 자연채광과 통풍이 가능한 폭으로 한정되 므로 블록이 클수록 중앙의 공간도 함께 커진다. 이러한 중앙공간은 규 모에 따라 주민의 주차장, 개인 또는 공동의 정원, 스포츠시설 등 다양 한 용도로 활용된다. 이보다 더 큰 연도건축형 가구는 생태의 다양성을 확보하는 데 유리하다. 르웰린 데이비스는 90m×90m를 블록의 적정 크기라고 하는데, 이 정도 블록이면 개인 또는 공동 정원을 배치하는 것 이 가능할 뿐 아니라 생태의 다양성과 다른 기능을 고려할 때 적절하게 균형을 잡는 일도 원활해진다(Llewelyn-Davies, 2000, p. 58).

큰 블록은 블록의 축조 형태와 오픈스페이스를 배분하는 데 작은 블 록보다 효과적일 수 있다. 마틴과 마치는 여러 개발 사례를 비교 분석하 여, 밀도와 토지 이용률 측면에서는 나 홀로형 개발보다 큰 블록과 연도 건축형 가구가 더 유리하다는 사실을 수학적 자료로 입증했다(Martin and March, 1972). 특히 주거지 개발의 경우, 연도건축형 가구가 나 홀 로형 건물보다 높은 밀도를 달성할 수 있음을 보여주었다(1972, pp. 21~2). 마틴은 뉴욕 맨해튼에서 남북으로는 파크 애비뉴와 8번가, 동서로는 42번가와 57번가로 둘러싸인 지역을 대상으로 하여 동일 규모 라도 어떻게 극적으로 다르게 구성될 수 있는지를 보여주었다. 그는 먼 저 시그램(Seagram) 건물 같은 마천루로 대상지 전체를 개발한다는 가

그림 4.19 프랑스 파리 중심부의 연도건축형 가구. 이러한 블록 개발은 많은 장점이 있다. 공적 영역과 사적 영역이 명백하게 구분되며 다양한 밀도로 개발이 가능하다. 도시공간을 물리적으로 명확하게 규정하면서 사회적으로도 기능하는 공적 파사드를 만들어낸다.

정하에 전체 연면적을 산출했다. 그다음 가상 개발에서는 연도건축형 가구로 마천루를 대체하고 동서도로 몇 개를 없앤 결과 8층의 건물로 마천루 경우와 같은 연면적을 수용할 수 있음을 보여주었다. 이때 연도건축형 가구로 중정은 모두 28개로서 워싱턴 광장과 비슷한 규모였다.

이런 두 가지 실험은 가능한 선택의 범위를 보여주는 것이고, 블록의 축조 형태와 오픈스페이스 간의 관계에 대해 광범위한 의문을 만들어낸다. 연도건축형 가구에서 형성되는 중정이 자동차가 없는 공간인데 반해, 시그램 빌딩의 배치에서 얻게 되는 오픈스페이스는 자동차 교통의 통로이다. 이런 예는 연도건축형 가구로 형성된 좀 큰 블록 구조를 긍정적으로 평가하는 동시에, 도시의 공간틀이 평면적이 아니라 입체적인 도시형태 차원에서 고려되어야 한다는 것을 보여준다.

식스나(Siksna)는 미국 도시의 중심 업무지역을 대상으로 도시패턴의 발전과 지속성, 특히 블록 규모와 교통망의 변화와 지속성에 대해 연구했다. 포틀랜드와 시애틀의 정방형과 직사각형의 작은 블록, 시카고와 인디애나폴리스의 정방형 중간 크기의 블록이 연구 대상이었다. 호주 도시도 검토했는데 정사각형 중간 크기 블록의 멜버른과 브리즈번, 직사각형 큰 블록의 퍼스와 아델라이데를 다루었다(그림 4.20, 4.21). 모두 자동차 시대가 열리기 전, 19세기 전반에 계획되어 150년의 성장 변화를 겪은 도시들이다.

이 연구에서 특히 흥미로운 것은 블록과 가로 패턴의 진화에서 나타나는 서로 연관된 두 가지 특징인데, 블록 및 가로 패턴의 지속성과 교통망의 크기가 그것이다.

1. 블록과 가로 패턴의 지속성 : 작은 블록으로 구성된 도시에서는 환경여건이 바뀌어도 원래의 블록과 가로의 패턴이 큰 변화 없이 유지되었다. 중간 블록 규모의 도시에서도 골목이나 아케이드가 추가되거나 사라지기도 했지만 그 밖의 큰 변화는 없었는데, 특히 멜버른과 브리즈번이 그러했다. 큰 블록의 도시에서 가로망 패턴은 대체로 원형을 유지하나 블록과 길에는 많은 변화가 나타났다. 기존의 블록은 작게 분할되고 골목과 아케이드가 추가된 경우가 많았다. 아델라이데의 경우 대부분의 블록이 네댓 개의 작은 블록으로 나뉘었고, 퍼스

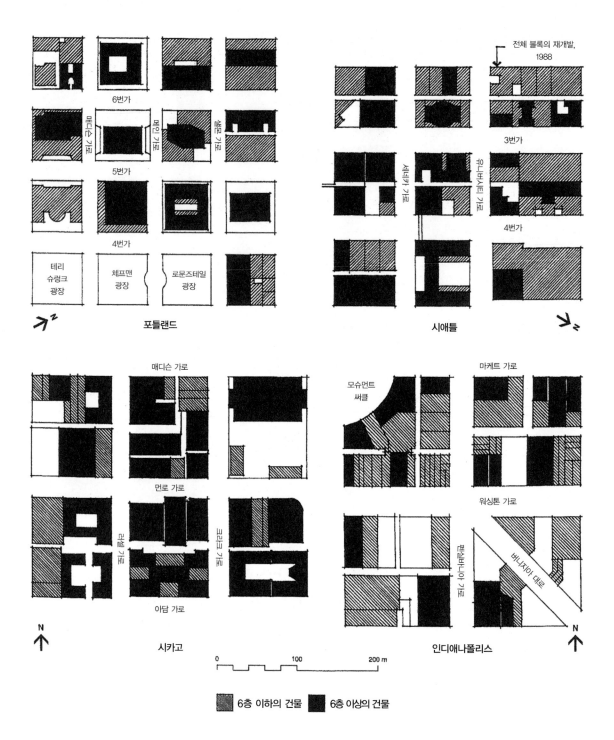

그림 4.20 미국의 네 개 도시 도심블록의 구조와 크기-포틀랜드와 시애틀(작은 광장과 직사각형 블록의 도시), 시카고와 인디애나폴리스(중간 크기의 정사각형 블록의 도시)(출처 : Siksna, 1998)

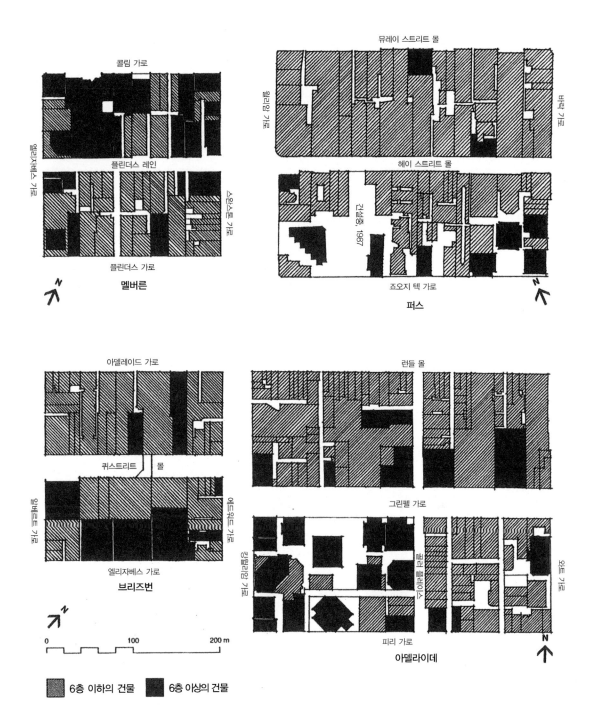

그림 4.21 호주의 네 개 도시 도심블록의 구조와 크기-멜버른과 브리즈번(중간 크기 직사각형 블록의 도시), 퍼스와 아델라이데(큰 직사각형 블록의 도시)(출처 : Siksna, 1998)

의 경우에는 두세 개의 블록으로 분할되었다. 그 결과 이들 도시의 블록은 다른 도시들과 비슷한 규모가 되었다.

2. 교통망 : 식스나에 의하면 전체 도시공간에서 교통에 할애되는 공간 비율은 30~40%가 제일 적당하다. 처음부터 이 정도, 또는 그 이상의 면적비율을 교통에 할애했던 미국 도시에서는 시간이 흐르면서 도로와 골목을 추가해야 할 필요가 없었다. 그러나 도로와 골목을 합한 면적 비율이 30% 이하인 도시에서는 교통공간이 추가로 생겨났다. 교통공간 비율이 40%를 넘는 작은 블록, 중간 블록 규모의 도시는 공급과잉의 모습을 보였다. 식스나의 분석에 따르면 교통 격자의 간격은 80~110m 사이가 적당하다. 50m에서 70m 간격의 조밀한 보행망이 생겨나는 경우도 있는데, 이들은 대개 보행 밀도가 아주 높은 상점가이거나 길, 골목, 아케이드 등의 이동 통로를 새로 추가한 경우다. 도시 대부분에서 일방 통행 시스템의 도입 등으로 자동차 교통망이 성글어진 경우가 많았다. 그러나 작은 블록을 갖는 도시에서는 200m 간격 이하의 편리한 교통망을 그대로 유지하는 경우가 많은 반면, 중간 크기나 큰 블록을 갖는 도시에서는 대개 자동차 도로 사이의 간격이 300m 이상이 되어 지역 교통에 불편을 초래하기도 했다.

식스나의 연구에서 우리는 블록의 크기가 점차 적정 크기로 '진화'하고 있음을 알 수 있다. 점진적인 변화를 통해 초기 도시구조가 가진 문제들이 극복되거나 완화되는 방향으로 도시구조가 변해가는 것이다. 식스나는 이러한 변화가 공공적인 개입이 아니라 많은 개별 개발자들의 노력의 결과라는 점을 강조한다. 도시구조가 진화하기는 하지만, 그래도 처음에 도시구조를 잘 만드는 것이 중요하다. 왜냐하면 블록의 규모와 형상에 따라 도시공간의 강건성과 적응력이 다르게 나타나기 때문이다.

결론

이 장에서는 도시설계의 형태적 차원을 다루었다. 도시형태와 공간 구성의 두 주제가 논의의 핵심이었다. 한편으로는 현시대에서 선호되는 도시의 블록 패턴과 높은 침투성을 갖는 격자형 가로 구성에 대해 소개하고 토론했다. 무엇보다도 왜 위계적이고 분리적이며 내향적인 도시구조가 등장하게 되었는가를 이해하는 것이 중요하다. 공간 투과성을 저하시키는 도시구조가 지배적이기 때문에 이를 극복하려면 많은 노력이 필요하다. 도시가 처음부터 공간 투과성이 높게 설계되었다면, 그 도시의 구조는 강건하고 변화 적응력이 높아 필요할 경우 설계와 관리를 통해 격리공간을 만들어내는 것은 어렵지 않다. 그러나 애당초 격리형으로 설계된 도시구조를 통합형으로 바꾸기란 아주 어렵거나 아예 불가능하다. 투과성을 보장하려면 길은 어디론가 이어져 다른 길이나 다른 공간에서 끝나야 한다. 막다른 길은 피해야 한다. 이런 원리를 따르다 보면 투과성이 높은 격자망이 만들어진다.

이 장에서는 또한 자동차 교통의 수용 문제가 오늘날 도시설계의 핵심 과제 중 하나임을 보였다. 자동차 교통은 공공공간망을 마비시키고 다른 통행방식을 경시하며 도시공간에서의 보행 활동 분포를 뒤바꾸면서 보행·자전거·전차 등 다른 교통수단을 억압하여 자동차가 없는 사람들을 무력화한다. 뿐만 아니라 자원을 독점해 대중교통을 위한 재원을 축소하고 도시경관을 왜곡해 자동차가 없는 사람들은 도시에서 살기 힘들게 만든다. 한마디로 자동차 교통은 자동차 이용자 이외의 모든 사람들을 무시한다(Lohan and Wickham, 2001). 다른 이동수단을 우선적으로 확보하고 난 연후에 자동차를 수용하는 것이 해결책일지도 모른다.

05

지각의 차원

서론

환경 지각, 특히 장소의 지각과 체험에 대해 잘 이해하고 그 중요성을 인식하는 것은 도시설계에서 필수이다. 1960년대 초반부터 환경 지각을 연구하는 학제적 분야가 성장하면서 도시환경 지각에 대한 실증적인 성과가 상당히 축적되었다. 초기에는 주로 환경 이미지에 대한 관심이 컸지만, 차차 건조환경의 상징과 의미에 대한 연구가 주를 이루었다. 장소 체험에 대한 연구와 실제 거주 체험에 입각한 도시환경 연구가 환경 지각에 대한 관심을 더욱 고취시켰다. 이 장에서는 두 부분으로 나누어 사람들이 어떻게 환경을 인식하고 장소를 체험하는지 살펴보려 한다. 먼저 환경 지각에 대해 논의하고, 뒤이어 장소감, 무장소성, 가공된 장소의 현상 등 장소 만들기와 관련된 문제를 다루겠다.

| 환경 지각 |

우리는 환경을 변화시키고 환경에 의해 영향을 받는다. 그리고 그 환경을 지각하면서 이러한 상호관계가 성립된다. 다시 말해 우리를 둘러싼 외부 세계에 대한 단서를 주는 빛, 소리, 냄새와 촉각 등의 자극을 받는다(Bell 외, 1990, p.27). 지각이란 환경에 대한 정보를 수집하여 조직하고 해석하는 일이다. 일반적으로 환경으로부터 자극을 모으는 과정과 이를 해석하는 과정을 구분하여 감각과 지각으로 나누지만, 이들은 별개의 과정이 아니며, 실제로는 어디에서 감각이 끝나고 지각이 시작되는지도 분명치 않다.

　　'감각'은 감각기관이 환경으로부터 오는 자극을 받아들이는 체계이다. 시각·청각·후각·촉각은 환경을 느끼고 해석하는 과정에서 가장 중요한 감각 요소이다.

- 시각 : 매우 중요한 감각으로 다른 감각보다 많은 정보가 시각을 통해 전달된다. 공간에서 방향을 찾는 일도 시각을 통해서 이루어진다. 포테우스는 "사람은 스스로 보지만, 냄새와 소리는 사람에게 다가오는 것이다."라고 하면서 시각을 적극적이고 탐구적인 감각으로 설명하고 있다(Porteous, 1996, p.3). 시각은 대단히 복잡하며, 거리·색채·형태·촉감 그리고 명암 대비 등에 영향을 받는다.
- 청각 : 시각적으로 공간을 지각하면 무엇이 앞에 있고 어떤 물건이 있는지 알게 되지만, 소리로 공간을 지각하게 되면 분명한 경계 없이 주변 모두를 포함하며 공간 그 자체에 의미를 둔다(Porteous, 1996, p.35). 비명·음악·천둥 같은 소리는 강렬한 반응을 일으키고, 물의 흐름이나 바람에 흔들리는 나뭇잎 소리는 위안을 주는 것처럼 청각은 정보를 전달하는 힘은 작지만 감성적인 측면에서는 강력하다.
- 후각 : 청각과 마찬가지로, 사람의 후각은 잘 발달되지 않았다. 소리보다 정보를 전달하지는 못하지만, 냄새는 정서적으로 훨씬 풍부하다.
- 촉각 : 포테우스의 주장에 따르면, 도시환경 속 어딘가에 앉을 때 손보다는 발이나 둔부를 통해서 도시환경의 질감을 더 많이 느낄 수 있다고 한다(1996, p.36).

사람들은 보통 이러한 시각, 청각, 후각, 촉각 등 여러 감각을 서로 연계하여 전체적으로 지각하고 감상한다. 시각이나 청각 등 개별적인 자극은 눈을 감거나 귀를 막는 것 같은 인위적인 행동이나 선택적인 집중으로 구별할 수 있다. 시각이 주요한 감각 통로인 것은 분명하지만 시각만으로는 도시환경을 파악할 수 없다. 베이컨의 지적대로, "계속 바뀌는 시각적 영상은 감각 체험의 시작에 지나지 않는다. 명암의 변화, 한랭의 변화, 소음의 변화, 열린 공간에서 퍼지는 냄새의 흐름, 발바닥에서 느껴지는 촉감 등 이 모든 감각이 집적되어 도시공간을 효율적으로 지각하게 된다."는 것이다(Bacon, 1974, p.20).

청각, 후각 그리고 촉각은 체험을 풍부하게 만들지만 대체로 덜 발달되어 있고 활용도도 낮다. 랭(Lang)은 "도시환경 속에서 새의 지저귐, 어린아이의 목소리, 가을 낙엽을 밟는 소리 등 긍정적 측면을 부각할 때, 청각 환경이 도시환경을 이해하는 데 긍정적으로 작용할 수 있다. 또한 폭포수나 분수의 소리 등 긍정적인 소리는 교통소음 같은 부정적인 소음을 중화시킬 수 있는 것처럼 환경의 시각적 질로서 소리의 풍경도 장소를 구성하는 재료와 어떤 대상이냐에 따라 조화롭게 연출할 수 있다."고 주장한다(1994, p.227).

종종 '인지(cognition)'라고 잘못 표현되는 지각은 단지 도시환경을 눈으로 보거나 느끼는 것만이 아니다. 더 나아가 지각은 받아들인 자극을 처리하고 이해하는 복잡한 과정을 뜻한다. 이텔슨은 동시에 작용하는 지각 행위를 네 가지 차원으로 구분했다(Ittelson, 1978 ; Bell 외, 1990, p.29).

- 인지(cognitive) : 인지는 정보에 대해 생각하고 조직하고 저장하는 일을 말한다. 단적인 예로, 인지를 통해 우리는 환경을 이해하게 된다.
- 정서(affective) : 정서는 감정과 연관된 것으로, 환경을 지각하는 데 영향을 준다. 마찬가지로 환경을 어떻게 지각하느냐에 따라 그 환경에 대한 감성적인 반응이 달라지기도 한다.
- 해석(interpretative) : 해석은 환경에서 유래된 의미와 연상을 포함한다. 정보를 해석할 때, 우리는 기억에 의존해서 새롭게 체험된 자극을 비교하게 된다.

- 평가(evaluative) : 평가는 가치와 선호, 좋고 그름에 대한 판단을 말한다.

'환경'이란 하나의 정신적인 구조체로 환경 이미지라고도 한다. 따라서 각자 나름대로 다르게 만들어내고 평가할 수 있다. 개인의 체험과 가치는 환경으로부터 받은 많은 자극을 여러 과정을 통해 걸러낸다. 이미지는 그 과정의 결과물이다. 케빈 린치에 따르면 환경 이미지는 상호작용의 결과물이다. 그 과정에서 환경의 차이와 관계를 설명할 수 있으며, 관찰자는 환경으로부터 관찰한 내용을 선별하여 조직화하고 의미를 부여한다(Kevin Lynch, 1960, p.6). 몽고메리는 비슷한 논리로 장소의 실제 모습과 관련된 정체성과 이 정체성에 체험자의 정서와 인성이 겹쳐 형성되는 장소의 이미지를 구별하려 했다(Montgomery, 1998, p.100). 포콕과 허드슨은 도시환경에 대한 정신적인 이미지를 다음과 같이 설명하고 있다(Pocock and Hudson, 1978, p.33).

- 부분적 : 전체 도시를 포괄하지 못함
- 단순화 : 상당량의 정보를 생략함
- 개인적 : 개인마다 도시 이미지가 다름
- 왜곡 : 실제 거리, 방향보다는 주관에 의한 왜곡

렐프는 환경 이미지란 "객관적인 실체로부터 선별된 단순한 추상이 아니라 그 대상을 무엇이라 믿거나, 무엇은 아니라고 믿는 것과 같은 의도가 개입된 해석"이라고 주장한다(Relph, 1976, p.106). 뒤에서 논의하겠지만, 바로 이러한 관점이 '표상(intentionality)'[1]과 '현상학(phenomenology)'[2]의 근거가 된다.

　　지각은 단순한 생물학적 과정이 아니라 사회문화적으로 습득되는 것이다. 감각 자체는 사람에 따라 큰 차이가 없다. 그러나 감각으로 받아들인 것을 걸러내고 반응하며 조직하고 평가하는 것은 사람마다 다르다. 환경 지각의 차이는 나이·성별·인종·생활방식과 그 지역에 거주한 기간, 태어나고 자란 장소의 물리·사회·문화적 조건에 따라 결정된다. 실제로 모든 사람들이 각기 자신만의 세계 속에서 살고 있지만,

---

역주 ____

[1] 표상이란 실존주의 철학에서 사용되는 용어로서 '겉으로 드러나 보이는 모습'을 의미한다. 물질의 진짜 모습은 알 수 없다는 것이다. 인간은 사물의 겉으로 드러난 모습을 인식하여 세계를 이해할 수밖에 없다는 것이며, 이것은 칸트의 현실세계와 같은 개념이다.

[2] 현상학이란 '현상'을 연구하는 학문으로서, 의식에 나타난 것, 주어진 것을 연구하는 분야이다. 결국 '보이는 것', '체험하는 것' 등의 구조를 파헤치는 분야로서 현상의 배후에 있는 본질을 찾으려는 이전의 철학사조와는 다르다.

사회화 과정이나 과거의 경험, 현재 도시환경 등에 대한 동질성이 있기 때문에 어떤 이미지는 많은 사람들에게 공유되기도 한다(Knox and Pinch, 2000, p. 295). '이미지 지도(mental map)' 그리고 장소와 환경과 관련해 공유된 이미지는 도시설계의 환경 지각 연구에서 중심이 되는 주제이다.

도시 이미지 분야에서 핵심 저작은 케빈 린치의 『도시의 이미지(The Image of the City, 1960)』이다. 이 책은 이미지 지도 분석 방법과 함께 보스턴, 저지 시, 로스앤젤레스 주민들의 인터뷰에 기초해서 만들어졌다. 시작은 사람들이 어떻게 도시에서 자신의 위치를 파악하고 움직여 가는가를 의미하는 가독성(可讀性 : legibility)의 문제에서 첫발을 뗀다. 린치는 "머릿속에서 환경을 조직하여 질서정연한 패턴이나 이미지로 만들 수 있으면, 다시 말해 도시를 잘 읽는다면 도시 안에서 길을 찾는 것도 쉽게 느껴진다."고 설명하고 있다. 도시에 대한 이미지를 분명하게 머릿속에 그려놓고 있으면 쉽고 빠르게 도시를 다닐 수 있다는 것이다. 따라서 질서 있는 환경은 활동 · 신념 · 지식을 정돈할 수 있는 광범위한 기준, 또는 여러 가지 정보를 조직하는 역할을 할 수 있다고 주장한다.

린치는 이 연구를 통해 도시 안에서 방향을 정하는 작은 주제가 도시의 이미지에 대한 큰 주제로 발전할 수 있음을 발견했다. 쉽게 알아보고 하나의 큰 패턴으로 묶을 수 있는 동네와 랜드마크, 통로를 가진 도시들을 관찰하면서 그는 '이미지화 가능성(imageability)'이라는 용어를 정의하게 되었다. 이미지화 가능성이란 물리적인 대상이 관찰자에게 강한 인상이나 이미지를 갖기 쉽게끔 만드는 속성을 말한다. 관찰자에 따라 이미지가 크게 다를 수 있다는 것을 충분히 인지하면서도 린치는 도시의 공공 · 집단의 이미지가 무엇인지, 그리고 그 핵심 요소가 무엇인지를 찾으려 했다.

린치는 환경 이미지가 사람의 머릿속에서 작동하려면 다음의 세 가지 속성이 필요하다고 주장했다.

- 정체성 : 다른 사물과 구별되는 독자적인 대상(예 : 문)
- 구조 : 관찰자 및 다른 대상과 관련한 대상의 공간 관계(예 : 문의 위치)

• 의미 : 관찰자에게 대상물이 가지는 실용적 · 정
  서적 의미(예: 출구로서의 문, 입구로서의 문)

의미가 도시 차원과 배경이 다른 여러 집단들 간에
일치할 가능성은 별로 없다고 판단했기 때문에, 린
치는 형태로부터 의미의 요소를 분리하고 정체성과
구조의 관점에서 이미지화할 수 있는 가능성을 탐
구하며, 이미지 지도(인지지리학)를 이용하여 관찰
자에게 강렬한 이미지를 남기는 환경의 양상을 확
인해보려 했다. 이러한 연구를 통해 린치는 다섯 가
지 물리적인 요소를 찾아냈다.

1. 통로 : 통로(path)는 관찰자들이 움직이는 길(길,
   전찻길, 운하 등)이다. 린치는 통로가 도시에 대
   한 사람들의 이미지에서 다른 요소들을 엮고 관
   계를 맺어주는 중추적인 요소라고 말한다. 주요
   통로가 개성이 없고 서로 구분이 잘 안 될 때에는
   도시 전체의 이미지도 불분명해진다. 통로가 도
   시 이미지에서 중요한 위치를 차지하는 이유는
   여러 가지이다. 예를 들면 자주 이용되거나 특별
   한 용도가 집중되어 있다는 점, 길이 갖는 특수한
   공간적인 성격과 주변건물 전면의 특성, 도시 내
   특별한 장소에 대한 근접성, 시각적으로 뛰어나
   거나 전체 소통 구조나 지형 속에서 위치가 좋다
   는 점 등이다. 그림 5.1이 좋은 사례이다.

2. 경계 : 경계(edge)는 통로처럼 실제로 사용되지
   않는 관념적인 선으로 서로 다른 두 영역 사이의
   경계를 만들거나 또는 선적으로 구분 짓는 해안,
   철도, 개발지의 변두리, 담장 등과 같은 요소이
   다. 린치가 지적한 대로, 경계는 넘어갈 수도 있

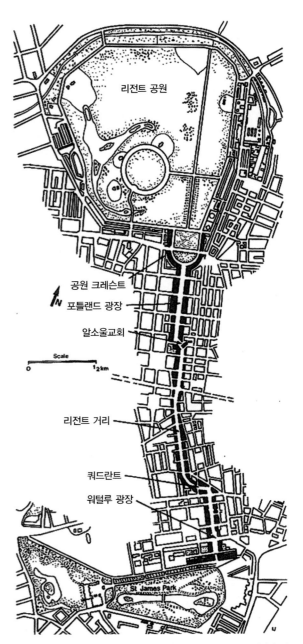

그림 5.1 어떤 통로는 도시나 도시의 특정 부분에 대해 분명한 이미지 지도를 만드는 데 중요한 역할을 한다. 런던 사람들은 이미지 지도를 런던의 다양한 통로와 연결하여 머릿속에 구조화하고 있다. 예로서 쇼핑몰, 피커딜리 광장, 그리고 옥스퍼드 광장 등과 연계된 리전트 거리를 들 수 있다 (출처 : Moughtin, 1992, p. 163).

지만 때로는 한 지역을 다른 지역으로부터 차단해버리는 장애물이 되는 경우도 있다. 또는 나뉘어 있는 두 지역이 맞대어 결합된 선일 수도 있다. 가장 강력한 경계는 시각적으로 눈에 띄고 연속된 형태이며 통과하려는 교통을 막는 것이다. 경계는 공간을 조직화하는 중요한 요소다. 수변이나 성벽을 끼고 있는 도시에서 그러하듯, 경계는 별 관계없는 일반적인 공간들도 하나로 묶어주는 중요한 역할을 한다. 대부분의 도시들은 확연하게 구분되는 뚜렷한 경계가 있다. 예를 들어 이스탄불의 이미지는 유럽과 아시아 쪽 모두에게 경계가 되는 보스포러스 강에 의해 만들어진다. 연안에 위치한 많은 도시들에게 해안이나 강안은 중요한 경계부가 된다. 시카고·홍콩·스톡홀름은 바다가 경계가 되는 경우이고, 파리·런던·부다페스트는 강이 경계가 되는 사례이다.

3. 지구(地區) : 지구(district)는 관찰자가 '진입' 했다는 느낌을 가질 수 있거나 혹은 질감, 공간, 형태, 디테일, 상징, 토지 이용, 거주자, 관리, 지형 등의 측면에서 일관된 특성을 가지고 있는 중규모 이상의 지역이다. 어느 정도 특징은 있지만 완전한 단일 주제가 되기에 충분하지 못한 지구는 그 도시에 익숙한 사람들에게만 지구로서 인식된다. 보다 강력한 이미지를 만들어내기 위해서는 공간적으로 주제가 있는 단서를 보강해야 한다. 지구에는 분명하고 선명한 경계가 있는 경우도 있고, 주변 지역으로 점점 약화되는 부드럽고 불분명한 경계도 있다(그림 5.2).

4. 결절점 : 결절점(node)은 점적 요소로서 관찰자가 진입할 수 있고, 그것을 향해 가거나 그로부터 멀어질 수도 있는 강렬한 초점이다. 결절점은 주로 교차점이기 쉽지만, 특정한 용도나 물리적인 성격이 집중된 '주제가 있는 집중' 일 수도 있다. 교차로와 교통수단이 바뀌는 지점이 강한 결절점이 되기 쉬운데, 이런 곳에서는 무언가 결정을 내리고 주의를 기울이기 때문이다. 그러나 가장 중요한 결절점은 용도나 성격이 집중된 지역이면서 교차로인 곳이다. 다시 말해, 공공 광장처럼 기능과 물리적인 특징이 합쳐지는 곳이다. 반드시 그런 것은 아니지만, 물리적인 형태에 특색이 있을 때는 결절점을 더욱 기억하기 쉽다.

그림 5.2 뉴올리언스의 프랑스 마을은 하나의
지구로서 강한 개성을 지니고 있다.

5. 랜드마크 : 랜드마크(landmark)는 관찰자가 외부에서 봤을 때 점적
으로 기준이 되는 물체이다. 고층 건물이나 첨탑, 언덕 같은 것은 작
고 낮은 물체 위로 멀리 여러 각도에서 볼 수 있다. 반면 조각, 표지
판, 나무 등은 국지적이어서 한정된 장소에서 특정한 시점으로만 보
이기도 한다. 주위 배경과 선명하게 대비되고 분명한 형태를 지녔거
나 공간적으로 중요한 입지에 있는 랜드마크는 보통 쉽게 알아볼 수
있으며 관찰자에게 중요한 요소로 인식된다. 린치는 랜드마크의 핵
심적인 물리적 성격을 '고유성'이라고 했다. 고유성이란 맥락 속에
서 독특하여 기억하기 쉬운 것, 가운데 위치해 있어서 여러 장소에서
도 쉽게 알아볼 수 있고, 주변 요소들과 대비되도록 하는 속성을 말

한다. 예컨대, 교차로에 위치해서 어디로 갈지 방향을 판별하는 데 도움을 주는 랜드마크처럼 환경 속에서 랜드마크가 어떻게 이용되는가 하는 점도 중요하다(그림 5.3, 5.4).

린치가 제시한 이미지 요소는 어떤 것도 독립적으로 존재하지는 않는다. 지구는 결절점과 함께 구조화되고, 경계로 규정되며, 통로에 의해 관통되고 여러 랜드마크들이 그 안에 있을 수 있다. 각각의 이미지 요소는 해당 지역의 규모를 반영하여 여러 계층에서 상호 중첩되고 관련을 맺는다. 이렇게 해서 관찰자들은 필요에 따라 거리 차원의 이미지에서 지구 차원의 이미지로, 나아가서는 도시 차원과 도시를 넘은 차원으로 넘나든다.

▎도시의 이미지를 넘어서 ▎

한정된 사람들을 사례로 한 린치의 독창적인 연구는 다양한 여건에 적용되어 수행되고 있다. 린치는 "이미지는 문화와 사회적 친밀감에 의해 상당히 변할 수 있다는 중요한 전제가 있지만, 도시 이미지의 기본 요소는 다양한 문화와 장소에서도 놀랍게도 비슷했다."고 설명하고 있다(1984, p.249). 린치가 했던 것과 같은 방식의 많은 연구를 통해 다른 장소에 있는 다른 집단들이 어떻게 도시의 이미지를 구조화하는지에 대해서 상당한 정보를 얻을 수 있는 것은 다행한 일이다. 예를 들면 드 종은 암스테르담이 로테르담이나 헤이그보다 사람들의 눈에 더 잘 들어온다는 사실을 발견했다(De Jonge, 1962). 또한 프란체스카토와 메바네는 밀라노와 로마를 비교하면서 둘 다 매우 잘 읽히는 도시지만 동시에 또 다른 방식으로도 읽힌다는 것을 발견했다(Francescato and Mebane, 1973). 밀라노 시민들의 이미지 지도는 방사형 도로패턴을 중심으로 도시를 구조화하고 있는 반면, 로마 시민들의 이미지 지도는 랜드마크와 도시의 역사적 건물, 언덕, 티베르 강 등 많은 경계로 구조화하는 훨씬 다양한 내용을 보여주고 있다.

　　린치의 연구 결과와 방법에 대해서는 여러 비판이 제기되었다. 린치 스스로 자신의 연구는 "첫 시작 단계의 스케치"라고 공언한 바 있으므

그림 5.3 이러한 디자인을 어떻게 생각하든 비엔나 중심부의 하스 하우스(Haas Haus)는 눈에 띄는 지역의 랜드마크이다.

그림 5.4 파리에 있는 라데팡스의 그랑아쉬 (Grand Arch)는 도시 저편에서도 볼 수 있는 강력한 랜드마크이다.

로 이러한 비판이 공정한 것은 아니지만, 대체로 세 가지 측면의 비판을 주목할 만하다.

1. 관찰자의 편차 : 서로 다른 배경과 체험을 지닌 사람들의 다양한 환경 이미지를 합치는 것이 과연 타당하느냐는 의문이다. 일반적으로 사람들이 인식하는 방법, 문화, 환경 그리고 도시형태로 인해서 공통된 도시 이미지가 형성될 수 있다고 하면서도, 린치는 첫 연구에서 개인 편차에 대해서는 의도적으로 등한히 했음을 인정했다(1984). 프란체스카토와 메바네의 밀라노와 로마 연구(1973), 애플야드의 시우다드 과야나 연구(1976)에서는 사회 계층과 이용 빈도에 따라 도시 이미지가 다르게 나타남을 보여주고 있다.

2. 가독성과 이미지화 가능성 : 린치는 『좋은 도시형태(Good City Form, 1981, pp.139~41)』에서 가독성이 일정 지역을 체험하는 단지 한 종류의 감각임을 인정하면서 가독성을 강조하지 않았다. 또한 그의 글 『도시의 이미지에 대한 재음미』에서 가독성을 한층 덜 중요하게 다루었다. "길을 잃었을 때는 길을 묻거나 지도를 보면 된다."라고 하면서 대부분의 사람들에게 길 찾기의 문제가 그리 중요한 것이 아님을 인정했다(Lynch, 1984, p.250). 그는 가독성이 좋은 환경의 가치에 대해 의문을 표시했다. "사람들이 과연 자기 동네에 선명한 이미지가 있는지 무슨 상관을 하겠는가. 그보다는 색다름, 신비스러움에 더 즐거워하지 않겠는가." 여기서 그는 이미지화가 쉬운 도시환경과 사람들이 좋아할 만한 도시환경의 차이에 대한 문제점을 제기했다. 네덜란드 도시에 대한 드 종의 연구에서는 사람들이 가독성이 높은 도시를 선호하는 것으로 나타났지만(De Jonge, 1962), 카플란과 카플란의 연구에서는 환경의 놀라움과 신비로움의 필요성을 부각하고 있다(Kaplan and Kaplan, 1982).

3. 의미와 상징 : 사람들이 도시의 이미지를 어떻게 구조화하는가에 대한 문제와는 별도로, 도시가 사람들에게 어떤 의미를 주는지 그리고 사람들이 도시에 대해 어떻게 느끼는지 정서적인 차원에 대해서도 주의를 기울여야 한다는 주장이 제기되었다. 이미지 지도를 이용한 연구 방법은 바로 이러한 문제를 간과하기 쉽다. 애플야드(1980)는

린치의 연구를 확장해서 도시의 건물과 다른 요소들이 다음과 같은 네 가지 방식에 의해서 사람들에게 알려진다는 것을 밝혔다.

- 형태의 이미지화 가능성과 차별성
- 도시를 다니는 사람들의 눈에 잘 보이는 가시성의 정도
- 활동 무대로서의 역할
- 사회에서 건물이 지니는 중요성

장소와 사람 그리고 사물에 대하여 대표적인 의미가 생기는 과정이 '의미화(signification)'이다. 곳디너와 라고풀로스는 "이러한 의미화가 린치의 연구에서는 물리적 형태를 어떻게 지각하여 알게 되는가를 의미하는 차원으로 축소되었다. 이로써 환경의 의미라든지 사람들이 그 환경을 좋아하는지 싫어하는지 등의 중요한 요소가 묻혀버린다."고 지적한다(Gottdiener and Lagopoulos, 1986, p.7). 비록 의미의 문제를 피하려고 노력했지만 그럼에도 린치는 사람들은 언제나 환경과 자신의 삶을 연결하며 살 수밖에 없기 때문에 의미의 문제는 항상 다시 나타나기 마련이라고 생각했다. 결론을 내리자면, 도시환경이 초래하는 사회적·정서적 의미는 사람들이 갖는 이미지에 대한 구조적·물리적 측면 이상으로 중요할 수 있다. 환경은 기억될 수도, 잊힐 수도, 좋아할 수도, 싫어할 수도 있다. 린치의 방법은 첫 번째 선택을 기록하는 데 그치고 있다. 이미아 상징의 문제는 실제로 환경 이미지의 중요한 구성 요소이다.

| 환경의 의미와 상징 |

모든 도시환경은 상징과 의미와 가치를 지닌다. 기호와 그 의미를 연구하는 학문을 기호학이라고 한다. 에코(Eco, 1968, pp.56~7)의 설명처럼 기호학은 모든 문화 현상을 기호체계로서 연구하는 것이다. 세계는 기호로 충만해 있어서 사회·문화·이념의 작용으로 이해되고 해석된다. 페르디낭 드 소쉬르(Ferdinand de Saussure)는 의미를 만들어내는 과정을 '의미화'라고 했다. 의미화된 것(signified)은 지시된 의미를 뜻하며, 의미전달체(signifier)는 그러한 의미를 지시하는 사물이고, 기호

(sign)는 위의 두 개를 결합한 것이면서 그 이상의 것을 표현하기도 한다. 예컨대 사람의 언어에서 기호는 개념을 표현한다. 기호에는 다음과 같은 세 가지 유형이 있다.

- 유사 기호(iconic signs) : 사람과 그의 초상화 관계처럼 대상에 대해 직접적으로 유사성을 갖는 기호
- 지시 기호(indexical signs) : 연기가 불을 나타내는 것처럼 대상과 의미 사이에 물리적인 연결관계가 있는 기호
- 상징 기호(symbolic signs) : 의미와 기호 사이에 보다 임의적인 관계가 있으며, 기본적으로 사회와 문화 체계를 통해 구축된다. 예를 들어 고전 형태의 기둥은 '위엄'을 상징한다.

단어에 합의된 의미가 있는 것처럼, 비언어 기호에 대한 의미 역시 사회문화적 관행으로부터 생겨난다. 그러나 비언어 기호의 경우 그 해석은 더욱 유연하다. 사회가 변화하듯, 의미화도 변화한다. 사회경제의 구조와 생활양식이 변화하면서 사회가치가 바뀌고 이에 따라 건조환경에 연결된 의미도 변화하는 것이다(Knox, 1984, p.112).

기호학에서 핵심 개념은 의미의 중첩 현상이다. 첫 번째 층 또는 일차 기호는 '표시(denotation)'인데, 이는 사물의 기본 기능 혹은 그 사물로 가능해지는 기능을 일컫는다(Eco, 1968). 이차 기호 또는 이차적 기능은 '내포 또는 함축(connotation)'으로서 이는 상징적인 성격을 가진다. 의미의 다층화는 사물이 지닌 일차적 기능을 활용하는 것과 그에 대해 사회적으로 형성된 의미를 구분할 수 있게 해준다. 예컨대 현관의 일차적 기능은 기후로부터 보호하는 것이지만, 이탈리아 대리석에 도리스 기둥을 가진 현관은 거친 나무기둥으로 만든 현관과는 다른 상징적 의미를 갖는다. 이런 식으로 구조물이나 건물의 요소는 이차적 의미, 즉 함축적인 의미를 갖는다(그림 5.5).

에코는 상징적 의미를 갖는 이차 기능이 일차의 기능적 의미보다 더 중요하게 인식될 수 있다고 한다. 한 예로 의자의 주 기능은 앉는 것이다. 그러나 옥좌의 경우는 조금 다르다. 옥좌는 앉은 것 자체로 권위를 보여준다. 이 경우 함축적인 의미는 기능적 의미보다 더 중요해서 일차

그림 5.5 미국 플로리다 시사이드(Seaside). 뉴어버니스트들은 건축 결정주의에 빠진 탓에 종종 비난을 받는다. 한 예로 헉스터블은 "뉴어버니스트 개발은 과거의 이상적 공동체에 근간을 두고 있으며, 이상적 공동체는 아메리칸드림 신화의 한 부분이었다."고 주장한다(Huxtable, 1997, p.42). 헉스터블은 뉴어버니스트들이 커뮤니티의 정의를 현관의 역사적 양식을 강조하는 낭만주의적, 사회적 미학과 교외의 무질서한 확장에 대한 대안으로 상점과 학교의 보도권 차원으로 축소함으로써 논란의 여지가 있는 도시화 문제를 간과했다고 주장한다(Huxtable, 1997, p.42). 그럼에도 현관은 공동체를 상징하거나 의미하면서 이웃 간의 접촉을 도와주는 실질적 기능을 가지고 있다(6장 참조).

기능을 손상시키기까지 한다. '임금의 위엄'을 상징하기 위해서 옥좌는 아주 따따하고 불편하게 만들어지며, 이로써 일차 기능은 간과되는 것이다(Eco, 1968, p.64). 이차적 의미는 사물끼리 차별성이 있게 만들며, 이는 소비를 조장한다. 상품은 물리적 속성 이상의 것을 가지는데, 우리는 이들의 이미지를 소비하고 이들로 인해 우리가 될 수 있는 그 무엇을 소비한다. 그러므로 경제적이고 상업적인 힘이 건조환경의 상징을 만들어내는 과정에 큰 영향을 미치는 것이다.

환경과 경관의 의미는 해석됨과 동시에 생산되기 때문에 의미가 과연 어느 정도 사물에 내재하고, 어느 정도 관찰자의 머릿속에 있는지도 논의의 대상이 된다. 어떤 요소는 많은 사람들에게 비교적 안정된 의미를 갖는 경우도 있다. 녹스와 핀치(Knox and Pinch, 2000, p.273)는 소유자나 생산자가 건축가나 계획가 등을 통해 전달하는 '의도된 의미'

와 환경 소비자들이 '받아들이는 의미' 사이에는 차이가 있음을 발견했
다. 건축과 건축적 상징에서 의도된 의미와 받아들여진 의미 사이에 존
재하는 '간극'을 롤랜 바르트(Roland Barthes, 1968)는 '저자의 사망'
으로 설명하고 있다. 여기서 저자란 '모방'에 기초한 의미 체계를 제안
한 사람들을 뜻한다. 이미지·언어·대상 사물(건물)은 저자(건축가나
후원자)들이 결정한 의미를 잘 전달하지 못하기 때문에 저자의 상징적
사망이라고 말하는 것이다. 또한 건축가나 후원자 같은 의미의 저자들
이 이미지, 언어, 건물과 같이 아무리 결정된 의미를 전달하려고 해도
독자는 자기만의 가치를 통해 환경을 읽기 때문에 어쩔 수 없이 새로운
텍스트를 만들게 된다. 그렇기 때문에 환경이 다른 사람들에게 어떻게
다르게 인식되는지, 의미가 어떻게 변화하는지를 이해하는 것이 중요하
다. 이로써 환경의 사회적 의미는 상당 부분 '청중'에게 달려있고, 개발
업자나 건축가, 건조환경의 관리자들이 생각하는 '청중'의 내용에 따라
서도 달라지게 된다(Knox, 1984, p.112 ; 그림 5.6).

건물과 환경의 상징적 역할은 환경과 사회의 관계에서 핵심 부분이
다. 환경이 어떻게 권력과 지배의 패턴을 표현하며 구현하는가에 대해

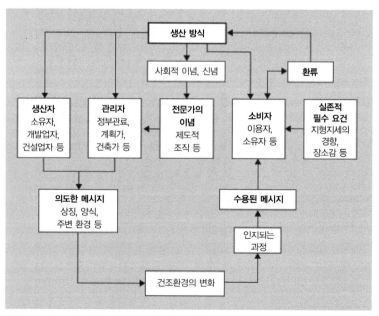

그림 5.6 기호, 상징 그리고 환경 : 분석을 위한 틀(출처 : Knox and Pinch, 2000, p.273)

서는 많은 연구가 있었다. 라스웰에 의하면 권력은 두 가지로 표현된다 (Lasswell, 1979 ; Knox, 1987, p.367). 하나는 '외경의 전략'인데, 이 경우 관중은 권력의 장엄한 자기 현시에 주눅이 들게 된다. 다른 하나는 '존경의 전략'으로, 이 경우 관중은 휘황한 설계 효과에 의해 현혹된다. 녹스에 의하면 이러한 상징화의 원천은 시대와 함께 왕권과 귀족으로부터 상업 자본을 거쳐 현 시대의 큰 정부와 대기업으로 바뀌었지만, 그 목적은 항상 마찬가지다(Knox, 1984, p.110). 정서적으로 현혹될 만한 것에 물리적인 초점을 맞춤으로써 특정한 이념과 권력 체계를 정당화하는 것이다. 권력을 과시하는 것이 항상 바람직한 것으로 받아들여지는 것은 아니기 때문에 상징화 작업은 때로 소박한 건축 소재를 사용하기도 하고, 사회와 조화를 위해 일부러 메시지를 오도하기도 한다(Knox, 1987, p.367). 그러나 상징 현상에는 이와 반대되는 연상과 해석이 있을 수 있다. 어떤 사람들에게는 대규모 오피스 블록이 금융 부문의 힘과 영향력의 상징으로 보이겠지만, 다른 사람들에게는 대기업의 탐욕의 상징으로 보일 수도 있다(Knox and Pinch, 2000, p.55). 또한 정치경제적 의미만 전달되는 것은 아니다. 이념적이지 않은 요소도 나름대로 상징 구조와 환경을 만든다. 따라서 현대 건조환경에서 상징은 다층적이고 종종 모호하다.

　모든 인조환경은 환경을 만들고 변화시키는 힘을 상징한다. 녹스는 건조환경은 단지 때를 달리하여 개인이나 집단, 정부가 행사하는 권력을 표현할 뿐만 아니라 지배적인 권력 체계가 유지되는 수단이라고 주장한다(Knox, 1984, p.107). 도비는 어떻게 이런 과정이 이루어지는지를 관찰했다(Dovey, 1999, p.2). 그의 주장에 따르면, 권력의 구조와 구현이 일상생활의 틀에 깊게 뿌리박힐수록 이들은 쉽게 받아들여지고 보다 효과적으로 작동하게 된다. 권력 행사는 손에 잡히지 않고 항상 변한다. 권력은 환경 속의 카멜레온처럼 스스로를 자연스럽게 만들고 위장한다. 어떤 탈을 선택할 것인가는 권력의 문제이다. 또 한편으로는 권력을 공개적으로 표현하기도 한다. 전체주의 또는 제국주의, 식민주의 정부는 건조환경을 정치적 권력의 상징으로 활용해온 것이 사실이다.

　현대 모더니즘 건축가들은 건조환경이 지닌 상징성의 효과를 인정하면서 그것이 장식이나 치장의 형태로 나타나는 것을 반대했다. 워드의 주장처럼 현대 건물을 보면 '모더니즘의 현란한 선언'을 넘어서는 어떤 것도 연상되지 않는다(Ward, 1997, p.21). 그들이 주장한 모더니즘 양식은 민족과 지역 문화를 초월하여 어디에서나 보편적으로 적용 가능하고 재현될 수 있는 것이었다. 히치콕과 존슨은 이를 국제적 양식으로 미국 사회에 소개했다(Hitchcock and Johnson, 1922).

한 종류의 상징성이 거부되기는 했지만, 모더니스트들은 상징성 자체를 간과할 수가 없었다. 건조환경의 모든 요소가 상징이다. 로버트 벤추리(Robert Venturi)는 큰 영향을 주었던 저서 『건축의 복합성과 모순(Complexity and Contradiction in Architecture)』에서 국제주의 건축의 미니멀리즘과 엘리트주의, 현대 건축의 상징성과 의미의 역할에 대해 신랄하게 비판했다. 그후에 출간된 『라스베이거스의 교훈(Learning from Las Vegas)』에서는 건물이 제 기능과 의미를 밖으로 표현하는 세 가지 방식을 밝혔다.

- 라스베이거스 방식(Las Vegas way) : 작은 건물 앞에 큰 광고판 세우기
- 장식된 헛간(decorated shed) : 기능적인 건물을 설계하고 그 겉면을 광고판으로 덮기[3]
- '오리(duck)' : 건물의 전체 형태나 상징으로 그 기능을 표현[4]

로버트 벤추리와 동료들에 따르면 20세기 이전 건물들이 대체로 '장식된 헛간' 처럼 지어졌다면, 내부 기능을 표현하기 위한 현대 건물은 대부분 '오리' 처럼 지어졌다(4장 참조). 벤추리의 주장에 영향을 받아 새로운 '포스트모던' 건축 양식이 생겨났다. 이 건축 이념은 사람들이 환경에서 의미를 찾는 데 있어 다양한 방법을 추구하면서 건축 양식의 다원성, 무대미술, 장식 미술적 접근을 강조한다. 1970년대부터는 건축적 상징에 대한 관심과 활용이 더욱 크게 늘어났다. 이런 식으로 포스트모던 건물은 다채로운 시각적인 양식과 언어, 법규의 콜라주로서 대중문화와 기술문명, 지역의 전통과 맥락을 끌어들였다.

모더니즘이 단일 가치의 보편적 의미론을 주장한다면, 젠크스(Jencks, 1987)의 지적처럼 포스트모더니즘은 여러 다른 의미와 해석을

역주 ____
[3] 장식된 헛간은 건물의 공간과 구조 체계는 평면계획에 따르고, 장식 또는 광고물이 건물과 무관하게 건물에 붙어 있는 경우이다.
[4] 건물 전체를 상징적으로 형태화함으로써 공간, 구조, 평면계획의 건축적 체계가 사라지거나 왜곡되는 경우를 설명한다. 미국 롱아일랜드의 오리모양 건물을 사례로 설명하고 있기 때문에 '오리(duck)' 라고 부르고 있다.

가능하게 하는 다중 의미를 지향한다. 이러한 변화는 건축 분야에서 많은 논쟁을 불러왔다.

포스트모던 건축은 이미 존재하는 분명한 상징을 이용하기 때문에 역사주의 특징을 지닌다. 이와 관련하여 제임슨은 두 가지 범주를 제시했다(Jameson, 1984). 첫째, '패러디'는 지나간 양식을 흉내내는 것으로, 워드에 따르면 비판적인 날을 세우고 전통에서 단지 훔치는 것이 아니라 조롱하는 역할을 하는 것이다(Ward, 1997, p.24). 둘째는 여러 가지 스타일을 섞어서 하나로 만드는 혼성 모방인데, 패러디가 가진 궁극적인 목적이 없는 중성적인 것으로, '죽은 언어로 이야기하는 것'이다(Jameson, 1984, p.65). 젠크스 역시 직설적 복고주의와 급진적 절충주의로 구분하고 있다(Jencks, 1987). 직설적 복고주의는 전통을 도전의 대상이 아닌 모방의 대상으로 보기 때문에 문제가 있으며, 급진적 절충주의는 전통 건축에 대하여 보다 비판적인 자세에서 건축 양식을 역설적으로 혼합하고, 냉소적으로 설명하고 있다(Ward, 1997, pp.23~4). 역사주의 영향이 냉소적이거나 진정일 수 있지만, 더그 데이비스(Doug Davis, 1987, p.21 ; Ellin, 1999, p.160)는 "역사주의 건축가와 도시설계가들은 진정한 역사로서가 아니라 이상향의 상징으로서 역사를 원한다."라고 언급하면서 그들이 시대의 이념적 또는 종교적 함축성을 무시한 채로 인용한다는 관점에서 역사주의 건축가, 도시설계가들을 사실상의 반–역사주의자들이라고 주장한다.

| 장소의 구축 |

도시환경과 관련하여 환경 지각 및 인지, 의미 형성에 대한 논의를 마치고 여기서부터는 도시설계에서 특히 중요한 '장소감(sense of place)'의 의미를 다루고자 한다. 장소감은 종종 '장소의 기운·정신(genius loci)'이라는 뜻의 라틴어 개념으로 많이 쓰인다. 장소의 기운은 사람들이 어떤 장소의 고유한 물리적·감각적 속성을 넘어 그 장소에 대해 다른 어떤 것을 느끼며 정신적 힘에 애착을 갖게 되는 것을 말한다(Jackson, 1994, p.157).

장소의 기운 혹은 정신은 그 장소에 많은 변화가 있더라도 유지된다. 사실상 많은 도시와 농촌들이 커다란 사회·문화·기술의 변화에도 여전히 고유성을 유지하고 있다(Dubos, 1972, p.7 ; Relph, 1976, p.98). 렐프(Relph, 1976, p.99)에 의하면, 이러한 변화 속에서도 유지되는 장소의 정신은 미묘하고 모호해서 쉽게 형식적으로나 개념적인 방식으로 분석하기 어렵지만 분명하다. 우리가 브랜드에서 어떤 품질이나 일관성, 신뢰성을 기대하는 것처럼, 서커스는 상업적인 관점에서 장소의 정신을 브랜드에 비유하기도 한다(Sircus, 2001, p.31). "모든 장소는 잠재적으로 브랜드다. 디즈니랜드나 라스베이거스가 그렇듯이 모든 면에서 파리, 에든버러, 뉴욕은 자신들의 브랜드다. 왜냐하면 각 도시의 외관과 인상, 역사로부터 분명하고 일관된 이미지가 나오기 때문이다."

몽고메리는 도시설계가의 핵심 이슈에 초점을 맞춰 설명하고 있다. 성공적인 장소를 생각하고 체험하는 것은 상대적으로 간단한 일이다. 그러나 왜 그 장소가 성공적인지, 왜 비슷한 성공이 다른 곳에서도 되풀이될 수 있는지를 파악하기는 어렵다(Montgomery, 1998, p.94). 다음에서는 장소의 정신을 논의하고, 마지막에서는 보다 광범위한 틀에서 무장소성의 개념과 가공된 장소의 문제에 대해 논의한다.

장소감

1970년대 이후 사람과 장소의 연결, 장소의 관념에 대한 관심이 점차 확대되었다. 이러한 변화는 현상학에 의존하기도 했는데, 현상학이란 에드먼드 허셀(Edmund Husserl)의 '표상(表象, intentionality)'에 기초하여 그것을 인간의 의식이 정보로 받아들이고 하나의 세계로 구축하는 경험으로서의 현상을 연구하는 것이다(Pepper, 1984, p.120). 따라서 장소의 의미가 장소의 물리적 배경과 활동에 뿌리내리고 있기는 하지만 그 일부는 아니며, 어디까지나 인간의 개념과 경험에 속한 속성이라는 점을 강조하고 있다. 다시 말해, 환경이 무엇을 표현하는가 하는 것은 사람이 환경에 대해 주관적으로 무엇을 구축하는가에 달려 있다.

도비는 장소를 이해하는 데 있어 현상학이 필요하기는 하나 한정된 접근방식이라고 보고 있다(Dovey, 1999, p.44). 왜냐하면 실제로 경험한 내용에 초점을 맞추다가는 일상 체험에 대한 사회 구조와 이념이 주는 영향을 간과할 수 있기 때문이라고 주장한다. 위르겐 하버마스(Jurgen Habermas)는 생활 세계와 체계에 대해 유용하게 구분을 하고 있는데, 생활 세계(life world)란 장소 체험, 사회 통합, 소통 행위로 이루어지는 일상 세계이며, 체계(system)란 국가와 시장의 사회경제적 구조를 가리킨다(Dovey, 1999, pp.51~2). 현상학은 체계를 외면한 채 생활 세계에만 주목하기 쉬운 단점이 있다.

에드워드 렐프(Edward Relph)의 『장소와 무장소성(Place and Placeless Ness, 1976)』은 현상학에 입각해서 심리학과 경험적인 장소 인식에 초점을 맞춘 초기 저작이다. 렐프에 따르면, 아무리 형태가 없고 손에 잡히지 않더라도 우리가 공간을 느끼거나 인식할 때에는 항상 장소의 개념과 연관되어 있다. 장소는 본래 의미의 중심으로서 삶의 경험으로부터 구축된다. 장소에 의미를 불어넣음으로써 개인과 집단과 사회는 공간을 장소로 만든다. 한 예로 벨벳혁명의 진앙지로서 바츨라프 광장(Wenceslas Square)은 프라하 시민들에게 특별한 의미를 갖는 장소가 되었다.

장소 개념은 장소에 정서적으로 유착을 갖게 되는 소속감과 상당한 관계가 있다(6장 참조). 장소는 뿌리 내림과 특정 장소에 대한 의식적 연상 혹은 정체성을 부여하는 관점에서 생각해볼 수 있다. '뿌리내림(rootedness)'은 일반적으로 무의식적인 장소감을 일컫는데, 아레피는 "이것이야말로 최고로 자연스럽고 근본적이며 왜곡되지 않은 사람과 장소의 자연스러운 연계"라고 설명하고 있다(Arefi, 1999, p.184). 렐프에게 장소는 세계를 내다보는 안정된 조망점으로 작용하며, 사물의 질서 속에서 분명한 자기 자리를 갖는 것, 그리고 어떤 특정한 곳에 특별히 강한 정신적·심리적 유착을 갖는 것을 의미한다(1976, p.38).

사람들은 정체성, 특정한 영역과 집단에 대해 확실한 귀속의식을 필요로 한다. 크랭의 제안대로 장소는 사람들 사이에 경험을 공유하게 하고 시간을 넘어 연속성을 보장하는 닻이다(Crang, 1998, p.103). 사람들은 함께 살고 있다는 점, 혹은 함께 살고 있는 장소에 귀속의식을 표현하고 싶어한다. 이는 물리적으로 분류하거나 특징을 부여하고, 아니면 특정한 장소로 진입함으로써 이루어진다. 노베르그 슐츠의 주장에 따르면, '안에 있다'는 것이야말로 장소 개념을 규정짓는 근본 개념이

Box 5.1

장소의 정체성에 대한 유형(출처 : Relph, 1976, pp. 111~2)

- **실존적 내부성(existential insideness)** : 그 장소에서 역동적으로 살고 있으며, 이미 알고 있는 의미로 가득하고 깊이 생각하지 않고도 경험할 수 있는 상태

- **정서적 내부성(empathetic insideness)** : 장소를 만들고 그 안에서 살아가고 있는 사람들의 문화적 가치와 경험을 기록하고 표현하는 상태

- **행태적 내부성(behavioural insideness)** : 그 장소에 대해 여러 사람이 합의한 지식에 기초해 만들어진 도시경관 또는 도시형태의 특성을 지니고 있는 상태

- **우연한 외부성(incidental outsideness)** : 그 장소가 단지 배경으로서만 경험되고, 우연히 그 안에서 활동하고 있는 상태. 따라서 장소의 정체성이 장소의 기능보다 덜 중요한 상태

- **객관적 외부성(objective outsideness)** : 장소가 단순히 입지의 차원이나 그곳에 있는 물건이나 활동을 위한 공간으로 축소되어 있는 상태

- **장소의 대중 정체성(mass identity of place)** : 장소의 정체성이 매스미디어에 의해 만들어져, 직접적인 경험과는 동떨어진 상태. 이러한 정체성은 인공적이며 조작된 것으로 결국 개인적인 경험과 상징적 특성을 떨어뜨리는 결과를 낳게 된다.

- **실존적 외부성(existential outsideness)** : 장소에 대한 소속감을 느끼지 못하고, 사람과 장소로부터 소외되어 있는 상태

다(Norberg-Schulz, 1971, p. 25). 마찬가지로 렐프에게 있어 장소의 핵심은 외부성과 대조되는 내부성에 대한 무의식적인 경험이다. 그는 내부인과 외부인 개념에 입각해서 장소의 정체성을 구별했다(Box 5.1).

영역성과 개인화

내부–외부의 개념은 '영역성(territoriality)'의 관점에서 쉽게 이해할 수 있다. 영역성은 구획을 나누고 종종 폐쇄적인 영역을 만들어서 물리적으로나 심리적으로 자신의 고유성을 정의하고 스스로를 방어하는 방식이다(Ardrey, 1967). 사람들은 내부인이냐, 외부인이냐를 놓고 서로를 구분하는데, 영역성은 흔히 주민들의 행태와 태도를 형성하는 특징적인 사회 환경을 만들어내는 기초가 된다(Knox and Pinch, 2000, pp.8~9).

개인의 정체성은 자신의 환경에 자기만의 특징을 새기는 '개인화(personali gation)'와 관련 있다. 개인화는 공공(집단)과 민간(개인)을

가르는 경계 부분인 전이공간에서 일어나는 경우가 대부분이다. 이러한 전이공간에서는 세부 설계가 공간의 경계를 분명히 하는 데 중요한 역할을 한다. 사적 공간을 개인화하는 것은 취향과 가치의 표현으로, 외부적으로 큰 영향을 미치지 않는다. 많은 사람들이 볼 수 있는 요소를 개인화할 때 개인의 취향은 더 많은 공동체 사람들과 의사소통하게 된다. 일반적으로 다른 사람이 환경을 설계하고 건설하지만, 가구를 옮기거나 장식을 바꾼다든지, 정원을 가꾸는 등 여러 가지 방법으로 개인은 자신의 환경을 조절하고 개조한다.

폰 마이스는 개인과 집단의 정체성을 위한 세 가지 설계 전략을 다음과 같이 제시했다(Von Meiss, 1990, p.162).

- 설계가는 그곳에 거주하는 해당 개인과 집단의 가치와 행태, 그리고 이들의 정체성과 관련된 중요한 환경적 특징 등을 깊이 이해해서 그에 맞는 환경을 만들어야 한다. 그러기 위해서는 무엇보다 설계가와 이용자의 이해 차이에서 발생하는 어려움을 인지해야 한다(12장 참조).
- 환경을 설계함에 있어 미래의 이용자들이 참여할 수 있도록 한다. 이러한 과정에서도 설계가와 이용자 상호 간의 이해가 필요하다.
- 사용자가 고치고 적응할 수 있는 환경을 만들어야 한다. 헤르만 헤르츠베르거는 대량생산과 개인 정체성의 요구를 절충하여 '친절한 건축'을 주장했다(Herman Hertzberger and Von Meiss, 1990, p.162). 이러한 건축은 변화에 강하다는 것, 그리고 도시의 환경요소가 어떤 것은 영원하고 어떤 것은 단기간에 변하는 등 서로 다른 변화 주기의 문제와도 관련 있다. 또한 이는 설계 과정에서 집단과 개인화의 가능성에 대해서도 고려할 것을 요구한다(Bentley 외, 1985, pp.99~105).

공간에 개인이나 집단을 연계해보면, 그 공간에 다른 것들과 구별되는 특별한 장소로서의 의미가 나타난다. 그러나 장소감은 더 복잡하다. 린치는 장소의 정체성을 '다른 장소와의 차별성이나 개성, 구별되는 장소로 인식할 수 있는 근거'로 정의했다(Lynch, 1960, p.6). 이러한 정의에 대해 렐프는 "서로 다른 곳에 있는 장소가 어떻게 식별되는가를 설명하지 않아도 각각의 장소는 장소로서의 역할을 하고 있다."고

받아들였다(Relph, 1976, p.45). 그는 장소의 정체성을 물리적 환경, 활동, 의미 등 세 가지로 구분했다. 그러나 장소감은 이 세 요소로만으로 이루어지는 것이 아니라, 세 요소와 사람의 상호작용 속에서 나온다고 보았다.

네덜란드의 건축가 알도 반 아이크(Aldo Van Eyck)는 장소에 관해 다음과 같이 언급했다. 공간과 장소의 의미가 무엇이든 간에, 장소와 사건의 의미는 더욱 크다. 왜냐하면 사람이 공간에 대해 이미지를 형성하면 그 공간은 장소가 되고, 시간에 대해 이미지를 가지면 그 시간은 특별한 사건이 되기 때문이다. 특별한 행사가 장소에 어떤 영향을 미치는가를 가장 극적으로 보여주는 사례를 들자면, 경기가 열리는 운동장과 경기가 없어 빈 운동장을 대조해보면 쉽게 알 수 있다(Lawson, 2001, p.23).

렐프의 연구에서 출발한 칸터는 장소를 활동 기능, 물리적 속성과 관념이 중첩된 것으로 파악했다(Canter, 1977). 렐프와 칸터의 견해를 발전시킨 펀터(Punter, 1991)와 몽고메리(Montgomery, 1998)는 도시설계 속에 장소감의 개념을 자리매김했다. 그림 5.7은 도시설계를 통해 어떻게 장소감을 높일 수 있는지 보여준다.

장소의 물리적 측면이 가진 의미가 때로는 과장되기도 하지만 장소에 대한 어떤 개념도 렐프의 세 가지 요소를 변형하게 마련이다. 장소를 인식하는 데 있어 활동과 의미도 물리적 속성만큼이나 중요하고, 어떤 경우에는 더욱더 중요할 수도 있다. 잭슨의 연구에 의하면, 장소감에 있어 유럽이 미국보다 더 공간의 물리적 속성에 기반을 두고 있다 (Jackson, 1994, pp.158~9). 미국 사람들이 장소를 인식할 때는 건축과 기념비, 설계 공간뿐만 아니라 사람들을 기다리고 기억하며, 다른 사람들과 공유하는 매일, 매주, 매 계절에 벌어지는 일들과도 관련을 짓는다. 시간의 관점에서 보면, 단기적으로는 물리적 차원이 의미가 있고 장기적으로는 사회·문화적 차원이 중요하게 작용한다.

사람들이 잘 이용하는 장소는 대개 활력과 생동감이 넘치고 시끌벅적하기 마련이다. 제이콥스(Jacobs, 1961)는 사람들을 거리로 불러들임으로써 생동력이 생겨난다고 말했다.

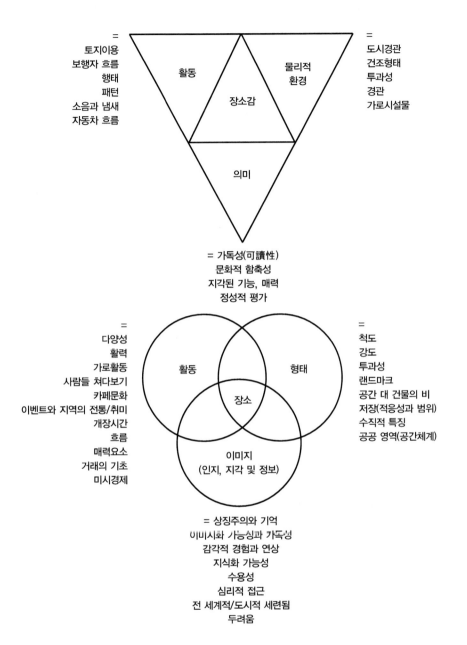

토지이용
보행자 흐름
행태
패턴
소음과 냄새
자동차 흐름

활동

물리적
환경

장소감

도시경관
건조형태
투과성
경관
가로시설물

의미

= 가독성(可讀性)
문화적 함축성
지각된 기능, 매력
정성적 평가

다양성
활력
가로활동
사람들 쳐다보기
카페문화
이벤트와 지역의 전통/취미
개장시간
흐름
매력요소
거래의 기초
미시경제

활동

형태

장소

이미지
(인지, 지각 및 정보)

척도
강도
투과성
랜드마크
공간 대 건물의 비
저장(적응성과 범위)
수직적 특징
공공 영역(공간체계)

= 상징주의와 기억
이미지화 가능성과 가독성
감각적 경험과 연상
지식화 가능성
수용성
심리적 접근
전 세계적/도시적 세련됨
두려움

그림 5.7 존 펀터(John Punter, 1991)와 존 몽고메리(John Montgomery, 1991)가 만든 다이어그램은 도시설계가 어떻게 잠재적 장소감에 기여하고 향상시킬 수 있는지 설명하고 있다(출처 : Montgomery, 1998).

말하자면 장소는 도시의 예술적 형태이며 춤에 비유할 수 있다. 모두가 동시에 발을 차고 하나가 되어 돌아가면서 한 무리가 동시에 흩어지는 단순하고 기계적인 춤이 아니라, 각각의 무용수들과 그 무리가 모두 특징적인 부분을 맡아 서로를 보강하면서 전체로서의 질서를 창출하는 섬세하고 복잡한 발레인 것이다.

성공적인 공공공간의 특징은 사람이 많다는 것이다. 그리고 사람은 사람을 부른다. 공공공간은 자유로운 환경이어야 한다. 사람들이 그 공공공간을 사용하면 좋겠지만 다른 곳으로 갈 수도 있다. 특정한 공공공간에 사람들이 몰려들고 생동감이 생겨나려면 공공장소는 매력적이고 안전한 환경 속에서 사람들에게 그들이 원하는 무언가를 제공해주어야 한다. '공공공간 프로젝트(The Project for Public Space, 1999)'에 따르면, 성공적인 장소을 만드는 핵심 속성으로 안락함과 이미지, 접근과 연계, 이용과 활동 그리고 친교성 등 네 가지를 들고 있다(표 5.1).

　　몽고메리에 따르면, 공공 영역의 성공을 좌우하는 필수조건은 서로 교류할 수 있는 기반을 마련하는 것이다(Montgomery, 1998, p.99). 이러한 교류기반은 복잡할수록 좋은데, 다양한 분야와 여러 계층을 위한 경제활동의 교류기반이 없다면 좋은 도시공간을 만들어내는 것은 불가능하기 때문이다. 모든 교류 행위가 경제적인 것은 아니며, 따라서 도시공간에서는 사회와 문화 교류를 위한 공간도 함께 제공해야 한다. 몽고메리는 생동감을 나타내는 여러 지표를 다음과 같이 제시했다.

- 주거 용도를 포함한 주된 토지 이용의 다양성 정도
- 그 지역 소유의 또는 독립적인 점포의 비중, 특히 상업 점포의 비중
- 개점 시간의 형태, 특히 저녁과 밤 시간의 활동
- 가로시장의 존재 여부, 그 규모와 전문성
- 극장, 와인바, 선술집, 음식점, 그리고 여러 유형·가격·품질의 서비스를 제공하는 다양한 종류의 문화와 만남의 장소 이용 가능 정도
- 정원, 광장, 길모퉁이를 포함해 사람을 구경하고 문화 행사를 체험할 수 있는 장소의 존재 여부

- 자체적인 환경 개선과 집과 건물 등의 재산 투자를 가능하게 하는 혼합토지 이용 패턴
- 다양한 주거 규모와 가격대
- 다양한 건물 유형, 양식, 디자인을 허용하는 혁신과 새로운 건축에 대한 신뢰
- 거리의 삶과 거리 전면의 활력 정도

도시설계가들은 단순히 하나의 이론이나 관점에서 결정론적 방법으로 장소를 만들어서는 안 된다. 그들은 장소가 가진 잠재력, 다시 말해 사람들이 공간에서 의미를 찾고 개성 있는 장소라고 생각할 수 있는 개연성을 높여야 한다. 장소의 사회적 · 기능적 차원은 6장과 8장에서 다루도록 하겠다.

표 5.1 성공적인 장소의 중요한 특성

중요한 특성	무형의 특성		측정 방법
안락과 이미지	안전 매력 역사 즐거움	착석 가능성 보행 가능성 녹화 정도 청결도	범죄 통계 위생시설 등급화 건물 상태 환경자료
접근성과 연계성	가독성 보행 가능성 신뢰성 연속성	근접성 연계성 편리함 접근성	교통 자료 교통수단 선택 대중교통 이용 보행자 활동 주차장 사용 패턴
이용과 활동	현실성 지속 가능성 특별함 특이성 감당할 수 있는 정도 재미	활동 유용성 축하 활력 토착성 지역 생산의 질	재산 가치 임대료 수준 토지 이용 패턴 소매점 판매 정도 지역 사업 소유 정도
사회성	협동 근린성 재산 관리 자부심 환영	잡담 다양성 스토리텔링 친근함 상호 활동	거리 생활(street life) 사회적 네트워크 지속적 이용 자원봉사 정도 여성, 어린이, 노인의 수

(출처 : The Project for Pubic Space, 1999)

무장소성

장소감을 준다는 것은 대체로 내재된 가치와 연결되지만, 무장소성 (placelessness)은 대체로 부정적인 것으로 이해된다. 오클랜드의 무장소성에 대해 "거기에는 장소가 없다."라는 말로 스테인(Gertrude Stein)은 아주 잘 표현했다. 그러나 무장소성의 개념을 잘 이해하면 도시설계의 준거틀을 세우는 데 도움이 될 수 있다. 렐프는 "무장소성을 생각하지 않고는 장소를 연구할 수 없다."고 했다. 그는 "무장소성이란 장소의 특징을 무심하게 지워버리는 것, 표준화된 경관을 만들어내는 것"이라고 정의했다(Relph, 1976, p.ii).

무장소성은 장소의 의미 결여, 의미 상실을 뜻한다. '상실에 대한 담론(Arefi, 1999 ; Banerjee, 2001)'과 연관지어서 장소성 상실이 가져오는 결과에 대해 관심이 높아지고 있다. 현대건축의 특징 중 하나이기도 한 무장소성 현상에 대해서 시장과 규제의 접근 방법상의 문제를 포함해 여러 요인이 제기되었다(3장, 10장, 11장 참조). 세계화, 대중문화의 대두 그리고 특정 장소나 영역에 뿌리를 두는 사회문화 관계의 상실 등 세 가지의 서로 연관된 과정에 대해 살펴보자.

(i) 세계화

장소가 균질화되고 장소의 의미를 상실하는 경향은 세계화에 따라 물리적으로, 전자적으로 소통기술이 발달하면서 세계화된 공간이 만들어져 가는 과정과 관계 있다. 세계화는 다면적인 과정으로서, 그 속에서 전세계는 규모의 경제와 표준화에 기반을 둔 중앙집중적 의사결정체계로 인해 점점 더 긴밀히 연결된다. 지역과 세계의 관계는 계속 변화하고 많은 문제가 일어나는데, 이는 장소의 구성에도 커다란 영향을 미친다. 카스텔은 "정보 기술의 영향으로 흐름의 공간이 생겨나 역사적으로 형성된 장소의 공간을 지배하게 되었다."고 주장한다(Castells, 1989, p.6). 주킨은 "유동성이 큰 세계 자본과 그렇지 않은 지역사회 간에는 근본적으로 갈등이 있다."고 주장한다(Zukin, 1991, p.15). 하비가 관찰한 바에 따르면, "자본은 더 이상 장소에 관심이 없다. 자본은 이제 근로자를 별도로 필요로 하지 않는다. 그리고 원하면 언제든지 문제의 장소와 인구 집단을 떠나 전 세계를 옮겨 다닐 수 있다."고 한다(Harvey, 1997, p.20). 지역 차원에서 장소의 운명은 점점 더 멀리서부터, 이름 모를 비정한 경제적 힘에 의해 결정된다.

세계화는 다양한 결과를 초래한다. 엔트리킨은 두 개의 그럴듯한 시나리오를 설명하고 있다(Entrikin, 1991). 하나는 '수렴'으로, 경관의 표준화로 동일성이 확대되는 것이다. 다른 하나는 '발산'으로, 서로 다른 요소들이 문화공간의 특징을 유지하는 것이다. 현실에서는 아마도 훨씬 더 복합적으로 작용할 것이다. 킹은 "도시설계는 지역 맥락에 뿌리를 두고 있기 때문에 세계적인 것을 드러내고자 하는 욕구와 지역적인 것의 구조 사이에서 괴로워하고 있다."고 설명한다(King, 2000, p.23). 그는 덧붙여서 세계 무역이 한편으로는 지역 문화의 풍부함에 의존하면서도 동시에 어떻게 이를 상업화하고 질을 떨어뜨리며 궁극적으로는 파괴하는지에 대해 이야기했다. 그러나 도비는 "도시문화의 지역적인 차이가 세계를 무대로 한 마케팅 전략에 매력적인 요인으로 작용하기도 해서, 도시들 간의 차이를 없애기만 하는 것이 아니라 이를 자극하기도 한다."고 주장한다(Dovey, 1999, pp.158~9).

(ii) 대중문화

세계화와 함께 대중문화가 확산되고 있다. 대량 생산, 마케팅과 소비의 과정으로 확산되는 대중문화는 문화와 장소를 균질화하고 표준화하며, 지역 문화를 지배하고 파괴하기조차 한다. 크랭에 따르면, 무장소성에 대한 걱정은 바로 대량 생산된 상업 양식을 지방에 강요함으로써 진정한 문화 형태이며 지역 고유의 특성에 기반한 지역문화가 상실되는 데 따른 우려로 해석할 수도 있다(Crang, 1998, p.115). 렐프는 대량 생산의 상업 형태는 제조업자, 정부, 전문 디자이너에 의해 나타나고 대중 매체를 통해 전파된다고 보았다. '이것은 사람들이 만들어내는 게 아니다. 천편일률적인 상품과 장소는 아마도 천편일률적인 욕구와 취향을 지닌 사람들을 위한 것이고, 혹은 그 반대이기도 하다(Relph, 1976, p.92).'

(iii) 영역성 상실

무장소성은 사람들이 아끼는 장소의 상실, 또는 부재에 대한 반응이기도 하다. 영역성이 상실된 장소는 렐프의 표현대로 '실존적 외부성 또

는 소외감(existential outsideness : 장소와 사람에 대한 연대를 느끼지
못하여 소외되는 상태)'을 만들어낸다. 왜냐하면 사람들은 아무 데도 속
하지 않는다고 느끼고 환경에 대한 애착심도 느끼지 않기 때문이다
(Crang, 1998, p.112). 오제는 계약으로 인한 고독이 지배하는 비장소
와 장소를 대조하고 있다(Auge, 1995, p.94). 여기서 비장소는 개인과
집단이 한정된 교류를 통해서만 사회와 관계를 맺을 수 있는 곳이며, 장
소는 유기적인 연대가 지배하는 곳이다. 유기적인 연대가 지배하는 장
소에서는 사람들 간에 단지 당장의 기능적인 목적을 넘어선 지속적인
상호관계와 교류가 유지된다.

메이로위츠(Meyrowitz, 1985)는 무장소성이 일반화된 사회에서 나
타나는 현상을 살펴보면서, 특정 장소에 거주하는 문화에서 이동성이 강
한 사회로 전이되는 현상에 주목했다. 이익집단이 장소에 기반을 둔 사
회를 대체하면서 이동성과 통신기술은 장소와 공동체의 개념에 전에 없
던 함축된 의미를 부여하고 있다(6장 참조). 크랭은 이제 지구상엔 장소
에 기반을 둔 사회는 별로 없다고 주장한다(Crang, 1998, p.114). 과거
의 지리적 연결은 통신과 교통기술의 한계에 의한 것이지, 다른 근본적
인 연결을 위해서는 아니었다는 것이다. 그리고 만약 이런 경우라면, 장
소의 상실은 정말 문제될 것이 없을지도 모른다는 것이다.

가공된 장소

장소의 표준화 경향과 관련해 도시설계가 할 수 있는 일은 차별성을 의
도적으로 드러내는 것으로, 장소의 가공 또는 재가공이 그러한 경우다.
크랭의 주장에 따르면, 이것은 관심을 유발하고 관광객에게 돈을 쓰게
하기 위한 목적으로 장소를 이미지화하고 고유성을 창조하는 산업이다
(Crang, 1998, pp.116~7). 경관은 기계적으로 만들 수 있고, 장소의 문
화도 금전적인 이익을 고려해 상품화할 수 있다. 각각의 장소가 점점 서
로를 닮게 됨과 동시에 고유한 개성을 찾는 일도 마찬가지로 늘어나고
있다. 작가, 예술가, 건축가, 설계가, 이미지 전문가들이 점차 더 많은
가공된 장소를 창조해내고 있기 때문이다(그림 5.8). 재가공된 장소도
현실에서 시작하지만, 그 과정에서 상당한 차원의 변화나 왜곡, 진정성
상실이 발생한다. 서커스(Sircus, 2001, p.30)는 디즈니랜드야말로 가공
된 장소의 전형이라고 본다.

그림 5.8 로스앤젤레스에 있는 유니버설 스튜디오의 도시 가로는 가공된 장소의 전형이다.

디즈니랜드는 환상으로부터 현실을 만든다. 그 방법은 상징적이고 잠재의식적이다. 이용자의 심리를 깊숙이 파고들어서 다른 문화의 이미지, 여러 세대에 걸친 확실한 기억들을 연결한다. 디즈니랜드가 성공적인 것은 연속 체험과 이야기 방식의 원리를 존중하기 때문이다. 활동과 기억은 개인의 것이기도 하지만, 공유되고 적절하며 의미 있는 장소감을 만들어낸다.

주제공원과 가공된 장소의 영향은 넓고도 깊다. 주제공원의 기법에 의존해서 장소와 장소 가치를 만들어내는 일은 예를 들어 쇼핑몰, 역사지구, 도시위락지구, 도시 중심 재개발, 관광지 개발 등 여러 상황에서 발생한다(Relph, 1976 ; Zukin, 1991 ; Hannigan, 1998). 크랭(Crang, 1998, p.126)의 주장에 따르면, 쇼핑몰이 보편적인 패턴을 반복하여 사람들을 외부 세계로부터 고립시키고 이를 통해 장소성을 파괴하기도 하지만, 많은 쇼핑몰은 특정 장소를 본보기로 하는 것도 사실이다. 한 예로, 웨스트 에드먼턴 몰(West Edmonton Mall)의 일부는 옛 오를레앙과 가장된 파리의 광로를 주제로 하여 만들어졌다. 그러나 이것들은 모두 가공된 것이어서, 쉴드(Shields, 1989)의 지적대로, "다른 어딘가에 있는 것 같은 느낌"을 불러일으킨다.

가장 순수한 형태의 경우, 가공된 장소는 맥락 차원에서 통제 수준을 높이고 규모를 관리하는 것이 관건이다. 그레이엄과 마빈은 복합화된 도시환경으로서 가공된 가로를 언급한다. 이 가공된 가로에 판매의 파급효과를 극대화하기 위해 쇼핑몰, 주제공원 그리고 리조트 내의 디즈니랜드, 타임-워너, 나이키 등 국가를 초월한 일류 기업을 포함시키게 된다(Graham and Marvin, 2001, p.264). 이러한 경우, 개발자들은 하나의 개발사업 안에 영화, 스포츠, 레스토랑, 호텔, 유흥시설, 카지노, 재현된 역사 풍경, 가상현실 전시, 미술관, 동물원, 볼링장, 인조 스키장 등 서로 시너지를 갖는 요소를 최대한 혼합하려는 데 더 많은 노력을 기울인다.

존 해니건(Jon Hannigan)은 『환상도시 : 포스트모던 도시에서의 쾌락과 이윤(Fantasy City : Pleasure and Profit in the Postmodern Metropolis, 1998)』이라는 책에서 특정한 종류의 복합 개발과 가공된 장소에 대해 이야기하고 있다. 도시위락지구(UED : Urban Entertainment Destination)가 바로 그것이다. 그는 전형적인 도시위락지구 또는 환상도시에는 다음과 같은 것들이 있다고 주장한다.

• 중심 주제 : 각각의 유흥 시설에서 도시 전체의 이미지에 이르기까지 모두 각본에 짜인 주제를 따르는데, 그 주제는 대체로 스포츠, 역사, 인기 있는 오락 등이 주를 이룬다.

- 공격적인 브랜딩 : 도시위락지구는 소비자에게 높은 수준의 만족과 재미를 가져다줄 수 있는지의 여부에 따라 만들어지는 것이 아니라, 허가 받은 상품을 현장에서 팔 수 있다는 전제하에 지원받고 운영된다.
- 주야간 영업 : 목표 시장은 여유와 사교, 유흥 기회를 찾는 베이비 붐 세대와 X세대의 어른들을 겨냥한다.
- 모듈화 : 여러 형태로 점점 더 표준화되어 가는 요소들을 섞고 조화시킨다.
- 자기 중심주의 : 물리·경제·사회적으로 분리된 주변 환경을 만든다.
- 포스트모던 : 시뮬레이션 기술, 가상현실, 스펙터클의 스릴에 기초하는 한 포스트모던적일 수밖에 없다.

가공된 장소에 대해서 많은 비판이 있지만(Harvey, 1989 ; Sorkin, 1992 ; Crawford, 1992 ; Boyer, 1992, 1993 ; Huxtable, 1997), 이것은 또한 도시설계와 사람들의 장소 만들기를 위한 기회를 제공하기도 한다. 그러므로 가공된 장소라는 개념은 도시설계에 여러 가지 쟁점을 제기한다.

(i) 피상성

포스트모던 건축과 도시개발이 지닌 피상성과 천박함에 대해서 줄곧 많은 비판이 있었다. 어떤 이들은 포스트모더니즘이 장소에 관심을 가지는 것은 피상적일 뿐이며, 진정하고 고유한 장소의 정체성을 손상시키는 행위라고 비판하기도 한다. 도비는 장소감이 계속 변하고 손에 잡히지 않는다는 점을 이용하여 시장(markat)은 비장소적인 디자인 프로젝트를 정당화하고 있음을 본다(Dovey, 1999, p.44). 그러는 중에 장소 만들기가 장소 파괴를 은폐하는 무대장치와 수사적 효과로 축소되었다는 것이다. 헉스터블은 특정 주제를 모방하여 장소를 만들게 되고, 예술과 기억으로 가득 찬 진짜 장소조차도 평가 절하하고 파괴한다고 비판하고 있다(Huxtable, 1997, p.3).

마찬가지로, 솔킨(Sorkin, 1992, p.xiii)은 그의 책『주제공원 : 미국 도시와 공공공간의 최후(Theme Park : The American City and the End of Public Space)』의 서문에서 "현대 도시개발은 진짜 장소가 가

진 변칙과 즐거움을 오직 짜맞추기로 조립한 일반적인 도시환경, 즉 보
편적 특수성으로 대체하고 있으며, 도시설계는 거의 대부분 도시적 가
면을 창조하는 데 열중하고 있다."고 비판한다.

> 디즈니랜드의 가공 중심가에서 제일 멋있게 보이든, 라우스의 장터에서 꿈
> 같은 역사로 등장하든, 아니면 다시 태어난 맨해튼의 로우어 이스트사이드
> 의 건축에서 나타나든 간에, 이 정교한 시설들은 실제로는 지워버리고 싶은
> 도시생활과 한통속이다. 도시의 건축은 순전히 기호학적이어서 접목된 의
> 미를 가지고 놀거나 주제공원 같은 건축에 몰두해 있다. 이러한 설계는 그
> 것이 진정한 역사를 보여주든 아니면 진정한 모더니티를 보여주든, 그 장소
> 에 살고 있는 사람들의 현실적 요구와 전통에는 눈을 닫은 채 상업적인 이
> 익에만 의존하고 있다.

크랭은 표준적인 하부구조 위에 건축 입면을 설계하는 것과 같은 '가공
된 차별성(manufactured difference)'에 대하여 차별성을 설명하고 있
다(Crang, 1998, pp.116~17). 이러한 차별성은 지역에서 서로 섞이거
나 평범한 건물을 다르게 만들려고 한다. 같은 의미에서 벤추리가 말한
'장식된 헛간'의 원리는 의미를 다양하게 전달할 수 있도록 표준 상자
(규격 상자)를 벽지로 치장하는 것이다. 도비는 사회생활과 동떨어진 형
태가 '의미의 재생'이라는 미학적 가면을 쓰고 의미를 상품화하려 한다
고 지적하고 있다(Dovey, 1999, p.34). 어떤 이들은 이러한 형상을 포
스트모던 건축의 특징을 이루는 '피상성'으로 표현한다. 한 예를 들면,
프레데릭 제임슨은 현대 건축, 나아가서는 포스트모던 문화가 전반적으
로 깊이가 없다고 비판한다(Frederic Jameson, 1984). 하비가 제기한
대로, 이러한 천박성은 내재된 함의보다는 표면적으로 어떻게 보이는가
에 더 신경을 쓰는 건축적 물신주의 형태를 갖는 측면도 있다.

(ii) 타자 지향성 – 내부가 아닌 외부로부터 만들어짐

상징주의는 내부에서 비롯하기보다는 외부에서 발생하는 경향이 있기
때문에 허구의 장소들은 렐프의 표현을 빌리면 '타자 지향적'이다. 지
역 문화를 자율적으로 표현하는 것이 아니라, 장소의 연상과 의미는 외

부로부터 만들어진 것이다. 하버마스의 표현대로 하면, 그런 것들은 생활 세계가 시스템에 의해 침범당하고 예속되는 것이다. 또한 도비의 설명에 의하면, 일상생활의 장소는 점점 더 시장 경제와 이의 왜곡된 소통, 광고, 의미 구축 등 체계적인 명령에 따라 움직이게 된다. 여기에서 경제 공간은 삶의 공간을 침범하며, 생활 세계는 그 자체가 목적이 아니라 체제를 위한 수단으로서의 의미에 한정된다. 이러한 장소의 상품화는 교환 가치를 가장 높게 인정하려고 하며, 이는 많은 비판을 불러 일으켰다(예컨대, 하비(Harvey, 1989), 주킨(Zukin, 1991), 솔킨(Sorkin, 1992), 크로포드(Crawford, 1992), 보이어(Boyer, 1992, 1993), 헉스터블(Huxtable, 1997), 도비(Dovey, 1999)).

(iii) 진실성의 결여

렐프는 장소감이 참되고 진실하거나 혹은 꾸며지거나 인공적일 수도 있음을 인정했다. 진실성이나 허위성이라는 용어는 사실 잘 잡히지도 않을 뿐만 아니라 이랬다 저랬다 할 수도 있다. 그런데도 많은 비평가들은 역사의 전례를 모방하거나 그로부터 암묵적으로 따오는 현대 도시개발 경향은 '허위'이며 '진실성이 결여되어 있다'고 생각한다. 보이어는 최근 뉴욕의 유니온 광장, 타임스 광장, 배터리 파크시티를 보고 모두 "이미 알려진 상징 기호와 역사 형태를 상투적으로 모방한 데 지나지 않는다."고 주장한다(Boyer, 1992, p. 188). 이에 더해 "역사 보전이나 과거로 돌아가려는 회귀적인 도시설계는 무관심한 관찰자를 대상으로 과거를 직설적으로 재현하는 것에 불과하다."고 설명하고 있다. 마찬가지로 엘린은 "보전주의자들이나 젠트리피케이션 주장론자(gentrifier)들은 비록 그들이 과거를 보전한다고 주장하지만, 보다 정확하게 표현하면 과거를 다시 쓰거나 허구로 재구성한다고 하는 편이 옳다."고 말한다(Ellin, 1999, p. 83). 왜냐하면 이들의 손에서 만들어지는 건물과 지구는 현재의 필요와 취향을 만족시키기 위해 이상적으로 보이는 과거의 이미지를 복원, 재생, 재활용하는 것이기 때문이다. 그러나 한편으로 엘린은 "이런 것들은 과거를 망각하고 새로운 바탕에서 새로 시작하는 데 사로잡힌 모더니즘의 문제를 치유하는 측면에서는 환영할 만하다."고 주장한다(Ellin, 2000, p. 104).

보들리라드는 현실과 시뮬레이션을 논하면서 시뮬레이션을 다음 세 가지 차원으로 설명하고 있다(Baudrillard, 1983 ; Lane, 2000, pp.86~7).

- 일차 시뮬레이션은 명백한 현실을 복제한 경우다.
- 이차 시뮬레이션은 진실과 재현의 경계를 흐리는 복제의 경우다.
- 삼차 시뮬레이션은 '시뮬라크라(Simulacra)'라고 불리우며, 실존한 적이 없는 것을 모방하는 '모조품'이다.

삼차 시뮬레이션은 보들리라드가 표현한 대로 현실에 기반하지 않는 초현실을 만들어낸다. 결국 초현실이 세계를 체험하는 주된 방법이 될지도 모른다는 뜻이다. 일차, 이차 시뮬레이션에서는 실재 세계가 존재하며 시뮬레이션의 성공 여부도 현실과의 대조로 판별할 수 있다. 그러나 삼차 시뮬레이션의 경우, 실재는 존재하지 않는다. 보들리라드는 디즈니랜드를 삼차적 모조라고 본다. 디즈니랜드의 '중심가로 USA'는 미국의 전형적인 중심가로를 그려내려고 하지만 사실 아무 데에도 그 원본이 없다. 크랭의 표현대로 이 길은 사람들이 전형적으로 '미국이 어떨 것이다'하고 이미 가지고 있는 이미지를 동원할 뿐이다(Crang, 1998, p.126).

리브친스키는 헉스터블의 『비현실의 미국(The Unreal America, 1997)』의 서평에서 "그는 마치 사람들이 현실과 가공을 구별할 줄 모르는 것처럼 전제하고 있다."고 평했다(Rybczynski, 1997, p.13). 마치 옛 펜실베이니아 정거장의 신고전주의 양식의 중앙 광장을 오가는 통근자들이 로마 시대에 살고 있다고 혼동하지 않는 것처럼, 라스베이거스의 신기루 같은 호텔 밖에서 분출하는 용암을 보는 사람들이 결코 이를 진짜 화산과 혼동하지는 않는다는 것이다. 펜실베이니아 정거장은 카라칼라 목욕탕의 복제인 동시에 진짜 장소이다. 디즈니랜드의 '중심가로 USA'를 혹시 진짜 중심가로 오해할지도 모른다는 걱정일 수도 있겠지만, 그보다도 정말 문제는 사람들이 준거로 삼을 만한 진짜 중심가로, 아니, 진짜 장소들이 점점 사라진다는 점이다.

페인스테인에게 디즈니월드는 경제·사회 과정의 진정한 표현으로, 그것은 진짜다. 페인스테인은 우리가 진실성을 너무 경외시하고 있다고 언급하면서 새로운 프로젝트를 비난하는 용도로 진실성을 활용할 때 그 안에 숨어 있는 것을 정의하기에는 어려움이 있다고 주장한다(Fainstein, 1994, p.231). 비판적인 문헌에는 모조품에 대한 비난으로 가득 차 있지만, 무엇이 진짜이고 후기 20세기의 설계인가에 대해서는 설명하고 있지 않다는 것이다(p.230). 진정성이 없다는 이유로 퇴짜를 놓을 때에는 어디엔가 진정한 도시성이 있거나 있을 수 있다는 전제가 깔리기 마련이지만, 페인스테인은 도시환경이 해체되는 것은 그 바닥에 존재하는 사회적 힘을 비교적 정확히 표현하고 있기 때문에 진정성은 사용하기에 적절치 않은 가치라고 주장한다(p.232). 가공 환경에 대해서 심층적으로 비판하려면 그러한 환경이 어떻게 중요한 인간의 욕구를 충족시키지 못하는지를 제시해야 한다. 하지만 비평자들은 그러기를 꺼리는데, 왜냐하면 그렇게 하려면 무엇이 진짜 만족스러운 것이고, 무엇이 만족스럽지 못한 것인지를 가려야 하는 아주 까다로운 상황에 봉착하게 되기 때문이다. 마찬가지로 엘린은 주제 환경의 허구성, 인공성에 대한 비판이 있지만, 그런 것에는 사람들이 실제 좋아하는 속성이 있다고 주장하기도 한다(Ellin, 2000, p.103).

> 주제 환경이 사람들의 관심을 현실 세계의 불의와 추함으로부터 돌려버린다거나 그런 것들을 가려버린다든지, 또는 거대한 볼거리를 제공하는 장소에 불과하다든가 등의 이유로 비난의 대상이 되지만, 다른 한편으로는 기분 전환을 위한 장소를 제공한다는 점에서, 그리고 사람들이 여유를 찾고 가족과 친구들과 함께 즐거움을 맛보는 장소를 제공한다는 점에서 오히려 환영받기도 한다.

허구 장소에 대한 비판은 다음의 질문을 제기한다. 왜 도시설계는 사람들이 좋아하고 즐기는 장소를 만들면 안 되는가? 페인스테인이 관찰한 바에 의하면, 비평가들은 사람들이 항상 실제로 도시생활을 해야 한다고 생각하기 때문에 도시 외곽의 쇼핑몰과 재개발 지역이 사람들에게 인기가 있다는 사실을 도저히 받아들이지 못하는 것이다(Fainstein, 1994, p232). 궁극적으로 장소를 만드는 것은 사람들이고, 그 장소에 의미와 가치를 불어넣는 것도 사람들이다. 그뿐 아니라 대부분의 장소는 선택적인 환경이어서, 장소가 성공적이려면 사람들이 그 장소를 선택해서 이용해야 한다. 도시설계가들은 현재 존재하는 장소를 잘 관찰하고, 그 장소를 사용하는 사람과 이해 당사자들과 항상 대화를 함으로써 장소를 만드는 방법을 배워나가야 한다(8장, 12장 참조).

결론

이 장에서는 도시설계의 지각적 측면을 다루면서 환경 지각과 장소 만들기에 초점을 두었다. 도시설계에서 지각적 차원이 지니는 중요성은 사람을 중시하면서 어떻게 사람이 도시환경을 인식하고 가치를 부여하며 의미를 찾고 덧붙이는지를 강조하는 데에 있다. 사람들이 진짜라고 느끼는 장소는 사람을 초대하고, 지적·정서적 흥미와 심리적인 연결을 제공한다. 도시설계는 어쩔 수 없이 크고 작은 섬세함, 꾸밈, 진정성을 가지고 장소를 고안하며, 또다시 고안하는 과정이지만, 최종적으로 장소를 만들고 장소에 의미를 부여하는 것은 사람이다. 그러므로 설계가가 주는 메시지는 그냥 전달될 뿐만 아니라 해석이 되기도 한다. 장소가 진짜인지 가짜인지, 자신의 체험의 질과 의미를 판별하는 것은 각각의 이용자가 할 일이다. 진정성과 허구성을 이원적으로 따질 것이 아니라, 진정성의 정도를 생각하는 것이 더 중요하다.

일부 비판과는 반대로, 사람들은 진정성에 크게 관심을 갖고 있지 않다. 적어도 그 장소를 좋아하는지 아닌지가 진정성의 문제보다 더 중요한 것이다. 결국 사람들이 어떻게 인지하는가가 중요하다. 네이사는 "역사적 내용은 진짜일 수도 있고 가짜일 수도 있다. 만일 관찰자가 그 장소를 역사적으로 느낀다면, 그 장소는 역사적 내용을 지닌 것이다."라고 주장했다(Nasar, 1998). 그래서 서커스는 다음과 같이 말했다(Sircus, 2001, p.31).

장소가 좋고 나쁜 것은 단지 그것이 진짜이든 가짜이든, 진정성이 있거나 모방이거나의 문제가 아니다. 사람들은 양쪽을 다 좋아한다. 오랜 세월에 걸쳐 형성된 장소이든, 순간에 창조된 장소이든 말이다. 성공적인 장소는 성공적인 소설이나 영화와 마찬가지로 우리를 몰두하게 만들면서 목적과 이야기가 잘 짜인 정서적 체험을 제공해준다.

06

사회의 차원

서론

이 장은 도시설계의 사회적 차원을 다룬다. 공간과 사회는 분명한 관계를 맺고 있다. 사회의 맥락을 모르는 상태에서 공간을 이해하는 것이 어려운 것처럼, 마찬가지로 공간의 요소를 모르는 상태에서 그 사회를 이해하는 것 또한 쉬운 일이 아니다. 사람과 사회는 일정한 과정 속에서 공간을 만들어내고 수정해가면서 동시에 여러 가지 방법으로 공간에 영향을 받는다. 따라서 공간과 사회의 관계는 연속적으로 상호 영향을 주고받는 과정으로 인식하는 것이 가장 적절하다. 디어와 월치는 사회적 관계에 대해 다음과 같은 주장을 내세웠다(Dear and Wolch, 1989). 첫째, 지역의 특성이 주거지 형태에 영향을 주는 것처럼 사회적 관계는 공간을 통해 형성될 수 있다. 둘째, 물리적인 환경이 사람들의 활동을 촉진하거나 방해하는 것처럼 사회적 관계는 공간에 의해 제약을 받기도 한다. 셋째, 거리가 얼마나 멀고 가까우냐에 따라 다양한 사회 참여에 영향을 주는 것처럼 사회적 관계는 공간에 의해 계획될 수 있다. 따라서 도시설계가는 이러한 건조환경의 형태를 만듦으로써 사람들의 활동과 사회적 삶의 패턴에 영향을 줄 수 있다.

이 장은 도시설계의 사회적 차원과 관련해 다섯 가지 주요한 관점에 초점을 맞추었다. 첫째는 사람과 공간의 관계, 둘째는 공공 영역과 공공 생활의 상관개념, 셋째는 근린주구 개념, 넷째는 안전과 보안, 마지막으로 접근성에 관한 주제를 중심으로 서술했다.

| 사람과 공간 |

사람(사회)과 환경(공간)의 관계를 이해하는 것은 도시설계에서 필수적인 일이다. 먼저 물리적 환경이 사람의 행동에 결정적인 영향을 준다고 주장하는 '환경결정론'을 살펴보겠다. 환경결정론은 사람의 역할을 부정함으로써 환경과 사람의 상호작용을 일방적인 과정인 것처럼 보이게 한다. 그러나 사람은 그렇게 수동적이지 않다. 환경이 사람에게 영향을 주고 사람을 변하게 만드는 것처럼 사람도 환경에 영향을 주고 환경을 변하게 만든다. 따라서 둘은 서로 영향을 주고받는 과정에 있다. 물리적인 요소가 인간 행태에 결정적인 영향을 주는 유일한 요소도 아니고 필요 조건도 아니지만, 환경의 기회가 사람들이 할 수 있는 것과 할 수 없는 것에 영향을 미치는 것은 분명하다. 가령 벽에 달린 창문은 사람들에게 밖을 내다볼 수 있게 해주지만, 벽 자체는 사람들에게 밖을 볼 수 있는 기회를 제공하지 않는다. 따라서 인간의 행태는 본질적으로 상황에 따라 다르게 마련이다. 이러한 측면이 사회적이고 문화적이며, 인지적인 맥락뿐만 아니라 물리적인 맥락과 환경 속에 내재되어 있는 것이다.

환경결정론에 더해 사람의 활동에 환경적인 영향을 주는 차원에서 '환경가능주의(environmental possibilism)'와 '환경개연주의(environmental probabilism)' 두 가지 주요한 관점이 더 있다. 환경가능주의는 '사람은 자기가 처해 있는 환경이 제공하는 여러 기회 가운데서 선택한다'는 관점이며, 환경개연주의는 '주어진 환경에서 어떠한 선택이 다른 선택보다 더 있을 것 같다'라는 관점이다(Porteous, 1977 ; Bell 외, 1990).

환경개연주의는 다음의 간단한 사례를 보면 쉽게 이해할 수 있다(Bell 외, 1990, p.365). 몇 안 되는 사람들이 책상과 의자가 배치되어 있는 큰 방에서 세미나를 할 경우에는 토론이 잘 이루어지지 않는다. 그러나 책상과 의자를 조금 바꾸어 배치하면 더 적극적인 토론을 이끌어낼 수도 있다. 즉 환경이 변하면 행태 또한 바뀌게 되는 것이다. 그렇다고 이러한 결과가 모든 경우에서 항상 똑같이 일어나는 것은 아니다. 세미나가 그날 늦게 열렸다거나 회의 주관자가 토론을 제대로 이끌어내지 못했다면, 토론의 성공이라는 관점에서 전자 또는 후자의 자리배치는 그렇게 중요하지 않았을 것이다. 이런 사례는 설계가 절대적으로 중요한 것이 아니라는 점을 보여준다. 특별한 환경에서 발생한 것은 그 환경을 이용하는 사람들에 의존하게 마련이다.

이러한 관점에서 갠스는 '잠재적(potential)' 환경과 '결과적(resultant)' 또는 '실제적(effective)' 환경❶의 중요한 차이를 밝혀냈다 (Gans, 1968, p.5). 여기서 잠재적 환경이란 일정 범위의 환경적 기회를 제공하는 것이며, 결과적 환경이란 사람들이 실제로 그 배경에서 행동한 것에 의해 만들어지는 환경을 말한다. 따라서 도시설계가가 잠재적 환경을 만들어낸다면, 사람들은 결과적 환경을 만들어내는 것이다. 그러므로 도시설계는 사람의 행동이나 행태를 결정짓는 것으로 보기보다는 일어날 수 있는 어떤 행동이나 행태의 개연성을 다루는 방법이라고 할 수 있다. 개연주의자 또는 가능주의자의 견해에서 예를 들어보면, 도로 가까이에 문을 내어 설계한 환경은 문이나 창문이 없는 벽으로 이루어진 성채 구조의 특성을 갖는 환경보다 사회적인 상호작용이 더 많이 일어난다는 것을 알 수 있다. 이와 마찬가지로, 앞쪽으로 현관이 나 있는 집들이 모인 주거단지가 공공공간에 주차장 문이 면해 있는 집들로 이루어진 주거단지보다 더 사교적인 환경이 될 수 있다(Ford, 2000, p.13). 따라서 도시설계가는 장소를 그저 '만드는' 것이 아니라 '보다 잠재력 있게' 만드는 것이다(Box 6.1).

어떤 특별한 환경에서 결정된 선택은 개인의 상황과 특성(자아, 개성, 목표와 가치, 이용 가능한 자원, 과거의 경험, 인생의 단계 등)에 부분적으로 의존한다. 컴퓨터 과학에 빗대어 말하면, 이러한 특성을 '하드웨어처럼 고정되어 있다(hard wired)'고 할 수 있다. 사람들의 가치관이나 목표, 소망과 같이 언뜻 보기에 개인적이고 복잡한 요구에 대해서도 몇몇 학자는 인간의 욕구와 관련해 중요한 단계를 제시해왔다. 이러한 단계는 매슬로의 인간 동기 이론을 종종 따른다(Maslow, 1968). 그는 인간의 기본 욕구에 대해서 다음 다섯 가지 단계로 구분했다.

- 생리적 욕구 : 따뜻함, 안락함에 대한 필요
- 안전과 방범의 욕구 : 위험으로부터 안전함을 느끼고자 하는 마음
- 함께하고 싶은 욕구 : 공동체에 속하고 싶은 마음

Box 6.1

겔(Gehl)이 분류한 세 가지 활동

얀 겔은 『건물 사이의 생활(Life Between Buildings)』이라는 책에서 설계가 인간 행태에 어떻게 영향을 주는가를 이해하기 위해 개연론의 입장에서 접근하였다(Jan Gehl, 1996). 지역과 기후 그리고 사회적인 한계 속에서 설계를 통해 얼마나 많은 사람들이 공공공간을 이용하고, 얼마나 오래 개인 활동을 지속하며, 또 어떤 활동을 할 것인지에 영향을 미칠 수 있는지를 연구했다. 이를 상당히 단순화시켜 보면 공공공간에서의 야외 활동은 다음 세 가지 범주로 구분할 수 있다.

- 필요 활동 : 다소 강요성을 띠는 활동으로 예를 들면 학교에 가거나 일하러 가는 것, 쇼핑을 가거나 버스를 기다리는 것 등을 말한다. 참여자에게는 선택의 여지가 없기 때문에 활동은 물리적인 환경에 약간 정도만 영향을 받게 된다.
- 선택적 활동 : 시간과 장소가 허락하고 날씨와 환경이 괜찮은 경우에 자발적으로 일어나는 활동이다. 예를 들어 신선한 공기를 마시기 위해 산책을 하거나 노상

카페에서 커피를 마시거나 사람들을 구경하는 것 등이 이에 해당한다.

- 사회 활동 : 사회 활동은 공공공간에서 다른 사람들에게 영향을 받는다. 예를 들어 모임이나 대화, 공동체 활동, 단순히 다른 사람을 보거나 이야기를 듣는 것 같은 수동적인 접촉 등이 이에 속한다. 이러한 사회 활동은 같은 시간, 같은 공간에 사람들이 지나가거나 있음으로 인해서 자연스럽게 일어난다. 이것은 필요 활동과 임의 활동의 경우에도 좀 더 나은 환경 조건이 주어지면 언제나 사회 활동이 일어날 수 있다는 것을 의미한다.

겔의 주장의 요점은 환경이 좋지 않은 공공공간에서는 단지 필요한 활동만 일어난다는 것이다. 환경이 양호한 공간에서는, 비록 사람들은 필요 활동을 더 오래하려 하지만 일정량의 필요 활동 외에도, 다양한 임의(사회) 활동이 일어난다.

- 존경에 대한 욕구 : 다른 사람들로부터 가치 있다는 느낌을 받고 싶은 마음
- 자기 성취 욕구 : 예술적인 표현이나 성취감을 느끼고 싶은 마음

가장 기본적인 생리적 욕구는 위계가 가장 높은 욕구로 예를 들면 자기 성취 욕구 이전에 충족되어야만 한다. 그러나 이러한 위계에도 불구하고 각기 다른 욕구는 서로 연결된 일련의 복잡한 관계 속에 있다(그림 6.1). 더욱이 사람들의 모든 욕구를 동시에 만족시키려고 노력하는 것은 문명화된 사회인지를 알아보는 척도라고 할 수도 있다.

주어진 환경에서 사람들의 선택은 교육받은 특성을 포함해 사회와 문화에 의해 영향을 받는다. 다시 컴퓨터에 적용하면 사회와 문화는 '소프트웨어적(soft-wired)' ❷라고 할 수 있다. 즉 사회는 비교적 한정

역주 ____
❷ 여기서 '소프트웨어적'이라는 것은 컴퓨터에서 소프트웨어를 설치하고 제거할 수 있는 것처럼 변할 수 있다는 것을 의미한다.

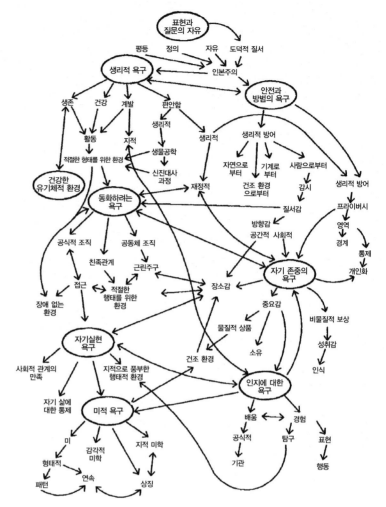

그림 6.1 인간 욕구의 위계(출처 : Lang, 1987, p.10)

된 영역을 가지며 체계적으로 상호작용하고 나름대로 특색 있는 문화와 제도를 만들어가며 영속적으로 사람들을 그룹화하는 성격을 지녔다. 문화는 인류학적인 관점에서 보면 특별한 삶의 방식으로 가장 잘 이해할 수 있다. 이러한 삶의 방식은 예술과 지식 분야뿐 아니라 제도와 일반적인 행태 분야에서도 특정한 의미와 가치를 표현한다(William, 1961, p.41).

로손은 어떤 지역에 사람들이 집단적으로 거주하게 되면, 공간사용을 통제하는 규칙을 만드는 경향이 있다고 주장한다(Lawson, 2001, pp. 2~3). 일부 규칙은 지역의 사회 및 문화 풍습과 관련된 것이기도 하지만, 많은 경우에 있어 인간의 정신과 특성에 관한 뿌리 깊은 욕구를 반영하고 있다. 그는 줄서기를 설계된 환경에서 신호에 의해 일어나는 전형적인 행태라고 주장한다(pp. 7~8).

> 당신이 줄을 서 있는데 어떤 사람이 앞으로 끼어들면, 한 칸 뒤로 갔다는 이유보다는 그 사람이 규칙을 어겼다는 이유로 마음이 상할 것이다. 줄을 서 있는 대부분의 상황에서는 우리를 매우 의도적으로 행동하게 하는 물리적 환경이 있다. 공공장소에서 줄을 만들기 위해 사용하는 로프(rope barriers)는 물리적으로 군중을 담을 수는 없다. 그러나 로프가 없으면 분명히 무질서하고 공격적으로 서로를 밀고 당기고 할 것이다. 우리의 문명과 문화는 심지어 극장의 한정된 표를 사거나 가게의 할인판매에서 경쟁하고 있을 때도 놀라울 정도로 서로를 협동하게 만든다.

그러나 최근 들어 공공공간에서 예의를 지키고 다른 이용자를 배려하는 행동이 눈에 띄게 줄어들었다. 비록 이러한 것이 공공질서가 최상의 덕목이었던 '문명 황금시대'의 이야기라고 할지 모르나, 어쨌든 이런 경우를 흔히 볼 수 있는 것이 사실이다(Lofland, 1973; Milgram, 1977; Davis, 1990; Carter, 1998; Fyfe, 1998). 아무리 설계가가 공공공간에서 더 나은 활동이 가능하도록 기능적이고 인지적인 역할을 잘 조정하려고 해도 성취 정도에는 한계가 있다. 그런데도 많은 도시설계 실무자들은 낙관적이고 바람직한 활동의 결과물을 얻어내는 수단으로서 좋은 설계를 주장하고 있다. 포드의 주장에 따르면, 제인 제이콥스(Jane Jacobs)와 윌리엄 화이트(William H. Whyte) 같은 작가들은 다음과 같이 믿고 있다고 한다 (Ford, 2000, p. 199). "훌륭한 거리나 보도, 공원 그리고 다른 공공공간은 인간의 가장 선한 본성을 이끌어내며 겸손하고 예의바른 사회를 위한 환경을 제공한다. 우리가 설계를 올바로 하기만 하면 될 것이다."

 그러나 현대 사회에 대해 비관적인 견해를 가지고 있는 사람들은 다르게 주장한다. 예를 들어 작은 공원을 만들면 여러 가지 좋지 않은 일들이 일어날 것이고, 도로에 면한 포취(porch)는 이웃들의 소음에 시달려야 할 것이며, 격자형 도로 패턴은 낯선 사람을 주거지로 끌어들일 것이고, 공공공간에 놓인 벤치는 방랑자를 끌어들일 것이라는 것이다. 공공장소에서 발생할 수 있는 모든 일에 대한 책임의 문제와 관련해, 이러한 비관주의 태도는 반사회적인 행태에 대한 위험보다는 모든 활동을 위축시키는, 위험을 꺼리는 접근 방식이라는 분석도 있다. 게다가 이런 태도는 오히려 반사회적 행태를 조장하는 환경을 초래하기도 한다.

비관론적 견해와 태도에 대응할 필요는 있지만, 도시설계가들의 지나친 낙관적인 주장도 환경결정론의 비난을 살 여지가 있다. 예를 들어 정문이 도로에 면한 집에 사는 사람은 이웃과 더 친해질 수 있으며, 결국에는 공동체를 더 잘 형성할 것이라는 주장은 실제로 그럴 수도 있지만 마찬가지로 그렇지 않을 수도 있다. 낙관적인 견해와 비관적인 견해 모두 건축적 결정론에서 헤어나오지 못하고 있는 것이 사실이다. 공공공간에 벤치를 제공하면 방랑자들이 잠을 잘 수도 있지만 항상 그런 것은 아니고, 벤치를 아예 제공하지 않으면 사람들이 앉아서 쉴 만한 자리를 찾지 못한다. 도시설계는 사람들에게 선택을 거부하기보다는 선택을 제공하는 활동이어야 하기 때문에 기회를 제공하고 사용을 관리하는 것이 더 바람직하다.

| 공공 영역 |

도시설계를 논할 때 가장 많이 언급되는 것이 '공공 영역(public realm)' 이다. 그러나 '공공 생활(public life)' 의 개념과 중복되는 공공 영역에 대해서는 더 깊게 고려할 필요가 있다. 분명 '공공' 은 '개인' 에 대비되는 개념이다. 루카이토–사이더리스와 배너지는 넓은 의미에서 "개인적으로 통제하고 보호할 수 있으며 단지 가족과 친구들만이 공유하는 친밀한 성격의 개인생활과는 대조적으로 공공 생활은 비교적 개방되고 보편적인 사회 맥락을 포함하고 있다."고 서술하고 있다(Loukaitou-Sideris and Banerjee, 1998, p.175). 공공 영역은 물리적(공간) · 사회적(활동) 차원을 모두 아우른다. 물리적 공공 영역은 개인 소유든 공공 소유든 간에 공공 생활과 사회의 상호작용을 도와주고 촉진하게 되며, 이러한 공간에서 발생하는 활동과 행사는 사회문화적 공공 영역으로 규정될 수 있다.

공공 영역의 기능

공공공간의 개념을 포함하고 공공 생활의 장이면서 배경이 되는 공공 영역은 이상적으로는 다음 세 가지 기능을 가지고 있다. 첫 번째는 정치적 활동과 정치적 표현을 위한 포럼의 기능이며, 두 번째는 서로 융화되는 사회의 상호작용과 의사소통을 위한 중립 또는 공동의 장으로서의 기능이며, 마지막으로 사회적 학습, 개인의 발전 그리고 정보 교류를 위한 활동 무대로서의 기능이다(Loukaitou-Sideris and Banerjee, 1998, p.175). 비록 이러한 기능이 드물긴 하지만, 이런 정의를 통해 실제 공공 영역이 이상적인 상태에 비해 얼마나 부족한지를 측정하는 척도가 된다는 점에서 의미가 있다. 두 번째, 세 번째 정의는 나중에 논하기로 하고, 여기서는 첫 번째 정의인 정치적 활동과 정치적 표현을 위한 포럼으로서의 기능에 대해 심도 있게 다루어보고자 한다.

정치적 무대로서 공공 영역(때로는 민주적 공공 영역)은 시민권이나 시민사회의 존재와 관련된 중요한 활동(국가와 시장에 대응하는 활동으로서 사회 관계와 공공참여 등)을 포함하고, 이러한 활동을 상징한다(그림 6.2). 공공공간이 있는지 없는지와 관계없이 정치적 공공 영역의 개

그림 6.2 영국 노팅엄의 올드마켓 광장. 공공공간은 준공공공간에서도 잘 허용되지 않는 활동인 정치적 표현의 기회를 제공하기도 한다.

념에 대해 많은 학자들이 관심을 가져왔다. 한나 애런트는 도시를 시민들이 여러 이슈에 대해 고민하고 논의하고 해결책을 찾아가는 자치 정치공동체로서의 '폴리스'로 인식하고 있다(Hannah Arendt, 1958). 이에 더해 엘린은 공공 영역의 세 가지 기준을 제시했다. 첫째, 사람들이 항상 있음으로 해서 공공 영역이 사회를 기억하고 나아가 도시의 역사를 전달할 수 있어야 한다. 둘째, 논쟁과 토론하는 다양한 단체 및 사람을 위한 장소여야 한다. 셋째, 모든 사람이 접근할 수 있고 이용할 수 있어야 한다(Ellin, 1996, p.126).

정부 부문과 개인이나 가족 같은 사적 부문 사이에 존재하는, 하버마스(Habermas)의 '공공 영역(public sphere)' 개념은 공적인 업무에 대한 논의와 관계있다. 그는 카페나 살롱과 같은 다양한 공간이 18세기 유럽의 신문이나 정기간행물 등과 함께 발전한 경험을 근거로 내세우는데, 바로 그러한 공간이 새로운 형태의 이성적 주장을 촉발시켰기 때문이다. 현대사회에서는, 단일의 정치공동체나 공공부문보다는 다양한 사회경제적, 성적 혹은 인종적 단체처럼 분리되어 있지만 중복되는 부문을 인식하는 것이 더 나을지도 모른다(Calhoun, 1992; Boyer, 1993; Sanderock, 1997; Featherstone and Lash, 1999). 예를 들어 보이어는 "공공에 대한 현대적 의미는 본질적으로 집합적인 전체의 성격을 띠고 있지만, 실제로 공공 단체는 소규모 단체로 쪼개져 있고, 이중 대부분은 공공부문에서 어떤 목소리나 지위를 갖고 있지 못한 것이 현실이다."라고 주장하고 있다(Boyer, 1993, p.118).

공공 영역의 쇠퇴

많은 사람들은 공공 영역이 쇠퇴한 것은 공공공간과 공공 생활의 유용성과 가치가 떨어졌기 때문으로 보고 있다. 엘린은 전통적으로 공공공간에서 일어났던 많은 사회·도시적 기능이 여가 활동, 오락, 정보의 수집 및 소비 등과 같은 사적 영역으로 옮겨가고 있다고 설명한다(Ellin, 1996, p.149). 예를 들어 요즘은 텔레비전이나 인터넷을 통해 집에서 정보를 수집하고 소비하는 경향이 증가하고 있다. 집단적이거나 공공의 형태로만 얻을 수 있었던 활동이 점차 개인화되고 있는 것이다. 반면 공공공간의 사용은 개인 이동성의 증가, 즉 직접적으로는 자동차, 간접적으로는 인터넷과 같이 다양한 발전과 변화에 직면해서 도전을 받아왔다 (2장 참조). 4장에서 논의한 것처럼, 오늘날 공공공간 안에서는 사람들을 만나게 하기 위한 사회 공간에 대한 수요와 자동차 등과 같은 기계화된 움직임을 위한 수요 사이에서 갈등이 일어나고 있으며, 이러한 갈등은 사회적 상호작용에 영향을 미친다. 자동차는 공공공간을 개인의 목적으로 사용할 수 있게 하는 수단이다.

공공공간과 공공 시설로부터 점점 멀어지는 것은 개인화 추세의 원인이면서 결과이기도 하다. 한 예로 세네트(Sennett, 1977)는 『공공인의 추락(The Fall of Public Man)』에서 "사회·정치·경제적 요소들이 사람들의 생활을 개인화로 유도하고 공공 문화의 종말을 이끌고 있다."고 언급했다. 또한 엘린은 "공공 영역이 계속 황폐화되어 가면서 의미 있는 공간들이 사라지고 있다. 따라서 개인 공간과 개인화를 통제할 필요가 있다."고 설명했다(1999, p.167~8). 엘린은 도시 중심부를 쇠퇴시키며, 주차장으로 둘러싸인 쇼핑몰을 중심으로 하는 공공공간의 이용에 대해 '개인화의 영향'이라고 정리했다. 이러한 쇼핑몰은 외부 환경에는 등을 돌린 채 내부 지향적인 성격을 지니게 된다. 그레이엄은 기본적인 기반시설이 민영화되고 매각되는 과정을 관찰하고 난 후 이러한 것은 공공 도로에서 가장 쉽게 볼 수 있고 널리 퍼져 있는 현상이라고 주장한다. 특히 공공 영역 중에서도 가장 효과적이고 독점적으로 시 정부가 관리하는 도로 체계조차도 점점 개인화의 그림자가 드리워지고 있다고 했다(Graham, 2001, p.365).

그러나 브릴(Brill, 1989)이나 크리거(Krieger, 1995) 같은 학자들은 "공공 영역이 눈에 띄게 쇠퇴한다는 것은 우리가 잘못 생각하고 있을 뿐이며, 과거 어느 때에도 지금처럼 다양하고 밀도 있고 모범적이며 민주적이었던 적이 없었다."고 주장한다(Loukaitou-Sideris and Banerjee, 1998, p.182). 다른 사람들은 공공공간을 사용하면서 새로운 사회문화의 변화 과정을 목격하기도 한다. 예를 들어 카르는 "공공공간과 공공 생활의 관계는 역동적이고 상호적이며, 공공 생활의 새로운 형태는 이전과 다른 공간을 요구하고 있다."고 주장한다(Carr, 1992, p.343). 또한 겔(Gehl, 1996)은 "공공공간을 잘 활용하려면 공간을 질적으로 보완하고 활동이 가능한 환경으로 만드는 것이 중요하다."고 주장했다. 그러나 여전히 해로운 공간이 존재할 가능성은 있다. 만약 사람들이 공공공간을 덜 사용한다면, 새로운 공간을 제공하거나 기존의 공간을 유지 관리하기 위한 동기는 점점 줄어든다. 관리와 질이 떨어질수록 공공공간은 덜 이용될 것이고, 따라서 쇠퇴해가는 악순환이 더욱 반복될 것이다.

물리적 공공 영역과 사회문화적 공공 영역

넓은 의미에서 공공 영역은 다음과 같이 공공이 접근하고 사용하는 모든 공간이라고 할 수 있다.

- 외부 공공공간(external public space) : 개인 토지소유주들 사이의 땅으로 도시공간에서는 공공 광장·도로·고속도로·공공 주차장 등을, 시골에서는 해안선·숲·호수 등을 외부 공공공간이라고 할 수 있다. 모두에게 열려 있기 때문에 공공공간을 구성하는 순수한 형태이다(그림 6.3).

그림 6.3 공공공간은 다양한 활동을 위해 존재한다. 영국 북웨일스, 돌겔로(Dolgellau)에서 공공간은 종종 가축시장으로 이용되기도 한다.

- 내부 공공공간(internal public space) : 도서관·박물관·시청과 같은 공공기관, 기차역·버스 정류장·공항 등의 공공 교통시설이 여기에 해당한다.

- 외부/내부 준공공공간(external and internal quasi-public space) : 대학 캠퍼스, 운동경기장, 레스토랑, 극장, 쇼핑몰 등과 같이 법적으로는 개인의 공간이지만 공공 영역의 일부분을 차지하는 시설이다. 이런 공간은 완전히 외부 공공공간은 아니지만 일반적으로 개인화된 공공공간으로 설명하기도 한다. 공간의 소유자와 운영자는 접근과 행동을 규제하는 권리를 가지고 있지만, 공간 자체는 규범적으로 공적 성격을 띤다. 소킨(Sorkin, 1992)은 이러한 공간을 경멸적인 의미로 '짝퉁 공공공간' 이라 부른다.

공공 영역과 관련해 공공성에 많은 종류가 있다는 것은 분명하다. 공간은 물론 접근성 그리고 환경이 중립적인 성격을 지니는지에 대한 논점도 고려해야 한다. 뒤에서 언급하겠지만, 도시설계의 관점에서 접근성은 공간에 들어가서 사용하는 가능성을 의미하지만 모든 공공공간이 모든 사람에게 열려 있는 것은 아니다.

공공공간, 준공공공간 그리고 그 사이의 경계를 정확하게 정의하는 것은 어렵기 때문에 배너지는 도시설계가들이 좁은 의미의 물리적 공공공간보다는 넓은 의미의 공공 생활(즉 사람과 활동의 사회·문화적 공공 영역)에 초점을 맞추기를 권하고 있다(Banerjee, 2001, p.19, 그림 6.4, 6.5). 그는 계획가들이 전통적으로 공공 생활을 공공공간과 연관시켜 왔으나, 공공 생활은 사적 공간, 즉 주제공원뿐 아니라 커피숍, 서점, 그외 제3의 공간과 같은 작은 사업에서 점점 더 풍요로워진다고 주장했다(Banerjee, 2001, p.19~20). 따라서 도시설계는 엄밀하게 공공공간인지 아니면 아무나 접근이 가능한 사적 공간인지에 관계없이 사회문화적 상호작용과 공공 생활을 지원하고 또 그렇게 되도록 촉진하는 공간으로서 사회적 공간에 관심을 가지고 있다. 공공 생활은 크게 서로 연관된 '공식적(formal) 유형'과 '비공식적(informal) 유형' 두 가지로 나눌 수 있다. 비공식적 공공 생활의 경우 공식 시설의 영역을 넘어 발생하며, 선택의 재량권이 많은 환경이라는 점에서 흥미를 끈다. 한 예로 한

그림 6.4 영국 맨체스터 캐슬필드의 노상카페는 비공식적 공공 생활의 전형을 보여준다.

그림 6.5 프랑스 파리 세느 강변, 공간을 비공식적 용도로 사용하고 있는 사례

곳에서 다른 곳으로 갈 수 있는 여러 가지 길이 있다고 하자. 그때는 편리, 흥미, 재미, 안전 등과 같이 서로 관련된 입장에서 선택을 하게 된다. '제3의 장소'에 대한 올덴버그의 개념은 비공식적 공공 생활과 공공 영역과의 관계를 이해하는 데 많은 도움을 준다(Box 6.2).

| 근린주구 |

성공적이고 바람직한 근린주구가 이미 존재하기는 하지만, 근린주구 설계에서 무엇보다 중요한 것은 비슷한 근린주구를 창조하는 것이 원리적으로 가능해야 한다는 점이다. 근린주구 설계에서 가장 잘 개발된 전형이 있다. 도시 지역을 체계적으로 조직하고 개발하기 위한 수단으로서 1920년대 미국에서 개발된 클래런스 페리(Clarence Perry)의 근린주구 단위(neighborhood unit)가 가장 의미 있다(Box 6.3). 이웃 간의 교류, 공동체 의식의 창조, 근린주구의 정체성 그리고 사회 균형 등과 같은 사회적 목적은 근린주구에 대한 물리적인 설계와 배치 안에 내재되어 있다. 영국에서 스티브네이지(Stevenage)[3] 같은 전후 신도시의 첫 세대는 페리의 아이디어를 담아냈다. 그러나 오래 지속되지는 못했는데 1950년대 중반에는 고밀도와 집중화를 통해 도시성을 한층 높였던 컴버놀드(Cumbernauld)의 근린주구 개념이 등장했다. 그후 신도시들은 근린주구 개념을 제한적으로 적용했다. 따라서 밀턴 케인스(Milton Keynes)의 도로망 격자는 대략 1km² 정도로 여기에 정체성을 제공하는 '마을(village)'을 도입시켰으나 더 이상 주요한 사회적 초점으로 간주되지 않았다.

세 가지 상호 연관된 입장이 근린주구 설계에 영향을 미쳐왔다.

첫째, 근린주구는 정체성과 개성을 부여하며 장소성을 창조하고 높이는 것으로 여겨져 왔다. 장소성은 지역의 물리적 성격과 관련된 상대적으로 표피적인 정체성일 수도 있지만, 오랜 경험을 통해 그 장소의 사회문화적 성격과 관련된 더 깊고 의미 있는 정체성을 제공할 수도 있다.

둘째, 근린주구는 관련된 사회적 목적이 있든 없든 간에 도시공간을 계획하는 실용적인 방법을 제공한다. 예를 들어 단일 기능의 주택용 토지보다는 혼합 토지 이용이나 지역의 균형 개발 같은 좀 더 큰 목적을 위해 기여한다. 그리고 보다 자주적인 방식으로 개발에 접근하면서 점

역주 ___
[3] 스티브네이지는 영국 런던의 북쪽 약 50km 떨어진 자치 단체(보로, borough)로 하트퍼드서 카운티(Hertfordshire County)에 속한다. 면적은 25.96km²이며, 인구는 약 85,000명(2006)이다.

Box 6.2

올덴버그(Oldenburg)의 '제3의 장소'

올덴버그의 책 『정말 좋은 장소(The Great Good Place) : 커뮤니티 중심부의 카페, 커피숍, 서점, 바, 미용실 그리고 오락실(1989, 1999)』의 중심 주제는 편안하고 만족스러운 일상생활이 되기 위해서는 집, 일터, 사회 세 가지 영역을 균형 있게 경험할 수 있어야 한다는 것이다. 현대 가정생활은 고립된 핵가족이나 혼자 사는 단독세대로 구성되어 있는 것이 대부분이다. 그리고 항상 인터넷과 전화를 통해 일을 하는 텔레커뮤터처럼 직장환경은 고독하며, 반사회적이고 경쟁적이다. 올덴버그는 현대 미국 사회를 그리면서, "가족과 직장에 대해 실제 능력보다 너무 많은 것을 기대해왔기 때문에 사람들은 좀 더 사회적인 영역이 제공할 수 있는 자극을 필요로 한다."고 주장하고 있다.

올덴버그에 따르면, 비공식적인 공공 생활이 언뜻 보기에는 무질서하고 난립해 있는 것 같지만, 중심 환경에서 발생하며 실제로 매우 집중적인 성격을 지니고 있다. 그가 만들어낸 용어인 '제3의 장소(third place)'는 가정과 직장의 영역을 넘어서 개인들을 자발적이고 비공식적으로 그리고 행복을 기대하면서 모이게 하는 공공장소의 다양성을 의미한다(1999, p.16). 제3의 장소는 특정한 문화, 특정한 역사적 시기와 함께하기도 한다. 예를 들면

파리는 노상 카페, 비엔나는 커피하우스, 독일은 맥주 정원으로 유명하다. 이러한 장소는 생겼다가 없어지고, 유지되다가 다시 등한시되며, 새로운 제3의 장소로 대체되거나 침범당한다. 배너지는 "미국의 많은 도시에서 스타벅스 커피전문점, 보더스 서점, 헬스클럽, 비디오 대여점 등은 제3의 장소로서 대표적인 상징이 되고 있다."고 설명한다(Banerjee, 2001, p.14).

올덴버그는 공공 영역의 주요한 특성이라고 할 수 있는 제3의 장소의 핵심 성격을 다음과 같이 서술했다.

- 모든 개인이 원하는 대로 오고갈 수 있도록 출입이 배타적이지 않을 것
- 공식적인 회원제도 같은 것이 없으며, 매우 포용적이고 접근성이 높을 것
- 제3의 장소를 당연하게 이용할 수 있도록 하고, 고압적이지 않은 자세여야 함
- 외부에 있으면서, 근무시간에는 열려 있어야 함
- 명랑한 분위기로 특색을 갖출 것
- 심리적인 편안함과 지원을 제공할 것
- 지속적인 활동과 토론이 있는 중요한 정치적 장을 제공할 것

위의 마지막 특성은 제3의 장소와 민주적인 공공공간의 중복되는 부분을 강조하고 있다. 올덴버그는 "역사적으로 다양한 관점에서 왜 커피하우스가 정부 지도자의 공격을 받았는지는 쉽게 이해할 수 있다(1999, p.24). (중간 생략) 사람들이 모여서 국가 지도자의 험담을 많이 하는 곳이 바로 커피하우스였기 때문이다."라고 했다.

살라만카의 시청 앞 광장-올데버그의 제3의 장소를 잘 설명해 주고 있다.

클라렌스 페리(Clarence Perry)의 근린주구

페리는 모든 근린주구는 다음 네 가지 기본 요소를 포함해야 한다고 설명했다.

① 초등학교
② 작은 공원과 놀이터
③ 작은 규모의 상점
④ 모든 공공시설이 안전하게 보도에 접근하도록 건물과 도로를 적절하게 배치할 것

더불어 다음 여섯 가지 속성도 함께 제시했다.

① 규모 : 초등학교를 유지할 수 있는 정도의 인구 규모
② 경계 : 외곽도로는 주거지역으로 들어오는 것보다는 옆으로 지나가도록 한다.
③ 오픈스페이스
④ 행정단지를 중심부에 배치하여 영향권이 그 안에서 일치하도록 한다.
⑤ 사거리에 더 큰 단지가 형성될 수 있도록 코너에 상점을 배치한다.
⑥ 내부 도로망은 예상되는 교통량에 적합하도록 계획한다.

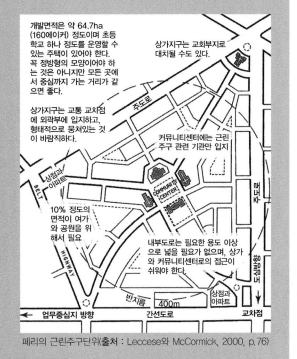

페리의 근린주구단위(출처 : Leccese와 McCormick, 2000, p.76)

차 정당성을 인정받고 있다. 예를 들면 근린주구는 좀 더 자급자족할 수 있고, 집 가까이에 직장과 휴식을 위한 기회를 많이 줌으로써 교통의 수요를 줄이도록 설계되어야 하는 것이다.

셋째, 어느 정도 논쟁의 여지는 있지만 근린주구는 보다 큰 사회적 상호작용을 만들어내는 장소로 생각해볼 수 있다. 근린주구 설계는 배치나 형태 그리고 토지 이용이 공동체 창조를 지원할 수 있다는 측면에서 환경결정주의와 관련 있다. 그러나 영역이나 경계로 정의되는 '물리적 근린주구'와 인간관계나 교류 등으로 정의되는 '사회공동체'를 융합하려는 생각은 점차 오류로 드러나고 있다. 블로어스는 근린주구를 다섯 가지 유형으로 구분했다. 그러나 마지막 다섯 번째 유형만이 공동체의 속성을 가지고 있다(Blowers, 1973).

- 자의적 근린주구 : 공간적으로 가깝다는 것만이 유일한 공동의 특성을 지닌 근린주구
- 생태적 혹은 인종적 근린주구 : 공동의 환경과 정체성을 지닌 근린주구
- 동질적 근린주구 : 특별히 동일한 사회경제적 또는 인종 그룹이 거주하는 근린주구
- 기능적 근린주구 : 서비스 영역의 지리학적인 구분에서 나온 근린주구
- 공동체 근린주구 : 친밀하게 엮여 있고 사회적으로 동질한 그룹이 주로 접촉하는 근린주구

몇몇 비판가들은 더 훌륭한 근린주구를 설계하려는 모든 시도를 사실상 공동체를 창조하려는 것이라고 여길지도 모른다. 그러나 다른 한편에서 근린주구계획을 옹호하는 사람들은 특정한 설계 전략이 공동체 의식을 창조할 것이라고 주장함으로써 이러한 비판에 대응하기도 한다. 예를 들면 뉴어버니스트들은 이러한 주장을 펼치면서 그 이상을 달성해왔다.

탈렌은 "물리적인 설계와 연계시킨 공동체라는 용어에서 벗어나, 공동체의 특정한 요소를 사용하는 것이 도시설계의 맥락에서 더 의미가 있을지도 모른다."고 설명한다(Talen, 2000, p. 179). 예를 들어 시각적으로 더 많은 접촉의 기회를 제공함으로써 거주민의 상호작용에 영향을 미칠 수도 있다. 그러나 시각 접촉은 사회적 상호작용의 피상적인 형태를 자극하는 데 그칠 수도 있다. 좀 더 깊이 있고 지속적인 상호작용을 위해서는 '공통의 무엇' 이어야 한다. 갠스가 주거 환경의 연구에서 언급한 것처럼, 공간적으로 가까우면 사회관계를 시작하는 데 도움이 되지만 깊은 관계를 유지하기에는 부족하다. 그리고 주민들끼리 친목을 다지기 위해서는 사회적 동질성이 필요하다(Gans, 1961a, 1961b).

최근 들어 근린주구 개념에서 용도 혼합의 원리를 더욱 강조하고 있다. 용도 혼합이 환경이나 사회적으로 지속 가능한 목적을 달성하는 가치 있는 방법으로 여겨지기 때문이다(그림 6.6). 예를 들면, 레온 크리어는 지역지구제는 도시 기능의 유기적인 통합보다는 기계적인 분절을 초래했다고 주장한다(Leon Krier, 1990, 8장 참조). 유럽 도시의 재건을 위한 그의 제안에 의하면, 면적 350,000m², 인구 15,000명을 넘지 않는

범위 내에서 거주나 근로, 휴가 등 도시생활의 일상기능을 통합한 도시 지역이 있어야 한다. 버밍햄의 BUDS❹ 계획으로 시작해서 미국의 시애틀, 포틀랜드 같은 도시에 적용했던 용도 혼합 도시 지역과 특징적인 근린주구 개념은 글래스고, 리즈, 셰필드, 라이체스터 같은 영국 도심부 도시설계 계획에 많은 영향을 주었다. 이러한 계획은 기존 지역에서 특성을 찾아내고 그것을 강화하는 것이 목적이다. 전통적 근린주구 개발(TND : Traditional Neighborhood Development)은 미국을 중심으로 한 뉴어버니즘(New Urbanism, 2장 참조)의 주요한 요소가 된 반면, 용도혼합지구에 대한 개념은 영국에서 도시마을포럼(Urban Village Forum)으로 퍼져나가 도시마을(urban village)의 개발을 촉진하는 토대를 마련했다(Aldous, 1992, Box 6.4).

　근린주구 설계 개념과 관련해서 규모, 경계, 사회적 교류 및 혼합 등이 주요 논점인데, 이를 설명하면 아래와 같다.

역주 ____

❹ BUDS는 버밍햄 도시설계연구(The Birming ham Urban Design Study)의 약자로 티발즈(Tibb alds), 콜보른(Colbourne), 카르스키(Karski), 윌리암스(Williams) 등이 연구에 참여하였다. 다음과 같은 내용을 담고 있다. 1. 물리적 환경 개선 2. 지역특색을 반영한 계획 3. 인간척도익 : 전면도로 활성화 4. 보행활성화 5. 공공공간의 접근성 확대 등(도시개발프로그램 HDP 15장–도심부 15.22 참조)

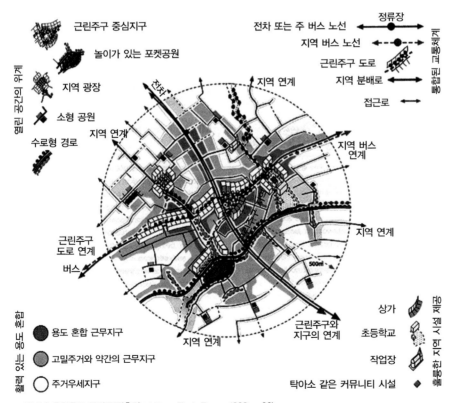

그림 6.6 혼합용도 근린주구(출처 : Urban Task Force, 1999, p.66)

Box 6.4

도시마을과 근린주구의 특성(출처 : Aldous, 1992, pp. 27~37 ; CNU, 1998)

도르체스터의 파운드버리 농장-영국 최초의 도시마을사업

도시마을

- 규모 i) 모든 장소가 서로 아는 사람들끼리 보행권 안에 있을 정도로 소규모이면 충분하다.
   ii) 광범위한 활동과 시설을 유지하고, 이윤에 위협이 있어도 자급자족할 수 있을 정도의 규모여야 한다.
- 용도 범위 : 전체 마을 단위뿐만 아니라 가구(街區) 내에서 용도를 혼합해야 한다.
- 친보행 환경 : 자동차를 이용하되 조장하지 않는 환경이면 충분하다.
- 다양한 건물 유형과 규모의 혼합
- 오래 지속되는 강건한 건물 유형
- 토지소유권의 혼합 : 주거와 업무 용도의 혼합

뉴어버니스트 근린주구

- 시민들이 장소의 유지 관리와 개선에 대한 책임을 느낄 수 있도록 조밀하고 보행 중심의 환경이며 용도가 혼합되고 정체성 있는 장소
- 차 없이도 독립적으로 활동할 수 있는 보행권 안의 일상생활 환경
- 전차가 자동차의 확실한 대안이 될 수 있도록 전차 정류장의 보행거리 내 적정한 건물 밀도와 토지 이용
- 보행을 장려하고 자동차의 통행량과 이동거리를 줄이고, 에너지를 절약하는 도로의 연계된 네트워크
- 다양한 연령·인종·소득계층이 일상생활에서 상호작용할 수 있도록 주택 유형과 가격의 다양화
- 어린이들이 걸어서 또는 자전거를 타고 갈 수 있을 정도의 학교 규모와 입지
- 공원권

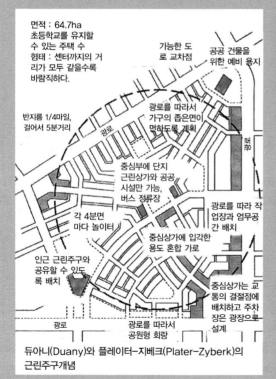

면적 : 64.7ha
초등학교를 유지할 수 있는 주택 수
형태 : 센터까지의 거리가 모두 같을수록 바람직하다.

반지름 1/4마일, 걸어서 5분거리

가능한 도로 교차점

공공 건물을 위한 예비 용지

광로를 따라서 가구의 좁은면이 면하도록 계획

광로

중심부에 단지 근린상가와 공공 시설만 가능, 버스 정류장

각 4분면 마다 놀이터

광로를 따라 작업장과 업무공간 배치

중심상가에 입각한 용도 혼합 가로

인근 근린주구와 공유할 수 있도록 배치

중심상가는 교통의 결절점에 배치하고 주차장은 광장으로 설계

광로

광로를 따라서 공원형 회랑

듀아니(Duany)와 플레이터-지베크(Plater-Zyberk)의 근린주구개념

(출처 : Leccese와 McCormick, 2000, p.76)

(i) 규모

근린주구의 적절한 규모에 대해서는 상당히 많은 토론이 있었다. 근린주구의 개념을 놓고 대체로 인구수, 보도권이라는 면적 개념으로 설명하지만 때로는 학교의 통학권으로, 혹은 두 개념을 조합해서 표현하기도 한다. 아마도 이런 개념은 보다 사회적으로 잘 융화된 소도시와 마을에서 볼 수 있는 공동체에서 나온 것으로 보인다. 그러나 제인 제이콥스는 예를 들면, 대도시에서의 인구 10,000명 사이에서 일어나는 긴밀한 상호교류가, 작은 규모 도시에서 인구 10,000명 간에 발생하는 상호교류보다 적은 경우가 많은 것처럼, 융통성 없는 한계인구(threshold population)를 설정하려고 노력하는 것은 잘못되었다고 주장한다(Jane Jacobs, 1961). 제이콥스는 단지 세 가지의 근린주구만이 유용하다고 주장하고 있다. 즉 전체로서의 도시, 정치적으로 충분히 의미를 갖는 100,000명 인구 규모의 도시 지역, 거리를 중심으로 하는 근린주구 등이다.

정체성 있는 근린주구라고 해서 사람들의 사회 관계와 꼭 부합해야 하는 것은 아니며, 거주자들이 근린주구를 정체성이 있다고 꼭 인식하지 않아도 된다는 연구 결과도 있다. 근린주구와 공동체의 개념은 상향식 관점에서 만들어진 것이며 아래로부터 보면 거의 의미 없는 경우가 많다. 예를 들면, 갠스는 보스턴의 웨스트엔드 근린주구 내의 활동 패턴은 너무나 다양해서 단지 외부사람만 그것을 하나의 근린주구처럼 생각할 정도라는 것을 발견했다(Gans, 1962, p.11). 리(Lee, 1965)는 거주자들이 인식할 수 있는 근린주구의 세 종류를 밝혀냈다. 사회적으로 서로 알고 지내는 근린주구, 동질한 근린주구, 사회적 단위 근린주구가 그것이다. 사회적으로 서로 알고 지내는 근린주구가 사람들의 사회 관계와 가장 일치한다. 이 개념은 상가 기능 없이 단지 주택만 있는 여러 개의 도로로 구성된 작은 지역으로 도식화할 수 있다. 단순히 가깝다는 이유로 가족들이 모든 사람을 알 수 있게 된다.

(ii) 경계

특징적인 영역으로 규정된 경계는 기능적으로, 사회적으로 상호활동이 왕성하게 일어나도록 도와주며, 공동체의식과 지역의 정체성을 높이는 것으로 알려져 있다. 그러나 제이콥스(Jacobs, 1961)는 가장 잘 작동하는 근린주구는 시작이나 끝이 없으며, 그 성공은 주로 얼마나 중첩되고 서로 조화를 이루냐에 달려 있다고 주장한다. 크리스토퍼 알렉산더 (Christopher Alexander, 1965)는 「도시는 나무가 아니다(A City is Not a Tree)」라는 세미나 발표 자료를 통해 도시 속에서 분명한 단위로 서의 근린주구 개념을 비판하며, 수많은 작은 체계들을 더 크고 복잡한 체계로 결합시키는 방법으로서 '나무(tree)'와 '반격자형(semi-lattice)' 구조를 구분한다. 나무 구조가 단계별로 분리되어 있다면, 알렉산더가 선호하는 반격자형 구조는 복잡하게 연관되고 중첩되어 있다. 이런 맥락에서 알렉산더는 경계를 띤 근린주구와 기능적인 지역지구로 구성된 도시계획을 강력하게 비난한다. 마찬가지로 린치는 "일련의 근린주구로 도시를 계획하는 것은 헛된 일이거나 아니면 사회적으로 분리를 조장하는 것이다."라고 주장했다(Lynch, 1981, p.401). 왜냐하면 대부분의 좋은 도시는 세포형 조직이 아니라 연속적인 조직을 가지고 있기 때문이다.

(iii) 사회적 적실성과 의미

자족적 근린주구에 대한 생각은 이동성(특히 자동차에 의한)의 증가와 전자통신에 기반한 의사소통으로 인해 현대 사회에서는 그 의미가 제한적이라는 비판을 받고 있다. 장소에 기반을 둔 공동체는 여전히 존재하지만, 지리적 위치에 관계없이 관심(interest)에 따라 생겨난 공동체로 보완되거나 대체된다. 따라서 공간적 공통의 영역은 더 이상 공동체와 사회적 상호작용의 전제 조건은 아니다. 매우 유동성이 높은 시대에서 사람들은 더 이상 이전의 공동체 의식이나 근린성을 원하거나 필요로 하지 않는다는 주장이 있다. 사람들은 직장 · 여가 · 친구 · 상점 · 오락 등을 전 도시에서 선택하며, 이러한 과정에서 선택의 공동체를 형성하게 된다는 것이다. 그러나 이슈는 공간적으로 널리 퍼진 접촉 네트워크를 기반으로 한 기동성을 선택할 것인가, 아니면 공간적으로 가까운 접촉 네트워크를 선택할 것인가 하는 선택의 문제가 아니다. 대신 양쪽에 기회를 제공하고, 사람들로 하여금 스스로 균형을 찾아가도록 도와주는 것이 중요하다.

(iv) 사회적 혼합과 균형 잡힌 커뮤니티

근린주구나 커뮤니티를 인위적으로 만들려는 모든 시도에 대한 비판이 상론하는 가운데 사회공학의 역할은 사회적으로 균형 잡힌 근린주구와 커뮤니티의 창조를 시도하는 수준에 이르렀다(Banerjee and Baer, 1984). 그렇다고 해도 사회의 혼합을 위한 몇몇 요소는 바람직하고, 여러 가지 이점이 더 잘 균형 잡힌 근린주구에서 나온다. 도시마을포럼과 뉴어버니스트들은 모두 집값과 점유형태의 다양성을 주장한다. 영국계 획지침은 다음과 같은 장점을 기술하고 있다(DTLR/CABE, 2001, p.34).

- 학교나 여가시설, 노인시설 등 공동체의 서비스와 시설에 대해 좀 더 균형 잡힌 수요를 제공한다.
- 사람들이 근린주구 내에서 집을 이사할 수 있는, 평생 커뮤니티를 제공하는 기회를 준다.
- 통일한 유형의 집을 집중시키지 않음으로써 근린주구를 더 강건하게 만든다.
- 어린이를 돌보고 쇼핑을 하고 정원을 가꾸며 겨울 결빙에 대처하는 등 자조적인 공동체를 실현하도록 한다.
- 하루 종일 오고가는 사람들에 의해 감시가 이루어져 안전하다.

사회적 혼합을 이루는 것은 종종 문제가 있다. 비교적 자유로운 부동산 시장 그리고 나와 비슷한 사람들과 함께 살려는 현대의 욕구 때문에 다양한 사회적 혼합을 성취하거나 지속해가는 것이 쉬운 일은 아니다. 다양하게 시작한 근린주구가 시간이 지나면서 보다 큰 사회 동질체로 진화해가는 경우도 많다. 그럼에도 이러한 경향은 특정한 개발패턴과 설계로 인해 강화되기도 한다. 주거지 개발에서 전체지역을 하나의 평면타입, 하나의 점유형태, 비슷한 주택가격으로 구성된 여러 단지(pods)로 나누게 되면 시장에서 분리의 정도는 높아지게 된다(4장 참조). 이러한 동일한 단지로 구성된 교외의 경관을 관찰하고 나서, 두아니는 미세한 소득차이가 사람들의 정주공간을 무자비하게 격리시키고 있다고 설명했다. 항상 더 좋은 근린주구가 있고 더 나쁜 근린주구가 있으며, 부자들은 가난한 사람을 피하기도 하지만, 꼼꼼히 따져보면 그렇지도 않다(Duany 외, 2000, p.43).

이와는 달리 엄격한 분리를 초래하지 않으면서 폐쇄적인 요소를 제공하는 개발 형태도 있다. 전통적인 근린주구에서 주택 가격과 유형은 도로마다 상당히 다양하다. 최근 영국의 점유형태(tenure) 혼합 개발의 사례에서 보면, 블록별 또는 도로별로 점유형태를 혼합하는 것보다는 같은 도로 구간 내에서 점유형태를 혼합하는 것이 소유주들 간의 사회적 네트워크를 활성화할 수 있다는 관점에서 보다 효과적이고 유일한 방법이라는 것이 밝혀졌다. 이는 특히 도로가 가장 강한 사회적 단위임을 말해주는 것이다.

이러한 비판은 근린주구 설계 패턴의 가치를 부정하는 것이 아니라 근린주구의 효용을 인정하는 것이다. 도시마을포럼(Urban Village Forum)과 뉴어버니스트들이 주장하는 근린주구의 설계 원칙은 지속가능성이다. 특정한 사회적 특성을 가지고 있든 그렇지 않든 간에, 근린주구는 거주자들이 인지할 수 있는 특정한 성격을 가진 장소이며, 그러한 장소는 소속감을 제공한다. 문제는 더 좋은 근린주구의 설계 원칙을 너무나 고지식하게 적용하는 데서 발생하는 경우가 많다. 예를 들어 린치는 "근린주구 개념이 우리 사회에 적절하지 못한 것처럼 보이는 이유는 물리적·사회적 관계의 열쇠가 되는 근린주구를 규모가 크고, 독자적이며, 분명하게 한정된 융통성 없는 표준화된 단위로 설정하고 있기 때문이다."라고 했다(Lynch, 1981, p.250). 근린주구는 도그마가 아니고, 지역의 맥락과 사회·경제·정치적인 관계 속에서 채택되어야 할 바람직하다고 생각되는 설계 원리를 모아놓은 것일 뿐이다.

┃ 안전과 방범 ┃

사람들은 범죄, 테러, 과속하는 자동차, 공기와 수질오염 등 도시환경 속에서 많은 위험에 직면해 있다. 어떤 장소에서는 자연재해가 건물과 주거지의 설계에 위협 요소로 작용하는 경우도 있다. 비록 많은 자연적인 위협이 적절하게 관리되고 있지만, 대부분의 서구사회에서는 도로안전과 범죄의 두려움을 포함하여 다른 사람에 의한 위협이 점점 증가하는 양상을 띠고 있다. 도로와 보행자 도로에서의 안전은 앞서 4장에서 논의했기에 여기서는 주로 범죄, 안전과 방범 그리고 공공 영역과의 관계에 대해 다루겠다.

방범(security)은 자기 자신이나 가족, 친구 그리고 개인과 공동의 재산을 지키는 것과 관계있다. 방범이 미비하고 위험이 느껴지면, 즉 피해자가 될 것 같은 두려움이 생기면 공공 영역을 사용하는 데 어려움이 따를 뿐만 아니라 성공적인 도시환경을 조성하는 일도 어려워진다. 따라서 방범과 안전에 대한 느낌을 주는 것은 성공적인 도시설계의 필수 전제조건이다. 그러나 종종 방범의 효과를 개인화나 공공 영역의 희생을 통해 얻는 경우가 있다. 도시설계 용어로 개인화(privatization)는 격리(외부세계나 인지된 위협과 도전을 배제하기 위한 물리적 거리, 담장, 문 또는 잘 보이지 않는 장애물 등)나 순찰, 감시카메라를 동원해 특정한 영역과 공간을 통제하는 것을 말한다. 개인화는 '자발적인 배제'와 같은 개념이다. 크리스토퍼 래시(Christopher Lasch)는 저서 『엘리트의 반란과 민주주의의 배반(The Revolt of the Elites and the Betrayal of Democracy, 1995)』에서 자발적 배제에 대해 연구하고 이러한 행동을 '성공한 자들의 대물림'이라고 설명하고 있다. 일반적으로는 나머지 사회와 떨어져 살고자 하는 부유한 그룹은 다양한 방식을 취하는데, 그 가운데는 기존의 공공교육과 건강보험제도를 선택하지 않는 경우도 포함된다. 이러한 부유층의 선택에 의해 교육이나 건강보험 같이 원래는 '공공재(public good)'이던 것이 특정집단의 재화(club good)로 바뀌기도 한다.

게이티드 커뮤니티(gated community)❺는 자발적 배제의 전형적인 사례이다. 블레이클리와 스나이더(Blakely and Snyder)는 공동 저서 『성과 같은 미국(Fortress America, 1997)』에서 생각이 비슷한 이웃을 찾아 재산 가치를 지키고, 범죄로부터 벗어나기 위해 그들의 공동체에 들어올 수 있는 사람과 들어올 수 없는 사람을 통제할 수 있도록 공동체가 담과 문을 세우는 데 대해 자세하게 서술해놓았다. 복도나 현관, 주차장 등에 공공의 접근을 차단하는 출입통제시스템을 설치한 아파트와는 달리, 게이티드 커뮤니티는 당연히 모든 지역주민이 공유해야 하는 시설임에도 불구하고 도로·공원·벤치·오솔길 등에도 공공의 접근을 막고 있다. 이러한 시설은 대개 지불능력과 이용권의 분명한 기준이 있

역주 ____
❺ 게이티드 커뮤니티(gated community) : 담장을 두르고 출입문을 둠으로써 외부인의 출입을 통제하는 주거단지

는 개인 클럽의 재산이 되는 경우가 많다. 이러한 출입 통제를 위한 문은 사회 분열과 양극화를 드러내는 매우 극적이고 시각적인 상징이다.

그러나 출입 통제는 문제의 원인을 다루는 것과 거의 관계없다. 근린 주구는 좀 더 넓은 사회에 내재해 있으며, 그 원인은 그 사회로부터 완전히 벗어나거나 분리되지 않기 때문이다. 블레이클리와 스나이더는 "출입문을 만들 때 전체적인 공공 영역(entire public realm)이 고려되어야 한다."고 주장했다(Blakely and Snyder, 1997, p.173). 더욱이 통제를 통해 얻고자 하는 안전이라는 이점은 외부 사람들의 희생을 통해 얻어진다. 여기에서 희생이라는 것은, 예를 들면 합법적으로 거주하는 영향력 있는 사람들이 외부를 안전하게 만들어야겠다는 동기부여를 받지 못하고 외부의 안전은 전혀 남의 일이라고 생각함으로써 외부환경에 신경을 쓰지 않는 것을 의미한다(Bentley, 1999, p.163). 사실상 문(gate)은 중대한 공적 · 사회적 비용을 수반하는 개인 차원의 해결방법인 것이다.

피해에 대한 두려움

피해에 대한 두려움은 현대 도시환경이 만들어낸 주요한 요소 중 하나이다(Ellin, 1997; Oc and Tiesdell, 1997). 만약 사람들이 그 장소를 단지 불편하고 무섭게 느껴지기 때문에 사용하지 않는다면 공공공간은 황폐해질 것이다. 이러한 회피는 어두운 골목길이나 사용하지 않는 공간 또는 나쁜 사람들이 붐비고 특별한 사건이 자주 발생하는 곳과 같이 특정한 장소에 대한 두려움에서 나온다. 예를 들면 붐비는 도로를 건너는 유일한 방법으로서의 지하도, 알코올 중독자나 거지 또는 난폭한 젊은 이들처럼 불안을 야기하는 사람들의 방해를 받을 수 있는 좁은 도로나 좁은 입구 등 달리 어떻게 할 수 없는 상황을 싫어하는 것이다. 마찬가지로 낙서나 쓰레기, 파괴된 공공시설처럼 물리적 · 사회적으로 무질서한 조짐은 그 환경이 관리되고 있지 않으며 앞으로도 어떻게 될지 모른다는 것을 나타낸다.

안전을 고려한다는 것은 범죄에 대한 관심과 관계있다. 범죄는 위반자와 위법 행위에 관한 것이다. 그리고 안전은 피해자와 피해받을 것 같은 두려움에 관한 것이다. 범죄와 무례는 분명히 구별해야 한다. 범죄는 공식적으로 제정된 법을 위반하는 것을 의미하지만, 반면 불안과 걱정을 야기하고 공공공간을 이용하는 사람들을 방해하는 행위의 대부분은 법적으로는 범죄가 아니다. 그러나 이것은 무례함이라고 하며, 때로는 삶의 질에 대한 범죄로 볼 수도 있다. 제인 제이콥스는 이러한 무례를 '도로의 야만'이라고 표현하기도 했다(Jane Jacobs, 1961, p.39).

두려움과 위험의 차이, 안전하게 느끼는 것과 실제로 안전한 것의 차이를 분명히 해야 한다. 나이가 들수록 그 차이가 줄어들기는 하지만, 일반적으로 여성이 남성보다 피해를 받을 것 같은 두려움을 더 느낀다. 그러나 이런 두려움이 항상 위험을 수반하는 것은 아니다. 한 예로 영국의 통계자료를 보면, 가장 두려움을 보이는 사람들은 여성, 노인, 소수 민족이지만, 오히려 젊은 남성이 가장 위험한 상태에 있다고 한다. 감수성이 예민한 사람은 위험을 싫어하기 때문에 항상 예방책을 가지고 있으며, 따라서 피해당할 가능성이 더 적다는 설명이다.

범죄가 주는 영향의 관점에서 보면, 범죄를 지각하는 것, 즉 두려움은 실제 범죄가 일어나는 통계상의 위험만큼이나 중요하다. 범죄를 지각하는 것도 여러 가지이다. 예를 들어 범죄 관련 서적은 잘못된 사실이나 반 정도만 사실인 것을 대중의 상상 속에 심어줄 수도 있다. 피해를 당할 것 같은 두려움에 대한 반응으로 많은 사람들은 위험을 피하거나 혹은 최소한의 관리로 위험에 노출되는 것을 줄이기 위해 예방책을 마련한다. 따라서 피해에 대한 두려움은 단지 특정한 장소가 아니라 많은 공공 영역으로부터 멀어지게 할 수도 있다.

범죄 예방법

범죄 예방에는 두 가지 주된 접근 방법이 있다. 첫 번째 '동기제거 방법(dispositional approach)'은 교육, 도덕 지침, 처벌, 벌금 그리고 사회 경제적 개발 등을 통해 범죄를 일으킬 개인적인 동기를 없애거나 줄이는 방법을 말한다. 두 번째는 '상황제거 방법(situational approach)'으로 일단 범죄자가 범행을 하기로 최초 결정을 내리고 난 후에, 특정한 기술로 그 장소에서 범죄를 저지르는 것을 더 어렵게 만드는 방법을 말한다.

론 클라크가 만들고 수정한 상황적 접근은 범죄 기회에 초점을 맞춘 것이다(Ron Clarke, 1992, 1997). 클라크는 다음과 같이 설명하고 있다

(1992, p.4). "특정한 종류의 범죄가 일어날 것 같은 환경을 분석해보면, 상황적인 범죄 예방은 이러한 범죄가 일어나는 기회를 줄이기 위해 분명히 관리적이고 환경적인 변화를 창출하게 된다. 따라서 범죄 행위를 하는 사람보다는 범죄가 일어나는 환경에 초점을 맞추는 것이다." 그러므로 개인의 범죄 동기를 정확하게 이해하는 것은 필요하지 않다. 상황적 범죄 예방법은 범죄에 대한 물리적·사회적·정신적 환경을 다루는 데 있어서 다음의 네 가지 중요한 기회 축소 전략을 사용한다.

- 범행을 인지하려고 더 많이 노력한다.
- 범행의 위험을 인지하려고 노력한다.
- 범행으로부터 얻을 수 있는 것을 축소한다.
- 범행을 용서하지 않는다.

어떤 접근 방법이 가장 효과적인지에 대해서 아직 결론 내리기는 이르다. 이론적으로는 범죄를 저지르는 동기를 줄이는 것이 우세할 수도 있다. 그러나 그 효과를 측정하는 것이 어렵기 때문에 기회 축소 방법이 실질적으로 정당화될 수 있다. 설계가 범죄와 안전을 느끼는 데 영향을 미치는 한편으로, 보다 더 안전한 환경에 대한 전제 조건을 만들 수도 있다. 설계는 행위를 변화시키거나 공격적인 사람들의 근본 동기를 줄이기 위한 대용품은 아니다.

동기제거 방법과 상황제거 방법은 전혀 다른 환경을 만들어낼 수도 있다. 바텀스는 어린이 양육에 비유해 이를 설명했다(Bottoms, 1990, p.7). "어떤 부모들은 아이들이 돈이나 초콜릿 등을 가져가지 못하도록 찬장이나 서랍을 잠가놓을지도 모른다(기회 감소). 또 어떤 부모들은 기회가 있다 하더라도 그것을 훔치면 안 된다는 것을 교육시키기 위해 집안의 어떤 것도 잠그지 않는 것을 더 좋아할지도 모른다." 그러나 동기제거 방법은 일반적으로 도시설계의 행위 범주 밖에 있는 것이기 때문에 이 책에서는 논외로 한다.

기회 축소 방법은 도시설계 연구의 주된 흐름 속에서 발전했고 활동, 감시 그리고 영역 정의와 통제라는 주요한 주제를 포함하고 있다(표 6.1). 제인 제이콥스(1961)가 제안한 이런 생각은 뉴먼(Newman)의 '방

어적 공간(defensible space)'과 환경 설계를 통한 범죄예방(CPTED:
Crime Prevention Through Environment Design) 접근 방법을 통해
발전했다. 빌 힐리어(Bill Hillier)는 제이콥스와 다시 보조를 맞춰 범죄
와 안전에 대한 전망을 제시했다.

　제이콥스는 감시 기능을 제공할 수 있는 활동의 필요성과 사적 공
간과 공공공간을 구별하는 영역 구분에 대한 필요성을 주장했다. "성공
적인 근린주구의 선제 조건은 낯선 사람들이 있는 도로에서 피해 입지
않으며, 걱정이 없다는 의미에서 안전하다고 느껴야 한다. 공공의 평화
는 경찰에 의해서라기보다는 보도, 주변시설, 그리고 '문명과 야만의
드라마' 속에서 적극적인 참여자가 되는 이용자들과 함께 자발적인 통
제와 복잡한 네트워크에 의해 유지되어야 한다."고 주장했다(Jacobs,

표 6.1 상황적 접근 방법

	제인 제이콥스	오스카 뉴먼	CPTED	빌 힐리어
공간과 영역성에 대한 통제	공공공간과 사적 공간 사이의 장벽을 없애는 것	영역성 - 영역의 영향이 미치는 지역을 만들어내는 물리적 환경의 능력(경계를 상징화하고, 사적 공간의 위계를 분명히 하는 것을 포함)	자연적 진출입 통제 - 범죄의 목표에 가까이 가는 것을 방지함으로써 범죄의 기회를 축소하려는 의도 영역성의 강화 - 재산을 사용하는 사람들에게 소유권의 개념을 알려주기 위해 소유권의 영향력이 미치는 권역을 새롭게 만들거나 확장하는 물리적 설계 전략	보행자들이 다른 공간을 보고 들어갈 수 있도록 다른 공간과 통합된 공간
감시	거주자나 이용자 같은 원래의 소유자들에 의해 가로를 계속해서 감시하는 것이 필요함 자연스럽게 장소를 새롭게 만들 수 있도록 활동과 기능의 다양성을 북돋우는 것이 필요함	감시 - 거주자와 이용자를 위해 감시의 기회를 제공하는 물리적 설계 능력	자연적 감시 - 일상적으로 이용하는 사람들에 의해 자연스럽게 감시되는 상태	감시 - 공간을 이동하는 사람들에 의해 이루어지는 감시
활동	가로를 바라보는 사람의 수를 늘리고 거리 주변의 건물 안에 있는 사람들이 여러 번 보도를 볼 수 있도록 보도에는 항상 이용자가 필요함	거리에 많은 활동과 상업 용도의 움직임이 늘어나면 필연적으로 거리의 범죄가 줄어든다는 논쟁은 기각함	거리에서 일어나는 활동이 줄어들면, 활동의 수준이 줄어드는 것에 대한 논의	어떤 지역에 계속해서 누가 있거나 누군가 사용하면 안전하게 느끼게 되기 때문에, 이런 측면으로 설계해야 함(즉 동선에 따라 서로 더 잘 섞이고 통합될 수 있도록 설계해야 함)

1961, p. 40). 또한 "도시의 가로는 낯선 사람들이 오고가는 곳이기 때문에 이들을 잘 관리하는 일도 해야 한다. 도로는 약탈하려는 사람으로부터 단지 방어 기능만 해서는 안 된다. 도로는 안전을 보장하면서 그곳을 이용하는 평화적이고 악의 없는 많은 사람들을 보호해줘야 한다."고 주장했다.

오스카 뉴먼은 감시와 영역의 구분을 강조하면서 제이콥스의 생각을 더 발전시켰다. 뉴욕의 주거단지 개발에서 범죄가 발생한 장소에 대한 연구에 기초해, 그의 책 『방어 공간: 폭력 도시에서의 사람과 설계(Defensible Space: People and Design in the Violent City, 1973)』에서 "도시환경이 다시 활기 있고, 경찰이 아니라 지역 공동체가 나서서 통제할 수 있도록 도시환경을 재구조화할 것"을 제안했다. 뉴먼(Newman, 1973)은 주거지역에서 범죄율 증가와 관련 있는 세 가지 요소를 발견했다. 첫째는 익명성으로 사람들이 그들의 이웃을 모르는 상태이며, 둘째는 건물 내의 감시 부족, 즉 안 보이는 곳에서 범죄가 더 쉽게 일어날 수 있도록 조장하는 상태, 셋째는 범인이 목격되지 않은 상태에서 도망칠 수 있는 길이 얼마나 있는가의 여부이다. 여기서 그는 방어 공간의 개념을 거주자들이 환경을 제어할 수 있도록 하는 메커니즘으로 발전시켰다. 이러한 메커니즘에는 실질적이고 상징적인 장애물, 확실하게 구분된 지역의 영향 범위, 그리고 한층 강화된 감시 기회 등이 포함된다.

환경 설계를 통한 범죄 예방(CPTED) 접근 방법은 뉴먼의 개념과 공통점이 많다. 기본적인 개념은 범죄활동을 조장하는 상황을 줄이도록 물리적 환경을 조작함으로써 범죄의 발생과 두려움을 줄일 수 있다는 것이다(Crowe, 1991, pp. 28~9). '안전을 위한 설계' 접근 방법은 경찰에서 널리 쓰고 있는 방법으로 CPTED와 유사하다. 영국에서는 대부분의 경찰기관에 이러한 원칙을 신개발에 적용하도록 하고 있다. 영국(BRE, 1999)과 미국(Sherman 외, 2001)에서 이러한 접근 방법의 분석은 방어적 공간 원칙을 포함해서 그 장소의 특성에 맞게 물리적 개입을 위한 강력한 토대를 제공했다.

뉴먼과 CPTED 접근 방법은 영역 구분에 위계가 있고, 컬데삭처럼 연속적이지 않은 도로 배치를 선호하는 경향이 있다. 컬데삭은 도둑이 막다른 곳에 몰려 잡힐 수 있기 때문에 범죄 행위를 방해한다고 생각하기 때문이다(Mayo, 1979). 분리된 주거지역은 크게 암시적 분리공간과 명시적 분리공간으로 구분될 수 있다. 외부인 스스로가 비교적 눈에 띈다고 느껴 출입하는 것을 꺼려하고 수동적이 되는 것처럼 분리의 방법이 비교적 암시적인 장소가 있고, 다른 하나는 출입을 통제하는 단지처럼 외부인을 아예 출입조차 못하게 하는 명시적이고 물리적인 장소가 있다.

힐리어는 파괴적이든 평화적이든 간에 모든 낯선 사람을 배제함으로써 사람들의 자연스러운 움직임을 방해하는 방어적 공간에 대하여 비판했다(Hillier, 1988, 1996a). 그는 공공공간에 사람이 있음으로 해서 안전한 느낌을 높일 수 있으며, 그것은 공간이 자연적으로 치안이 유지되고 있다는 것을 보여주는 주요한 방법이라고 주장했다. 사람들이 공간에 자연스럽게 있을수록 위험은 작아진다. 공간 구성과 동선의 관계에 대한 연구에서 힐리어는 어떤 공간의 특성은 사람이 있음으로 해서 증가하며, 따라서 안전한 느낌도 높아진다고 주장했다(1996a, 1996b, 8장 참조). 실제로 덜 북적거리는 장소가 더 복잡한 장소에 있는 주거지역보다 도둑범죄 비율이 더 높은 것으로 나타났다.

사람과 재산의 안전을 확보하기 위해 사람이 있어야 하고 도로를 감시하는 눈이 있어야 한다는 설계 전략과, 한정된 지역 안에서 사람과 재산의 안전을 보장하기 위해 접근과 투과성을 제한하는 설계 전략 사이에는 기본적으로 자기모순이 있다. 두 전략이 각기 장점이 있고 응용이 가능하다 하더라도, 결정적인 논점은 보행동선의 밀도이다. 범죄를 방해하려면 충분한 감시가 필요하다. 건물을 서로 연계 배치하여 감시의 기능을 높이려면, 밀도가 높고 용도가 혼합된 도시지역과 비슷한 정도의 동선밀도를 필요로 한다. 만약 저밀도 교외주택지 공동체에서처럼 보행자 동선의 밀도수준이 이 정도가 되지 않으면 방어적 공간 설계를 적용하는 것이 더욱 유용할지도 모른다. 이 두 가지 전략이 상호 배타적이지 않다는 것도 알고 있어야 한다.

관련된 논쟁은 감시 전략과 접근 방해 전략의 상대적인 장점에 관한 것이다. 비록 이웃과 대체로 잘 지내는 편은 아닐지라도, 높고 들여다볼 수도 없는 담은 주거지 주변의 사적 공간뿐만 아니라 자기 집 주변으로 접근하는 기회도 감소시킨다. 이런 사적 공간 주변의 담은 유럽에서 일반적이다. 유럽에서는 전형적으로 집과 도로의 상호작용을 도와주며 도로를 볼 수 있도록 정문이 낮고 뒤의 담은 상당히 높다. 그러나 이러한 뒤쪽 정원의 담은 의심스러운 행동을 가려주기 때문에 치안활동을 방해할 수도 있다. 미국에서는 대체로 사적 공간이 열려 있고 담이 없는데, 이 경우 주거 침입 행동이 잘 보인다. 그러나 다른 한편으로는 모든 주거 건물의 모든 입면을 드러냄으로써 뒷마당의 프라이버시를 감소시킨다. 어떤 방식을 선호하는가는 방범 차원에서뿐만 아니라 미학적 차원에서 결정될 것이다.

기회 축소 접근 방법은 두 가지 면에서 비판을 받는다. 첫째, 방범과 방어에 대한 관심은 매우 방어적 도시성을 초래한다. 솔킨은 '방범'에 대한 강박관념에 대하여 지적했다. 이런 강박관념으로 인해 시민에 대한 조종과 감시 수준이 높아지고 있으며, 새로운 인종차별과 같은 것이 확산되고 있다는 것이다(Sorkin, 1992, pp. 13~4). 소야(Soja)가 명명한 '감옥도시(carceral city, 2장 참조)'의 특성은 마이크 데이비스(Mike Davis)의 『투명도시(City of Quartz, 1990)』에서도 발견되었고, 이외에도 한층 향상된 공간 감시 시설을 갖춘 마치 원형감옥 같은 쇼핑센터도 있다. 이런 공간 감시 시설은 외부인의 출입을 차단하는 지능형 업무용 건물, 엄호물 같은 건축물, '자학적 도로' 등에서 나타나고 있다. 자학적 도로란 도로의 시설물이 도로를 이용하는 데 부정적 영향을 주는 것으로서, 예를 들면 거지들이 잠자지 못하도록 설계된 벤치와 면도날로도 쉽게 훼손되지 않게 만든 투박한 쓰레기통 등이 설치된 도로를 말한다. 안전하게 만들어졌지만 한편으로 미래의 사용자를 위협하는 공공공간은 자신의 존재 이유를 파괴하는 것이다. 특별히 단속하는 환경은 어떤 사람을 안심시킬 수 있지만, 또 다른 사람에게는 억압이 되기도 한다.

기회 축소 방법은 적용하는 데 있어 더 민감한 부분이 생길 수 있다. 주제공원에서의 통제가 한 예이다. 가령 디즈니월드는 하루 100,000명의 방문객에게 일정한 교육과 지시를 통해 질서를 요구하는가 하면, 활동의 선택을 제한하는 물리적인 장애물을 두고, 사소한 일탈 행위도 감지하고 수정해줄 수 있도록 곳곳에 직원들을 배치해놓고 있다. 이렇게 함으로써 질서 정연하게 주제공원이 이용되고 있다(Shearing and Stenning, 1985, p.419).

통제 전략은 환경의 설계와 관리에 모두 내재되어 있다. 예를 들어 디즈니 회사의 모든 직원들은 다른 업무도 보지만, 주된 업무인 질서의 유지를 위해 일하고 있다. 결국 통제 기능이 그들도 알지 못하는 사이에 스며드는 것이다. 쉬어링과 스텐닝은 디즈니 회사의 힘은 물리적인 강압과 협동을 유발하는 능력에 있다고 설명한다. 물리적인 강압은 그럴 필요가 있을 때 사람들이 참을 수 있을 만큼의 물리적 강압을 말하는 것이며, 협동을 유발하는 능력이란 사람들이 중요하게 생각하는 것을 빼앗음으로써 협동을 유발하게 하는 것이다. 결론적으로 통제는 합의되는 것이다.

둘째, 특정 장소에서 범죄 기회를 제한하는 것은 단순히 범죄를 재배치하는 것이라는 주장이 있다. 치환은 다른 형태를 취하게 될지도 모른다.

- 지리적 치환 : 범죄가 한 장소에서 다른 장소로 옮겨가는 것을 의미한다.
- 시간적 치환 : 범죄가 특정 시간에서 다른 시간으로 이동하는 것을 의미한다.
- 전술적 치환 : 범죄의 방법이 다른 방법으로 대체되는 것을 의미한다.
- 범죄 유형의 치환 : 한 유형의 범죄가 다른 유형의 범죄로 대체되는 것을 의미한다(Felson and Clarke, 1998, p.25).

범죄의 치환에는 여러 가지 방법이 있기 때문에 치환이 없다고 결론적으로 설명하는 것은 눈 가리고 아웅하는 격이며, 연구를 통해 치환의 가능성을 막을 수도 없다. 마찬가지로 치환의 효과는 최소한 몇몇 범죄와 동기를 없애는 것이며, 치환의 정도는 대안으로 다른 목표를 얻을 수 있는지 여부와 범죄자의 동기와 관계있을 가능성도 있다.

바와 피즈(Barr and Pease, 1992)는 덜 심각한 범죄와 관련 있는 '선의의' 치환과 더 나쁜 결과를 초래하는 '해로운' 치환을 유용하게 구별했다. 비록 목적은 범죄를 줄이는 것이지만, 일반적으로 선의의 치환을 해로운 치환보다 더 선호한다. 설계를 통한 범죄 예방의 통합적 접근 방법이 이웃 지역으로 옮겨가는 범죄를 줄일 수 있으며, 더불어 이웃 지역에 대한 지각을 향상시킬 수도 있다는 증거가 있다(Ekblom 외, 1996).

아크와 타이즈델(Oc and Tiesdell, 1999, 2000)은 좀 더 일반적인 도시설계의 관점에서 기회 축소 접근 방법을 통합하면서 보다 안전한 환경을 창출하는 네 가지 접근 방법을 찾아냈다.

- 성곽 접근 방법 : 배제의 전략으로 담·장애물·문과 같은 물리적 격리 방법을 사용하며 개인화, 영역의 통제와 관련 있다.
- 원형 감옥 접근 방법 : 경찰이나 방범대 배치, CCTV 시스템, 은밀한 감시 시스템을 활용하고, 실질적인 통제, 공공공간의 개인화, 배제와 관계있다.
- 관리 또는 규제적 접근 방법 : 공공공간의 관리, 분명한 규칙과 규정, 시간·공간적 규제, 관리도구로서의 CCTV, 공공공간의 도시관리자와 관계있다.
- 사람을 북적이게 하는 접근 방법 : 사람의 존재나 활동, 반기는 분위기, 접근성 그리고 포함과 관계있다.

이러한 접근 방법은 상호배타적이지 않다. 어떤 특별한 상황에서 채택된 특정 접근 방법은 지역의 맥락을 따르며, 네 가지 요소를 혼합하기도 한다. 성곽 접근 방법과 원형 감옥 접근 방법은 적극적이고 무엇인가 이루어지는 것이 눈에 보이는 것을 선호하는 경우에 효과가 있다. 그러나 본질적으로 이러한 방법은 개인주의적 성향이 있고, 몇몇 사람들의 안전도를 높일 수 있지만 그 외의 사람들에게는 그렇지 않은 경우도 있다. 결과적으로 이러한 개인적인 해결책은 집단적인 해결을 방해하며, 모든 사람에게 별로 좋지 않은 결과를 초래할 수도 있다. 그러나 이와 달리 사람을 북적이게 하는 접근 방법은 도시공간과 공공공간에 대해 좀 더 넓고 긍정적인 사고를 제공하며, 이로써 도시공간을 보다 안전한 장소로 느끼게 하기도 한다.

| 접근성과 배제 |

공공 영역에 대해 논의할 때 주요한 요소 중 하나는 접근성이다. 공공 영역은 모든 사람이 접근할 수 있어야 하지만, 어떤 환경은 의도적이든 의도하지 않았든 간에 특정한 사회 계층에게는 접근성이 떨어지는 경우도 있다. 배제는 앞에서 설명한 '방범'을 함축적으로 포함하고 있다. 본질적으로 배제는 공간과 공간에 대한 접근 통제를 통해 힘을 드러낸다. 사회의 다양한 권력이 특별한 환경을 통제하고, 종종 투자를 보호하기 위해 의도적으로 접근성을 축소하는 경우도 있다. 그럼에도 접근 통제가 실질적으로 광범위하게 이루어진다면 공공 영역의 공공성은 손상을 받게 된다. 설계 전략이 배제와 포용 두 가지를 가능하게 하고 증가시킬 수 있는 반면에, 환경은 선택을 높이고 모두를 포함해야 한다는 생각은 도시설계 사고의 중심이다.

카르는 접근의 세 가지 형태를 발견했다(Carr 외, 1992, p.138).

• 시각적 접근 : 공간에 들어가기 전에 안을 볼 수 있다면 그 공간이 편안한지, 자기를 반기는지, 그리고 안에서 안전한지의 여부를 판단할 수 있다.

• 상징적 접근 : 상징은 공간을 활력 있게 하기도 하고 재미없게 만들 수도 있다. 예를 들어 특별한 종류의 상점과 같은 요소가 공간에서 반기는 사람의 유형을 표시할 수도 있는 반면에, 위협이나 편안함, 반김 같은 분위기를 인지한 개인 혹은 그룹이 공공공간에 들어가는 것에 영향을 줄지도 모른다.

• 물리적 접근 : 물리적 접근은 공간이 물리적으로 공공에게 열려 있는지 여부에 관심이 있다. 물리적 배제는 내부가 보이든 안 보이든 특정 환경에 진입하고 사용할 수 없게 하는 것이다.

접근성과 배제는 공공공간의 관리차원에서 논의할 수 있다. 즉 바람직하지 못하거나 원하지 않는 사교행위를 막거나 배제하는 것을 말한다. 준공공간의 관리자와 소유자는 유지 관리의 책임, 그 공간에서 발생하는 일에 대한 책임, 시장성에 대한 관심으로 인해 준공공간 내의 활동을 통제하려는 다양한 동기를 가지고 있다. 어떤 행태와 행동을 못하게 하는 것은 관리나 통제의 기능 혹은 목적일 수도 있다. 머피는 바람직하지 못한 사회적 특성(활동)이 일어나지 않도록 설계된 '배제지역'이 기하급수적으로 증가하고 있는 것을 강조했다(Murphy, 2001, p.24). 이것은 광범위한 현상으로 예를 들면 흡연, 음주, 정치 유세, 스케이트보드, 이동전화, 자동차 등의 활동이 일어나지 않도록 설계된 지역을 포함한다.

관리와 공공 영역

공공 영역은 집단과 개인의 이익 사이에서 균형 있게 관리되어야 한다. 이것은 필수적으로 자유와 통제 사이의 균형을 맞추는 것을 의미한다. 린치는 "개방된 느낌으로서의 접근성에 대해 논의하면서, 이는 사람들이 자유롭게 선택하고 즉각적으로 행동할 수 있도록 열려 있는 것"을 의미한다고 주장했다(Lynch, 1972a, p.396). 그리고 "공공공간을 자유롭게 사용하는 것은 우리를 해치고 위험에 빠뜨리며, 심지어는 권좌를 위협할지도 모르지만 필수적인 가치 중의 하나인 것은 분명하다."고 주장했다. "우리는 하고 싶은 대로 말하고 행동하는 권리를 부러워한다. 다른 사람들이 좀 더 자유롭게 행동했을 때, 그들과 우리 자신에 대해 배운다. 자유롭게 이용할 수 있는 도시공간은 재미있는 만남의 기회이다(Lynch and Carr, 1979, p.415)." 공공공간에서 활동의 자유는 당연히 '책임 있는 자유'를 의미한다. 카르에 의하면 책임 있는 자유는 사람들이 원하는 활동을 실행하는 능력뿐만 아니라 원하는 공간을 사용하되 공공공간은 공간을 공유하는 것이라는 인식도 가져야 한다는 것을 포함한다(1992, p.152).

심지어 공공공간을 이용자에게 친절하고, 해가 되지 않도록 관리하는 것은 복잡하다. 린치와 카르는 공공공간에서 이러한 선의의 관리를 다음과 같이 설명하고 있다(1979, p.415).

- 해로운 활동과 해롭지 않은 활동을 구별하는 것, 그리고 해롭지 않은 활동을 제한하지 않으면서 해로운 활동을 통제하는 것
- 허용할 수 있는 것에 대해 넓은 공감대를 형성해가면서 자유로이 사용할 수 있도록 인내 수준을 높이는 것

- 서로를 잘 참아주지 않는 그룹의 활동을 시간과 공간의 측면에서 격리하는 것
- 거의 피해를 주지 않는 매우 자유로운 행태가 일어날 수 있는 '비주류의 장소'를 제공하는 것

공공공간이 법류를 통해 규정되었다고는 하지만, 행태와 활동에 대한 통제는 준공공공간에서 더 단호하고 분명하다(그림 6.7). 엘린은 로스앤젤레스의 유니버설스튜디오 시티워크 입구에 걸려 있는 안내문 규정의 잠재적인 강도를 설명했다(Ellin, 1999, pp. 168~9). 그 안내문은 방문객에게 다음과 같은 것을 금지하고 있다.

음란한 말이나 몸짓, 시끄럽고 떠들썩한 행위, 노래를 부르거나 악기를 연주하는 것, 쓸데없이 쳐다보는 것, 뛰기, 스케이트 타기, 롤러블레이드 타기, 애완견 데려오기, 비상업적 표현 활동, 전단지 돌리기 등의 상업적 광고활동, 심한 노출, 5분 이상 바닥에 앉아 있는 것 등(그림 6.7)

루카이토–사이더리스와 배너지는 두 가지 유형의 통제에 대해 언급했다(Loukaitou-Sideris and Banerjee, 1999, pp. 183~5).

- 적극적 통제 : 개인적인 방범대, 감시카메라, 어떤 행동을 금지하거나 허가장 발부, 프로그래밍, 예약 또는 임대를 조건으로 허가하는 규제를 사용하는 것이다.
- 소극적 통제 : 수동적으로 바람직하지 못한 행동을 막는 상징적 제한과 공공화장실 같은 특별한 시설을 제공하지 않는 것에 초점을 둔다.

Highways Act 1980 Section 31 (3)
Notice is given that no part of this place has been dedicated as a public right of way of any sort nor is there any intention to dedicate any right of way

PRIVATE PROPERTY
Skateboarding, Cycling, Roller-skating and all other similar activities are strictly prohibited within this area

그림 6.7 준공공공간에서의 제약은 그 공간의 손상된 본질을 잘 나타내고 있다. 고속도로법 1980 31조 3항 – 이 장소에는 어떤 종류의 공공 우선 통행권도 없었으며, 앞으로도 줄 의도가 없음을 알린다.
개인 재산 – 스케이트보드, 자전거, 롤러스케이트와 이와 비슷한 모든 활동은 이 장소에서 엄격하게 금지된다.

통제 전략이 어떻든 간에 공공공간이 사람들의 장소로서 성공적이기만
하면 분명히 매력이 있는 공간이다(그림 6.8). 통제 전략은 일정 부분 여
론에 호소하고 있다. 그러나 많은 공공공간들이 공공장소로 설계되지
않으며, 단순히 한 건물을 자랑하거나 특정한 단체에 호소하려는 의도
가 있다는 것은 사실이다. 공공 영역의 관리에 있어 경찰국가(police
state)와 치안유지국가(policed state)를 구분하는 것이 중요하다. 경찰
국가는 사회적으로 권위주의적이라고 한다면, 치안유지국가는 시민의
자유를 보호한다는 차원에서 좀 더 참을 만한 상태라는 미세한 차이가
있다. 많은 사람들이 공공질서와 안전을 목적으로 공공 영역에 대한 규
제를 선호할지도 모른다. 그 반면에 수익성 또는 시장성을 이유로 보다
넓은 공공의 이익을 추구한다는 차원에서 제정된 규정이 지배그룹에 반
대하는 행태를 막는 규정으로 진전될 위험 역시 존재한다. 후자는 공공
영역에서 접근성을 축소시키는 데 대한 구실을 제공한다.

그림 6.8 영국 셰필드의 평화공원(Peace Garden). 최초로 개발된 공원으로, 사람들에게 활력과
원기를 준다. 준공 후 첫 번째 주말은 날씨가 좋아서 셰필드 사람들은 전통적인 유럽광장보다는 해
변처럼 이용했다. 관리 당국은 사람들이 공원을 꾸준히 이용하게 할 방안을 궁리했지만 광장의 피
해가 없다면 사람들의 자유로운 행동은 공간에 대한 소유 의식과 호감으로 이어진다는 것을 알게
되었다.

배제와 공공 영역

어떤 전략은 특별한 행태보다는 특별한 개인이나 그룹을 배제하려고 한다. 사적 소유권은 기본적으로 접근을 배제하거나 막는 것이다. 특별한 질서나 규정이 만들어지지 않는 한 사람들은 진정한 공공공간에서 법적으로 배제될 수 없다. 그러나 공공 영역은 공공이 접근할 수는 있지만 개인이 소유한 공간도 포함하고 있다. 예를 들면 누구에게나 접근을 허용해야 한다는 조건으로 용적률 인센티브나 직접적인 재정 원조를 부여하여 확보한 공간이 여기에 속한다. 배너지는 이런 공간의 설계에 대해 논평을 하면서 "공공 시민은 상점이나 식당의 단골손님으로서, 사무원이나 고객으로서 환영하지만 공간에 접근하고 사용하는 것은 권리라기보다는 특권처럼 인식된다."고 설명했다(Banerjee, 2001, p.12). 따라서 나타나기만 하면 다른 사람들의 불안을 유발하는 '바람직하지 못한' 개인이나 그룹은 다른 사람들의 안녕과 안전, 더 많은 이익 창출을 위해 배제될 수 있다. 이러한 식의 접근 통제는 대개 위험회피적이고, 상당히 많은 사람을 배제하는 경향이 있다. 긍정적으로 보면, 이런 전략은 바람직하지 못한 것처럼 보이는 그룹과 개인의 특성을 확인하고, 정리한다는 면이 있다. 부정적으로 보면, 판에 박힌 것을 반복하는 것으로, 심지어는 차별하는 것으로 여겨질 수도 있다.

배제는 물리적인 설계 전략을 통해 실현이 가능하다. 로스앤젤레스에서의 관찰에 근거해서 플러스티는 기능과 인지적 감성을 조합하여 배제를 위해 설계된 다섯 가지 공간 유형을 구분했다(Flusty, 1997, pp. 48~9).

- '비밀스러운 공간(stealthy space)'은 물건을 배치하거나 높이를 변경함으로써 위장하거나 불명확해져 발견할 수가 없다.
- '갈 수 없는 공간(slippery space)'은 비틀리고 늘어지고 끊어진 접근로 때문에 도달할 수가 없다.
- '통제되는 공간(crusty space)'은 담, 문, 초소(check-point)와 같은 방해물 때문에 접근할 수 없다.
- '불편한 공간(prickly space)'은 앉는 것을 방해하는 경사진 의자처럼 편안하게 사용할 수가 없다.

• '불안한 공간(jittery space)'은 순찰차의 모니터링이나 감시 기술과 같은 관찰 속에서만 활용이 가능하다.

루카이토–사이더리스와 배너지는 로스앤젤레스 중심부의 노구치 광장, 시티코프 광장 그리고 시큐리티 퍼시픽 광장을 평가하면서 공공 영역의 내향성과 계획적인 분리를 발견했다(Loukaitou-Sideris and Banerjee, 1998, pp. 96~7). 각각의 광장은 시각적으로 접근하기가 어렵게 설계되었고, 따라서 배타적인 비밀스러운 공간이라고 할 수 있다. 도로에서 격리되어 직접 접근할 수 없고, 주로 주차장 구조물을 통해 접근하도록 설계함으로써 전략적으로 공간의 내부 지향성을 띠고, 외부 공간에서는 내부 공간에 대해 도저히 알 수 없게 되어 있다. 이러한 방어적 설계는 외부환경으로부터 공간을 고립시키고, 따라서 주변의 도시 조직으로부터도 공간을 단절하고 연계시키지 못한다.

　직접적인 배제의 또 다른 형태는 입장료를 부과하는 것과 관계있다. 입장표가 규정을 준수하고, 그렇지 않으면 그 장소에서 추방당해도 좋다는 보증의 내용을 포함하고 있기 때문이다. 극장, 영화관과 같은 준공공공간에서는 입장료를 부과하는 것이 일반적이지만, 공공 공원이나 시민장소 등에서는 그렇지 않다. 그럼에도 시애틀의 시민센터에 대해 디즈니가 제안한 재설계안은 입장료를 꼭 지불해야 하는 것으로 되어 있다(Warren, 1994).

　배제의 좀 더 미묘한 형태는 지불 능력을 상징하고 표현하는, 즉 소비할 수 있는 외모를 가지고 있는지의 여부 등 시각적인 단서를 통해 나타나기도 한다. 부유해 보이는 외모를 가진 사람들은 접근이 보장되는가 하면, 충분히 소비할 여력이 없을 것처럼 보이는 사람들은 의심을 받거나 반기지 않는다는 느낌이 들기도 하며, 또는 입장을 거절당하는 수도 있다. 사람들은 예상되는 행태를 따르고 규범을 지키기 때문에 규정은 자기 절제의 의미가 있다. 한 예로 보디는 디트로이트 르네상스 센터에서 공간의 차별을 관찰하고 나서 젊은 흑인, 점원, 집배원, 트레이너 등이 입은 보수적이고 매우 비싼 의상에 초점을 맞추었다(Boddy, 1992, p. 141). 사람들은 곧 과도한 옷차림이 새롭게 요새화된 도시환경에 들어가는 입장권과 같은 생존전략이 아닌지 생각하기 시작했다.

| 평등한 환경 |

도시환경의 설계는 장애인, 여성, 노인, 자동차를 타지 않고 걷거나 대중교통을 이용하는 사람들과 같은 일정한 사회집단에게 선택의 폭을 줄이는 여러 가지 방법이 있다는 차원에서 생각해볼 수 있다.

장애, 접근성 그리고 배제

다양한 물리적 장애물은 장애인, 노인, 유모차의 어린이, 임신한 여성들이 공공 영역을 사용하는 것을 방해한다. 홀과 임리는 장애인들은 건조환경을 일련의 장애물로 경험하는 경향이 있다고 설명한다(Hall and Imrie, 1999, p.409).

> 대부분의 건물은 휠체어를 타고 접근할 수 없도록 되어 있으며, 시각장애인들이 쉽게 찾아갈 만큼 충분한 점자판이나 점자 컬러링도 거의 없다. 문, 핸들, 화장실 같은 특별한 대상을 설계할 때, 생리적으로나 정신적으로 손상을 입은 사람들의 관점에서 표준화하고 그들이 사용할 수 없는 것을 확인해야 한다.

장애에는 크게 두 가지 유형이 있다. '의학적 유형'은 노화나 간질 같은 의학적 관점에서 정의할 수 있다. 이러한 장애 요소는 사회적인 맥락이라기보다는 개인적인 이유에 근거한다. 두 번째로 '사회적 유형'은 교정할 수 없을 정도로 손상된 사회 및 환경에 의해 만들어진 장애에 초점을 둔다. 이것은 개인적 손상이 아니며, 환경 속에서 손상을 입거나 장애를 얻게 되는 경우이다.

임리와 홀은 "설계와 개발 과정이 장애적 환경을 만들어내고 있으며, 포용적 설계는 결과만큼이나 설계에 대한 태도와 과정에 관한 것이다."라고 설명하고 있다(2001, p.10). 대부분의 건조환경 전문가들은 법으로 인해 어쩔 수 없는 경우에만 장애인을 고려하고, 장애인의 수요에 대해서는 거의 모르고 있다. 이러한 맥락에서 사회적으로 일부 장애를 가지고 있는 사람들은 별도의 비용 같은 추가장치가 필요한 사람들로 받아들여지고 있다. 장애를 가진 사람들이 종종 장애를 강조하는 사회 과정과 개발 과정에서뿐만 아니라 건조환경으로부터 멀어지게 되는 것은 그렇게 놀라운 일도 아니다.

실제로 장애와 장애인의 욕구에 대한 좁은 식견은 '장애인 법'을 단지 휠체어를 사용하는 사람들에게만 필요한 것으로 이해할 수도 있다. 1995년 영국의 장애차별법(Disability Discrimination Act)은 훨씬 더 광범위하게 '일상생활을 하는 개인의 능력에 실질적으로 장기간 불리한 영향을 주는 물리적·정신적인 손상'으로 정의하고 있다. 법의 목적상 장애로 간주되려면, 다음 조건 중 하나는 해당해야 한다. 이동성, 손재주, 물리적 근육운동의 공동 작용, 자기절제력, 들고 운반하는 능력 또는 그렇지 않으면 물건을 움직이는 능력, 말하고 보고 듣는 능력, 기억하고 집중하고 배우고 이해하는 능력, 물리적인 위험을 무릅쓸지 말지를 인지하는 능력 등이다. 이러한 범위를 이해하면 우리의 건조환경이 얼마나 많은 장애를 만들고 있는지에 대해 보다 넓은 관점에서 평가할 수 있다. 한 예로 영국에서는 장애인 인구의 4%만이 휠체어를 사용하고 있으나, 휠체어를 이용하는 사람이 곧 전형적인 장애인이라고 인식되고 있다(Imire and Hall, 2001, p.43).

도시설계 맥락에서 환경적인 장애를 선포하는 경우 다음의 사항을 포함해야 한다.

- 사회적 장애, 그리고 환경이 장애를 만들어내는 방법에 대한 이해
- 배제나 격리보다는 함께하기 위한 설계
- 법적으로 당연히 해야 하는 것에 대한 대응보다는 미래에 대한 예측과 통합된 이해

그러나 간과해서는 안 될 것은 장애에 대해 특별히 주의를 기울이는 것은 모든 사람에게 보다 쉽게 건물을 사용하도록 하기 위함이라는 사실이다. 따라서 무엇보다도 중요한 논쟁은 장애인의 요구가 설계 과정에서 통합적으로 고려되어야 한다는 것이다. 왜냐하면 장애물이 없는 건물과 환경은 모든 이용자에게도 더 나은 기능을 제공하기 때문이다.

이동성, 접근성 그리고 배제

접근성은 교통과의 관계 속에서 논의할 수 있다. 환경을 이용할 때, 자동차와 같은 사적인 교통에 의존한다면, 환경은 접근하기 어려운 대상이 될

것이다. 장소와 시설에 접근성을 향상시키고, 대중교통 이용을 활성화시키기 위하여 서로 다른 토지이용을 공간적으로 집중함으로써 좀 더 효과적인 포괄적 도시설계를 할 수 있다. 접근성은 이동성과 관계있다. 예를 들면 여성과 저소득 계층은 대중교통에 의존하기 때문에 이동성과 접근성이 낮은 경향이 있다. 오늘날 자동차 중심의 사회를 지원하는 정치경제적 시스템에 더해 '자동차 이동성'은 결과적으로 자동차에 의존적인 환경을 널리 확산시키고 있다. 긍정적인 측면에서 보면, 셸러와 어리는 자동차 이동성은 자동차 이용자들에게 언제 어디든 빨리 갈 수 있게 해준다는 의미에서 '자유의 원천'이라고 주장했다(Sheller and Urry, 2000, p.743).

자동차 또한 안전을 제공한다. 그리고 어떤 의미에서 여성해방이 자동차에 의해서 이루어졌던 것도 사실이다. 자동차는 많은 여성에게 개인적인 자유를 주었고, 자동차로 여행을 하면 비교적 편안하고 물건도 편리하게 운반할 수 있으며 쪼개진 시간을 한데 엮어서 효율적으로 시간 관리도 할 수 있다(p.749). 이러한 유연성과 자유는 자동차를 통해서만 가능하다. 많은 사람들의 일과 삶은 자동차 없이는 보장하기가 어려운 것이 되었다(p.744). 어리는 "자동차 이동성이 토지 이용의 공간 분리를 계속해서 촉진하고 있으며, 이렇게 분리된 시설을 다시 통합하기 위해서는 훨씬 더 많은 자동차 이용을 필요로 하기 때문에 실제로 자동차의 유연성은 억지로 만들어진 것이다."라고 반박하고 있다(Urry, 1999, pp.13~4). 따라서 광고에서 자동차를 아무 문제없이 사람을 해방시키는 선구자로 설명하더라도, 대량 이동성이 대량 접근성을 만들어 내는 것은 아니다.

자동차 이용은 개인 안전성을 높이면서 단절 없는 여행을 제공하는 특별한 장점이 있는 반면, 그로 인해 다른 가능한 교통수단과의 연계를 단절하는 경우가 많다. 자동차를 계속 타면서 여행하는 것과 비교했을 때, 다른 교통수단은 단절되고 불편한 것처럼 보인다. 예를 들면, 버스 정류장까지 걷는 데 단절이 발생하고 거기서 기다려야 하고 또 버스 정류장에서 기차역까지 걸어가야 하는 등 서로 연결되지 않아 불편한 점이 있다(Sheller and Urry, 2000, p.745) 이러한 단절은 불확실성, 불편 그리고 때로는 위험의 원인이 된다. 비록 주차건물에 주차할 때와 같이 자동차 여행에서도 단절은 있지만, 다른 교통수단에 비하면 덜하다.

사회적 격리와 분절

널리 퍼져 있는 배제의 전략은 사회적 분리와 분절을 야기한다. 도시 지역의 배치에 있어서 통합과 분리에 대한 상당한 논쟁이 있지만, 최근 경향은 분리이다. 분리는 사회 교육, 개인의 발전, 정보 교환과 같은 공공 영역의 세 번째 기능을 손상시킨다. 분리는 무시를 야기하며, 따라서 사회 차별과 관련된 두려움을 발생시킨다(Ellin, 1996, pp.145~6). 도시 설계 연구, 특히 미국의 연구에서 도시공간의 사회적 분리와 배제에 의한 피해 효과는 점차 더 많은 주목을 받고 있다.

사회적 분리에 대해서는 리처드 세넷(Richard Sennett, 1970, 1977, 1990)이 중심적으로 연구를 했다. 세넷은 "밀폐된 공간에서 사는 사람들은 과거 경험의 상처, 기억 속에 뿌리박힌 전형적인 고정관념 등을 다른 사람과 비교할 기회가 적기 때문에 자기계발에서 뒤처진다."고 주장한다(1990, p.20). 밀폐된 사회의 주변부에서 발생하는 장면을 보는 것이 유일한 기회가 될 것이며, 그러한 기회조차도 고정된 시각에서 바라볼 것이며, 이러한 것들은 시간의 흐름 속에서 일상이 되어버린 사회학적인 장면일 뿐이라고 세넷은 설명하고 있다. 이러한 주장에 대해 두아니 외 공저자들은 "분리주의자의 패턴은 자기 영속적이다. 같은 환경에서 자란 어린이들은 다른 사람의 삶을 공감하지 못할 테고, 다양한 사회에서 생활하는 것에 대한 준비도 안 된 것처럼 보인다." 그러한 어린이들에게 있어 다른 사람들은 외계인이 되는 것이다(Duany 외, 2000, pp.45~6).

좀 더 포괄적인 공공 영역을 위한 소망은 최소한 분리된 공간을 원하는 수요에 의해서는 아니지만, 다양한 방법으로 좌절을 겪는다. 남부 캘리포니아의 공공공간에 대해 설명하면서, 루카이토-사이더리스와 배너지는 "이러한 공간은 포용에 대한 집단의 무감정과 비호감을 반영한다."고 설명하고 있다(Loukaitou-Sideris and Banerjee, 1998, p.299).

이러한 환경의 내향적이고 폐쇄적이고 통제되고 현실도피적이고 상업적이고 배제적인 본성은 단순히 개인 기업의 일시적인 생각이나 건축가, 계획가 그리고 도시설계가의 복합적인 상상의 탓만으로 돌릴 수는 없다. 공공부문의 다른 집단으로부터 위험이 있다고 느끼게 되면 프라이버시와 격리를 위해 기꺼이 비용을 지불할 용의를 가진다.

여기서 볼 수 있는 것은 배제와 격리를 원하는 수요가 있으며, 이러한 요구에 대응하는 도시설계가의 능력이 필요하다는 것이다. 이것은 특히 집단과 개인의 이해 사이에서 균형을 맞추는 필요에 관련된 도시설계의 중요한 윤리적 논점을 제공한다.

결론

도시설계의 사회적 차원은 다른 어떤 차원보다 설계에 대한 결정이 사회 속의 개인과 집단에 어떠한 영향을 주는가와 관련 있다. 따라서 도시설계의 사회적 차원은 가치관과 어려운 선택의 논의주제를 가지고 있다. 더욱이 설계의 역할은 중요하긴 하지만 어쩔 수 없이 한정적인 특별한 사회목표를 달성해야 하는 경우도 있다. 그리고 도시설계가들은 공적으로나 사적으로 이해관계가 다른 사람들과 함께 작업할 필요가 있다. 비록 공공공간이 진정한 공공은 아닐지라도 많은 도시의 공공공간 네트워크가 다음과 같은 공간에 압도적으로 밀리고 있다.

제도적인 준공공공간이 소비와 비용을 만들어내는 오락을 중심으로 운영되고 있다. 이러한 소비와 오락은 대부분 자유이용권과 같이 지불할 능력이 있는 사람이나 접근이 허용된 사람들에 의해 주로 사용되고 있다. 많은 경우에 '공공공간'에 위협을 가하는 것처럼 보이는 집단이나 행태를 관리하고 차단하기 위해 사설 혹은 공공 순찰 및 방범대와 함께 일하는 회사·부동산·소매상의 직간접적인 통제를 받는다. 일반적으로 이에 대한 비용은 오락, 소비, 중산층의 구매자, 회사 근무자 그리고 관광객들이 내는 것이다.

돈 미첼은 결과적으로 우리가 공공공간의 종말에 와 있는지의 여부를 자문했다(Don Mitchell, 1995, p.110). 우리가 단지 사적 상호관계, 사적인 의사소통과 개인적 정치를 기대하면서 사회를 만들어왔는가? 그리고 단지 상품화된 오락과 근사한 광경을 확보하기 위해 이 사회를 만들어왔는가? 사회적 차원이 도시설계가에게 있어서 다소 어렵고 도전적인 질문인 것은 분명하다. 모든 사람들이 쉽게 이용할 수 있고 안전하며, 걱정이 없고 평등한 공공 영역을 준비하는 것이라는 목적에 논쟁이 있기는 하지만, 세계 여러 나라의 경제적·사회적인 경향은 이러한 목적 이행을 점점 더 어렵게 하고 있다.

07
시각의 차원

서론

이 장에서는 도시설계의 시각 차원의 문제, 특히 심미적 차원의 문제를 다룬다. 건축과 도시는 싫어도 일상적으로 접해야 하는 대상이다. 그래서 건축과 도시는 진정한 공공예술이 될 수 있다. 미술, 문학, 음악은 네 이사의 말대로 원하지 않으면 안 보고 안 들으면 그만이다(Nasar, 1998, p. 28). 그러나 도시 디자인은 마음에 들지 않는다고 피할 수 없다. 일상생활에서 늘 도시의 공공환경을 지나고 체험한다. '고급예술'은 미술관을 찾는 소수의 수준 높은 관객만 상대해도 되지만 도시의 형태나 경관은 일상생활에서 늘 접해야 하는 일반 대중을 만족시켜야 한다(Nasar, 1998, p. 2).

이 장에서는 네 가지 주제를 집중적으로 다룬다. 먼저 미적 선호에 대해 다루고, 두 번째로 공간의 이해와 도시공간, 그리고 도시경관의 미적 속성에 대해 다룬다. 세 번째로 도시공간의 형태와 성격을 규정하는 건축을, 네 번째는 도시공간의 또 다른 규정 요소인 경성 조경과 연성 조경(the hard landscape and the soft landscape)을 다루려 한다.

| 미적 선호 |

도시환경의 미적 체험은 주로 시각적이고 총체적이다. 즉 신체 모든 부위의 지각을 수반하는 미적 체험을 말한다. 실제로 도시환경을 체험할 때는 신체의 모든 감각기관이 동원된다. 상황에 따라서는 시각보다도 청각, 후각, 촉각이 더 중요할 수도 있다. "도시를 설계할 때는 공간에 울려퍼질 메아리를 그려보고, 그 공간을 채울 사물과 그곳에서 펼쳐질 각종 활동이 뿜어낼 냄새를 상상하며, 더불어 다양한 촉감을 느껴보려고 노력하라." 폰 마이스의 충고다(Von Meiss, 1990, p.15).

도시환경은 지각과 인지를 통해 체험할 수 있다. 어떤 자극을 어떻게 지각하며, 수집된 감각 정보를 어떻게 처리하고 해석하며 판단하는가, 그리고 그 결과가 어떻게 우리의 마음과 정서에 여운을 남기는가에 따라 도시환경을 체험하는 내용이 달라진다(5장 참조). 이러한 정보는 우리가 특정 환경에 대해 어떻게 느끼고 그것이 어떤 의미를 갖는지와 밀접한 관계가 있고 그로부터 중요한 영향을 받는다. 심미적 판단에는 개인의 취향과 같은 개인적 요소도 작용하지만 동시에 학습을 통해 받아들인 사회·문화적 규범도 크게 작용한다. 한 사회에서 통용되는 '아름다움'의 기준은 사회문화적으로 형성된 것이다. 그러므로 아름다움의 원천은 관찰자 개인의 머릿속에만 있는 것이 아니라 사물 그 자체에도 깃들어 있어야 한다.

이 장에서는 도시설계의 시각적 차원을 중점적으로 다루고 있지만 일반 대중이 도시환경에 대해 좋고 나쁨을 평가할 때에는 시각과 미각의 차원을 넘어 그보다 훨씬 광범위한 기준을 적용한다는 사실을 잊어서는 안 된다. 잭 네이사(Jack Nasar)는 사람들이 좋아하는 도시환경에는 공통적으로 다섯 가지 속성이 나타난다고 한다. 다시 말해, 싫어하는 도시환경에는 잘 나타나지 않는 속성이다. 이 다섯 가지는 모두 관찰자에 의해 포착되는 환경 속성으로 일반화하면 다음과 같다(Nasar, 1998, pp.62~73).

- 자연스러움 : 사람의 손이 미치지 않은 자연상태의 환경 또는 그러한 요소가 인공적 요소보다 우세한 장소

- 높은 관리수준 : 정성 들여 관리하고 가꾼 환경
- 개방감과 명료한 공간 : 조망이 있으면서도 물리적으로 명료하게 구성된 공간
- 역사적 의미와 내용 : 과거에 대해 좋은 연상을 불러일으키는 환경
- 질서 : 통일성과 일관성을 잘 갖추고 있어 명확하게 인지되는 환경

| 패턴과 미적 질서 |

우리는 항상 어느 한 부분을 따로 보지 않고 전체를 하나로 인식한다. 환경 체험도 마찬가지여서 환경을 하나의 총체로서 인식한다. 하지만 주변 환경을 시각적으로 더욱 통일성 있고 조화롭게 만들기 위해서는 일부의 특성을 골라서 선택해야 할지도 모른다. 형태심리학자들에 의하면 미적 질서와 시각적인 통일감은 지각한 정보를 분류해 패턴을 찾아내는 인지과정에서 얻어진다. 이들은 도시환경에 시각적인 통일감을 주기 위해 각 부분을 조합해 전체적으로 좋은 형태를 만드는 구성 원리를 이용할 것을 주장한다(Arnheim, 1977; Von Meiss, 1990). 형태심리학 이론을 토대로 폰 마이스는 "건조환경에서 체험하는 즐거움과 난해함의 정도는 시야에 들어오는 다양한 요소를 분류하여 하나의 총체로 구성하는 것이 얼마나 쉬운지 또는 어려운지에 달려 있다."고 주장했다(Von Meiss, 1990, p.32, 그림 7.1). 대부분의 환경에서는 몇 가지 원리가 동시에 작용하기 때문에 단순한 상황은 드물다. 그러나 경우에 따라서는 하나의 원리가 지배적일 때도 있다.

보다 일반적인 관점에서 스미스는 "사물에서 아름다움을 느낄 수 있는 감수성은 인간의 직관에 내재한 다음 네 가지 능력과 관련 있으며, 이들은 시간이나 문화와 무관하다."고 주장한다(Smith, 1980, p.74).

1. 운과 패턴에 대한 감각 : 운(rhyme)이란 관찰대상이 시각적으로 다양하고 복잡하지만 일정한 패턴을 갖는 요소들로 구성되어 있을 때 감지할 수 있다. 처음에는 단순히 각각의 개별 요소들이 부각되어 복잡하게만 인식되던 것이 점차 질서와 의미가 더해지면서 개별 요소 그 자체보다 그들이 이루는 전체 패턴을 인식하게 된다.

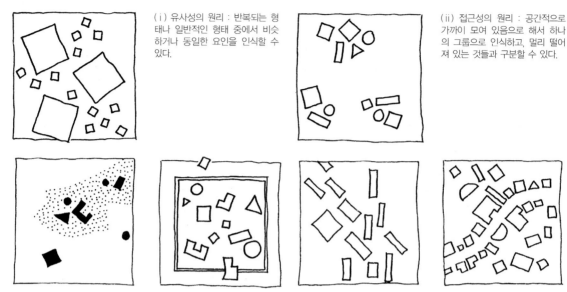

(i) 유사성의 원리 : 반복되는 형태나 일반적인 형태 중에서 비슷하거나 동일한 요인을 인식할 수 있다.

(ii) 접근성의 원리 : 공간적으로 가까이 모여 있음으로 해서 하나의 그룹으로 인식하고, 멀리 떨어져 있는 것들과 구분할 수 있다.

(iii) 경계와 영역의 원리 : 경계나 영역이 하나의 범위나 그룹을 만드는 원리. 이 경계나 영역에 속한 요인은 그 밖에 있는 것들과 구분이 된다.

(iv) 방향성의 원리 : 구성 요인들이 일정 방향으로 평행하여 있거나 집중함으로써 하나의 그룹을 형성한다.

(v) 닫힘의 원리 : 불완전하거나 부분적인 요소를 전체로 인식한다.

(vi) 연속성의 원리 : 의도하지 않았던 패턴을 인식할 수 있다.

그림 7.1 구성과 통일의 원리(출처 : adapted and extended from Von Meiss, 1990, pp.36~8)

스미스에 의하면 운의 패턴은 벽지 문양에서처럼 단순하게 반복되는 패턴과는 다르다(Smith, 1980, p.74). 즉 완전히 같은 요소들이 반복되는 것이 아니라 근본적으로 비슷한 것들이(substantial affinity) 반복되는 것이다(그림 7.2).

2. 운율의 이해 : 운과 달리 운율(rhythm)의 효과는 철저한 반복에서 비롯한다. 예를 들어 시각적 즐거움은 단순 중복에서부터 좀 더 복합적으로 반복하는 보조 체계에 이르기까지 다양하게 변화하는 율동적인 요소에 기인한다(Smith, 1980, p.78). 운율은 각 요소들의 강약, 간격, 강세나 방향성 등에 의해 생겨난다(그림 7.3). 단조롭지 않고 흥미로운 운율을 만들어내려면 대비(contrast)와 다양성(variety)은 필수이다.

그림 7.2 볼로냐 중심지의 주랑은 운과 패턴을 제공하고, 볼로냐의 개성과 정체성을 형성한다.

그림 7.3 이탈리아 베니스의 성 마르코 광장, 입면의 운율. 운율은 운보다 더 규칙적인 반복을 요구한다.

3. 균형감 : 누구나 시각적인 균형이 무엇인지는 알지만 이를 분명한 개념으로 정의하기는 어렵다. 균형이란 질서의 한 형태로서 시야에 들어오는 환경 요소들이 조화를 이루는가와 직접 관련된다. 복잡하고 심지어는 무질서해 보이는 풍경에서도 균형을 느낄 수 있다. 처음에는 느낄 수 없더라도 시간이 지나면서 균형감을 찾게 되는 경우도 있다. 스미스에 의하면, 오래된 도시만이 지니는 매력은 눈에 보이는 모든 풍경이 완벽하게 균형을 이룬 통일체처럼 보인다는 점이다 (Smith, 1980, p.79). 여기서 중요한 요소가 있는데, 바로 갑작스럽게 발견하게 되는 경이로움의 요소이다. 대칭이 균형을 만들어내는 중요한 수단이기는 하지만 대칭적 구성은 기계적이며 경직되게 보일 수도 있다. 비대칭 구성에서도 대칭적 요소를 포함하면서 한층 더 미묘한 방법으로 시각적 균형을 이뤄낼 수 있다. 색채, 질감, 형태가 복잡하더라도 이들이 전체로서 조화를 이룰 때에는 균형감을 준다. 균형에는 다양한 형태가 있다. 예컨대 조지 왕조풍의 신고전주의 도시 경관에서는 모든 구성 요소와 전체가 단순히 종속적인 관계로 구성되어 정적인 균형을 보여준다. 반면 빅토리아 왕조풍의 신고딕 도시 경관에서는 모든 요소가 서로 경쟁을 하면서 전체로서는 역동적인 균형을 만들어낸다.

4. 조화에 대한 민감도 : 조화란 서로 다른 부분들 사이의 관계에 대한 것으로 각각의 부분이 어떻게 서로 잘 짜맞춰져 통일적인 전체를 만드느냐 하는 것을 의미한다. 황금분할과 같은 비례관계도 조화의 질을 결정짓는 데 크게 기여하나, 유능한 설계가들은 비례를 다양하게 해서 더욱 조화로운 결과를 창출하기도 한다. 어떤 건축 요소가 실제보다 크거나 날씬하거나 우아하게 보이도록 투시도 기법을 쓰기도 하고, 다른 것들보다 눈에 띄도록 눈길을 의도적으로 돌리는 기법을 사용하기도 한다.

형태심리학과 스미스의 네 가지 구성 요소에서 가장 포괄적인 쟁점 중 하나는 환경에서 질서와 복합성 사이에 균형이 아주 중요하다는 점이다. 여기서 균형은 시간의 흐름 속에서 원형을 유지하며 조금씩 변하는 변형에 의한 균형이어야 한다는 점이다. 시각적 다양성에서 오는 풍요

Box 7.1

환경선호체계(출처 : Kaplan and Kaplan, 1982, p. 81)

	이해	몰입
현재 또는 즉시	**통일성** 조직하거나 구성하기 쉬운 환경	**복합성** 현재로서도 충분한 내용을 갖는 환경
미래 또는 기대	**식별성(가독성)** 혼란 없이 광범위하게 체험할 수 있는 환경	**신비감** 체험할수록 새로운 정보를 기대할 수 있는 환경

카플란과 키플란은 개개인이 선호하는 물리적인 환경을 조성하기 위한 특성으로 통일성, 식별성(가독성), 복합성, 신비감을 들었다(Kaplan and Kaplan, 1982, pp. 82~7). 즉각적으로 환경을 인지하는 데 있어서는 통일성과 복합성이 주요하게 작용하며, 장기적으로는 식별성과 신비감이 환경의 체험을 촉진한다.

로움과 무질서가 주는 혼란 사이에는 아주 미세한 차이밖에 없는 경우도 많다. 콜드에 따르면, 사람들은 곧바로 알아볼 수 있는 수준을 넘어 훨씬 더 내용이 풍부한 환경을 선호한다(Cold, 2000, p. 207). 네이사도 비슷한 견지에서, "어느 단계까지는 환경이 복잡할수록 흥미도 비례해서 커지지만 그 단계를 넘으면 환경에 대한 관심과 선호도는 줄어들게 된다."고 말한다(Nasar, 1998, p. 75).

　카플란과 카플란은 환경 인식과 관련해 '경이로움'과 '신비'의 주제에 대해 연구하여, 환경의 질서나 복합성을 시간과 연관지어 파악하고자 하는 '환경선호체계(environmental preference framework)'를 고안했다(Kaplan and Kaplan, 1982, Box 7.1). 그들은 "환경에 질서감을 부여하는 것만으로는 충분치 않으며, 사람들이 시간의 경과에 따라 몰입하고 참여할 수 있도록 해야 한다."고 주장한다. 인간은 시간의 경과와 함께 환경에 더욱 몰입하고 적응함으로써 환경에 내재한 잠재력을 읽어내고 스스로 시야를 넓히려는 욕구를 가진 존재라는 것이다. 비슷한 관점에서 케빈 린치는 자신이 주창했던 개념인 '명료성'의 한계를 지적한다(Kevin Lynch, 1984, p. 252). 그에 의하면 인간은 패턴 숭배자가 아니라 패턴 창조자이며, 가치 있는 도시는 질서 있는 도시가 아니라 질서를 창출할 수 있는 도시다. 그는 "선명하고 광범위한 질서도 있어야 하겠지만 시간과 함께 서서히 드러나는 질서, 즉 보다 깊고 풍부한 연결을 만들어내면서 점차 발견하게 되는 질서도 있어야 한다."고 주장한다. 모호함, 신비로움, 경이로움이 도시환경의 기본 질서에 깃들어 있고 또 이 퍼즐을 엮어 새롭고 미묘한 패턴을 발견할 수 있음을 아는 한 그것은 즐거움의 원천이 될 것이라는 주장이다.

| 동미학의 체험 |

환경 체험은 움직임 및 시간과 관련 있는 역동적 활동이다. 그러므로 도시설계의 시각 차원에서 공간 이동을 전제로 하는 동미학적 경험은 중요한 요소가 된다. 우리는 역동적이고 자연스럽게 생성되어 전개되는 연속된 장면으로 환경을 체험하게 된다. 고든 컬렌은 '연속적 장면(serial vision)'이란 개념으로 도시경관의 시각적인 양상을 기술하고 있다(Gorden Cullen, 1961, 그림 7.4). 컬렌에 의하면 도시경관의 새 장면들이 돌연 나타났다 바뀌는 연쇄적인 방식으로 체험에 즐거움과 흥미를 더해주는 것은 대조와 병치의 드라마라고 한다. 매 순간 시야에는 이미 드러난 현재의 장면뿐 아니라 앞으로 전개될 새로운 장면을 암시하는 요소가 있다. 한 장면에서 우리는 지금 '여기'라는 특정한 장소에 있음을 인식하지만, 동시에 이 장소 밖에는 '저기'라는 또 다른 장소가 존재함도 인식한다. 컬렌은 이곳과 저곳 사이에 긴장감을 유지하는 것이 매우 중요하다고 생각했다(그림 7.5). 그는 도시의 환경은 움직이는 사람들의 시각적 관점에서 설계해야 한다고 했다. 이는 사람들이 도시 전체를 하나의 (조형)공간으로 체험하여 긴장과 이완의 감정을 갖기도 하고, 개방 공간과 닫힌 공간, 또는 긴장과 이완의 연속된 장면으로 체험하기 때문이다(1961, p.12).

　새로운 교통수단이 등장하면서 이전과 달리 도시환경을 보는 속도나 몰입의 정도, 시선의 초점이 다양해졌고, 이에 따라 도시환경을 시각적으로 체험하여 이미지를 얻는 방식도 새로워졌다. 보행자는 걷다가도 언제나 멈춰 자유롭게 주변 환경을 체험할 수 있다. 반면 자동차 운전자들은 빠른 속도로 주행하면서 도로, 교통상황, 신호, 진행방향에 신경을

그림 7.4 고든 컬렌의 연속적 장면(출처 : Cullen, 1961, p.17)

쓰며 앞창을 통해 도시환경을 바라보기도 한다. 자동차에 함께 탄 사람들도 유리창을 통해 도시를 바라보는 것은 마찬가지지만 운전자보다 시야가 훨씬 넓다. 그렇더라도 도시환경에 들어가 세부적으로 체험할 수 없기는 마찬가지다. 도널드 애플야드(Donald Appleyard), 케빈 린치(Kevin Lynch), 리처드 마이어(Richard Myer)는 슬로모션으로 영상을 분석한 결과를 토대로 운전자의 시각 체험에 대해 기술한 『도로에서의 경관(The View from the Road, 1964)』이란 책을 출간했다.

필름을 빠르게 돌리면 띄엄띄엄 리드미컬하게 나타나는 다리나 고가도로와 같은 요소들이 두드러진다. 광고판과 네온사인이 죽 늘어선 라스

그림 7.5 '이곳'과 '저곳'의 관계, 헝가리 부다페스트

베이거스 거리를 주행하면서 얻은 시각 체험을 토대로 로버트 벤추리
(Robert Venturi)는 『라스베이거스에서 배우기(Learning from Las
Vegas, 1972)』를 저술했는데, 이 책에서 그는 라스베이거스의 가로 환
경이야말로 자동차 위주로 설계된 환경임을 보여주었다. 자동차 전용 환
경을 설계할 때는 운전자와 동승자만 고려하면 되지만, 자동차와 보행자
모두가 이용하는 가로 환경을 설계할 때에는 운전자뿐 아니라 천천히,
주의 깊게 환경을 관찰하는 보행자의 시각도 아울러 반영해야 한다.

　　도시공간에서의 이동을 연속적 장면으로 해석한 컬렌(1961)과 베이
컨(1974)의 연구에 기초하여 보슬만은 베니스의 롱가데 바르나바 거리

(Calle Lunga de Barnaba)와 프레스카다 운하(Rio de la Frescada) 사이의 350m 구간(도보로 4분 거리)에 대해 보행자가 체험한 내용을 분석했다(Bosselmann, 1998, pp.49~60). 그는 보행자가 느끼는 시간의 흐름과 이동거리가 실제와 다르며, 그 차이는 보행자가 지나가는 장소들의 시각적·경험적 특성과 관련이 깊다는 것을 보여주었다. 베니스의 경우 보행자가 느끼는 이동거리와 경과 시간이 실제보다 더 길다는 점에 주목하여, 보슬만은 열네 개의 다른 도시에서 같은 구간의 길을 선정해 보행자가 느끼는 미적 체험의 질을 비교 평가했다(그림 7.6). 대부분의 경우 같은 구간을 걷는 데 소요되는 시간은 실제보다 짧게 인식되었으며, 몇몇 경우에서만 베니스와 유사한 결과를 보였다. 보슬만에 의하면, 사람은 시각과 공간적 체험의 리듬 간격으로 보행 시간을 인지한다. 다양하고 풍부한 시각 체험을 제공하는 베니스에서 보행자가 인지하는 리듬 간격은 짧고 다양한 반면, 대부분의 다른 도시에서는 보행자의 눈길을 끄는 요소가 단조롭고 시각 정보도 빈약해 보행자가 느끼는 리듬 간격이 훨씬 넓다. 다시 말해 베니스에서 보행자가 경험한 사례를 기술하려면 39개의 '장면'이 필요하나, 대다수 다른 도시에서는 소수의 그림으로도 보행 체험을 설명할 수 있다.

제임스도 베니스의 보행 실험에서 나타나는 '모순'과 유사한 현상을 지적한다(James, 1892, p.150, from Isaacs, 2001, p.110). "다양하고 재미있는 것들이 가득 찬 곳을 체험했을 경우, 당시에는 실제보다 짧게 느껴지지만 회상할 때에는 반대로 더 길게 느껴진다. 같은 원리에서 특별한 체험이 없는 경우, 시간은 더디게 흘러가는 것처럼 느껴지지만 뒤에 회상할 때는 짧게 느껴진다." 이런 현상에 대해 아이삭은 "마음을 사로잡는 환경을 지날 때에는 시간의 경과를 잘 느끼지 못하지만, 나중에 그 환경과 그에 대한 느낌을 돌이켜볼 때에는 실제보다 더 많은 시간이 경과한 것처럼 느껴진다. 반대로 마음을 끌지 못하는 환경에서 사람들은 시간의 경과에 더 예민해지지만, 회상할 때에는 기억할 장면이 없기 때문에 실제보다 짧게 느껴지기 마련이다."라고 설명했다(Isaacs, 2001, p.110).

이제까지는 도시환경의 시각적·심미적 체험에 대해 살펴보았다. 다음 부분에서는 도시환경의 구성 요소에 대해 다뤄보기로 한다.

(ⅰ) 이탈리아 로마

(ⅱ) 영국 런던

(ⅲ) 덴마크 코펜하겐

(ⅳ) 일본 교토

그림 7.6 보슬만이 조사한 네 개 도시에서 같은 보행 거리에 비해 보행 시간과 체험 내용은 다양하다. 같은 축척과 방법으로 그려진 위의 도면은 각 도시마다 서로 다른 블록의 크기와 조직을 설명하고 있다(**출처** : Bosselmann, 1998, pp. 70, 76, 79, 81).

| 도시공간 |

유형 공간과 무형 공간

외부 공간은 유형 공간과 무형 공간으로 나누어 생각할 수 있다.

- 유형 공간은 상대적으로 닫힌 공간으로 형태나 경계가 명료하고 뚜렷하며 상상이 가능하다. 만약 이 공간을 물로 채워보면 물이 비교적 천천히 빠져나가는 공간으로 상상할 수 있다. 유형 공간은 원칙적으로 불연속적이고 정적이지만, 그 구성에 있어서는 연속적이다. 이 공간의 형태는 그것을 둘러싸고 있는 건물들의 형태만큼이나 중요하다.
- 무형 공간은 일정한 형태가 없는 공간이다. 이를테면 건물 주위에 남아 있는 잔여 공간과 같다. 이는 상상하기 어려운 공간으로, 공간 그 자체는 연속적이나 공간의 경계나 형태를 지각하기는 힘들다. 게다가 그러한 공간을 물로 채우는 것은 더더욱 상상하기가 어렵다. 단순하게 말해, 그 공간을 인식하는 것 자체가 힘들다(Alexander 외, 1977, p.518; Paterson, 1984, from Trancik, 1986, p.60, 그림 7.7).

유형 공간과 무형 공간은 공간이 오목한지 볼록한지의 차이로 구별할 수도 있다(그림 7.8). 트랜식의 도시공간 분류법도 유용하다(Trancik, 1986, p.60). 그는 건축물로 구획된 경성 공간(hard space)과 분명한 경계가 없고, 자연 환경이 지배하는 공원, 정원, 녹도(linear greenway) 등의 연성 공간(soft space)으로 도시공간을 분류했다.

유형 공간 만들기

경성 도시공간을 구성하는 3대 요소는 주변 구조물, 바닥면, 하늘면(imaginary sphere of the sky)이다. 주커(Zucker)에 의하면, 이런 요소는 보통 건물 높이 서너 배의 거리상에서 인지된다. 따라서 닫힌 공간을 만들고자 할 때는 공간의 평면뿐 아니라 수직면에 대해서도 고려해야 한다.

공간의 닫힘과 그에 따른 폐쇄성의 정도는 공간의 폭과 주변 건물의 높이에 비례한다. 한 시점에서만 보이도록 모든 건물을 설계할 수도 없

그림 7.7 이 도형은 그림-배경(figure-ground)의 반전 원리를 설명한다. 하얀색 부분을 보면 꽃병으로 보이지만 검은색 부분을 보면 두 얼굴로 보인다. 마찬가지로 유형 공간과 무형 공간은 그림-배경 반전 원리를 이용하여 설명할 수 있다. 외부 공간이 무형인 곳에서는 건물이 그림(figure) 부분이 되고 외부 공간이 배경(ground) 부분이 된다. 그러나 외부 공간을 그림 부분으로 보고 건물을 배경 부분으로 보는 것은 가능하지 않다. 외부 공간이 유형인 곳에서는 그림과 배경(figure-ground)의 반전이 가능하여 건물이 그림으로 보이기도 하고 배경으로 보이기도 한다.

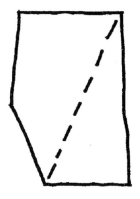
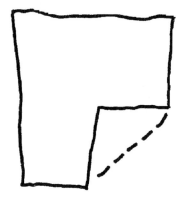

그림 7.8 한 공간에서 두 점을 잡고 선을 그었을 때 선이 공간 안에 포함되면 그 공간을 볼록하다고 할 수 있다. 불규칙한 직사각형의 공간(왼쪽)은 볼록하므로 유형 공간이다. 'L'자 형 공간(오른쪽)은 두 점을 이은 선이 그 공간에 포함되지 않기 때문에 볼록하지 않다. 알렉산더에 의하면, 유형 공간은 닫힌 공간이며 적어도 경계가 명확한 공간이다(1977, p.518). 다시 말해 볼록한 공간이다. 그렇게 볼 때 'L'자 형 공간은 두 개의 큰 가상 공간으로 구성되었다고 볼 수 있다. 그리고 그때문에 흥미가 더해진다. 무형 공간은 대부분 너무 빈약하게 설정되어 경계를 확인하기가 힘들다.

고 그래서도 안 되지만, 일반적으로 건물을 바라보기에 가장 적당한 거리는 그 건물 높이의 두 배 정도 떨어진 거리이다. 여러 가지 방법을 이용하여 주변 건물로 시선을 제한해 보다 다양한 시각 체험을 주는 장소를 만들 수 있다.

평면 배치는 닫힌 공간감을 조성하는 데 중요하게 작용한다. 부스는 간단한 그림들로 다양한 위요감을 서술하고 있다(Booth, 1983). 형태가 단순한 하나의 건물은 공간을 창조하거나 그 공간에 형태를 부여하지 못한다. 이런 경우 건물은 그저 공간 속의 오브제로 존재할 뿐이다(그림 7.9a). 건물을 기계적으로 길게 늘어트린다든가 이웃건물과 아무런 연관성 없이 배열한 경우, 그때는 오로지 긴장감 없는 느슨한 공간으로밖에 의미가 없다(그림 7.9b). 이런 상태에서 건물은 중심이 없고 한정되지 않은 무형 공간에 둘러싸인, 서로 연관성이 없는 개체들로 인식될 뿐이다.

공간에 질서를 부여하기 위한 가장 쉽고 흔한 방법은 서로 직교하도록 건물을 배치하는 것이다. 하지만 이 방법을 지나치게 사용하면 단조로워지기 쉽다(그림 7.9c). 건물들 간의 유대감은 건축의 형태와 선을 연관시킴으로써 강화할 수 있다. 예를 들면 건물의 모서리에서 가상의 선을 확장시켜 옆 건물의 끝과 맞추는 것이다(그림 7.9d). 하지만 이런 것은 지나치게 기교적으로 보일 수도 있다. 그래서 직선적인 배치의 경직성을 탈피하기 위해 일부 건물을 서로 다른 각도로 배치하여 다양함을 꾀하기도 한다.

유형 공간을 만들려면 건물이나 도시블록을 좀 더 유기적으로 구성해야 한다. 무엇을 담는 듯한 공간감을 만드는 데 가장 확실한 방법은 건물의 전면들이 중앙 공간을 둘러싸도록 배치하는 것이다. 이때 모서리에서 도로가 교차한다든가 건물 사이가 벌어져 중앙 공간이 열리면 공간의 위요감이 깨진다. 이를 피하려면 건물 입면을 겹쳐서 공간을 관통하는 시선을 차단하면 된다(그림 7.9e). 공간의 모서리가 건축물의 벽에 의해 닫혀 있을 때는 시선이 그 공간 내에만 머무르기 때문에 공간의 위요감이 더욱 고조된다(그림 7.9f).

전체를 한눈에 파악할 수 있는 공간은 별로 흥미를 유발하지 못한다. 이런 공간에는 보조공간과 그곳으로 유도하는 이동이 결여되어 있다. 조

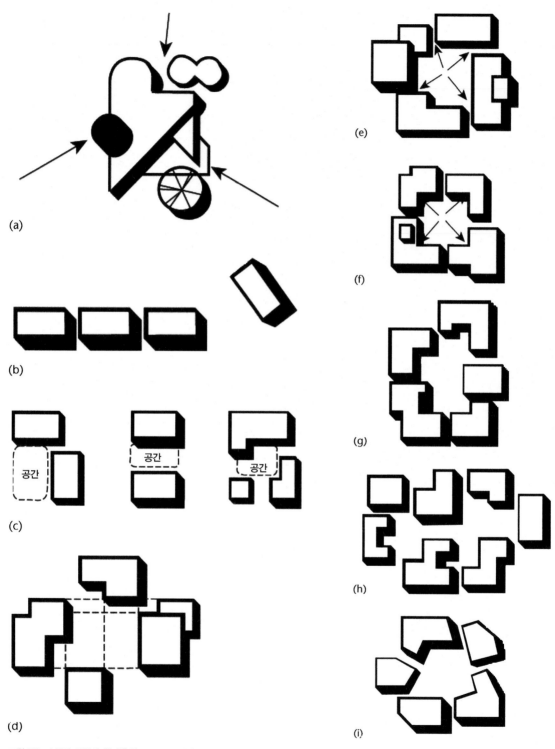

그림 7.9a–i 공간 구성의 원리(출처 : Booth, 1983)

형성이 강하고 다양하며 복잡한 형태의 건물 전면에 둘러싸인 공간은 신비롭고 은밀한 느낌을 주는 보조공간이 많이 생겨나게 되어 전체적으로 풍부한 장소를 만들 수 있다(그림 7.9g). 그러나 단순한 도시공간을 과도하게 복잡하게 만들면 시각적으로 단절된 공간들로 인해 아예 분해될 위험도 있다(그림 7.9h). 보조공간을 압도하는 규모로 주공간을 만들면 공간 구성의 중심을 유지하는 데 도움이 된다. 그게 아니라면 축을 따라 공간을 배치하거나 중심이 되는 건물 주위에 배치하는 것이 좋다.

강한 위요감을 형성하는 데 있어 핵심 요소는 개구부의 디자인이다. 카밀로 지테(Camillo Sitte, 1889)의 터빈(turbin) 평면, 부스(Booth, 1983, p.142)의 풍차 또는 소용돌이 모양의 평면이 한 예다. 이 경우 도로가 공간을 관통하지 않아 공간의 위요감이 한층 강조된다. 이런 공간 구조는 위요감을 줄 뿐 아니라 보행자가 공간을 그냥 지나치지 않고 내부로 걸어 들어와 체험을 하도록 유도하는 특성이 있다(그림 7.9i).

여기에는 개략적인 개념만 소개했다. 실제 광장들은 훨씬 더 복잡하고 미묘하다. 예를 들어, 조프리 베이커(Geoffrey Baker)는 『건축의 설계전략(Design Strategies in Architecture, 1996)』이라는 책에서 베니스의 산 마르코 광장(Piazza San Marco)과 시에나의 캄포 광장(Campo)을 세밀하게 분석하고 있다. 일반적으로 사람들은 위요감이 있는 공간을 선호한다고 하지만, 위요감의 가치에 대해서는 논의의 여지가 있다. 알렉산더와 공동 저자들은 탁 트인 해변에서 사람들이 느끼는 편안함을 예로 들면서 위요감만이 선호 대상은 아니라고 설명한다(Alexander, 1977, pp.520~1). 그럼에도 공원, 정원, 산책로, 광장처럼 상대적으로 규모가 작은 외부 공간에서의 닫힌 공간은 사람들에게 보호감을 느끼게 해준다. 외부 공간에서 앉을 자리를 찾을 때 공간 한가운데 노출된 자리에 앉는 경우는 거의 없다. 대개 기댈 만한 나무를 찾거나 살짝 가려져 보호받는 느낌을 주는 자리 혹은 자연적인 틈새 공간을 찾는다. 네이사의 연구에 의하면 사람들은 열린 공간을 좋아하나 단순히 열린 공간이 아니라 '명확하게 설정된 개방감', 다시 말해 열렸지만 경계가 뚜렷한 공간을 더 선호한다(Nasar, 1998, p.68).

카밀로 지테는 저서 『예술적 원칙에 따른 도시계획(City Planning According to Artistic Principles)』에서 "이상적인 가로는 완전히 닫힌

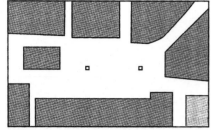

세장비 1:3

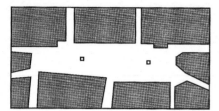

세장비 1:5

그림 7.10 세장비는 가로 공간과 광장 공간을 구별하는 데 도움을 준다. 세장비가 2:30이면 어느 것도 지배적인 축이 될 수 없다. 비율이 1:3 정도이면 하나의 축이 지배적이 되면서 광장이 가로로 변하는 과정이 된다. 세장비가 1:5인 곳에서는 하나의 축이 뚜렷하게 지배적이 되고 이 축을 따라 활동이 생긴다. 세장비가 1:5 이상이면 가로가 된다(즉 움직임을 암시하는 활동적인 공간).

공간이라야 한다. 체험하는 공간의 범위가 명확하게 한정될수록 그 공간이 주는 시각적인 장면은 더욱 짜임새를 갖추게 된다. 사람들은 시선이 무한대로 퍼지지 않는 장소에서 더욱 편안함을 느낀다."고 주장했다(Camillo Sitte, 1889 ; Collins and Collins, 1965, p.61). 다른 한편으로 그는 유럽 광장들을 분석하여, 사람들이 좋아하는 광장은 부분적으로만 닫혀 있어 주변의 다른 장소로는 열려 있음을 보여주었다. 벤틀리는 지테가 자본주의 이전의 도시들을 선택적으로 선정해 분석했다고 지적했다(Bentley, 1998, p.14). 지테는 공공공간에서 가장 중요한 속성은 위요감(a sense of enclosure)이라는 전제 아래 중세 가로체계에서 공간의 위요감(spatial enclosure)을 중요시했다. 그러나 중세 가로체계에서 위요감보다 더 중요했던 것은 통합적인 연속성이었다.

이러한 관점에서 컬렌은 절대위요(enclosure)와 상대위요(closure)를 구별할 것을 제안한다(Cullen, 1961, p.106). 그는 절대위요는 전적으로 내부 지향적이고 정적이며 자기만의 '사적 공간'을 제공하는 데 반해, 상대위요는 도시환경을 시각적으로 파악하기 쉬운 일련의 장면 혹은 에피소드로 나누어 연속적인 진행감을 준다고 설명한다. 각 장면은 효과적으로 옆 장면과 연계되어 걷는 사람에게 흥미를 제공한다. 결론적으로 위요감에 있어서 중요한 것은 공간을 완전히 닫는 것이 아니라 닫는 정도에 있다고 할 수 있다. 공간을 이용하는 데 주요한 영향을 주는 투과성과 명료성이 공간의 위요감과 균형을 이루어야 한다(8장 참조).

가로와 광장

유형의 도시공간(positive urban spaces)은 비록 규모와 형태가 다양하긴 하지만 크게 가로형과 광장형의 두 유형으로 나눌 수 있다. 가로형 도시공간에는 큰 길, 작은 길, 산책길, 보도, 가로수길, 골목길 등 여러 형태가 있으며, 광장형 도시공간에는 광장, 원형 광장, 시장 광장, 주거지 광장, 중정 등이 있다. 정적 공간인 광장에서는 이동감이 적고, 동적 공간인 가로에서는 이동감이 크다. 공간의 길이가 폭의 세 배가 넘으면 한 방향으로 축이 형성되어 동적 공간이 만들어진다. 폭과 길이의 비율이 이보다 적으면 광장이, 이보다 크면 가로가 형성된다(그림 7.10).

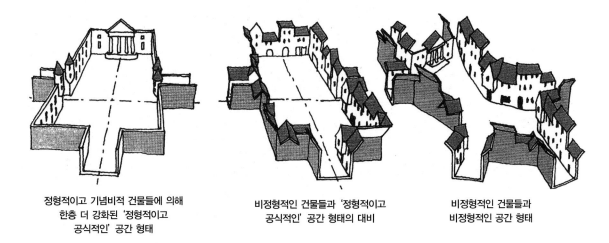

정형적이고 기념비적 건물들에 의해
한층 더 강화된 '정형적이고
공식적인' 공간 형태

비정형적인 건물들과 '정형적이고
공식적인' 공간 형태의 대비

비정형적인 건물들과
비정형적인 공간 형태

그림 7.11 정형 공간과 비정형 공간(출처 : EPOA, 1997, p.24)

가로와 광장은 정형성의 정도로도 구분할 수 있다(그림 7.11). 정형
성이 강하면 위요감도 강해진다. 질서 있는 바닥면, 정돈된 가로 장치
물, 정형성을 강조하는 건물 외벽, 대칭적 배치 등이 위요감을 더해준
다. 비정형적 광장은 느슨한 공간 구성을 보인다. 광장 주위의 건물들은
다양하고 배치도 비대칭을 이룬다. 정형과 비정형 어느 한쪽이 반드시
좋다고 할 수는 없다. 그러나 기하학적으로 명확한 공간은 주변 대지의
개발자나 건축가들로 하여금 함부로 침범할 수 없는 공간으로서 존중할
수밖에 없게 만든다.

광장

광장은 건물로 둘러싸인 공간으로 크게 두 종류로 나눌 수 있다. 하나는
광장 그 자체나 기념비적인 특정 건물을 부각하기 위해 설계된 광장이
며, 다른 하나는 사람들을 위한 광장, 즉 사회생활을 도모하기 위한 장소
로서 설계된 광장이다(8장 참조). 물론 절대적인 구분은 아니다. 실제로
두 기능을 모두 수행하는 광장도 많기에 어느 한쪽으로 규정하는 것은
바람직하지 않다. 예를 들어 특정한 건축을 돋보이게 한다거나 특정한
기능을 담기 위해 설계된 광장에 사람들이 일상적으로 모일 수 없다는
것이 아니라, 이런 일상적 모임보다는 공식적인 역할을 수행하는 데 더
적합하다는 것이다.

심미적 관점에서 광장을 분석하는 데에는 카밀로 지테와 파울 주커가 많은 도움을 준다. 로브 크리어의 공간유형학 역시 유용하다(4장 참조). 지테와 주커가 주로 광장의 미적 효과에 관심을 가졌다면, 크리어는 기하학적 형태 구조의 분류에 초점을 두었다.

(i) 카밀로 지테

카밀로 지테는 도시공간 설계에 '회화적인 관점'을 도입해야 한다고 주장했다(Camillo Sitte, 1889). 콜린스에 의하면 지테가 말하는 회화적 관점이란 낭만성을 추구하는 것이 아니라 그림 같은 시각적인 효과를 연출하는 것을 뜻한다(Collins and Collins, 1965, p.xii). 다시 말해 잘 구성된 캔버스 같은 형태의 구조와 균형감을 주는 장면을 만들어내야 한다는 것이다. 지테는 여러 유럽 도시의 광장들, 특히 점진적이고 유기적으로 성장한 도시들의 광장을 시각적, 심미적으로 분석하여 이들에게서 공통의 예술적 원리를 찾아내려 했다(그림 7.12).

- 위요감(enclosure) : 지테는 공간의 위요감이야말로 도시성을 연출하는 핵심 원리라고 생각하여 공공광장은 닫힌 공간감을 가져야 한다고 주장했다(그림 7.13). 이에 따라 설계의 쟁점은 광장으로 이어지는 가로를 광장과 어떻게 교차되게 설계하는가였다. 광장의 어느 지점에서나 가로의 교차점이 동시에 하나 이상 보이지 않도록 설계해야 하는 것이다. 이런 위요감을 달성하는 방법 중의 하나가 광장으로 접근하는 가로를 터빈 모양으로 서로 엇갈리게 배치하는 것이다.
- 독립해 있는 조각형 건물(freestanding sculptural mass) : 지테는 오브제로 홀로 서 있는 건물형을 거부했다. 그의 관점에서 건축의 심미적 가치란 건물의 입면이 어떻게 공간을 규정하고, 그 공간 안에서 어떻게 보이느냐에 달린 것이었다. 대부분의 광장에서 어느 건물의 정면을 한눈에 보고 인접 건물과 조화를 이루는지를 판단하기 위해서는 목표 건물로부터 상당히 떨어진 지점에서 보아야 한다. 건물들이 서로 인접해 있는 것이 독립적으로 서 있는 경우보다 공간의 위요감을 형성하는 데 유리하다.

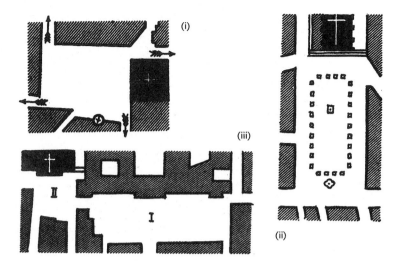

그림 7.12 카밀로 지테의 원리 : (ⅰ) 터빈 유형 (라벤나의 델 두모 광장(Piazza del Dumo)) (ⅱ) 깊은 유형(플로렌스의 산타 크로체 광장 (Piazza Santa Croce)) (ⅲ) 넓은 유형(모데나 의 릴 광장(Piazza Reale))(출처 : Collins and Collins, 1965, pp. 34, 39, 40)

그림 7.13 명료한 공간감을 갖는 광장. 플로렌 스의 산타 크로체 광장(Piazza Santa Croce)

- 형태(shape) : 광장의 형태는 광장에 면한 주건물과 조화로워야 한다 는 관점에서 지테는 주건물이 낮고 긴 '넓은' 광장 유형과 주건물이 높고 좁은 '깊은' 광장 유형을 대비했다. 주건물이 잘 보이도록 광장 의 길이를 정하는 것이 좋은데, 대개 건물 높이와 같거나 두 배 정도 가 적당하다. 광장의 폭은 투시도 효과와 연관해서 결정하되 폭과 깊 이의 비례가 1:3 이하가 바람직하다. 또한 지테는 다양한 시각적 효과 를 연출하는 중세와 르네상스 도시에서의 비규칙적인 구성방식을 좋 아했다. 지테의 이런 생각은 건물 입면의 아름다움이 광장의 공간감 을 형성하는 데 도움을 준다는 폰 마이스의 견해와 같다.

• 기념비적 구조물(monument) : 지테는 광장의 정중앙을 비켜서거나 광장 외곽부에 시각적인 중심을 만드는 것이 좋다고 생각했다. 콜린스(Collins and Collins, 1965, p.ix)에 의하면, 지테는 그의 저서 『존재의 이유(raison d'etre)』에서 기념비와 공공조각물의 적절한 배치에 대해 다루었는데, 어린이들이 통행로에서 비켜난 곳에 눈사람을 만들어 세우듯, 광장에서 기념비를 세울 때에는 사람들의 동선을 피해서 배치해야 한다고 했다. 물론 그와 함께 미적 즐거움도 고려해야 한다고 주장했다.

(ii) 파울 주커

파울 주커(Paul Zucker)는 저서 『Town and Square, 1959』에서 잘 구성되어 예술성이 높은 광장에 대해 다루었다. 그는 많은 광장, 예를 들어 로마의 산 피에트로 광장(Piazza San Pietro)이나 베니스의 산 마르코 광장(Piazza San Marco) 같은 장소를 예술 가치가 뛰어난 광장으로 보았다. 이들 광장에서 빈 공간과 주변 건물 그리고 광장 위의 하늘이 어울려 빚어내는 정서적인 감흥은 예술품과 다를 바 없다는 것이다(p.1). 주커에 의하면 '완결된 광장(whole)'인지 그저 단순한 '빈 공간(hole)'인지는 시각과 동미학적 관계로 결정이 된다. 주커는 예술 가치를 지닌 광장의 유형을 다섯 가지로 분류하였다(그림 7.14).

1. 폐쇄적인 광장(the closed square) – 자기 완결적인 공간

폐쇄적인 광장은 광장 진입로를 제외하고는 완전히 막힌 공간으로서 대체로 기하학적 평면 형태를 드러내며, 광장 주위로 동일한 건축 요소가 반복된다(예를 들어 파리의 보주 광장(Place des Vosges)). 혼란스러운 무정형의 도시환경에 가장 직접적으로 대응하는 형태의 광장이라 할 수 있다. 이 유형에서 중요한 요소는 건물의 배치이며 비슷한 건물이나 입면이 반복된다(그림 7.15). 둘 이상의 입면 유형을 순차적으로 조합할 수도 있고 파리의 방돔 광장(Place Vendome)처럼 광장의 모서리 부분이나 한쪽 벽면의 중앙부를 화려하게 장식할 수도 있다. 또는 파리의 빅토아르 광장(Place des Victoires)처럼 광장 입구 쪽의 가로를 강조할 수도 있다.

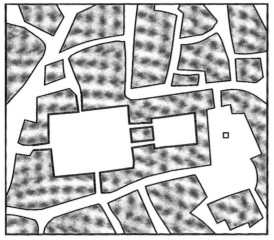

폐쇄적인 광장

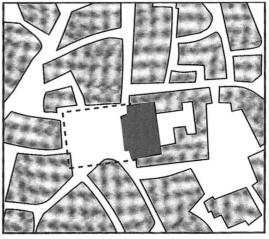

지배적인 광장

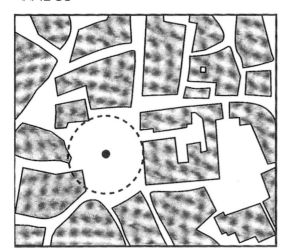

구심점을 갖는 광장

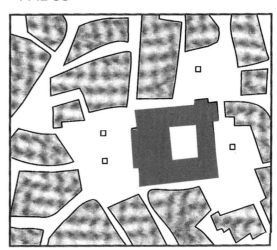

군을 이루는 광장

그림 7.14 주커의 도시광장 유형. 그림만으로 주커가 말하는 무정형 광장의 주요 속성을 전달할 수는 없기 때문에 여기에서는 제외한다. 두 번째 그림인 '지배적인 광장'과 세 번째 그림인 '구심점을 갖는 광장'에서 점선은 각각 공간의 완결성을 보여준다. 지배적 광장 그림에서 점선은 그 광장에서 지배적인 힘을 갖는 주요 건축물에 의해 형성되는 공간의 구속력 내지 완결성을 보여주고, 구심점을 갖는 광장 그림에서의 점선은 중심에 세워진 요소가 주는 구심력에 의해 형성되는 완결성을 보여준다. 광장을 하나의 예술작품으로 생각한다면, 광장을 형성하는 요소들의 연속성이 약하다는 것은 문제가 되지 않는다고 주커는 주장한다. 그에 의하면, 물리적 '공간'의 경계가 실제적으로 명확하느냐 아니냐는 중요하지 않다. 왜냐하면(위의 두 그림의 점선이 보여주듯이) 상상의 공간이 형성될 수 있기 때문이다.

2. 지배적인 광장(the dominated square) - 방향성을 갖는 공간

폰 마이스(Von Meiss)가 "광장에서 특정 건물들이 갖는 아름다움은 그 광장의 공간감을 형성한다."고 했듯이, 주커의 '지배적인 광장'은 하나의 건물 또는 특정 건물군이 그 공간에 방향성을 부여할 뿐만 아니라 주변의 다른 모든 구조물을 지배하는 광장을 의미한다. 일반적

으로 이러한 경우 건물이 지배적인 요소로 작용하지만, 그렇지 않은 경우도 있다. 예를 들어 로마의 캄피돌리오 광장(Piazza del Campidoglio)에서처럼 확 트인 시야, 또는 로마의 트레비 광장(Piazza di Trevi)에서처럼 건축적으로 조성된 분수가 강한 공간감을 형성하기도 한다.

3. 구심점을 갖는 광장(the nuclear square) – 명확한 중심을 갖는 공간

　중앙의 수직적인 요소만으로 광장을 하나로 엮어 긴장감과 공간감을 형성함으로써 충분한 장소성을 창출하는 경우다. 중앙에 위치한 구심점의 시각적 힘에 따라 광장의 적절한 규모가 결정된다.

4. 군을 이루는 광장(grouped squares) – 상호 연결된 공간

　주커는 바로크 궁전에서 연속적으로 나열된 방들이 갖는 효과와 미적으로 연결된 광장이 주는 시각적 효과를 비교했다. 바로크 궁전의 경우 첫 번째 방은 두 번째 방의, 두 번째 방은 세 번째 방의 예비 체험의 기회를 제공하며, 각각의 방은 나름대로 의미를 지니면서 동시에 연결고리의 역할을 수행한다. 이러한 연계로 각 방의 공간이 더욱 강조되기도 한다. 각각의 방들이 주는 이미지가 하나로 통합될 수 있다는 것을 전제로 한다면, 각각의 광장은 유기적·심미적으로 총체를 이룰 수 있다. 하나의 축을 따라 광장들이 연결된 파리의 루아얄 광장(The Place Royale), 카리에르 광장(Place de la Carriere), 낭시의 헤미사이클(The Hemicycle), 또는 주건물 주변에 밀집해서 배치된 베니스의 산 마르코 광장이 그 예들이다.

5. 무정형 광장(the amorphous square) – 제한되지 않은 공간

　무정형 광장은 위의 어느 유형에도 속하지 않는다. 비록 구성방식이 모호하고 뚜렷한 형태는 없지만 광장으로서 필요한 몇 가지 특성을 갖추고 있다. 예를 들어 런던 트라팔가 광장(Trafalgar Square)의 경우, 넬슨 제독 기념탑이 광장의 구심점을 형성하고 국립미술관이 광장을 지배하고 있다. 하지만 그 규모에 적합한 공간감을 갖추고 있지는 못하다.

실제로 한 광장이 전적으로 하나의 유형만을 드러내는 경우는 드물다. 대개 한 광장에는 두 가지 유형 이상의 특징이 보인다. 예컨대 주커는

그림 7. 15 프랑스 파리의 보쥬 광장(The Place des Vosges)은 주커가 설명한 폐쇄적 광장의 좋은 예이다.

베니스의 산 마르코 광장을 폐쇄된 광장이면서도 동시에 군을 이루는 광장으로 분류했다. 또한 그는 어떤 특정한 기능이 광장의 형태를 결정하는 것은 아니며 기능이 같더라도 여러 가지 다른 형태로 표현될 수 있다고 보았다.

가로

가로는 양 측면에 건물이 들어서서 닫힌 선형적인 3차원 공간이다. 가로에는 도로가 포함될 수도 있고, 그렇지 않을 수도 있다. 4장에서 살펴보았듯 가로(street)와 자동차 통로인 도로(road)는 분명 다르다. 가로 형태는 양극의 성격을 띠는 여러 기준을 적용해 분석할 수 있는데, 그 조합으로 매우 다양한 형태가 만들어진다. 시각적으로 동적인가 정적인가, 개방적인가 폐쇄적인가, 좁은가 넓은가, 직선인가 곡선인가, 양 측면의 건물에 정형성이 있는가 없는가 등이다. 그외에도 규모, 비례, 건축적인 리듬, 다른 길이나 광장과의 연결성 등을 추가로 고려해볼 수 있다. 앨런 제이콥스(Allen Jacobs)는 저서 『위대한 가로(Great Streets, 1993)』에서 가로의 여러 유형을 도면으로 잘 설명하고 있다.

　광장이 위요감의 정도와 성격에 따라 정적인 느낌을 주는 데 비해 가로는 이동을 암시하는 시각적인 역동성을 제공한다. 사람들은 대체로 수직선보다 수평선에서 속도감을 느낀다. 건물 벽의 수직선을 강조하는 것으로 수평선의 흐름을 끊어 가로(광장도 마찬가지)의 역동성을 조절할 수 있다. 불규칙한 스카이라인은 눈의 움직임을 더디게 만들고 불규칙한 건축선은 소실점을 흐트러뜨려 투시도 효과를 떨어뜨린다. 가로공간을 시각적으로 몇 개의 부분으로 분절하기도 하고, 일련의 요소를 활용해 공간의 흐름에 시각적인 제동을 걸 수도 있다.

물리적으로 개성이 강한 가로는 대개 명확하게 규정된 폐쇄적인 공간을 갖는다. 가로변 건물의 연속성과 가로폭 대 높이 비율은 공간의 위요감을 결정하고 가로의 폭은 가로변 건물의 가시도를 결정한다(Box 7.2). 폭이 좁은 가로에서는 수직 요소가 두드러지고 돌출부가 과장되며 눈높이에서의 시각적 요소가 더욱 중요해진다. 이런 길에서 보행자는 예각으로 건물 입면을 보게 되며 가로를 따라 걸을 때 건물의 일부분밖에 볼 수 없다. 폭이 넓은 가로에서는 시야에 가로변의 건물 입면 전체

가로변 건축물 높이 대 가로폭의 비례에 의한 폐쇄성

① 가로를 둘러싸고 있는 건물의 높이가 가로의 폭을 초과할 경우 건물의 꼭대기는 올려다보지 않고서는 볼 수가 없을 것이다. 이런 비율은 밀실 공포감과 같은 느낌을 갖게 하고 적당한 일조량조차 확보하지 못한다. 그러나 다른 유형의 가로와 조합한다면 이 유형은 극적인 효과를 창출할 수 있다.

② 가로폭과 같은 가로 건물의 높이는 하늘을 보는 시야의 범위를 엄격하게 제한하고 강한 위요감을 준다. 1:1의 비율은 안정감 있는 가로공간을 위한 최소 비율로 여겨지기도 한다.

③ 건물높이 대 가로폭의 비율이 1:2인 경우 하늘이 보이는 정도와 가로 벽면이 보이는 범위가 일치한다. 하늘보다는 주변을 보는 시각이 강하여 3차원적인 위요감을 높인다. 비율이 1:2~1:2.5일 때가 가로공간에서 적당한 위요감을 준다.

④ 광장과 달리, 가로는 오직 두 개의 건물의 벽으로 이루어진다. 만약 가로폭에 비해 건물높이가 낮다면, 공간의 위요감은 충분히 느껴지지 않는다. 건물높이 대 가로폭의 비율이 1:4인 경우, 벽면의 세 배 정도로 하늘이 보여 위요감이 낮다.

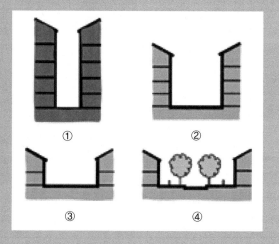

가 들어오기 때문에 건물과 건물이 서로 조화를 이루는지를 알아보기
쉽다. 또한 가로의 바닥면과 스카이라인은 가로에 개성을 주는 중요한
요소이다.

구불구불하거나 불규칙한 흐름을 갖는 가로는 위요감을 더욱 높일
뿐 아니라 계속해서 변화하는 장면을 제공한다. 지테와 컬렌 등 많은 연
구자들은 직선도로가 좋을 때도 있지만 지형이나 주변 여건, 도시경관
효과, 그리고 지역 상황에 따른 시각적 흥미 요소를 무시하는 경우도 많
음을 지적하면서 불규칙한 형태의 가로에 대한 예찬론을 폈다(Sitte,
1889; Cullen, 1961). 그러나 르 코르뷔지에는 오직 직선도로만을 인간
의 길로 여겼다(Le Corbusier, 1929, p. 5). 인간은 목표를 추구하고 목
표에 도달하는 최단 경로를 택한다는 것이다. 이와 대조적으로 구불구
불한 길은 '당나귀의 길'이라고 경멸했다. 돌부리를 피하고 오르기 편
한 쪽을 택하며 그늘을 찾고 걷기에 쉬운 길, 한 마디로 가장 편한 길을
택한다는 것이다. 때문에 코르뷔지에는 지테의 책을 "굽이진 길에 대한
무조건적인 찬양과 심미적 가치에 대한 근거 없는 주장으로 가득 찬 세
상에서 제일 자의적인 책"이라고 맹비난했다. 그러나 브로드벤트는 르
코르뷔지에가 말하는 합리적인 인간이란 "고통스러운 노동을 덜게 해
줄 그림자조차 거부하며 아무리 경사가 급해도 바위를 쪼개면서 직선으
로만 전진하는 인간"이라고 비꼬았다(Broadbent, 1990, p. 130).

직선의 가로가 시각적으로 잘 디자인되었는지 여부는 일반적으로
가로의 길이와 폭의 비례, 가로를 구성하는 요소의 종류, 시선을 끄는
건물이나 그 밖의 여러 요소에 의해 좌우된다.

도시경관

도시설계가는 가로와 광장의 공간적인 성격과 속성뿐 아니라 사회적인
공간과 이동 체계를 함께 고려해야 한다. 공공공간망은 여러 도시경관을
만들어낸다(4장 참조). 다양한 시선과 전망을 제공하고, 랜드마크와 시
각적 연출 및 그 밖에 다른 설계 요소들을 서로 엮기도 하여 다양한 공간
감을 제공한다. 넓게 보면 도시경관이란 건물과 도시 조직, 그리고 가로
의 풍경을 구성하는 나무·자연·물·교통·광고물 등 모든 것들이 어
우러져 연출하는 결과물이며, 고든 컬렌의 표현대로 시각적 드라마이다.

도시경관이라는 말은 1948년 토마스 샤프(Thomas Sharpe)의 '옥스퍼드 연구'에서 처음 쓰인 것으로 알려져 있다. 그러나 도시경관의 '회화'적 접근법은 이미 19세기 초 존 내시(John Nash)가 사용했으며 동세기 말 카밀로 지테 역시 같은 접근법을 의식적으로 사용했다. 20세기에 들어서는 배리 파커(Barry Parker), 레이몬드 언윈(Ray Unwin), 클러프 윌리엄스 엘리스(Clough Williams Ellis) 등이 지테의 작업을 계승 발전시켰다. 기버드(Gibberd, 1953), 워스켓(Worskett, 1969), 투그너트와 로버트슨(Tugnutt and Robertson, 1987)과 같은 많은 연구자들이 현대 경관 이론에 크게 기여했지만, 현대 도시경관은 결국 고든 컬렌의 작업에서 출발한다.

1950년대 중후반에 걸쳐 고든 컬렌은 건축 비평 잡지 「Architectural Review」에 아름다운 그림과 함께 도시경관에 대한 평론을 실었고, 이 평론을 모아 1961년 『도시경관(Townscape)』이라는 책을 출판했다. 이 책은 10년 뒤 『도시경관 수법(The Concise Townscape)』이라는 책으로 개정 출판되었다. 컬렌이 주요하게 주장하는 것은 개별 건물에는 없는 시각적인 즐거움이 건물들의 집합체에는 있을 수 있다는 점이다. 개별 건물은 건축물로 체험하는 거지만, 건물군은 '건축이 아닌 다른 예술', '관계의 예술'이 될 수 있다는 것이다. 컬렌의 주장은 근본적으로 맥락주의에 기인한다. 그는 개별 건물을 보다 큰 전체의 일부로 다루어야 한다고 주장한다. 컬렌은 도시경관의 여러 양상을 기술하는 용어를 개발했는데, 그 일부가 여기에 실려 있다(그림 7.16~7.19).

컬렌은 도시경관은 기술적인 관점이 아니라 미적 감각으로 다루어야 한다고 주장한다. 도시경관이 시각적인 것이기는 하지만 동시에 기억과 체험, 정서적인 감응을 동반한다는 것이다. 많은 도시는 긴 역사를 지니고 있어 오랜 기간에 걸쳐 변화해온 건축 양식, 배치 형태, 재료, 규모 등이 그 안에 섞여 있다. 대부분의 역사도시들이 이러한 도시 조직을 이루고 있다. 컬렌은 "만일 우리가 처음부터 시작한다면 이렇게 뒤죽박죽으로 섞인 것들을 모두 걷어내고 멋지고 완벽한 신도시를 건설하려 할지도 모른다."고 말한다. "도로는 직선으로, 건물은 높이와 양식에 맞추어 정돈된 경관을 만들 것이며, 여건이 허락한다면 대칭, 균형, 완벽함과 절대적 조화(conformity)를 구현하려 할 것이다."라고 추정한다(p. 13).

그림 7.16 컬렌의 '막힘의 풍경(closed vista)' : 바로 앞쪽의 건물을 보면 감탄하지 않을 수가 없다. 오스트리아의 비엔나(Vienna)

그림 7.17 컬렌의 '비틀어짐' : 형태적으로 특출난 건물을 각도를 비틀어 배치해 어떤 특별한 이유가 있을 거라는 기대를 갖게 하는 곳

그림 7.18 컬렌의 '돌출과 후퇴' : 벽면이 완벽하게 일직선으로 뻗은 가로 대신, 구불구불하고 복잡한 길에서 나타난다. 영국, 슈루즈버리(Shrewsbury, UK)

그림 7.19 컬렌의 '좁은 골목' : 광장에서와 달리, 밀집된 건물이 한눈에 들어오며 건물의 세부 요소들이 아주 가깝게 보인다. 영국 런던 템즈강 인근(Thames, London, UK).

　　이러한 절대적 조화의 의미에 의문을 제기하면서 컬렌은 파티에서 만난 대여섯 사람의 예를 든다. 처음에 이들은 일반적인 주제로 조심스럽게 대화를 시작하며 서로 지켜야 할 예의를 확인하는데, 이는 '지루한 조화(boring conformity)'이다. 차차 서먹함이 없어지면 지나친 예의와 지루한 조화에서 벗어나 각자 개성을 드러내기 시작한다. 날카로우나 따뜻한 A양의 재치와 B씨의 단순한 수다가 잘 어울린다든가 하는 식이다. 이렇게 하여 파티가 재미있어 진다. '절대적 조화'의 참된 의미는 이처럼 일정한 관용 내에서 서로가 다르다는 것을 인정하는 것이다(p.14).

　　컬렌의 도시경관 개념은 분석과 평가에는 유용하지만 설계방법론으로 사용하기는 어렵다. 사실 직접적인 전환을 시도하는 것 자체가 무리이다. 도시경관론은 도시설계에서 시각 측면을 지나치게 강조하고 고립시킨다고 해서 비판을 받기도 한다. 바로 이런 비난이 컬렌의 개념을 사소한 것으로 전락시킨다. 그러나 컬렌은 저서 『도시경관 수법(The

Concise Townscape)』의 서론 부분에서 도시경관이 볼라드나 가로의 바닥면을 디자인하는 '화장에 불과한 디자인'으로 끝나는 것을 개탄했다. 그가 주장하는 핵심은 기존의 도시경관을 존중할 뿐 아니라 새로운 요소를 첨가하여 도시경관을 더욱 풍부하게 만들자는 것이다.

┃ 도시건축 ┃

공간 자체의 질뿐만 아니라 공간 표면의 색채, 질감, 기타 세부 요소도 도시환경의 시각 예술적 특성을 결정하는 중요 요소다. 예를 들어 따뜻한 색의 벽면은 튀어나온 것처럼 보여 공간이 실제보다 작게 느껴지고, 차가운 색의 벽면은 들어간 것처럼 보여 공간이 실제보다 크게 느껴진다. 또한 사람들의 흥미를 유발하는 세부 요소가 없을 경우, 그 공간은 삭막하고 비인간적으로 느껴진다. 공간 안이나 주위에서 펼쳐지는 활동 내용도 장소의 개성에 큰 영향을 준다(6장, 8장 참조).

　이제 도시공간의 시각 예술적 성격에 큰 영향을 주는 두 요소, 즉 건축과 조경에 대해 살펴보기로 한다. 그 전에 여기서는 도시 맥락에 대응하며 공공 영역을 형성하는 데 긍정적으로 기여하는 건축을 도시건축이라고 규정하기로 한다. 그리고 이런 규정에 따라 나 홀로형 건물은 도시건축에서 배제한다. 오브제 건물과 도시 조직과 관련해서는 4장에서 이미 다루었다. 폰 마이스의 지적대로 건물이 형성하는 도시 조직은 연속적이고 팽창하는 무한한 느낌을 주지만, 하나의 오브제는 닫혀 있으며 한정적이고 쉽게 파악이 가능한 요소이다. 오브제는 배경에서 부각되며 시선을 끈다(Von Meiss, 1990, p.75). 이웃 건물과 벽을 같이 하여 블록을 형성하는 건축물에서는 가로에 면한 정면이 오브제 역할을 하게 된다. 폰 마이스는 건물이 공간감에 미치는 영향을 논하면서 '광채(radiance)'의 개념을 도입했다. "독립해 서 있는 조각이나 건물은 그 주변에 일정한 광채를 발하며 광채의 영역 안에 들어설 때 그 공간을 체험하게 된다."고 말한다(Von Meiss, 1990, p.93). 이때 오브제 역할을 하는 입면은 공공공간으로 영향을 미치는 반면, 건물의 나머지 세 면은 도시 조직에 묻힌다. 광채가 영향을 미치는 범위는 오브제 또는 오브제 역할을 하는 입면의 성격과 규모, 주위 맥락, 주변 공간의 디자인에 따라 달라진다.

공공공간에 주요 전면만 드러내는 건물에 비해 나 홀로형 건물을 성공적으로 설계하기란 매우 어렵다. 나 홀로형 건물은 여러 시점에서 바라볼 수 있기 때문에 그만큼 비판의 여지도 많다. 건물을 독립된 조각물로 보는 관점에 반대하는 카밀로 지테는 "건물의 근본적인 아름다움은 건물의 입면이 공간의 범위를 설정하고, 그 공간에서 입면이 어떻게 보이는가에 달려 있다."고 말한다. 나 홀로형 건물은 접시에 놓인 케이크처럼 노출이 과도하게 많아질 수밖에 없을뿐더러 비용을 들여 불필요하게 긴 입면을 치장하게 된다. 그러므로 건축주의 입장에서는 전면 이외의 벽면은 모두 도시블록에 파묻히도록 하는 편이 유리한데, 그것은 훨씬 적은 비용으로도 전면을 위에서 아래까지 전부 대리석으로 치장할 수 있기 때문이라는 것이다(Sitte, from Collins and Collins, 1965, p. 28). 오브제 같은 건물의 미적 효과는 주변 도시 조직을 배경으로 이와 대조될 때 발휘된다. 그러므로 이런 유형의 건물은 신중하게 결정할 필요가 있다.

이 단락은 건물 전면의 디자인에 중심을 맞추고 있다. 목적과 광채에 따라 어떤 건물의 전면은 오브제 역할을 하는 입면일 수도 있다. 부캐넌은 "시공속도를 높이려고 조립식 부재를 사용하면 반복적이고 지루한 입면이 나올 수 있다."면서 다음 원칙을 적용해 입면을 설계할 것을 주장한다(Buchanan, 1988b, p. 25~7).

• 장소성을 창출한다.
• 공간 내부와 외부, 사적 영역과 공적 영역을 매개로 하되 그 사이에 단계적인 변화를 준다.
• 공간 내부에 사람이 살고 있음을 암시하고 그들의 삶을 자랑할 수 있는 창을 만든다.
• 개성적이면서도 규범을 존중하며 주변 건물과의 통일성을 유지한다.
• 리듬감을 주고 시선을 끌도록 공간을 구성한다.
• 축조 형식에 걸맞는 매스와 재료를 사용한다.
• 시간이 지날수록 멋이 나고 실질적이며 촉감이 좋고 아름다운 천연재료를 사용한다.
• 시선을 끌고 시각적인 즐거움과 놀라움을 선사하는 장식을 활용한다.

영국의 왕립미술위원회(RFAC : The Royal Fine Art Commission)는 좋은 건축물의 특징을 검토하여 여섯 가지 기준을 제시했다(Cantacuzino, 1994). 그러나 이러한 원리가 독단적인 명령이나 규제로 전락하지 않도록 주의해야 한다. 규칙을 지나치게 고집하다 보면 따분하고 획일적인 결과만 초래하기 때문이다. 한 예로 왕립미술위원회는 이 여섯 기준을 모두 충족시키고도 나쁜 건물이 있을 수 있고, 그 반대의 경우도 있을 수 있음을 경고한다. 유능한 설계가는 규칙을 깨고도 훌륭한 건물을 만들어 낼 수 있다. 아래에 열거한 기준은 도시건축을 이해하는 데 유용한 수단에 불과하다.

1. 질서와 통일 : 첫 번째 기준은 질서를 통한 훌륭하고 완벽한 통일이다. 건물 요소와 설계와 관련해서 질서는 대칭, 균형, 반복, 격자, 기둥 간격, 구조의 골격 등을 통해 나타난다. 그리고 가로경관에서는 같은 건축양식이나 설계방식, 패턴과 주제의 반복, 일체감을 주는 건물 윤곽, 균일한 필지폭, 창호 패턴, 비율, 입체 구성, 입구의 처리, 건축 자재, 기타 세부 항목의 처리 등을 통해 통일성을 부여할 수 있다.

2. 표현 : 두 번째 기준은 어떤 건물인지 쉽게 알 수 있도록 건물의 기능을 적절히 표현하는가의 여부다(Cantacuzino, 1994, p.70). 이견도 있지만, 적당한 상징성을 좋은 건축의 필수 요소로 들기도 한다. 집은 집으로, 교회는 교회로 보여야 한다는 것이다. 건물 유형의 위계를 상징적으로 표현해놓아야 도시를 보다 명확하고 쉽게 읽을 수 있다. 전통적으로 공공 건축물은 다른 건물에 비해 규모도 크고 스타일도 다르며 질이 우수한 재료를 사용하여 그들의 중요성을 드러내는가 하면, 가로 경관에서는 랜드마크의 역할을 갖도록 했다. 이 경우, 민간 건물은 '배경'을 만들어주는 역할을 하게 된다. 즉 건물의 기능에 대한 실마리뿐만 아니라 그 기능이 어떻게 작용하는가에 대한 실마리도 필요하다. 예를 들면 건물의 주 출입구를 어디에 두어야 하는가에 대한 대답일 수도 있다.

3. 진실성 : 설계 원리를 충실하게 따를 때 정직한 건물이 만들어진다. 여기에서 말하는 원리는 기계적으로 따르면 되는 그런 규칙과는 다르다. 고전 건축양식의 파사드 설계에 쓰이는 그런 규칙이 아니라는 말이다.

오히려 고전 건축과 고딕 건축의 구조를 근본적으로 구별하는 원리를 말한다(Cantacuzino, 1994, p.71). 건물의 형태와 구조에서는 건물의 기능이 드러나도록 해야 한다. 또한 공간에서는 그 공간의 기능과 구조 및 축조 방법을 표현해야 한다. 하지만 이런 원칙을 너무 직접적으로 과장할 필요는 없다(David Watkin, Morality and Architecture, 1984). 브롤린은 건물 내부의 모든 기능을 '솔직하게' 밖으로 드러낸다고 해서 높은 가치나 윤리가 충족되는 것은 아니라고 지적했다(Brolin, 1980. pp.5~6). 그는 모더니스트 건축은 이런 가치에 지나치게 집착했으나, 이보다는 전체 건축의 맥락에서 인근 건물의 외관과 시각적인 조화를 잘 이루도록 하는 것이 더 중요하다고 말한다.

4. 평면과 단면 : 이 기준은 건축 설계 시 입면뿐 아니라 평면과 단면도 고려해야 한다는 것을 의미한다. 입면에만 집착하다가는 건물 설계가 아니라 무대장치 설계로 전락할 우려가 있다. 무대장치도 건축의 일부이지만, 건축은 무대장치보다 더 포괄적이다(Von Meiss, 1990). 건물의 전면, 평면, 단면 사이에는 분명하고 뚜렷한 관계가 있어야 한다. 내부 공간과 외부 공간 사이도 마찬가지다. 여기에는 두 가지 이유가 있다. 첫째, 전면 길과 내부의 평면 및 단면 계획상의 요구를 절충하는 파사드 설계를 함으로써 궁극적으로 하나의 총체로서 건물을 다룰 수 있다. 둘째, 단면과 평면, 지역적 맥락의 관계는 주어진 대지가 수용할 수 있는 개발 규모를 결정하는 데 중요한 요인이다. 한 예로 대지 내의 건폐율과 용적률을 들 수 있다. 이런 관계가 잘못되거나 취약한 경우를 보통 '파사디즘'이라 하는데, 건물 내부와 외관이 기능상으로나 구조상으로 완전히 일치하지 못하게 된다(그림 7.20). 또는 역사적인 입면 뒤에 완전히 새로운 건물을 건설하는 경우도 한 예로 들 수 있다(그림 7.21, 7.22). 이런 사례는 종종 도시설계와 보전 사이에서 갈등을 빚는 논점이 되기도 한다.

5. 디테일(detail) : 디테일은 시선을 끌어당긴다. 디테일이 없는 건축은 빈약하다. 그런 건물은 장인과 엔지니어의 솜씨, 자재의 아름다움을 즐기며 건축과 밀접하게 접할 수 있는 기회를 빼앗아간다(Cantacuzino, 1994, p.76). 건물의 입면은 시각적인 풍부함과 우아함의 척도로 평가할 수 있다. 이 두 가지 속성을 모두 지닌 입면도 있

그림 7.20 런던의 리치몬드 강변(Richmond Riverside). 사진에서 보이는 정면은 많은 개별 건물들로 이루어진 것 같지만, 사실은 개방된 사무공간을 갖는 몇 개의 큰 업무 건물로 이루어져 있다. 즉 사진에서 보이는 측벽은 입면상의 분절일 뿐이다.

그림 7.21과 7.22 캐나다 토론토와 홍콩에서 볼 수 있는 '파사디즘'의 예로서 오래된 건물의 입면을 보존하는 것이 가치 있는지에 대해 진지한 질문을 제기한다. 보전된 입면 뒤에 들어서는 새로운 건물의 높이는 일반적으로 원래의 건물 높이와 비슷하게 할 필요가 있다.

지만 대체로 우아한 유형의 입면에는 디테일이 별로 없어 시선을 끄는 매력도 떨어지고 심지어는 지루하게 보이기도 한다. 디테일과 시각적 매력은 환경을 인간적으로 만드는 데 크게 기여한다. 건물은 가까이서나 멀리서, 또는 똑바로 마주하고 보느냐 비스듬하게 보느냐에 따라 달리 보인다. 그러므로 관찰자의 위치에 따라 다양한 규모의 디테일이 도시경관에 필요하다. 지면에서는 보행자가 보기 쉽게 작은 규모의 디테일이 중요하며, 먼 거리에서는 보다 큰 규모의 디테일이 적절하다(그림 7.23, 7.24, 7.25). 창문과 문, 건물의 모서리를 디테일로 강조하는 경우가 많다. 특히 입구를 적절하게 강조하면 이용자들이 쉽게 입면을 인식하게 되고, 공적 영역과 사적 영역의 교류도 원활해진다(그림 7.26).

6. 통합 : '통합'이란 건물이 주변 환경과 조화를 이루도록 하는 일, 또는 조화에 필요한 건물의 속성을 말한다. 통합은 도시설계에서 다소 문제가 있는 영역이다. 1980년대 후반, 『웨일즈의 왕자(HRH, The Prince of Wales, 1988, p.84)』(영국 찰스 왕자)는 런던의 트라팔가 광장에 있는 국립미술관의 확장 계획안을 '너무나 사랑하는 친구의 얼굴에 있는 끔찍한 흉터'에 비유했다. 프란시스 티볼즈는 '장소가 제일 중요하다'는 원칙에 입각해 "각 개별 건물은 장소 전체의 성격과 요구조건에 순응해야 한다."고 주장한다(Francis Tibbalds, 1992, p.16). "건물마다 요란스럽게 자기과시를 한다면 결과적으로 부조화와 혼란만 초래할 뿐이다. 독주자로 설 수 있는 건물은 몇 안 된다. 대부분은 그저 건전하고 신뢰할 만한 합창단 단원들일 뿐이다. 가끔 프리마돈나도 필요하지만 그보다 더 절실한 것은 잘 설계된 흥미로운 배경을 만들어주는 건물이다."라고 했다.

통합은 가끔 부적절하게 폄하되어 꼭 같아야 하는 것으로 잘못 이해되기도 하나, 꼭 특정 건축양식을 고수할 필요는 없다. 건축양식은 통합의 한 부분에 불과하다. 양식에 너무 집착하다 보면 혁신과 시각적인 자극의 가능성을 놓치기 쉽다. 양식보다도 규모나 리듬 같은 시각 요소가 더 중요하다. 전혀 다른 재료와 양식을 쓴 건물이라도 베니스의 산 마르코 광장에서 보듯 얼마든지 성공적일 수 있다.

그림 7.23, 7.24, 7.25 영국 에든버러(Edinburgh)의 중심지에 있는 이 건물은 높이에 따라 입면이 매우 섬세하다. 거리를 두고 보면 입면의 가장 중요한 요소만 보인다. 그러나 좀 더 가까이 가면 창문의 문양을 포함해 다른 주요 부분도 보인다. 더 가까이 가면 재료나 구조의 섬세함과 지상부터 꼭대기 층까지 부가적인 디테일도 보인다.

그림 7.26 영국의 글래스고(Glasgow). 많은 전통적인 건물들의 입면은 세 가지 요소로 구성된다(기단부, 중간부, 상층부). 기단부는 보행자들이 쉽게 보고 더 잘 인식할 수 있는 부분이기 때문에 대체로 풍부하게 장식을 하는 편이다. 중간부는 시각적으로 다소 제한을 두며, 상층부와 스카이라인은 시선을 끌기 위해 다시 시각적으로 복잡하게 장식을 하게 된다. 이런 행위는 현대의 개발에서는 드물며, 이 건물은 전통적인 방법으로 설계된 것이다.

기존 장소의 맥락과 조화를 이루는 건물을 설계하는 데 유용한 접근법 세 가지가 있다. 이들은 매우 다른 설계 철학을 반영한다. 그중 극단적인 것으로는 양식의 통일이다. 이는 지역의 건축 특성을 그대로 모방하는 것이다. 결과적으로 특성화 차원에서 보존할 수 있는 역사적 특성이 희석된다. 또 다른 극단적인 것은 병치 또는 대조의 추구로 기존 건물의 특징을 따르지 않고 새로운 디자인을 도입하는 것이다(그림 7.27, 7.28). 이 방법은 역동적이고 성공적인 대비를 이루는 데 효과가 있을 수도 있지만 잘못하면 전시 효과만을 노린 오만한 형태로서 비참한 결과를 초래하기도 한다(Wells Thorpe, 1998 p.113). 마지막 하나는 연속성의 추구이다. 이것은 지역의 시각적인 특성을 그대로 모방하지 않고 재해석해서 장소의 연속성을 유지하려는 것이다. 포스트모던 건축 설계가 표방하는 접근법이기도 하다. 새로운 개발에서도 기존 장소의 특징을 유지하고 발전시키고자 한다.

맥락을 중시하는 설계에서 기존 환경을 분석할 때 고려해야 할 요소로 웰스 소프(Wells Thorpe)는 다섯 가지를 제안한다(1998, p.113). ⑴ 범위, ⑵ 가치/특성, ⑶ 일관성/동질성, ⑷ 독특함/희소성, ⑸ 접근성이 그것이다. 궁극적으로 한 건물이 주변 맥락과 제대로 조화를 이루는지는 개인의 판단에 의해 결정된다. 피어스는 단적으로 이 어려운 과제를 잘 표현하고 있다(Pearce, 1989, p.166). "역사적 영역에 새로운

그림 7.27 프랑스 파리 루브르 박물관(Le Louvre)의 유리 피라미드는 역사적인 맥락과 새로운 건물의 훌륭한 융합의 한 예를 보여준다. 옛것과 새로운 것이 함께하면 둘 다 강조하는 효과가 있다.

그림 7.28 맥락상의 병치 – '진저 로저와 프레드 아스테어 건물'. 체코 프라하

건물을 추가로 신축함에 있어 중요한 것은 장소성의 파악이며, 이는 건축가의 능력에 달려 있다. 문제는 이런 경우가 아주 드물다는 점이다." 건축적 동질성이 유지되는 영역은 흔치 않다. 이미 다양성이 강한 맥락에서는 현대 건물이 들어서는 데 아무런 문제가 없다. 가로 경관의 시각적 매력을 높이는 데 다양성이 중요하긴 하지만 건물과 기존 맥락의 조화를 더욱 중요하게 여기는 원칙도 있다. 이와 관련해서 왕립건축위원회는 기존 도시의 맥락 안에서 새로운 건물의 조화로운 통합을 위한 여섯 가지 기준을 제시한다(Cantacuzino, 1994, pp.76~9, Box 7.3).

Box 7.3

조화로운 통합을 위한 기준(출처: Cantacuzino, 1994, pp. 76~9)

① 대지 계획(siting) : 대지 계획은 건물이 그 대지에 놓이는 방법과 그것이 어떻게 다른 건물이나 길 혹은 다른 공간과 관계를 갖는지와 관련이 있다. 기존의 가로 패턴과 블록 및 필지 크기를 보존하는 것이 조화로운 통합을 이루는 데 도움이 된다. 예를 들어 필지의 합병은 도시건축물의 규모를 변화시키고 전통적인 도시 조직을 무너뜨린다. 기존의 건축선과 가로변의 기존 건축물의 입면을 존중하는 것이 중요한다. 그러한 것들이 가로의 연속성과 외부 공간의 정의를 확실히 해주기 때문이다. 따라서 가로의 선을 파괴하는 것은 우연이나 임의적인 것이 아니라 의도적이어야 하며, 유형 공간이나 나름대로 의미를 갖는 공간을 만들어내야 한다. 공간의 오브제로 작용하는 하나의 조각과 같은 건물은 도시경관에서 예외 내지는 중요한 의미를 갖는 것으로 다루어야 한다. 그들의 빈도수가 적을수록 그들이 갖는 효과는 더 커진다.

② 건물 매스(massing) : 이는 각 대지에서 건축물의 크기를 결정함에 있어 가로 공간에서의 다양한 조망점과 각도를 함께 고려하는 것이다. 때로는 건폐율과 용적률이 대지의 개발 밀도를 통제하는 수단으로 이용되기도 하지만, 이는 그다지 세련되지 못한 방법이다. 주어진 개발 밀도는 다양한 방식으로 조절될 수 있기 때문이다(8장 참조). 일반적으로 건폐율은 가로 공간의 맥락 차원에서도 고려해보아야 한다.

③ 스케일 : 크기는 물체를 있는 그대로 보여주는 반면 스케일은 그러한 크기와는 다르다. 스케일은 어떤 물체를 주변의 다른 물체와 비교하여 상대적으로 인지하는 것이다. 스케일에는 두 가지 측면이 있는데 하나는 건물과 우리 인간 사이의 상대적 스케일이며, 다른 하나는 그 건물과 주변 배경과의 상대적 관계이다(그림 7.29). 그러므로 어느 건물이 휴먼 스케일인지 아닌지를 가려내는 것과 주변 환경과 어울리는

스케일이냐 아니냐로 판단하는 것은 별개의 문제이다(그림 7.30). 우리가 흔히 명확하게 크기를 알고 있는 창문이나 문, 기타 건축 재료와 요소는 스케일감을 주는 데 있어서 특히 중요하다(그림 7.31). 건물의 높이는 휴먼 스케일을 넘어서더라도, 건물의 입면을 적당하게 분절하고 보행자 눈높이에서 시각적인 재미를 줌으로써 휴먼 스케일을 찾을 수 있다. 또한 휴먼 스케일이라는 단어는 인간의 존재감을 느끼게 해주는 보다 일반적인 개념으로 사용되기도 한다.

④ 비례 : 비율은 한 건물에서 여러 다른 부분들 간의 관계, 전체와 어떤 한 부분 사이의 관계를 말한다. 이는 건물의 입면에서 채워진 곳과 빈 곳의 비율, 또는 창문과 벽 요소를 상대적으로 배열하는 방법과 관련이 있다. 그렇게 서로 다른 건물들이 늘어선 전통적인 가로는 매우 일관된 창문과 벽면의 비를 갖는 경향이 있다. 일련의 건축물로 형성되는 가로의 입면에서 건축의 벽면은 하얗게, 창문은 검게 표현하는 방식은 창문과 벽면의 비율 및 운율을 연구하는 하나의 방법이다. 이 방법은 쓸데없는 세부 요소를 제거함으로써 건축 벽면의 채워진 면과 창 등과 같이 개구부에 의해 형성되는 리듬을 정확하게 파악할 수 있게 해준다. 만약 새로운 건물의 채워진 면과 빈 면의 비율이 기존 건물의 비율과 상호보완적이라면 기존의 맥락에 조화롭게 융합된다고 할 수 있다.

⑤ 리듬 : 리듬은 건물 입면을 구성하는 부분, 즉 창문이나 돌출 공간의 반복적인 배열과 크기를 의미한다. 리듬을 표현하기 위해 가장 중요한 것은 입면에서 벽과 창문의 비율(즉 채워진 곳과 빈 곳의 비율)이다. 창문의 수평적 혹은 수직적 강조, 그리고 건물 입면에 나타나는 구조 등이 있다. 거대한 건물을 가로 풍경 안으로 융합하기 위한 하나의 방법은 건물 입면을 분절하는 것이다. 대부분의 입면은 수직적 요

소와 수평적 요소 모두를 갖지만, 두 개 중 어느 것이 지배적인 요소가 되느냐에 따라 수직성이 강조되거나 수평성이 강조되기도 한다(그림 7.32, 7.33). 전통적으로 건물 입면의 구성 요소가 수직성을 갖는 가로에 강한 수평성을 갖는 건물이 들어오면, 전통적 가로의 시각적 리듬이 깨진다. 게다가 수평성을 갖는 건물은 가로의 공간 특성인 수평성과 함께 과도한 수평성을 초래하기 때문에 도시건물의 입면은 수직성을 갖도록 하는 것이 원칙이다. 그래야 가로가 균형 있는 수평성을 갖게 된다. 도시건축이 일반적으로 수직성을 가져야 하는 또 다른 이유는 수평선이 수직선보다 빨리 인지된다는 점이다(즉 시선이 수평적인 선을 따라 더 빠르게 움직인다). 다시 말하면 시선이 고정되는 시간이 짧을수록 강한 수평선에 대한 흥미가 떨어지므로 도시 건물에서는 수직성이 강조되어야 한다는 것이다.

⑥ 재료 : 재료는 건물의 색과 질감을 결정한다. 또한 재료의 선택은 얼마나 기후의 변동에 강하냐로 결정하며, 세부 요소, 다양한 거리에서 시각적 흥미와 입면의 성격에도 영향을 미친다. 적절한 재료의 사용은 그 건물과 이웃 건물과의 관계, 건물의 여러 부분들 간의 차이점을 부각하거나 완화할 수 있다. 그늘과 그림자를 형성하는 입면의 부조는 시각적인 깊이와 입체감

그림 7.29 영국 런던의 맨션 하우스(Mansion House), 이런 건물의 스케일을 파악해내기는 어렵다. 처음에는 3층 건물로 보이지만 교통 표지판과 자동차 같은 단서와 비교해보면 짐작했던 것보다 더 큰 건물이라는 것을 알게 된다.

그림 7.30 런던 트라팔가 광장(Trafalgar Square)의 조각상은 의도적으로 스케일 개념을 이용한 것이다. 조각상은 휴먼 스케일이지만 주추(조각상을 받치고 있는 돌)의 스케일과는 맞지 않다. 주추의 스케일로 맞추려면 조각상이 좀 더 커야 한다. 이 작품에서 조각가는 예수 그리스도가 생전에 신이 아닌 사람이었다는 것을 강조하기 위해 이런 스케일 개념을 이용했다.

그림 7.31 스케일은 건물이나 건물 입면의 요소뿐만 아니라 건물 재료 고유의 크기에 따라서도 좌우된다. 과거에는 인간 신체의 한계가 건축 재료의 크기를 결정했다. 이러한 건축자재의 기본 단위가 보이는 건물의 입면에서는 건물의 스케일이 쉽게 파악된다. 건축 기술이 기계화되면서 다루기 쉬운 건축 단위의 사용이 별로 중요하지 않게 되자, 많은 건물과 도시공간에서 이러한 스케일을 주는 요소들이 사라지게 되었다. 미국 조지아의 사바나에서 볼 수 있는 이러한 거리 풍경에는 사람이 없어도 휴먼 스케일을 보여주는 충분한 요소가 있다.

을 부여하는 중요한 수단이며, 입면의 재료를 다양한 모습으로 인지하도록 해준다. 재료는 또한 지역의 특수성을 정립하는 데도 도움을 준다. 예를 들면 영국에서 다양한 지방 건축의 전통 및 스타일과 재료는 영국의 예외적인 지질학적 다양성에 기원한다. 지역의 건축 자재를 지속적으로 사용하면 마을이나 도시에 강한 통일성과 장소성을 줄 수 있으며 새로운 개발에서도 시각적인 융합에 기여한다(Porter, 1982; Lange, 1997; Moughtin 외, 1995, pp.133~44)

그림 7.32, 7.33 대부분의 입면이 수직과 수평의 요소 모두를 가지고 있긴 하지만, 두 요소 중 어느 하나가 지배적인 것이 보통이다. 그것은 입면을 오르내리거나 입면을 따라가면서 보는 경향에 의해 결정된다. 영국 버밍엄의 브린들리플레이스(Brindleyplace)에 있는 두 개의 건물이 이 원리를 보여준다. 각각의 창문 또는 전체 입면에서 창문들이 어떤 배열을 갖고 있는가에 따라 입면의 성격이 결정된다. 구조적으로 내력벽을 갖는 건물은 수직성을 강조하는 경향을 띤다. 내력 기둥을 갖는 건물에서 입면은 단순한 외장에 불과하다. 이런 외장의 개구부는 어떠한 모양이나 형태로도 만들 수 있다. 이러한 새로운 건축 공법의 특성을 강조하기 위해 많은 모더니스트 건축가들은 수평성을 강조하는 건물을 디자인한다.

| 경성 조경과 연성 조경 |

이제 여기서는 경관보다 '조경'이라는 어휘를 사용하려 한다. '조경(landscaping)'은 '경관(landscape)'보다 좁은 의미로서 시각적인 암시가 보다 제한적이기 때문이다. 일반적으로 조경은 도시설계 후에 추가되는 것으로, 예산에 여유가 있고 질이 떨어지는 건축물을 숨기거나 남은 공간을 채우기 위한 보충수단으로 삼는다. 잘 설계된 조경은 환경의 질을 높이고 시각적인 흥미와 색감을 더해주는 반면에 그렇지 못한 경우는 오히려 잘 설계된 부분의 가치를 떨어뜨린다.

넓은 의미의 조경, 즉 경관 설계에는 시각 측면뿐 아니라 생태, 치수, 지질 등에 대한 근본적인 사항도 고려 대상이다. 여기서 언급하지는

그림 7.34 체코의 텔크(Telc). 잘 융화되는 재료 사용과 바닥 경관과 주변 건축물의 디자인은 더욱 더 도시 풍경을 조화롭게 한다.

않지만, 도시설계가는 특정 대지의 문제와 기회뿐 아니라 근본적인 자연의 제반 변화도 고려해야 한다는 것을 다시 한 번 강조한다(3장 참조). 도시 녹화는 지속 가능한 환경을 만드는 데 있어 중요한 목표다. 나무와 풀은 이산화탄소의 축적을 줄이고 산소를 보충하며, 풍속을 낮추고 쉼터를 제공하며, 먼지와 오염원을 걸러낸다. 총체적인 도시환경 개선에 기여하는 적극적인 조경이 필요하다. 조경 설계는 건물 설계를 시작하기 전에, 혹은 동시에 진행해야 하며 도시설계의 전 체계 속에서 유기적인 한 부분으로 접근해야 한다.

바닥 경관

바닥 경관은 장소의 조화감과 통일성에 영향을 주는 중요한 요소다. 도시공간의 바닥 유형은 크게 두 가지로 나뉜다. 하나는 인공적으로 포장된 공간이고 다른 하나는 자연적으로 조경된 공간으로서 여기서는 전자의 공간을 중점적으로 다루겠다. 바닥 경관의 성격과 질은 바닥 재료(벽돌, 돌, 석판, 조약돌, 콘크리트, 쇄석 등), 재료의 사용방법, 그리고 그들이 다른 재료나 조경 요소와 어떻게 조화를 이루느냐에 달려 있다(그림 7.34). 그리고 건물의 외벽과 만나는 부분의 바닥 디테일은 가로바닥면인 수평면과 건물 입면인 수직면 사이에서 전이 공간을 만들어내어,

가로 공간을 형성하는 건물 입면과의 연계를 부각시킨다. 이러한 부분의 디테일이 바닥 디자인의 질을 결정하기도 하기 때문에 세심하게 고려해야 한다.

바닥면의 디자인은 순전히 기능적인 요구에 따르기도 하고 혹은 심미적인 차원에서 결정하기도 한다. 기능에 따른다 하더라도 미적 효과가 수반될 수도 있다. 바닥 포장의 역할은 무엇보다도 내구성이 있고 건조하며 미끄럽지 않은 바닥을 만들어 교통의 흐름을 원활하게 하는 데 있다. 교통 하중이나 교통수단에 따라 재료의 선택과 포장방식이 달라야 하며, 서로 상이한 재료들 간의 접합 부분을 명확하게 디자인해야 한다. 자동차 교통 속도저감구역에서는 차도에는 아스팔트를, 보도에는 벽돌과 석재를 쓰는 것이 보통이다. 차량 교통과 보행자 교통 사이의 경계 부분은 일반적으로 화강암이나 콘크리트 연석을 이용하여 낮은 단차를 만들어준다. 차도와 보도 사이의 평행선을 강조하여 서로 다른 기능을 갖는 두 영역을 효과적으로 명시하고 더불어 장식적인 효과도 갖게 하는 것이다.

바닥 재료의 변화는 예를 들어 공공 영역이나 개인 영역과 같은 서로 다른 소유권을 표현하기도 하며 잠재적인 위험을 의미하거나 경고하는 역할을 하기도 한다. 또 다른 예로 매끄러운 표면에 선만 그은 횡단보도는 강한 방향성을 제시하는 반면, 바닥 표면을 오돌토돌하게 디자인한 횡단보도는 시각장애인들에게 도움을 준다. 순수한 미적 차원에서 방향성을 강조하는 바닥 포장을 할 수도 있다. 선형을 강조하여 이동감을 강조하는 것이다.

바닥 경관은 공간의 미적 특성을 부각하기 위해 특별히 디자인하기도 한다. 예를 들면 휴먼 스케일과 공간 고유의 스케일을 도입한다거나, 공간을 일련의 위계적 요소로 재조직하거나, 기존의 성격을 보강하거나 혹은 미적으로 구성하고 단일화하는 것 등이다. 바닥 경관의 스케일감은 재료의 스케일과 구성 패턴, 혹은 이 두 가지 요소의 조합에서 비롯하기도 한다. 다루기 쉬운 크기로 만들어진 바닥돌은 일반적으로 도시 공간에 휴먼 스케일을 제공한다. 작은 공간에서는 대개 추가 패턴이 필요하지 않으나, 보다 큰 공간에서는 일반적으로 스케일감을 제공할 수 있는 패턴을 필요로 한다.

바닥 경관의 패턴은 크고 단단한 표면을 보다 다루기 쉬운 휴먼 스케일로 바꾸어주는 중요한 미적 요소이다. 건물의 입면처럼 바닥 경관은 각 모티프와 테마의 반복과 반사, 다양한 재료의 강조, 그리고 공간 가장자리의 극적 표현을 통해 풍성해질 수 있다. 예를 들면 베니스의 산 마르코 광장에서는 흰색 석회암과 검은색 현무암의 단순한 격자 패턴을 이용해서 공간의 스케일을 재구성하여 휴먼 스케일로 만들었다.

바닥 경관의 패턴은 공간의 시각적 크기를 조작하는 데 사용되기도 한다. 예를 들어 디테일과 일정 단위를 첨가하면 큰 공간을 작게 보이게 하는 경향이 있으며, 반면에 단순하고 상대적으로 거의 꾸밈이 없는 경우는 그 반대의 효과를 갖는다.

시각적으로 역동적인 패턴을 갖는 바닥 경관은 방향성을 제공하면서 통로로서의 성격을 강조하여 가로의 선형적인 성격을 강화할 수 있다. 반대로 장소로서의 성격을 강조하거나 시각적으로 정적이거나 절제된 패턴을 사용하여 편안한 느낌을 제공함으로써 공간의 흐름에 제어를 가할 수도 있다(그림 7.35). 가로의 흐름에 평행한 선은 이동성을 강조하고 선을 강조하지 않는 포장은 시각적인 속도를 줄여 장소성을 강조함으로써 사람들로 하여금 멈추어 머무르고 싶게 하는 경향이 있다. 이동과 휴식이 교차되는 바닥 패턴들 사이의 상호작용은 도시경관에 스케일감과 운율감을 부여한다.

편안함을 느끼도록 디자인된 바닥 경관은 대체로 사람들이 멈춰서 쉬는 공간으로 받아들이게 된다(예를 들어 도시광장). 광장의 바닥 패턴은 많은 기능을 담고 있다. 스케일감을 제공하고 중심과 가장자리를 연결하여 공간을 단일화하며, 조화가 결여된 건물군에 질서를 부여하기도 한다. 후자의 경우, 직사각형·원·타원과 같은 강하고 단순한 기하학적 모양은 공간의 중심을 구성함으로써 주변 건물의 불규칙한 선을 시각적으로 정돈하여 심미적으로 완벽한 광장을 이루게 한다(그림 7.36). 미켈란젤로(Michelangelo)가 설계한 로마의 캄피돌리오 광장의 바닥 경관 디자인은 바로 이러한 기능의 완성체이다.

그림 7.35 마카오(Macao)의 물결치는 모양의 바닥 패턴

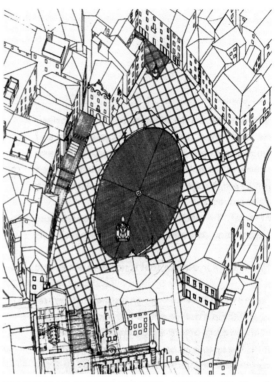

그림 7.36 단순한 기하학적인 바닥 경관은 슬로베니아 피라노(Pirano) 광장의 불규칙한 시다리꼴 공간을 통합 구성한다(출처 : Favole, 1997).

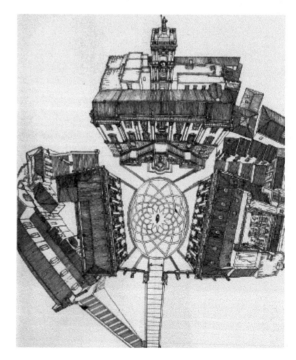

그림 7.37 이탈리아 로마의 캄피돌리오 광장(Campidoglio). 바닥 패턴은 기마상의 기단에서 외부로 팽창하는 패턴으로 구성되어 있다. 중앙의 패턴이 잔물결처럼 퍼지면서 가장자리로 움직임을 강조하는 동시에 가장자리보다 몇 계단 낮은 타원형 무늬는 공간의 중심성을 강조한다. 끊임없이 그리고 반복적으로 중앙과 가장자리로 연결하는 패턴이 광장의 공간과 주변 요소를 융화시킨다(출처 : Bacon, 1978, p.119).

그림 7.39 슬로바키아 브라티슬라바(Bratislava)에 있는 공공예술. 많은 공공 예술에는 해학이 있다.

그림 7.38 조나단 보로프스키의 '망치질을 하는 남자'. 워싱턴의 시애틀 아트 뮤지엄(Art Museum)

가로 시설물

가로 시설물에는 바닥 경관과는 다른 다양한 인공적인 조경요소가 포함된다. 전신주, 가로등, 표지판, 공중전화 부스, 벤치, 화분대, 교통표지판, 가로표지판, CCTV, 경찰초소, 볼라드, 경계를 구획하는 담장, 난간, 분수대, 버스 정류장, 거리 조각상, 기념물 등 매우 다양하다. 공공 예술 역시 가로 시설물의 한 유형이라 할 수 있다(그림 7.38, 7.39). 가로 시설물은 그 수준과 구성방식에 따라 장소에 특징과 개성을 부여한다. 그뿐 아니라 도시공간의 질적 수준을 나타내는 지표이기도 하다. 무의식적으로 설치된 가로 시설물도 많다. 그래서 종종 가로 시설물은 길을 어지럽히는 다른 잡동사니처럼 도시경관을 혼란스럽게 만드는 주범이 되기도 한다. 그러나 가로 시설물을 활용해서 새로운 개발 장소의 수준을 높이고 그에 대한 이용자의 기대감을 키울 수도 있다.

공공 영역에 필수적인 가로 시설물이 영역의 전체적인 효과를 고려해서 배치되는 경우는 많지 않다. 그래서 보기에 어지럽고 기능적으로도 불편한 장소가 되어버린다. 글래스고 도심의 공공 영역을 설계한 길리스피와 그의 동료들은 보고서 「전략과 지침(Strategy and Guidelines)」에서 가로 시설물 설계에 관한 여섯 가지 원리를 제시하고 있다(Gillespies, 1995, p.65).

- 필요한 가로 시설물을 최소한으로 도입할 것
- 가능한 여러 가로 시설물을 하나의 단위로 통합할 것
- 불필요한 가로 시설물을 모두 제거할 것
- 가로시설물을 개별적으로 취급할 것이 아니라 여러 개를 하나의 집단으로 취급하여 장소성을 부여하고 통일성을 주어 일관된 정체성을 갖게 할 것
- 공간에 형태와 장소성을 부여하도록 가로 시설물을 배치할 것
- 주요 이동 흐름이나 보행자, 자동차의 흐름을 막지 않도록 할 것

제일 쉬운 방법은 가로 시설물 제조업자가 만든 기성품을 쓰는 것이다. 장소에 개성을 주기 위해 기성품에 약간의 가공을 더할 수도 있고 주어진 장소에 적합하도록 가로 시설물 모델을 새로 개발하여 제작할 수도 있다. 장소에 특별한 개성을 부여하기 위해서 예술가가 참여하여 가로 시설물을 새롭게 설계하기도 한다(Gillespies, 1995, p.67).

연성 조경

장소에 특성과 정체성을 부여하는 데에는 연성 조경이 결정적인 역할을 하기도 한다. 참나무 길과 소나무 길의 분위기는 전혀 다르다. 나무와 풀, 꽃은 계절의 변화를 느끼게 하고 도시환경 속에서 시간의 흐름을 읽을 수 있게도 한다. 낙엽수가 들어선 공간에서의 위요감과 시각적 인상은 계절마다 다르다. 식재를 잘 활용하면 별볼일 없는 장소에도 통일성과 질서를 만들어줄 수 있다. 교외 전원 주거지의 고유한 매력은 다양한 건축이 조화롭게 작용하도록 하는 조경의 연속성에 있다. 이런 경우에

서처럼 연성 조경은 시각적으로 환경을 통합해 하나의 장소로 만드는
데 아주 중요한 역할을 한다.

　나무와 그 밖에 다른 식물은 인공의 도시경관과 대조를 이루며 이를
돋보이거나 완화하는 역할을 하고 휴먼 스케일을 더해주기도 한다. 가
로수는 가로에 위요감과 연속성을 제공한다. 하지만 모든 도시환경에서
나무의 위치는 심사숙고하여 결정해야 한다. 로빈슨은 건물과 도시공간

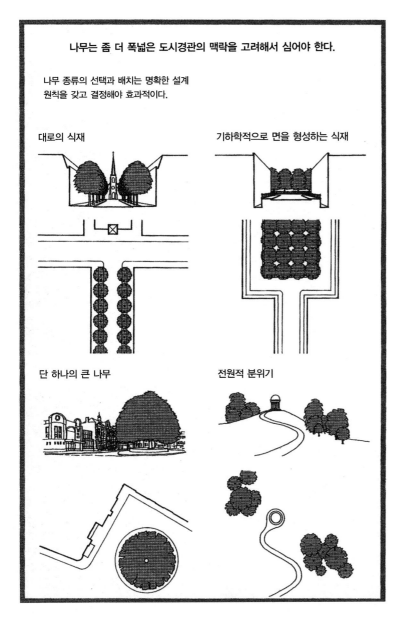

나무는 좀 더 폭넓은 도시경관의 맥락을 고려해서 심어야 한다.

나무 종류의 선택과 배치는 명확한 설계
원칙을 갖고 결정해야 효과적이다.

대로의 식재

기하학적으로 면을 형성하는 식재

단 하나의 큰 나무

전원적 분위기

그림 7.40 가로수를 위한 디자인 전략
나무가 도시 안에 있는 것만으로 좋은 것은
아니다. 전반적인 도시 풍경과 어울리도록 선
택해서 심어야 한다(**출처** : English Heritage,
2000, p. 49).

의 관계에 대한 담론에 버금갈 만큼 세련된 수준으로 나무를 활용해 도시공간을 시각적으로 구성하는 문제에 대해 정교한 이론을 제시했다(Robinson, 1992). 의례적인 상황에서는 다소 획일적인 식재방법을 사용하게 되는데, 이때는 자유로운 회화적 식재가 아니라 직선형이나 패턴에 따른 기하학적 식재방식을 채택한다. 적절한 식재로 바닥경관, 나아가서는 도시경관의 3차원 효과도 더욱 강화할 수 있다. 식재를 통해 공간의 위요감을 강화하는가 하면, 큰 공간 안에 작은 공간을 만들 수도 있다.

그러나 과잉 식재는 금물이다. 조지아풍의 조경에서는 식재로 조경된 광장을 강조하기 위하여 가로에는 나무를 거의 심지 않았다. 카밀로 지테 역시 19세기 비엔나(Vienna)의 대로에는 숲처럼 나무가 많이 심어져 있었다고 하면서 그럴 바에야 제대로 된 공원 두세 개를 만드는 게 더 좋을 뻔했다고 비판했다. 같은 논지에서 런던의 가로관리지침을 만든 잉글리시 헤리티지(English Heritage)는 『모두를 위한 거리(Streets for All)』에서 모든 도시공간에 식재가 필요한 것은 아니라면서, 전체적인 경관의 효과를 고려해 도입하고 배치해야 한다고 강조했다(그림 7.40). 이들은 모든 조경계획에서 다음 여덟 가지 원칙을 지켜야 한다고 강조한다.

• 외관은 역사적 맥락과 지역의 특성을 고려할 것
• 자재가 적절한지, 그 조합이 기능적으로 적당한지 고려할 것
• 장기간 유지 관리할 수 있도록 견고하게 설계할 것
• 쓰레기 수거, 빗자루질, 물청소, 낙서와 껌 제거 등을 쉽게 할 수 있도록 설계할 것
• 지저분하지 않도록 표지물은 최소로 줄이고 기존 기둥이나 벽면을 이용해 부착할 것
• 보행자를 배려할 것, 보행자를 끌어들이고 방향 표지를 명료하게 할 것
• 장애인을 배려할 것, 안전성과 편리성을 우선시하되 장애물을 없앨 것
• 대중교통과 자전거를 존중하고 건널목에서 보행자의 안전과 쾌적성을 고려할 것

결론

이 장에서는 도시설계가들이 도시환경의 질을 높이는 차원에서 시각적인 면을 다루고자 할 때, 반드시 전체 맥락에서 고려해야 한다는 점을 강조했다. 좋은 도시공간을 만드는 데 있어 건축과 건축적 고려만을 중요시해서는 안 된다. 몽고메리는 한편으로 "도시설계가 건축 스타일의 문제가 아니지만, 그렇다고 건축 스타일이 중요하지 않은 것이 아니다. 왜냐하면 건축이 의미, 정체성 그리고 이미지를 전달하기 때문이다." 라고 한다(Montgomery, 1998, pp.112~3). 더불어 도시설계가들은 도시설계에서의 시각적 차원에 대해 건축 설계와 같은 수준으로 고려하지 않도록 주의해야 한다. 그렇지 못할 경우, 전체에 피해를 줄 수도 있는 한 부분만을 강조하는 꼴이며, 티볼스가 언급한 '장소가 가장 중요하다' 는 도시설계의 귀중한 원리를 간과하는 것이다. 건물·가로·공간·경성 조경·연성 조경 그리고 가로 시설물을 모두 함께 고려해야만 한다. 그래야 공간의 긴장감과 시각적 흥미가 조성되고 장소성이 높아지는 것이다.

08
기능의 차원

서론

이 장에서는 도시설계의 기능적 차원에 대해 다루고자 한다. 도시의 장소들이 '작동'하는 방식과 도시설계를 통해 보다 좋은 장소를 만드는 방법에 대해 고찰하는 것이 이 장의 목적이다. 도시설계의 사조를 이끌어온 두 전통, '사회적 이용'과 '도시미학'의 전통에는 각기 나름대로 기능주의적 견해가 내재해 있었다. 사회적 이용의 전통에서는 주어진 환경을 이용하는 사람의 관점에서 환경의 기능성을 중요하게 다룬 반면, 도시 미학의 전통에서는 사람의 문제를 흔히 심미적인 문제로 추상화하거나 교통흐름이나 통행 문제처럼 기술적인 문제로 축소하기도 했다. 이 장은 네 부분으로 구성되는데, 우선 공공장소의 이용 행태를 다루고, 혼합용도와 밀도의 문제에 대해 검토한 다음, 환경설계에 대해 살펴보고, 마지막으로 기간시설망에 대해 논의하려 한다.

| 공공공간과 공 · 사영역의 접면 |

좋은 장소는 인간의 활동을 지원하고 촉진한다. 그러므로 좋은 공공장소를 설계하기 위해서는 무엇보다 사람들이 그런 장소를 어떻게 이용하는지를 이해해야 한다. 유능한 도시설계가들은 체험을 통해 도시의 공공장소, 공간, 환경의 작용 방식에 대한 지식을 축적해나간다. 베이컨에 따르면, 끝없이 걸어서 도시공간을 직접 체험해야만 비로소 그 체험을 자기의 것으로 체화할 수 있다.

공공영역의 사용에 관해 언급한 훌륭한 논평은 대개가 직접적인 관찰에 근거한 것들이었다(Bacon, 1974, p.20). 제인 제이콥스(Jane Jacobs)는 『미국 도시의 죽음과 삶(Death and Life of Great American Cities, 1961)』에서 북미 도시에 관해, 얀 겔(Jan Gehl)은 『빌딩 사이의 삶(Life Between Buildings, 1971)』에서 스칸디나비아에 관해, 그리고 윌리엄 화이트(William H Whyte)는 『작은 도시공간의 사회적 삶(The Social Life of Small Urban Spaces, 1980)』에서 뉴욕에 관해 이야기했다. 클레어 코퍼 마커스(Clare Copper Marcus)와 웬디 사르키시안(Wendy Sarkissian)의 『인간을 배려한 주거(Housing As If People Mattered, 1986)』와 공공공간연대(The Project for Public Space)의 『어떻게 장소를 재조성하는가: 성공적인 공공공간의 창출을 위한 핸드북(How to Turn a Place Around: A Handbook for Creating Successful Public Places, 1999)』을 여기에 추가할 수 있을 것이다. 모든 작업들은 행위와 공간 사이의 관계에 대한 관찰에 기초를 둔다. 공공공간연대(PPS, 1999)에 따르면 "공간을 관찰할 때, 비로소 자신의 생각이 아니라 실제 공간이 어떻게 사용되는지 배우게 된다."고 말한다(p.51).

공공공간의 용도 · 디자인에 대한 연구와 아이디어를 종합한 내용을 토대로 하여 카르와 공저자들은 공공공간은 의미심장하고(스스로의 삶과 장소와 더 넓은 세계가 하나로 연결되도록 하는 것. 6장 참조) 민주적(이용자의 권리보호, 모든 그룹에의 접근보장, 행동의 자유보호. 6장 참조)이어야 할 뿐 아니라 또한 '반응성'이 좋아야 한다고 주장한다(Carr, 1992). 다시 말해 사용자의 요구를 수용하도록 디자인되고 운영되어야 한다는 것이다. 그들에 따르면 공공공간에서 사람들은 다섯 가지 기본요구의 충족을 원한다. 즉 편안함, 휴식, 환경에 대한 소극적 참여, 환경에 대한 적극적 참여, 그리고 발견이 그것이다. 좋은 장소는 대부분 이 가운데 한 가지 이상의 목적을 만족시킨다.

(i) 편안함

편안하지 않은 공공장소는 좋은 장소가 될 수 없다. 장소가 얼마나 편안한가에 따라 사람들이 머무는 시간이 달라진다. 그래서 체재 시간은 그 장소가 얼마나 편안한가를 나타내는 좋은 지표다. 편안함도 여러 차원으로 구성되는데, 햇빛과 바람의 차폐 같은 환경 요소가 있고(이 문제는 이 장 말미에서 다룬다), 앉을 자리가 편안하고 충분한가와 같은 물리적 요소가 있으며, 사회심리적인 요소도 있다. 사회심리적 요소는 환경의 성격과 분위기에 많이 의존한다. 카르와 그의 동료들에 따르면 공공장소의 체험에 내재한 가장 깊고 광범위한 요구가 바로 사회심리적 요구라고 한다. 그것은 안정성에 대한 요구이며, 자신과 자신의 소유물이 위협받지 않는다는 인식이다. 편안함의 느낌은 공간의 설계와 유지관리 방식에 크게 영향을 받는다(6장 참조).

(ii) 휴식

휴식의 전제 조건은 심리적 편안함이다. 휴식이야말로 정신과 신체가 단순한 편안함을 넘어 여유를 만끽하게 되는, 보다 고양된 상태다(Carr 외 1992, p.98). 도시상황에서 나무, 녹지, 물 등의 자연요소들은 주변의 환경과 대비를 강조하면서 휴식하기 좋은 환경을 만들어낸다. 자동차로부터의 차단 역시 마찬가지 효과를 제공한다. 그러나 기분 좋은 안식처라도 시각적으로 너무 가려져서 보이지 않게 되면 안전상의 문제를 야기하고 결과적으로 이용을 어렵게 만든다. 항상 중요한 설계의 덕목이지만, 휴식과 관련해서도 전체적으로 균형을 취하는 것이 무엇보다 중요하다.

(iii) 소극적 참여

소극적으로 환경에 참여하면서도 휴식을 취할 수 있다. 그러나 '주변환경에 적극적으로 개입하지 않더라도 이에 접근하고자 하는 욕구'는 생

겨나게 마련이다(Carr 외, 1992, p.103). 환경에 대한 소극적 개입의 형
태로 제일 원초적인 것은 사람 구경이다. 화이트는 사람이 제일 흥미를
갖는 것은 다른 사람들과 그들이 영위하는 삶과 행동이라는 것을 발견
했다(Whyte, 1980, p.13). 공공장소에서 사람들이 제일 즐겨 앉는 장소
는 대개 직접 눈을 마주치지는 않지만 사람 구경을 하기에 좋은 보행동
선에 가까운 장소다(그림 8.1). 사람 구경에 더해 분수, 전망, 공공미술,
퍼포먼스 등이 환경에 대한 소극적 참여를 촉진한다(그림 8.2).

그림 8.1 체코 프라하의 벤처슬라스 광장. 거리의 엔터테인먼트는 공공공간에 생기와 활력을 불어
넣어준다.

그림 8.2 이탈리아 플로렌스의 성 안눈치아타 광장. 계단과 그 밖의 앉을 수 있는 장소는 공공영
역에서 수동적 참여의 기회를 제공한다.

(iv) 적극적 참여

보다 직접적으로 공공장소와 그곳의 사람들을 체험하면서 환경에 적극적으로 참여할 수도 있다. 사람 구경에 만족하는 사람들도 있지만, 어떤 사람들은 친구건 가족이건 낯선 사람이건, 보다 직접적으로 타인과 교류하기를 원한다(Carr 외, 1992, p.119). 도시설계가들의 추론은 다를 수도 있지만, 물리적으로 가까이 있다고 사람들 간에 교류가 저절로 생겨나지는 않는다. 화이트는 공공장소가 서로 얼굴을 트는 곳으로서 그리 이상적인 장소는 아니며, 사교적인 사람들조차도 공공장소에서는 그리 쉽게 '섞이지' 않음을 관찰을 통해 밝혔다(Whyte, 1980, p.19).

그럼에도 시간, 장소를 공유할 수 있게 만든다는 점 때문에 공공장소는 사회적 접촉과 교류의 기회를 제공하는 것은 사실이다. 공공공간의 디자인이 사회교류에 미치는 영향을 논하면서, 겔은 고립된 경우와 함께 있는 경우 중간에 여러 단계의 과도적 형태가 있음을 지적하고 '가까운 친구', '친구', '지인', '우연한 조우', '피동적 접촉' 등의 다양한 '접촉강도'를 제시했다(Gehl, 1996, p.19). 건물과 건물 사이 공간에서 벌어지는 활동이 없다면 낮은 단계의 사회접촉기회 또한 사라진다. 그 결과, 고립 아니면 사회접촉으로 중간 단계는 없어진다. 사람들은 고립되어 있거나 아니면 사회적으로 신경 쓰이고 부담되는 수준으로 다른 이들과 함께 지내야 하는 상황에 처하게 된다(Gehl, 1996, p.19). 좋은 공공장소는 다양한 수준의 사회 참여뿐 아니라 참여를 피할 수 있는 기회까지 제공한다.

공공영역의 설계에 따라 사회 접촉의 기회가 조장될 수도, 억제될 수도 있다. 색다른 물건이나 사건에 의해 화이트가 '삼각접촉(triangulation)'이라고 부른 접촉이 생겨날 수도 있다(Whyte, 1980, p.94). 이를테면 어떤 외부 자극이 사람들을 연결하는 매개로 작용해서 낯선 이들이 마치 서로 알던 사람처럼 말문을 트게 되는 과정을 말한다. 벤치, 전화, 분수, 조각상, 커피카트와 같은 요소를 배치하는 방법에 따라 사회 교류가 촉진될 수도, 억제될 수도 있다(그림 8.3). 공공공간연대가 지적하듯이, 시카고의 한 거리에 공공 미술로 설치된 유리섬유 젖소처럼 흥미를 끄는 요소가 있을 때 사람들 사이에서는 자연스럽게 '삼각접촉'이 이루어진다. 이 유리섬유 젖소가 생면부지의 사람들에게 서로 말문을 트는 계기를 만들어준다(The Project for Public Space, 1999, p.63.
그림 8.4).

(v) 발견

'발견'이란 새로운 구경거리와 즐거운 경험에 대한 욕구를 표현하는
것으로, 발견은 다양성과 변화를 추구한다. 이런 다양한 구경거리와 즐
거운 체험거리는 시간의 흐름에 따라, 계절의 변화에 따라 생겨나기도
한다. 그러나 공공장소를 재미있게 관리함으로써 이를 만들어낼 수도
있다.

　발견이란 일상과 예측가능성으로부터의 일탈을 의미한다. 그러므로
발견은 약간의 돌발성, 심지어는 실제건 가상이건 위험성까지도 필요로
한다. 로베트와 오코너(Lovatt and O'Connor, 1995), 주킨(Zukin,
1995) 등은 주변적 공간(liminal space)에 대해 주목했다. 주변적 공간
이란 일상생활의 틈 사이에서, 그리고 정상적인 규범 밖에서 형성되는
공간으로 서로 다른 문화가 만나고 교류하는 공간이다. 시간과 행위공간
의 범위를 넘어서는 점심시간의 공연, 미술전시회, 거리의 극장, 축제,
행진, 장날, 사회 행사, 그리고 무역 촉진과 같은 생기를 주는 프로그램
에서 발견이 이루어진다. 에든버러 페스티벌, 런던의 노팅힐 카니발 그
리고 뉴올리언스의 마디그라와 같은 연례행사가 이러한 생동감을 주는
프로그램이다.

공간의 사회적 이용

윌리엄 화이트(William H. Whyte, 1980, 1988)의 연구는 사람들이 공
공공간을 어떻게 사용하는지와 관련해서 특히 흥미로운 연구다. 뉴욕의
오픈스페이스 영역에 대한 사진 연구를 통해 화이트는 이러한 공간이 대
부분 사용되지 않고 있으므로 뉴욕시의 지역지구제 인센티브 제도는 개
발업자가 옥외공간을 제공하면 추가 건축면적을 허용하는 것이 정당화
될 수 없다고 지적했다. 초기에 『작은 도시공간에서의 사회적 삶(The
Social Life of Small Urban Spaces, 1980)』으로 출간되었던 화이트의
연구는 『도시: 도심의 재발견(City: Rediscovering the Centre, 1988)』
이라는 보다 실질적인 내용의 책으로 재발간되었다. 1975년에 설립된

그림 8.3 미국 매사추세츠 주의 보스턴(공공시설 · 기관의) 광장. 일부 공공공간의 설계는 사람들을 위한 장소로서 공간의 기능을 도와주지 못한다.

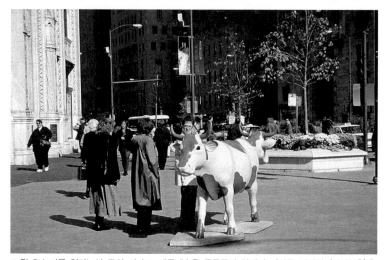

그림 8.4 미국 일리노이 주의 시카고. 대중예술은 공공공간 안에서 사람들 사이의 '삼각접촉'을 유발한다.

공공공간연대에서 그의 연구는 계속해서 진행되었고(www.pps.org 참조), 시간에 따른 공간 이용의 패턴을 분석하기 위해 비디오카메라를 처음 사용하기도 했다.

화이트는 붐비지 않은 시간대에 사람들의 공간이용 패턴을 보아야 사람들의 선호도를 제대로 알 수 있다고 말한다. 장소가 붐빌 때, 사람들은 자신이 가장 원했던 장소보다는 앉을 수 있는 곳에 앉는다. 나중에 보면 다른 장소들은 계속해서 사용되는 데 반해 일부 장소는 비어 있게 된다. 화이트는 또한 대부분의 공공공간에는 그 경계 부위에 공간적으로 잘 구획된 '부분장소'들이 있는데, 이런 장소들이 주로 사람들이 좋아하고 만남의 장소로 애용되는 장소임을 밝혔다. 화이트에 따르면 여성들은 공간을 선택하는 데 있어서 남성보다 더 까다롭기 때문에 어떤 공간에 여성의 비율이 낮다는 것은 그 공간에 무언가 문제가 있다는 것을 의미한다. 여성은 주목을 끄는 자리를 선호하는 경향이 있는 남성보다 프라이버시를 더 추구한다.

화이트는 가장 친교에 좋은 공간은 보통 다음과 같은 특징을 가지고 있다고 언급했다.

- 위치가 좋다. 사람의 왕래가 잦은 분주한 길가에 위치하여 물리적으로나 시각적으로 접근이 가능하다.
- '사회공간'의 일부로 존재한다. 길에서 공간을 구획해서 분리하면 그 공간은 고립되고 이용이 줄어든다.
- 도로의 포장면과 높이가 같거나 비슷하다. 인도보다 현저하게 위에 있거나 아래에 있는 공간은 이용률이 많이 떨어진다.
- 앉을 자리가 있다. 계단이나 낮은 벽처럼 공간과 통합될 수도 있고, 벤치나 좌석처럼 앉기 위한 독립된 장치일 수도 있다.
- 이동식 좌석이 있다. 선택을 가능하게 할 뿐 아니라 장소의 개성과 특성을 표현하기도 한다.

이보다 중요도가 떨어지기는 하지만 햇빛의 침투, 공간의 미적 수준(사실 사람이 공간을 어떻게 사용하느냐가 더 중요하다), 공간의 형태와 크기도 이용에 영향을 미치는 요소다.

통행

공공공간 속의 보행 흐름이야말로 도시체험의 핵심으로서 도시에 생동감과 활동을 창출하는 가장 중요한 요소다(그림 8.5). 앞서 살펴본 대로 공공공간에서 사람들은 사람구경하기에 좋은 곳에 앉거나 머무는 경향이 있기 때문에 어떤 곳에 자리를 잡는가는 그 장소에서의 보행 동선과 통과 동선, 그리고 그 안에서 벌어지는 활동과 밀접한 관계가 있다.

그림 8.5 영국 체스터. 도시체험의 중심에는 공공공간을 가로질러 보행자의 흐름을 체험하는 것이다. 이런 보행통행은 도시적 활력과 활동의 원천이다.

도시 외곽에서는 다르지만, 도시 내 주요 소매점의 입지는 마찬가지로 그 장소를 지나는 보행자를 얼마나 잡을 수 있는가에 달려 있는데, 이는 장소와 장소 사이의 보행량의 함수이다. 두아니는 지적한다(Duany, 2000, p.64). "쉽게 걸어서 도달할 수 있으면서 찾아갈 가치가 있는 목적지들이 없다면 보행 생활은 존재할 수 없다. 그런 상황에서는 걸어다닐 이유가 없으며, 따라서 거리는 텅 비게 된다." 기본적으로 타당한 주장이지만 현실은 이보다 무척 복잡하다(아래 내용 참조).

공공공간을 잘 설계하려면 교통흐름, 특히 보행자의 움직임에 대한 이해가 필수이다. 그러나 자동차 교통을 분석하는 데 흔히 쓰이는 기종점 연구방식 OD(Origin-Destination)는 보행 흐름을 분석하는 데는 그리 유용하지 않다. 왜냐하면 보행 교통과 달리 자동차 교통에서는 통행

을 중단하는 것이 무척 불편하고, 한 지점에서 다른 지점으로 이동하는
사이에서의 사회적 체험이란 큰 의미가 없기 때문에 대부분의 자동차 교
통은 문자 그대로 두 지점 사이의 이동행위에 불과하다. 사회적 교류는
주차한 뒤에나 일어난다(Lefebvre, 1991, pp. 312~3). 움직임을 중단하
기가 번거롭고 시간이 들기 때문에 단일 목적지를 향해 곧바로 이동하는
편을 선호하게 된다. 즉 한 번 주차로 이동을 해결하고자 한다. 이러한
이동행위는, 말하자면 개인의 사적 안식처에서 자동차에 승차한 뒤 운행
하여 최종 목적지, 즉 상점가, 테마파크, 멀티플렉스 시네마, 스포츠 경
기장과 같은 또 다른 사적 영역에 도달해서 안전하게 주차한 뒤 하차하
는 식이다. 이러한 상황에서 도시의 체험은 여러 지점들 사이의 여정에
서 얻어지는 것이 아니라 최종 도착지에 한정되게 되며, 따라서 자동차
운전자에게는 도시공간의 연속성이란 별 의미를 가지지 못한다.

　그러나 보행자의 입장에서는 장소와 장소가 잘 연결되는 것이 중요
하다. 일반적으로 좋은 공공장소는 지구 차원의 교통 체계와 통합되어
존재한다. 자동차 교통분석에서 흔히 쓰이는 기종점 분석기법은 보행교
통이 지니는 이런 특수성을 간과하기 쉽다.

　도시에서 사람들은 한 가지 목적을 위해 걷지는 않는다. 목적지를
향해 걷다가도 신문을 사려고 멈추고, 친구와 만나 대화하려고 멈추며,
풍경을 감상하기 위해, 세상 돌아가는 구경을 하려고 멈춘다. 힐리어는
이런 활동을 이동행위의 '부차적 활동'이라 명명했다(Hillier, 1996a,
1996b). 시점에서 종점까지의 이동이라는 기본행위에 부가되어 생겨나
는 잠재적 활동이라는 의미다. 시종점 간의 이동이 건물의 전면 외부를
따라 진행되는 한, 힐리어의 주장대로 전통적인 격자형 도로망은 사회
접촉을 만들어내는 장치이며 이동행위에 따른 부차적 활동을 양산하는
장치라 할 만하다(1996b, p. 59). 이런 부차적 활동이 지닌 의미와 가치
의 중요성은 쇼핑센터의 설계에서 잘 드러난다(그림 8.6, 8.7).

　힐리어는 런던대학 공간구문론연구소(University College London's
Space Syntax Laboratory, www.spacesyntax.com)의 동료들과 함께
(주로 보행) 교통 흐름과 도시형태의 상관관계에 대해, 그리고 보행밀도
와 토지이용의 상관관계에 대해 집중적으로 연구하고 이론화하였다
(Hillier and Hanson, 1984; Hillier, 1988, 1996a, 1996b; Hillier 외,

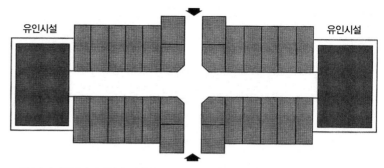

그림 8.6 쇼핑센터의 개발업자, 설계자는 손님들의 심리를 이용해 이들의 통행행태를 조작하는 데 능하다. 제일 단순한 쇼핑센터의 모델은 쇼핑센터의 양쪽 끝에 손님을 끄는 힘이 큰 대형점포(흔히 백화점)를 배치하고, 그 둘 사이에 작은 점포들이 연접된 쇼핑몰을 만드는 방법이다. 대형점포들은 손님들을 쇼핑몰로 끌어들이고, 그렇게 쇼핑몰로 들어온 손님들은 대형점포로 향하는 도중에 몰의 작은 점포들을 지나치게 되며 그 과정에서 거래행위가 유발된다. 한 대형점포에 직접 들어온 손님은 대개 다른 대형점포도 살펴볼 마음을 갖게 되는데, 그곳으로 이동하는 과정에 쇼핑몰을 지나도록 유도된다. 물론 실제의 통행 패턴은 이보다 복잡하다. 대형점포가 총량적으로 손님을 많이 유인한다는 것이지 모든 손님을 다 끌어들인다는 것은 아니다. 실제 쇼핑센터에서 제일 매력 있고 사람을 많이 끌어들이는 장소는 분위기와 개성을 갖춘 "공공" 쇼핑몰인 경우가 많다.

그림 8.7 샌디에고의 호튼 플라자는 공공공간이 이용자의 자유로운 행동선택을 보장하는 공간이라는 점을 잘 보여주는 좋은 사례다. 쇼핑몰에서 공공공간이란 상업공간계획에서 파생된 부산물이라 하겠지만, 그래도 이 부산물이 본 공간보다 더 매력 있는 공간이 되기도 한다. 이런 공공공간에서 수익이 창출되지는 않지만 쇼핑몰의 잠재고객이 사람들을 다수 끌어들임으로써 간접적으로 수익창출에 기여한다.

1993). 그에 의하면, 공간형태, 특히 시각적 투과성과 관련된 공간형태는 이동 밀도와 접촉빈도를 결정하는 중요 인자다. 그의 연구는 도시설계가들이 공간형태, 소통 흐름, 그리고 토지이용 간의 상관관계에 대해 심도 있게 다룰 것을 요구한다. 그의 주 관심은 도시형태학에 있지만(4장 참조), 도시공간의 이용행태에 대해서도 다루기 때문에 여기에서 살펴보기로 한다.

힐리어는 도시격자망의 구조 분석으로 통행 밀도를 예측할 수 있다고 주장하는데, 이러한 주장은 그가 수행한 경험 연구에 의해 뒷받침된다. 분석과정에는 '자연적 통행'이라고 그가 이름 지은 개념이 동원되는데, 이는 전체 통행량 가운데에서 토지이용이 아닌 도시구조에 의해서 결정되는 부분을 지칭한다. 힐리어는 도로 네트워크, 격자망 같은 도시공간형태의 기하학적 속성을 복잡한 지도와 수학적 기법을 써서 분석한다. 이러한 도시형태 요소는 축선으로 연결되는 볼록한 공간들의 연속체로 개념화된다(그림 8.8, 8.9). 축선들이 이루는 네트워크로부터 각각의 축선이 지니는 '통합도(전체 시스템에 대한 해당 선의 위상)'를 산정할 수 있다. 통합도는 자연적 통행을 예측하는 근거가 된다. 축선의 통합도가 높을수록 그 축을 따라 통행이 많이 이루어지며, 통합도가 낮을수록 그 루트의 이용도는 떨어진다.

힐리어에 의하면, 이러한 분석결과가 실제와 기능적으로 거의 일치하는 통행 밀도의 그림을 보여주는데, 그 이유는 자연적 통행의 패턴이 실제 도시 패턴과 토지이용 분포의 형성과정에 영향을 미치기 때문이라고 한다.

'부차적 산출물'이라는 힐리어의 개념은 흔히 상정하는 것처럼 토지이용이 통행을 결정하는 것이 아니라 통행이 토지이용을 만들어내는 것임을 설명하는 데 유용하다. 힐리어는 도시 속에서 모든 통행은 기점과 종점뿐 아니라 기종점 사이에 존재하는 여러 공간들의 연속체(이들이 바로 '부차적 산출물'이다)로 구성된다는 점을 강조한다. 기종점의 위치가 어디든, 그 둘을 잇는 수많은 루트 가운데 부차적 산물이 상대적으로 많은 루트는 따라서 잠재적으로 사회접촉을 더 많이 만들어낼 수 있다. 그러므로 격자형 가로망에서 특히 통과교통에 유리한 루트상의 공간에는 그에 적합한 형태의 상업 장소로 선별되게 되는 것이다.

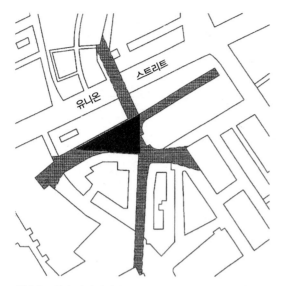

그림 8.8 도형 속의 어떤 지점에서건 다른 지점을 볼 수 있을 때 그 도형을 "오목(convex)"하다고 한다. 달리 말하자면, 도형 속의 두 점을 잇는 선들이 모두 도형 속에 있을 대 그 도형은 "오목"하다. 여기에서 도출한 개념이 "오목 가시선도(convex isovist)"이다. 오목 가시선도란 오목한 공간 속의 한 지점과 그 지점에서 보이는 모든 지점들을 연결하는 선(가시선)으로 구성된 도형을 말한다. 가시선은 사람이 이동방향을 선택할 때 매우 중요하다. 오목 가시선은 오목한 공간 속에서 사람이 보아서 이동할 수 있는 모든 선택가능한 이동기회를 표현한다. 위의 그림은 영국 애버딘의, 역사는 깊지만 잘 활용되지 않는 중앙공원에서의 오목 가시선도를 나타낸다. 짙은 삼각형은 "오목" 도형을 표시하며, 오목 도형에서 밖으로 뻗은 옅은 선들은 가시선들을 보여준다. 그림에 나타난 대로 이 중앙공원은 보행의 주 통행로인 유니온 가에 인접해 있지만 시각적으로는 거의 분리되어 있다.

그림 8.9 로텐부르크의 "축선"도(axial map of Rothenburg). 대상지의 모든 "오목 공간"을 빠짐없이 서로 연결하는(통합하는) 축선을 그린 것이 "축선도"이다. 힐리어(Hillier)에 따르면 선, 즉 축선이 매우 중요한데, 그것은 사람은 선을 따라 이동할 뿐 아니라 축선을 따라 시선을 두고 이동경로를 선택하기 때문이다. 축선이 길 때에는 그 연변의 건물전면이 축선을 따라 시야에 들어와 축선방향으로의 이동을 부추기는 경향이 있는 반면, 축선이 짧을 때에는 건물전면이 축선과 직각방향으로 시야에 들어와 그 방향으로의 이동을 막는 경향을 보인다. 역시 힐리어에 따르면, 토지이용 패턴도 축선방향으로는 천천히 변하는 데 반해, 축선에서 벗어나 다른 축선방향으로 큰 각도를 이룰수록 변화강도가 심하다.

　　　　공간형태가 통행에 미치는 영향과 토지이용이 통행에 미치는 영향을 구별하기가 쉽지 않다는 점을 힐리어도 인정한다. 특정 용도가 사람을 끌어들이는 힘이 있다고 해도, 사실 사람을 끌어들이는 데에는 복합적인 요인이 작용하기 마련이다. 토지이용이 동선의 통합도 자체를 바꿀 수는 없기 때문이다. 다른 말로 하면, 자연통행의 패턴과 공간질서는 토지이용보다 먼저 오는 요소다. 토지이용은 공간형태로 규정되는 기본적인 통행 패턴을 보강할 뿐이다. 힐리어는 다음과 같이 주장한다 (Hillier 1996a, p.169).

　　　　도시에 활력을 만들어주는 것은 격자형 구조와 통행패턴 사이에 구조적으로 작용하는 선순환의 피드백이다. 도시활력을 낭만적으로, 또는 신비스럽게 바라보는 것은 자유지만, 결국 도시활력이란 각기 다른 방식으로 자신의

일을 하는 사람들이 빚어내는 다양한 활동이 제한된 장소에 공존하는 데에
서 생겨나는 것이다.

힐리어에 따르면 런던의 템스 강 남쪽 사우스 뱅크(South Bank) 지역은
위의 명제를 잘 설명해준다. 이곳은 좁은 지역에 다양한 기능이 혼재되
어 있기는 하지만 도시적 활력은 별로 없다. 공간형태가 그 원인인데, 이
곳의 공간형태는 여러 다른 집단의 공간 이용자들을 한데 끌어들여 특정
장소들을 중심적인 장소로 만들지 못하고, 이용자들을 마치 '밤에 항해
하는 배처럼' 장소를 스쳐지나가게 만들 뿐이다.

    힐리어의 연구에는 두 가지 난점이 있다. 첫째, 그의 분석방법은 오
랜 보행통행으로 변형된 유기적 도시의 격자형 가로망을 토대로 하고
있다. 이 방법이 새로 계획된 도시나 처음부터 자동차교통을 위주로 설
계되어 보행통행의 자유가 현저하게 제약받는 그런 상황에서도 마찬가
지로 잘 적용될 수 있을지는 논쟁거리다. 교통수단별로 자유로운 통행
에 제약이 가해진다면 통행밀도 또한 크게 영향을 받지 않을 수 없다.
도로에 자동차통행을 금지한다면 보행교통량은 훨씬 증가할 것이다. 또
한 힐리어의 이론에서는 공간형태에 국한해서 도시설계를 다루는데, 이
또한 문제가 있다. 접근성의 문제, 장소성의 문제 또한 무척 중요하다.
열악한 장소를 보행친화적으로 개선하면 당연히 보행교통량은 늘어나
기 마련이다(Hass-Klau 외, 1999; Gehl and Gemzoe, 2000).

    두 번째 난점은 힐리어의 분석 체계에서는 통행을 우선시하지만 통
행 목적은 무시된다는 점이다. 힐리어에게 두 점 사이의 통행은 다른 두
점 사이의 통행과 다를 것 없는 통행일 뿐이다. 이러한 전제에서 통행의
목적, 예컨대 주로 토지이용과 관련되는 목적지의 중요성은 고려 대상
에서 배제된다. 그러나 실제에서 어떤 장소(예컨대 개인 집)보다는 다른
장소(예컨대 공공장소)가 통행을 더 유발하기도 한다. 힐리어는 통행의
발생 요인으로 토지이용보다는 공간형태에 더욱 비중을 두지만 실제로
는 토지이용, 특히 사람을 끌어들이고 거점이 되는 토지이용이 공공장
소로서, 그리고 공공장소를 경유하는 통행에 큰 영향을 준다. 이론상으
로도 목적지 곧 종점은 통행의 부수적 경유지만큼이나 중요하다. 힐리
어의 분석 방법은 구조적으로 종점의 중요성에 대해 충분한 고려를 하

고 있지 않다. 많은 장소들이 통행의 부수적 경유지로서 효과를 보지만 사실 그 자체가 최종 목적지로도 작용한다. 반면 통행의 부수적 경유지들이 처음이나 혹은 시간이 경과하면서 기종점보다도 더 중요하다는 것이 힐리어의 주장이다.

그러나 토지이용과 통행 목적은 서로 연관되어 있기 때문에 공간형태와 자연 통행을 통행의 결정 인자로 보는 견해에는 문제가 있다. 토지이용은 통행에 목적을 제공하며, 토지이용의 장소변화는 통행의 변화를 유발한다. 물론 시간이 흐르면 통행의 변화는 토지이용의 변화를 가져와 토지이용과 통행 사이에 양방향의 상호작용이 생겨난다. 그러나 사람과 사람의 행태를 다소 기계적으로 보는 문제는 있지만 힐리어의 이론은 실제 관찰된 통행 패턴에 상당히 근접한 예측을 가능하게 해준다.

공간구문론은 장소를 분석하는 데 유용한 도구로 널리 인정받고 있다. 특히 공간구문론은 장소를 설계할 때 투과성이 중요하며, 통행(특히 보행 통행)에 대한 고려가 중요함을 일깨워주었다. 핵심 메시지는 잘 연결된 장소일수록 보행 통행을 많이 일으키며 활발하고 생명력 있는 토지이용을 촉진한다는 것이다.

공공공간의 형태, 중심 그리고 경계부

심미적으로 매력 있는 공공공간의 형태에 대해서도 알아야 하지만, 형태 요소가 어떻게 이용과 활동을 촉진하는지를 이해해야 좋은 설계를 할 수 있다(7장 참조). 특히 앞서 본 대로 통행에 관련된 여러 기능적 요소를 고려하는 것이 중요하다고 힐리어는 강조한다(Hillier, 1996a, 1996b). 그에 따르면 통행의 역할에 대한 고려 없이 런던 시 여러 장소들의 이용 상황을 이해하려는 시도는 모두 실패했다. 보편적으로 교통의 흐름으로 둘러싸인 공간이 그렇지 않은 연접공간보다도, 그리고 개방된 공간이 폐쇄된 공간보다도 더 잘 이용된다(Hillier, 1996b, p.52). 힐리어에 의하면 이용강도와 항상 상관성을 보이는 유일한 지표는 '동일전망(isovist)'의 '전략적 가치'이다. 이는 한 공간의 시각적 투과성을 나타내는 지표로 그 공간을 지나가는 모든 축선을 더한 값이다. 도시공간에 머물러 앉는 주된 이유가 사람 구경에 있다면 통행 동선에는 벗어나 있지만 이와 근접한 전략적 위치가 가장 적정할 것이기 때문이다(1996b, p.52).

　　힐리어의 견해로는 현대 공공공간 설계에서는 시각적 투과성보다도 위요감을 우선시하는데 이는 크게 잘못된 것이다(1996a, p.161), 보행자들이 공공장소를 이용하는 데 있어 가장 중요한 조건은 '연결성'(힐리어는 이를 '통합성'이라고 부른다)이다. 공공장소가 너무 국지화되어 있다면, 다시 말해 주 보행 동선과 통합되어 있지 않다면 자연스러운 통행에 지장이 따르고 공공장소는 잘 쓰이지 않게 된다. 그의 핵심 주장은 도시설계가들은 반드시 통행 현상을 이해해야 하며, 서로 잘 연결된 통행체계, 즉 서로 잘 연결된 장소들을 설계해야 한다는 것이다. "장소는 국지적인 존재가 아니며 우리가 도시라고 부르는 대규모 공간의 한 부분일 뿐이다. 장소가 도시를 만드는 것이 아니라 도시가 장소를 만든다. 이 구분은 절대적이다. 도시를 이해하지 못하고서는 장소를 제대로 만들 수 없다(Hillier, 1996b, p.42)."

　　공공공간의 설계와 이용은 중심과 경계의 개념을 써서 효과적으로 분석할 수 있다. "중심이 없는 공간은 잘 이용되지 않기 쉽다."고 알렉산더와 그의 동료들은 주장한 바 있다(Alexander 외, 1977, p.606). "공공광장에서 이를 가로지르는 자연스러운 동선들이 겹쳐지지 않는 가운데쯤 자리에 분수나 나무, 동상, 시계탑, 의자, 풍차, 야외무대를 두도록 하라. 동선 사이에 두어야 하며, 공간의 바로 중앙에 놓고 싶은 욕구에 져서는 안 된다."고 이들은 말한다(Alexander 외, 1977, pp.606~8). 중심에 놓이는 이런 시설은 장소에 정체성과 성격을 부여할 뿐 아니라 사람들 사이에 '삼각교류'를 촉진하는 매개 역할을 한다.

　　그러나 정말 중요한 것은 공공공간의 경계부를 잘 설계하는 것이다. 사람들은 공공광장의 중심부보다도 그 경계부로 끌리는 경향이 있으며, 따라서 공공광장의 활력은 그 경계부에서 제일 크기 마련이다(Alexander 외, 1977, p.600). 공공장소의 경계부가 침체한다면 전체가 활력을 잃는다. 멈추고 싶은 장소가 아닌 그저 지나쳐 가는 장소가 되어버리는 것이다. 이들은 공공장소의 경계부를 '사물', '장소', '그 자체가 부피를 가진 영역'으로 개념화해야 한다고 강조한다. 경계를 침투가 불가능한 선이나 면으로 보아서는 안 된다는 것이다(p.753). 공공장소의 경계부에는 독립적인 형태이건 아니건 약간의 앉을 자리를 만들어 사람 구경을 하기 편하게 만듦으로써 경계부를 더욱 강화할 수도 있다. 만약 이런 자리를 다른 공간보다 약간 높게 만들고 아케이드 등을 두어 악천후로부터 보호할 수 있다면 사람 구경을 하는 가능성과 즐거움은 더욱 커질 것이다. 제일 사람들을 많이 끌어들이는 지점은 적당히 낮아 사용하기 편하면서도 동시에 충분히 높아 조망하기 좋은 지점이다(Alexander 외, 1977, pp.604~5).

건물설계 시에는 공공영역에 흥미 요소와 생기를 불어넣도록 그 전면이 길로 펼쳐지게 하면서 공공공간에 접한 면이 활발히 이용되도록 해야 한다. 창과 출입문은 인간의 존재를 부각시키는 요소이기에 공공공간을 향해 많이 열려질수록 좋다. 건물과 길의 접면에서는 건물 내부의 사적 활동이 출입구와 공적 공간과 가까이 있으면서 침해되지 않도록 설계해야 한다. 건물 내부를 볼 수 있게 설계하면 지나는 보행자에게 흥미를 유발하고, 건물 내부에서 밖을 볼 수 있게 만들면 외부를 항상 감시할 수 있어 안전성에 도움을 준다. 활동을 창출하는 출입문을 공공장소에서 바로 볼 수 있도록 만드는 것은 가로의 잠재적 활력을 나타내는 좋은 지표이다. 르웰린 데이비스는 건물 전면의 활력 정도로 디자인 성능을 평가하는 척도를 제시했다(Llewelyn Davies, 2000, p.89, Box 8.1).

활력 있는 건물 전면의 반대는 맹벽(blind wall)이다. 화이트(Whyte, 1988)는 창과 문이 없는 맹벽이 미국 도시들의 주된 경관을 이루게 된 현실에 대해서 비판했다. "이런 현상은 도시와 거리 그리고 그 안에 있을지도 모를 기피 대상 계층에 대한 불신의 표현이다." 이런 맹벽 풍미의 현상을 일정량의 일조 유지 등 기술적 이유를 들어 변명할 수도 있겠지만, 사실 이것이 참된 이유는 아니다. 맹벽은 그 자체가 목적이 되고 있는 것이다. 맹벽은 그 건물에 들어서 있는 조직의 권력을 표현하며, 동시에 그 권력이 그 건물 앞을 지나는 일반일들을 별 볼일 없는 사람들로 하찮게 보고 있음을 드러낸다. 맹벽은 그 거리 구간을 죽은 곳으로 만들 뿐 아니라 거리의 활력 유지에 반드시 필요한 체험의 연속성을 깨는 결과를 초래한다(그림 8.10, 8.11).

활발하게 열린 전면과 닫힌 맹벽과 관련된 이런 문제는 주거지의 설계에서도 예외가 아니다. 미국의 경우, 차고가 현관의 위치와 역할을 대체했는데, 이는 사회 변화를 표현할 뿐 아니라 주거지 설계에서 자동차 우위의 사고를 상징적으로 보여준다(Southworth and Owens, 1993,

Box 8.1

건물입면의 활력척도(출처 : Llewelyn Davies, 2000, p. 89)

A등급

- 100m마다 15동 이상의 건물
- 매우 다양한 기능 및 토지이용
- 100m마다 25개 이상의 출입문과 창문
- 맹벽이 없는 입면
- 건물 표면에 깊고 많은 굴곡
- 고급 재료와 세련된 디테일

B등급

- 100m마다 10~15동의 건물
- 100m마다 15개 이상의 출입문과 창문
- 적당한 범위에서 다양한 기능 및 토지이용
- 한두 개의 맹벽
- 건물 표면에 약간의 굴곡
- 좋은 재료와 세련된 디테일

C등급

- 100m 마다 6~10동의 건물
- 다소의 기능 및 토지이용 다양성
- 반 이하의 입면이 맹벽
- 건물 표면에 아주 적은 굴곡
- 보통 수준의 재료, 디테일이 없는 전면

D등급

- 100m마다 3~5동의 건물
- 단조로운 기능 및 토지이용
- 주로 맹벽
- 거의 편평한 건물 표면
- 거의 없는 디테일

E등급

- 100m마다 1~2동의 건물
- 매우 단조로운 기능 및 토지이용
- 거의 전체가 맹벽
- 편평한 건물 표면
- 디테일(세부 목록)이 없고 볼 만한 것이 전혀 없음

pp. 282~3). 당초에는 현관이 주택의 실제적, 상징적 입구였으며, 형태와 기능 양 측면에서 거리를 휴먼 스케일로 유지하는 데에 기여했다. 차고는 필지 뒤편에 위치한 작은 구조물에 지나지 않았다. 그러나 점차 차고가 주택에 버금가는 중요한 위상을 지닌 구조물로서 건물 전면에 나오게 되었으며, 그 폭도 두 배, 세 배까지 확장되었다. 필지가 좁아짐에 따라 차고는 주택보다 앞에 놓이게 되면서 전통적으로 현관이 지녔던 기능을 대체하게 되었고 진출입의 공간일 뿐 아니라 가로경관의 주된 요소로까지 격상되었다. 필지가 더욱 좁아지자 전면으로부터의 진입과 현관은 아예 사라지게 되었고, 대신 좁은 뒷길에서 차고를 따라 옆문을

그림 8.10 주거용도의 도입이 도심에 생활과 활력을 가져다주는 것이 일반적이지만, 그 물리적 형태와 주변 맥락과의 통합도에 따라서 오히려 그 반대의 결과가 초래될 수도 있다. 덴버 도심의 이 주거지개발에서는 고층 아파트 저층부의 주차건물이 공공공간에 접하게 설계하여 결국 주차건물의 맹벽 때문에 공공공간까지도 그 활력을 잃도록 만들었다. 이런 식의 주거지개발이 도심에 집중되게 되면 도심의 활력, 생동감, 안정성 모두가 파괴될 수밖에 없다.

그림 8.11 영국 런던 동부에 있는 이 주택은 의도적으로 거리에 면해서 창이 없도록 계획적으로 설계되었다. 이러한 입면은 으레 낙서로 뒤덮인다.

통해 집으로 드나들게 되었다. 이제는 심심치 않게 차고가 예전에 현관이 하던 사회공간으로서의 역할을 하고 있는 것을 볼 수 있다. 사우스워스와 오웬스(Southworth and Owens)는 정원 의자, 라디오, 텔레비전를 갖춘 차고가 새로운 사회공간으로 등장하는 모습을 다소 해학적으로 그려내고 있다. 그러나 차고는 현관이 아니다. 사회공간으로서의 인간

그림 8.12 많은 주거지 개발에서 차고문은 거리풍경의 중심요소로 등장했다. 겨울이나 더운 여름 동안에 차고는 식료품을 내리거나 아이들의 놀이를 위한 유용한 차폐 공간이 된다.

그림 8.13 시사이드, 플로리다 : 뉴어버니스트는 전면 현관의 중요성을 거듭 주장하고, 주차장을 뒷골목으로 열리는 대지 후면부로 되돌렸다. 현관이 입구로서, 공공과 개인 영역 간 전이공간으로의 기능을 되찾지 못한다면, 이 조치는 단순한 상징적 행위에 그칠지도 모른다.

적인 모습은 차고문이 열려 있을 때만 전달된다. 문이 닫혔을 때 차고는 그저 맹벽일 뿐이다(그림 8.12, 8.13).

공공공간에 접하는 건물의 경계부에도 공공영역과의 교류로 인해 혜택을 받으면서 동시에 공공영역의 활력에 기여하는 활동이 담겨야 한다. 리처드 맥코맥(Richard MacCormac, 1983)은 거리의 '삼투성(osmotic)'

에 대해 논했는데, 삼투성이란 건물과 거리가 서로 활동을 침투시키면서 활력을 키워주는 현상을 말한다. 어떤 토지이용은 거리의 사람들과 별 관계가 없는 반면, 또 다른 토지이용은 이들과 밀접한 관계를 갖는다. 맥 코맥은 상이한 토지이용 사이에 생기는 활동을 이들의 '교류활동'이라 이름 지었다. 이러한 교류활동은 장소에 한정되는 '국지적 교류활동'과, 장소와 무관한 '탈장소적 교류활동'으로 나뉜다. 국지적 교류활동은 길 의 활력에 직접적인 영향을 주는 활동으로 변화에 민감하며 활력 있는 전면에 의존하면서 사람들의 활발한 왕래를 촉진한다. 반면 탈장소적 교 류활동은 지역이나 국가 차원에서 진행되므로 특정장소에는 국한되지 않는다. 이러한 교류활동은 내부적으로 진행되기 때문에 건물의 전면은 거리 활력에 별다른 영향을 미치지 않는다. 도시에 들어설 자격이 없는 토지용도가 있다는 말은 아니다. 단지 가로의 전면이나 공공공간에 대한 의존도가 낮은 토지용도도 있다는 뜻이다.

거리에 활력이 넘치기 위해서는 거리 연변에 삼투성이 높은 용도가 많이 들어서야 한다. 맥코맥은 공공영역의 활력에 기여하는 정도에 따라 토지용도를 구분했다. 가장 활력도가 높은 그룹에 속하는 용도는 거리시 장, 음식점, 카페, 바, 선술집, 주거, 소규모 사무실, 점포, 소규모 공장 등이다. 가장 기여도가 낮은 용도는 주차장, 창고, 대규모 공장, 대규모 오피스, 아파트 단지, 슈퍼마켓 등이다(그림 8.14).

대규모 건물이나 거리로 열린 출구가 하나밖에 없는 건물은 특히 치 명적으로 거리의 활력을 손상시킨다. 많은 도시에서 대규모 오피스 건 물들이 원래의 소규모 업소들을 병합하고 중요한 위치의 가로전면을 차 지하고 들어섰으나 외부 공공영역의 활력을 증진시키는 데에는 무관심 한 경우가 흔히 있다. 전통도시에서는 거리 활동에 별 기여가 없는 큰 건물들, 예컨대 법원이나 교회, 극장 등은 보통 블록 안에 파묻혀 거리 에 직접 스스로를 드러내지 않았다(MacCormac, 1987). 스카이라인에 서는 상징적으로 등장하면서도, 이런 건물들은 가로전면을 보다 활발하 게 사용하는 건물에 가로를 내어주었다(그림 8.15). 이러한 전통적 개발 방식은 국지적인 가로환경에 파괴적인 영향을 미치지 않고도 도시공간 속에서 이질적인 교류 활동을 수용할 수 있는 효과적인 방법을 제시한 다. 예컨대 '죽은 입면'을 가진 '대형 상자갑' 형태의 소매점을 블록 중

그림 8.14 체코 프라하의 거리시장은 매우 활발한 거래와 교류의 공간을 제공한다.

심에 두고, 외곽에는 지역적인 활동을 가진 용도를 두어 이질적인 용도를 수용하도록 하는 것이다(그림 8.16). 오피스 건물의 경우에도 지면에는 활력 있는 용도를 배치해 죽은 길처럼 되는 것을 방지할 수 있다.

❘ 프라이버시 ❘

공공장소의 경계부는 공공영역과 사적 영역 사이의 상호작용이 벌어지는 곳이다. 따라서 두 영역 사이의 교류가 잘 이루어지게 하는 것과 프라이버시가 잘 유지되도록 하는 것, 이 두 조건을 모두 충족해야 한다. 4장에서 살펴본 바와 같이 모든 개발 단위는 각기 그 정면을 공공공간으로 향해야 한다. 정면은 건물의 공적 성격을 띠므로 다른 정면과 함께 공공공간을 향하도록 배치해야 하며, 사적인 후면은 다른 단위의 사적

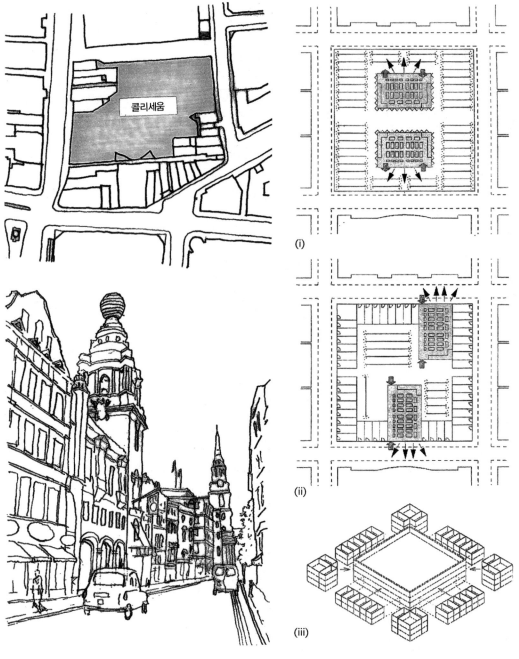

그림 8.15 런던의 활발한 상업가로에 위치한 콜리세움 극장은 가로의 상업성격과는 매우 이질적인 기능을 하는 건물이다. 그러나 블록 가운데 깊이 자리를 잡은 데다가 건물외곽에는 상가기능까지 도입해 거리의 활력을 전혀 해치지 않는다. 오히려 수수께끼처럼 스카이라인에 솟은 극장의 옥탑으로 인해 어떤 공공적 위상까지 부여받는 듯하다. 극장 건물전면에는 매표소, 바 등 주변의 상가기능과 어울리는 용도가 들어서 거리의 활력에 이바지한다.

그림 8.16 두아니와 플레이터 자이벡(Duany and Plater-Zeybeck, DPZ)은 함께 미국 플로리다의 시사이드(Seaside) 주거지개발을 위한 마스터플랜과 건축/도시규제안을 만들었는데 이는 뉴어버니즘의 효시가 되었다. 시사이드에서 이들은 기능에 따른 전통적인 지구제 대신 형태유형에 따른 지구제를 도입했다. "한 지구, 한 용도"의 원칙에 따라 "한 동네, 다양한 건물유형"의 원칙을 따른 것이다(Kellbaugh, 1997, p.106). 이들은 원하는 삼차원적 형태의 개념을 먼저 설정하고, 그 개념의 틀 안에서 9개의 세부적인 개발유형을 구분했다. 위의 다이어그램은 I, II, IV 유형의 위치를 보여준다(출처 : Mahoney and Easterling, 1991, pp.101~2).

배면과 마주 보게 배치하는 것이 일반적이다. 이런 방식을 유지하게 되면 맹벽은 별로 생겨나지 않는다. 다시 말해 사적 영역이 공공장소를 향하는 일은 피할 수 있다.

프라이버시는 복잡한 개념이다. 웨스틴은 이를 네 가지 유형으로 구분했다(Westin, 1967, p.161). (1) 독거(혼자 있는 것), (2) 친밀(소수의 사람들이 방해받지 않고 함께 있는 것), (3) 익명(알려지거나 책임질 일 없이 타인과 교류), (4) 유보(스스로에 대한 의사소통의 제한). 마줌다는 여기에 세 가지 유형을 더 추가했다(Mazumdar, 2000, p.161). (5) 은둔(세상을 피해 찾기 힘든 것), (6) 기피(이웃과의 접촉을 피하는 것), (7) 고립(다른 이들로부터 멀리 떨어져 있는 것) 등이다. 이러한 프라이버시 유형의 일부는 물리적인 거리를 전제로 하고, 다른 유형은 교류에 대한 통제를 전제로 한다. 유형마다 그에 적절한 설계 대응을 필요로 한다.

도시설계의 관점에서 보면 프라이버시란 개인이나 집단에 대한 접근을 선별적으로 통제하거나, 원하지 않는 대상과의 교류를 선별적으로 통제하는 문제로 규정할 수 있다. 프라이버시와 사회교류에 대한 요구의 정도는 개인차가 있으며, 연령대와 문화에 따라서도 달라진다. 동양 문화권에서는 종종 프라이버시 보호가 도시공간을 구성하는 주된 요소가 된다.

프라이버시를 보호하는 방법은 여러 가지다. 행태를 조절하는 방식도 있고, 물리적 거리를 둘 수도 있으며, 시각적, 청각적 차폐물을 이용할 수도 있다. 구조물로는 두 가지 형태가 있을 수 있는데, 개인이 프라이버시와 교류 정도를 조절하는 '여과 장치'와 영구적인 '차폐물'이 그것이다. 기능적인 관점에서 프라이버시에 대한 논의는 주로 시각적이거나 청각적인 차원에서 이루어진다.

시각적 프라이버시

시각적 프라이버시의 문제는 주로 공공과 사적 영역 간의 경계면, 특히 두 영역 사이에 시각적, 물리적 투과성의 문제와 연관된다. 프라이버시를 이원적 있다, 없다로 보는 것은 적절치 않다. 프라이버시에 대한 요구에는 여러 위계가 있다. 셔마이에프와 알렉산더에 따르면 프라이버시와 더불어 공동체의 삶이 주는 진정한 가치를 극대화하기 위해서는 도시공간이 명료하게 정의된 여러 계층구조를 가진 조직으로 구성되도록 도시 공간에 대한 생각을 새롭게 가져야 한다(Chermayeff and Alexander, 1963, p.37). 이 계층구조 안에서 각각의 프라이버시가 요구하는 조건들을 충족하면서 아울러 교류를 위한 조건의 조화를 찾는 일이 설계가의 임무다. 마찬가지로 주거 공간에서도 프라이버시에 대한 요구의 위계에 따라 방의 상대적인 위치가 결정된다. 현관처럼 쉽게 접근 가능한 공공 공간에서 침실과 화장실처럼 가장 사적인 공간까지, 외부 공공공간의 위치와 주거 진입로의 위치와 연관해서 프라이버시 요구도에 따라 방의 위치가 정해지는 것이다(그림 8.17).

공공영역과 사적 영역을 고정적인 구조물로 구획짓는 것보다는 유연하고 투과성 있는 소재로 나누는 것이 좋을 때가 많다. 사적 영역에서 일어나는 모든 활동이 같은 정도로 사적인 것은 아니다. 부드러운 경계공간에 의해 보다 의미 있는 사이공간, 또는 매개공간이 만들어질 수도 있다. 도로변 카페라든가, 실내에서 벌어지는 활동이지만 밖에서도 볼 수 있는 경우가 그 예이다. 시각적인 투과성으로 공공영역이 더 재미있을 수도 있지만, 잘못 쓰이다가는 공공과 사적 영역의 구분을 혼동시킬 수도 있다. 공공과 사적 영역 사이의 투과성을 조절하는 일은 사적인 이용자에게 맡겨야 한다.

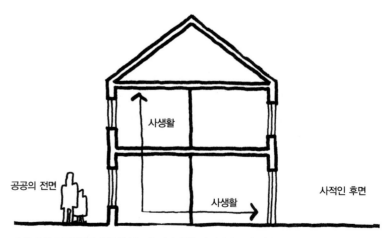

그림 8.17 프라이버시 요구의 강도에 따라 방을 배치하여 공과 사의 구별을 유지하고 존중한다 (출처 : Bentley, 1999).

그러나 실제로는 정작 필요한 만큼 제어가 되지 않는 경우가 흔하다. '여과장치'를 통해서 이용자가 원하는 만큼 프라이버시를 확보하도록 맡기는 대신에, 영구적인 물리적, 시각적 장애물을 설치해서 설계가가 프라이버시 수준을 결정해버린다. 대규모 주거개발에서도 건물과 건물 사이의 의무 간격을 너무 경직되게 사용하는 것도 바람직하지 않다. 그렇게 하면 공간배치가 획일적이며 단조로워질 뿐 아니라 토지소요가 커지고 밀도가 낮아진다. 공간거리와 함께 다른 여러 유형의 프라이버시 확보전략을 동시에 활용하는 것이 바람직하다.

청각적 프라이버시

원하지 않는 소리, 즉 소음은 프라이버시를 침해하고 활동을 방해한다. 여기서의 쟁점은 누구의 입장에서 원하지 않는 소리인가의 문제다. 어떤 이에게는 좋은 소리인 것이 다른 이에게는 소음일 수 있다. 랭에 의하면, '청각적 즐거움'은 소리의 강도뿐 아니라 고저, 음원, 그리고 듣는 사람이 조절 가능하다고 느끼는가의 여부에 달려 있다(Lang, 1994, p. 226). 사람들은 무척 시끄러운 장소에도 적응할 수 있지만, 소음은 날로 중요한 문제가 되어가고 있다. 소음공해는 시간과도 밀접한 관계가 있다. 같은 소리라도 하루 중 어느 시간인가, 무슨 요일인가 등에 따라 받아들여지는 정도가 다르다.

글래스와 싱어는 소리가 어떤 경우에 소음으로 인식되는가에 대해 연구한 결과, 소리 자체의 물리적 특성보다도 소리와 연관된 사회적, 인지적 맥락이 더 큰 요인임을 밝혔다(Glass and Singer, 1972; Krupat, 1985, p. 114). 그뿐 아니라 소음에 대한 적응력 부재가 문제가 아니라 소음으로 인해 야기되는 심리적 비용이 더 중요한 문제의 원천임을 발견했다. 한 예로 시끄러운 동네에서 흔히 나타나는 것처럼 계속 시끄러운 소리에 오래 노출되면 어린이들의 혈압과 맥박 상승, 스트레스를 키우며 성장저하를 초래하고 '무기력 신드롬'을 만들어낸다고 한다(Evans 외, 2001).

설계를 통해 소음공해를 저감시킬 수 있다. 카페, 바, 나이트클럽, 교통, 증폭된 음악과 같은 소음을 만들어내는 활동과 거주와 같이 소음에 민감한 활동을 구분해볼 수 있다. 소음공해를 방지하거나 줄이면서 소음에 민감한 활동을 그렇지 않은 활동으로부터 분리하는 데에는 여러 방법이 있다. 물리적으로 거리를 두거나 소리 차단장치, 차폐장치, 방음벽 등을 사용할 수도 있다. 건물 안에서도 소음에 민감한 활동은 소음원으로부터 멀리 배치해야 한다. 상황변화는 예상하기 어려울 뿐 아니라 경우에 따라서는 통제 밖에 있을 수 있으므로, 처음부터 소음에 민감한 활동공간 주위에는 소음 절연시설을 충분히 설치해야 한다. 소음원으로부터 물리적 거리를 확보하는 것이 어려울 경우, 담장을 치거나 흙 둔덕을 설치하는 것도 좋다. 수목대로는 큰 소음 차단 효과를 거두기 어렵다.

| 용도혼합과 밀도 |

도시에 생동감을 더해주고 지속가능한 용도 혼합을 이루기 위한 전제로서 활동과 사람의 밀도가 높아야 한다. 제인 제이콥스는 "도시의 삶은 밀도와 관계있다."라고 주장하면서 "10,000m²당 310세대에서 500세대 범위의 순수밀도를 갖는 뉴욕의 그리니치빌리지(Greenwich Village)는 최적의 환경이었다."고 설명한다(Jane Jacobs, 1961, p.163). 영국의 도시재생사업단은 "가장 압축적이고 활기찬 유럽 도시로 일컬어지는 바르셀로나의 평균밀도는 10,000m²당 약 400세대 정도"라는 점을 주목했다(Urban Task Force, 1999, p.59).

공공영역을 생동감 있고 잘 이용되게 만드는 또 하나의 핵심 요인은 다양한 용도와 활동을 시공간에 걸쳐 집중시키는 것이다. 전후 도시계획과 도시개발사업에서는 기능분리형 지역지구제를 채택해서 도시공간을 삭막하게 만들었는데, 이에 대한 반성으로 이제 용도혼합이 도시설계의 한 지향점으로 받아들여지고 있다. 용도가 복합된 지역을 만드는데에는 두 가지 방법이 있다. 단일용도 건물을 혼합하거나, 한 건물에 여러 용도를 혼합하는 것이다. 주상복합주택이 그런 예이다. 일반적으로 후자를 더 선호한다.

용도혼합

기능을 분리하는 지역지구제는 모더니스트 도시설계(2장 참조)의 근본 원리이지만 지금은 비판의 대상이 되고 있다. 한 예로 동네의 활력은 여

러 다양한 활동이 겹치고 중첩되는 데에서 생겨나는 것이며, 도시를 제
대로 이해하려면 다양한 용도의 조합과 혼합을 '핵심적인 현상'으로 다
룰 줄 알아야 한다고 제이콥스는 역설했다(Jacobs, 1961, p.155). 제이
콥스에 따르면, 도시의 길과 동네에서 펼쳐지는 '분출하는 다양성'은
네 가지 조건 속에서 생겨난다(Jacobs, 1961, pp.162~3, 그림 8.18).

- 지구에 부여된 기능은 하나가 아니라 가급적 둘 이상 여럿이어야
  한다.
- 블록은 짧아야 한다. 그래서 길도 여럿이고 길모퉁이도 자주 나타나
  야 한다.
- 지구에는 다양한 연도와 상태의 건물이 혼재해 있어야 한다.
- 어떤 목적에서든 사람이 충분히 밀집되어 있어야 한다.

용도지역지구제 그 자체가 문제가 아니라, 어떤 유형의 지역지구제이며
그것이 어떻게 적용되는가에 따라 문제가 될 수 있다. 레온 크리어에 따
르면 두 가지 유형의 지역지구제가 있다(Leon Krier, 1990, pp.208~9).
하나는 '포괄적' 지역지구제로서 명시적으로 금지된 대상이 아닌 모든
용도는 허용되고 조장된다. 여기에서 배척되는 용도는 환경문제를 만들
어내거나 서로 공존할 수 없는 그런 용도(나쁜 이웃)이며, 원칙적으로는
다양한 용도가 동일 지역에 입지하는 것이 허용된다.

이에 반해 '배타적' 용도지역지구제에서는 구체적으로 적시된 용도
이외의 모든 용도는 철저하게 금지된다. 이런 용도지역지구제는 대개
질서를 부여한다는 막연한 목적 외에 어떤 구체적인 목적이나 생각도
없이 토지용도를 기계적으로 구별하고 물리적으로 분리하는, 규제를 위
한 규제를 만들어낸다.

용도별 지역지구제에 대한 비판으로 지역지구제의 효용성 자체가
사라지는 것은 아니다. 크로프에 따르면 특정한 규제내용에 따라 일정
지역을 규정하는 일반원리가 중요한 것이 아니라 지역지구조례의 구체
적인 내용이 중요하다(Kropf, 1996, p.723). 용도에 따른 지역지구제에
서 형태에 대한 지역지구제로 바꿔야 한다고 주장하는 논자들도 있다.
기능이 아니라 형태 유형에 대해 용도지역지구제를 적용하자는 것이다

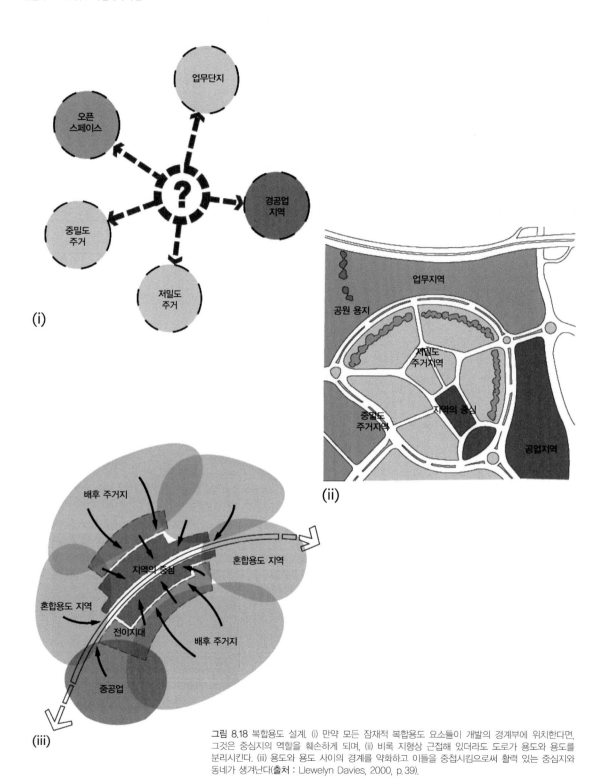

(i)

(ii)

(iii)

그림 8.18 복합용도 설계. (i) 만약 모든 잠재적 복합용도 요소들이 개발의 경계부에 위치한다면, 그것은 중심지의 역할을 훼손하게 되며, (ii) 비록 지형상 근접해 있더라도 도로가 용도와 용도를 분리시킨다. (iii) 용도와 용도 사이의 경계를 약화하고 이들을 중첩시킴으로써 활력 있는 중심지와 동네가 생겨난다(출처 : Llewelyn Davies, 2000, p. 39).

(Moudon, 1994). 그러나 실제로 전통적인 지역지구방식은 용도뿐 아니라 형태에 대해서도 규제하는 경우가 많다. 지난 10년간, 명시적으로 형태를 규제하는 지역지구제가 많이 도입되었다. 특히, 뉴어버니즘 경향의 도시설계에서 그러하다(그림 8.19).

제2차 세계대전 이후, 여러 나라에서 기능 위주의 지역지구 정책이 사라지게 되었다. 그러나 주거지에서 유해한 공장을 분리하려던 지역지구제의 원래 목적은 이제 큰 의미가 없게 되었지만, 토지용도의 공간적 분리를 당연시하는 사고방식은 쉽게 사라지지 않고 있다. 사회, 제도, 금융, 정치적 보수주의, 사회차별, 시장 분화, 제품의 차별화, 부동산 가

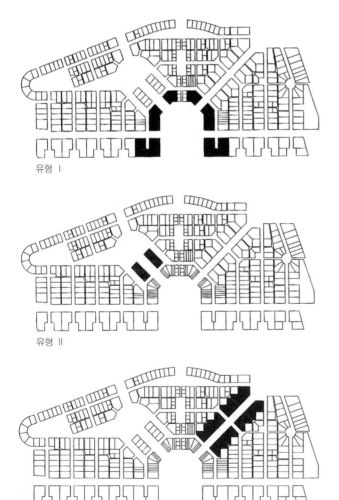

유형 Ⅰ

유형 Ⅱ

유형 Ⅳ

그림 8.19 듀아니(Duany)와 플레이터 지베크(Plater-Zybeck)는 시사이드(미국, 플로리다)를 위한 마스터플랜, 도시 그리고 사회적 규범을 개발했다. 발전 가능성이 있는 뉴어버니스트 계획. 개발이 기능적이라기보다는 유형학적으로 구획되며, 주변지역 내에 건물 유형을 다양화하기 위해 구역 내 기능의 균형을 교환한다(Kelbaugh, 1997, p.106). 아홉 가지의 서로 다른 개발 유형이 규정된다. 요구되는 3차원 형태의 전체적인 개념 안에서 마스터플랜은 각각의 개발 부지에 특정 개발 유형을 배치한다. 그림은 Ⅰ, Ⅱ, Ⅳ 유형의 지역을 보여준다(출처 : Mohney and Easterling, 1991, pp.101~2).

치의 보호 등에 얽힌 이해관계가 기능주의 지역지구제를 지원하고 이를
고착시킨다. 미국 여러 곳에서는 엄격한 분리주의 용도지역지구제가 보
편적으로 적용되고 있다. 전형적인 용도지역 지침에서는 수십 개로 토
지이용 범주를 정해서 물리적으로나 사회적으로 매우 분리된 환경을 만
들어낸다. 많은 토지소유자들의 사적 이해에서 비롯한 현상이다.

시장요인이 단일기능 지역을 만들어내기도 한다. 개발사업자와 토
지소유주는 모두 자신의 땅을 가장 비싸고 고급의 토지용도로 개발, 이
용하려는 성향이 있다. 그 결과 단일용도의 개발이 많이 생겨난다. 부차
적인 용도와 주된 용도가 서로 공생관계에 있을 때에는 이런 경향이 줄
어든다. 공공부문이 충분히 힘이 있을 때에는 주된 용도로 개발할 수 있
는 지역을 한정하거나 혹은 다른 용도로 쓰이도록 일정 토지를 보호하
는 등 개발 과정에 개입하기도 한다.

르웰린 데이비스에 따르면 복합용도개발은 다음과 같은 이점이 있
다(Llewelyn Davies, 2000, p.39).

- 시설에 대한 접근성이 향상된다.
- 통근 교통의 혼잡이 줄어든다.
- 사회교류의 기회가 많아진다.
- 길에 지켜보는 사람들이 많아 안전성이 좋아진다.
- 에너지 효율은 물론 공간과 건물이용도가 높아진다.
- 라이프스타일, 입지, 건물 유형의 다양성이 커져 소비자의 선택의 폭
  이 넓어진다.
- 도시의 생동감과 거리의 활력이 커진다.
- 도시시설의 경제성이 높아지고 중소기업의 사업기반이 좋아진다.

기능분리형 지역지구제와 단일용도개발은 종종 자동차 의존도를 높이
고 선택의 폭을 좁히는 결과를 만들어낸다. 이와 대조적으로 복합용도
개발은 보행통행을 가능하게 할 뿐 아니라, 최소한 통행수단의 선택폭
을 넓히기 때문에 보다 지속 가능한 개발형태다. 또한 복합 용도 개발은
라이프스타일의 선택폭을 넓힐 수 있다. 두아니의 주장에 따르면 전통
적인 주거지에서는 라이프스타일의 선택폭이 높다. 가게의 위층에 살거

나, 그 옆에 살거나, 가게에서 5분 거리에 살거나, 아니면 아예 가게에서 먼 곳에서 살 수도 있기 때문이다(Duany 외, 2000, p.25). 이에 반해서 교외주거지는 오직 하나의 생활방식을 강요하는데, 이는 자동차를 소유하고 모든 일을 자동차에 의존하는 생활방식이다.

건물, 개발, 지역 단위의 용도를 복합화하는 원칙에 대해 찬성 의견이 일반적이지만, 건물단위로 용도를 혼합하는 데 대해서는 개발사업자, 투자자, 입주자 등 개발산업 전반에 걸쳐 거부 반응이 크다. 이는 몇 가지 상호 연관된 요인 때문이다.

- 개발 : 복합용도개발에 비용이 더 든다. 화재대피통로 등 요구조건이 복잡하기 때문이다. 또한 개발산업의 특성 때문이기도 한데 개발사업자들은 통상 주거용 개발, 상업용 개발 등 특정 사업분야로 특화하려고 한다.
- 관리 : 성격상 공존하기 어려운 용도, 또는 안전상 문제가 되는 용도에 대한 입주자들의 거부가 크다. 또한 이용자의 유형이 다양하면 임대방식이라든가 안전, 환경, 위생조건 등이 복잡해져서 비용이 추가된다.
- 투자 : 임대기간이 서로 다르면 유동성이 떨어져서 개발사업의 가치가 떨어진다.

그뿐 아니라 다양한 용도를 하나의 건물 안에 수용하는 데에는 물리적, 법적, 금융상의 애로가 많아 한데 수용하는 것 자체를 어렵게 만들거나 추가비용을 발생시킨다. 그러므로 설득과 규제와 금융상의 지원책을 동원해서 용도복합을 가능하게 하거나 조장하는 방법이 요구된다. 물론, 조건이 복잡해지면 사업의 타당성이 없어질 수도 있다. 항상 변동하는 시장상황 때문에 복합용도개발이 더욱 합리적일 수도 있다. 제일 좋은 위치에 자리한 오피스는 경기변동에 상관없이 모두 임대된다. 그러나 그보다 덜 좋은 입지에서는 오피스 시장의 변동이 심하며 경기변동과 경기침체의 영향을 훨씬 직접적으로 받는다. 이런 지역에서 오피스 빌딩의 공실률은 주기적으로 큰 변동을 보이게 되는데, 따라서 이런 경우에는 오피스와 주거지를 적절하게 혼합하는 것이 전체적인 임대수익을 높일 수 있는 방법이다. 주거용도는 이익률이 낮은 반면 항상 쉽게 임대되기 때문이다. 그러므로 입지조건이 아주 우수하지 않은 지역에서는 토지이용의 유용성이 있는 복합용도 건물이 공실의 위험을 분산시킬 수 있는 장점을 갖게 된다.

용도의 복합화는 시장의 작용을 통해 자생적으로 생겨나기도 하지만, 유연성 있는 건물과 개발형태를 채택함으로써 시간을 두고 용도복합화가 진행되도록 도울 수도 있다. 이러한 조건을 조성하지 않는다면 용도복합은 쉽게 일어나지 않을 것이다. 따라서 이러한 변화를 가능하게 하는 설계가 요구된다. 기성시가지에서 용도의 복합을 추진하는 방법은 비주거지역에 주거용도를 도입하거나, 주거지역에 비주거용도를 추진하는 것이다. 이런 경우 주거환경의 악화를 피하면서 용도혼합의 이점과 시너지 효과를 부각하는 것이 주요 설계과제로 등장한다.

맥코맥(MacCormac, 1987)은 전통도시의 주거지에 나타나는 토지이용 패턴을 분석한 결과, 토지의 용도가 공간을 중심으로 대칭으로 배치되며, 블록을 중심으로는 비대칭으로 나타나는 것을 발견했다. 이는 바람직하지 않은 영향을 없애거나 줄이면서 다양한 용도를 한 지역에 수용하는 방법에 대해 시사점을 제공한다. 예컨대, 블록들을 관류하여 용도 변화가 점진적으로 일어나도록 하면서, 서로 친화성이 없는 두 용도 사이에는 중간적인 용도가 위치하도록 하는 것이다. 또 다른 유용한 방식은 연도형 블록 개발방식으로서, 여기서는 다양한 방식으로 용도복합화를 이룰 수 있다. 작업장이나 일터를 블록 중간이나 내부에 위치시키거나, 블록에 작은 길(mews)을 내어 단일기능의 사무실, 작업장, 스튜디오를 둔다거나, 상업블록 안에 주거용도의 뮤즈(mews)를 두는 방식이다 (Llewelyn Davies, 2000, p.96).

밀도

최근 들어 보다 지속가능하며 작지만 효율적인 도시, 즉 '컴팩트 도시'를 만드는 방법에 대한 논의가 활발해지고 있는데, 이와 관련하여 밀도의 문제, 특히 주거지의 밀도 문제에 대한 논의가 새롭게 부각되고 있다(예 : Urban Task Force, 1999).

컴팩트 도시는 자원과 에너지 소비를 최소화하면서 삶의 질을 최대로 유지할 수 있는 도시형태라는 주장이 제기된다. 20세기 후반의 영국과 미국의 기준보다 도시밀도를 높여야 지속가능성을 보장할 수 있다는 주장은 이제 상식처럼 받아들여지고 있다. 2장에서 소개했듯이 뉴먼과 켄워디(Newman and Kenworthy, 1989)는 세계 여러 도시들을 대상으로 실시한 밀도와 가솔린 소비의 상관관계에 대한 연구결과를 발표했다. 고밀개발에 따른 이점을 르웰린 데이비스는 다음과 같이 정리한다(Llewelyn Davies, 2000, p.46).

- 사회적 효과 : 교류와 다양성을 촉진한다. 공공 서비스의 존립기반과 접근도를 높인다.
- 경제적 효과 : 개발의 경제적 타당성을 높이며 지하주차장 같은 기반시설의 경제성을 향상시킨다.
- 교통적 효과 : 대중교통의 경제적 타당성을 높이며 자동차 통행과 주차수요를 줄인다.
- 환경적 효과 : 에너지 효율성을 높이며, 자원소비를 줄이고 오염을 저감시킨다. 또한 옥외 공공공간을 유지할 수 있는 예산을 늘리는 데 기여하고, 토지에 대한 개발수요를 줄인다.

최근 들어 고밀개발이 권장되는 추세지만 저밀도 환경과 자동차에 의존하는 생활방식에 대한 사회·문화적 선호가 여전해서 갈등을 빚고 있는 것이 사실이다(Breheny, 1995, 1997). 19세기에는 산업도시에 대한 반작용으로 저밀개발이 추진되었지만, 20세기에 들어서는 저밀환경 그 자체가 목적이 되고 고밀개발을 금지하는 다양한 규제가 이를 고착화하면서 교외화 현상을 피할 수 없게 만들었다. 20세기 영국의 주거설계를 연구한 스코팜에 의하면, 밀도 규제, 도로폭, 시각 규제, 지하시설을 위한 공간소요, 가로에 대한 조례, 일조규제 등 여러 요소들이 하나같이 건물과 건물 사이를 멀어지게 만들었다(Scoffham, 1984, p.23).

흔히 고밀환경과 불량환경은 같은 것으로 여겨지지만, 최소한 이론상으로는 어떤 밀도조건에서도 양질의 도시설계는 가능하다. 고밀 개발의 경우에는 특히 프라이버시 기준을 지키는 등 환경의 쾌적성과 높은 거주조건을 유지하기 위해서 양질의 설계가 요구된다. 고밀개발은 우려 섞인 선입관의 대상이 된다. 그러나 엘리자베스 덴비(Elizabeth Denby,

1956)가 밝혀낸 바와 같이 많은 사람들이 좋아하는 조지시대, 빅토리아 시대 스타일의 테라스 하우스의 밀도는 근래의 소위 고층고밀 주거개발에서보다도 높다. 마틴과 마치의 연구 결과 역시 고밀개발에 대한 선입관이 잘못된 것임을 보여준다(Martin and March, 1972 ; March, 1967, 4장 참조). 이들의 연구에 의하면, 밀도는 어디까지나 도시형태와 연결지어 고려해야 하며, 따라서 설계의 결정요소가 아니라 설계의 결과로 결정된다. Box 8.2는 세 가지 유형의 도시형태를 설명하고 있는데, 모두 헥타르당 75세대라는 동일한 밀도이나 현격하게 다른 공공 및 사적 공간의 배치를 보여준다.

기본적으로 고밀환경을 선호했던 제인 제이콥스 역시, 적정 밀도란 주어진 환경이 실제로 어떤 수준의 성능을 보이느냐의 문제이지, 인구 얼마를 수용하는 데 토지 얼마가 필요하다는 식의 추상적 공식으로 정할 수 있는 것이 아니라고 강조했다(Jacobs, 1961, p.221). 르웰린 데이비스는 학교나 대중교통 같은 도시 서비스를 유지하는 데 필요한 인구 규모를 확보하는 것이 밀도 계획의 목적이라고 주장한다(Llewelyn Davies, 2000, p.46). 오웬스(Owens)의 연구에 따르면 아주 높은 밀도는 필요하지 않다고 한다(P. Hall, 1998, p.972). 헥타르당 25세대 정도의 밀도면 8,000명의 이용권에서 대부분의 도시시설을 600m 거리 이내에 둘 수 있으며, 보행권 중심의 20,000~30,000명 단지규모는 아주 높은 밀도가 아니더라도 대부분의 커뮤니티 시설을 유치할 수 있다.

대중교통의 경제적 운영이 지속가능한 근린주구 설계에 기초가 되는 경우가 많았다. 캘소프의 대중교통지향개발(TOD)이 그 한 예이다(Calthorpe, 1993, 그림 8.20). 영국에서 진행된 한 연구에 따르면 양질의 버스 서비스를 유지하기 위해서는 헥타르당 100명의 순밀도(대략 45세대/ha)가 필요하다고 한다. 도심 상황에서는 순밀도가 헥타르당 240명(혹은 60세대/ha) 이상이면 전차 서비스를 유지할 수 있다(Llewelyn Davies, 2000, p.47). 핵심 논점은 저밀도 주거지에는 대중교통을 제공하기 어렵다는 점이다. 이 논점은 도시설계에 대한 랭의 실용적 원리를 상기시킨다. 다양한 선택가능성을 기준으로 교통수단을 고려한다면, 장래에 있을 수 있는 상대적 교통비용의 변화가능성을 고려하여 유연성이 보장되도록 환경을 설계하는 것이다.

Box 8.2

밀도와 가구 형태(출처 : Urban Task Force, 1999, pp. 62~3)

오픈스페이스에 위치한 고층 건물 개발

- 개인 정원은 없고, 거주민이 직접 이용할 수 있는 편의시설이 부족하다.
- 건물과 주변거리 사이에 직접적인 관계가 없다.
- 넓은 지역의 오픈스페이스는 관리와 유지를 필요로 한다.

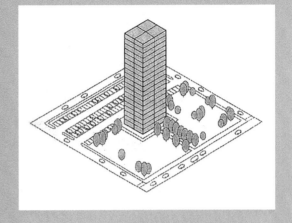

2~3층의 주거 가로 배치 계획

- 전정과 후정
- 연속적인 건물의 앞면이 공공공간을 규정한다.
- 가로가 공공공간의 명확한 패턴을 형성한다.
- 높은 건폐율 때문에 공용공간을 만들 여지가 적다.

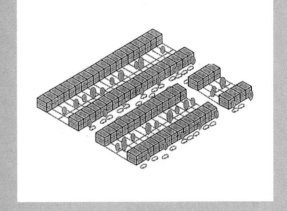

연도형 가구

- 부지외곽 건물의 층고, 형태가 다양할 수 있다.
- 건물은 녹화된 오픈스페이스 주위에 배치된다.
- 오픈스페이스에는 동네를 위한 공공시설을 배치할 수 있다.
- 상업시설과 공공시설은 지층에 배치되어 적극적인 가로전면을 유지한다.
- 공간은 후정, 공용공간, 또는 공원과 같은 다양한 용도로 이용 가능하다.

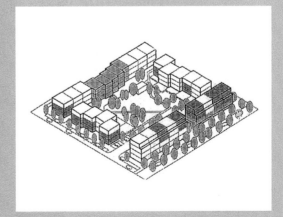

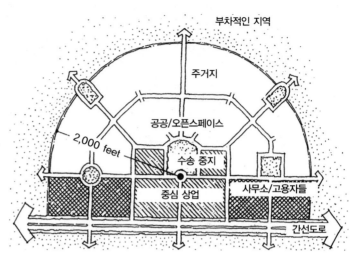

그림 8.20 대중교통지향개발(Transit-Oriented Development)(출처 : Calthorpe, 1993)

| 환경디자인 |

도시설계의 중요한 과제는 공공공간이 쾌적하도록 만드는 것이다. 쾌적하지 못한 공간은 잘 쓰이지 않는다. 햇빛, 그늘, 온도, 습도, 강우, 눈, 바람, 소음 등 환경조건은 사람들의 경험과 도시환경의 이용도에 영향을 끼친다. 다양한 설계기법을 통해 주어진 환경조건을 보다 받아들일 만한 것으로 개선할 수 있다. 여기에는 공간의 구성과 건물·벽·나무 그리고 그늘 및 은신처를 위한 캐노피·아케이드도 포함된다. 바람직한 환경은 계절별로 그리고 일어나는 활동에 따라 변화한다. 다음에 이어지는 부분은 미기후, 햇빛과 피난처, 건물에 대한 공기 흐름, 그리고 조명의 측면에서 공공공간과 건물 주변의 환경 조건과 관계가 있다.

미기후

도시설계에서 미기후는 종종 무시되었다. 설계가가 거시적 기후조건에 영향을 미칠 수 있는 경우는 거의 없다. 개발지가 아주 크거나 신도시의 경우에는 조금 다르지만 이 경우에도 기후에 영향을 미칠 수 있는 요소를 조성하기란 쉽지 않다. 개발지 주변 특성과 지형적 요소인 바람을 막을 수 있는 언덕이나 계곡이 기후에 약간의 영향을 미친다. 그러나 미기후의 차원에서는 설계에 따라 환경의 쾌적성에 큰 영향을 미칠 수 있는 힘을 가지고 있다. 미기후와 관련하여 설계에서 영향을 미칠 수 있는 요소는 다음과 같다(Pitts, 1999).

- 계획안의 형태와 그 파급 영향 : 특히 주변 건물에 대한 영향과 관계, 부지 경계부에 미치는 영향
- 접근로와 보행로, 나무와 풀, 벽, 담장, 기타 장애물의 상대적인 위치
- 일조 및 그늘과 관련하여 내부, 외부 공간과 건물 전면의 향
- 건물의 매스 계획과 군집화, 건물 사이의 공간
- 바람 환경
- 내부와 외부 환경 사이의 전이공간 역할을 하는 주입구와 다른 개구부의 상대적 위치
- 자연냉방 효과를 향상할 수 있는 조경, 식재, 연못, 분수
- 환경 소음과 공해

이제 국지적, 지구적 차원에서 기후를 생각하는 설계가 요구된다. 전통적인 설계에서는 대개 국지적 기후조건이 충실히 반영되었다. 그러나 이제 많은 나라에서 기후에 잘 적응하는 설계 전통이 파괴되어버렸다. 건설공사기간을 줄이기 위한 공법의 채용, 기후의 애로를 극복하기 위한 화석연료 사용 등이 이를 촉진한 것이다. 또한 국제주의 건축양식이 널리 유행하면서 국지적 기후조건을 무시한 채 동일한 건축설계 스타일이 모든 지역에 퍼지게 되었다.

일조와 그늘을 위한 설계

도시장소와 건물 안으로 비쳐 들어오는 햇빛은 공간의 분위기를 좋게 만드는 데에 일조한다. 햇빛은 야외활동을 조장하며 곰팡이가 자라는 것을 억제하고 신체에 비타민 E를 제공해 건강 유지에 도움을 준다. 또한 식물을 자라게 하며, 태양열 에너지를 공급한다. 태양광의 투과가 지닌 가치는 계절에 따라 다른데, 어떤 계절에는 햇빛이 풍부한 것이 좋고, 어떤 계절에는 그늘이 많은 것이 좋다.

일조 설계와 관련해서 두 가지 고려할 사항이 있다. 하나는 향의 문제와 이와 직결된 그늘 만들기의 문제이다. 북반구에서는 남향 면이 제

일 일조가 풍부하고 북향 면이 제일 빈약하다. 일조와 관련해서는 다음 사항을 고려해야 한다(Pitts, 1999).

- 공공장소와 건물의 주된 전면과 관련해서 태양의 위치(고도와 방위)
- 필지의 방위와 경사도
- 필지 내 기존 장애물
- 필지 외 구조물로 필지 내에 그늘이 만들어지는지 여부
- 근처 건물과 공간을 그늘지게 할 가능성

입체태양 그래프와 같은 도표를 써서 햇빛의 투과 정도를 판단할 수 있다. 그림이나 컴퓨터 시뮬레이션을 통해서도 평가가 가능하며, 모형을 만들어 헬리온을 사용해 평가하는 방법도 있다. 태양광이 가장 필요한 겨울 동안 그늘이 지는 것을 피하려면 건물의 인동간격을 충분히 넓혀야 한다. 나무 식재 또한 태양광 투과에 지장을 준다. 활엽수는 겨울에는 태양광을 투과시키고 여름에는 그늘을 만들어주는 두 가지 기능을 잘 수행한다. 건물과 나무 사이의 간격이 매우 중요하다.

바람

바람의 흐름은 보행자가 느끼는 쾌적성에 큰 영향을 미친다. 또한 공공장소와 건물 주입구 부근의 환경상황, 그리고 그 장소에서 펼쳐지는 활동에 큰 영향을 준다(표 8.1). 대체로 바람의 효과를 최소화하는 것이 바람직한데, 이럴 경우 고려해야 할 요소는 다음과 같다(BRE, 1990; Pitts, 1999).

- 풍압을 줄이려면 건물규모는 작게 유지하는 것이 좋다.
- 넓은 쪽 건물의 입면이 주 풍향에 면하지 않도록 한다(즉 건물의 주축이 바람 방향과 평행이 되도록 한다).
- 터널 효과를 만들어내지 않도록 건물을 배치한다(예를 들면 비교적 표면이 매끄러운 긴 건물들을 평행으로 배열하는 것을 피해야 한다).
- 고층건물의 입면이 절벽처럼 수직일 때에는 하강풍을 상당량 발생시키므로, 고층건물은 주 풍향 쪽으로부터 층수에 따라 단차를 두어 점점 뒤로 물러나도록 '지구라트' 같은 단층 구성을 하는 것이 좋다.

표 8.1 풍속과 영향(windspeed and effects)

상태	풍속(M/S)	영향
고요함, 실바람	0 - 1.5	• 고요함 • 감지할 수 없음
남실바람	1.6 - 3.3	• 얼굴에 바람이 느껴짐
산들바람	3.4 - 5.4	• 바람이 가벼운 깃발을 펴지게 함 • 머리카락이 헝클어짐 • 옷이 펄럭거림
건들바람	5.5 - 7.9	• 먼지가 일어남, 토양을 건조시킴, 종이가 흩어짐 • 머리카락이 헝클어짐
흔들바람	8.0 - 10.7	• 바람의 영향력이 몸에 느껴짐 • 눈보라가 일어남 • 지상에 불어오는 쾌적한 바람의 한계
된바람	10.8 - 13.8	• 우산 사용이 어려움 • 머리카락이 휘날림 • 보행하기가 불편함 • 귀에 불쾌한 바람소리가 들림 • 머리 높이 위로 눈보라가 날림(심한 눈보라)
센바람	13.9 - 17.1	• 보행할 때 어려움을 느낌
강풍	17.2 - 20.7	• 대체로 진행을 방해함 • 돌풍 속에서 균형 잡기 어려움
큰 센바람(대강풍)	20.8 - 24.4	• 돌풍에 의해서 사람들이 쓰러짐

(출처 : Penwarden & Wise, 1975, from Bentley 외, 1985, p.75)

- 캐노피와 포디엄을 이용해 하강풍이 보행자에게까지 미치지 않도록 한다.
- 건물은 불규칙한 배치로 군집하고, 각 군집 안에서 건물 높이를 비슷하게 맞추며 인동 간격은 최소화하는 것이 좋다.
- 나무, 울타리, 벽, 담장 등의 방풍 벨트를 만들면 건물과 보행자들을 바람으로부터 상당한 수준으로 보호할 수 있다. 방풍 벨트는 방향을 잘 잡아야 하며, 바람을 가로막을 때 와류를 만들어내기 때문에 기류의 약 40% 정도를 투과시키는 것이 가장 효과적이다.

기후가 습할 때에는 시원한 공기가 잘 흐르도록 외부공간을 설계해야 한다. 반면 건조한 기후에서는 수증기의 증발을 통해 기온을 내려주도록 공공공간에 분수와 물을 도입한다. 도시에서는 대기의 질이 점점 중요한 관심 대상이 되고 있다. 나무와 풀은 공기를 정화하며, 비는 공기를 씻어내린다. 공해가 심해지면 식물이 살지 못한다. 그러므로 대기오염을 줄이려면 건물 사이와 공공공간 속에서 통풍이 잘 되어야 한다. 이런 요구는 도시공간에 위요감을 부여하려는 심미적 요구와 상충을 빚을 수도 있다(7장 참조, 그림 8.21).

건물 내부의 통풍은 자연환기나 인공적, 기계적 환기 또는 중앙 냉난방 설비로 할 수 있다. 가능한 인공적 환기를 최소화하는 것이 좋다. 자연환기를 통해 통풍과 냉방을 하려면 건물의 깊이가 얕아야 한다. 맞바람에 의한 통풍이 잘 되게 하려면 건물의 횡단면의 깊이가 창의 바닥에서 상단부 높이보다 다섯 배를 넘지 않도록 해야 한다(9장 참조).

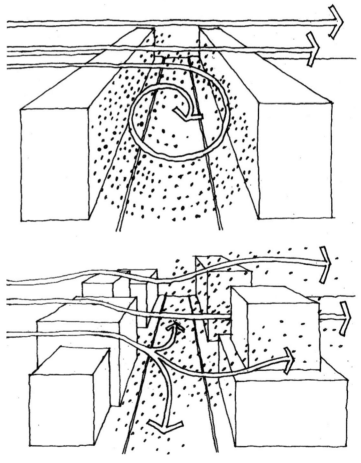

그림 8.21 가로 높이에서의 공기의 질. 비슷한 높이의 건물들이 바람 방향에 수직으로 세워진 가로는 서로 다른 높이의 건물로 채워지고, 군데군데 빈 공간이 있는 가로보다 대개 공기 순환이 좋지 않다(출처 : Spirn, 1987, pp. 311~12; Vernez-Moudon, 1987, p. 311).

빛

공공장소의 성격과 용도에 자연광은 대단히 큰 기여를 한다. 도시공간에서 빛은 심미적 요소이기도 하다. "벽에 부딪치고서야(그리고 빛과 그림자의 형태를 만들어내고서야) 빛은 빛이 된다."고 루이 칸(Louis Kahn)은 말했다(Von Meiss, 1990, p.121). 자연채광을 할 때에는 조도가 지평선보다 높은 머리 위의 하늘이 충분히 보이도록 하는 것이 효과적이다. 유난히 높거나 큰 건물로 공간이 막히지 않는 한 일조가 부족한 경우는 거의 없다. 영국에서 흔히 이용되는 방식이지만, 장애물이 수평에서 25도 각도 이내 범위에 들어온다면 이들은 일조에 큰 방해를 주지 않는다. 그리고 장애물이 이보다 더 높더라도 너무 넓지 않으면 큰 장애가 되지 않는다(Littlefair, 1991). 그러나 이러한 규칙은 위도에 따라서 달라진다.

기본적으로 가능한 자연광을 최대한 사용하도록 건물을 설계해야 한다. 자연 채광의 질은 방의 모양과 깊이에 비해 창문의 디자인과 위치에 따라 영향을 받으며, 주변건물들이 빛의 투과를 얼마나 막느냐의 여부에 달려 있다. 건물평면이 깊지 않을수록 채광효과가 좋다(9장 참조).

도시공간의 성격과 용도에 인공조명이 기여할 수 있지만, 대부분의 경우 인공조명은 자동차교통 위주로 도입되며, 에너지를 낭비하여 빛 공해를 만들어낸다. 인공조명에는 두 가지 기능이 있다.

1. 법적 의무조명 - 기본적인 조명을 제공하는데, 야간에 보행자들이 길을 찾고 공공장소를 안전하게 사용하며 자동차가 안전하게 통행하도록 돕는다.
2. 경관조명 - 집중조명이나 특성조명, 저조도 조명으로 도시경관을 돋보이게 하며, 간판, 점포, 계절조명을 제공함으로써 밤거리에 색채와 생동감을 만들어준다.

현실적으로는 야간조명에 기여하는 가로등, 건물에 비치는 반사광, 상점 간판 등 다양하다. 의무조명과 경관조명이 요구하는 조건을 제대로 충족시키기 위해서는 이 모든 광원들의 조합을 적절하게 관리해야 한다. 이런 목적에 더해 야간경제를 활성화하기 위해 크로이든과 에든버러 같은 도시들은 종합적인 야간조명 전략을 채택하고 있다. 이용자들이 안전하고 위험이 없다고 느낄 수 있으려면 거리와 공공장소들이 잘 조명되어야 한다.

| 기간시설망 |

4장에서 논의했듯이, 기간시설망은 지상과 지하에 있는 도시의 기반시설 요소를 포괄하는 망이다. 도시설계에서 고려해야 할 기간시설망은 옥외 공공공간, 도로와 보행로, 주차와 서비스, 그리고 기타 기반시설이다. 이런 요소는 거의 모든 개발사업에 해당하지만, 기간시설망의 범위는 위에 언급한 요소에만 한정되지 않는다.

공공 오픈스페이스

옥외 공공공간의 기능은 다양하다. 레크리에이션의 장소이며, 야생동물의 서식지이고, 특별한 행사가 벌어지는 무대이며, 도시의 허파다. 큰 스케일에서 보면 옥외 공공공간은 사람과 야생동물이 움직이는 네트워크와 잘 연계되어 있어야 한다. 작은 스케일의 공공 오픈스페이스에 대해서는 공공기관에서 최소기준을 정해 놓고 있다. 영국의 국립운동장협회(NPFA, National Playing Fields Association)는 인구 1,000명당 24,000m²를 최소기준으로 선정했다(외부 스포츠를 위한 16,000~18,000m²와 아이들의 놀이공간으로 6,000~8,000m²를 더한 규모). 이런 장소는 집에서 걸어서 쉽게 닿을 수 있는 위치에 있어야 한다. NPFA(1992)에서는 집에서 100m 이내에 지역놀이공간(LAPs)을 두고 400m 이내에 시설을 갖춘 지역운동장(LEAPS)을 갖추도록 제안한다.

고밀개발에서는 특히 옥외 공공공간이 충분히 공급되어야 한다. 신개발에는 적정 공급기준을 설정하고 공급이 부족한 기성시가지에는 달성목표를 정해야 한다. 옥외 공공공간을 계획하고 남은 공간처럼 취급해서는 안 되고, 장소에 대한 도시설계 비전의 중요요소로서 다루어야 하며, 지역사회생활의 주요 관심사로 여겨야 한다. 영국 뉴타운을 포함한 많은 도시와 마을에서는 사람의 휴양과 야생동물의 서식을 위해서 도시 지역을 가로지르는 세련된 '녹색' 회랑의 옥외 공간체계를 만들었다. 자연환경과 인공환경을 잘 통합하는 것은 지속가능한 개발의 중요한 목표다.

차도와 보도

사람보다도 자동차가 도시설계에서 더 비중 있게 다루어지는 경우가 많다. 통제와 규제, 과속방지턱이나 다른 장애물, 시선을 고려한 계획 등으로 자동차의 속도를 낮출 수 있다면 자동차 위주의 설계기준 역시 줄일 수 있다. 4장에서 논의한 것처럼, 2차 세계대전 후에는 사람들의 안전을 위해 보행과 자동차 교통을 분리시켰는데, 그 결과 큰 길을 건너려면 사람들은 지하차도나 육교로 다녀야 했다. 자동차를 배제한 '보행자 천국'이 도입되었지만 그 효과는 반반이었다. 좋은 효과를 거둔 장소도 많았지만, 근무시간이 끝나면 사람이 없어 텅 비는 장소도 많았다. 어떤 경우에는 사람들이 잘 이용하고 어떤 장소는 그렇지 않은가에 대한 원인을 치밀하게 분석해야겠지만, 여러 용도를 혼합하고 시간축에 따라 다양한 활동을 제공한다면 이용도를 현저히 높일 수 있을 것이다.

요즘의 일반적인 설계경향은 자동차가 아니라 사람 중심의 환경을 만드는 것으로, 자동차를 금지하지 않으면서 보행자를 우선적으로 배려한다. 그 결과 도심부에 보행전용공간이 많이 만들어졌다. 보도확장과 차선축소, 지하보도와 육교의 철거, 노면교차의 재등장 등이 그것이다. 주거지에서도 보행우선의 환경이 만들어졌다. 네덜란드에서 도입한 '우너프(woonerf)', 영국의 '홈존(home zone)'이 그 예다. 보다 큰 스케일에서는 도로통행료 징수제가 도입되었으며, 유럽의 역사적인 도시에서는 도심지역에서 자동차 통행을 아예 금지하기도 한다.

차도와 보도 설계에는 충족해야 할 기본 요구사항들이 여럿 있다.

• 사람의 안전을 보호하기 위해 자동차 속도를 줄이되 과도한 보차분리는 피하고 카메라 등에 의한 간접감시를 강화한다.
• 개발계획을 수립할 때에는 사람들이 원하는 가장 편리한 경로, 즉 희망노선을 존중하고 반영하며 주변과 잘 연결되도록 도로망을 계획한다.

- 장소의 지역적 맥락을 존중한다. 도로와 자동차가 아니라 잘 규정된 외부 공간, 조경, 건물이 중심이 되도록 설계한다.
- 환경의 가독성을 높인다. 전체 공간구조와 국지적인 시각요소가 명확하게 드러나도록 배치계획을 수립한다.

이런 요구는 도로 네트워크의 필요성 및 효율성과 서로 조화를 이루어야 한다. 그러나 도로의 안전성과 효율성을 주목적으로 하는 교통기술자의 방향은 보다 광범위한 환경의 질을 창출하려는 도시설계가의 목적과 대립한다. 지방자치단체는 위계적인 도로 기준을 채택하여 기술적으로 과도한(특히 거주지) 환경을 개발하는가 하면, 단순한 기준에 지나치게 의존하여 새로 도로체계를 설계했다. 서행을 유도하는 방식이 점점 많이 사용되고 있다. 그러나 이를 위해 지역 공공기관이 제안한 구체적인 설계지침은 도로 설계에 있어 위계적 접근을 버리면서 도로체계가 지나치게 단순해지고, 오히려 차량 중심이 되어간다. 새로운 설계지침은 간선도로 연구가 환경의 질, 보행자 접근성과 3차원 공간 설계의 관심을 달성하기 위해 안전문제와 차량 흐름의 효율을 넘어서야 한다는 것을 강조한다(Carmona, 2001, p.283). 예를 들면 1997년 에섹스 도시설계지침에서는 다음과 같이 제안한다(Essex Design Guide, Essex Planning Officers Association, 1997).

- 맥락에 맞게 건물을 배치하고 공간을 우선적으로 계획한 뒤 도로를 짜 넣도록 한다(그림 8.22, 8.23).
- 주거지에 시속 20마일(32km/h)의 서행 구역을 지정한다.
- 도로를 위계화할 것이 아니라 공간들을 네트워크로 서로 연계한다.
- 대중교통 수단과 잘 연결된 지속가능한 통행 체계를 만들고 용도는 복합화한다.
- 막다른 골목, 즉 컬데삭보다 서로 연결된 도로망을 구성한다(Carmona, 2001, p.306).

전체적으로 필요한 것은 이동방식의 선택을 제공하는 보행자 중심의 환경을 만드는 것이다. 차량중심 지역과 보행자중심 지역이 불가피하게 공존할 것이다. 그러나 중요한 것은 반드시 차량에만 의존하는 환경을 피해야 한다는 것이다. 보행자와 자전거 그리고 공공 교통에 우선권을 주기 위해 계획된 시스템에 맞추어 자동차교통을 조정하기는 쉬우나, 차량중심으로 계획된 시스템에 다른 통행방식을 맞추는 것은 어렵다. 그러므로 통행의 우선권은 먼저 보행과 자전거, 그다음이 대중교통수단, 마지막으로 차량이 되어야 한다. 이것은 나중에 조정하는 것이 더 어렵거나 불가능할 수 있기 때문에 처음부터 계획에 보행자나 자전거 이용자를 위한 길을 포함하도록 요구하는 것이다.

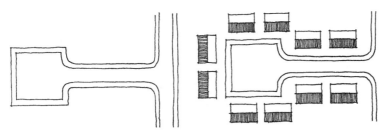

그림 8.22 주거지를 계획할 때 주거동과 주거동(대개 표준설계에 따른 획일적인 건물이기 쉬운데) 사이의 공간에 대해서는 별 생각없이 그저 길을 따라 건물을 늘어놓는 경우가 많다. "길 먼저, 집 나중"의 설계방식이라 하겠는데, 이러한 방식에서는 도로에 대한 고려가 지배하여 좋은 주거환경을 만들기 위한 다른 여러 요소들을 소홀하게 다루기 쉽다(**출처** : DETR, 1998, p. 23).

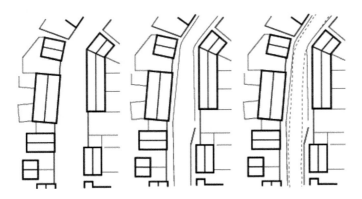

그림 8.23 "차선 긋기(tracking)"란 주어진 가로폭원에서 자동차 운행에 실제 요구되는 차선폭원을 구획해내는 일을 말한다. "차선 긋기"를 제기하는 이유는 주거지설계에서 "길 먼저, 집 나중"의 접근법에 대한 대안을 제시하기 위함이다. 고속도로공학의 요구조건을 설계의 출발점으로 삼는 도로 우선의 설계방법에서 벗어나 건물과 외부공간을 어떻게 구성할 것인가를 먼저 구상한 다음, 도로는 그 위에 "끼어" 넣자는 것이다. 말하자면 외부공간 우선의 접근방법이다. 위에서 첫 번째 건물은 가로공간의 벽을 이룬다. 두 번째 다이어그램에서는 건물 앞에 일정 폭원의 보도를 만들어 공간의 위요감을 강조한다. 세 번째 다이어그램에서는 자동차가 실제 통과하는 경로를 추적하여 필요 차선을 확정하고 나머지 공간을 모두 보행공간으로 할애한다(**출처** : DETR, 1998, p. 55).

주차와 서비스

개인 차량에 대한 의존도를 낮추자는 주장에도 불구하고, 우리가 내다볼 수 있는 미래까지 주차는 현대생활에서 필요한 시설이다. 주차공간은 모든 환경, 도시, 교외, 그리고 시골에서도 요구된다. 그러나 주차문제는 주차시설을 어떻게 거리풍경과 주변 건물 속에서 성공적으로 통합하는가에 있다. 주차계획에서는 다음의 조건을 고려해야 한다.

- 현재의 요구조건에 충분히 부합할 것
- 모든 사람들, 특히 장애인들에게 편리할 것(최종 목적지 가까이에 위치)
- 보기 싫은 부분을 최소화하여 주차장을 매력 있는 곳으로 만들 것(조경을 설치하고 질 좋은 재료를 사용하여 가로주차 및 주차장을 효과적으로 통합한다)
- 안전성과 보안성을 최대로 높일 것

대중교통으로 쉽게 접근할 수 있는 곳에 대해서는 주차장 설치기준을 낮추어도 된다. 비록 인접한 가로에 넘치는 주차문제를 고려해야 할지라도 최소의 주차기준보다는 최대의 기준을 만드는 것이 차량이용을 억제할 수 있다. 여러 곳에서 주민들이 자발적으로 자동차를 소유하지 않기로 계약하는, 자동차 없는 시범주거지가 개발되고 있다. 어떤 주거단지에서는 비용을 추가로 지불해야만 주민도 주차공간을 이용할 수 있도록 한다. 또 어떤 도시나 주거지에서는 자동차 동호회와 카풀제가 활성화되어 있어 구성원들이 승합차, 경차에 이르는 다양한 차량을 공동으로 소유하고 이를 사용하고 있다. 자동차 동호회는 북유럽 국가에서 잘 발달되어 있다. 예컨대, 독일에서 슈타트아우토(StattAuto)라고 불리는 조합은 20,000명의 회원을 보유하고 있으며, 다양한 크기의 차량을 1,000대 가량 18개 도시에 공급하고 있다(Richards, 2001, pp.122~3). 미국에서는 몇몇 융자회사들이 지역 특화형 융자제도를 실험하고 있다. 대중교통이 편리한 지역 안에서 부동산을 매입하는 경우, 융자지원을 일반 기준보다 더 많이 받을 수 있다. 이는 구매자가 차량을 소유하고 운영하는 비용의 지출이 없기 때문이다.❶

역주 ____
❶ 소득에 비해 대출상환능력이 높기 때문에 대출 한도를 높게 설정하게 된다.

현대의 개발은 업무지원과 배달을 위한 서비스 공간을 부가적으로 요구한다. 쓰레기 처리, 저장과 수집, 재활용 장소, 비상통로, 이동(철거), 청소, 유지관리, 공용 설비시설 등 다양한 시설이 필요하다. 그러나 이러한 공간과 시설들은 종종 가로경관에 안 좋은 영향을 미칠 수 있다. 현대 업무시설의 개발규모가 대형화됨에 따라 서비스 차량을 위한 넓은 가로폭과 건물선 후퇴, 외부에 노출된 하역공간이 필요하게 된다. 또한 주거지역에서 서비스 요건, 특히 비상차량을 위한 법적 접근로 설치로 인해 가로경관의 친밀함과 다양함이 저하될 수 있다. 그러나 각종 서비스 요구는 면밀하게 검토하여 서로 통합할 수 있으므로 서비스 요구사항에 의해 지역의 전체 분위기나 배치가 좌우되면 안 된다.

기반시설

한 지역의 기반시설은 보통 수세기에 걸쳐 이뤄진 결과물이다. 도시의 개입과 함께 기반시설은 적응되고 확장되었다. 지상에서 기간시설망은 공공장소의 네트워크와 조경공간, 대중교통망과 지하시설물, 상점 등의 공공시설과 학교와 같은 서비스시설이 설치되는 공간적 틀을 구성한다. 지하에서는 상수도, 하수처리체계, 전기배관망, 가스공급망, 전화선, 전력선, 통합 난방체계, 지하 대중교통망을 한데 묶는다.

기반시설망은 도시개발을 선도하는 핵심시설이며 그 중요성에 대한 인식이 날로 커지고 있다(Mitchell, 1994, 1999; Horan, 2000; Graham and Marvin, 2001). 만일 기간시설망이 동시에 보급되지 않는다면, 보급이 빠른 지역은 반드시 그렇지 못한 지역보다 개발 선호도가 높을 것이다. 기반시설의 개발 패턴은 도시개발의 위치를 결정하는 주요요소가 된다. 그러나 그레이엄과 마빈은 건축가, 도시설계가, 계획가들은 기반시설망의 중요성을 망각하는 경향이 있다고 지적한다(Graham and Marvin, 2001, p.18). 서로 네트워크로 연결된 기반시설과 이에 의해 지원되는 사람과 물건의 흐름, 건물을 엮고 대도시의 일상을 구성하는 공간을 형성하고 이들을 한데 묶는 것이 기간시설망이라는 사실을 도외시하는 것이다.

전통적인 도시의 가로들은 최근까지 지하 기반시설물의 수요에 잘 적응해왔다. 그러나 산발적이고 즉흥적인 시설공급 때문에 여러 문제들

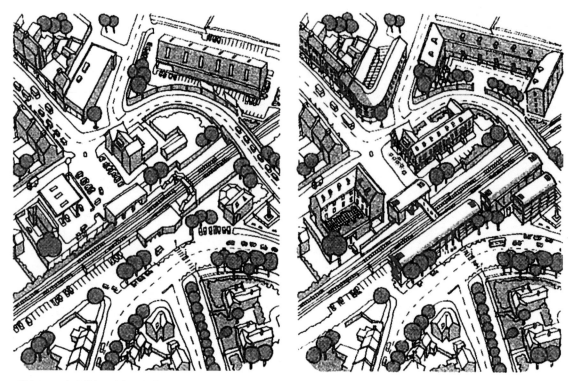

그림 8.24 교외 기차역 주변의 토지이용도를 높여 종전에는 저이용되던 부지에 주거와 상업기능을 새롭게 도입한다. 이로써 이 지역의 활력을 높일 뿐 아니라 지역주민이 일상생활에 필요한 일들을 외부로 나갈 것 없이 지역 내의 상가(길 자체는 변하지 않았음)에서 충당할 수 있게 만든다(출처 : CPRE, 2001).

이 야기되고 있는데, 가로수 뿌리에 손상을 주어 생육에 지장을 초래하게 된 것이 한 예이다.

설계과정에서 가시적이건 그렇지 않건 기간시설망에 대해 충분히 고려해서 새로운 기반시설에 대한 필요성을 최소화하는 한편, 이미 구축된 기간시설망에 대한 장애 요인을 최소화함으로써 미래의 변화와 시설 확충에 대비한 유연성을 확보하는 한편, 지속가능성이 보장된 신개발을 이루어나가야 한다(Graham and Marvin, 1996, 2001). 새로운 기반요소, 특히 대중교통 시설의 도입은 공공영역을 개선하는 중요한 수단이 된다(Richards, 2001, 그림 8.24).

결론

이 장에서는 도시설계를 과정으로 이해하면서 기능의 차원에서 검토했다. 3장에서 살펴본 대로 좋은 도시설계는 '견고성', '편리성', '쾌적성', '경제성'을 동시에 충족시키는 설계다. 설계과정에서는 심미성, 기능성, 기술 또는 경제성의 특정한 차원의 문제를 우선시하고 이 문제를 전체의 맥락, 전체에 대한 기여도에서 분리시켜 독립적으로 고려하기가 쉽다. 애플야드는 과속방지턱을 예로 들어 엔지니어와 도시설계가의 관점을 비교한다(Appleyard, 1991, pp.7~8).

도로기술자는 자동차의 속도를 줄이기 위해 안정성과 경제성만 생각해서 과속방지턱을 설계한다. 이렇게 설계된 과속방지턱은 볼썽사나운 아스팔트 덩어리로 운전자에게는 부정적이고 규제적인 이미지만 심어준다. 도시설계가는 좀 더 보기 좋은 과속방지턱을 고안하려 애쓴다. 벽돌로 만들거나 보행자를 위해 건널목으로도 쓰일 수 있게 만든다.

후자의 예는 다차원적인 해결 방법이다. 경제 전문가 입장에서 보면 이를 절충과 비용 교환의 해결로 보겠지만, 도시설계가는 이러한 방법으로 차별성을 극복함으로써, 다시 말해 기능성과 시각적, 사회적 목표 사이의 대립성을 없앰으로써 오히려 가치를 부가시키는 창조적인 해결책을 제공한다(Appleyard, 1991, p.8).

09

시간의 차원

서론

이 장은 도시설계의 시간 차원을 다룬다. 도시설계를 때로는 3차원이라고 말하지만, 실은 4차원의 작업이다. 그 네 번째 차원이 바로 시간이다. 시간이 흐름에 따라 공간은 살아온 장소(lived-in places)❶가 되며, 점점더 시간이 쌓이면서 의미를 더하게 된다. 린치가 지적한 대로 우리는 도시 환경 속에서 시간의 흐름을 두 가지 방식으로 경험하게 된다(Kevin Lynch, 1972, p.65). 하나는 규칙적인 반복으로서 심장의 박동이나 숨쉬기, 잠들고 깨기, 주기적인 식사, 해와 달의 주기, 계절의 반복, 밀물과 썰물 등이다. 다른 하나는 점진적이고 되돌릴 수 없는 변화로서 성장하고 쇠퇴하며 반복되지 않고 변화해버리는 것이다. 시간과 공간은 밀접하게 관련되어 있다. 린치는 시간과 건조 환경의 관계에 대해 탁월한 견해를 표명한 『이 장소는 몇 시입니까?(What Time Is This Place?)』에서 "공간과 시간은 우리가 그 안에서 경험을 질서 있게 정리할 수 있도록 큰 틀을 제공한다."고 주장하고 있다(1972b, p.241). 우리는 시간적 장소에서 살고 있는 것이다. 패트릭 게데스(Patrick Geddes)는 "도시는 공간 속의 하나의 장소 이상으로서, 그것은 시간 속에서 펼쳐지는 하나의 드라마"라고 생각했다(Cowan, 1995, p.1).

이 장에서는 도시설계의 시간 차원에서 중요한 세 가지 관점을 논의할 것이다. 첫째, 활동이 공간과 시간 속에서 유동적으로 일어나기 때문에 환경은 시간대에 따라 다르게 사용된다. 도시설계가는 공간 속에서 각 행위의 시간주기와 관리에 대해 이해할 필요가 있다. 둘째, 환경이 시간에 따라 지속적으로 변화하지만 때로는 어느 정도 지속성과 안정성이 중요하다. 도시설계가는 어떻게 환경이 변화하는지, 시간이 흐르면서 무엇이 남고, 무엇이 변화하는가를 이해해야 한다. 또한 시간의 흐름 속에서 불가피한 변화를 수용할 수 있는 환경을 설계하고 관리하는 능력을 가져야 한다. 셋째, 도시환경은 시간의 흐름에 따라 변한다. 그리고 도시설계 프로젝트나 정책 등도 시간이 흐르면서 집행된다.

역주 ____
❶ 볼노프(Bollnow)는 공간과 구체적인 인간의 삶과의 관계를 경험된 공간(der erlebte Raum)의 개념을 도입해서 설명하며, 뒤르켐(Duerkheim)의 살아진 공간(der gelebte Raum)에 대해서도 말하고 있다. 이는 사람이 그 안에 살고, 그와 함께 살고, 궁극적으로 인간 삶의 매개체(medium)가 되는 공간을 의미한다(Bollnow, O.F.,(1980), Mensch und Raum, Kohlhammer, Stuttgart, p.18).

| 시간의 주기 |

우리는 시간이 흘렀다는 것을 규칙적인 반복을 통해서 알게 된다. 주요한 시간주기는 자연주기에 기초하고 있으며, 그 중 특히 더 중요한 주기는 지구의 자전에 따라 생기는 하루 24시간의 주기로서 잠자고 일어나는 것을 포함해 우리 몸의 모든 주기에 영향을 미친다. 일하거나 쉬는 시간, 식사 시간 등도 이 주기에 기반한다. 한 해의 주기와 계절의 변화는 지구의 공전주기에 뿌리를 두고 있다. 지구의 자전축이 기울어져 있어서 지구 표면에 떨어지는 햇빛의 각도가 변화하며 1년 중 해가 나는 낮 시간의 길이가 다르고 이것은 계절의 주기를 만들게 된다. 적도로부터 멀리 떨어질수록 계절의 차이는 크고 분명하게 나타난다. 보다 북쪽(혹은 남쪽) 위도일수록 겨울의 낮 시간은 더욱 짧고 여름의 낮 시간은 더욱 길어지게 된다.

도시 공간을 잘 이용하고 또 이용을 장려하기 위해서는 낮과 밤의 주기, 계절의 주기, 그리고 관련된 행위의 주기들을 이해할 필요가 있다. 낮과 밤의 다른 시간에서 도시 환경은 다르게 느껴지고 또 그렇게 사용된다. 그러므로 도시설계가들이 어떤 공공공간에서 하루의 삶의 모습을 관찰하거나, 또는 같은 공간을 계절의 변화에 따라 관찰하는 일은 많은 것을 깨닫게 하는 의미 있는 경험이 될 것이다. 즉 공간의 사회인류학적인 연구를 통해 가령 '지금은 번잡하다가 잠시 후에는 조용한' 것과 같은 공간의 변화하는 리듬과 맥박을 이해하고, 더불어 '어떤 시간에는 여성들이 더 많다가 다른 시간에는 남성들이 더 많은' 것과 같이 공간을 사용하는 다양한 사람들에 대해서도 알게 된다.

사람들의 행위 주기 또한 변화하는 계절에 기인한다. 예를 들어 북쪽 지방은 겨울 동안 정오 때조차도 태양이 하늘에 낮게 뜬다. 낮은 대체로 흐리고 습기차고 바람이 불며 춥기 때문에 사람들은 외부공간을 꼭 필요할 때만 사용할 것이다. 봄에는 나무에 잎이 피기 시작하고 사람들도 도시 공간에 머물면서 햇빛의 따스함을 즐길 것이다. 여름에는 나무에 잎이 무성하고 태양은 하늘 높이 떠서 낮이 길고 밝다. 그리고 사람들은 도시 공간에 더 오래 머물려고 한다. 가을에는 나뭇잎이 붉게 물들고 낙엽이 되어 떨어진다. 사람들은 겨울이 오기 전에 마지막 남은 햇빛의 따스함을 즐기기 위해 도시 공간에 머물 것이다.

도시설계가들은 도시 공간에 좀 더 다양성과 관심을 불어넣기 위해 변화하는 하루와 계절의 특성을 신중히 이용할 수도 있을 것이다. 변화하는 하루나 계절을 잘 고려하고 고양하도록 설계된 환경은 도시 공간의 경험을 더욱 풍부하게 만든다. 채광과 통풍기능 외에도 창문은 사용자들에게 바깥 세상과 접촉을 유지할 수 있게 하고, 태양의 움직임을 통해 하루의 날씨나 시간을 알게 하는데, 이런 것은 매우 가치 있고 심리적으로도 필요한 것이다. 계절의 변화를 드러내는 환경은 도시 공간에서 시간을 읽을 수 있게 해준다.

외부공간의 생활과 활동이 가능한 시간을 충실히 이용하는 것은 여러 곳에서 매우 중요하다. 여름의 코펜하겐(Copenhagen)과 겨울의 코펜하겐이 어떻게 매우 다른 도시가 되는지를 논의하면서, 겔과 겜조는 일반적으로 겨울에 사람들의 발걸음이 얼마나 빠르고 목적 지향적인지를 관찰했다(Gehl and Gemzoe, 1996, p.48). "그때 그들은 걸음을 많이 멈추지 않았고, 짧으며 필요할 때만 멈추었다. 여름에는 더 많은 사람들이 걷는데, 발걸음도 느리고 좀 더 느긋했다. 놀랍게도 사람들은 더 자주 멈추고 앉기도 하며 대체로 도심에서 시간을 보냈다. 여름에는 겨울보다 두 배로 많은 사람들이 도심을 거닐고, 평균 네 배나 더 많은 시간을 거기서 보냈다. 그래서 사람들의 밀도는 겨울보다 여덟 배나 더 높다. 이것이 바로 겨울에는 썰렁하고 비어 있던 가로와 광장이 여름에는 사람들로 가득 차는 이유이다."

우리의 생활패턴을 만드는 데 영향을 미치는 시간주기는 때로는 자연주기와는 별 관계가 없다. 지루바벨은 "일상생활의 많은 부분이 기계적인 시간에 따라 짜인다."고 주장한다(Zerubavel, 1981, from Jackson, 1994, p.160). 예를 들어 우리는 더 이상 동이 틀 때 일어나거나 해가 질 때 잠자러 가거나 하지 않는다. 지루바벨은 "우리는 점점 더 스스로를 자연에 기초한 유기적이고 기능적인 시간주기에서 멀어지게 하고 스케줄이나 달력 그리고 시계에 기초한 기계적인 시간주기에 맞추고 있다."고 주장한다. 오랜 역사적인(의미가 줄어들기는 했지만 종교나 경제 측면의) 근거에도 불구하고, 한 주간의 리듬은 매우 인위적인 것이다.

크리츠만은 "예전과 같은 시간적인 규율의 지배력과 제약은 약해지고 있다."고 주장한다(Krietzman, 1999, p.2). 이것은 밤 시간을 낮처럼 사용할 수 있도록 시간을 연장해준 양초·가스등·전기불 등과 같이 역사적으로 진전된 것이며, 그 변화의 속도 또한 점점 빨라지고 있다. 크리츠만은 조금 과장되기는 하지만 소위 "24시간 사회라는 용어는 현재 나타나고 있는 변화를 짧게 잘 표현한 말이며 이는 '다른 모습의 세계'에 대한 은유로 쓰이고 있다."고 설명한다. 이런 경향은 특정한 나라의 특정한 도시에서 더 많이 언급되고 있다. 예를 들어 크리츠만은 영국에서 1980년대 말 이후 밤늦게까지 문을 열고 불을 켜는 상점들 때문에 전기의 사용이 1,800시간에서 2,200시간으로 늘고 야간 전화통화량도 늘어난 것을 지적하며 어떻게 영국이 24시간 사회가 되어가고 있는지를 보여준다(Krietzman, p.10).

24시간 사회는 근대기에 들어 우리 삶을 통제하고 강제하던 시간의 구속이 약화되고 파괴되는 것으로부터 시작한다. 그 결과 시간의 사용과 행동의 패턴은 다양하게 확대되거나 축소되었다. 크리츠만은 "24시간 사회를 통해 밤 시간을 확보함으로써 우리는 시간을 생성할 수는 없지만 가용한 시간을 좀 더 효과적으로 쓸 수 있는 수단을 마련하고 그로써 시간의 속박이라는 사슬에서 자유로워질 수 있다."고 주장한다(Krietzman, p.2). 그러나 이것은 새로운 자유와 기회를 제공하지만, 그 비용 대비 효용은 다르게 나타난다. 상류층 사람들은 더 많은 자유와 유연성을 갖게 되는 반면에 하류층 사람들은 더 오랜 시간을 일하고 때로는 근무시간 외에도 일하게 된다.

전자통신이 우리를 공간의 제약에서 자유롭게 한 것처럼 우리는 시간의 속박으로부터도 자유로워질 수 있다. 만일 밤과 낮 그리고 주중과 주말의 구분이 없어진다면, 이것은 사람들이 시간을 쓰는 방식에 어떤 의미를 가질까? 최소한 단기적으로는 보다 많은 자유와 다양성을 얻는 결과로 나타날 것이며, 초기에는 매우 큰 불확실성을 의미하기도 할 것이다. 24시간 사회에서는 용도나 행위의 패턴을 덜 강제하고 개인의 필요나 선호에 더 잘 대응할 수도 있겠으나, 예측하기는 더 어려울 것이다. 무엇보다도 24시간 사회는 개개인마다 피크타임을 피하게 해 혼잡을 줄일 수는 있을 것이다.

| 공공공간의 시간 관리 |

사람들은 장소에 더 많은 생기와 행위를 불러온다는 이유로 혼합 토지 이용을 옹호해왔다. 여기서 중요한 것은 다양한 토지이용의 공간적인 집중이겠지만, 행위(토지이용)를 시간의 맥락에서도 고려해 보아야 한다(6장, 8장 참조). 단일 기능의 지구는 특정 시간대에만 사용된다. 종종 주거기능을 24시간 행위를 유발하는 토지이용으로 생각하는데, 이는 점유하고 있는 사람에 따라 다르다. 예를 들어 은퇴한 사람과 가족의 비율이 높은 주 거지라면 낮 시간에는 많은 행위가 있을 수 있다. 반면에 근로자가 주거주자인 경우에는 낮에는 낮은 수준에 있던 행위가 저녁과 밤이 되면 더 높아질 것이다.

24시간 사회의 부정적인 측면은 사람들이 공간과 시간 속에서 우연히 만날 가능성을 줄인다는 점이다. 이것은 사회가 연대감을 잃고 점점 더 원자화되는 공포감을 불러일으킨다. 연대감은 사람들이 모여서 나누고 공통의 것을 갖게 되는 이벤트를 통해 생성된다. 예를 들어 잭슨은 북미 대평원 지대의 한 마을에서 기차의 도착 시간에 따라 만들어지는 마을 생활의 주기성을 언급하면서 이것이 작은 철도역 마을의 사회적 · 사무적 접촉 패턴에 결정적인 영향을 미치고 있다고 설명한다(Jackson, 1994, p.161). 이와 유사하게 지루바벨은 스케줄과 일상의 일들을 공유하는 것의 사회적 의미를 설명했다(Zerubavel, 1981, from Jackson, 1994, pp.161~2). 어떤 그룹의 사람들이 공유하고 특별히 여기는 시간 질서(예를 들어 교회의 종교행사를 표시한 달력과 같이)는 그룹의 범위를 형성하는 데 기여할 뿐만 아니라 연대감을 이루는 데도 매우 강력한 기초가 된다. 그러나 앞에서 말한 시간으로부터 얻은 새로운 자유는 서비스 공급 측면에서 효율성과 경제성에 따라 조절될 것이다. 왜냐하면 상점이나 카페 등이 하루 24시간 문을 열 수 있다고 해도 효율성과 경제성이 따라주지 않으면 그렇게 하지 않을 것이기 때문이다.

도시설계가들은 행동 패턴을 이해하고, 어떻게 하면 다양한 시간대에 행위가 일어나도록 할 수 있는지, 어떻게 하면 같은 공간과 시간에서 일어나는 행위로부터 시너지를 만들어낼 수 있는지를 궁리해보아야 한다. 린치는 행위를 위한 시간을 고려하는 것이 행위를 위한 공간을 마련하는 것만큼 중요함에도 불구하고, 이것을 의식해서 공간의 이용을 설계하고 조절하지 않고 있다고 주장한다(Lynch, 1981, p.452). 우리의 행위 시간은 점점 더 세밀하고 정확하며 전문화되고 있다. 예를 들어 주말, 근무 시간, 출퇴근 시간의 통근 등 많은 공간은 특정 시기에는 밀도 있게 쓰인다. 그리고 나서 다음 긴 시간 동안에는 비어 있게 된다.

제이콥스가 제시한 풍부한 다양성을 창출하는 조건 중 하나는 "성공적인 가로에서는 사람들이 다양한 시간대에 가로 공간에 나타나야 한다."는 것이다(Jacobs, 1961, p.162). 그러나 행위의 시간대는 관리할 필요가 있다. 예를 들어 린치는 상호 알력을 막기 위해서 어떤 시간대에는 행위를 금지할 수도 있고 혼잡을 피하기 위해 행위를 시간대별로 분리할 수 있다고 보았다(Lynch, 1981, p.452). 또는 행위들 간의 연결과 충분한 이용 밀도를 위해서 여러 행위를 같은 시간에 함께 불러모을 수도 있다(가령 장날의 경우). 사람들이 많이 찾는 도시 장소는 상호보완적인 행위들이 공간에서 겹쳐 일어나고 복합적으로 서로 관련되면서 공간이 특정 시간에 특정 용도로 사용되어 행위를 고립시키고 단편적이되는 것을 막는다.

특정 시간대에만 사용되고 그외에는 비어 있는 단일 용도 건물이나 단일 목적 공간을 '단일 시간형(mono-chronic)'이라고 기술하면서 크리츠만은 24시간 사회의 건물과 공간은 '복합 시간형(poly-chronic)'이 될 필요가 있다고 주장한다(Krietzman, 1999, p.146). 몽고메리는 "공공공간은 사람들이 일상적인 일을 보기 위해 들락날락하면서 자연스럽게 활성화되기도 하지만 다양한 시간과 장소에 따른 문화 활성화 프로그램을 통해 더 자극을 받을 수도 있고, 따라서 사람들이 공공공간을 방문하고 사용하고 머무는 것을 장려하게 된다."고 주장했다(Montgomery, 1995, p.104). 그러므로 사람들이 무슨 일이 일어나고 있는지 보기 위해 어떤 지구를 방문함으로써 도시의 생명력은 더 자극받고 길과 카페 등에 더 많은 사람이 모여들면서 공공 영역은 활성화된다. "이벤트나 프로그램, 행위 등의 소프트 인프라에 주의를 기울이는 것이 건물·공간·가로 디자인 등의 하드 인프라만큼이나 성공적인 도시 활성화에 중요하다."고 몽고메리는 주장했다.

공공 영역을 사용하려는 사람들에게 원하는 것을 제공하되, 매력적이고 안전하게 이루어질 수 있도록 해야 한다. 6장에서 논의한 대로, 안전은 성공적인 도시장소의 전제조건이다. 사람들이 많은 장소는 대체로 안전하며, 반면에 사람들이 꺼리게 되는 장소는 황폐하거나 좋지 않은 사람들로 득실거리는 곳이다.

전반적으로 문제는 저녁과 밤 동안 공공 영역에 활동이 뜸한 것으로, 이는 다양한 사회 계층을 끌어들일 수 있는 용도나 행위가 별로 없기 때문이다. 특히 도심에서 문제가 되는 것은 주간의 근무 시간이 끝나고 나서 사람들이 위락시설을 찾기 위해 다시 찾아드는, 야간 영업이 시작되기 전 사이의 죽은 시간대이다.❷ 24시간 살아 있는 도시와 야간 경제의 증진과 개발은 도심을 재활성화하기 위한 비교적 최근의 접근방식이다(Bianchini, 1994; Montgomery, 1994). 이는 또한 기능적인 지역 지구 정책과 1960년대 이후 그에 따라 일어난 도심의 공동화에 대한 대응이기도 하다.

야간 경제와 24시간 도시의 개념은 전통적으로 24시간 도시인 유럽의 도시들과 1970년대 이후 발전한 도시의 야간 생활을 활성화하려는 문화 정책에 영향을 받았다. 24시간 도시 개념은 또한 안전한 도심을 재창출하기 위한 수단으로 채택되기도 했다(Heath and Stickland, 1997, p.170). 야간 경제와 24시간 도시 전략이 다양한 시민들의 지지를 받지 못한다면 퇴근 후 집에 가서 식사 준비나 집안일, 육아 등을 해야 하기 때문에 도심에서 술을 마시며 밤을 보낼 시간이 없는 직장인에게는 그 무엇도 제공해줄 것이 없고, 단지 남성 중심적이라거나 알코올 중독 걱정 등의 비판에도 직면하기 쉽다(Greed, 1999, p.203). 따라서 야간 경제는 음주보다는 연예나 오락, 다양한 사회 계층과 연령층을 아우르는 행위를 장려하는 데에 초점을 맞출 필요가 있다. 또한 카페나 바, 음악 공간과 같이 소음을 만들어내는 행위와 도심의 주거용도처럼 소음에 민감한 행위 사이의 갈등과 관련해서 세밀한 도시 관리의 문제도 있다.

시간의 흐름

우리는 시간의 반복적인 리듬을 통해서뿐만 아니라 이미 흘러가서 돌이킬 수 없는 변화의 흔적을 통해서도 시간이 흐른다는 것을 알게 된다. 사실 과거는 고정된 것이고 미래는 열려 있는 것이다. 때때로 어린 시절에 알았던 도시로 돌아가거나 황홀한 순간을 다시 한 번 가졌으면 하고 동

역주 ____
❷ 우리나라의 경우 대체로 퇴근 후 바로 직장 동료나 친구를 만나 저녁식사나 술을 한 잔하게 되지만 서양에서는 일단 퇴근했다가 가족이나 친지 등과 함께 다시 시내로 나오는 행동 패턴을 보인다는 점에서 이러한 주장을 펴는 것이라고 생각한다.

경하지만, 그것은 불가능한 일이다. 이것이 바로 무정한 시간의 흐름이다. 도시 공간의 순간적이며 동미학적(動美學的, kinaesthetic) 경험에 대해서는 7장에서 설명했다. 여기서는 장소의 장기적인 경험과 시간의 흐름에 대해 논의하기로 한다.

도시환경은 계속해서 변화한다. 설계된 처음부터 철거되는 마지막까지 환경과 건물은 기술 · 경제 · 사회 · 문화의 변화에 따라 형성되고 다시 만들어진다. 장소의 물리적 조직에 개입하는 것은 장소의 역사를 크게 변화시키며, 결국 그 장소도 역사의 한 부분이 된다. 그렇기에 모든 도시설계 행위는 진화하는 시스템뿐만 아니라 전체에 대해서도 작용하게 된다. 녹스와 오졸린스는 "특정 시기와 유형의 건물과 건조 환경의 요소는 그 시기의 시대 정신을 담고 있다."고 주장한다(Knox and Ozolins, 2000, p.3). 그래서 모든 도시는 복합적인 의미의 층을 가진 텍스트로서 읽힐 뿐만 아니라 그 안에 여러 신호와 상징에 대한 설명이 들어 있다. 이처럼 건조 환경은 도시 변화의 일대기를 보여주는 것이 된다(그림 9.1).

산업혁명 전까지, 그리고 자연재해나 전쟁으로 인해 총체적인 파괴를 불러왔던 시기를 제외하고는 도시조직에서 변화는 점진적이고 비교적 작은 규모로 나타났다. 도시는 오랜 시간에 걸쳐 유기적으로 진화해 왔다. 다음 세대는 물려받은 물리적 환경으로부터 지속성과 안정성을 얻었다. 산업혁명 이후 변화의 속도와 규모가 증가하면서 더불어 변화의 과정과 영향도 급격히 달라졌다. 도시 성장은 이제 기계적이고 인공적이 되었다. 모더니스트들은 변화의 과정을 조절하는 수단을 급격히 바꿀 필요가 있으며, 지금 사회는 과학과 기술 그리고 합리주의의 이점을 이용하는 대규모 사회 · 경제적 조직을 필요로 한다고 주장했다.

시대 정신에 열광하는 모더니즘의 결과 중 하나는 과거와의 지속성보다는 단절을 강조한 것이다. 과거의 유산은 단지 미래를 가로막는 것으로 치부되었다. 선구적인 모더니스트들은 답답하고 건강하지 못한 시대의 도시를 쓸어버리고 나무와 초원 사이에 서 있는 건물들로 이루어진 그전과는 매우 다른 환경으로 대체하는 계획을 내세웠다. 이런 싹쓸이식 사고는 점진적이고 보다 섬세한 방식보다는 총체적인 재개발 계획을 선호하게 만들었다. 총체적인 재개발이 물리적인 환경을 대폭적으로

그림 9.1 미국 캘리포니아 새크러멘토(Sacramento)의 구 도심. 박물관 이외에(그리고 점점 더 모조품으로서) 이런 장소는 미래에 무엇이 될 수 있는가?

개선할 것이라는 주장이 강하게 제기되었고, 나아가 이런 주장은 진보와 현대화를 향한 요구와 희망에 의해 정당화되었다. 이 같은 생각을 실천할 기회가 1945년 이후 유럽에서 전쟁으로 폐허가 된 도시의 재건 사업에서 생겨났으며, 뒤이어 불량주택 철거 계획이나 도로 건설에서도 있었다. 2차 세계대전 후 선진국 대부분의 도시에서는 철거와 재개발의 속도와 규모가 엄청나게 증대되었다. 애시워스와 턴브리지는 이 시기가 수세기를 이어 진화해온 도시조직에 얼마나 갑작스런 파괴를 가져왔는지 지적한다(Ashworth and Tunbridge, 1990, p.1). 앞 시대의 모든 건축 업적을 파괴할지도 모르는 '용감하고 새로운 세계'의 창조를 위해 과거와 그 가치는 거부되었다.

전후 시기를 거쳐 도심과 내부 도시 지역을 구성하는 물리·사회·문화적 조직 대부분이 파괴되었다. 이 시기에는 이런 현상을 심각하게 생각하지 않았지만, 1960년대 중반부터는 그에 대한 사회적 영향이 분명하게 드러나기 시작했다. 대중의 반대가 점차적으로 퍼져나갔고, 기존의 친근한 환경을 유지하고 보존하고자 하는 여론을 불러일으켰다. 1960년대와 70년대 초에 걸쳐 거의 모든 선진국에서 역사지구를 보호하는 정책이 도입되면서 보존은 계획과 개발의 중요한 부분이 되었다. 그리고 이것은 건축, 도시 계획, 도시 개발의 사고를 근본적으로 재평가하는 계기를 낳았다.

역사 보전

린치는 역사 보전의 목적과 실무에 대한 다양한 논쟁을 둘러싼 질문을 다음과 같이 정리했다(Lynch, 1972, pp. 35~6).

우리는 어떤 시대의 결정적 증거나 전통의 특징을 발견하기 위해 찾고 있는가? 또는 과거를 판단하고 평가해서 더 중요한 것을 선정하고 스스로 생각하기에 가장 좋은 것을 유지하려고 하는가?

어떤 물건이 중요한 인물이나 사건과 관련되었기 때문에 당연히 보호되어야 하는가? 어떤 물건이 독특하기 때문에 혹은 그 반대로 어떤 시대의 전형적인 물건이기 때문에 보존되어야 하는가? 어떤 그룹의 상징으로서 중요하기 때문에? 현존하는 품질 때문에? 과거에 대한 정보의 출처로서 특별히 유용하기 때문에?

아니면, 단순히 우연에 우리를 맡기어(대체로 이렇게 하고 있다) 지난 세기에 우연히 살아남은 모든 것을 이번 세기에 보존해야 하는가?

역사적 건물이나 환경을 보전하려는 이유가 다양하고 때로는 맥락이나 건물에 따라 특별할 수도 있는 점을 인정하며, 타이스델 등은 좀 더 일반적인 보전의 정당성을 열거했다(Tiesdell 외, 1996, pp. 11~7).

- 심미적 가치 : 역사적 건물이나 환경은 본질적으로 아름답고 희소한 가치를 지녔기 때문에 가치가 있다.
- 건축의 다양성과 대비의 가치 : 도시 환경은 건축의 다양성으로 평가 받는데, 이는 다양한 시대의 다양한 건물들이 결합되고 나란히 늘어 서면서 드러난다.
- 환경의 다양성과 대비의 가치 : 많은 도시에서 역사지구의 휴먼 스케일 환경과 도심 업무지구의 기념비적 스케일이 적절히 대비를 이루는 경우가 있어 환경의 다양성을 만들어낸다.
- 기능적 다양성의 가치 : 다양한 시대에 세워진 건물이 제공하는 다양한 형태와 크기의 공간은 수용할 수 있는 기능이 다르므로 용도의 혼합을 가능하게 한다. 오래된 건물과 지구의 낮은 임대료는 경제적으로는 미약하지만 사회적으로는 중요한 행위가 도심 내에 자리할 수 있도록 한다.
- 자원 가치 : 건물에 대한 지출은 그 비중이 크기 때문에 재사용은 희소자원의 보존이자, 건실 에너지와 새료를 줄이며, 이는 결국 좋은 자원 관리가 된다.
- 문화의 기억과 유산 유지의 가치 : 과거의 시각적 증거는 특정한 사람이나 장소에 대한 기억과 문화의 정체성에 교육 측면에서 기여할 수 있다. 이를 통해 과거를 해석해 현재에 의미를 부여한다.
- 경제와 상업 가치 : 오래된 환경은 특징 있는 장소성을 제공하며, 이는 경제성 있는 개발이나 관광 등의 기회를 제공한다.

많은 나라에서 보존과 보전[3]이 광범위하고 일관적으로 사용된 것은 비교적 최근의 현상이다. 르페브르는 보전에 대한 태도가 시간이 지나면서 어떻게 변해왔는지 설명하고 있다(Lefebvre, 1991, p.360).

빠른 개발의 격랑기에 있는 나라들은 집이나 궁전, 군사시설이나 민간 구조물 등 역사적인 공간을 쉽게 파괴해버린다. 허는 것이 조금이라도 유리하거나 이익이 생기면 오래된 것은 쓸려 없어진다. 그러나 얼마 후, 바로 이 나라들은 그런 공간이 문화 소비를 위한 서비스로 이용되거나 그 자체가 문화의 자산이 되고, 무한한 비전을 가진 관광과 여가산업을 위한 대상이 된

역 주 _____
❸ 일반적으로 'preservation'은 보존으로, 'conser -vation'은 보전으로 번역한다. 여기서 보존은 원형을 유지하는 것을 중심으로 생각하는 것이고, 보전은 변화의 불가피성을 인정하며 적절히 사용하는 것도 포함하는 개념이다.

다는 것을 발견하게 된다. 이렇게 되면 그들이 변혁의 시기에 그렇게 즐겁게 철거해버린 건조물은 아주 비싼 비용에 재건축된다. 파괴가 심하지 않았던 곳에서는 리노베이션이 지상의 과제가 되고, 이것저것 모조품이나 복제품이 '신 OO', '신 XX' 등의 이름을 달고 나타난다.

보전 정책이나 전략은 시기나 내용 차원에서 세 가지 물결로 나타났다. 첫 번째는 개별 건물이나 역사적인 기념물을 보호하는 것이었다. 이런 물결이 19세기에 많은 나라에서 시작되었지만, 좀 더 지속적이고 포괄적인 활동은 1945년 이후에 발전된 것이다. 두 번째 물결은 1960년대와 70년대에 걸쳐 역사적인 건물이 모여 있는 환경도 보호할 필요가 있다는 자각에서 출발했다. 이런 지구 중심의 정책은 역사적인 건물군과 도시 경관, 건물 사이의 공간 등에 관심을 가졌고, 철거 후 종합 재개발과 도로 건설로 야기된 명백한 사회·문화·물리적 단절에 대한 반작용의 움직임을 형성했다. 이것은 변화를 금지하거나 제한하는 보존(preservation) 정책이라기보다는 변화의 불가피성을 인정하고 변화를 관리하려는 보전(conservation) 정책이었다. 린치는 보전에 있어 핵심은 과거를 원형 그대로 보존하려는 생각으로부터 자유로워지는 것이라고 주장했다(Lynch, 1972, p.233).

대부분의 나라에서, 개별 건물의 보호에서 지구보전으로의 전환은 규제에 얽매인 원형 보존을 넘어 변화를 관리하고 재활성화를 도모하려는 생각에서 발전했다. 아직 완성되지는 않았지만 세 번째 물결은 지역의 재활성화 정책으로서 이는 역사적 건물이나 지구를 보호하더라도 이들을 활발하게 경제적으로 이용할 필요가 있다는 인식에서 비롯한 것이다. 초기의 보존 정책이 대체로 과거의 과거성에 관심이 있었던 데 반해 후기의 보전이나 재활성화 정책은 점점 과거의 미래에 관심을 두고 있다(Fawcett, 1976). 일단 철거에서 벗어나자 그다음 질문은 '무엇을 위해(용도) 이 건물과 공간을 구제했는가'였다. 관련된 전문 분야도 동시에 넓어져, 건축가와 예술역사가로부터 도시계획가와 도시설계가 그리고 경제개발전문가 등으로 확대되었다.

장소의 연속성

보전과 그에 수반하는 장소의 특성과 역사 등에 대한 관심은 오늘날 도시설계 개념을 형성하는 데 도움이 되었다. 도시설계는 과거와의 단절보다는 연속성을 더욱 강조하며 기존의 장소성에 대응하려 하고 있다. 빠르게 변화하는 환경에서 현존하는 과거의 흔적은 그것이 불러오는 연속성과 장소성으로 인해 매우 가치가 있다. 특히 장소성과 그것의 특성 및 정체성의 영속성은 더욱 가치 있다고 할 수 있다. 끊임없는 변화 속에서도 도시의 요소들은 각기 다른 속도로 변화하기에 도시 정체성의 중요한 일부는 유지된다. 많은 도시에서 가로와 필지 패턴은 점진적인 변화를 수용해왔다. 4장에서 논의한 것처럼, 부캐넌은 가로망과 기념물 그리고 부근의 공공 건물이 그 도시의 영구적인 부분이라고 주장했다(Buchanan, 1988, p.32). 이런 영구적인 틀 속에서 개별 건물이 지어지거나 사라지며, 바로 그러한 곳들이 오랜 시간을 견뎌내며 장소의 연속성과 시간성에 기여하게 된다. 그리하여 변화 수용적(robust) 도시 개발 방식은 장소의 안정성과 연속성을 담보하게 된다.

이렇듯 도시 공간의 비교적 영구적인 부분은 의미 있는 장소로서 특색을 확립하는 데 도움을 주며, 물리적 요소는 시간의 흐름을 구체적으로 기록하고 사회의 기억을 담아낸다. 도시 조직의 변화에 미치는 시간의 영향에 주목하며 알도 로시는 도시의 집단적 기억에 대해 논의했는데, 거기서 도시 형태는 과거로부터 전해지고 미래를 위한 문화의 저장고였다(Aldo Rossi, 1966, 1982). 로시는 도시 조직은 두 개의 요소로 구성되어 있다고 주장했다. 하나는 가로와 광장을 따라 늘어선 건물들의 일반적인 도시 조직으로서 시간의 흐름에 따라 변한다. 그리고 다른 하나는 기념물과 대규모의 건물들로서 이들이 각 도시에 특성을 주고 도시의 기억을 현실로 드러낸다(Boyer, 1994).

그러나 장소의 물리적 연속성에 대해 다른 입장도 있다. 린치는 발전의 맥락에서 변화를 바라보아야 한다고 생각했다(Lynch, 1984, p.451).

변화에 대응하는 데 실패하는 것은 피할 수 없는 수많은 사건들에 대응하지 못하도록 만드는 것일 뿐만 아니라 개선에도 실패하는 것이다. 오래된 건물은 대체로 낙후한 것이다. 오래된 습관이란 우리를 제약하는 것이다.

초기 건설비용과 반복되는 유지보수비는 낡은 건물을 때에 맞추어 새로운 것으로 대체하는 재원보다 훨씬 비싸다. 도시는 좀 더 가볍고 임시적인 구조물로 지어져서 사람들이 삶의 변화에 맞춰 쉽게 바꿀 수 있도록 해야 한다.

대부분의 과거 건축 유산에 대한 경멸뿐만 아니라 모더니스트들은 산업 생산물의 잠재력에 근거해 건물이 영원하지 않다는 생각을 받아들였다. 자동차와 같이 건물도 대량생산할 수 있고, 그 효용이 다하면 폐기되도록 고안할 수 있다(MacCormac 1983, p.741). 이 같은 태도는 전통적인 건축 장소 만들기, 장소 정의하기, 그리고 환경 차원의 지속 가능성 고려하기 등에 모두 반대되는 논제이다. 그러나 극단적인 경우 보존과 보전은 도시의 진화와 발전을 가로막고 멈추게 할 수도 있다. 적응의 필요성을 강조하며 린치는 "변화할 수 없는 환경은 스스로 파괴를 불러들인다."고 주장했다(Lynch, 1972, p.39).

우리는 가치 있는 것들을 보존하면서도 계속해서 변화할 수 있는 세상을 좋아한다. 그런 세상에서는 역사의 흔적과 함께 우리 개인의 흔적을 남길 수 있다. 변화를 관리하고 유산을 현재와 미래의 목적에 맞게 적극적으로 사용하는 것이 과거를 성스러운 것으로 여겨 무조건 숭배하는 것보다 낫다.

변화를 받아들일 수 있도록 환경은 진화가 가능해야 한다. 미래를 포용하고 현재를 과거와 단절하지 않은 채 연속성 있게 수용할 수 있는 환경이어야 한다(Burtenshaw 외, 1991, p.159, 그림 9.2).

그러나 이러한 논의는 흑백 논리로 판가름할 것이 아니다. 총체적인 보존이 아주 옳다고 말할 수 없고, 총체적인 재개발이 아주 틀렸다고도 말할 수 없다. 그것은 얼마나 균형을 잡느냐의 문제이다. 린치는 절대로 변화하지 않는 환경보다는 역사의 연속되는 시대를 드러내면서 그 사이에 새로운 구조물을 끼워넣어 암시와 대비로 과거를 나타내고 시간의 흐름을 알려주는 것들로 가득 찬 환경을 만드는 것을 옹호했다(Lynch, 1972, p.236). 이 같은 접근은 새로운 개발이 그들의 시대정신을 잘 드러낼 필요가 있음을 보여준다.

그림 9.2 오래된 건물은 그 지구에 물질적·상징적으로 안정을 주며, 역사적이고 영속적인 느낌을 준다. 새로운 건설은 대체로 진보와 개선을 나타낸다. 런던 성 바울 성당의 조망을 보호하는 디자인은 이 도시를 상징하는 크리스토퍼 렌 경의 돔으로 드러나는 도시의 역사성을 유지하기 위해 계획된 것이다. 그러나 이것은 세계 금융 중심지로서 이 도시의 오늘의 역할을 반영하는 스퀘어 마일 지역에서 고층 사무소 개발에 대한 요구와 대조를 이룰 수 있다.

이미 형성된 맥락 속에서 작업하기 위해 도시설계가는 환경이 어떻게 변화에 적응하며, 더 나아가 왜 어떤 것은 다른 것보다 더 잘 적응하는지 이해할 필요가 있다. 또한 장소성에 무엇이 필수이고 보존되어야 하며 무엇이 덜 중요하고 변화될 수 있는 것인지 구별하는 것도 중요하다. 가치 있는 장소가 가진 시각적·물리적 지속성은 시간에 따른 변화의 결과물인 건물과 환경의 노후 문제와 연관되며, 또한 건조 환경과 장소의 물리적 속성인 변화 수용력, 변화 저항력과도 관계를 갖고 있다. 보전이라는 좁은 개념에서 벗어나 보면, 이런 상호연관된 개념이 건물과 환경에 미치는 시간과 변화의 영향을 모든 측면에서 볼 수 있다.

노후화

노후화란 재화의 유용한 생명이 줄어드는 것이다. 대체로 고정화된 도시 구조와 입지가 기술·경제·사회·문화의 변화에 적응하지 못하면서 건물의 노후화가 야기된다. 일반적으로 건물은 처음 설계나 건설될 때 당시 시대 수준에 따라 최신으로 건설되고 그 기능에 적절하게 입지한다. 건물이 오래되면 주변의 상황과 건물의 수익성과 관계되는 요인들이 모두 변한다. 그리고 그 건물은 새 건물에 비해 점점 노후화된다. 결국 건물은 쓸모없게 되어 버려지고 철거되며, 대지는 재개발에 들어간다.

노후화에는 상호연관성이 있는 여러 차원이 있는데, 어떤 것은 건물과 그 기능에 관련된 속성이며, 어떤 것은 그 지구 전체에 관련되는 것이다.

- 물리적·구조적 노후 : 건물의 조직과 구조가 시간, 기후, 토양의 변화, 교통에 의한 진동, 불충분한 유지보수 등의 영향으로 쇠락하는 것이다.
- 기능적 노후 : 오늘의 기준에서 볼 때, 건물이 현재의 용도에 적합하지 않은 경우이다. 이는 건물의 용도와 관련된 외부 요인으로부터 일어날 수도 있다(즉 좁은 길로 인한 접근의 어려움 또는 교통 혼잡).
- 입지적 노후 : 건물보다는 주로 토지이용의 속성으로서, 이는 접근성이나 노동비용 등 광범위한 측면에서 변화에 비해 건축 대지는 입지가 고정되기 때문에 일어난다.
- 법적인 노후 : 예를 들어 공공 기관이 건물 기능의 최저 기준을 제정하여 오래된 건물이 이 기준에 미달하거나 기준을 달성하지 못할 때 발생한다. 소방안전기준 등과 같이 새로 도입된 기준은 일정 건물을 노후화한 것으로 판정할 수도 있다.
- 이미지와 스타일 노후 : 건물에 대한 인식의 변화에 따른 산물이다. 2차 세계대전 직후 오래된 건물은 근대성을 나타내는 스타일이나 이미지의 새 건물을 짓기 위해 철거되었다. 그러나 가치가 변화함에 따라 오래된 건물이 오히려 더 바람직한 것이 되었다(Lichfield, 1988; Tiesdell 외, 1996).

노후는 절대적인 기준에 의한 것이 아니다. 또 다른 기준은 경제 혹은 상대적 노후로서 예를 들어 투자기회비용과 관련한 노후를 들 수 있는데, 이는 다른 건물이나 지구와의 경쟁에서 뒤처지는 것을 포함한다. 또는 다른 대지에 건설하는 비용과의 비교에서 노후를 판단하기도 한다.

건물이 노후화되었다고 간주할 때는 현재의 용도에 대해 노후화된 것인지, 아니면 다른 모든 용도에 대해서도 노후화된 것인지 구별해야 한다. 도심부에 있는 창고 건물은 현재의 용도로 볼 때 노후화되었다고 할 수 있으나, 주거 용도로도 얼마든지 전환이 가능하다(즉 용도의 변화를 통해 노후를 치유할 수 있다). 나아가 치유할 수 있는 노후(치유비용 대비 효율이 높은)와 치유할 수 없는 노후(현재로서는 치유비용 대비 효율이 낮은)를 구분해야 한다.

라크햄은 "역사적인 건물에 행정적으로 보전 규제조치를 가해 비물리적인 변화 저항력이 만들어지면서 건물의 생명은 늘어나지만 노후화 가능성은 더 커지고 있다."고 지적했다(Larkham, 1996, p.79). 보전 규제는 특정 건물이나 환경이 살아남는 것을 확실히 하기 위하여 수복(rehabilitaiton)❹과 신축을 제한하고 금지한다. 역사지구나 건물의 보전은 이들이 지속적으로 활발히 사용되게 하여 역사조직을 유지하는 데 필요한 재정을 충당하는 것까지 포함하는 개념이다. 대체로 이런 일은 역사조직과 그곳에서 일어날 수 있는 경제적인 행위 사이의 불일치를 조정해서 이루어진다. 한 가지 해결책은 기존의 용도를 새로운 용도나 행위로 대체하는 것이다. 또 다른 방식은 건물의 재단장이나 수복, 용도 전환 또는 철거나 재개발 등 다양한 방식을 통해 현재의 요구에 적응시키는 것이다. 피치는 역사적인 건물에 대한 여러 수준의 개입을 구분해 정리했다(Fitch, 1990, pp.46~7).❺

- 보존 : 대상물을 현재의 물리적 상태로 유지하는 것
- 복원 : 대상물을 특정 시기의 물리적 상태로 되돌리는 것
- 재단장(보전 및 안정화) : 지속적으로 기능할 수 있도록 건물에 물리적인 작용을 가하는 것
- 재구축 : 건물을 한 조각 한 조각씩 현재의 대지나 새 대지에 재조립하는 것

역주 ____

❹ rehabilitation은 회복, 복원 등으로 번역되지만 역사 보전과 관련해서는 기존 건축물·구조물의 역사성을 훼손하지 않는 범위 내에서 다양한 변화를 동원하여 (예. 증축, 내부 단장, 일부 외부 단장 등) 건물·구조물을 다시 사용할 수 있도록 만드는 것이다. 건축 및 도시분야에서는 대체로 이를 '수복'이라고 번역하고 있다. 본문의 여러 수준의 개입 중에서 대체로 복원, 재단장, 그리고 용도전환이 수복의 범주에 들어온다(Tiesdall, S., Oc, T. and Heath, T.(1996), Revitalizing Historic Urban Quarters, Architectural Press, Oxford, p.171 참조).

❺ 다른 영어 문헌을 볼 때 이해를 돕기 위하여 각 용어를 소개하면 다음과 같다. 보존(preservation), 복원(restoration), 재단장(refurbishment), 재구축(reconstitution), 용도전환(conversion), 재건축(reconstruction), 복제(relpication), 파사디즘(facadism), 철거와 재개발(demolition, redevelopment)

- 용도 전환(적응적 재사용) : 새로운 용도를 수용하도록 건물을 적응시키는 것
- 재건축 : 사라진 건물을 원래의 대지에 재창조하는 것
- 복제 : 현존하는 건물을 정확하게 복사해 건축하는 것
- 파사디즘 : 역사적 건물의 정면만 보존하고 그 뒷부분은 새로 건축하는 것
- 철거와 재개발 : 철거 후 그 대지에 신축하는 것

위의 것들 중에서 여러 가지 선택이 가능하지만, 어떤 것이 바람직하냐 하는 것은 특정한 상황에 따라 다르다. 그럼에도 로웬탈이 지적하듯이 보존된 것이 알아볼 수 없을 정도로 질이 떨어지거나 변경된다면 과거를 보존하는 의미가 없다고 할 수 있다(Lowenthal, 1981, p.14). 기존의 건물 또는 역사적인 건물과 환경을 다루는 것은 새것이 예전 것보다 더 낫다거나 혹은 못하다거나 하는 것이 아니라 둘 사이의 관계를 다루는 것이다(Powell, 1999). 기존 건물과 환경의 성격을 고려함에 있어 기존 틀에 무조건 맞추거나 특정 요소를 지나치게 존중하거나 혹은 무조건 경멸하듯 무시하는 것 이상으로 염두에 두어야 할 것들이 많다. 더 나아가, 5장에서 논의한 대로 진정성과 가공의 장소에 대한 과제가 있다.

변화의 시간 구조

도시설계의 시간 차원에서 중요한 것은 시간이 흐름에 따라 어떤 것이 그대로 남고, 어떤 것이 변화하는지를 도시설계가들이 이해하는 것이다. 다시 말해 시간 구조에 따른 변화의 양상이다. 4장에서 논의한 대로 콘젠은 주요 형태 요소들의 안정성에서의 차이를 강조했다(Conzen, 1960). 가로나 필지 패턴은 오랜 시간 유지되는 데 반해 건물과 특히 토지이용은 자주 바뀐다. 그러나 많은 장소에서 건물은 수백 년을 이어오며 장소의 시간성을 유지하는 데 기여하고 있다. 내부 용도는 자주 바뀌었어도 외관과 형태는 그대로 남아 있다. 이 같은 건물은 변화 수용력을 가지고 있다고 말한다. 현재 남아 있는 역사적인 건물이나 환경으로 보이는 것들은 국가가 그것을 보호하기 위해 부동산 시장에 개입하기 전에 일어난 일이다. 과거의 건물은 그 스스로의 힘으로 살아남았는데, 그

것은 유용한 목적에 계속 사용될 수 있었기 때문이다(Burke, 1976, p.117). 이런 것이 단순히 경제적인 필요에 의한 것으로 보이기도 하지만, 그 안에는 심미적·문화적인 가치가 담겨 있다. 이를테면 도시 경관이 철거되기보다는 유지되는 것이 문화적으로나 경제적으로 또는 두 가지 측면에서 매우 바람직하다고 여겼기 때문이다.

더피는 건물을 여러 층의 나이테로 구성된 것으로 볼 수 있다고 생각했다. 껍데기 혹은 구조는 건물의 일생 동안 지속된다(Duffy, 1990). 서비스 장치(배선·배관·공기조화장치·엘리베이터 등)는 15년 정도마다 대체되고 내부 디자인(칸막이의 배치나 천장 모양 등)은 5~7년마다 변화하는 데 반해, 집기(가구의 배치)는 몇 주나 몇 달 만에 변화한다. 브랜드는 이 생각을 여섯 가지 요소로 정리해 발전시켰다(Brand, 1994, pp.13~5).

- 대지 : 법적으로 정의된 필지, 그 경계와 맥락은 수세대에 걸쳐 존속된다.
- 건물 구조 : 기초와 내력 요소로 그 생명은 30년에서 300년 혹은 그 이상이다.
- 외피 : 건물 외부의 표면으로서 유행, 기술 발전과 발맞추거나 대폭적인 수선으로 20년 정도마다 변화할 수 있다(내력벽인 조적조는 외피가 동시에 구조이다. 반면에 추가로 붙이는 외피 시스템에서 외피는 떼어내서 비교적 쉽게 바꿀 수 있다).
- 서비스 장치 : 통신배선·전기배선·배관·스프링클러 시스템·난방·환기·공기조화장치, 나아가 승강기나 에스컬레이터 같은 움직이는 부분은 7~15년마다 대체된다.
- 평면 : 벽이나 천장, 바닥과 문의 배치와 같은 내부 평면은 용도에 따라 변화한다. 특히 상업 공간이 주거 공간보다 자주 바뀐다.
- 집기 : 의자·책상·전화·액자 등과 같이 매일 혹은 매주 옮길 수 있다.

각각의 요소는 변화 속도가 서로 다르다. 대지와 구조는 가장 느리게 변화하고, 집기와 내부 평면은 가장 빨리 변화한다. 변화를 잘 수용하는 건물에서 중요한 점은 빠른 변화가 필요한 부분은 변화가 가능하되, 느리게 변화하는 부분까지 바꿀 필요가 없도록 한다는 것이다(즉 서비스 장치를 바꾸는 데 건물 구조의 변화가 필요하지 않도록 하는 것이다). 특히 느리게 변화하기 마련인 구조체가 보다 빠른 변화가 필요한 부분의 자유를 제한하고 구속하지 않는 것이 중요하다. 건물의 특성은 느리게 변화하는 부분에 담겨 있다.

변화 저항력과 변화 수용력[6]

변화 저항력과 변화 수용력은 서로 겹치는 개념으로 때로는 구분 없이 사용하기도 한다. 그러나 둘 사이에는 아주 중요한 차이가 있다. 변화 저항력은 부적절한 변형 없이 변화에 저항하는 능력이다. 다시 말해 변화 저항력은 물리적ㆍ구조적 노후에 튼튼하게 저항하는 힘이다. 변화 수용력은 물리적인 형태에 큰 변화를 가하지 않으면서 변화를 수용하는 능력이다. 즉 변화 수용력은 다양한 용도를 수용하며 기능적 노후에 대항한다. 그러나 단순히 형태나 기능만 변화 수용력과 관계있는 것은 아니다. 왜냐하면 형태에는 가치나 의미, 상징성 등 중요한 것들이 연결되고 숨어 있다. 변화 수용력이 있는 건물도 매력적인 요소를 갖출 필요가 있다. 매력이 있는 건물에서는 작거나 큰 불편사항이 너그럽게 넘어가기도 하지만, 매력이 없는 건물에서 이런 사항이 건물의 운명에 치명적으로 작용할 수도 있다(그림 9.3).

　　건물의 변화 수용력에 관한 초기의 논의는 스탠포드 앤더슨(Stanford Anderson)의 책『길에서(On Streets, 1978)』에서 시작되었다. 앤더슨은 물리적 장치는 환경의 가능성과 기회를 제공하는 잠재적 환경과, 다른 한편으로 일정 시기에 그 속에서 이루어진 결과적 또는 작용환경(6장 참조)으로 해석할 수 있다는 갠스(Gans)의 주장에 근거하고 있다. 앤더슨은 잠재적 환경을 현재 환경에서 충분히 이용되고 있지 않은 여러 가능성(인식을 하든, 못하든)들로 구성되어 있는 것으로 보았다. 예를 들어 산업용 건물을 지을 때 그것이 나중에 주거용으로 이용되리라는 것을 예측하지는 않는다. 그러므로 변화 수용력은 건물의 형태와 그 건물이 수용할 수 있는 용도 간의 함수관계를 나타낸다. 많은 용도는 비교적 적응력이 있어 다양한 형태의 건물에 수용될 수 있다. 그에 비해 건물은 융통성

역주 ___
[6] resilience는 회복력, 탄력 등으로, robustness는 튼튼함, 견실성으로 번역되나, 여기서는 본문의 정의에 근거하여 변화 저항력과 변화 수용력으로 번역한다.

그림 9.3 영국 런던의 뉴 콩코디아 조선소. 산업용 건물과 창고 건물이 주거용으로 전환된 것으로 예술성과 자유로움을 보여준다. 건물의 기능뿐만 아니라 성격 또한 이런 건물의 용도를 전환하는 데 중요하다.

이 크지 않을뿐더러 너무 특정 용도에 맞게 지어지면 변화하는 용도를 수용할 만한 잠재력이 떨어진다.

'형태는 기능을 따른다' 는 근대 기능주의자들의 신조에도 불구하고, 행위 또는 용도와 공간(형태)의 관계는 복잡하다. 린치는 "행위는 비교적 변화하지 않는 공간의 그릇 내에서 주기적이고 점진적으로 변화한다."고 고찰했다(Lynch, 1972, p.72). 그러므로 공간의 이용이 단일의 불변하는 행위로 고정되지 않는 한 그릇의 형태는 기능에 따라 달라질 수 없다. 츄미는 형태와 기능(또는 행위) 간의 관계를 세 가지 유형으로 정리했다(Tschumi, 1983, p.31).

그림 9.4 테이트 모던 미술관으로 용도가 바뀐 영국 런던의 강변 발전소

- 무관계 : 공간(형태)과 행위(기능)가 서로 기능적으로 독립된 경우
- 상호적 관계 : 공간과 행위가 상호 의존적이어서 각각의 존재가 서로
  를 규정하는 경우
- 불일치 관계 : 특정한 기능에 맞게 설계된 공간이 후에 전혀 다른 기
  능을 수용하는 경우

후자의 유형에는 대체로 또 다른 의미가 부여될 수 있다. 미술관으로 용
도가 바뀐 런던의 강변 발전소는 전시된 예술품에 새로운 의미를 준다
(그림 9.4).

변화 수용력이 기능적 노후로 인해 초래되는 건물의 생명력 상실을 피하거나 지체시키는 특성이지만, 기능적 노후는 건물 자체에서만 일어나는 것이 아니다. 외부의 요인과도 관계있는데, 이는 직접 건물을 변화시키지 않으면서 노후화시키거나 반대로 건물의 유용성을 회복시킬 수도 있다. 재미있는 예로 런던의 사무소 건물을 들 수 있다. 1980년대 초 사무소 건물은 PC 사용이 늘어나면서 추가로 발생한 열과 작업장의 전기·전자 서비스에 필요한 배선을 처리해야 했다. 신축건물은 층고를 높이 설계해 냉방장치를 추가로 수용하거나 바닥을 높이는 것이 가능한 데 반해, 기존 건물은 노후화되는 운명에 처할 수밖에 없었다. 그러나 내부 팬을 장착한 새로운 PC와 광섬유 케이블의 도입으로 시내의 많은 사무소 건물은 수명이 연장되었고, 우려했던 기능적 노후화는 현실로 드러나지 않았다. 브랜드는 기술의 변화가 건물보다 빠르고 대체로 융통성이 있기 때문에 기술이 건물에 적응하는 편이 그 반대의 경우보다 더 좋은 방법이라고 지적했다(Brand, 1994, p.192).

변화 수용력은 '긴 건물 수명과 느슨한 맞춤'의 개념을 담고 있는데, 이는 바로 변화와 적응력이 있는 건물을 설계함을 의미한다. 변화의 능력은 건물 또는 환경의 적응력과 관계있다. 린치는 환경의 적응성은 다음과 같은 것을 통해 이룰 수 있다고 주장했다(Lynch, 1972, pp.108~9).

• 처음부터 초과 용량을 예상한다.
• 충분하게 통신시설을 확보한다.
• 변화할 수 있는 요소를 그렇지 않은 요소와 분리한다.
• 건물 단부나 측면부 또는 구역 내에 성장을 위한 유보 공간을 준비한다.

브랜드는 "조직과 건물의 진화는 결국 예측할 수 없는 것이기에 적응성은 예측하거나 조절할 수 없다. 따라서 현실에서 할 수 있는 것은 그것을 위한 여지를 처음부터 만들어놓는 것이다."라고 주장했다(Brand, 1994, p.174).

미래는 알 수 없고, 건물의 수명도 역시 알 수 없다. 단기간을 생각해서 의도한 것이 때로는 오래도록 살아남기도 한다. 반대로 장기적인 차원에서 의도한 건물이 짧은 기간 동안만 살아남는 경우도 있다. 우리가 선택할 수 있는 길은 환경이나 건물을 단기간 혹은 장기간을 고려해서 설계하는 것이다. 로손의 표현처럼, 특성 없고 중립적인 건물을 만드는 '비목적지향적인(non-committal)' 생각을 하면서 노후화를 예상하고 사용 후에는 버리고 최신의 것으로 대체하는 '쓰고 버리기 식의 설계(throwaway design)' 등이 단기간을 고려한 설계의 예이다(Lawson, 2001, pp.194~5). 단기간을 고려한 설계는 장소에 근본적으로 의미를 두지 않는다. 이는 경박하고 부유하는 세계 자본이 어느 지역에 잠깐 투자되긴 하나 끊임없이 또 다른 곳에서 더 나은 기회를 찾는 것과 같다. 따라서 장기적인 시점에서 매력과 특성이 있는 변화 수용적 건물을 설계하는 것이 지속 가능한 방안이다.

용도가 폐기되고 버려지는 건물이 공간에 집중됨으로써 일어나는 쇠퇴의 소용돌이는 흔히 급격하게 나타난다. 리브친스키는 미국의 버려진 빈집에 관한 조사를 인용하면서 3~6%만 빈집이 되면 벌써 근린주구의 붕괴 현상이 나타난다고 했다(Rybczynski, 1995, p.42). 주택 폐기는 경제적 또는 물리적 요인에 기인하기도 한다. 물리적 조직과 관련해 가장 좋은 전략은 예방 차원에서 유지보수를 하는 것이다. 정기적으로 건물의 재료와 시스템을 관리해 잘못되는 것을 막는 것이다. 그리고 건물을 유지보수할 필요가 거의 없도록 설계하고 건설하는 것도 하나의 전략이다(Brand, 1994, p.112). 건물이나 환경이 보다 오래 쓰일 것 같으면, 유지와 기타 운영비용은 초기의 건설비용을 압도할 것이다. 그러므로 미래의 유지관리비를 줄이기 위해 초기 건설에 더 투자하는 것은 소유자에게 큰 인센티브가 된다. 그러나 이는 개발업자와 초기투자자, 차후의 소유자와 세입자 그리고 사용자 간의 비용 분담(건설 및 유지)의 문제와 깊이 관련된다(10장 참조).

건물의 전 생애에 걸쳐 나타날 변화를 예측하는 것이 어렵기 때문에 변화에 성공적으로 대응한 건물로부터 배우는 것은 가치가 있다. 더피(Duffy, 1990), 벤틀리(Bentley 외, 1985), 무동(Moudon, 1987)과 브랜드(Brand, 1994)의 연구는 건물의 장기적인 변화 수용력에 영향을 미치는 세 가지 주요 요인을 정리하고 있다. 즉 단면에서 건물 공간의 깊이, 접근성, 방의 형태가 그것이다. 앞에서 설명한 브랜드의 요소에 따르면 이들은 모두 건물 구조 측면에 해당한다.

(i) 단면에서 건물 공간 깊이

건물 공간의 깊이는 인공 조명과 환기의 필요성을 결정하는 데 매우 중요하며, 이는 다시 그 공간이 수용할 수 있는 용도의 다양성에 영향을 미친다. 대부분의 용도에서 자연 조명과 환기가 필요하기 때문에 너무 깊은 평면을 가진 건물(즉 건물 공간의 깊이가 큰)은 그 용도를 쉽게 바꿀 수 없다. 르웰린 데이비스는 다양한 공간 깊이의 의미를 다음과 같이 정리했다(Llewelyn Davies, 2000, p.94).

- 9m 미만의 건물 공간 깊이는 채광과 환기에 좋은 환경일 수 있지만 평면에 중복도를 만들어 양편을 사용하기에는 너무 깊이가 작아 내부 공간 계획에서 제약이 많다.
- 9~13m의 건물 공간 깊이는 채광과 환기를 자연스럽게 제공하며, 평면에 중복도를 만들어 양편을 사용할 수 있다(그에 따라 적절한 변화 수용력을 가지고 있다).
- 14~15m의 건물 공간 깊이는 방을 다시 구획할 수 있지만, 인공 환기와 조명이 어느 정도 필요하다.
- 16m 이상의 건물 공간 깊이는 더 많은 인공 조명과 환기를 필요로 하며, 따라서 더 많은 에너지를 사용하게 된다.

(ii) 접근성

모든 건물은 대지의 바깥 시가지와 연결될 필요가 있기 때문에 접근 가능한 지점의 수 그리고 화재 시 탈출구의 수가 그 건물이 얼마나 쉽게 다양한 용도에 적응할 수 있는지를 결정한다. 이런 점에서 건물의 높이는 특히 제약 요건이 된다. 높은 건물에서 상층부는 외부와의 연결에 제약이 있고, 그에 따라 다양한 용도를 수용하기에는 부적절하다.

(iii) 방의 형태와 크기

변화 수용력을 위해 방의 크기는 다양한 행위를 수용할 필요가 있으며, 작게 나누어지거나(창문의 위치와 관련 있다) 또는 큰 공간을 만들기 위해 합쳐질 수도 있어야 한다. 예를 들어 주거용 건물에서 10~13m² 크기의 방은 침실 · 부엌 · 거실 또는 식당으로 사용될 수 있다. 이런 크기의 방들을 가진 집은 단독주택에서 작은 공동주택으로 변환하는 데 비교적 변화 수용력이 있는 것으로 나타났다(Moudon, 1987). 브랜드(Brand, 1994, p.192) 역시 네모진 방이 크게도 할 수 있고 나누기도 쉽고 무엇보다 사용하기에 효율적인 공간 형태라고 주장했다.

이렇게 변화 수용력을 가진 건물의 형태는 그 평면이 너무 깊지 않고 비교적 저층이며 많은 진입점이 있고, 정형화된 방이나 공간을 가지는 경향이 있다. 모든 건물이 이런 형태를 취할 수는 없지만, 도시에 있는 많은 건물들이 이런 모습이다. 매우 전문화된 방과 공간을 요구하는 용도는 그리 많지 않으며, 그런 용도조차도 대체로 특별히 전문화된 요구 부분은 크지 않다.

도시 공간 또한 마찬가지로 변화 수용력과 변화 저항력이 있어야 한다. 그러기 위해서 갖춰야 하는 몇 가지 중요한 성질은 다음과 같다.

- 개방성 : 개인 소유의 물품이나 고정된 조경물로 채우지 않고, 불필요하게 작은 단일 용도를 위한 구역으로 나누지 않을 것
- 융통성 : 작게 나눌 수도 있고 다양한 용도나 이벤트 등을 위해 큰 공간으로도 사용할 수 있을 것
- 다양성 : 단일의 교통방식(도로)이나 기반시설 혹은 용도 등으로 특징지어지지 않도록 할 것. 예를 들어 많은 시장 광장은 하루는 장바닥으로, 다음날은 특별한 이벤트로 그리고 그후에는 조용히 사색하는 곳이거나 주차장으로 사용된다.
- 편의성 : 변화하는 미기후나 기후에 대응하여 피할 곳을 제공하나, 필요시에는 햇빛으로 나갈 수 있어야 할 것(8장 참조)
- 사회성 : 다양한 유형의 사회 행태에 적합할 것

지속 가능한 환경은 변화 수용력을 갖추도록 설계되어야 할 뿐만 아니라 유지 관리도 편리해야 한다. 좋은 재료를 사용하는 것도 도움이 되나, 세부 작업과 유지 관리 방식도 중요하다. 프란시스 티볼즈는 시간이 흐르면서 성숙(발달)하는 자연과 달리 건물은 잘 관리하지 않으면 자연과 정반대의 현상이 일어나서 상태가 더 나빠진다(Francis Tibbalds, 1992, p.72). 이러한 측면에서 도시설계가는 조경가에게서 배울 수도

있는데, 조경가는 설계란 끊임없는 변화의 과정을 조정하는 것이며, 여기서 성공은 이미 만들어진 것을 세심하게 유지 관리하는 데 달려 있음을 매우 잘 알고 있다.

| 변화의 관리 |

기존의 장소에 개입하거나 새로운 장소를 창출하고 관리하고 보호하는 것에 관여하는 도시설계는 다양한 시간의 틀 속에서 작용하며, 이 모든 것은 장기적인 시각을 요구한다. 설계가들이 특정 개발 프로젝트에 비교적 짧은 기간 참여할지라도 창출된 환경은 오랜 기간 사용되게 마련이다. 그렇기에 설계의 결정은 장기적인 의미와 영향을 갖게 된다. 더 나아가, 시장의 단기주의 행태가 엄연히 존재하고 있는 만큼 도시설계가들은 환경의 지속 가능성과 관련된 장기적인 과제에 대해서도 깊이 고려해봐야 한다.

사람들은 변화를 예상하고 기대하고 때로는 환영하기도 한다. 그러나 그러한 변화 자체보다 문제가 되는 것은 변화의 속도와 크기 그리고 그것을 통제할 수 없을지도 모른다는 생각이다. 통제는 중요 구성원들의 참여와 협의의 과정을 발전시킬 것을 요구한다(12장 참조). 친근한 환경과 개인의 관계가 가치 있고 또 우리가 그런 안정성으로부터 평안을 얻기 때문에 친근한 주변 환경이 사라지면 개인에게는 큰 고통이 될 수도 있다. 특히 단기간에 큰 규모로 변화를 경험할 때는 그 정도가 더욱 심하다. 1940년대부터 70년대 중반까지 일반적으로 이루어졌던 총체적 재개발은 많은 도시를 황폐하게 만들어 사람들을 마을로부터 소외시키고 오래된 장소와 환경을 파괴했다. 비록 그 시대는 지났지만 아직까지도 점진적인 성장보다는 대규모 성장을 지향하는 경향이 강하다. 또 어떤 곳에서는 점점 통제되긴 하지만 매우 단조로운 도시 조직이 만들어지고 있으며, 이런 곳에서는 점진적으로 형성되는 장소가 주는 다양성이나 특성이 없다. 『도시는 나무가 아니다(A City is Not a Tree, 1965)』라는 책에서 알렉산더(Alexander)는 "인공적인 도시(나뭇가지 형태의 구조를 가진 도시)는 자연적인 도시(반격자 구조의 도시)가 가진 복잡성과 생명력을 갖고 있지 못하다."고 밝히고 있다.

　　작은 규모의 점진적인 변화에서는 실수가 생겨도 크지 않을뿐더러 비교적 쉽게 고칠 수 있다. 바로 이것이 오래된 환경이 어떻게 발전해왔는가를 말해준다. 조엘 개로는 인간이 도시를 만들어온 지난 8000년을 통해 발전이 어떻게 비슷한 기본패턴에 따라 이루어졌는지 지적하고 있다(Joel Garreau, 1999, p.239).

　　처음에는 거칠고 열광적인 성장의 물결이 있다. 그러고는 은행이 망하는 쇠퇴가 있다. 쇠퇴기 동안 사람들은 그들이 저지른 중요한 실수가 무엇인지 알아내고 은행이 다시 문을 열면 이를 고치겠다고 다짐한다. 곧 하나님의 자비로 은행은 다시 문을 열고 두 번째 성장의 물결이 다가오는데 이는 방향을 바꿔 새로이 각성한 방식으로 진행된다. 그러나 그것은 다시 한 번 은행이 망하는 결과로 이어지고, 이 기간에 새로운 지혜가 모인다. 예닐곱 번의 순환과 수세기 동안 이런 과정을 거쳐 당신은 결국 파리나 맨해튼과 같은 결과물을 만들어내게 된다. 오래된 도시가 좋게 보이는 이유는 예전의 실수를 별로 볼 수 없기 때문이다. 그것은 헐려 사라졌거나 담쟁이덩굴이나 대리석으로 가려져 있다.

이와는 대조적으로 대규모 개발에서는 실수를 나중에 고치기 어렵기 때문에 사전에 실수를 하지 않기 위해 무수히 노력해야 한다. 그러나 실수는 피할 수 없는 것이고 대체로 함께 지고 살아야 한다. 『오리건 실험(Oregon Experiment)』에서 크리스토퍼 알렉산더는 "대규모 덩어리 개발은 기존의 것을 대체한다는 생각에 근거하고 있는 데 반해, 조금씩 진행되는 점진적 개발은 기존의 것을 고친다는 생각에 기초하고 있다."고 주장했다(Christopher Alexander, 1975, p.77). 아울러 "기존의 것을 대체하는 방식은 자원을 소비하는 것을 의미하지만, 고치는 방식은 환경 생태적으로 더 우수하다."라고 말했다. 여기에는 실용적인 차이가 있다.

　　대규모 덩어리 개발은 완벽한 건물을 지을 수 있다는 그릇된 생각에 기초하고 있다. 점진적 성장은 실수는 피할 수 없는 것이라는 좀 더 건전하고 현실적인 생각에 바탕을 둔다. 점진적 성장은 건물과 사용자 간의 적응이 필연적으로 느리고 지속적인 과정이어서 어떤 경우에도 단번에 이루어질 수 없다는 가정에 근거하고 있다(Alexander, 1975, pp. 77~9).

1990년대 대부분의 성공적인 개발은 잘 정리되어 알려진 1960년대의 실수에 대한 반성을 나타내고 있다. 더 나아가, 성장과 쇠퇴의 주기가 투자와 정체의 시기를 나타내긴 하지만 변화의 속도가 너무 빨라서 1960년대와 70년대에 지어진 것들이 이미 재개발되고 있다.

　　많은 도시설계 평론가들은 점진적이고 작은 규모의 변화가 가치있는 것이라고 주장해왔다. 케빈 린치는 "만일 변화가 불가피하다면, 보다 완곡하게 조절해서 급격한 변화를 막고 최대한 과거와의 연속성을 유지해야 한다."고 주장했다(Kevin Lynch, 1972). '홍수 같은 투자'와 '점진적인 투자'를 구별하면서 제인 제이콥스는 "홍수 같은 투자는 파괴적이며, 사람이 통제할 수 없는 가뭄이나 격한 홍수를 불러오는 심술궂은 날씨처럼 군다."고 지적했다(Jane Jacobs, 1961, p.307). 그와는 반대로 점진적인 투자는 생명 같은 물을 끌어와 꾸준히 성장하게 만드는 관개수로 시설처럼 작용한다. 이와 유사한 관점에서 티볼즈는 "만일 오늘날 개발이 점진적으로 일어난다면 서서히 진행하면서 모난 곳을 고치고 치유하듯이 훨씬 더 환영받을 것이다."라고 주장했다(Tibbalds, 1992, p.77).

　　변화가 긴 시간을 두고 점진적으로 일어나며, 새것과 낯선 것을 옛것과 친근한 것과 섞어간다면 매우 흥미진진할 뿐만 아니라 편안하고 받아들일 만할 것이다. 로웬탈은 물리적 환경의 급격한 변화에 반대하면서 미래의 흥분을 과거의 안정 속에 뿌리내리도록 하는 것을 선호했다(Lowenthal, 1981, p.16). 그러한 과정은 느리게 유기적으로 자라온 옛 도시나 마을의 발전방식을 되풀이하는 것이다. 티볼즈는 점진적 개발을 변화의 아픔을 치유하는 것으로 표현했다(Tibbalds, 1992, p.78).

장기를 이식하는 것보다 피를 수혈하는 것이 필요하다. 이는 좀 더 맥락에 가깝고 유기적이며 점진적이고 세심한 사고와 설계로 특징지어지는 접근방식이다. 우리는 작은 필지의 개발을 장려하고, 필지 합병의 범위를 제한하며, 대규모 대지를 좀 더 잘 관리할 수 있는 규모로 나누도록 해야 한다.

알렉산더와 공동 저자들은 『도시설계의 새 이론(A New Theory of Urban Design)』이라는 책을 통해 점진적인 변화에 중심을 둔 도시 개발의 과정을 이론적으로 체계화하려 했다(Alexander 외, 1987). 그들은 오늘날 지어지는 도시에는 옛 마을과 도시의 유기적인 특성이 존재하기 어려우므로 도시 개발에서 전체성을 창출해내는 과정이 필요하다고 주장했다. "이런 전체성을 만드는 데 중요한 것은 단순히 형태가 아니라 그 과정이다. 우리가 적절한 과정을 만들어낸다면 도시는 다시 전체성을 가질 수 있을 것이다. 우리가 그 과정을 바꾸지 않는다면 앞으로는 전혀 희망이 없다(p.3)." 그들은 성장 과정에 근본적인 규칙이 있어야 유기적으로 발전할 수 있다고 주장한다.

- 전체는 점진적으로 조금씩 자란다.
- 전체는 예측할 수 없다. 초기에 성장할 때 그것이 어떻게 발전하고 또 어디에서 끝이 날지 분명히 알 수 없다.
- 전체와 부분은 긴밀하게 연결되고 진정으로 하나이며 산발적으로 나뉘지 않는다.
- 전체는 우리의 느낌을 일깨우며, 우리를 감동시키는 힘이 있다(p.14).

그들은 오늘날의 마을과 도시가 유기적인 발전의 패턴과는 전혀 다른 개발 패턴을 따르고 있다고 주장한다. 여기서 성장은 조금씩 일어나기는 하지만 다양한 요소들이 산발적으로 배치되어 전체의 성장에는 기여하지 않는다. 이에 따라 전체를 아우르는 하나의 규칙이 만들어졌는데, "모든 추가되는 건설은 도시를 치유하는 방식으로 이루어져야 한다."는 것이다. 이 규칙을 실행하기 위해 일곱 가지 중간 원칙이 만들어졌다(p.22, Box 9.1).

　알렉산더의 제안이 매우 훌륭하지만, 규제방식이나 개발이익 추구가 그러한 규칙을 따를지는 분명하지 않다. 여하튼 오늘날 정치경제의 현실은 대규모 개발을 피할 수 없게 한다. 도비는 경제여건이 때로는 한번에 대규모 투자, 일자리, 그리고 정치적 명성을 가져오는 '메가 프로젝트'를 선호한다고 주장했다(Dovey, 1990, p.8). 다국적 기업들이 자본을 투자하는 장소를 선택하는 데 있어 애매한 자세를 보이는 점도 도

Box 9.1

유기적인 성장을 위한 알렉산더의 7규칙(출처 : Alexander 외, 1987)

규칙 I

조금씩 일어나는 성장은 어떤 하나의 프로젝트가 과대해지는 것을 허용하지 않는다. 소규모, 중규모, 그리고 대규모 프로젝트들이 거의 같은 비율로 섞이고 용도는 혼합되어야 한다.

규칙 II

큰 전체를 향한 성장은 점진적인 과정이어야 한다. 추가로 짓는 모든 건물은 건물 자체보다 더 크고 중요한 도시에 하나의 전체성을 형성하는 데 기여해야 한다. 추가로 짓는 개별 건물은 무엇보다도 전체성 창출을 지향해야 하며, 도시의 전체성은 그런 가운데 완성되어 갈 것이다.

규칙 III

상상력은 추가되는 모든 건물의 근원이어야 한다. 그래서 모든 프로젝트는 우선 구체적인 경험을 바탕으로 구상되나 상상으로 표현한다.

규칙 IV

모든 건물은 도시 공간을 일관성 있게 잘 만드는 데 기여해 건물 자체보다 도시 공간이 관심의 초점이 되도록 해야 한다. 이 목표를 이루기 위해서는 도시 요소들 간에 위계가 있어야 하는데, 보행자 공간을 필두로 건물, 가로, 그리고 마지막으로 주차장이 뒤따른다.

규칙 V

대형 건물을 계획할 때는 입구, 주동선, 주공간 구획, 내부의 오픈스페이스, 채광과 내부 동선 등이 모두 가로와 지구 내 건물의 배치와 일치해야 한다.

규칙 VI

모든 건물의 구조는 구조에 따른 방 나누기, 기둥, 벽, 창, 기단 등의 외관을 통해 물리적 조직의 전체성을 갖도록 건설되어야 한다.

규칙 VII

전체성을 만드는 것은 결국 중심의 형성으로 귀결된다. 그러므로 모든 전체는 그 안의 중심이어야 하고 주변에 중심의 체계를 만들어야 한다. 이런 맥락에서 건물, 공간, 정원, 벽, 가로, 창문이 중심이 될 수 있고, 또는 동시에 이들 몇 개의 복합체가 중심일 수도 있다.

시들이 서로 경쟁하는 요인이 된다. 정부도 때로는 투자를 유치하기 위해 규제와 설계의 과정을 무시하는 등 전력으로 경쟁을 할 수밖에 없는 경우도 있다. 나아가 도시설계 문헌에서는 소규모의 점진적인 변화를 강조하고 있지만, 그럼에도 엄청난 규모의 '빅뱅(big bang)' 개발의 필요가 나타나기도 한다. 이런 개발은 점진적으로는 도저히 일어날 수 없는 방식으로 장소의 성격과 경제를 근본적으로 변화시킨다. 또한 이런 개발에서는 일관되고 협력하는 방식으로 장소를 만드는 과제를 다루거나 새로운 도시 공간을 포함한 사회 간접자본의 새 요소들을 창출하는 재원 마련이 가능하다(그림 9.5, 10장 참조).

그림 9.5 영국 버밍엄의 브라인들리 플레이스(Brindley Place)는 대규모 빅뱅 개발의 사례이다. 점진적으로는 일어날 수 없는 방식으로 지구의 성격과 경제를 근본적으로 변화시킬 만큼 충분한 규모를 가진 프로젝트이다. 상세한 마스터플랜을 통해 일관되고 협력적 방식으로 장소 만들기 과제를 다루었다. 개발의 결과는 각각의 부분을 합한 것 이상이었다.

마스터플랜이나 공간구성지침, 도시설계규칙 등을 만드는 공공 기관 혹은 그것에 동의하는 개발업자는 개별적인 개발과 의사 결정을 서로 연계하는 방식을 마련할 수 있다(10장, 11장 참조). 그렇다 해도 그런 개발은 뒤에 오는 변화를 허용하도록 설계되고 관리되어야 한다. 대규모 개발을 위해 때로는 토지를 하나로 모으는 것도 필요하지만 그 후의 점진적 변화를 수용하기 위해서는 토지 소유를 나눌 필요도 있다. 제이콥스는 "건물이 완성된 초기의 우아함이 가시고 난 후에도 도시 내 건물이 지속적으로 살아남기 위해서는 그 장소가 변화에 적응하고 쇄신하며 흥미와 편리성을 유지하도록 해야 한다. 그리고 이를 위해서는 수많은 점진적이고 지속적이며 세밀한 변화가 필요하다."라고 경고했다(Jacobs, 1961, p.307). 지금의 대규모 개발에 대한 일회성 규제 행정은 무의미할뿐더러 결국 관리는 되지만 서서히 퇴락을 불러올지도 모른

다. 그것은 규제가 창조나 개혁을 위한 내부의 역량이나 자극을 갖지 못
했기 때문이다.

샌프란시스코의 주거지 변화와 안정성에 대한 연구를 통해 안 베네
무동(Anne Vernez Moudon, 1987, p.188)은 점진적인 변화를 가능하
게 하는 데 토지 소유의 패턴이 중요함을 강조했다. 작은 필지는 대형
필지가 야기하는 급작스럽고 파괴적인 변화 대신에 지속적이고 세밀하
게 적응할 수 있다. 작은 필지는 또한 더 많은 개별적인 통제와 다양성
을 불러왔다. 그래서 소유자가 많으면 많을수록 변화는 더 점진적이고
적응력을 갖춰나갔다.

"그 장소는 매년 조금씩 다르게 보였다. 그러나 전체적인 느낌은 세
기를 지나면서도 비슷했다(Brand, 1994, p.75)."

지속 가능한 개발이 힘을 얻기 위해서는 싹쓸이식 재개발이 필요 없
을 만큼 유기적 개발의 역량이 커야 한다는 주장도 있다. 간혹 점진적
개발이 조화를 이루지 못할 위험도 있기 때문에 전체적인 비전이나 규
칙으로 합의한 목표(폭넓게 정해질 수도 있다)를 향해 개발을 유도하는
것도 중요하다. 이는 투자를 유치하기 위해 필요한 신뢰감을 주고 개별
개발이 일관된 전체로 나타나는 것을 보장한다. 이것이 바로 알렉산더
가 일곱 가지 규칙으로 달성하고자 했던 것이다.

도시설계가들의 중요한 역량 중 하나는 대상지와 주변이 제공하는
기회요소를 충실히 이용해 비전을 창출하고 이를 성공적으로 이행할 수
있도록 계획안과 전략을 개발해내는 것이다. 도시설계 행위는 항상 가
변적이고 진화하며 다른 다이내믹한 시스템에 개입하거나 기여하게 된
다. 그러므로 어떤 설계 제안이나 개입 또는 행위를 최종 상태나 궁극적
해결로서 생각하는 것은 오해이다.

목적과 목표에 충실한 공간구성지침 또는 마스터플랜은 장기적으로
확실한 비전을 제공하고 그에 따라 개발 위험을 감소시킨다. 마스터플
랜은 또한 잠재적이며 진화하는 변화 과정에 적용할 수 있도록 충분히
유연해야 한다. 비전이나 집행 전략은 대체로 다양한 시기에 맞춰 단
기·중기·장기적인 행위와 목적을 갖는 일련의 프로젝트로 구성된다.
그러나 단기나 중기의 행위가 작동하지 않는다면 장기 목표도 달성할
수 없을 것이다.

코펜하겐의 자동차 없는 가로와 광장의 성장(출처: Gehl and Gemzoe, 2000)

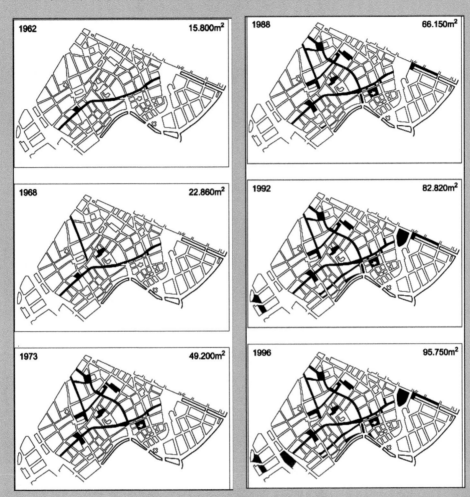

코펜하겐의 자동차 없는 가로와 광장은 지난 40년간 면적면에서 크게 증가했다. 1962년 15,800㎡에서 1996년에는 거의 100,000㎡로 증가했다. 시내 공공 공간의 이용에 대한 주요 연구들이 1968, 1986, 1995년에 시행되었다. 1968년의 연구가 새로 보행공간이 된 가로가 보행과 쇼핑 가로로 인기 있다는 것을 보여준다면, 1986년의 연구는 새롭고 더 활발한 도시 문화와 공공 공간에서 비공식적인 활동이 자라나고 있음을 보여준다. 1995년의 연구는 이러한 발전이 지속되고 있음을 알려준다. 공공

공간에서 비공식적인 활동을 유발하고 성장에 기여하는 중요한 요소는 카페 문화이다. 이는 가로가 보행 공간이 된 초기에는 거의 보이지 않았던 것이다. 이제 시내에는 5,000개 이상의 야외 카페 의자가 있다. 덴마크의 경우, 기후가 공공 공간에서의 생활 가능성을 크게 제약하리라고 예상했지만, 이제 카페에서 야외 의자를 이용하는 기간은 크게 늘어났다. 3~4개월의 여름에 한정되었던 기간이 4월부터 11월까지 7개월 이상에 이르게 되었다 (Gehl and Gemzoe, 2000, p.57).

그러므로 급격한 변화를 추진하되 가능한 점진적으로 사람들이 적응하고 대응할 수 있는 속도로 진행시켜야 한다. 여기서 코펜하겐의 보행 공간화 경험은 많은 도움이 된다(Gehl and Gemzoe, 1996, 2001). 이 계획은 1962년 시내의 주가로인 스트로겟(Stroget)의 보행 공간화로 시작되었는데, 당시 대중적으로 논쟁을 불러일으킬 만큼 매우 선구적인 실험이었다. 1973년까지 보행 공간화가 완성되고 이후의 노력은 도시의 광장을 되살리고 개선하는 데 집중되었다(Box 9.2). 겔과 겜조는 자동차가 전혀 없거나 거의 없는 공간을 점진적으로 확장함으로써 세 가지 중요한 이득을 얻게 되었다고 말했다(Gehl and Gemzoe, 2001, pp. 55~9).

- 도시민은 새로운 도시 문화를 발전시키고 새로운 기회를 발견하고 이용할 시간을 가질 수 있었다.
- 사람들은 통행 습관을 바꿀 수 있는 시간을 갖게 되었다. 도심지의 주차장은 매년 2~3%씩 줄어들었으며, 운전자들은 서서히 도심에서 운전하거나 주차하는 것이 더 어렵다는 것과 그에 반해 자전거와 대중교통 이용은 훨씬 쉽다는 생각에 익숙해져 갔다.
- 앞선 조치의 성공으로 시의 정치가들은 보행화 계획에 대한 결정을 내리기가 한결 수월해졌다.

겔과 겜조는 도심부가 '차 문화'로부터 '보행 문화'로 점진적으로 변환된 것이 도시 생활과 도시 문화도 동시에 점점 발전하도록 하는 계기가 되었다고 결론지었다. 근본적인 변화가 공공의 동의와 승인 속에 점진적으로 일어났다.

결론

도시설계의 시간 차원을 생각할 때 중요한 것은 도시설계가들이 시간이 장소에 미치는 의미와 영향에 대해 이해할 필요가 있다는 점이다. 시간은 주기적으로 일어나는 변화와 되돌릴 수 없는 방식으로 일어나는 변화 모두를 포함한다. 변화 자체도 다른 변화에 대응하며 또 다른 변화를 만들어낸다. 도시설계가들은 변화의 잠재력과 그 속에서 일어나는 기회와 제약에 대해 알고 있어야 한다. 변화를 어떻게 관리할 수 있으며, 시간이 흐름에 따라 장소가 어떻게 변화하고, 또한 재질이 세월에 따라 어떻게 변화하는지도 알아야 한다. 케빈 린치는 시간 이미지는 사람들의 행위와 내면의 평안에 영향을 미친다."고 주장했다(Kevin Lynch, 1972, p.240). 현재를 분명히 느끼되 미래와 과거를 잘 연결하고, 변화를 알아채고, 그것을 관리하고 즐길 수 있어야 한다. 다음에 이어지는 3부에서는 도시설계의 주요 과정인 개발, 규제, 의사소통에 관심을 두고 논의를 진행한다.

3부

도시설계의
실행
Implementing Urban Design

10

개발의 과정

서론

개발 과정에 대한 인식, 특히 개발을 추진하는 데 따르는 위험과 이익 간의 균형감각은 도시설계가들이 진행하는 프로젝트의 맥락과 설계 정책, 제안, 그리고 사업 과정에 영향을 주는 여러 요인들을 더욱 깊이 이해할 수 있게 해준다. 이런 인식과 이해가 부족한 도시설계가들은 개발 사업에 오히려 끌려다니게 된다. 양질의 도시설계를 수립하기 위해 논쟁을 해야 할 때, 도시설계가의 주장이 이러한 지식에 근거한 것이라면 더욱 설득력을 얻을 수 있다.

이번 장은 개발 과정 속에서 도시설계와 도시설계가의 역할에 초점을 맞춘 네 개 부분으로 이루어져 있다. 첫 번째는 부동산 개발과 개발 과정의 원리에 대한 큰 틀을 보여주며, 두 번째는 개발 과정의 '경로(pipeline)' 모델을 다룬다. 세 번째는 개발 과정에서 역할과 관계를 살펴보며, 네 번째는 도시설계의 질에 대해 다룬다. 도시개발 기획 과정 측면에서 도시설계의 실행에 초점을 맞추겠지만, 필연적으로 다룰 수밖에 없는 주제인 11장의 설계 정책, 유도, 제어 등과의 상호관계도 포함한다.

| 토지와 부동산 개발 |

부동산 개발 과정은 결과물 또는 생산물을 얻기 위해 투입하는 토지·노동력·재료·자금과 같은 다양한 요소들의 조합과 관련이 깊다. 전통적으로 이런 요소를 동시에 투입하고 부가가치를 창출하는 사람은 기업가이다. 부동산 개발에 있어 기업가는 개발사업자가 되며, 투자비용보다 더 높은 가치를 목적으로 하는 토지 이용 변경[❶], 혹은 건물의 신축이나 리모델링이 생산물이 된다. 앰브로스는 다음과 같은 일련의 변형으로 그 과정을 설명한다(Ambrose, P. Whatever Happened to Plaining, Methuen, London, 1986). 자본은 시장에서 상품으로 구입하는 원자재와 노동으로 변형되고, 이것은 다시 팔 수 있는 다른 상품, 예를 들어 건물로 변형되며, 시장에서 판매를 통해 다시 돈(자본)으로 변형된다. 이러한 이익을 창출하기 위한 과정에서는 생산비용보다 판매수익이 더 커야 한다. 따라서 이익을 얻는 과정에서 위험비용을 고려한 수익성이 개발 과정을 움직이게 한다.

　대부분의 개발사업자에게 이러한 변형 과정은 일회성이라기보다는 순환주기의 성격을 갖는다. 또한 개발 과정에서 시간은 중요한 역할을 한다. 즉 개발 사업에서 신속한 자금 회전은 사업을 더욱 빠르게 순환시키고 보다 빨리 이익을 창출하고 위험을 줄인다.

　물리적 환경을 설계하고 생산하는 과정에는 다양한 행위 주체 또는 의사 결정 주체가 개입한다. 이들은 각자의 목적·동기·자원과 제약 요소를 가지고 있으며, 다양한 방식으로 서로 연결되어 있다. 마이크 볼이 주장한 것처럼, 다양한 핵심 행위 주체(예를 들어, 토지소유주, 투자자, 자본가, 개발사업자, 건축업자, 전문가, 정치가, 소비자)를 포함하는 개발 과정은 특정한 시간과 장소에 대해 사회적 관계를 맺고 있다(Michael Ball 외, 1998). 정부(지방 정부 및 중앙 정부) 또한 자신의 권리를 행사하거나 다른 행위 주체를 규제하는 주체로서 중요한 역할을 한다. 이런 관계들의 집합을 볼은 '건물공급구조'로 표현한다. 볼은 이러한 관계들의 집합을 보다 광범위한 정치경제 구조 요소(경제와 제도 요소)와 함께 이들과 연결된 특정 관계, 즉 기능·역사·정치·사회·문화의 연계를 주목하면서 살펴보아야 한다고 주장한다.

역 주 ____

[❶] 토지 이용 변경(change of the land use)은 넓은 의미에서 토지 이용 전환은 지역의 용도 전환을 의미하며, 좁은 의미의 토지 이용 전환은 개별 획지의 이용을 전환하는 것을 말한다. 현재 어떠한 용도로 이용되고 있는 토지 이용이 다른 용도로 변화하는 현상을 말한다.

개발 과정에 대한 이해를 높이기 위해 일부 모델이 고안되었다. 이들을 분류하면 다음과 같다.

- 평형모델(equilibrium models) : 신고전주의 경제학에서 파생된 모델로서 개발행위는 임대료와 이익 등을 고려한 유효 수요에 대한 경제 신호에 따라서 이루어진다고 가정한다.
- 사건연계모델(event-sequence models) : 부동산 관리에서 파생된 모델로 개발 과정에 있어 단계별 관리에 초점을 맞춘다.
- 집행기관모델(agency models) : 행태 또는 제도적 해석에서 파생된 모델로 개발 과정에서 주체와 관계자 간의 관계에 초점을 맞춘다.
- 구조모델(structure models) : 정치경제학에 근거를 둔 모델로 시장의 구성 방법과 개발 과정에서 자본·노동·토지의 역할 그리고 그 관계를 구성하고 과정의 역학관계를 조절하는 영향력에 초점을 맞춘다.
- 제도모델(institutional models) : 이 모델은 사건과 집행기관들을 기술하고 어떻게 각 사건과 집행기관이 더욱 광범위한 구조적인 요인과 관계하는지 설명한다(Healey, 1991).

다음의 개발 과정에 관한 개략적 설명은 사건연계모델에 기반한다. 사건연계모델은 개발 과정을 설명하기에 좋은 모델이다. 그러나 다른 모델들이 강조하는 다양한 주체들의 서로 다른 힘과 그와 관련된 제도는 개략적으로 언급하는 경향이 있다. 게다가 도시개발의 결과적인 형태에 대한 이유를 설명하는 데에도 한계가 있다.

| 개발경로 모델 |

바렛, 스튜어트(Stewart), 언더우드(Underwood)는 사건연계모델을 Box 10.1로 설명하였다(Adams, 1994). 비록 민간 부문 개발에 초점을 두고 논의가 이루어지겠지만, 단계와 원칙은 개발사업자가 공공부문인지 아니면 비영리 단체인지에 관계없이 매우 비슷하다. 표 10.1은 각 단계별 도시설계가의 역할에 대해 요약하고 있다.

개발 과정의 경로 모델(development pipeline model)(출처 : Barrett 외, 1978)

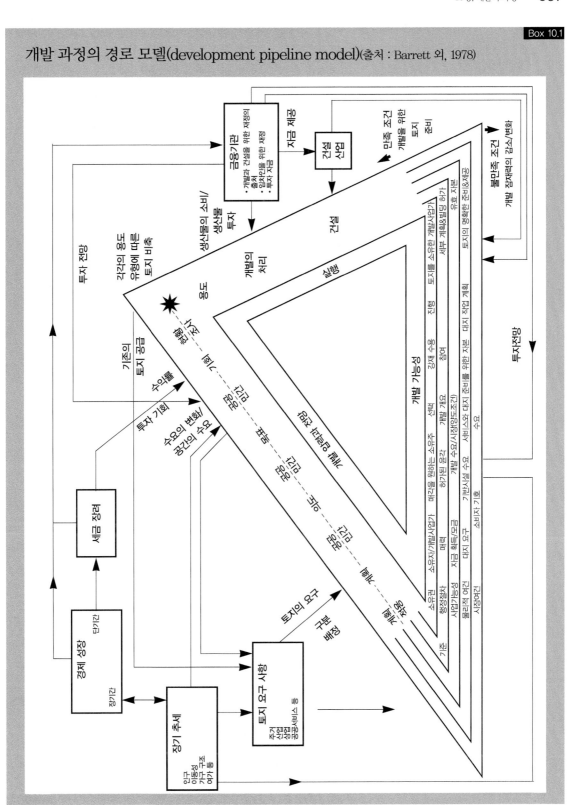

바렛(Barrett)과 동료들이 제시한 모델은 개발 과정을 개발 압력과 전망, 개발 가능성, 실행 등 크게 세 가지 사건으로 구성한다. 그리고 이들은 각각 삼각형 파이프라인의 한쪽 면을 형성한다. 박스 안에서 보이는 외적 요소는 아래쪽 왼쪽 모서리에 위치한 특정 대지에서 특성 확인이 최고조에 달하게 되는 첫 번째 면을 따라 개발 압력과 전망을 일으킨다. 개발 가능성은 두 번째 면을 따라서 평가된다.

세 번째 면에 위치한 실행은 건설 과정과 완료된 개발의 새로운 용도와 점유권의 이전을 포함한다. 대지는 다양한 속도로 파이프라인을 따라 이동하고(특정 시간에) 개발 잠재력을 가진 대지는 다른 점에 위치하게 될 것이다. 각 주기의 끝에 있는 토지 용도의 새로운 형태를 생산하는 나선에 따라 조정되는 이 모델은 개발 과정이 동적이고 주기적인 것임을 보여준다(Adams, 1994).

개발 압력과 전망

경제 성장, 재정 정책, 장기적인 사회 영향과 인구통계학의 경향, 기술 개발, 시장 개혁 등의 외적 영향은 표의 개발 경로에서 활동을 유발하는 개발 압력과 전망을 창출해낸다. 개발 기회가 일단 발생하면, 개발 계획안에 적합한 대지를 찾거나 혹은 개발할 대지에 적합한 계획안을 찾을 때 시작되는 행위들이 함께 발생한다.

개발은 특정개발유형에 대한 수요를 기대하고 적당한 부지를 찾는 개발사업자 또는 제3부문❷(공공부문을 포함)으로부터 시작될 수 있다. 또한 현재 대지에서 더 높은 가치의 용도를 파악한 토지주(또는 제3자)로부터 시작될 수도 있다. 두 경우에서 모두 도시설계가들은 대지의 잠재 가능성을 보여주는 데 개입한다. 특정 대지나 지역에 대한 개발을 감독하거나 유도하기 위해(또는 다른 지역과 분리하여 관리하기 위해) 계획 당국은 정책의 틀을 세우고 개발원칙 또는 마스터플랜을 준비해야 한다(11장). 개발구상 또는 원칙은 개발할 대지에 대한 관심을 유도하기 위해서나 개발사업자의 관심에 대응하기 위해 만들어진다. 또한 개발 과정을 신속히 처리하기 위해 개발 구상안은 민간 부문의 개발사업자에게 맡겨지기도 한다.

대지와 개발 제안을 파악하는 것뿐만 아니라 이 단계는 물리적 형태를 포함한 초기 구상과 개략적인 재정 평가도 포함한다. 적절한 비용과 그에 따른 가치에 대한 폭넓은 평가, 그리고 시장에서의 경험과 느낌에 기반한 보다 주관적인 판단을 조합해 전체적으로 분석하는 일이 무엇보다 중요하

역주 ____
❷ 제3부문(third party)은 일반적으로 제3섹터(sector)라고 부른다. 부동산 활동의 주체는 대부분 개인이나 기업만으로 생각하기 쉬우나 오늘날에는 정부 기관에 의한 공적 부동산 활동 그리고 공사가 함께하는 활동도 활발하다. 이 경우 공적 부문과 사적 부문의 합동 부문을 제3섹터라 한다.

표 10.1 개발 과정과 도시설계가

단계	도시설계가의 활동	
	개발사업자를 위한 활동	공공부문을 위한 활동
개발 압력과 전망	• 기회 포착 • 적정 대지 확인 • 미래상 제시 • 대지에 대한 설계원칙/개발 구상안 준비	• 개발 압력과 기회 예상 • 개발 기회의 포착 및 증진 • 계획 정책의 틀 준비 • 미래상 제시 • 공간구성지침/설계규칙 준비 • 대지에 대한 설계원칙/마스터플랜 준비 • 적정 대지에 개발을 지시/유도 • 대지에 대한 개발사업자의 설계원칙에 영향
개발 가능성	• 개발 가능성 조사 실시 • 자문 제공 • 설계 제안 준비 • 허가 관청과 협의 • 계획 실현 방안 제시 및 준비	• 개발사업자와 교섭 • 자문 제공 • 설계 제안에 대한 비평 • 계획 적용에 대한 결정과 추천
실행	• 자본가와 계획의 품질 계약 • 개발 품질의 보증 • 개발의 효과 관리	• 개발의 품질 보증 • 개발의 효과 관리

다. 이렇게 해서 제안된 개발이 가치가 있다면, 경로의 두 번째 부분인 타당성 분석 단계는 처음의 평가를 더욱 상세하게 진행시킬 수 있다.

개발 가능성

경로 모델에 있어, 개발 가능성❸은 영향 또는 제약 요인과 관련 있는 다섯 가지 방법으로 시험을 하게 된다. 개발을 일으키기 위해서는 다섯 개의 흐름 모두를 성공적으로 협상해야 한다. 만약 실현될 수 없는 개발이라면 변경 혹은 폐기될 것이다. 성공적인 개발사업자는 제약 요인에 대응하고 극복하는 데 능숙하다는 것을 알 수 있다.

(i) 소유권 제약

개발에 앞서, 개발사업자는 대지 또는 대지에 대한 권리를 취득할 수 있는지 알아야 한다. 토지의 효용성은 종종 도시계획, 물리적 평가, 또는 소유권에 의해 제한된다(Adams 외, 1999). 예를 들어 소유권이 여러 사람에게 분산되어 있는 경우 대지 합병이나 사업 지분의 파트너십을 요구할 수도 있다. 그리고 대지 합병을 위해 공공부문이 강제 구매 또는 수용권(acquisition power)을 사용하는 경우도 있다.

역주 ____
❸ 개발 가능성 분석은 계획하고 있는 개발 사업이 자본을 투입한 투자자의 요구 수익률에 대한 확보 가능성을 분석하는 것을 말한다. 부동산 사업타당성 분석은 부동산 투자 사업이 지니는 경제·물리·법률 측면이 모두 포함되며, 이는 결국 경제성이 있는가에 대한 문제로 귀착된다. 즉 한 마디로 경제성이 있는가에 대한 분석을 의미한다.

(ii) 물리적 조건

대지에 제안된 개발 구상을 수용할 수 있는가를 판단하기 위해 대지의 물리적 조건, 예를 들어 지형, 토질 구조, 오염 수준 등을 평가한다. 물리적 제약은 일반적으로 추가 비용(즉 추가로 드는 준비 비용이나 설계 또는 건설 비용)의 관점에서 설명할 수 있기 때문에 물리적 제약이 반드시 개발을 방해하는 것은 아니다. 대지의 물리적 조건뿐만 아니라 계획된 개발 규모를 충분히 수용할 수 있는 대지의 물리적 수용량('좋은' 도시형태의 기준을 적용받는) 또한 평가 대상이다. 이것이 본질적인 설계의 논점이다. 설계 제안은 개념 스케치와 함께 시작해서 개발 계획이 구체화됨에 따라 점차 상세해지며 최종적으로는 실제 건물이 지어질 수 있도록 충분히 세부적인 사항을 포함한다. 좋은 도시형태에 대한 고려는 내적일 수 있다. 예를 들어, 개발사업자가 고려하는 개발의 질적 수준을 확보하기 위해 밀도, 매싱, 높이를 제한하거나 결정할 수 있다. 대부분의 계획에는 의뢰인이 있거나 건축가나 다른 설계가들이 개발사업자를 위해 준비한 개발 사업 기획이 있다. 개발 사업 기획에는 용도별 연면적(GFA)❹과 항목별 예산이 포함되어 있다. 대지수용능력은 도시관리정책, 용도지역제, 개발사업기획, 도시설계틀, 개발구상안 등과 같은 외부 요인에 의해 선택적으로 결정되기도 한다.

(iii) 행정 절차

대지 또는 개발안과 관련된 모든 법적·공적 절차는 계획 승인이나 개발 허가 가능성을 포함해 검토해야 한다. 개발 원칙에 항상 영향을 주는 것은 아니지만, 법적 혹은 계획적 제약 요소들은 보통 개발 계획의 설계, 기획, 그리고 비용에 영향을 미친다. 미국과 많은 유럽 국가들과 같이 용도지역제를 운영하는 나라에서는 개발 계획이 용도지역제를 준수한다면 개발 허가를 취득할 수 있다. 용도지역제는 설계심의위원회에서 보완한다. 자율적인 계획 시스템을 운영하는 영국에서는 용도의 물리적 변경을 포함한 개발 행위에 대해 계획 당국의 공식적인 승인이 필요하다. 건축 기준에 대한 승인 역시 필요하다. 그리고 토지권과 건물권에 관련한 사항, 역사 보존, 도로·일조·지원시설의 변경이나 차단, 주요 서비스 시설과 기반시설에 관한 사항까지 승인이 필요하다. 이 모든 사

역 주 ____
❹ GFA(Gross Floor Area)는 연면적, 건물의 각 층 면적을 합산한 총 면적을 말한다.

항은 개발비용의 상승과 시간을 지연시키는 결과를 초래할 수도 있다 (11장 참조).

(iv) 시장 여건

시장 여건 평가란 현재뿐만 아니라 미래에도 개발 수요가 있는지 평가하는 것이다. 미래 수요를 예측하는 것은 위험과 불확실성에 대한 고려와도 관련 있다. 시장 여건은 개발 과정에서도 변할 수 있기 때문에 개발이 완료되는 시점에서 수요가 개발을 실행시킬 정도로 충분한지와 같은 위험성을 고려해야 한다. 위험 요소를 줄이기 위해 개발사업자는 초기 단계에서 미래의 임차인 또는 구매자를 확보해 사전에 임대하거나 분양하는 방식을 취한다. 열악한 시장에서는 개발 자금을 확보해야 할 필요가 있기 때문에 이러한 준비 없이 개발을 착수하기가 쉽지 않다. 그러나 충분한 수요를 가진 시장에서는 이러한 준비가 오히려 개발사업자의 수익을 감소시킬 수도 있어 사전 임대와 같은 방식은 사용하지 않는 경향이 있다. 그러므로 개발사업자는 위험과 수익 사이에서 저울질을 하게 된다.

개발이 완료되는 시점에서 수익을 최대화하기 위한 목적으로 개발 과정 전반에 걸쳐 시장 여건을 모니터한다. 어려운 경제상황에서는 비용 절감을 위해 설계의 품질이 첫 번째 희생양이 되는 반면, 개발사업자는 차별화를 위해서 계획적으로 설계에 더 많은 투자를 하기도 한다. 반대로 구매자 주도의 시장이 아니라 개발사업자 주도의 시장에서는 임차인❺과 매입자(투자자)들이 개발업자가 제공하는 것 중에서 선택할 수밖에 없기 때문에 설계는 그 중요성이 줄어들기도 한다.

(v) 사업 가능성

사업 가능성은 수요와 기대 이익률이 부합하는지를 평가하는 것이다. 민간 개발에서 이와 같은 평가는 개발시장에 대한 분석(즉 예상 수요)이나 비용과 위험 부담에 관계된 잠재적 투자 회수의 분석이 포함된다. 공공부문에서 사업 가능성을 평가하는 경우에는 비용 회수의 형태가 적합한지, 개발에 투입되는 공적 자본이 적정하게 사용되는지, 비용에 적합한 가치를 제공하는지, 그리고 비슷한 개발에 적용된 다른 비용 기준이나 벤치마킹으로 설정한 비용과 일치하는지를 평가한다.

역주 ____
❺ 임차인(tenant)은 건물의 일부를 빌리는 사람을 말한다.

간단히 말해서, 평가는 다음 네 가지 관련 요소를 고려한다. 개발의 기대가치, 토지 수용 비용, 개발 비용, 그리고 개발사업자의 이익 수준이다. 만일 개발사업자가 희망하는 수준의 이익을 올릴 수 없다면, 다른 대지나 개발이 더 매력적으로 다가올 수도 있기 때문에 마지막 요소는 중요하다. 실현성 있는 개발을 위해서는 기대가치가 개발과 토지 수용 비용(적어도 요구되는 이익의 범위까지는)보다 매우 커야만 한다.

일반적인 평가 방법은 '잉여법'이다. 간단하게 말하면, 토지의 잉여가치(적절한 수익을 포함하여 토지에 대해 개발사업자가 지불할 수 있는 것)를 만들기 위해 개발 완료 시점의 자본가치에서 총 개발 비용(예를 들어 건물 비용, 법적 수수료, 중개인 수수료, 전문가 수수료, 임차 비용, 개발사업자의 이익 등)을 공제한 것이다. 토지 가격이 일정하다면, 이 방법은 목표이익률 달성 여부를 결정하는 데 사용할 수 있다. 개발사업자는 수익을 줄이지 않고서는 추가 비용이나 예상치 못한 상태에서 발생하는 비용을 수용하기 힘들다. 부가가치를 창출한다면, 추가 비용은 구매자나 임차인에게 전가될 수 있다. 부가가치를 창출하지 못하면, 개발사업자는 토지소유주에게 지불할 토지 가격을 낮춘다. 그러나 토지소유주는 일반적으로 땅을 저가에 팔지 않기 때문에 개발사업자는 항상 더 높은 최종 가치를 제공하는 개발안을 찾아야만 한다. 그렇게 할 수 없다면 사업을 실현하기가 어렵다.

잉여법은 기본적으로 두 가지 약점을 가지고 있다. 첫 번째는 비용이 개발 기간 전체에 고르게 분포하리라고 가정하기 때문에 지출과 수입의 시기에 민감하게 반응하지 못한다는 것이다. 그러나 자금 흐름 평가를 통해 이러한 문제점을 극복할 수 있다. 두 번째는 '최고의 평가'라는 단일 지표에 의존함에 따라 불확실성과 위험에 대한 인식이 낮다는 것이다. 가능한 지출 범위를 찾고, 이를 적정한 지출로 좁혀나가는 민감도 분석❻을 통해 이러한 약점을 보완할 수 있다.

설계와 개발 계획 사업비 산정은 동시에 이루어지며, 계획이 진행되면서 점차 구체화된다. 예를 들어, 실행 가능성 연구는 최고 수준의 수익을 올릴 수 있는 토지 이용을 증대하기 위해 설계 조정의 필요성을 강조할 수 있다. 수익추구적으로 실행 가능하도록 만들기 위해서 대지는 수용 가능한 것보다 더 큰 규모와 밀도를 요구할 수도 있다. 도시설계는 개

역 주 ____

❻ 민감도 분석(sensitivity analysis)은 어떤 종류의 의사 결정 모델을 이용해 해답을 끌어내는 경우 매개 변수나 해당 데이터의 변화가 결과에 어떤 영향을 미치는가를 보기 위해 하는 조사를 말한다.

발의 품질을 유지하면서 대지에 수익추구적으로 실행 가능한 개발의 규모를 계획하기 위해 필요하다. 하지만 설계는 좋지 못한 입지나 (경제적) 수요 부족이라는 약점을 그 자체만으로 완전하게 극복할 수 없는 본질적인 한계를 가지고 있다(Cadman and Austin-Crowe, 1991, p.19).❼

　개발이 실행 가능하다면, 그 다음은 자금 조달이 뒤따라야 하므로 사업 가능성은 개발사업자가 필요한 재원과 조건을 확보하였는지를 평가한다. 한 예로 자금을 대출하고 이자가 부과되었을 때, 이자율이 급격하게 상승하는 경우 개발사업자에게 개발 사업을 연기 또는 취소하는 것과 같은 위험한 상황이 닥칠 수 있다. 개발사업자는 일반적으로 두 종류의 재원을 마련하는데, 첫 번째는 개발 기간 동안 발생하는 비용을 충당하기 위한 단기 재원(개발 자본)이고, 두 번째는 투자로서 완료된 개발을 유지하는 장기 재원(투자 재원)이다. 여기서 개발사업자는 투자자가 된다. 또는 개발 계획을 갖고 구매자(투자자)를 찾기도 한다. 이러한 내용은 이 장의 후반부에서 다루기로 한다.

　위험에 노출되는 상황을 줄이고 자금 흐름을 지원하고 유연하게 운영하도록 하기 위해 개발사업자는 사업 진행과 완료 정도에 따른 수입 창출을 위해 개발을 단계적으로 진행한다. 또한 수익이 발생하지 않는 요소는 마지막 단계에 포함하도록 개발 계획을 수립한다. 예를 들어, 주거 개발에서 개발사업자는 커뮤니티센터와 오픈스페이스 조성을 뒤로 미루고, 주택을 먼저 개발한다. 이러한 원리는 반대의 경우에도 성립한다. 만일 이익을 내지 못하는 공공요소가 수익을 발생시키는 요소를 분양하거나 임대하는 데 도움이 된다면, 다른 요소보다 우선적으로 조성할 수도 있다. 실례로 영국 버밍엄의 브린들리플레이스(Brindleyplace)에서는 주변에 업무 블록이 형성되기 전에 중앙에 공공공간이 먼저 완성되었다(그림 10.1, 10.2). 개발의 초기 단계가 성공적이지 못하다고 판명되면 개발을 완료하지 않거나 후속 단계의 설계를 수정했을 것이다. 마찬가지로 초기 단계가 성공적이라면 다음 단계에서는 성공적인 요소를 최대화하고 성공이 적은 요소를 최소화하기 위해 설계를 수정할 것이다. 이러한 단계적 개발은 설계에도 영향을 미친다. 다시 말해 개발이 단계적으로 임대 혹은 매각된다면 각 단계는 그에 맞게 스스로 완결성을 갖추도록 설계되어야 한다.

역주 ____

❼ Cadman, D. and Austin-Crowe, L, Cadman and Tapping, 15, 1991, Property Development (third edition edited by Topping, R, and Avis, M)

그림 10.1 만일 수익 발생이 없는 요소가 수익 발생 요소의 초기 판매 또는 임대를 가능하게 한다면, 이들은 동시에 혹은 다른 요소보다 우선적으로 지어질 것이다. 영국 버밍엄의 브린들리플레이스(Brindleyplace)에서는 주변 사무소 블록이 형성되기 전에 중앙의 공공공간이 먼저 완성되었다.

그림 10.2 개발의 설계 또는 톡특한 외관은 개발의 시장성을 촉진한다. 영국 버밍엄의 브린들리플레이스 설계에서 타워는 사용 가능한 사무공간을 제공하지는 못하지만, 이와 같은 개발은 도시에서 볼 수 있다.

실행

개발사업자의 최종 목적은 시장성이 높은 개발이다. 즉 임차인이나 구매자(투자자)가 적어도 개발과 토지 수용 비용을 충당할 수 있는 가격으로 임대하거나 구매해야 한다. 마지막 단계인 실행은 건설과 판매나 임대 모두와 밀접한 관계가 있다. 개발사업자가 임대 사업을 지속한다면, 그들의 역할은 투자자로 전환된다(아래 참조). 실행 단계에 들어가면 개발사업자의 행태상 융통성이 없어진다. 개발사업자는 적정한 속도와 비용과 품질로 개발을 실현하는 일을 우선적으로 수행하게 된다. 개발사업자는 건설 공사의 역할을 중요하게 생각한다. 전문가팀이 건설자의 성과를 파악하고 시간·비용·품질을 동시에 고려해주기를 기대한다. 단기적으로는 시간과 비용이 품질보다 중요시되지만 장기적으로는 품질과 관련된 것들이 시간과 비용보다 더 중요하다.

| 개발역할과 개발주체 |

개발 과정을 좀 더 충분히 이해하기 위해서는 핵심적인 개발주체들과 그들의 의도와 목적, 각각의 연관관계, 개발 과정에 포함된 의도를 이해해야 한다. 더불어 일반적으로 왜 높은 품질을 추구하는지, 또는 어떻게 높은 품질을 제공하도록 설득하는지를 파악하는 것이 필요하다. 지금부터는 '집행기관(agency)'과 '구조(structure)'의 개념을 살펴봄으로써 '사건연계모델(Henneberry의 이론을 적용하여 확장함, 1998)'을 확대해볼 것이다. '집행기관'이란 개발주체들이 전략과 이익, 실행 내용을 결정하고 협의하기 위한 기관이다(Adams, 1994, p.65). 집행기관은 광범위한 사회적 맥락이나 정치·경제의 활동으로 이루어진 사회적 구조 그리고 보편적인 가치 등을 근간으로 한다. 이러한 집행기관은 개별 의사 결정(예를 들어 시장과 규제의 틀)의 골격이 된다.

각 관련 주체는 개발 과정에서 서로 다른 역할을 한다. 분석 과정에서는 각 역할을 개별적으로 검토할지라도 실제로는 한 주체가 몇 가지 역할을 수행하기도 한다. 예를 들면, 대규모 주택 개발사업자는 전형적으로 개발사업자, 자본가, 건설자의 역할을 함께 수행한다. 또한 주체와 주체 간의 역할을 파악하는 것과 동시에 각 주체들이 참여하는 이유(의도)를 이해하는 것도 필요하다. 각각의 개발역할은 다음 다섯 가지 일반 적인 기준으로 살펴볼 수 있다.

- 재정 목적 - 관련 주체의 주요 관심이 비용의 최소화인가, 이익의 최 대화인가
- 일정 - 개발 과정에서 관련 주체의 참여와 관심이 단기적인가, 장기 적인가
- 기능의 설계 - 관련 주체가 기능적 목적(즉 사무실과 같은 용도)을 만 족시키기 위한 개발에 특별한 관심을 가지고 있는가
- 외형의 설계 - 관련 주체가 개발의 외형에 대해 우선적으로 관심이 있는가
- 맥락의 설계 - 개발과 주변 맥락의 관계가 개발주체의 주 관심사인가

이상의 내용은 표 10.2와 10.3에 정리되어 있다.

각각의 주체는 내부적으로 기준을 조정하는 반면, 주체들의 상호 행위와 각기 다른 영향력에 따라 기준이 주체들 사이에서 조정되기도 한다. 품질이 행위 주체마다 다른 의미를 가지는 한편 좋은 도시설계를 성취하려는 목표는 모든 참여자들이 공유하는 기준이 아닐 수 있다. 개발 목적은 매우 다양한 요소에 의해 제약을 받을 수 있으며, 많은 요소들이 설계가 또는 개발사업자의 영향력 범위를 벗어난다. 이러한 요소에는 다음과 같은 것이 포함된다.

- 커뮤니티의 요구와 선호에 상충하는 의뢰인 혹은 수요자의 요구와 선호
- 시장 여건
- 대지에 적용되는 규제와 대지 자체가 만들어내는 제반 비용
- 필요한 허가(승인) 사항(법적 승인, 계획 승인, 개발 허가, 도로관계 허가 등)과 공공부문의 규제와 법적 요구사항
- 입지 특성에 따른 임대료의 한계
- 단기주의적 투자결정(장기간의 투자는 위험부담이 증가한다)

표 10.2 수요 측면에서 개발 관계자의 동기 부여(즉 어떠한 방법으로도 개발을 '소비하는' 사람들)

개발역할	가격		동기 부여 요소		
	시간 척도	금융상의 전략	기능성	설계 문제(설계) 외관(외형)	주변 맥락과 관계
투자자(투자 자본금)	장기간	이익 극대화	Yes 기본적으로 금융적인 결과의 수단으로서	Yes 기본적으로 금융적인 결과의 수단으로서	Yes 긍정적인 관계를 만들 수 있는 이익의 범위까지
임차인	장기간	비용 최소화	Yes	Yes 단지 외관이 그들과 그들의 사업을 상징화 혹은 나타내는 정도까지	Yes 긍정적인 관계를 만들 수 있는 이익의 범위까지
공공 영역(규정)	장기간	중립(원칙적으로)	Yes	Yes 좀 더 큰 전체의 부분을 형성하는 범위까지	Yes 좀 더 큰 전체의 부분을 형성하는 범위까지
인접한 토지소유주	장기간	재산 가치의 보호	No	Yes 긍정적 또는 부정적인 외관(외형)을 가진 새로운 개발 범위까지	Yes 긍정적 또는 부정적인 외관을 가진 새로운 개발 범위까지
일반적인 공공	장기간	중립	Yes 일반적인 공공에 사용되는 건물 범주까지	Yes 공공 영역을 정의하고 형성하는 범위까지	Yes

(출처 : Henneberry, 1998에서 발췌 및 해석)

표 10.3 공급 측면에서 개발 관계자의 동기 부여(즉 어떤 방법으로도 생산물을 개발하거나 기여하는 '생산하는' 사람들)

개발역할	가격		동기 부여 요소		
	시간 척도	금융상의 전략	기능성	설계 문제(설계) 외관(외형)	주변 맥락과 관계
토지소유주	단기간	이익 극대화	No	No	No
개발사업자	단기간	이익 극대화	Yes 오직 금융적인 결과	Yes 오직 금융적인 결과	Yes 긍정적 또는 부정적 외형이 있는 범위
자본가(재정 충당)	단기간	이익 극대화	No	No	No
건설자	단기간	이익 극대화	No	Yes	No
전문가 1 예) 대리인	장기간	이익 극대화 혹은 추구	Yes	Yes 오직 금융적인 결과	No
전문가 2 예) 건축가	단기간	이익 극대화 혹은 추구	Yes	Yes 간접적으로 그들과 미래 사업을 반영한 외적 표현의 범위	No

(출처 : Henneberry, 1998에서 발췌 및 해석)

하지만 성공적인 개발사업자와 도시설계가는 이러한 제한과 제약을 극복하는 데 능숙하다는 것을 알 수 있다.

개발사업자

'개발사업자(developers)' 라는 용어는 광범위한 개발주체를 의미한다. 예를 들어 대규모 주택 건설자에서 작은 규모의 지역 주택 건설자와 자기 집을 짓는 사람들에 이르기까지, 그리고 의도하는 이익의 정도에 따라 높은 이익을 추구하는 민간 영역의 개발사업자에서 중앙 정부와 지역 정부, 공사와 같은 비영리 조직까지 포함한다. 어떤 개발사업자는 소매점, 사무실, 산업 또는 주거와 같은 특정한 시장의 영역을 전문으로 하고, 또 다른 개발사업자는 시장 영역 전반에 걸쳐서 활동한다. 일부는 역사적인 건물을 전환해 활용하는 것과 같은 특수한 틈새시장에 자리를 잡는다. 어떤 개발사업자는 지역 · 국가 · 세계 차원으로 활동하는 반면, 또 다른 개발사업자는 특정한 도시에 집중하기도 한다.

개발사업자들이 어떻게 활동하는가에 기초해 로건(Logan)과 하비 몰로치(Molotch)[8]는 이들을 세 가지 유형으로 구분했다(1987, from Knox and Ozolins, 2000, pp. 5~6).

- 운 좋은 사업가 : 다양한 방법(아마도 상속 또는 정상적인 사업의 부업을 통해서)으로 토지와 자산을 확보해 다른 용도로 가치를 높여 팔거나 임대하는 방법을 모색
- 적극적인 중개업자 : 토지의 사용과 가치가 변화되는 양상을 예상해 토지를 매매
- 구조적인 투기업자 : 전략적으로 변화하는 양상을 예상하고 이익을 위해 변화를 주거나 영향을 미침(예를 들어, 도로의 노선설정에 영향을 미치거나, 용도지역제 또는 개발 계획을 변경하거나, 특정 지역에 공공 재정을 지원하는 것을 의미한다)

모든 개발사업자들은 대상지의 개발가치를 차지하기 위해서 움직인다. 개발가치란 현재 용도에서 토지 또는 자산의 가치와 더 높고 좋은 용도로 개발되었을 때의 가치 차이에 대한 함수이다. 개발 용도의 가치는 토

역 주 ____

8 존 로건(John Logan)과 하비 몰로치(Harvey Molotch)는 도시개발 사업을 통한 경제적 불균형 현상을 '성장연합론(growth coalition theory)'의 이론으로 규명했다. 이 이론은 도시공간이 도시개발과 밀접한 이해관계가 있는 지역 엘리트의 연합체인 성장기계(growth machine)에 의해 구조화되어 가는 것을 설명하고 있다. 즉 부의 세력으로 일컬어지는 지역 엘리트를 포함한 기득권 집단은 민관협력(PPP)을 통해 도시개발 정책에 참여해 자신들의 이해관계에 따라 사업의 방향을 좌우지한다. 처음부터 저소득층 계급 집단에 대한 고려는 없었으며, 단지 그 개발 사업의 대상만을 위해 노력을 다한다. 이로써 기존의 저소득층은 자연스럽게 퇴출당하고, 새롭게 개발된 도시공간으로 중상층이 복귀하면서 경제적 계층 간의 분절(segmentation)이 생기게 되는데, 이런 일련의 과정을 젠트리피케이션(gentrification)이라 한다.

지 취득 및 개발 비용보다 높아야 한다. 개발가치는 특정한 대지나 토지의 일부에 고정되어 있기보다는 광범위한 지역에 퍼져 있으며 한 대지에서 다른 대지로 이동할 수도 있다. 리드에 따르면, 지속적으로 확장하는 도시가 모두 농지로 둘러싸여 있는 경우, 토지소유주는 농지로서의 가치보다 더 높은 가격(희망하는 가치)으로 토지를 팔고자 할 것이다(Reade, 1987, p.16 ; Adams, 1994, p.35). 그러나 실제로는 단지 몇몇 토지소유주만이 적절한 시점에 개발에 필요한 토지를 팔 수 있다. 그러므로 개발가치는 넓은 지역에 걸쳐 퍼져 있지만, 결국 작은 부분에서 나타난다. 비슷한 예를 들면, 도시 중심부에 멀티스크린 복합영화관을 개발할 수 있는 대지가 여럿 있더라도, 가장 높은 개발가치는 첫 번째 사업에서 얻어진다. 추후의 사업은 이와 경쟁을 해야만 한다. 기반시설이 새로 공급되거나 새로운 개발이 이루어질 경우 개발가치는 한 대지에서 다른 대지로 이동할 것이다. 도시계획에서는 토지에 특정용도(예 : 주거 또는 농업)를 지정하거나, 자율적인 도시계획 체계 아래에서는 계획안을 승인하거나 거부하는 것으로 가치 이동을 조절한다.

일반적으로 개발사업자는 개발 수요에 부응함으로써 개발가치를 획득하는 데 목적을 둔다. 그러므로 개발사업자는 투입 요소(대지 · 재원 · 전문가의 조언 · 건설공사 등)를 적절히 조합하고, 총 비용보다 더 높은 가격에 매각해 이익을 남기려 한다. 사업의 위험성을 고려한 이익 계산이 사업 추진을 조정한다. 일반적으로 개발사업자의 목적은 단기적이며 수익 지향적이다. 개발사업자는 결과가 수익을 제공하는 범위 내에서 설계에 관심을 갖는다.

민간 부문에서 개발사업자의 주된 관심은 시장성 있는 결과물이다. 따라서 개발사업자(공급자 측)는 투자자와 임차인(수요자 측)의 수요와 요구를 예상해야 한다. 원칙적으로 임차인은 건축주의 수요를 이루고, 건축주는 개발사업자의 수요를 창출하며, 개발사업자는 건물 설계가를 위한 자료를 만든다. 생산자와 소비자 간의 차이로 인해 발생할 수 있는 사항은 아래에서 논의한다. 투자자와 임차인들의 요구를 조절하고 이에 대응함에 있어 개발사업자는 설계를 그 자체의 목적으로보다는 수익을 내는 결과물을 만들기 위한 핵심 수단으로 바라보는 경향이 있다. 설계에 대해 개발사업자들이 고려하는 일반 사항은 다음과 같다(Rowley, 1998, p.163).

- 투자자와 임차인의 요구사항, 선호와 취향, 그리고 특히 이에 대응한 결과물의 가격
- 여건 변화에 대응할 수 있는 건물과 대지 계획의 유연성
- 시공성
- 비용 효과와 자본가치 : 시각적 측면(판매와 임대를 목적으로 한 개발 이미지 포함)
- 관리에 관련한 사항(개발의 관리 비용 포함)

종종 개발사업자를 정형화하고 악마처럼 만드는 경향이 있는데, 개발사업자의 사고는 정형화된 인식보다 더 광범위한 경우가 있다. 개발 품질에 많은 관심을 갖는 개발사업자는 환경의 품질과 그에 따른 재산가치를 유지하는 것을 골간으로 하는 도시설계지침을 강력하게 지지한다. 어떤 개발사업자는 당장의 시장 압력을 극복하고 공익 차원의 책임과 의무를 보다 많이 고려한다. 개발사업자는 특정한 건물이나 개발과의 긴밀한 연계를 통해 심리적인 이익을 이끌어내기도 한다. 게다가 개발사업자는 시장경제에서 쉽게 작용하는 원리 때문에 설계가보다 소비자의 요구와 선호에 더욱 큰 관심을 가지는 경향이 있다.

토지소유주

토지소유주는 개발이 시작되기 전에 토지를 소유하고 있다. 토지은행을 보유한 건설자나 개발사업자처럼 자신의 토지가 개발되리라는 기대로 토지를 보유하고 있는 경우를 제외하고, 토지소유주는 일반적으로 개발 과정에서 적극적인 역할을 하지 않고 충분한 가격이 제시될 때 단순히 개발을 위한 차원에서 토지를 양도한다(Adams, 1994). 그러므로 토지소유주의 목적은 대체로 단기적이며 수익지향적이다.

　모든 토지는 적어도 그 위치(입지)에 따라서 독특한 특징을 갖는다. 토지의 위치가 결정되면, 소유권은 강한 권한을 갖는다. 특히 공간의 독점이 발생할 수 있는 곳에서 더욱 강하게 나타난다. 예를 들어, 주택 개발사업자들은 위치조건이 좋은 특별한 부지를 확보하기 위해 경쟁한다. 개발 가능한 토지가 신속히 공급된 곳에서 일단 토지를 취득하거나 선택매매권-특정한 사건이 발생하거나 특정한 날 이전에 명시된 가격에

서 토지를 구입하고자 하는 동의—을 구입해 개발 허가를 얻게 되면, 개발사업자는 효과적인 이익 창출을 위해 품질 수준과 가격을 제시할 수 있는 독점력을 갖게 된다.

　토지소유주는 네 가지 방법으로 개발 과정의 결과에 영향을 미친다.

1. 토지의 양도 : 아담스는 토지소유주를 '적극적' 그리고 '소극적' 토지소유주로 구분한다(Adams, 1994). 적극적 토지소유주는 자신의 토지를 개발하면서(이때는 개발사업자가 된다) 공동 사업체를 이루거나 자신의 토지를 다른 사람이 개발할 수 있도록 돕는다. 그리고 토지를 보다 시장성 있게 만들거나 개발에 적합하도록 대지의 제한 요소를 극복하려고 노력한다. 반면에 소극적인 토지소유주는 시장이나 자신의 토지 개발에 대해 특정한 행동을 취하지 않고 대지의 제한을 극복하기 위한 노력도 거의 하지 않으며, 잠재적 개발사업자들의 제안에도 관심이 없다. 이러한 소극성은 종종 타당한 이유를 수반하기도 한다. 예를 들면, 토지소유주가 개발을 막으려 하거나 미래의 토지 활용을 위해 유보하기를 원하는 경우이다. 만일 개발 잠재력이 큰 토지의 소유주가 매도하기를 원하지 않는다면, 소극적인 소유주는 개발 과정에서 장애 요인으로 작용할 수 있다. 이러한 경우 시간과 비용을 소모할지라도 공공 기관이 개발에 직접 관여하거나 지원하는 형태로, 강제 구매 혹은 토지소유권 귀속 권한을 사용하기도 한다. 토지를 원하는 대로 사용할 수 없다면, 개발은 아마도 산발적인 성장의 형태를 취할 것이며, 중심에서 외각으로 점차적으로 성장하기보다는 사용 불가능한 토지를 피해서 뛰어넘는 점적인 개발이 발생할 것이다.

2. 양도된 필지 규모와 패턴을 통해 : 이는 후속 개발 형태에 큰 영향을 미친다. 녹스와 오졸린스는 이와 관련된 예로 로스앤젤레스 주변 교외지역 개발과 동부 해안 도시들을 비교했다(Knox and Ozolins, 2000, p.5). LA 주변 교외지역의 광범위한 획일적 개발은 기존의 대규모 목장이 있었기에 가능했으며, 동부 해안 도시들은 처음부터 토지가 소규모로 분할되어 있던 탓에 이후 개발도 부분적으로 이루어졌다.

3. 개발 이후 특성에 부과된 조건을 통해 : 토지소유주는 개발의 특성을 제한하는 계약상의 조항이나 제한적인 약정과 함께 토지의 일부분을 양도할 수 있다(Knox and Ozolins, 2000, p.5). 이러한 조항은 개발에 영향을 주거나 조정하는 배치 계획(2차원적인) 또는 도시설계(3차원적인)를 규정하기도 한다. 도시형태학자들은 판매나 개발을 목적으로 한 토지 구획과 필지 분할이 토지 개발에 중요한 영향을 미친다는 사실을 보여주었다(4장).

4. 토지 매각보다는 임대를 통해 : 토지를 임대하고 있는 토지소유자는 장기적인 이익에 관심이 있기 때문에 종종 개발될 건물의 품질을 중요하게 생각한다. 수직의 연구에 따르면, 개발은 거래라기보다는 농장 경영이라는 의미에 가깝다(Sudjic, 1992, pp.34~5). 매각을 통해 자본을 축적하기보다 정기적인 수입 발생을 목적으로 하므로 부동산의 경제적 건실함, 임차인의 신중한 관리, 용도 등에 대해 장기적인 안목을 갖게 된다. 이러한 의도는 일회성의 상호작용이 아닌, 지속적인 관계를 형성한다. 이와 관련된 예로, 조지 왕조 시대의 런던(Georgian London)의 도시형태에서 많은 부분이 토지소유주의 임차계약 조항에 영향을 받았다는 점을 들 수 있다.

인접한 토지소유주

개발 대상지에 인접한 토지와 건물의 소유주는 개발이 재산가치를 높이는지 낮추는지를 확실히 하고자 한다. 주변 맥락과의 관계 측면에서 건축물의 외형은 사실상 확산 효과를 가지고 온다. 각각의 건물은 서로 의존하는 자산이다. 다시 말해 건물들의 가치는 부분적으로는 인근 지역 가치에 영향을 받으며, 주변 지역 가치 또한 부분적으로는 각각 건물의 가치로부터 나온다. 모든 개발은 그 지역의 종합적 가치에 기여한다. 주변 지역은 그 지역에 긍정적인 영향을 미칠 수도, 부정적인 영향을 미칠 수도 있다. 주변 지역이 긍정적인 영향을 미치는 곳에서는 주변 건물의 가치가 새로운 개발의 가치를 높여준다. 그러므로 새로운 개발은 주변 지역의 종합적인 가치를 강화하거나 저하시킨다. 따라서 인근 토지소유주들은 장기적이고 수익적 측면, 그리고 외형과 주변 지역 맥락과의 관계에 중점을 둔 설계에 관심을 가지게 된다.

자금조달자와 투자자

스스로의 자본을 사용하지 않는다면, 개발사업자는 비용과 융통성에 관련해서 가능한 가장 유리한 조건의 재원을 준비해야만 한다. 또한 돈을 빌릴 때 채권자의 관심사를 고려해야 한다. 도시개발에서 이러한 요소는 항상 이익 창출에 관심이 있는 채권자의 목적을 위해 작용한다. 만일 적정한 수익을 창출할 수 없는 경우라면, 개발사업자는 다른 지역에 투자할 것이다.

　개발사업자는 보통 단기 개발자본과 장기 투자자본, 두 가지 종류의 재원을 마련한다.

(i) 자금조달자

개발 기간 동안 비용을 충당하기 위해 단기 자금(개발 자본금)이 필요하다. 여기에는 토지 수용과 건설 그리고 전문가 수수료에 관련된 비용이 포함된다. 중요한 단기 자금은 어음교환조합은행과 상인은행❾에서 만들어진다. 개발 완료 시에 장기 자금이 모아지면 개발 자금은 상환된다. 개발 재원은 전형적으로 자본과 채권금융을 통해서 만들어진다. 채권금융 제공자는 이자로서 부채를 상환받지만, 일반적으로 개발 사업 자체에 대해 법적인 이해관계(채무 불이행에 대한 담보를 제외하고는) 또는 이익 배분의 권리를 갖지는 않는다. 반대로 자본 조달의 경우 자금제공자는 개발 위험과 개발 수입에 개입한다. 이들은 이익을 배분하고 프로젝트에도 법적 권리를 갖는다.

　재원을 마련하기 위해 개발사업자는 정부나 기타 지원 기관의 재정 지원 프로그램을 알아보게 된다. 재정 지원은 대체로 저리융자, 보조금, 지원금, 그리고 일반적이지는 않지만 공동투자(joint venture)❿ 등의 형태로 제공된다. 보조금과 지원금은 경제적으로 사업을 장려하기 위해서가 아니라 사회적으로 바람직한 일을 하도록 유도하는 측면에서 마련된 것이기 때문에 지원 기준은 경제 목적보다는 사회 목적에 중점을 둔다. 개발사업자가 그들의 사업이 사회적으로 바람직한 개발이며 자금 지원 없이는 실행할 수 없다고 주장할지라도, 정부 지원 계획의 의도는 개발사업자의 이익을 보조하는 것이 아니다.

역주 ____

❾ 상인은행은 19세기부터 활약해온 어음 인수 또는 증권 발행을 주요 업무로 하는 영국의 국제금융기관을 말한다. 원래는 무역 어음의 인수업이 중심이었으나 국제 금융 발전에 따라 현재는 무역 금융, 채권 발행, 기업의 재무 컨설턴트, 합병 사업, 보험, 리스, 상품 거래 따위로 업무가 확대되었으며 세계 각국에 널리 퍼져 있다. 기능에 따라 무역어음 인수업무에 주력하는 인수회사(accepting house), 주식 및 사채 발행 등을 지원하는 발행회사(issuing house)로 구분한다.

❿ 각 기업이 함께 자금을 내어 새 회사를 설립하고 중복 투자를 피해 수익성을 높이는 방식

개발자금조달자의 목적은 단기적이며 수익적이다. 설계에 대한 개발자금조달자의 관심은 수익을 내기 위한 수단으로서이다. 자금 조달의 대금업자는 설계를 포함한 개발 전체에 대해 더욱 관심을 가진다.

(ii) 투자자

재원의 두 번째 유형은 장기적이며 개발이 완료될 때까지 투입된 비용을 회수하는 의미의 투자 개념이다. 투자자들은 완료된 개발의 구매자(나중에는 판매자)이다. 차후의 증대된 이익을 기대하며 투자가 먼저 되는 것이 요구되기 때문에 부동산 투자자는 근본적으로 사용임대료의 수입 흐름에 관심을 가진다. 그리고 이는 부동산 가치로 자본화된다. 상업 및 산업 개발에 있어 중요한 투자자는 보험회사와 연금기금[11]이다. 주거지 개발에 있어서 투자자는 주택 소유자와 세입자이다.

투자자는 일반적으로 다음과 같은 항목을 만족시키는 투자 기회를 모색한다.

- 자본과 수입의 안전성(낮은 위험성) : 일반적으로 투자를 보다 안전하게 할수록 투자자본을 손실하거나 혹은 기대한 수입이 발생하지 않을 위험성이 더 낮다. 투자자들은 위험성을 조절하는 포트폴리오 개발을 통해 투자를 분산한다.
- 수입과 자본의 잠재적인 성장(높은 수익) : 비록 수입의 증대와 자본금의 성장 혹은 두 가지의 결합으로 고수익을 달성할 수 있다 해도, 자본금의 증가와 전반적인 고수익은 궁극적으로 수입 증대(즉 사용자의 임대로부터)에 따른다.
- 융통성(높은 유동성) : 투자자들은 최고의 수익을 창출하려는 목적에서 투자를 변경하기 위한 방안을 찾는다. 유동성은 잠재된 구매자의 존재, 변환 비용, 투자의 전체 규모, 그리고 필지의 잠재력 같은 요인에 따른다. 일반적으로 투자가 유동적일수록 전체 또는 부분적으로 분양하기가 보다 쉽다(Adams, 1994).

실제로 어떠한 투자도 안전성이나 유동성 그리고 수익성을 완벽하게 보장하지는 않는다. 각각의 투자는 이러한 특성들의 서로 다른 결합을 나

역주 _____
[11] 연금제도에 의해 모인 자금으로서 연금을 지불하는 원천이 된다. 연금은 운용 주체에 따라 공적 연금·기업연금·개인연금으로 나뉜다. 기관투자가로서의 기업연금은 자금의 성격상 장기 투자가 많으며 무위험자산인 채권을 주종으로 하는 자금 운용이 이루어지고 있다.

타내며, 투자자는 이러한 특성을 균형있게 나누어가면서 사용한다. 높은 기대수익은 그만큼 높은 위험투자를 요구한다. 다시 말해 투자자는 큰 수익을 기대하는 대신 안전을 희생해야 한다. 기관들은 전통적으로 가장 안전하고 유동적이며 수익성이 좋은 우량재산(즉 의문의 여지 없는 계약상의 차용자에게 장기간 임대를 해주는 최적의 위치에 있는 부동산)으로 나타나는 것에 자본을 집중함으로써 부동산 투자에 있어 위험성이 낮은 접근 방법을 채택한다.

부동산은 투자 기회의 한 형태로서 주식이나 배당, 정부 채권과 같은 다른 투자형태와 구별되는 특성을 가지고 있다. 예를 들어, 부동산 투자는 위치가 고정돼 있고 다양한 성질을 가지며 일반적으로 분리할 수 없고 관리에 대한 책임을 수반한다(즉 임차자를 모으고 수선과 개수 그리고 임대 협상을 처리한다). 이는 또한 적은 양의 부동산을 매수하기 위해 대규모 자본을 투입하고, 보유재산을 이전하기 위해서도 높은 비용을 투자해야 하는 경향이 있다. 그럼에도 부동산 투자는 지속적인 수입 요소를 제공한다. 토지(그리고 부동산) 공급은 한정적이다. 특정한 용도의 토지 공급은 변하지만 단기적으로는 한정적이다.

투자자는 투자 성과를 측정하는 방법으로서 그리고 수익에 따른 위험을 조절하기 위해서 이익 배당을 이용한다. 불확실해 보이는 시장에서 투자자는 일반적으로 투자에 대해 높은 이익 배당과 빠른 투자 회수를 이끌어내는 개발을 찾는다. 활력있는 시장에서는 투자 기회에 대해 투자자들 간에 경쟁이 치열하게 나타남에 따라 일반적으로 이익 배당이 낮아진다. 그러므로 낮은 이익 배당은 건강한 투자시장과 높은 자본가치를 나타낸다. 그러한 환경은 신규 자본가치를 반영하는 임대료 인상으로 가까운 미래에 이익이 증가할 것임을 약속한다.

투자자의 수익은 현재나 미래의 임대수입과 자본 증대의 형태를 취하기 때문에 투자자는 대체로 수익 목표를 달성할 수 있는 장기적 목적을 추구하며 이는 설계와 관련된다. 예를 들어, 대규모 부동산투자회사의 경우 부동산 취득 정책은 위험을 줄이려는 경향이 있다. 즉 투자자는 위험성(예를 들어, 목표 가격에 재산을 처리할 수 없거나 목표 임대 수준에서 임대할 수 없는)을 최소화할 수 있는 부동산을 찾는다. 그러므로 투자자들이 찾는 부동산은 오랜 기간에 걸쳐 증가하는 임대수입을 창출하는 것이 필요하다.

이를테면 융통성이 있고 바뀌는 임차인에게 쉽게 적응하고 안전한 신용등급을 가진 임차인이나 다른 투자기관들이 받아들일 수 있어야 한다 (Rowley, 1998, p.164). 하지만 소규모 부동산회사의 부동산 취득정책은 다를 수 있다. 이러한 소규모 부동산회사들은 도시 재생에 중요한 역할을 담당하기도 한다(Guy 외, 2002).

개발자문가

자문가들은 전문적인 자문과 서비스를 개발사업자나 다른 개발중개업자에게 제공한다. 자문가에는 시장상담가, 부동산중개업자, 사무변호사, 계획가, 건축가, 기술자, 시설관리자, 대지중개인, 견적사, 비용상담가 등이 포함된다. 대부분의 자문가는 회당 자문비를 수수료 형태로 받기 때문에 이들의 목적은 대체로 단기적이고 수익추구적이다. 자산투자관리회사와 같은 자문가는 지속적인 참여로 수수료를 받는다. 자산투자관리회사 자문가들의 목적은 대체로 장기적이고 수익추구적이며 기능적이다. 건축가나 도시설계전문가와 같은 이들은 회당 자문비를 수수료 형태로 받기 때문에 서비스를 알리기 위한 광고로서 완료된 사업을 사용하기도 한다. 건축가와 도시설계가는 또한 개발 사업에 참여함으로써 상당히 심리적인 이익을 얻기도 한다. 그러므로 건축가와 도시설계가의 목적은 장기적이고 수익추구적이며 그리고 설계와 관련이 있다.

건설자

건설자 또는 도급자(그리고 하위 도급자)는 노동과 시공 관련 재료에 대해 의뢰인에게 지급받은 가격보다 낮은 비용에서 개발을 실행함으로써 이익을 창출하기 위해 노력한다. 건설자의 목적은 기본적으로 단기적이고 수익추구적이다. 건설자는 또한 사업을 위해 영업광고로서 그 개발을 사용할 수 있기 때문에 개발 계획의 설계에 관심이 있다. 또한 많은 건설자는 개발사업자로서 개발에 종사하고 있다.

임차인

공간을 매수하거나 임차하는 임차인은 완료된 개발로부터 직접적인 사용과 이익을 얻는다. 임차인은 기본적으로 공간의 사용가치에 관심이 있으며, 특히 외관이나 안전성, 편리함, 그리고 효율 같은 사업의 생산성과 운영 비용에 영향을 미치는 문제에 관심을 갖는다. 임차인의 목적은 장기적이고 수익추구적이며 기능성과 외관에 대한 설계와 관련있다 (아래 참조).

부동산의 사용 효율성은 부동산의 가격과 물리적 품질에 달려 있기 때문에 임차인은 수익추구적(예: 임대 수준), 물리적(예: 품질·특성·이웃)인 요소들 사이에서 저울질을 한다. 비록 임차인이 임차하는 공간을 그들의 상품과 서비스의 생산 또는 전달에 필요한 요소로 다루고 그런 목적에 대한 기여도로서 평가한다 해도, 임차인은 건물이 무언가를 대표하거나 상징하는 것, 가령 위상이나 신뢰도, 품질 등에 관심을 가진다. 어떤 회사는 특정한 메시지를 전달하기 위해 회사의 이미지와 직원 혹은 잠재 직원의 자체 이미지에 기초한 기념물적인 건물을 의뢰하거나 혹은 그런 건물과 장소를 찾는다. 건축물의 외형이나 이미지는 그것의 가치를 좀 더 아는 특정한 소유주나 임차인에게는 그런대로 인정을 받지만, 비교적 실체가 없어 가격을 산정하기 어렵다. 더욱이 한 회사의 건물이 시장 전략의 요소가 되었다 해도 시장의 규모가 증가함에 따라 그 요소는 점차 중요성을 잃게 된다.

또한 회사 건물이 현재로서는 회사의 웹사이트보다 덜 중요하게 간주되더라도, 대형 회사들은 개발 과정에서 스스로 의뢰하고 더 많은 요구를 하는 역할을 함으로써 건물의 품질 향상에 투자를 계속한다(Box 10.2). 이것은 부분적으로 브랜드의 정체성을 강화하는 전략인 한편 계획적으로는 결근을 줄이는 작업 환경을 제공해 창조성을 높이고 핵심 인력을 유지하고 유인하는 시도가 된다. 이는 또한 건물의 기능성을 인식하고 고용자들의 만족에 기여할 것을 암시한다. 이러한 고려는 건물을 둘러싼 공간으로 확대할 수 있다. 한 예로, 카모나(Carmona 외, 2001)의 조사는 임차인들이 장사가 잘 되는 보다 품질 높은 환경을 요구하고 있음을 입증해 보였다.

Box 10.2

개발 과정에서 소비자와 생산자의 차이(출처: Henneberry, 1998에서 발췌)

예 1)

회사는 점유를 위해 소유한 자원으로 개발사업자, 자본가, 소유자, 임차인의 역할을 수행하고 높은 품질의 기능과 설계에 대한 비용과 이익을 산출해 사무실 건물을 건설한다. 단독 행위자는 여러 개발역할을 수행하기 때문에 다른 목적과 의도 사이의 대립은 내부화되고 최상의 결과를 생산하기 위해 이용된다(예산 제한에 따른 문제).

예 2)

개발사업자는 사전 거래, 또는 차용자(예 : 임차인)에게 사무실을 임대하고자 하는 투자자(예 : 자본가)로부터 확보한 자금으로 사무실을 짓는다. 재원 마련이나 판매 준비는 개발사업자의 위험 부담을 줄여주며, 그러한 자본가의 장기적 안목과 선호는 건물의 설계에 영향을 미칠 것이다. 비용과 이익은 개발사업자, 투자자, 그리고 미래의 임차인 사이에서 분배된다. 여기서 미래의 임차인은 아직 누구인지 알 수 없고 건물의 설계와 특징에 직접적인 영향이 없는 사람이다. 개발사업자와 투자자 및 소유주는 임차인의 수요와 가능성을 예상하고 제공해야 한다. 여기서 가능성은 계획이 줄어드는 범위 내에서 임차인에게 이익이 되는 좀 더 값비싼 특징의 실현성이다. 이렇게 단독 행위자는 자본가, 소유자나 투자자의 역할을 결합하는 데 반해, 관계자, 개발사업자, 그리고 임차인 사이에는 차이가 있으며, 그리고 개발사업자와 임차인 사이에도 다른 차이가 있다. 개발 품질은 빈번하게 이러한 차이를 통해서 떨어진다.

공공부문

정부기관, 규제기관, 도시계획국 등을 포함하는 공공부문은 계획 체계, 다른 제도수단, 기반시설과 서비스 시설의 제공, 토지 합병과 개발에 대한 개입 등을 통해 개발과 토지 이용을 조절하려고 노력한다. 일반적으로 공공부문의 역할은 민간 부문의 관계자(개발사업자, 토지소유주 등)에게는 직접적으로 작용하지 않지만, 공공 정책과 규제틀을 제정함으로써 민간 부문에 투자 결정을 위한 맥락을 제공하고, 인센티브와 제재를 유용하게 적용해 개발 행위를 다른 것보다 좀 더 적합하게 만드는 데 영향을 미친다.

공공부문의 기관은 일반적으로 개발 계획의 원칙에서 상세한 내용에 이르기까지 개발사업자와 협상한다. 계획 당국의 기본적인 요구사항(이것은 협상 대상이 아니다)을 협의할 뿐만 아니라, 협상과 거래 기회를 자주 갖는다. 계획 당국은 계획에 따른 이익을 공공오픈스페이스나 인프라로 요구할 수도 있으며, 반면 개발사업자는 계획 당국과 지역 공동체에 좀 더 만족스러운 계획안을 만들기 위해서 특정한 이익을 제공할 수도 있다. 일부 나라에서는 계획에 따른 이익을 개발의 부정적인 확산 효과에 대해 지역 공동체에 보상하는 법적 사항(즉 과세 징수를 통해)으로 정하고 있다. 협상은 설계와 개발 품질에 영향을 미치는 과정의 양쪽 측면에서 도시설계가에게 기회를 제공한다. 영국의 경우 설계는 개발 규제 결정(development control decision)에서 중요한 고려 사항이다. 즉 원칙적으로 계획 당국은 단순히 설계를 근거로 개발 제안을 거절할 수 있다. 그러나 계획 허가가 거절되었을 때 이의를 제기하는 것은 개발사업자에게 시간과 비용 모두를 지불하게 하기 때문에 바람직하지는 못하다. 그러므로 개발사업자는 향후 진행할 개발에 대해 승인을 확실히 하기 위해서 계획 당국과 협상하는 한편, 계획 당국은 허가를 받지 못할 수도 있는 위험 부담에 대해 개발사업자에게 계획을 변경하도록 권장할 수 있다. 이런 일은 개발사업자와의 협상에서 도시설계가에게 권한을 부여한다.

도시계획규제는 개발에 대한 제약으로 보이지만 이러한 사고는 편협한 시각이다. 도시계획규제는 특정한 대지 개발에 대한 이익을 줄이는 반면, 지역 또는 이웃의 맥락과 혼합된 재산가치를 보호하고, 좀 더 안전한 투자 환경을 제공한다(즉 인접한 대지에 무엇을 할 수 있는지를 제한함에 따라). 일반적으로 개발사업자는 개발의 위험성을 줄일 수 있는 도시계획규제를 선호하지만 실질적으로 규제를 운영함에 있어서는 매우 분명하고 명확한 것을 원한다. 환경 개선은 또한 좀 더 안전한 투자 환경을 조성한다.

공공부문은 원칙적으로 공익을 목적으로 활동한다. 하지만 실제로 집단과 공공이 무엇인지 식별하는 것은 매우 어려우며, 정부의 여러 산하 기관과 다른 공공 기관은 빈번하게 편협한 이익을 위해 활동할 수도 있다. 공공부문의 역할은 11장에서 좀 더 충분하게 다루기로 한다. 특별한 계획안에서 공공부문의 목적은 장기적·기능적이며 설계 측면과 관련되어 있다.

커뮤니티-일반 대중

거주자, 상점과 상인, 일반 대중을 아우르는 광범위한 커뮤니티는 개발 결과물을 직·간접적으로 소비하는 주체이다. 그러므로 그들은 개발 과정의 수요 측면을 대변한다. 그들은 전체로서(즉 재산 범위를 넘어) 개발 결과물을 소비하기 때문에 주요 관심은 각각의 개발에서 전체 커뮤니티에 대한 기여이다. 커뮤니티의 목적은 장기간의 관점과 설계이며, 다시 말해 외관과 맥락에 기여하는 것에 관련된 설계이다.

개발 과정의 결과물에 대한 소극적 수혜자인 커뮤니티와 개인들은 특정한 개발 사업에 항의하거나 혹은 특정 프로젝트에 참여나 상담을 하고 이익단체와 조직에 참여해 개발 과정에 적극적으로 영향을 미칠 수 있다. 그들은 간접적으로든 원칙적으로든 민주적 과정을 통해 개발 과정의 공공부문 측면을 통제한다.

| 개발 품질 |

개발 품질을 고려함에 있어 우리는 서로 다른 주체들 간의 관계를 고려해야 한다. 경제적으로 주체들의 관계는 시장에서 과정과 구조를 통해서 정립된다. 시장경제의 원리에서 주체들은 오직 목적 달성에 기여하는 범위까지 개발 과정에 관여한다. 여기에는 두 가지 논점이 있다. 제안된 개발 특성은 각 주체들의 목적에 기여하는 정도에 따라 평가될 것이고, 각 주체는 같은 개발에 서로 다른 목적을 가지고 있기 때문에 충돌과 협의가 발생한다(Henneberry, 1998). 따라서 개발 과정에서 생산자와 소비자 사이의 격차, 생산자 측에서 도시설계가의 역할, 그리고 개발 품질을 넘어서는 도시설계의 품질에 대한 고려 등 세 가지 주요 논점이 생긴다.

생산자와 소비자의 격차

개발 사업에서 특정 요소의 비용과 이익은 개발주체들에게 지각되는 영향력 측면에서는 중립적이지 못하다(Henneberry, 1998). 예를 들면, 고품질에 낮은 유지관리를 요하는 재료는 최초의 개발 비용을 높이고, 장기적으로 운영 비용을 줄이며 기능성을 향상시킨다. 비용은 개발사업자가 부담하지만 이득은 임차인(occupier)에게서 생긴다. 구매 비용에 반영되는 증가된 비용을 투자자들은 임차인에게 더 높은 임대 비용을 부담시켜 보충한다. 낮은 운영 비용과 높은 기능성을 통해 임대와 자금의 가치를 증가시켜 더 높은 수익을 달성한다. 표 10.2와 10.3에서 중요한 것은 공급자 측의 주체는 단기간과 수익 목표(개발은 수익을 위한 상품이다)를 추구하는 반면, 소비 측의 주체는 장기간 그리고 설계 목표(개발은 사용되기 위한 환경이다)를 추구하는 경향이 있다.

예산 제약에 따라 목적이나 동기가 다른 개발주체나 조직(개발사업자 · 자금조달자 · 투자자 · 임차인)의 역할 간에 조정이 필요한 곳에서 갈등은 내부화되고 보다 만족스러운 결과를 만들어내기 위해 조절된다. 반대로 다른 목적이나 동기가 시장 거래를 통해 외부적으로 조정되어야하는 곳에서는 공급과 수요 간에 불일치 또는 격차가 있을 수 있다(Box 10.3). 왜냐하면 사용자와 소유자는 알려져 있지 않고 설계와 개발 과정을 직접적으로 알 수 없기 때문에, 생산자와 소비자 및 사용자 간의 이해의 차이는 모든 불확실한 투기 개발에서 발생하는 특징이 있다. 이미 제공된 것만 사야 하는 소비자의 특성을 고려하면, 소비자의 직접적인 개입에 대한 한계는 개발사업자가 오직 협의의 수익 목적만을 제공하는 품질이 떨어지는 개발이나 환경을 야기할 수도 있음을 의미한다. 그래서 공급자 측(개발사업자)은 수요자 측의 요구와 필요를 예상해야 하지만, 가능한 공급자 자신의 목적에 맞는 생산물을 만들어내는 경향이 있다. 일반적으로 개발이 생산자와 소비자 간의 격차에 중개자 역할을 할 때 더 나은 품질을 확보할 수 있다. 부동산 중개인과 같은 전문가는 종종 임차인을 위한 대리인으로서 행동을 하지만, 그 대리인의 관심이 실제 임차인들의 관심과 정확히 일치하지는 않기 때문에 또 다른 문제가 나타날 수도 있다.

생산자와 소비자 간의 격차가 발생하는 곳에서 모든 주체들 사이의 비용과 이익의 균형을 맞추는 일은 이익을 제공하는 것보다 더 높은 가격과 가치(또는 결과)를 창출하거나 적어도 비용을 회수할 수 있다는 확신을 갖는 공급자 측 주체에 달려 있다(Henneberry, 1998). 만약 임차인이 특정한 설계 요소에 대해 더 높은 가격이나 임대료를 지불할 의사가 없다고 하면 개발사업자와 자금조달자 및 투자자들은 자금을 제공하거나 투자하지 않을 것이다. 이러한 논점은 적절한 품질과 지속가능한 품질이라는 관점에서 논의할 수 있다. 이론상 좋은 (도시)설계는 부동산 개발에 가치를 더할 수 있지만, 로울리는 적어도 영국에서 '더 좋은 건물은 더 좋은 사업을 의미한다'는 개념은 새로우며 논쟁의 여지가 있다고 주장한다(Rowley, 1998, p.172).

사유재산을 결정함에 있어 지배적인 의견은 여전히 '적절한' 품질 관점이다. 그러나 이런 관점은 보다 낮은 기준의 개발을 위한 몇몇 시장이 있는 동안은 고품질의 개발이 불필요하다는 의견을 견지한다. 적어도 낮은 기준은 단기적으로는 관리하기가 더 쉬울 수 있다. 낮은 기준은 생산을 위한 더 낮은 기술과 관리를 요구할 수 있다. 그리고 낮은 기준은 더 낮은 초기 비용에서 이루어질 수 있다. 반대 입장은 고품질이 장기적으로 상업적 성공을 이끄는 데 도움을 준다는 것이다. 이것을 '지속 가능한' 품질의 관점이라고 부른다.

만약 임차인이나 투자자가 지불할 수 있는 것보다 더 높은 품질의 건물을 생산한다면, 발생하는 추가 비용은 개발사업자가 부담해야 한다. 요약하면, 초과내역(overspecification)이 발생하는 것이다. 그러므로 신중하고 이윤을 극대화하는 개발사업자는 소비자들이 요구하는 품질과 공급되는 생산품의 품질을 매우 가깝게 맞추려고 한다. 달리 표현하면, 개발사업자는 충분하거나 혹은 적절한 품질 수준에서 개발한다. 여기서 '충분함'과 '적절함'은 단기 기준에 반하는 의미로 판단하면 된다. 원칙적으로 개발에 드는 비용이 더 클수록 구매자들이 추가 비용을 부담할 수 없는 위험성이 더 커진다(Rowley 외, 1996).

그러나 이런 주장은 고품질 개발을 생산하는 데 비용이 더 든다고 가정한다. 이는 더 좋은 설계가 주로 더 높은 설계 조건이나 더 좋은 재료를 변수로 하는 경우에는 성립할 수 있으나, 예를 들어 더 좋은 계획, 건물과 공간의 배치(즉 주변의 맥락과 더 좋은 연계와 연결을 갖는 것들)에 의해 설계도 향상시킬 수 있다고 보면 설득력이 떨어진다. 이 점에서 더 좋은 도시설계는 추가 비용의 부담 없이 품질을 향상시킬 수 있다는 전제를 포함한다(Carmona 외, 2001).

도시설계가의 역할

개발 과정에 있어 생산자와 소비자 간 격차의 확산과 개발사업자(생산자)와 사용자(소비자)의 구조적 차이는 생산자 측면에서 그리고 특히 도시설계가의 역할 면에서 더 면밀히 살펴볼 필요가 있다. 실제로 보통 생산자는 단독으로 존재하지 않는다. 생산자 측은 전형적으로 다른 목적을 가진 많은 주체들로 구성된다. 표 10.2, 10.3에서는 어떻게 개발 관계자의 동기가 다양한지를 요약하고 있는 반면, 맥글린의 영향력 도표는 다양한 관계자의 영향력을 설명하고 있다(McGlynn, 1993, 그림 10.3). 맥글린은 개발을 시작하고 조정할 수 있는 영향력을 발휘하는 주체들 사이의 기본적인 차이, 즉 개발의 몇몇 관점에 대한 법률상·계약상의 책임을 갖는 것들과 그 과정에서 이익이나 영향을 갖는 것들에 대해 설명하고 있다.

　　비록 광범위하며 개략적이지만, 영향력 도표는 직접 개발을 제안하고 조정할 수 있는 주체들, 즉 개발사업자와 자본가 사이에서 어떻게 영

그림 10.3 맥글린의 영향력 도표

관계자 / 건설 환경 요소	공급자		생산자					소비자
	토지소유주	자본가	개발사업자	지역 단체		건축가	도시설계가	모든사용자
				계획가	도로기술자			
도로 패턴	-	-	○	○	●	-	○	○
블록	-	-	-	-	-	-	○	-
구획-분할&합병	●	●	●	○(영국)	-	-	○	-
토지와 건물 용도	●	●	●	●	¤	○	○	○
건물 형태								
- 높이&매스	-	●	●	●	-	¤	○	○
- 공공공간을 위한 방침	-	-	○	¤	-	-	○	○
- 입면	-	○	○	●	-	¤	○	○
- 건설 요소(세부 묘사&재료)	-	○	●	¤	-	¤	○	○

(출처 : McGlynn and Murrain, 1994)

기호
- ● : 영향력 – 시작과 조정 중 하나
- ¤ : 책임 – 법률상 또는 계약상
- ○ : 이익과 영향 – 오직 주장과 참여에 의해
- - : 분명한 이익이 없음

향력이 집중되는지 사실적으로 표현하고 있다. 설계가의 광범위한 역할 (그러나 또한 개발 제안과 조정에 있어서 실제 영향력은 부족하다)과 지역 공동체를 포함한 개발 사용자들에 의해 행사되는 영향력은 부족한 것을 보여준다. 그러므로 영향력 도표의 오른쪽에 위치한 설계가와 사용자 같은 주체들은 주로 개발 과정에 영향을 주기 위해 토론, 협력, 참여와 같은 원론적인 사항에 의존한다.

또한 영향력 도표는 설계가의 목표와 사용자, 일반적인 공공 목표 사이의 분명한 대응관계를 보여준다. 그러므로 도시설계들은 개발 과정의 생산자 측 범주에서 사용자와 일반 공공의 관점을 대표하는 임무를 간접적으로 가지고 있다. 설계가의 역할에 대해 더 면밀히 살펴보면, 벤틀리는 주체들 사이의 관계를 표현하기 위해 은유적인 방법, 즉 '영웅적 형태 제시자', '주인과 사용자', '시장의 신호', '전쟁터' 등을 사용한다 (Bentley, 1999).

(i) 영웅적 행태 제시자

개발 형태는 특수한 주체(예를 들어 건축가)의 창조적인 노력을 통해 형성되고, 물리적인 환경을 조성하는 전문가는 도시공간에 있어 주요한 대행자이다. 벤틀리는 설계가들이 그들의 제어 범위를 넘어선 개발 또는 개발 방향에 대해 비난을 받고 있는 것과 같이 설계가의 역할이 과장되어 있는 그릇된 사회적 통념에 대해 문제를 제기해왔다(Bentley, p.30). 건축가와 다른 전문가들의 역할에 대한 과장은 설계의 '맹목적 숭배'로 불려왔으며, 이에 따라 건물과 건축에 맞춰진 초점은 도시환경을 조성하는 사회·경제적인 과정의 더 넓은 맥락을 철저히 과소평가하고 있다(Dickens, 1980).

(ii) 주인과 사용자

개발 형태는 더 많은 영향력을 가진 사람들이 그보다 적은 영향력을 가진 사람들에게 명령을 할 수 있는 곳에서 다양한 주체들이 행사하는 영향력에 의해 결정된다는 것을 의미한다. 즉 개발사업자는 주요 결정을 하고, 그것을 위해 건축가들은 단지 결정을 위한 포장을 준비할 뿐이다. 설계가와 물리적인 환경조성전문가의 역할은 과소평가된다. 벤틀리는

"이런 생각이 확산되면서 영향력이 적은 주체들이 더 좋은 결과를 얻기 위해 노력하기보다는 단순히 개발사업자의 명령에 순종하거나 포기하는 자세를 갖게 되었다."고 밝혔다(Bentley, p.32).

(iii) 시장의 신호

시장의 신호는 일방적으로 진행하는 방향을 강요받기보다는 자원이 부족한 주체들이 긍정적으로 시장의 신호에 대응하는 것을 의미한다. 서로 동의하지 않는 관점을 가지고 있지만 급료나 보수를 지불하는 사람에게 순응하고 의심 없이 시장의 신호에 순응하는 것을 의미한다. 벤틀리에 의하면, 이것은 개발팀을 제어하는 데 있어 실무적인 어려움과 개발 과정에서 나름의 불확실성을 과소평가하거나 무시하는 것을 의미한다. 복합적인 지식이 사용되는 곳에서 전문가의 세심한 조정은 충분한 자격을 갖춘 감독자를 필요로 한다. 그러나 이런 조정과 관리 비용의 사용이 자주 제한되기 때문에 전문가들 없이 스스로 전문적인 검토를 할 수밖에 없다. 또한 벤틀리는 설계와 개발팀이 자신들이 만들어낸 가치 체계(예컨대 건축가는 '예술' 측면 그리고 관리자는 '재정' 측면을 강조하는)에 의해 사업에 기여한 정도를 강조하고 구별하는 문제를 제기했다(Bentley, p.35). 또한 이와 같은 설계와 개발팀의 목적이 그들의 의뢰인인 개발주체의 목적과도 상충되는 문제를 지적하고 있다.

　　의뢰인인 개발주체와 갈등을 빚는 후자의 경우, 조정하기가 훨씬 더 어렵다. 설계가는 의뢰인의 이익과 관심사에 거스르는 행동을 할 뿐만 아니라 넓게는 사회의 이익을 저해하는 행동을 할 수도 있다. 최종적으로 이 상황은 나타날 수 있는 모든 재앙이 다 발생한 것과 같다. 즉 개발 사업자와 개발주체인 의뢰인이 건물 설계에 필요한 지식을 가지고 있지 않고 동시에 전문 조언자들은 조정을 하기가 어려운 상황인 것이다. 벤틀리는 이 상황을 '친근하고 붐비는' 시장이라기보다는 '전쟁터'가 더 나은 표현이라고 언급했다(Bentley, p.36).

(iv) 전쟁터

전쟁터는 주체들이 원하는 형태의 개발을 이루기 위해 교섭, 구상, 계획하는 것을 의미한다. 벤틀리에 의하면, 이것은 가장 설득력 있는 은유적

표현이다. 개발주체들에게 있어 교섭을 위한 기회의 장은 내·외부의
제약 또는 규칙에 의해 설정된다. 민간 개발사업자에게 규칙은 예산의
제약과 적절한 수익, 그리고 초래될 위험의 정도(외적인 제재를 통해 집
행되는 파산같이 선택적이지 않고 단순히 무시할 수 없는 규칙과 같은)
와 관계가 있다. 규칙 간의 다양한 연계는 모든 주체들이 조절하는 범위
내에서 기회의 장을 창출한다. 효과적으로 협상하는 데 어려운 점은 다
른 주체들의 기회의 장의 한계를 알아내는 것이다. 예를 들어, 설계가에
대한 핵심 논점은 개발사업자를 얼마나 압박할 수 있는가이다. 벤틀리
는 더 많은 주체들이 다른 주체들의 기회의 장을 이해할수록, 가령 설계
가가 재정적인 가능성의 계산을 이해한다면 더 효과적으로 그들이 소유
한 자원을 근거로 명확한 목표를 설정할 수 있다고 주장한다(Bentley,
p.39).

계획 및 개발에 대한 허가의 필요성을 통해 설계가와 개발사업자의
기회의 장은 공공부문의 요구사항에 의해 외적으로 제약을 받을 수 있
다. 개발사업자를 위해 일하는 몇몇 설계가들은 개발사업자의 태도 변
화와 설계 분야의 확대 측면에서 계획과 공공기관의 지원을 인정한다.
또한 맥락, 예산, 정책틀 등에 의해 제공되는 제한이 없는 곳에서 설계
가가 내놓을 수 있는 일반적인 설계 아이디어는 거의 없다고 주장해왔
다. 케빈 린치는 "설계가들은 상황이 완전히 자유롭게 열려 있을 때보
다 약간의 제약이 있는 곳에서 계획하는 것이 더 쉽다는 것을 알고 있
다. 고정된 특성은 가능한 해결책의 범위를 한정하므로 디자인을 찾아
가는 고통을 줄인다."고 주장했다(Kevin Lynch, 1972, p.38).

내부적으로, 의뢰인(개발사업자)의 사업 기획은 설계를 위한 초기
의제와 폭넓은 사항들을 구성한다. 토론과 협상의 시작 단계에서는 협
상이 가능한 사항과 협상할 수 없는 사항이 있음을 고려해야 한다. 설계
가들은 개발 기획을 해석할 수 있는 많은 자유를 가지거나, 또는 단순하
게 기획을 포장하거나 모양을 내는 정도를 요구받을 수 있다. 다시 말해
서 공식처럼 설계 내용이 정형화되어 있거나 표준설계도면 같이 대부분
설계의 기본 내용이 결정되어 있는 것을 그대로 활용한다. 개발사업가
들이 지역 특성을 반영하는 현상을 연구하여 라비노위츠는 설계가가 프
로젝트를 시작하기도 전에 어떻게 중요한 설계결정이 내려지는지 관찰

했다(Rabinowitz, 1996, pp.34~6). 이는 개발사업자가 제시한 많은 사전 조건들이 '작업'을 위해 제시된 것이고 시장 수요에 기반한 것이어서 자유롭게 결정할 수도 없고 자주 변화하는 사항도 아니기 때문이다. 이런 접근은 지역 맥락에 대응하기 위한 설계가의 의도를 제한하고, 장소의 특성을 반영하지 않은 공식화되고 표준화된 설계를 초래한다. 기회의 장이라는 측면에서 보면, 수용할 수 있는 설계 영역을 확장하려고 시도하는 설계가들의 노력은 가치있다. 혁신은 기회의 장을 확장할 때 발생한다. 설계 영역의 확장이 성공적으로 이루어지면, 그것은 주요 업무에 포함될 것이며 주요 업무의 범위 또한 확장될 것이다.

　　건축가가 어떻게 설계에 대해(그리고 함축적으로 설계 품질에 대해) 의뢰인과 개발사업자와 교섭하는지에 대한 논의에서, 벤틀리는 설계가가 사용하는 세 가지 형태의 영향력을 보여주고 있다(Bentley, p.37).

- 건축가의 지식과 전문 기술을 통해 : 교육, 연구, 전문 경험, 그리고 과거 사례의 시사점을 통해 만들어진 결과물 활용
- 건축가의 평판을 통해 : 건축가가 고용된 이유이자, 그들이 가지고 있는 '문화자본(cultural capital)'인 재능 활용
- 건축가의 주도를 통해 : 항상 설계자만이 물리적 환경의 설계를 제시할 수 있기 때문에 교섭 주도

각 유형은 결과물을 만들어내는 힘보다는 영향을 미치는 힘과 밀접하다. 설계가는 개발사업자의 이익 추구에 반드시 좋은 설계가 필요하다고 주장해야 한다. 좋은 결과물은 개발사업자에게 재정 이익을 제공하고 사실 다른 주체들에게도 오히려 이익이 된다(Carmona 외, 2001, p.29, 표 10.4). 예를 들어, 주거개발사업 시 품질이 우수한 설계는 추가 비용 없이 비용과 이익의 균형을 향상시키게 되므로 상대적으로 높은 가격과 빠른 판매를 통해 더 많은 수익을 창출한다. 좋은 설계는 대지의 긍정적인 특징을 활용하거나 부정적인 특징의 영향을 최소화한다. 또한 계획 당국에 대해 계획 대지에 원래 계획했던 것보다 더 큰 규모의 개발을 수용할 수 있도록 하는 계획의 근거로 작용할 수도 있다(표 10.4).

표 10.4 도시설계에 있어 가치의 수혜자들

이해관계자	단기 가치	장기 가치
토지소유주	• 토지 가치 증대를 위한 잠재력	
자본가(단기간)	• 시장에서 결정되는 투자 안정성 확대를 위한 잠재력	
개발사업자	• 허가 기간 축소 • 공공 지원의 증가 • 판매가치 증대 • 특수성 • 잠재 자본의 증가 • 조건이 어려운 대지의 개발 착수 허용	• 명성과 평판 확대 • 가능성 높은 미래 협력 확대
설계전문가	• 작업의 증가와 수준 높은 설계 의뢰	• 전문가 명성 향상
투자자(장기간)	• 더 높은 임대 수입 • 자산가치의 증가 • 유지비의 감소 • 경쟁적 투자의 우위	• 가치와 수입의 관리 • 관리 비용의 감소 • 더 나은 재판매 가치 • 더 높은 품질과 장기 임차
관리 대리인		• 고품질 재료의 경우 유지 관리가 용이
임차인		• 노동력 만족도 향상 • 생산성 향상 • 사업 신뢰 증가 • 분열적 이동 감소 • 용도 및 시설의 접근성 향상 • 안전 비용 감소 • 임차인 신망 향상 • 유지비 감소
공공 이익	• 재생 가능성 • 감소하는 공공 및 민간의 의견 충돌	• 공공 비용 감소 • 긍정적인 계획을 위한 더 많은 시간 • 인접 용도 및 개발 기회를 위한 경제적 실현성 증가 • 지방 세수 증가 • 지속 가능한 환경
사회 이익		• 안전성 증가와 범죄 감소 • 문화적 활기 증가 • 공해 감소 • 압력 감소 • 삶의 질 • 공정하고 이용하기 쉬운 환경 • 시민의 자긍심 향상 • 장소 의미 증대 • 자산가치 향상

(**출처** : Carmona 외, 2001, p. 29)

도시설계의 질

개별적 개발의 품질 향상은 필요조건이지만 그것이 좋은 도시설계의 충분조건은 아니다. 임차인과 투자자의 요구에 부응하는 개발사업자는 여전히 일반 대중과 사회의 전체 요구를 배제할 수 있다. 극단적인 형태인 폐쇄적 주거단지(gated community)와 같이 따로 떨어져 있는 대규모의 주거단지는 단지 내부에 초점이 맞추어져 소비자와 임차인의 수요에만 부응해서 개발이 이루어지지만 공공 영역에 대한 기여는 거의 없다. 이런 개발은 지역 맥락과의 연계와 통합이 결여되어 있다.

개발 과정과 결과물은 필연적으로 장소의 창조보다는 개별 사업 단위의 개발에만 관심이 있으므로 도시설계 관점에서는 부족한 면이 많다고 할 수 있다. 예를 들어, 수직은 개발사업자가 왜 공공 영역에는 관심이 없고, 그 대신 사무용 건물, 쇼핑센터 또는 공업단지와 같은 다루기 쉬운 큰 개발 단위 생산에만 집중하는지에 대해 관찰했다(Sudjic, 1992, pp. 44~5). 크리스토퍼 알렉산더(Christopher Alexander)는 이러한 내부 지향적 개발은 '관계' 보다는 '목적' 이 중심이라고 정의한다. 이는 시장이 주도하는 불가피한 결과처럼 보일 수 있지만, 다른 여러 환경을 종합하는 수단으로서 도시설계의 역할에 대한 반복적인 요구인 것이다. 예를 들어, 1장에서 언급한 스텐버그의 주장처럼 부동산 시장이 도시환경을 독자적 사업이 가능한 개발 단위로 분할하고 구획함으로써 그 스스로 비인간적이고 일반적인 논리로 운영될 때, 도시는 점차 조화롭지 못한 이질적인 조각으로 변하게 된다(Sternberg, 2000, p. 275).

'공공공간 프로젝트 단체(The Project for Public Space, www.pps. org, 2001년 12월 자료)' 는 전형적인 개발 과정이 사업과 규제에 초점이 맞춰져 있기 때문에 문제가 있다고 주장한다. 그 결과로 다음과 같은 현상이 나타난다.

- 목표가 협소하게 한정된다.
- 표면적인 설계와 정치 논쟁만을 제기할 수도 있다.
- 관점과 평가는 규제의 범위에 국한된다.
- 외적인 가치 체계를 강요한다.
- 전문가들에게 의존한다.

- 많은 비용이 발생하고, 이를 정부와 개발사업자, 법인을 통해 충당한다.
- 변화를 거부하기 위한 공동체를 조직한다.
- 사용 관점에 대한 고려가 미흡하고 단순한 설계 중심으로 해결책을 제시한다.
- 장소의 경험을 제한하고 공공 영역에서 시민의 만남과 접촉을 제한하는 결과를 초래한다.

따라서 개발사업자로 하여금 대지 범위를 벗어나 더 넓은 범위의 맥락에서 개발을 바라보고, 장소 만들기에 기여하도록 장려하는 방법이 필요하다. 예를 들어, 공공공간 프로젝트 단체(The Project for Public Space, 2001)는 개발 과정에서 장소와 공동체에 초점을 맞추도록 제안한다. 개발 과정은 다음과 같다.

- 공공이 관여할 수 있는 장소와 그 잠재력으로부터 시작한다.
- 공동체의 목표, 요구와 선행해야 하는 것들을 명확하게 밝힌다.
- 파트너와 재원, 창조적인 해법을 이끌 수 있는 바람직하고 공론화된 미래상을 제공한다.
- 전문가와 협력하면서 효과적으로 일하기 위한 공동체를 장려한다.
- 설계는 바람직한 용도를 지원하기 위한 2차 수단이 될 것이다.
- 유연하고 기존의 결과를 바탕으로 한 해결 방법을 제시한다.
- 시민에게 공공 영역을 활발하게 만들 수 있는 권한을 부여할 때 시민들의 동의와 참여가 시작된다.

개발 과정의 관리, 유도, 조정은 집합적 이익과 개발사업자의 사적 이익의 추구를 인정하는 것을 통해 이루어질 수 있다. 건축물은 서로 의존하는 자산이고, 개발사업자는 전형적으로 이웃과 주변의 긍정적인 외적 영향(예를 들어, 보행자 흐름과 특별한 조망)으로부터 이득을 얻으려 하고, 부정적인 외적 영향(예를 들어, 열악한 조망과 소음)은 피하려고 한다. 그러나 사실상 개발사업자는 부정적인 외적 영향을 더 고려하고, 환경을 조절할 수 있는 곳에서는 개발 자체에만 집중하는 것이 일반적이다. 이런 개발은 맥락을 손상시키고 가치를 감소시킨다. 왜냐하면 개별적 개발이 계속해서 증가하고 더 나아가 맥락에 기여하는 성공적인 개발을 위한 유도가 이루어지지 않으면, 더욱 개발 자체만을 위한 개발과 악순환이 발생하는 명분을 제공하기 때문이다.

만약 도시설계가 더 나은 장소를 만드는 과정이라면, 이런 악순환은 중지되고 전환되어야 한다. 그리고 좋은 순환이 있다면, 개발 이익은 전체적으로 더 큰 공헌에 기여해야 한다. 이를 위해서 개발사업자는 맥락과 그 지역에 있어 개발을 조정하거나 스스로를 제한하는 규정에 대해 존중과 확신을 가져야 한다. 이와 같은 사항은 사용 가능한 건물 재료와 건설 기술의 제한을 통해서 과거 얼마간 나타났다. 그리고 개발의 촉진을 제어하는 힘을 통해서도 나타났다. 이것은 또한 알렉산더와 몇몇 사람들이 '도시설계의 새로운 이론(A New Theory of Urban Design, 1987)'에서 제안한 것이기도 하다(9장 참조).

긍정적인 맥락을 형성하고 맥락을 강화하거나 맥락으로부터 이익을 얻는 외부 지향적인 개발을 만들어내는 곳에는 축적된 이익이 발생하는 데에도, 개별적인 개발사업자는 맥락과 관련된 사항을 실행할 의향이 없어 보인다. 주변 효과는 양방향에서 작용한다. 예를 들어, 다른 모든 자산소유주가 같은 생각으로 맥락을 고려해야만 개별 소유자들이 이익을 볼 수 있다. 집단의 문제가 있는 곳에서 개인의 이익 창출만을 위한 사적 행동은 집단 전체에 부정적인 결과를 초래한다.

집단의 문제는 상위 기관(정부 또는 어떤 상황에서는 땅 소유주)의 강제적인 영향력과 협력적인 행동을 통해 해결할 수 있다. 이를 위해 필요한 협력을 얻어내고 개발의 모든 이익을 전체에 공헌하도록 하는 방법은 이론상 세 가지가 있다.

1. 가장 중요한 토지소유권이 단일한 경우, 토지소유주는 개발을 직접 실행하는 토지소유주 또는 토지를 구매해서 이익을 창출하는 개발사업자들이 지켜야 하는 마스터플랜, 공간구성지침, 또는 개발 규칙(11장 참조)을 만들어서 적용할 수 있다. 이는 전형적으로 장소 만들기에서 다루는 전체와 부분 사이의 일관성과 관계, 그리고 개발 대상지와 더 넓은 지역 맥락 사이의 관계에 관한 문제를 포함하고 있다.

2. 공공 기관은 민간 부문의 동의에 의하거나 정부 권력을 통해 지역의 모든 개발사업자의 운영을 제한할 수 있는 마스터플랜, 공간구성지침 또는 개발 규칙을 수립한다는 측면에서 토지소유주와 같은 역할을 할 수 있다. 예를 들어, 이론적으로 공공 기관은 사업을 주도하고 조정하는 역할을 하며, 집단의 이익을 위해서 행동한다. 또한 지역의 투자자와 함께 협의 또는 협력으로 마스터플랜을 발전시킨다.

3. 명령과 통제 모델보다는 오히려, 세 번째 모델이 더 협력적이고 자율적이다. 다양한 개발사업자, 토지소유주, 공동체 집단과 다른 투자자들이 실현할 수 있는 모든 것들을 동의하고 이를 규칙으로 하여 모두에게 적용한다.

특히 모든 잠재적 개발사업자와 잠재적 투자자를 동시에 모으거나, 상호 간에 유익한 동의를 이끌어내는 것이 좀처럼 가능하지 않기 때문에 이상적인 상황이라 할 수 있다. 각각의 경우에, 계획 또는 미래상을 변경할 수 없는 것은 아니다. 필연적으로 계획이나 미래상은 한 시점에서 만들어지고, 후에 검토 및 수정된다. 마스터플랜과 공간구성지침 및 개발 규제의 장점은 지역 내 모든 투자의 복합적 가치를 보장하고 집중시키며 개발 위험을 줄인다는 것이다. 또한 개발사업자가 자율적으로 행동함에 있어 꼭 필요한 규제를 받아들이도록 하는 보상 요소를 제공한다. 도시설계의 구상도 좋은 장소를 구성하는 것에 대한 의견 수렴과 이를 성취하기 위한 책임과 동의가 필요하다. 이런 관점에서 품질을 성취하는 것은 단순히 관리기관의 행정절차를 이행하는 것 이상의 힘든 일이다. 이것이 민간 개발 과정에서 공공의 개입을 위한 정당성을 제공한다(11장 참조).

공공 기관은 지역에서 신뢰성과 확실성을 높이기 위해 추가적인 행동을 할 수 있다. 예를 들면 다음과 같은 것들이다.

• 전략적 선도사업이나 개발 장려를 위한 투자 : 전략적 선도사업은 대부분 대규모 개발 계획이고, 일반적으로 세 개의 공통된 목표를 가지고 있다. 예를 들면 그 지역 내에서 또는 그 지역 자체에서 상업적인 성공을 보여주기 위한 전시 홍보 측면의 역할, 차후 개발의 모범 기준

그림 10.4 영국 맨체스터의 캐슬필드(Castlefields). 새로운 기반시설 요소를 제공함으로써 특성을 강화하고 설계 표준을 세울 수 있다.

이 될 수 있는 시범사업으로서의 역할, 바람직한 결과를 얻기 위한 경제적 사업 규모를 창출하는 개발 척도로서의 역할 등이다.

• 지역에 기반한 개선사업에 투자 : 비록 중요한 선도사업과 전시사업이 필요하지만, 도시 재생은 단편적인 근거보다는 종합적으로 지역을 개선하기 위한 수단, 즉 광범위하고 긍정적인 주변 효과를 만들기 위한 의도가 권장되어야 하며, 이를 위해서는 광범위한 근거와 원칙을 고려할 필요가 있다. 환경 개선은 지역의 이미지를 바꾸는 데 결정적으로 중요한 영향을 미칠 수 있다. 이런 수단은 지역에 대한 참여를 말하고, 일반적으로 장소 마케팅과 다른 선전용 캠페인의 기반을 형성한다.

- 기반시설 개선에 대한 투자 : 새로운 기반시설의 규정, 유형과 설계를 위한 목적, 원칙과 기준을 세울 수 있다(그림 10.4). 실현되지 않은 계획이지만 런던 도크랜드 내 독스섬(Isle of Dogs)에서 제안한 데이비드 고슬링(David Gosling)의 계획을 보면, 전체를 유기적으로 연결하기 위한 새로운 기반시설로 그리니치 축(Greenwich Axis)을 설정하여 선도 개발하고 이를 활용하여 새로운 개발을 시도하는 내용이었다(Gosling and Maitland, 1984, pp.147~51).

결론

이번 장에서는 개발의 역할과 주체 그리고 그들의 상호관계, 개발 품질의 논점 등 토지와 부동산의 개발 과정을 포함해서 논의했다. 보다 우수한 질의 도시설계를 강요하는 메커니즘이 없는 상태에서 개발사업자(그리고 일반적으로 개발 과정의 생산자 측)는 품질에 대한 투자가 부가가치로서 보상이 되는 곳에서 실행을 확신할 수 있을 것이다. 위에서 논의한 것과 같이, 더 좋은 건축 품질과 고급 재료와는 대조적으로 도시설계의 질을 향상하는 데에는 추가 비용이 수반되지 않을 수 있다. 비록 시험적이긴 하지만, 영국에서의 연구는 더 좋은 도시설계와 가치 향상과 투자수익 사이의 연계를 보여주었다(Carmona 외, 2001). 미국(Vandell and Lane, 1989; Eppli and Tu, 1999), 유럽(Garcia Almerall 외, 1999), 그리고 호주(Property Council of Australia, 1999)의 연구는 이런 조사 결과를 뒷받침한다. 영국의 연구는 더 나은 품질의 설계가 개발가치를 더할 수 있는 열 가지 주요 방법을 보여준다(Carmona 외, 2001).

- 투자에서 높은 이익은 자본의 가치를 높여준다.
- 도심 생활을 위해 기존에 없는 새로운 시장을 설립하고 차별화된 결과물과 명성을 높여 새로운 지역을 개발한다.
- 투자 유입을 돕는 명확한 임차인의 요구에 대응한다.
- 대지 내에서 보다 많은 임대면적(고밀도)을 제공하도록 돕는다.
- 관리, 유지, 에너지와 보안 비용을 줄인다.
- 더욱 생산적이고 만족스러운 노동력을 확보한다.
- 개발에 있어 활기를 띠게 하는 복합용도 요소를 지원하다.
- 새로운 투자 기회를 마련하고, 개발 기회에 대한 확신을 높이며, 공공부문의 대규모 재정 지원을 유치한다.
- 경제적 재생과 장소 만들기의 이익을 창출한다.
- 계획 이익을 창출하여, 낮은 품질의 도시설계를 개선하기 위한 공공 자금의 부담을 줄인다.

이 장에서 다룬 내용을 보충해 다음 장에서는 양질의 환경을 보호하고 유지하는 데 있어 공공부문의 역할에 대해 논의하기로 한다.

11
규제의 과정

서론

이 장은 높은 수준의 환경을 확보하고 유지하는 데 필요한 공공부문의 역할에 대해 다룬다. 공공부문이 개발 계획안들이 지켜야 하는 환경의 질에 대한 기준을 마련하거나 적합한 개발을 유도, 장려하고 가능하게 하여 공공 영역의 질을 향상시키기 위해 법적으로 어떤 수단을 사용하는지 고찰하고자 한다. 공공 기관이 사용할 수 있는 수단들을 검토하면서 특히 도시설계 행위의 주요 사항인 공공부문의 설계 규제 및 심의에 대해 언급하고자 한다. 공공부문의 역할은 설계와 개발을 규제하거나 유도하는 것 이상이다. 공공부문은 법적 또는 비법적인 수단을 통해 다양한 형태로 도시환경의 질에 영향을 미칠 수 있는 힘을 가지고 있다 (Box 11.1). 그리하여 공공부문은 공공 사업에서 또는 민간 부문에 높은 수준의 개발을 요구하는 등 영향력을 행사하여 건조환경의 질에 크게 기여하는 주체가 되고 있다. 런던의 도시환경에 관한 연구는 이러한 공공부문의 활동을 '정책 수립과 과정', '지속적인 관리', '가능화 요인' 등 세 가지로 구분하여 말하고 있다(그림 11.1).

케빈 린치는 공공부문의 행위를 네 가지 형태로 정의하였다(Kevin Lynch, 1976, pp.41~55). 진단과 종합 평가, 정책, 설계, 그리고 규제가 그것이다. 여기에 두 가지를 더한다면 교육과 참여 그리고 관리를 들 수 있다(Rowley, 1994, p.189). 이 여섯 가지의 행위들이 이 장을 구성하고 있다. 비록 공공부문의 행위와 주로 관계된 것이지만, 이 행위들의 대부분은 민간 부문의 행위와도 직접 관련이 있다. 예를 들어 평가나 설계, 참여에 관한 논의의 대부분은 도시설계에서 공공부문이나 민간 부문 모두에게 중요하다. 여기서 공공부문의 역할을 세세하게 논의하기 전에 도시설계에 대한 공공부문 개입의 정당성이라는 보다 넓은 논제를 간략하게 다루어볼 필요가 있다.

| 공공부문의 개입 |

공공부문이 개발에 개입하고 규제를 가하는 것이 빈약한 설계와 개발을 불러오는 토지와 부동산 시장의 기능부전에 대한 적절한 대응으로 보일 수도 있겠지만, 이는 불완전한 시장을 완전한 정부가 해결할 수 있다고 가정하고 있다. 그러나 시장이 실패하듯이 정부도 실패한다. 그러므로 좋은 설계를 유도하고 규제하는 것이 자동적으로 좋은 설계를 만들어낼 것이라는 가정은 신중하게 살펴보아야 한다.

상황은 그리 단순하지 않으며, 시장경제하에서 국가의 역할에 대한 근본적인 의문이 생겨난다. 일정 형태의 공공부문의 개입과 규제는 불가피할지라도 – 완전한 자유시장이라고 하는 것은 존재하지 않는다 – 개입이 어떤 형태로, 어떻게 이루어지는가 하는 점은 논쟁의 핵심이다. 예를 들어 민간 개발에서 공공부문이 언제(즉 설계안이 만들어진 후인지 그 전인지 아니면 과정 중인지) 개입하는 것이 가장 효과가 있을지 도시설계가들이 알아야 하며, 이는 매우 중요하다. 다시 말해 규제를 위한 규제가 아니라 적절한 규제가 필요하다는 뜻이다.

존 펀터는 영국에서 공공부문의 규제가 초기에는 '설계에 대한 통제'라는 부정적인 시각에서 어떻게 나중에는 '설계의 질'이라는 긍정적인 관심으로 변화했는지 강조하고 있다(John Punter, 1998, p.138). 그

Box 11.1

공공부문이 행사하는 행위

- 도시 관리 및 유지
- 도심부 관리
- 도시 보전 활동
- 토지이용 배치(지역지구)
- 설계 규제 및 심의
- 설계 지침, 정책
- 광고물 규제
- 도시 재생 및 보조금 지급
- 교통 관리, 투자와 계획
- 주차장 규제
- 대중 교육

- 이미지 관리와 도시 마케팅
- 지방 환경 보전 활동, 지방의제 21 등
- 토지 개간
- 시민 참여
- 오픈스페이스와 여가시설 관리
- 사회주택기금, 공급
- 공공 질서 관리 및 범죄 예방
- 파트너십 기업 공동 참여
- 공공 건물 모델 사업
- 건축, 개발의 허가 및 규제
- 문화 행사와 공공 예술

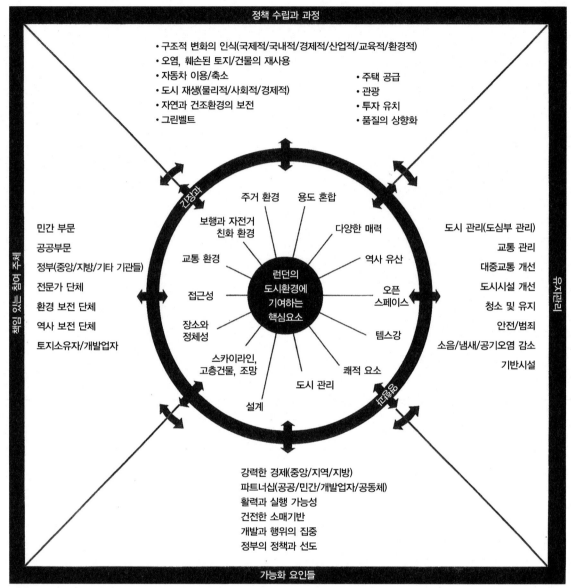

그림 11.1 런던의 도시환경의 질에 기여하는 주요 주체들. 그림은 공공 기관과 민간 부문 간의 관계를 잘 드러내고 있으며 더불어 각각의 주체가 관심을 두는 주요 환경의 질도 보여주고 있다(출처 : Government Office for London, 1996).

는 설계에 대한 전통적 시각은 설계를 통해 환경을 조성하는 동적인 과정(창조적인 문제 해결)으로 보기보다는 정적인 최종 생성물(조성된 결과 형태)로 보는 것이라고 주장했다. 그러므로 펀터는 설계를 과정으로 간주하는 새로운 시각에서 보면, 계획 당국이 설계를 규제한다고 보는 것은 문제가 있다고 했다. 영국 정부는 일관되게 설계의 질에 대한 최종 책임은 건축주와 설계가에게 있으며, 설계에 대한 공공의 규제라는 개념은 공공과 민간이 공동으로 질을 추구하는 개념으로 바뀌고 있다고 강조했다. 그러므로 규제와 개입은 개발과 설계를 과정으로 이해하고 받아들일 필요가 있다(3장 참조).

도시설계의 규제와 유도 지침을 제안하고 집행하는 사람들은 그 결과가 어떻게 될지 분명히 알아야 한다. 그렇지 않으면 규제 정책과 유도 지침은 겉돌게 될 것이다. 그러므로 좋은 도시형태나 도시설계가 무엇인지에 대한 비전이나 혹은 이들이 드러났을 때 알아볼 수 있는 수단, 가령 확인할 수 있는 기술이나 정의 등이 필요하다. 미국에서 도시설계 실무가 어떻게 변화해왔는지를 주목하며, 듀아니 등은 시장이 번영할 수 있는 예측 가능한 환경을 만들어주지 못하고 오히려 그 힘에 주도권을 빼앗김으로써 오랫동안 신뢰의 위기에 처해 있던 여러 도시들이 어떻게 그런 위기에서 벗어났는지를 설명했다(Duany 외, 2000, p.177). 공공부문에서 일하는 도시설계 실무자(때로는 정치가도 포함된다)들은 도시설계의 규제나 지침에 관여하기에 앞서 정치적 논쟁에서 승리해 정치가나 다른 결정권자들에게 설계의 질에 대한 관심이 유용하고 가치 있는 것이라는 점을 설득해야만 한다. 개발자나 투자자 그리고 소유자 등 환경 개선에 영향력이 있는 사람이라면 누구에게라도 좋은 설계에 투자하는 것이 유용한 것임을 설득해야 한다(10장 참조). 아울러 공공부문에서 일하는 실무자나 정치가들은 도시설계를 보다 잘 이해함은 물론 많은 도시설계가들과도 서로 잘 알아야 한다. 그러므로 도시설계 실무자들은 도시환경의 질을 주장하는 사람으로서뿐만 아니라 도시설계의 교육자로서도 그 역할이 매우 중요하다.

카모나는 공공부문이 설계의 질에 우위를 두고 접근할 때 주로 네 가지 방식으로 드러난다고 주장했다(Carmona, 2001, p.132). 공공의 이익을 고려하고 유도 지침과 규제에 적절한 설계 기준의 개발, 지역의 맥락에 대한 대응과 관심, 설계 규제를 위한 다양한 방식에 가치를 두는 것, 그리고 설계와 높은 수준의 환경을 확보하는 과정에 재원을 투여하는 것 등이다. 종합해보면 이 요소들은 공공부문이 설계에 접근하는 방식을 보여준다. 설계에 보다 세심한 공공 기관은 대체로 다음의 특성을 갖는다(Carmona, 2001, pp.132~66).

- 폭넓은 설계 개념 : 심미성과 기본적인 쾌적성을 넘어 도시설계와 경제·사회·환경의 지속 가능성을 포괄하는 환경의 질에 대한 관심
- 맥락을 고려한 설계 접근 : 지역과 대지의 종합 평가, 그리고 시민의 협의와 참여에 기초한 접근
- 총체적인 설계 유도지침 위계체계 : 상위의 도시 및 지역 차원을 위한 전략적인 지침부터 중위의 대규모 재생, 보전 또는 개발 프로젝트를 위한 지구 차원의 지침과 하위의 특정 대지와 개발안을 위한 설계 지침 등을 포괄
- 도시설계 팀 : 설계 과정에 관여할 수 있는 수단과 능력을 갖추고 개발안에 실제적으로 대응할 수 있는 팀

버밍엄, 포틀랜드, 바르셀로나, 암스테르담 등 많은 도시들이 이미 이러한 접근 방식을 갖고 있고 다른 도시들도 그런 방식을 개발하려 하고 있다. 그러나 이러한 자치단체들의 시도를 저해하려는 여러 장애 요인이 있을 수 있다. 설계 부문에 관여하려는 중앙이나 지방의 정치적 의지의 부족이 그 하나이고, 그 외에도 지역의 투자 환경이나 부동산 시장 상황, 지역사회의 태생적인 보수주의나 개발에 반대하는 태도, 변화를 수용하기 힘든 역사적인 도시 조직, 숙련된 설계가의 부족(특히 도시설계에 대한 전문성을 가진 사람), 설계에 투자하거나 관심을 갖기 원치 않는 개발업자와 투자자 등이 그 예이다.

| 진단과 종합 평가 |

3장에서 도시설계의 특성 중 하나가 과정이라는 점을 논의하며 이를 설계 과정 통합 모델의 중요 단계와 관련시켜 보았다. 즉 목표를 세우고 분석하고 구상하고 종합하고 예측하며 대안을 결정하고 평가하는 과정이다. 종합 평가[1]는 설계 과정의 시작(분석)이자 끝(평가)이라고 할 수 있다. 종합 평가는 초기 고려 요소들을 정립하는데 여기서 설계안이나 정책이 발전되며, 이런 설계안 등 결과물이 평가되면 이를 설계 과정으로 피드백한다.

역주 ____
❶ appraisal과 evaluation이 우리말로 '평가'로 표현되면서 혼돈이 있어, appraisal은 '종합 평가'로 evaluation은 '평가'로 표시하기로 한다.

　　도시설계의 일반적 원칙과 상황에 따라 변화하는 원칙은 고유한 특성과 기회 그리고 위협 요인을 지닌 각 대지나 지역에 행위의 틀을 제공한다. 민간 개발과 공공 개입은 설계안을 만드는 출발점인 종합 평가에서 시작한다. 맥락을 체계적으로 분석하는 일은 공공부문에서 특히 더 중요한데, 이는 공공 기관이 지역·지구·대지 등 다양한 규모의 환경에서 작용하는 데다 각각 다른 형태의 분석을 필요로 하기 때문이다. 반면에 민간 개발에서는 대규모 개발 외에는 일반적으로 대지 차원에서만 분석이 이루어진다.

　　대부분의 나라에서 공공부문은 지역의 맥락을 존중해야 한다고 주장하고 있다. 한 예로 영국의 경우, 중앙 정부는 설계요령지침서를 통해 주변 환경과 연관지어서 개발 계획안을 평가할 필요가 있음을 강조해왔다. 유형 혹은 무형의 장소의 질은 가능한 한 지역·지구·대지 차원에서 종합 평가의 항목이 되어야 한다. 펀터와 카모나는 계획 행정에서 가장 흔히 쓰이는 종합 평가 방법을 다음과 같이 정리했다(Punter and Carmona, 1997, pp.117~19).

- 도시경관의 분석과 기록, 장소의 시각적·지각적 특성을 잘 드러낸 고든 컬른(Gordon Cullen)이 개발한 것과 같은 방식
- 보행자의 행위와 접근성 그리고 통행 행태 연구
- 장소에 대한 대중의 지각과 장소에 부여된 의미의 조사, 린치(Lynch) 의 명료성 분석과 같은 방식
- 정주지의 역사적·형태적 분석, 그림−배경(figure-ground) 분석을 포함한다.
- 환경 조사, 생태·환경의 자원 목록 작성, 양적·질적 환경 측정과 연계한 시각적 분석 등
- 단순한 설명보다는 처방에 초점을 둔 지구의 SWOT 분석

지역 차원의 종합 평가

지역 차원의 종합 평가는 환경의 기반을 형성하는 포괄적인 자연 특성의 평가로부터 도시와 마을의 특징적 지구(가령 주거지나 구역)를 발견해내고 도시 지역의 복잡한 기반시설망과 통행 패턴을 이해하는 것을

아우른다. 이는 도시 성장의 패턴을 이해하고 지속 가능한 방식으로 새로운 개발을 기존의 도시 지역에 접목시키는 수단을 제공한다(그림 11.2).

이런 대규모 차원의 공간 분석은 자연이나 농촌 지역에서 보다 자주 정교하게 진행된다. 영국의 경우 나라 전체를 181개의 자연특성지역으로 나누었는데, 각 지역은 자연 보전과 자연경관 특성 그리고 생태적 특성 등으로 상세하게 기록되어 있다(Countryside Commission & English Nature, 1997). 많은 도시설계 연구가들이 작은 지역 차원에서도 이런 형태의 분석을 주장하였다(Lynch, 1976 ; Hough, 1984).

이제 많은 유럽 국가, 특히 독일에서 자연 및 생태 분석은 전략적인 설계와 계획 결정에 토대가 되고 있다. 이는 지역의 '자연의 수용용량(즉 자연을 훼손하지 않고 변형할 수 있는 정도)' 을 도출하고, 신개발에 있어 부정적 영향을 줄이고 긍정적 영향을 증대할 수 있는 가능성을 발견해내는 것을 목표로 한다. 이를 통해 긍정적인 부분은 강화하고 부정적인 것은 개선할 수 있다. 기존의 특성을 강화하고 지속 가능한 성장을 보장하는 방식으로 신개발을 수용하기 위한 정주지의 수용능력은 또한 전략적인 설계 결정에 있어 기본 사항 중 하나가 되어야 한다.

신개발의 필요와 기존 특성의 보전 사이에서의 갈등이 대부분 역사적인 도시 맥락에서 첨예하게 나타남으로 인해 역사적 도시에서는 도시 수용능력에 대한 작업이 대규모 공간 분석의 새로운 방향을 제시하고 있다. 영국 체스터 시에서는 도시의 많은 부분과 주변 경관이 중요한 보전 대상이기 때문에 신개발에 대해 전략적인 보전 주도형 성장 방식을 요구하고 있다. 이와 같은 전략을 보다 광범위하게 지속 가능한 목표에 적용하기 위해 도시의 현재 수용능력에 대한 검토가 필요했고, 이에 따라 물리적 · 생태적 · 지각적 수용능력에 대한 분석까지도 포함하게 되었다(Arup Economics and Planning, 1995, pp.14~8. 그림 11.3). 그리고 이 분석은 개발을 위한 전략적 지침을 발전시키는 데 있어 광범위한 노력의 한 부분이 되었다.

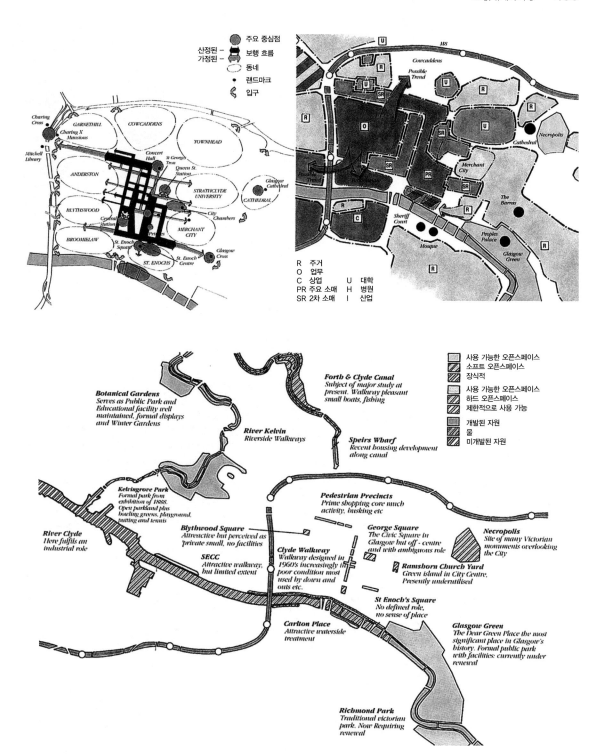

그림 11.2 글래스고 도심 : 통행 패턴, 특성 있는 주거지와 오픈스페이스 구조. 도시설계를 중심으로 한 도심 재활성화 전략의 토대로서 글래스고 도심부의 공간 특성을 다양한 방식으로 지도화했다(출처 : Gillespies, 1995).

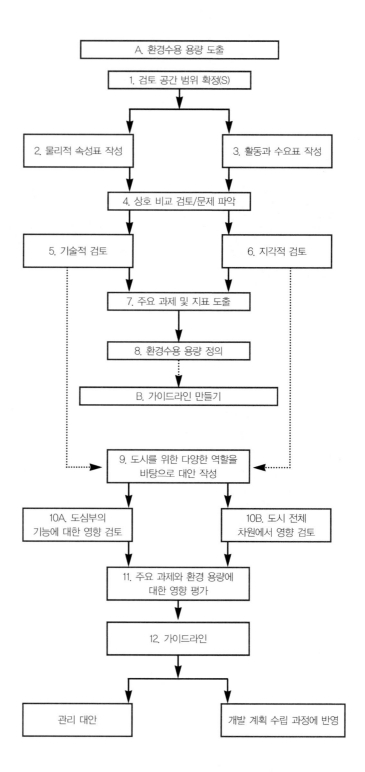

그림 11.3 체스터 시의 환경수용 용량 도출을 위한 연구 방법(**출처** : Arup Economics and Planning, 1995)

지구 차원의 종합 평가

지구 차원의 종합 평가는 대체로 설계 정책 및 유도지침의 수립보다 앞서게 된다. 그러나 흔히 비용과 시간이 많이 들고 숙련된 인력(주로 공공부문에서 인력이 부족함)에 의존하기 때문에 개괄적인 수준에 머물게 된다. 지구 차원의 종합 평가는 특히 역사지구로 지정된 곳에서 가장 포괄적으로 수행된다.

이는 부분적으로 역사 보전 분야에 대한 공공부문의 개입이 늘어난 것을 나타내며, 또 다른 한편으로는 역사 보전 실무자에게 보다 종합적인 설계유도가 가능하게 된 것을 의미한다. 영국의 보전 관련 법제화를 유도하고 관리하는 영국유산재단(English Heritage, 1997)은 종합 평가를 보전과 계획 행위에서 기본으로 간주하며, 이런 분석을 위해 체크리스트를 제공하고 있다(Box 11.2).

역사적이고 주로 시각적 측면에서 평가에 접근함에도, 이 체크리스트는 지구의 성격을 명확하고 간략하게 설명하고 있다. 도시설계가는 대상 지구의 주요 과제에 대한 그들의 지식과 분석에 필요한 기술 및 재원에 기초해 자신의 설계 구상을 발전시키는 것을 목표로 한다. 그리고 그러한 접근 방식은 형태·시각·지각·사회·기능·정치·경제 차원의 맥락을 분석하는 일을 포함해야 한다.

영국에서는 도시설계연합(Urban Design Alliance)이 지구 평가에 있어 체계적인 접근 방법을 제공하기 위해 장소체크리스트(Placecheck : www.placecheck.com)를 개발했는데, 이것은 장소의 질을 평가하는 방법과 어떤 개선이 필요한지를 보여주고, 이를 달성하기 위해 함께 일해야 하는 사람들에 초점을 맞추고 있다. 즉 지역의 기관을 포함한 지역 집단이 함께 모여서 도시·주거지·가로에 대해 질문을 하고, 사진·지도·도면·다이어그램·스케치·비디오 등 다양한 방법으로 그 대답을 기록하도록 장려하고 있다. 그렇게 함으로써 장소를 보다 잘 이해하고 인식하여 도시설계 공간구성지침(frameworks)이나 도시설계 규칙(codes), 도시설계 원칙(briefs)과 같은 실제적인 유도지침을 만드는 데 도움이 되도록 하는 것이다.

처음에는 주요한 세 가지 질문을 한다. "당신은 이 장소를 왜 좋아합니까?", "당신은 이 장소를 왜 싫어합니까?", "무엇을 개선해야 합니

Box 11.2

지구의 특성을 평가하기 위한 체크리스트(출처 : 영국유산재단(English Heritage), 1997)

입지와 인구 넓은 정주지의 맥락 속에서 지구를 설정하고, 지구의 사회적 모습이 알려주는 특성을 이해한다.

역사와 발전 과정 지구가 어떻게 진화하고 성장해왔는지 정리한다. 특히 형태의 발전 과정을 추적한다.

지구 내의 주 용도와 이전 용도 어떻게 용도가 지구의 성격을 형성해왔는지 이해한다. 건물과 공간의 형태와 배치, 그리고 공공 영역의 사회적 특성에 대해 이해한다.

지구의 고고학 차원에서의 중요성 기초가 되는 고고학 측면을 적절하게 고려하기 위해 전문가의 평가가 필요하다.

건물의 건축적, 역사적 질 주된 건축 양식이나 건축의 전통, 나아가 지구의 성격이나 지붕 경관에 특별한 기여를 하는 건물들의 그룹을 고려한다.

문화재로 지정되지 않은 건물의 기여 법적으로 보호되지 않는 건물들이 지구의 성격에 기여하거나 혹은 훼손시키는 바를 확실히 인식한다.

지구 내 공간의 특성과 관계 도시경관을 형성하는 수단으로 볼 수 있는 공공과 개인 공간 사이의 관계에 관심을 갖는다. 시각적 특성(특히 공간을 둘러싸는 방식), 공간이 기능하고 사용되는 방식 등

전통적인 건물의 주재료, 질감, 색상, 세부 요소 건물의 세부 요소, 가로바닥의 패턴이나 길가구 등은 흔히 지구의 시각적 흥미를 일깨우고 지역의 특성을 만드는 데 중요한 기여를 한다.

녹지공간, 나무, 기타 자연경관 요소의 기여 도시지구의 성격에 자연 혹은 인공적 녹지환경이 만들어내는 활력을 인식한다.

지구의 배치와 주변과의 관계 자연경관과 도시경관의 맥락에 관심을 갖는다. 특히 지형과 주변 농촌지역이나 랜드마크에 대한 조망을 고려한다.

지구에 대한 침범, 훼손의 정도 부정적이거나 주요한 위험 요소는 긍정적 요소 이상으로 지구의 성격에 영향을 미친다.

중립지구의 존재 현대 설계의 기법을 포함해 지구 개선에 필요한 모든 기회 요소를 파악한다.

까?" 등이다. 그 다음에 보다 세분화된 열다섯 가지의 질문을 통해 누가 그 장소를 개선하는 데 참여할 필요가 있는지, 그리고 그 장소가 어떻게 사용되고 경험되는지를 중점적으로 물어본다(Cowan, 2001b, p.11).

(i) 사람

• 누가 이 장소를 개선하는 데 참여할 필요가 있습니까?

• 장소를 개선하기 위해 지역에서 활용할 수 있는 자원은 무엇입니까?

• 개선에 대한 생각을 발전시키기 위해 우리는 어떤 다른 방법을 사용해야 합니까?

• 어떻게 다른 지원 프로그램이나 자원을 최대한 이용할 수 있습니까?

- 어떻게 우리의 식견을 끌어올릴 수 있습니까?
- 장소를 개선할 수 있는 다른 행위는 무엇입니까?

(ii) 장소

- 어떻게 이곳을 특색 있는 장소로 만들 수 있습니까?
- 어떻게 이곳을 녹지가 많은 장소로 만들 수 있습니까?
- 어떻게 가로와 공공공간을 보행자들에게 좀 더 안전하고 즐거운 곳으로 만들 수 있습니까?
- 그외에도 공공공간을 개선할 수 있는 방법이 또 무엇이 있습니까?
- 어떻게 길을 찾는 사람들을 위해 그 장소를 보다 쉽고 친근하게 만들 수 있습니까?
- 어떻게 그 장소를 미래의 변화에 적응할 수 있게 만들 수 있습니까?
- 어떻게 자원을 좀 더 유용하게 사용할 수 있습니까?
- 대중교통 수단을 가장 잘 사용하기 위해서는 무엇을 해야 합니까?
- 어떻게 노선들을 서로 잘 연결할 수 있습니까?

이러한 질문은 100개 이상의 더 많은 질문으로 세분화되어 사람들의 생각을 유발한다. 다양한 방식으로 사용할 수 있는 이 접근법은 시범 프로젝트 등을 통해서 폭넓게 시험되었다. 이보다 덜 세밀하지만 SWOT 분석도 유사하게 사용될 수 있다. SWOT 분석은 브레인스토밍(brainstorming)과 장소의 장점과 약점, 이용할 수 있는 기회 요소와 예상되는 위험 요소 등의 기록도 포함한다. 장소체크리스트와 SWOT 분석기법의 가치는 단순한 분석을 넘어 대응 행위의 방향을 찾는다는 점이다. 두 기법 모두 대지 차원에서도 적절하다.

대지 차원의 종합 평가

민간 및 공공부문에서 대지 차원의 종합 평가는 설계와 개발의 필수 조건이다. 린치와 해크는 장소의 독특한 성격과 일관된 패턴과 균형을 이해한 설계 개념을 발전시키기 위해 각각의 대지에 대한 연구는 각기 다른 접근 방식을 채택해야 한다고 주장했다(Lynch and Hack, 1984).

이들은 부정적이거나 긍정적인 특성 모두를 포함한다. 대지 차원에서 평가하는 목적은 보호할 측면과 개선해야 하는 측면 모두를 찾아내고 결과적으로 이들의 특성을 존중하거나 개선하기 위한 원칙과 대안을 만들어내는 것이다. 채프먼과 라크햄은 유용한 종합 평가 체크리스트를 제시했다(Chapman and Larkham, 1994, p.44, Box 11.3). 그래픽을 활용한 대지와 지구 차원의 종합 평가 기술은 12장에서 더 논의하기로 한다. 종합 평가에 대한 보다 집중적인 논의는 『도시설계개론(Urban Design Compendium, Llewelyn-Davies, 2000, pp.18~30)』[❷]과 『바이 디자인 (By Design, DETR/CABE, 2000, pp.36~40)』에서 참조할 수 있다.

| 정책, 규제 그리고 설계 |

도시개발에 있어 설계의 질을 유도하고 규제하는 것을 정책, 규제, 그리고 설계가 공동으로 강조하는 것과 같이 이 세 가지의 행위 방식은 연계해서 사용할 수 있다. 새로운 환경을 창출하는 데 있어 공공부문의 직접 투자가 점점 사라지고 있기 때문에 높은 수준의 개발을 담보하기 위한 공공의 역할은 이런 기능에 한정되기 일쑤이다. 그럼에도 대부분의 지방행정 시스템은 계획, 보전, 건축 규제 등의 연계된 과정을 통해 도시설계의 영향력을 강력하게 행사하고 있다. 더불어 이를 통해 민간 부문의 설계안이 공공의 이익에 기여하도록 하고 있다.

설계안과 개발에 대한 규제가 기본적으로 개인의 재산권을 제한하고 있기 때문에 많은 감정 대립과 논쟁을 불러온다. 특히 규제의 영향을 가장 많이 받는다고 생각하는 설계가나 개발자들은 때로는 거칠게 항의하거나, 어떤 경우에는 설계 규제를 자신들을 제외하고 다른 모든 사람들에게 적용해야 한다고 모순적인 태도를 취하기도 한다. 브렌다 케이스 시어는 미국의 상황을 예로 들며 공공부문의 설계 규제와 심의에 대한 많은 문제점을 정리했다(Brenda Case Scheer, 1994, pp.3~9).

- 시간과 비용이 많이 소요된다.
- 설득이나 멋있는 그림 혹은 정치력으로 조작하기 쉽다.
- 과중한 업무에 시달리고 경험도 없는 공무원들이 수행한다.

역주 ____
❷ 이 책은 2006년 한국어로 번역되었다. 김경배 외, 『도시설계개론』, 서울시정개발연구원

Box 11.3

대지 차원의 종합 평가 체크리스트(출처 : Chapman and Larkham, 1994, p. 44)

대지의 일반적인 인상 기록
예를 들면 현재의 장소성, 명료성을 포함한 정보를 기록하기 위해 필기·스케치·도면·사진 등을 활용

대지의 물리적 특성 기록
대지의 크기·면적·형상·경계·경사·지면 상태·배수와 수자원·수목·생태·건물과 다른 구조물

대지와 주변과의 관계 검토
토지이용, 도로와 보행로, 대중교통 결절점과 노선, 지역의 시설과 서비스시설, 기타 기반시설 등

대지에 영향을 미치는 환경 요인 고려
방향·일조·기후·미기후·주 풍향·음영·대피처·공해·소음·냄새 등

시각·공간적 특성 평가
조망·전망, 매력적인 형태나 건물, 눈에 거슬리는 것, 도시경관과 주변공간의 특성, 랜드마크·경계부·결절점·출입구·공간적 연속 등

위험 요소 파악
침하나 산사태, 배수 불량, 습지, 쓰레기 무단 투기, 기물 파괴, 주변과 어울리지 않는 용도나 행위, 안정감의 정도

사람들의 행태 관찰
바라는 행위, 행태의 배경, 일반적인 분위기, 모임 장소와 행위의 중심

지구의 형성 배경과 역사 고려
지구나 지역의 건설 재료·전통·양식·세부 요소, 주된 건축과 도시설계의 맥락, 도시의 패턴과 고고학적인 의미

기존 용도 혼합 평가
대지 안이나 주변의 다양성과 활력에 대한 기여도

법적·제도적 제약 조건 연구
소유 관계, 통행 권리, 계획의 위상(정책과 가이드라인), 계획 조건, 협약, 법적 인수자의 의무

SWOT 분석의 이용
설계 종합 평가와 설계 지침 작성의 출발점이 된다. 대지의 현황뿐만 아니라 해결 방향에도 관심을 갖는다.

- 건조환경의 질을 개선하는 데 효과가 없다.
- 매우 전문적인 일인데도 일반인이 전문가를 지배할 수 있도록 허용된 유일한 분야이다.
- 공공의 이익보다 개인의 이해관계에 바탕을 두고 있다. 특히 부동산 가치를 유지하려 한다.
- 자유로운 의사표현의 권리를 침해한다.
- 보통 수준의 성능을 장려하고 우수한 수준의 성능을 저지한다.
- 자의적이고 애매하다.
- 설계유도지침에서 제시된 과제 범위를 넘어서는 판단을 장려한다.

- 적절한 과정이 빠져 있다(규제의 과제와 과정이 너무 복잡하기 때문에).
- 아름다움을 창조하는 데에는 정해진 법칙이 없다는 것을 인정하지 않는다.
- 대상 지역에 관련된 특수성이나 그 사회에 의미 있는 무언가가 아니라 애매하고 통상적인 원칙을 요구한다.
- 모방을 장려하고 장소의 진정성을 흐리게 한다.
- 폭넓은 비전 대신 개별적인 프로젝트에 집중하기 때문에 진정한 도시설계를 하지 못한다.
- 요식 행위의 과정이다.

리브친스키는 한 논문에서 여러 결함에도 불구하고 공공부문에서 설계 규제·심의를 지속적으로 중요하게 요구하고 있는 이유를 설명했다 (Rybczynski, 1994, pp. 210~1). 이 주제를 놓고 격렬한 논쟁이 자주 벌어지지만, 그렇다 해도 그 과정은 매우 효과적이라고 주장했다. 거기에는 전문가들의 생각에 대한 대중의 불만족과 좋은 설계를 구성하는 것이 무엇인가에 대한 건축 전문계의 합의 부족 등이 반영되어 있다. 그는 "심의 과정은 최소한 새로운 것과 기존의 것 간의 조화를 보장하는 차원에서 이용해야 하며, 심의는 마음 깊숙이 자리 잡은 대중의 가치를 장려하고 반영하기 때문에 특히 가치가 있다."고 주장했다. 그런 가치가 최근에는 비전 지향적이 아니라 과거 지향적임을 지적하며, 이런 경향을 이해할 만하다고 여겼다. 왜냐하면 이 시대에는 새로운 건축 기술과 재료가 무수한 설계 스타일과 가능성을 쏟아내고 있는데, 이들은 대체로 기존의 맥락과 어울리지도 않으며 대립하고 있기 때문이다. 그는 결론적으로 다음과 같이 말하고 있다.

시에나, 예루살렘, 베를린, 워싱턴 시와 같이 아주 다른 도시에서의 설계 심의 경험은 건물 설계에 대한 공공의 규제가 반드시 건축가의 창의성을 제한하지는 않으며 오히려 그 반대라는 것을 시사한다. 이들이 이룰 수 있는 것은 전체로서 도시환경의 우수한 질이다. 단독 건물을 강조하기보다 앙상블로서 건물 그룹에 치중하는 것이 결코 나쁜 일은 아닐 것이다(p.211).

논쟁은 계속되겠지만 심의 과정은 점점 정치적 의미를 띨 것이고, 최소한 서방세계에서는 광범위한 대중의 지지를 근거로 할 것이다.

정책

공공부문이 법적인 과정을 통해 설계에 영향력을 행사하려는 시도에 대한 가장 일관된 비판은 설계가 기본적으로 주관적인 영역이기에 그와 같은 시도는 결국 가치관이나 편견에 관련될 수밖에 없다는 것이다. 또한 케이스 시어(Case Scheer)의 분석에 따르면, 그것은 자의적이고 애매하며 피상적일 수밖에 없다. 영국에서 이 같은 주장은 설계의 질에 영향을 미치려는 정책적 시도의 정당성에 대한 논쟁에 집중되었다. 정부의 설계유도지침은 초점이 변화하는 것을 보여준다. 그래서 1997년경에는 '설계는 주관적이다' 라는 언급은 사라져버렸다.

- 1980년 : "계획 당국은 심미성이 매우 주관적인 것임을 인정해야만 한다. 그들은 개발자에게 단순히 당국의 취향이 더 우수하다고 하면서 그들의 취향을 요구해서는 안 된다(Circular 22/80, para. 19)."
- 1992년 : "계획 당국은 주변과 규모나 성격 면에서 조화를 이루지 못하는 명백히 조잡한 설계안을 거절해야만 한다. 그러나 심미적 판단은 어느 정도 주관적이기에 당국은 단지 당국의 취향이 더 낫다는 이유로 신청인에게 그들의 취향을 요구해서는 안 된다(PPG1, para. A3)."
- 1997년 : "지방 정부의 계획 당국은 조잡한 설계안을 거절해야만 한다. 특히 그들의 결정이 분명한 계획 정책 또는 공공의 협의를 통해 지방 계획 당국이 채택한 설계유도지침 등에 의해 지지를 받는 경우 더욱 그러하다(PPG1, para. 17)."

이러한 변화는 설계에 대한 정부의 사고가 진화했음을 보여주며, 이는 또한 개발산업의 일시적인 지지를 얻어왔다(Carmona, 2001, pp.176~99). 이런 진화는 설계 문제는 사전에 특성을 체계적으로 평가해 수립된 유도정책이나 지침에 기초할 때 비로소 객관적으로 다룰 수 있음을 인정하는 것을 전제로 하고 있다. 진화 과정은 또한 설계를 유도하는 관심이 세부적인 건축 설계(심미성)에서 벗어나 도시설계 쪽으로 진행하고 있음을 보여준다.

설계 규제가 보다 명확하게 정책에 근거한 접근 방식으로 점진적으로 이동한 것은 1991년 영국에서 일어난 '계획 주도' 계획 체계로의 변화와 일치한다. 이를 통해 개발 규제 면에서 계획 당국에게는 많은 융통성을 주지만(계획 당국은 그들이 만든 계획에 구속되지 않기 때문이다), 개발자에게는 큰 불확실성을 주는 자유재량 체계가 수정되었다. 그럼에도 '계획 주도' 체계는 아직 많은 자유재량권을 포함하고 있는데 이는 계획이 법적으로 구속력이 없고 단지 많은 중요한 고려사항 중 하나일 뿐이기 때문이다. 이 체계는 개발자가 요구하는 확실성과 계획 당국이 필요로 하는 융통성의 조화를 시도하고 있다. 그러나 불행히도 세밀한 정책 수단과 능숙한 계획 공무원(특히 설계 분야)의 부족으로 이 체계가 때로는 아무것도 이뤄내지 못해 좌절감만 뒤따르고 있다(Carmona 외, 2001, p.75).

설계를 좀 더 객관적으로 다루고자 하는 영국 정부의 시도는 유럽의 다른 나라나 미국의 실무 능력에 뒤지고 있다. 독일과 프랑스 그리고 미국의 일부 도시에서 적용된 체계는 법적으로 구속력 있는 지역·지구의 지정과 개발 계획이나 설계 규칙을 통한 설계유도지침을 혼합하여 사용하는 것을 기본으로 하고 있다.

예를 들어 미국에서 지역지구 지정은 경찰권의 위상을 갖는다. 즉 개발을 원하는 사람들에게 권리를 부여할 뿐만 아니라 개발을 규제할 수 있는 법적 장치를 지역당국에게 보장해준다. 미국에서 지역지구 규제는 지구의 도시설계와 건축설계에 큰 영향력을 미친다. 주로 용도 혼합, 형태의 특성(가령 건축선, 대지의 깊이와 폭) 그리고 개발의 3차원 형태(가령 높이, 건축선 후퇴, 밀도) 등의 규제를 통해 시행하고 있다. 하지만 보다 근본적인 도시설계 기준과 세부적인 건축 규제는 대체로 지역지구 규제의 대상이 아니다.

지역지구제는 도시설계의 질에 영향을 미치기에는 조금은 무딘 수단으로 보인다. 많은 도시들이 추가로 유도수단을 만들어내고 있는데, 대표적인 사례가 포틀랜드 시로서 미국에서 가장 잘 계획되고 설계된 도시 중 하나로 명성을 얻고 있다(Punter, 1999). 부분적으로 이런 명성은 도시의 공간 설계 전략을 도심부 기초 설계지침(그림 11.4)과 결합한 분명

프로젝트명 : _____
사례번호 : _____
날짜 : _____

적용 가능	적합	부적합	
			A. 포틀랜드의 특성
☐	☐	☐	A1. 강과의 통합성
☐	☐	☐	A2. 포틀랜드의 주제 강화
☐	☐	☐	A3. 포틀랜드의 블록 구조 존중
☐	☐	☐	A4. 통일적 요소 사용
☐	☐	☐	A5. 지구를 고양하고 아름답게 하고 정체성 증진
☐	☐	☐	A6. 기존 건물의 재사용, 수복, 복원
☐	☐	☐	A7. 도시공간의 위요감을 만들고 유지
☐	☐	☐	A8. 도시경관에 기여, 무대와 활동
☐	☐	☐	A9. 입구의 느낌을 강화
			B. 보행자의 활동 강화
☐	☐	☐	B1. 보행자 체계의 강화 및 고양
☐	☐	☐	B2. 보행자 보호
☐	☐	☐	B3. 보행 장애물 극복
☐	☐	☐	B4. 쇼핑 및 구경 장소 제공
☐	☐	☐	B5. 광장, 공지, 공원의 성공적 제공
☐	☐	☐	B6. 일조, 음영, 눈부심, 반사, 비, 눈 등의 고려
☐	☐	☐	B7. 무장애 설계와의 통합
			C. 프로젝트의 설계
☐	☐	☐	C1. 건축적 통일성 존중
☐	☐	☐	C2. 조망 기회 고려
☐	☐	☐	C3. 조화를 고려한 설계
☐	☐	☐	C4. 건물과 공공공간 사이의 우아한 전이공간 추구
☐	☐	☐	C5. 코너 부분이 활발한 사거리가 되도록 설계
☐	☐	☐	C6. 건물의 보도측을 다양화
☐	☐	☐	C7. 보도측 공간을 신축적으로 창출
☐	☐	☐	C8. 공공공간의 사적 점유에 특히 주목
☐	☐	☐	C9. 지붕의 설계 통합, 지붕층의 이용
☐	☐	☐	C10. 개발의 지속성과 높은 질을 촉진

그림 11.4 오리건 주 포틀랜드 시 도심부 설계 기초 체크리스트

하고 효과적인 정책틀에 기인한다. 이것은 도심부에 건설되는 모든 프로젝트를 평가하는 설계 체크리스트에 요약되어 있다(Portland Bureau of Planning, 1992). 체크리스트의 목적은 다음과 같다.

- 우수한 도시설계를 장려한다.
- 도시설계와 문화유산의 보전을 개발 과정의 한 부분으로 여긴다.
- 포틀랜드 도심부의 특성을 고양한다.
- 다양성과 특성 있는 지구의 개발을 촉진한다.

- 도심부 전체와 도심 내 지구의 도시설계적 관계를 수립한다.
- 즐겁고 풍부하며 다양한 경험을 주는 보행로를 마련한다.
- 예술을 증진해 인간적인 면을 드러낸다.
- 안전하고 인간적이며 번영하는 24시간 열린 도심부를 만들도록 지원한다.
- 새로운 개발이 휴먼 스케일이고 지구와 도심부 전체의 성격과 스케일에 관련되도록 한다.

미국에서는 인센티브 조닝이 폭넓게 사용되는데, 이는 건축연면적을 추가로 받는 대가로 개발자는 좀 더 나은 설계 형태나 조경 또는 공공공간과 같이 공공의 편익에 기여하는 요소를 제공하게 된다. 이 같은 보너스 시스템이 공공부문에 쾌적한 요소를 공급하는 데는 효과적이나, 그것의 한계와 남용은 더 나은 설계를 실현하기 위한 수단으로서 신뢰를 떨어뜨렸다(Cullingworth, 1997, pp.94~9). 그리고 개발자들이 보너스를 마치 당연한 권리처럼 여기는 경향도 문제 중 하나이다. 건축연면적, 높이, 체적을 늘리기만 하고 보너스를 받은 후 공공에 편익 요소를 공급하지 못하는 우를 범하고 있는 것이다. 또한 분명한 기본 원칙이 없고 때로는 질이 떨어지는 요소밖에 공급하지 못하는 등 시스템의 태생적인 비형평성과 시간이 많이 걸리는 등의 문제를 가지고 있다(Loukaitou-Sideris and Banerjee, 1998).

독일과 프랑스의 계획 체계는 전략적 계획을 마련하고 있다. 독일의 토지이용계획(F-Plan)[3]과 프랑스의 도시종합계획(Schema Directeur)이 그것이다. 이는 대규모(대체로 도시 전체)의 공간계획과 설계에 관한 결정을 하며, 주요 오픈스페이스, 자연요소, 보전지역과 기반시설의 공급 등을 포함한다. 이 계획은 때로 지구 차원에서 좀 더 상세한 계획으로 보완되는데, 예를 들면 독일의 지구단위계획(B-Plan)과 프랑스의 건축 및 토지이용지침(POS : Plan d'Occupation des Sols)[4]이다. 이들은 미국의 지역지구조례(zoning ordinance)와 비슷한데, 이 조례에서 배치·높이·밀도·조경·주차·건축선·외관 등을 포함하는 상세한 규칙이 일정 구역이나 대지를 대상으로 만들어질 수 있다. 두 나라에서는 상세한 설계유도지침이 일반적이다(그림 11.5).

역주 ____

[3] F-Plan(Flachennutzungsplan)은 그대로 번역하면 토지이용계획이다. 그러나 도시시설 등도 포함되며 이는 시민들에게는 직접 구속력이 없되 행정 당국에는 구속력이 있다. 당해 도시 전체를 대상으로 계획이 수립되며 한국의 도시기본계획보다 훨씬 구체적으로 물리적 측면의 계획을 수립한다. 이 계획 아래 시민들에게 구속력이 있는 B-Plan(Bebauungsplan)이 있다. 한국의 지구단위 계획과 유사한 계획이다.

[4] 일부 국내문헌에서는 '토지점유계획'이라고도 소개되었다.

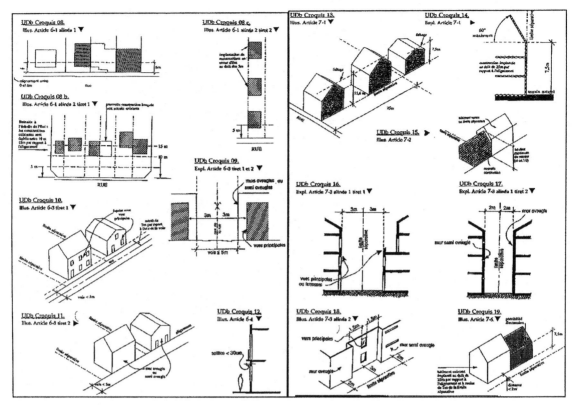

그림 11.5 3차원 건물 배치와 높이 지침 등을 보여주는 몽트뢰유 시(Ville de Montreuil)의 POS(Plan d'Occupation des Sols)의 부분
(출처 : Tranche, 2001)

유럽과 미국의 일부 도시의 경험은 공공부문이 설계에 객관적으로 개입하기 위한 기초를 마련하는 데 있어 잘 구상된 정책과 유도지침 장치가 얼마나 가치 있고 유용한지 보여주고 있다(Hillman, 1990). 영국에서는 대체로 중앙 정부가 지방 정부의 계획 당국이 판단하고 실행할 계획 과제를 수립한다. 정부가 최근 도시설계의 질에 더 관심을 두게 된 것은 「바이 디자인; 도시계획 체계 속의 도시설계; 더 나은 실무를 향하여(By Design; Urban Design in the Planning System; Towards Better Practice, DETR/CABE, 2000)」 보고서에 잘 정리되어 있다.

이 행정지침(「바이 디자인」 보고서)에서는 계획 체계가 좋은 도시설계를 하기 위한 열쇠를 쥐고 있지만, 그것은 분명한 목표 체계에 근거한 정책의 틀을 마련함으로써 이룰 수 있다고 주장한다. 일곱 가지의 일반 원칙을 1장에서 정리해놓았는데, 행정지침은 설계 정책을 통해 이들을 구체화해야 한다고 강조한다. 영국에서는 현재 이를 위한 가장 중요한 수단이 '개발 계획(development plan)'이다. 개발 계획은 설계 원칙을 분명히 수립하고 이에 따라 개발안을 심의·평가한다.

영국의 설계 정책에 대한 연구를 참조해, 「바이 디자인」 보고서는 정책이 때로 애매하고 잘못 구상되었음을 지적하고, 채택된 설계 원칙은 해당 지역의 맥락에 대한 명확한 이해와 판단에 근거해야만 함을 밝혔다(Punter and Carmona, 1997).

영국에서 설계유도지침은 대체로 법적인 계획 과정 밖의 자료를 통하여 시행되어 왔다. 예를 들어, 지역의 설계유도지침은 때로 특정한 맥락(도심부, 보전지구, 주거지구, 농촌지구 등) 또는 개발의 특정한 유형이나 측면(상점 전면, 조경설계, 주거, 재료 등)을 대상으로 했다. 그러한 지침은 대체로 개발 계획 정책보다 매우 상세하다. 설계유도지침은 해당 지구에 관련된 사람들에게 정책을 더 자세히 설명하는데, 지역 설계유도지침은 일반 정책을 특정 지구나 개발에 관련지어서 설명하는 것이다. 지역 설계유도 지침의 가장 정교한 사례 중에서 뛰어난 두 가지는 '에섹스 시의 주거지 및 혼합지구를 위한 설계유도지침(A Design Guide for Residential and Mixed Use Areas, Essex Planning Officers Association, 1997)'과 '버밍엄 도심부의 설계 전략(City Center Design Strategy for Birmingham, Tibbalds 외, 1990)'이다.

모호함의 문제를 극복하기 위해 「바이 디자인」 보고서는 정책의 목표를 개발의 물리적 형태와 연결시켰다. 이 행정 지침의 작성자들은 "이런 접근 방식은 정책이 일반적인 희망사항을 기록한 수준을 넘어 원칙을 특정한 상황에서 구체적으로 해석하는 방법을 설명할 수 있다."고 주장했다. 그들은 "도시설계 목표에 분명하게 대응하지 못하는 정책이나 유도지침 또는 설계는 좋은 도시설계에 전혀 기여할 수 없다. 마찬가지로 개발 형태로 분명하게 드러나지 않는 정책이나 유도지침 또는 설계는 어떤 영향을 미치기에는 너무 모호할 것"이라고 주장했다(Campbell and Cowan, 1999). 비록 최종 행정지침에는 포함되지 않았지만, 작성자들은 목표(정책)를 명백히 개발의 물리적 형태와 연결시키기 위한 수단으로 '생각하는 기계(또는 매트릭스)'를 개발했다(그림 11.6).

목표								
형태	특성 유지	연속성과 공간의 위요감	환경의 질	접근성	명료성	적응성	다양성	효율성
설계안 : 평면구조								
설계안 : 도시 조직								
밀도								
규모 : 높이								
규모 : 매스								
외관 : 디테일								
외관 : 재료								
조경								

그림 11.6 「바이 디자인(By Design)」 보고서의 최종판에는 포함되지 않았지만, 이 '생각하는 기계 (또는 매트릭스)'는 정책 목표를 개발의 물리적 형태와 연결시키고 있다(출처 : Campbell and Cowan, 1999).

　잘 구상하고 정리한 정책을 통해 공공부문은 도시설계 정책에 영향을 미치고 관리하기 위한 주요 수단을 갖게 되지만 그 영향력은 제한적이다. 예를 들어 부동산 개발산업이나 정부(지방 또는 중앙 정부)가 설계의 질을 위해 기꺼이 투자하려고 하지 않는다면 이들은 무용지물일 뿐이다. 모든 부문에서 높은 질의 도시설계를 추구하는 주장이 힘을 얻어야만 한다.

설계와 규제

폭넓은 정책 목표를 집행하기 위한 수단으로 설계와 규제를 동시에 고려한다. 먼저 설계를 고려하게 되는데, 이는 공공부문에서 집행의 첫 번째 단계이며 정책 메커니즘을 세밀하고 세련되게 하기 때문이다.

　'개발 계획(development plan)'이나 지역지구조례 또는 설계유도 지침을 위한 정책을 작성하는 과정은 넓게 보면 설계 과정의 한 부분이며 그 자체가 창조적으로 문제를 해결하는 과정이 되기도 하다. 이들은 미래의 개발안과 관계되지만, 그것을 작성할 시기에는 미래의 개발안은 알 수 없기 때문에 대부분의 설계 정책은 본디 추상적이다. 예를 들어 영국에서 지방 계획은 향후 10년의 개발을 유도하는 것을 의미한다. 그래서 계획 당국이 정한, 계획 구역이 장기적으로 어떻게 개발될 것인가 하는 폭넓은 공간 설계 전략 이외에 개발 계획은 구체적인 설계안을 예시하지 않는 경향이 있다. 대지 차원에서 설계 원칙을 잘 고려할 수 있도록 많은 공공기관은 설계 원칙(development briefs 또는 design briefs)이나 공간구성지침(design frameworks) 또는 설계 규칙(design code)❺을 만든다. 이들은 설계유도지침 체계에서 하위의 단계이며, 개발 계획이나 지역지구조례 그리고 설계 지침 등에서 포괄적으로 구상된 설계 정책이나 지침을 대지의 특별한 상황으로 연결시킨다. 준비하기에 비용이 많이 들기는 하지만 이런 지침이 공공의 설계에 대한 요구를 분명히 하고 더 나은 설계를 보장하는 데 효과적인 것으로 보고 있다 (Carmona, 2001, pp. 284~8).

마땅히 영국의 계획 체계 전체를 다시 만들어 이러한 지구 차원의 물리적 접근 방식을 반영하고, 나아가 도시계획❻을 장소의 분명한 비전을 정리하고 촉진하는 것과 긴밀히 연결시켜야 한다(Department for Transport, Local Government and the Regions, 2001). 기존의 개발 계획은 더 단기적이며 지구 중심적인 '실행 계획(action plan)'으로 대체되고, 이것은 최신의 상태를 유지하는 '지역 개발 전략'에 의해 전략적 차원에서 조정될 것이다. 설계 원칙, 마스터플랜 그리고 공간구성지침은 모두 새로 만들어지는 실행 계획의 모델이 되고 있다(Carmona 외, 2002).

설계원칙서(design briefs 또는 development briefs)

영국에서 설계원칙서는 대지 차원의 설계를 유도하는 통상적인 수단이다. 지구의 상황에 따라 원칙은 설계에 관련된 사항, 또는 폭넓게 계획에 대한 과제, 그리고 개발·관리 과제 등을 강조할 수 있다. 그러므로 '개발원칙서(development brief)'가 설계 원칙, 계획 원칙, 개발 원칙 등 다양한 용어에 대한 가장 일반적인 용어이다(그림 11.7).❼ 설계원칙서는 다음과 같은 여러 가지 이유로 특히 가치가 있다.

역주 ____

❺ design brief, design framework, design code를 여기서는 통일적으로 설계 원칙, 공간구성 지침, 설계 규칙으로 번역하였다.

❻ planning이라고 하는 용어를 필요 시 그냥 계획이 아니라 도시계획으로 번역하여 이해에 도움이 되도록 하였다.

❼ 개발원칙서가 가장 일반적인 용어라고는 하나 이 책 본문에서는 계속 설계원칙서(design briefs)라는 용어를 개발원칙서를 대신하여 사용하고 있다. 즉 개발원칙서가 포괄하는 의미를 설계원칙서라는 용어로 표현하고 있다.

- 계획과 설계에 실제적이고 미리 준비된 접근을 제공한다.
- 중요한 설계 과제를 빠뜨리지 않고 고려하도록 한다.
- 대지 개발을 장려하거나 개발안에 대해 협상할 때 기초 근거를 제공한다. 설계에 대한 협동적인 접근 방식을 장려한다.
- 공공의 이익을 개인의 이익과 함께 확실히 고려하도록 한다(특히 개발에서 공공의 편익 요소를 달성하게 한다).
- 설계 결정 과정에서 높은 확실성과 투명성을 보장하는 신속하고 간단한 수단을 제공한다.

설계원칙서가 가장 상세한 공공부문의 설계유도지침을 담고 있기 때문에 계획 당국은 혁신적이고 창조적인 생각을 억누르지 않기 위해 이 지침이 시장에 대응 능력이 있고 유연해야 함을 잘 알고 있어야 한다. 설계원칙서의 형태는 대지의 성격이나 민감도, 다루어야 하는 과제의 범위, 정치적인 고려, 그리고 계획 당국이 그동안 전개해온 실무에 따라 크게 달라진다. 설계원칙서를 마련하기 위한 자원 및 재원의 여하에 따라 어떤 계획 당국은 신축적인 대지별 원칙을 사용하기도 하고, 또 다른 당국은 모든 대지에 비슷한 체크리스트를 사용하기도 한다.

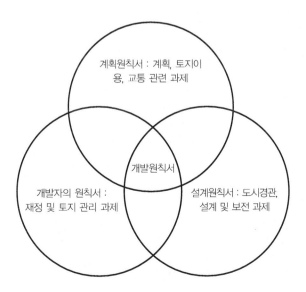

그림 11.7 개발원칙서의 유형(**출처** : Chapman and Larkham, 1994, p.63)

설계원칙서는 일반적으로 서술 부분(대지의 특성과 맥락에 대한 정보), 절차 부분(신청 절차 등), 그리고 처방 부분(계획 당국의 의도를 설명한 부분)이 혼합되어 있다. 이들은 일반적으로 다음과 같은 내용을 포함하고 있다.

- 배경과 목적 기술 : 설계원칙서를 만든 상황, 그리고 이 원칙과 보다 넓은 차원의 설계 정책, 공간 전략, 계획에 따른 이익에 대한 요구사항과의 관계
- 조사와 분석 : 건조환경과 자연환경 조사, 개발과 관련한 특별한 제약이나 기회요소를 발견한 내용을 포함
- 계획과 설계 요구 조건 : 계획안을 평가하기 위한 주요 기준을 정책의 형태로 설명
- 공학과 건설기술 측면의 요구조건 : 고속도로나 기타 기반시설에 대한 요구 기준
- 신청 절차 : 설계안을 평가할 때 원칙서가 어떻게 사용되는지 설명하고, 그외 절차나 추가 표현과 조사 방법에 대한 요구사항
- 설계 대안 예시 : 대지의 개발 가능성을 개괄적으로 언급, 단계별 개발 등을 포함하나 불필요한 세부사항을 제시하거나 혁신적인 생각을 억누르지 않도록 한다.

공간구성지침(design framework)과 설계 규칙(design code)

공간구성지침과 설계 규칙은 비슷하게 실제적인 계획 수단을 제공한다. 그러나 이들이나 앞에서 설명한 설계 원칙을 꼭 공공부문에서 만들어야 하는 것은 아니다. 공간구성지침은 주요한 설계 요소를 조화롭게 하거나, 기반시설이나 자연 요소의 배치와 토지이용의 배분을 통해 주요 개발을 유도하는 데 활용할 수 있다(그림 11.8). 이는 보통 2차원 평면이나 다이어그램이기도 하고 필요에 따라 3차원 미래 개발의 형태 등이 함께할 때도 있으며 이를 마스터플랜이라고 부른다(아래 참조).

설계 규칙은 대체로 대규모 개발의 경우에 쓰이는 경향이 있다. 이는 개발을 유도하는 일련의 원칙들을 수립하는데, 세세한 부분은 이후에 만들 수 있는 여지를 남겨둔다. 종종 마스터플랜과 병행해서 쓰이며, 미국

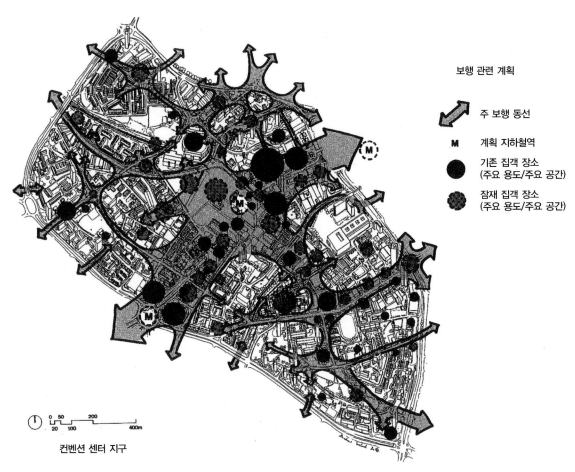

보행 관련 계획

주 보행 동선

M 계획 지하철역

기존 집객 장소
(주요 용도/주요 공간)

잠재 집객 장소
(주요 용도/주요 공간)

0 50 200
20 100 400m

컨벤션 센터 지구

그림 11.8 버밍엄 도시설계 연구에서 개발된 공간구성지침의 좋은 사례. 도심부설계전략(City Center Design Strategy)의 일반적인 설계 원칙을 개별 도시지구의 차원까지(예를 들어 컨벤션 센터 지구 계획/도시설계 구상) 연결시키고 있다(**출처** : Birmingham City Council, 1994).

의 뉴어버니스트❽ 개발 계획에서 매우 세밀하게 사용되기도 했다. 뉴어버니스트 계획에서 설계 규칙은 대체로 한두 개의 다이어그램과 도표로 나타난다(그림 11.9). 그러한 민간 부문의 노력(그중 가장 잘 알려진 것은 플로리다의 '시사이드 신주거지 계획(new settlement of Seaside)'이다)은 공공부문에 소중한 교훈을 안겨준다. 개발에 앞서 수립하는 규칙은 부지의 다른 제약 조건과 비슷한 의미를 갖는다. 다시 말해 이것은 설계가들이 고려해야 하는 요소 중 하나가 된다. 시사이드(Seaside) 지구의 설계 규칙 입안가 중 한 명인 엘리자베스 플레이터-지베크(Elizabeth Plater-Zyberk)는 다음과 같이 주장한다.

역주 ___

❽ 뉴어버니즘이란 주로 1980년대 초 이래 미국에서 일어난 도시설계 활동이다. 그 목적은 부동산 개발과 도시계획의 여러 가지 면을 개혁하고자 하는 것이다. 뉴어버니스트 주거지들은 다양한 주거유형과 일자리를 수용하도록 연계되며 걸을 수 있는 주거지를 만들고자 하며, 대중교통 중심의 도시를 만들고자 한다.

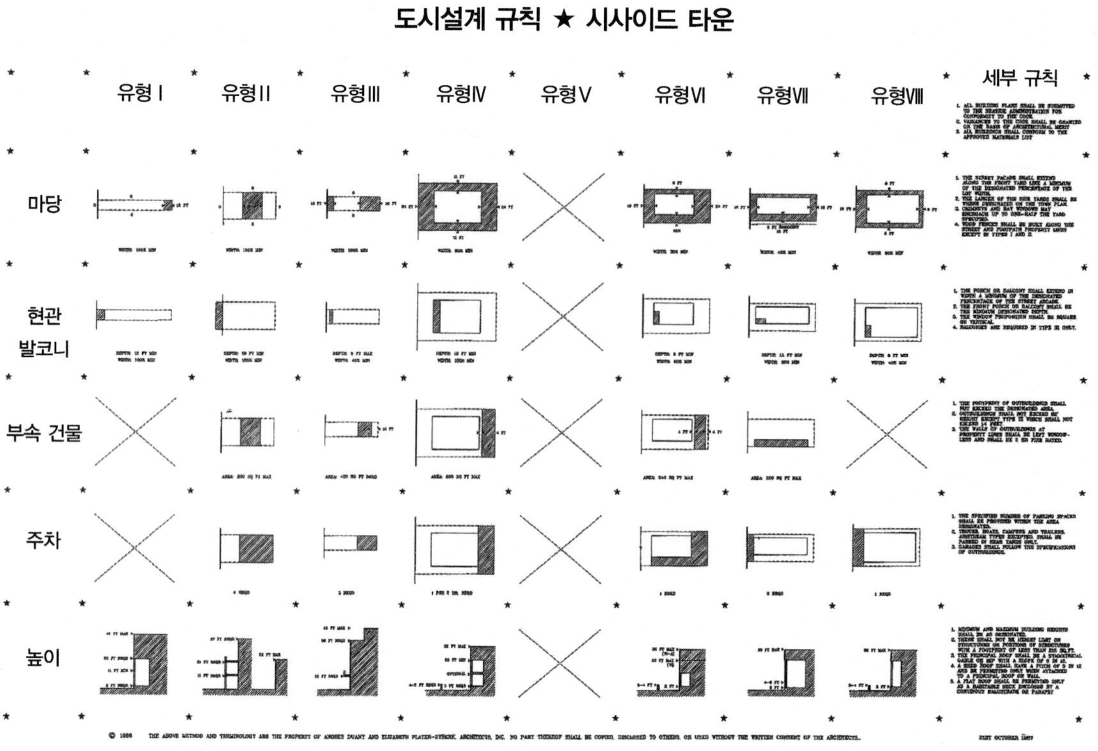

도시설계 규칙 ★ 시사이드 타운

그림 11.9 시사이드(Seaside) 도시설계 규칙. 이 규칙은 대규모 개발에 사용되는 경향이 있으며, 개발을 관리하기 위한 일련의 원칙을 수립하고, 세부적인 것은 이후에 만들 수 있도록 여지를 남겨둔다. 마스터플랜과 함께 자주 사용되며 뉴어버니즘의 개발에서 가장 잘 정리되고 발전되었다. 시사이드 도시설계 규칙은 애초 건물 설계가 대체로 건축가보다는 상세한 계획가(plan-smiths : 또는 도시설계가)에 의해 이루어질 것임을 기대하고 만들었다(출처 : DPZ Architects in Duany 외, 1989).

법적 규정이 설계 행위보다 미리 만들어져 있으면 규제와 자유가 효율적으로 공존할 수 있다. 주어진 프로그램의 요소를 바탕으로 미리 잘 고안하는 것이 설계가 완성된 후에야 그 판단을 놓고 대립해 에너지를 소모하는 것보다 효율적이다. 규정이나 명백히 정의된 방향 없이 심의하는 것은 무의미하고 곤란한 일일뿐더러 때로는 평범한 타협물이나 만들어내게 된다. 왜냐하면 전체적인 개념이 부분의 단편적인 조정으로 인해 훼손되기 때문이다(From Case Sheer and Preiser, 1994, p. vii).

뉴어버니스트들은 이러한 정책 수단에 다음의 사항을 포함해서 발전시켰다.

- 단지 배치 계획 : 통상 마스터플랜이라고 한다. 조밀한 혼합 용도 주거지 원칙에 근거해 특정한 건물 유형을 특정한 대지에 배치한다.
- 도시설계 규칙 : 보행 이동을 증진하는 방향으로 특정 가로나 공간의 단면을 만들고, 특정 건물 유형과 공공공간의 관계를 정립한다. 건축선, 높이, 주차, 부속 건물, 현관과 울타리 등을 포함한다.
- 건축 규칙 : 장소성과 연계해 상상력과 특성을 유도한다.
- 조경 규칙 : 공공공간의 질을 높이고 새로운 조경 요소와 자연생태 요소가 조화를 이루도록 한다.

뉴어버니스트들의 규칙은 원하는 도시형태에 대한 비전이나 예상 없이 단순히 토지이용, 가로망, 고속도로의 기준 등을 중심으로 했던 기존의 글과 숫자로만 이루어진 규칙이 아니다. 대신에 그들은 가로의 모습이나 건물의 매스, 특히 건물과 가로의 관계 등에 대한 주요 원칙을 그래픽과 그림을 통해 나타냈다. 즉 어떻게 개인의 집이 공공공간을 만드는지를 보여주었다. 두아니 등은 이 규칙은 원하지 않는 것을 말하기보다는 원하는 것을 분명히 하고 있다고 주장한다(Duany 외, 2000, p.177).

전형적인 규제 요소인 지붕의 경사나 재료의 사용 등에 관련한 건축 규칙이 가장 논쟁의 여지가 많다. 두아니 등은 이러한 규칙을 비판하며 모순을 지적했다(Duany 외, p.211).

시사이드(Seaside)에 대해 불평하는 사람은 대체로 두 가지 이유를 든다. 첫째는 건축 규칙에 제약이 많다는 것이고, 둘째는 과도하게 장식된 수많은 판에 박힌 오두막 형태의 집(gingerbread cottages)에 대한 것이다. 이런 오두막집은 설계 규칙(대체로 양식에 대해 중립적인)에 따른 결과가 아니라 미국 주택 수요자들이 전통적인 취향을 극복하지 못했기 때문이라는 점에서 많은 사람들이 놀라워한다. 혐오하는 건축을 배제하는 유일한 방법은 혐오스러운 설계 규칙을 더 강화하는 수밖에 없을 것이다.

어떤 강도의 규제를 요구하느냐에 따라 건축 규칙의 처방도 달라질 것이다. 어떤 건축 규칙은 나름대로 장점이 있는 설계나 공공건물 같은 특정 건축 유형에 대해 예외를 인정하고 있다. 또 어떤 개발에서는 도시설계 규칙이 적용되나 건축 규칙은 없다. 뉴어버니즘 규칙을 사용하는 데 대한 비판의 하나는 이 규칙이 '공식(formulae)'으로 취급되어 불필요하게 설계가를 제한하거나, 또는 아예 설계가를 필요 없게 만든다는 것이다. 그러나 규칙은 처방이 아니라 유도 장치로서 고안된 것으로, 각 설계가의 해석을 요구하고 있다.

모든 설계정책 수단에서와 마찬가지로 가장 효과적인 설계 원칙, 공간구성지침, 설계 규칙은 어떤 것을 장려하고 종합하는 특성이 있다. 가령 혁신적인 설계를 장려하고, 신청인(건축주)이 쉽게 이해하고 사용할 수 있는 형식을 가지며, 전문적이면서도 동시에 대중적이다. 또한 정책에 근거한 정보와 함께 제시적인 설계 개념을 결합하고 있다. 이에 대한 좋은 실무지침은 「도시설계 그룹(Urban Design Group, 2002)」보고서에서 참조할 수 있다.

설계 심의와 평가

설계 원칙, 공간구성지침 그리고 설계 규칙은 포괄적인 정책 목표를 구체적으로 집행하도록 하는 수단이다. 이들은 기본적으로는 비슷한 기능을 하고 있는데, 가령 제출된 개발안을 평가하는 기초를 제공한다. 이 세 가지 규제가 마련되는 과정을 간단한 공식의 형태로 만들어보면 다음과 같다.

중앙 정부 혹은 주의 지역적·전략적 정책
+
채택된 설계 개념과 목표에 근거한 지구의 비전
+
지구 특성의 종합 평가
=
정책 기초(policy base) : 설계안을 객관적으로 규제하고 심의하는 수단 (설계 정책, 조례, 설계 원칙, 공간구성지침, 설계 규칙)

이들은 공공이 실현 가능한 정책 목표를 바탕으로 규제 절차(설계 심의나 규제)를 작동하기 위한 수단을 제공한다. 미국의 경우 이런 성격의 규제는 공공 영역이 광고간판의 심미적인 영향을 규제할 필요에서 출발했다. 목표는 일반 사람들의 시각적 감수성을 훼손할 수 있는 위험을 규제하는 것인데, 그때까지는 안전성, 도덕성, 품위성 등을 근거로 헌법에 따라 규제하는 것은 가능하지만 심미성을 근거로 할 수는 없었다(Cullingworth, 1997, p.103). 유럽에서는 대체로 종합적인 계획 체계를 성립함에 앞서 기본적 위생과 쾌적성의 개선 필요성에 의해 설계 규제가 발전했다.

대부분의 나라에서 설계 심의와 규제는 더 넓은 계획 과정에 연결되는데, 건설을 위한 계획안에 대한 동의나 허가를 확보하기 위해서는 우선 협상에 성공해야 한다. 설계 심의는 대체로 계획 과정에 통합된 부분으로 다루거나(즉 광범위한 규제 과정의 한 부분으로) 또는 분리된 것으로 다루는데, 그럼에도 분명히 연결된 것으로 보았다. 이를 설계 심의의 통합 모델과 분리 모델로서 생각해볼 수 있다(Box 11.4).

어떤 시스템에서는 개발과 설계 규제의 과정이 공공부문의 다른 규제기능과도 연결되어 있다. 즉 건축 규제와 연결되어 있는데, 이는 대체로 위생과 안전, 개인 영역의 설계 사항(예를 들어 공간 크기·환기·구조안전상의 기준)을 다룬다. 영국에서 이런 측면은 도시설계나 도시계획 과정과 분리되어 있는 것으로 나타나며, 이는 다른 법적인 장치와 과정을 통해 조정된다. 독일에서는 계획법과 건축법이 분리되어 있지만 건축법은 지방 정부가 개정할 수 있고 그에 따라 건물 형태나 재료 등에 대한 규제를 통해 건축 설계에 훨씬 더 큰 영향을 미칠 수 있다. 관계가 어떤 형태이든 간에 계획 과정을 통해 이루어지는 이와 같은 미시적 설계 규제와 거시적 설계 사이의 관계는 조심스럽게 조정될 필요가 있다. 특히 행정적으로 여러 부서에 관련된 과제의 경우는 더욱 그러하다(예를 들어 장애인 접근 방식과 에너지 사용 및 보존).

제안된 개발안의 설계 심의를 위해 어떤 행정 절차를 채택하든 간에 대체로 비슷한 평가 과정을 거친다. 여기에는 신청서 제출과 공공 협의 등의 공식 절차뿐만 아니라 평가, 전문가 협의, 규제 당국과의 협상 등 비공식적인 과정도 포함된다(Punter and Carmona, 1997, p.303). 이 같은 과정이 이미 만들어진 일관되고 종합적인 정책과 지침에 기초하기

Box 11.4

통합 또는 분리형 설계 심의 과정(출처 : Scheer and Preiser, 1994, from Blaesser)

통합형 설계 규제 및 심의 과정

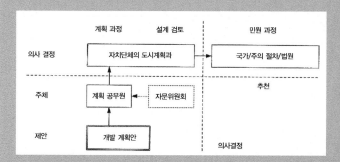

이 모델에서 설계는 넓은 계획 과정에 통합된 한 부분으로 취급된다. 설계와 다른 계획 과제(경제 개발, 토지 이용, 기반시설 등)는 서로 비교 조정되면서 연결되고 그에 따라 균형 잡힌 판단이 이루어진다. 그러나 설계 목표는 때로는 단기간의 경제사회적 목표의 추구로 인해 희생되기도 한다. 영국의 설계 규제 절차는 통합된 접근을 보여준다. 어떤 계획 당국은 비법정 설계자문위원회를 통해 설계 문제에 관해 계획위원회에 자문하도록 한다. 영국에서는 독립된 설계 심의도 건축 및 건조환경위원회(Commission for Architecture and Built Environment)를 통해 가능하다(CABE).

분리형 설계 규제 및 심의 과정

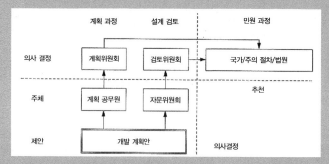

이 모델에서 설계에 관한 결정은 다른 계획 결정과 분리되어 있어, 설계의 심의와 규제를 담당하는 별도의 기구가 있다. 설계 과제는 개발 동의가 이루어지거나 거절되기 전에 충분한 관련 지식을 가진 직원이 적절한 비중을 가지고 다루게 된다. 통합 모델에서는 대체로 이렇게 하지 않는다. 이 모델의 단점은 설계와 다른 계획 과제를 연결하는 데 있어서의 어려움이며 그중 어떤 것, 가령 용도지역, 밀도, 그리고 교통이나 기반시설 제공 등은 설계 결과물에 큰 영향을 미친다. 미국의 많은 자치단체들이 분리된 모델을 가지고 있으며, 때로 설계심의위원회는 계획위원회에 단지 자문의 역할만 한다. 어떤 경우에는 심의위원회가 설계 관련 사항에 대해 궁극적인 결정권을 위임받아 행사하기도 한다.

때문에 제안된 개발에 대해 의사 결정을 내려야 하는 사람은 다음과 같은 사항을 주의해야 한다.

신청서를 받기 전에는
- 설계안에 대해 개발자들이 당국과 협의할 수 있게 한다.
- 필요 시 설계 원칙을 만드는 절차를 추진한다.
- 적절하다면 협동적이고 참여적인 과정을 추진한다.

신청서를 받고 난 후에는
- 설계의 맥락을 정리하기 위해 대상지와 주변을 종합 평가한다.
- 대상지에 관련되는 기존의 설계 정책을 검토한다.
- 신청서를 검토해 설계 측면이 분명하고 적절하게 표현되었는지 확인한다.
- 공공 협의 절차를 추진한다.
- 유능한 전문가의 자문을 받는다(예를 들어 설계심의위원회 개최, 역사 건물 전문가, 조경 전문가).
- 수집된 정보를 바탕으로 설계의 개선 사항을 협상한다.
- 집행과 관련된 요구사항을 고려하고 협상한다(예를 들어 개발 단계, 계획 이익 환수, 유보 조건 등).
- 마지막으로 허용, 조건부 허용 또는 허가 거부 등에 대해 이유를 밝힌 추천서나 결정서를 작성한다.

부정적인 결정이 내려진 후에는
- 필요 시 이의 신청에 대항하기 위해 수집된 정보를 이용한다.
- 이의 신청에 대한 결정을 피드백하여 평가 과정을 검토하는 데 사용한다. 필요 시 설계유도정책이나 지침을 개정한다.

긍정적인 결정이 내려진 후(또는 이의신청이 성공적으로 진행된 후)에는
- 설계의 집행을 조심스럽게 사후에 추적한다(필요 시 결정사항이나 조건의 집행을 요구한다).

- 설계 결과물을 평가한다.
- 폭넓은 평가 과정의 검토를 위해 수집된 정보를 사용한다. 필요 시 설계유도정책이나 지침을 개정한다(Carmona, 2001, p.159).

프로젝트팀(공공부문이든 민간 부문이든)은 조금 더 자유롭게 비슷한 과정을 통해 자신의 프로젝트를 평가한다. 이런 평가는 다음과 같은 사항을 포함한다.

- 설계와 의사 판단에 필요한 정보를 계속해서 수집한다.
- 필요 시 추가로 적절한 전문가를 초빙한다.
- 원래의 목표나 지침 또는 새로운 정보 등과 비교해 설계 제안을 평가한다.
- 다음 사항에 대한 결정을 내린다. 계획안을 신청서 제출과 집행 시까지 진행시킨다. 또는 설계의 어떤 부분은 구체화를 위해 유지하고 다른 면은 재설계하도록 한다. 또는 계획안 전체를 버리고 새로 설계하도록 한다.
- 계획안이 완성되고 집행되는 과정을 통해 지속적으로 학습하고, 새로운 프로젝트를 시작할 때는 다음 사항을 고려한다. 설계 과정 자체로부터 얻은 경험, 제안에 대한 다른 사람(건축주도 포함해)의 반응, 집행된 후에는 계획안의 성능에 대한 피드백 등

일반적인 공공부문 프로젝트에 대한 평가(예를 들어 대지 종합 평가, 정리된 정책이나 유도지침, 전문가 자문 또는 협의의 결과 등과 비교한 계획안 평가)와 함께 계획안의 경제적 · 사회환경적인 영향을 위해 다른 기법들을 사용한다. 비용편익분석과 환경영향평가 기법들이 가장 자주 사용된다(Moughtin 외, 1999, pp.139~49). 그러나 쉽게 계량화할 수 있는 측면(특히 돈으로 환산할 수 있는 측면으로 예를 들어 고용, 교통 영향, 공해의 정도)을 주로 선정하기에, 이런 평가는 문화적으로 중요한 건물의 상실이나 설계가 잘된 공공 영역의 긍정적인 영향 등 잘 보이지 않는 부분은 쉽게 단순화해버릴 수 있다. 아울러 품질도 과소평가하거나 무시하기 쉽다. 필요한 재원의 한계로 인해 이러한 방법은 대규모 계

획에서만 쓰이는 경향이 있다. 특히 주요 기반시설 프로젝트와 연관된 것을 다루게 된다.

「바이 디자인」 보고서에서는 도시설계의 예술이란 좋은 실무 원칙을 지구나 대상지의 특별한 조건에 적용시키는 데 있다고 주장한다. 그리고 그 같은 원칙은 성능 기준으로 표현할 수 있고, 그에 따라 달성된 정도를 평가할 수 있다고 밝힌다(그림 11.10). 도시설계에 대한 협동적 접근의 필요성을 강하게 지지하지만, 이것은 좋은 설계가를 대체하는 것이 아니라 설계가들에게 창조적으로 일할 수 있는 여지를 만들어주어 공공 정책이나 경제적 측면이나 지구의 맥락을 고려하지 못하는 경우가 없도록 도와주는 방법인 것이다(Campbell and Cowan, 1999). 설계 정책을 작성하고 집행하는 담당자는 가장 먼저 규제라는 것이 결코 좋은 설계를 대체하는 것이 아니라는 점을 명심해야 한다.

사후 관찰 및 검토

설계 과정의 최종 단계는 과거 경험으로부터 교훈을 얻고, 그 교훈을 미래의 실무에 활용하도록 하는 피드백이다. 성장과 배움이 설계의 중요한 부분임을 주장하며, 자이셀(Zeisel, 1981, p.16)은 "이 과정은 한번 시작되면 한편으로 외부의 정보를 끌어들이고 다른 한편으로 내부의 정

정책도구모음

하드웨어:	소프트웨어 :
높은 질을 유도한다.	수준을 높인다.
개발 계획안	사전 관리
도시설계 구상	개발기술
개발지침	참여자들의 협동
설계유도지침	질 높은 설계 선도
설계도서	설계 품질의 감사

그림 11.10 정책도구모음 :「바이 디자인」에서 주장한 대로, 정책도구모음은 두 부분으로 이루어져 있다. (i) 하드웨어 또는 정책 수단(예를 들어 '개발 계획안(development plan)'의 설계 정책, 공간 구성지침, 설계 규칙)을 이용해 설계를 규제하고 유도하는 수단, (ii) 소프트웨어 또는 계획 체계를 미리 관리해 높은 설계 수준을 장려하는 것. 후자는 공공부문이나 개발자에게 숙련된 설계가의 투입을 장려하거나 참여자들 사이의 효과적인 협동을 장려하고 건조환경의 정기적인 감사와 평가를 통한 결과물의 검토를 포함한다(출처 : Campbell and Cowan, 1999).

보와 통찰력을 증가시켜 스스로 굴러간다."고 말했다. 도시설계가들이 과거의 경험으로부터 더 많이 배우면 배울수록 실수를 덜하고 성공도 계속 이어질 것이다.

이것은 조직적인 차원에도 적용되는데, 공공 기관과 자문 기관이 작업을 체계적으로 사후 검토하고 그 결과를 설계 및 관리 과정, 설계 결과물을 검토하는 데 활용하는 것이 필요하다. 모든 설계 정책과 유도지침은 정기적으로 사후 검토해 얼마나 목표를 잘 수행하고 있는지 평가해야 하며, 그 결과를 정책과 유도지침의 효용성을 개선하는 데 반영해야 한다(Punter and Carmona, 1997, pp.311~4). 도시설계에 대한 사후 검토는 완성된 프로젝트를 최초의 지침과 정책의 목표와 대비해 평가하는 것과 사용 후의 평가를 포함해야 한다. 공공부문에서는 도시계획 민원 처리 결과의 평가(즉 얼마나 많은 것이 수용되거나 거부되었고 그 원인은 무엇인지)와 제출된 계획신청서의 품질도 사후 검토할 수 있다. 참여한 사람들의 행위를 사후 검토하는 것은 의사 결정 참여자 모두(의회 의원과 계획위원회 위원들)와 당해 서비스를 이용한 사람들, 최종안의 건축가, 개발가, 시민단체와 그외 더 넓은 지역사회를 포함해야 한다.

집행 후 평가하는 것이 의무적이 아니기 때문에, 다시 말해 직원이나 재원 그리고 자원이 새로운 프로젝트에 재배치되기 때문에 체계적인 사후 검토는 드물게 시행된다. 그럼에도 공공부문에서는 서비스의 질을 감사하기 위해 공공서비스를 사후 검토하는 데 점점 더 정밀한 방법을 채택하고 있다. 영국에서는 지방정부 서비스에 대한 성능지표의 개발을 통해 서비스 성능의 수준을 비교할 수 있다(DETR, 2000). 미국에서는 성능지표가 잘 정립되어 있어 지역지구 지정 과정의 한 부분을 이룬다(Porter 외, 1988). 그러나 성능지표는 때로 성능의 계량적 측정(예를 들어 계획신청서의 처리 속도)에 의지하기도 한다. 즉 건축가들이 제출한 신청서의 수나 설계에 관련된 민원의 방어 횟수를 측정해 단지 간접적으로 도시설계의 질적인 측면을 다루게 된다.

계량적으로 잴 수 있는 측면에만 집중함으로써 의사 결정 과정은 왜곡될 수 있다. 더 근본적인 사후 검토 방법은 그 품질을 감사하는 과정을 포함한다(DETR/CABE, 2000, p.81). 이는 공공부문 서비스의 실무와 정책, 그리고 바람직하기는 그 결과물까지도 체계적으로 검토하는 것을 포함하며, 이를 통해 그들이 명확히 정의된 목표를 얼마나 성취하는가를 평가할 수 있다. 그러나 이런 성격의 감사는 과정과 결과 모두를 고려하기보다 과정에만 집중하는 경향이 있다.

　도시설계의 품질을 사후 검토하기 위한 다른 접근 방식에는 다음 같은 것들이 있다.

- 우수 설계 시상제도 수립 : 더 나은 설계를 추구하는 인센티브의 역할을 한다.
- 설계자문위원회의 이용 : 계획 허가를 얻으려는 계획안뿐만 아니라 완성된 계획안에 대해서도 검토할 수 있다.
- 선출직 의원과 공무원들에게 완성된 프로젝트를 돌아보며 설계 과제에 대해 생각해보게 해, 의사결정자들 스스로 그들이 결정한 것이 어떤 영향을 미치는지 알도록 한다.

사후 검토에서 공식적인 접근뿐만 아니라 비공식적인 검토 과정을 수립하는 것도 중요한데, 여기에는 작업 일정의 한 부분으로 매일 사후 검토 과정을 갖는 것도 포함된다. 이것은 프로젝트를 시작하기 전에 다른 곳의 사례를 연구하는 시간을 갖고 다음의 행위를 하는 것처럼 간단하다. 개인적인 인상을 기록하거나, 동료들과 비공식적 논의를 가져 그 견해를 공식적인 정책 검토 과정이나 진행 중인 설계 및 의사 결정 과정에 피드백한다.

| 교육과 참여 그리고 관리 |

앞서 언급한 것과 같은 관심사들이 작동하면서 마지막으로 두 가지 행위로 연결되는데, 이는 교육과 참여 그리고 관리이다. 장기적 관점에서 교육과 참여는 사람들 모두가 환경의 질에 관심을 갖도록 하는 수단이 되며, 관리는 도시환경의 지속적인 보호를 의미해, 이는 사람들에게 장소와 일체감을 갖도록 도와준다.

　공공부문과 지역사회가 장기적 관점에서 도시환경의 품질에 관심을 갖는 것은 중요하다. 왜냐하면 환경 품질의 과제가 이제 정치적 과제로 등장하기는 했지만 종종 경제적 또는 사회적 목표와 대립할 때 희생되기 때문이다. 그러나 환경의 품질이 경제적 번영과 사회적 웰빙과 밀접히 연관된다는 인식이 자라나면서, 더 나은 품질의 환경에 대한 요구도 늘어나고 있다. 이 요구는 다양한 참여자와 요인에서 생겨나며 정리하면 다음과 같다.

- 부동산이나 환경을 소유하고 있는 회사나 개인 : 직접적 · 재정적 이해관계를 가지고 있다(많은 가구에게 주된 재산은 집이다).
- 많은 사람들이 더 많이 여행함에 따라 그들 자신의 삶의 환경과 비교할 질 높은 환경을 많이 알고 있다.
- 환경과 건강 그리고 현대 삶의 양식이 밀접하게 관련되는 것을 분명히 인정하며 정기적으로 논의하고 있다.
- 건조환경의 문제가 국가적 · 지역적 뉴스가 된다.

마지막 요인은 환경의 품질이라는 과제가 정치적으로 중요한 사안으로 유지되는 데 있어서 중요하며, 이는 도시 관리와 변화 과정에 공공이 책임 있게 참여하고 투자하도록 한다.

교육과 참여

대부분의 일반 참여자들에게 있어 환경의 품질에 대한 인식은 정규 교육보다는 개인의 경험이나 언론매체를 통해 형성된다. 도시환경 분야에서 일하는 전문가들은 환경의 품질을 확보하는 데 작용하는 자기 분야 및 다른 분야의 시각에 대해 광범위한 지식 토대를 갖춰야 한다. 수준 높은 환경에 대한 인식과 교육이 필요하다는 것이 영국의 범전문가협의회라고 할 수 있는 '도시와 농촌의 환경 품질 회의(Quality in Town and Country initiative, DoE, 1996)'의 주요 결론이다. 일반 대중에게 좋은 취향이 부족하고 시각적인 질에 대해 문맹이라는 점이 보다 우수한 설계 환경을 만드는 데 중요한 걸림돌이라고 생각해왔다. 다른 한편으로는 도시계획에서 설계 기술의 부족과 개발산업에서 디자인에 눈뜬 선각적인 건축주가 부족하다는 것도 또 다른 걸림돌이었다(Punter and Carmona, 1997, pp.338~ 40, 그림 11.11).

어번 태스크 포스도 낮은 수준의 도시설계 기술이 영국에서 도시의 르네상스를 일으키는 데 주요 걸림돌임을 발견했다(The Urban Task Force, 1999, pp.157~68). 그후 정부는 연구를 통해 두 가지 유형의 도시설계 방식이 지방정부에서 나타나고 있음을 발견했다(Arup Economics and Planning, 2000). 소수의 도시들(주로 대규모)이 도시설계 직원을 채용해 일정한 지구를 개발함에 앞서 사전작업 역할을 하게 하고, 개발 규제 과정에서는 대응 작업을 담당하도록 했다. 그리고 훨씬 많은 수의 농촌이나 교외도시들(주로 소규모)이 비전문적인 계획 담당 직원을 통해 순전히 대응 작업 서비스만 하는 데 의존한다. 동시에 진행된 두 연구는 계획전문가, 건축, 측량, 엔지니어링 그리고 조경 설계를 전공하는 학생들에게 도시설계 교육이 부족하며, 결국 폭넓고 전문적인 도시설계의 기초 없이 젊은 전문가들을 노동시장에 계속 내보내고 있음을 밝혀냈다(University of Reading, 2001).

영국과 미국에서 비전문가와 전문가의 디자인에 관한 취향은 매우 다를 수 있다는 연구가 계속 발표되고 있다(Nasar, 1998). 하나의 장소에 대

그림 11.11 각 시대에 따른 건축주의 변화(출처 : Louis Hellman)

해 건축가의 취향은 계획가와 다르고, 그것은 다시 지역 정치가나 일반 대중과 다르다. 전후 디자인의 침체기가 우리에게 상기시켜주듯 전문가들은 비전문가의 취향을 무시하는 것을 매우 경계해야 한다. 설계 프로젝트에서 지역 대중의 의견을 고려하는 것은 그 프로젝트가 설계로 가장 영향을 많이 받는 사람들에 의해 지지되는 것을 확실히 해준다.

최종 사용자와 지역 사람들을 설계 과정에 참여시키는 것은 더 폭넓은 디자인 인식과 교육 목적을 추구하는 효율적인 수단이 된다. 학제적인 '도시와 농촌의 환경의 질(Quality in Town and Country)' 협의체는 개발산업 분야가 설계 의사결정 과정에서 지역사회를 참여시키는 데 관심을 가질 것을 분명히 지적하고 있다(DoE, 1996, pp.8~10). 그러나 안타깝게도 이 관심은 실무에서 요식 행위나 법적인 최소 요구 이상은 적용되지 않는 것이 현실이다.

영국에서는 계획 당국이 개발 계획(설계 정책도 포함해)을 준비하거나 계획의 적용을 고려할 때 지역 주민과 이해 그룹과의 협의가 법적으로 요구된다. 당국이 또한 부수적인 설계유도지침을 준비할 때도 같은 이해 그룹과의 협의가 필요하다. 좀 더 근본적인 형태의 참여를 요구하지 않기 때문에, 이런 노력은 요식 행위에 머물게 된다(12장 참조). 그래서 설계 정책에 대한 협의가 기껏해야 주민이나 시민단체의 광범위한 지지를 얻었다는 것과 같은 애매한 결과 이상을 이끌어내지 못하고, 설계가들이나 개발자들로부터는 과도한 처방이나 비융통성으로 불평을 듣는 데 그치고 있다. 그 결과 개발 계획에 대한 협의가 법에 따라 매우 정확하게 진행되고 있음에도 대중의 관심 사항이 설계 정책이나 유도지침을 발전시키는 데 중요한 근거가 되었다는 말은 별로 들리지 않는다(Punter and Carmona, 1997, p.136). 대중이 참여해 정책 개발에 깊이 관여하면 다음과 같은 도움을 줄 수 있다.

- 정책을 발전시키고 세밀화한다.
- 전문가와 일반인 사이의 취향 차이를 줄인다.
- 적정한 개입과 처방의 수준에 대한 합의를 이루어낸다.
- 종종 어려운 과제를 가진 지구의 정책과 유도지침에 한층 더 비중을 둘 수 있다.

- 시민단체와 설계 전문가가 상호 동의한 목표를 향해 작업하도록 한다.
- 지역 주민들이 정책과 유도지침안을 스스로 만든 것이라고 느끼도록 한다.

보다 근본적인 형태의 참여에 대한 논의는 12장을 참조하기 바란다.

| 관리 |

이 장에서 마지막으로 다룰 요소는 도시환경의 일상적인 관리에 관한 것이다. 1장에서 논의한 대로, 도시설계 과정은 공공 영역의 설계와 관리라고 정의할 수 있다. 관리는 도시설계에 있어서 중심 과제이고 특히 공공부문의 규제 역할 면에서 중요하다. 좀 한정해서 보면 형성된 환경을 매일 관리하는 것이며, 이는 도시환경의 품질을 유지하고 높이는 데 기여한다. 공공부문은 여기서 특히 교통, 도시 재생, 보전, 그리고 유지보수와 청소 등의 관리를 통해(이들은 모두 도시환경의 품질에 기여하는 주요 요소이다) 중요한 역할을 한다.

(i) 교통

도시 생활 양식의 지속 가능성에 대한 논쟁에서 교통에 대한 과제가 중심을 이룬다. 교통은 종종 나와 상관없는 문제로 여기지만, 도시설계 실무자에게 있어 그것은 한편으로는 정주지의 공간 설계에 대한 결정에서, 다른 한편으로는 도시공간의 편안함과 살 만함에 대해 판단하는 매우 근본적인 요소이다. 광역 차원에서 많은 논쟁은 승용차 중심이냐 대중교통 중심이냐의 정치적 문제, 어떤 수단을 통해 도시에서 사람들을 효과적으로 움직이게 할 수 있는가 하는 문제, 그리고 승용차 사용을 억제하기 위한 정책 수단에 집중된다. 그러나 광역 차원과 정치적 무대에서 내려지는 결정은 결국 작은 규모의 영역에도 영향을 미치게 된다.

　도시설계 실무자들은 새로운 환경을 설계할 때 중요한 역할을 담당한다. 한 예로 승용차의 요구를 공간의 다른 사용자, 즉 보행자나 자전거 이용자 그리고 대중교통 등의 요구와 조화를 이루도록 해야 한다(4장 참조). 그러나 대부분의 일상적인 교통 관련 결정은 기존의 환경을 관리하는 것과 관계가 있는데, 이 역할은 품질 높은 공공 영역을 확보하고 유지하는 면에서 중요하다. 공공부문의 목표는 사회의 모든 계층이 동등한 접근성을 가질 수 있도록 하는 것이어야 한다. 예를 들면 다음과 같다.

- 승용차의 사용을 절제한다.
- 보행자와 자전거를 위한 공간을 마련해둔다.
- 자동차 의존도를 줄이고 교통수단을 선택할 수 있게 한다.
- 대중교통을 지구 및 더 큰 영역에서도 편리하게 이용할 수 있도록 한다.

(ii) 도시 재생

도시설계는 도시 재생에서 중요한 역할을 할 수 있다. 도시에서 지속되는 적응과 변화는 발전과 쇠퇴를 전제로 하는데, 발전은 재투자나 재생 전에 일어나게 마련인 쇠퇴를 발판으로 한다. 공공부문은 이 과정의 관리에서 열쇠를 쥐고 있는데, 계획 행위나 도시 재생 정책을 통해 토지 개발, 장소성 증진, 직접 투자(기반시설 투자), 그리고 지원금이나 순환대부금을 위한 초기 재원 마련 등이 이에 포함된다. 특정한 지구, 예를 들어 역사적 도시지구, 도심부, 내부 도시지구, 변두리 단지, 또는 전 도시나 지역 등의 재생이나 재활성화를 관리하고 유도하기 위해 흔히 특별기구나 합작회사가 설립된다. 이들은 다양한 형태를 띠며, 종종 성장연합, 성장기구, 또는 민관합작회사라고 불린다(Logan and Molotch, 1987). 대부분 민간, 공공 그리고 주민단체 등의 3자 연합체이다.

참여자들은 다양한 자원과 권한 그리고 능력으로 기여하는데, 예를 들어 재정 확보(공공의 지원이나 개발 재정 지원), 계획이나 법적인 권한(특히 개발지를 확보하는 능력) 그리고 지역사회의 동의나 승인 등이 그것이다.

어떤 합작회사나 단체는 좀 더 실행적이어서 개발을 직접 시행하며, 어떤 단체는 지원적인 성격이어서 다른 기관이나 사람(보통 개인 개발자나 비영리 기관)이 개발하는 것을 도와준다. 어떠한 체계에서 도시 재생 행위를 수행하든 간에 효과적인 도시 재생은 도시설계에 대한 투자와 함께 지속 가능한 사회·경제적 구조를 만들어야 한다는 점이 점점 설득력을 얻고 있다(Urban Task Force, 1999). 지방 정부, 재활성화 기

구나 합작회사 또는 해당 지구에 관심을 가진 여타 기관 등의 공급 측면
에서 확신에 찬 역할이 수요를 자극할 수 있다. 이를 위해 채택할 수 있
는 방법은 다음과 같다.

- 선도사업을 장려하고 지원한다.
- 개발을 지원한다.
- 지구 차원에서 환경을 개선한다.
- 기반시설을 정비한다.
- 경쟁적 공급을 제한한다.
- 도시설계 마스터플랜이나 공간구성지침(design framework)을 만
  든다.

도시설계 마스터플랜이나 공간구성지침은 나대지나 기성 시가지의 신
개발 또는 역사지구의 재활성화를 유도할 수 있다. 나대지가 기존 기반
시설이 거의 없는 것에 비해, 기성 시가지는 이미 만들어진 기반시설망
을 가지고 있고, 대체로 많은 건물들로 특성이 있으나 동시에 계획적인
선택을 제한하게 된다. 마스터플랜과 도시설계 또는 공간구성지침이란
용어를 종종 구분 없이 사용하지만, 이들은 좀 더 세밀하게 구분할 필요
가 있다.

　　두 가지는 모두 면적인 설계유도방안이다. 마스터플랜은 보다 처방
적이고 세밀한 문건으로 대지가 어떻게 개발될지 설명하고, 도시형태를
3차원 그림 등으로 묘사하며, 계획안이 어떻게 집행될 것인지 기술하고,
개발비용이나 단계 및 시기 등을 설명한다. 마스터플랜은 융통성이 적
고, 실제로 필요하고 가능한 것보다 훨씬 많은 규제를 하는 것으로 비판
을 받아왔다. 개로는 마스터플랜을 다음과 같이 정의했다. 마스터플랜은
많은 경직된 규제를 가지고 있다. 그에 따라 다양한 미래문제에 대처해
야 하고, 특히 미처 예측하지 못한 문제에 생명력 있고 자발적으로 유연
히 대응하여야 하나 그러하지 못하다(Garreau, 1991, p.453, from
Brand, 1994, p.78).

　　마스터플랜에 비해 덜 경직된 대안으로 공간구성지침이 있다. 공간
구성지침 또는 개발을 위한 공간구성지침은 일반적으로 상세한 의도보

다는 폭넓은 도시설계 정책과 원칙을 기술해 이 지침의 범위 안에서 해석과 발전의 여지를 주고 있다.

　　도시설계 마스터플랜 또는 지침은 다음의 사항을 고려해야 한다.

- 개발을 유도할 전체 비전과 개념을 제공한다.
- 환경의 질에 대한 수준과 기대치를 수립한다.
- 환경의 질에 대한 최소한의 수준을 확립한다(즉 빈약한 품질의 개발을 금지해 가치의 하락을 방지한다).
- 모든 참여자(투자자, 개발자, 임차인, 지역사회)에게 확실성을 가질 수 있게 한다.
- 조정 기능을 도입해 부분이 전체에 기여하도록 한다(예를 들어 쾌적성을 저해하는 불량한 인접 개발을 피한다. 10장 참조).

도시개발이 이익과 손해에 민감하기 때문에 계획과 설계 행위는 위험요소를 줄이고 좀 더 안전한 투자환경을 제공하는 데 목적이 있다. 양질의 도시설계는 도시재생이 지속되도록 돕는 반면, 도시설계의 품질이 빈약하면 재생의 효과가 지역 경제에 퍼지는 속도가 매우 지체될 것이다(Carmona 외, 2001, pp.76~7).

(iii) 역사 보전

미국의 보스턴, 유럽의 바르셀로나, 버밍엄과 글래스고 같은 도시들은 도심지구의 새로운 이미지와 신뢰를 정립하기 위해 높은 품질의 디자인을 사용했으며, 이는 폭넓은 도시 재생 행위를 지속하는 데 도움을 주었다. 각 도시의 건축 유산과 기존의 특성은 도시 재생의 출발점으로 사용되었다. 그러므로 도시 보전이 긍정적으로 사용된다면, 도시 재생의 목적을 달성하는 데 강력한 수단이 될 수 있다(English Heritage, 2000, pp.8~10).

　　도시 보전은 광범위한 도시계획과 도시 재생 행위에 긴밀히 연결되어 있고, 대체로 민간 부문의 투자에 의존하지만 공공부문의 또 다른 활동 영역이기도 하다. 이것은 기존의 개발 형태와 장소성에 근거해서 맥락을 존중하는 도시설계를 만들어내는 주요 수단이다. 대부분의 규제 및 도시계획 체계 속에서 도시 보전은 다음과 같다.

- 별도의 법적인 근거에 따라 작동한다.
- 현재를 규정하고 이해하는 데 과거를 참조한다.
- 변화의 불가피성과 바람직함을 수용하며 미래를 바라본다.
- 지구(地區)에서 환경적으로 고유한 것을 찾아내고 발전시켜 동시대의 개발에 반영함으로써 과거와 현재를 연결한다.

도시 보전 행위는 이같이 친근하고 간직하고 싶은 지구 경관의 보전을 원하는 많은 대중의 지지를 반영한다. 이를 통해 보전 행위가 단순히 과거에 사로잡혀(특히 영어권 세계에서) 역사 유적이 애초에 담았던 행위는 없이 테마파크화 되어, 흘러간 생활의 흔적으로 남은 물리적 대상만 보전하도록 만든다는 비난을 피할 수 있게 한다.

넓게 해석해보면 도시 보전은 다양성 · 정체성 · 지역사회 · 고유성 · 지속성과 같은 개념을 포함하는 폭넓고 미래 지향적인 과제를 다룬다(그림 11.12). 이런 개념의 도시보전은 도시설계 원칙을 강력하게 적용하는 것으로 볼 수 있다. 대부분 린치가 주장한 도시설계 행위방식 속에 포함될 수 있는 것이다.❾ 도시보전 규제는 추가 정책과 규제 체계를 특정 환경에 적용할 수 있는 포괄적인 관리제도를 잘 나타낸다. 영국유산재단(English Heritage)의 특성 평가 체크리스트(Box 11.2)가 도시보전의 과제 범위를 잘 나타내고 있다.

재개발을 원하는 경제적 힘과 기존의 사회적 · 물리적 구조를 유지하고자 하는 요구 사이의 충돌은 민감한 역사적 맥락 속에서 가장 크게 일어나며, 이는 설계에서 혁신과 지속성의 유지 사이에서 나타나는 긴장과 같다고 할 수 있다(9장 참조). 이 충돌을 효과적으로 다루기 위해 대부분의 도시보전 규제는 두 단계의 체계를 가지고 있는데, 하나는 문화재로 지정된 건물이고 다른 하나는 환경의 질에 대한 규제를 받는 지구이다. 지구에 대한 규제는 일반적인 법적 도시계획규제에 추가해 적용된다. 영국의 경우 '역사문화재 명단에 오른 건물'과 '보전지구'로 구분되고, 미국의 경우 '국가 등록 역사장소'와 '역사보전지구'로 구분되며, 프랑스의 경우 '등록된 건물'과 '건축 및 도시 유산 보호지구'로 구분된다.

역 주 ____
❾ 린치가 저서 『도시의 이미지(Image of the City)』에서 주장한 도시 이미지의 다섯 가지 구성 요소인 랜드마크(landmark), 결절점(node), 가로(path), 경계(edge), 지구(district)의 바탕에 놓여 있는 것이 정체성, 장소성, 명료성, 정위성 등을 추구한 것을 말하고 있다.

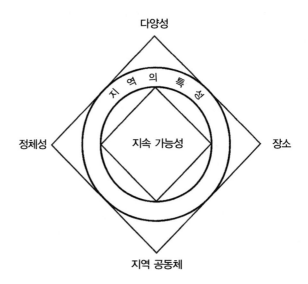

그림 11.12 지역 고유성의 보전 : 관련 의제

(iv) 유지 보수

런던에 대한 왕립예술위원회(Royal Fine Art Commission)의 연구에서 주디 힐먼은(Judy Hillman, 1988, p.viii) 다음과 같이 혹평했다.

> 런던의 많은 곳들이 지저분하고 품위 없고 침울하다. 발밑에는 쓰레기가 널려 있다. 사람들에 의해 또는 가로와 광장에 불어대는 바람으로 쓰레기는 이리저리 흩날리고, 때로는 수거 시간에 앞서 내놓거나 가로등이나 나무 아래 비닐봉지에 넣어 버리기도 한다. 또한 사람을 위해 도시가 있건만 사람들은 길의 가드레일, 볼라드, 전신주, 가로등, 전화, 편지통, 쓰레기, 교통신호조정기, 소금과 모래통, 버스 정류장과 편의시설, 나무, 때로는 화분에 심은 화초들이 차지해 좁아진 길로 짐짝같이 밀려난다. 도로는 노란 차선, 노란 경광등, 대체로 더러운 신호판, 단지 안내판, 전단지 등으로 인해 시각적으로 혼잡하고 악몽같이 느껴진다.

세계의 많은 도시와 마을이 힐먼이 말하는 문제들을 보여주고 있다. 1980년대 런던은 자원의 부족과 효과적인 도시관리의 부재로 혼잡했다. 적절한 유지 보수를 하지 않아 쉽게 쇠퇴의 길로 들어섰다. 윌슨과 켈링(Wilson and Kelling, 1982)의 범죄 방지에 관한 '깨진 창(broken windows)' 이론은 만일 어떤 건물의 창이 깨졌을 때 고치지 않고 놓아 둔다면 나머지 창들도 곧 깨질 것이라는 주장이다. 그들은 창문 깨기가 필연적으로 대규모로 확산되지는 않는다고 설명했다. 왜냐하면 어떤 지구는 창문이 깨진 것에 무관심한 사람들이 주로 사는 데 비해 다른 곳에는 창문에 관심을 갖는 사람들이 살기 때문이다. 하나의 깨진 창은 아무도 창문이 깨지는 데 신경을 쓰지 않는다는 것을 나타내고 그에 따라 더 많은 창을 깨는 것도 별 문제가 아니라는 신호로 받아들인다. 윌슨과 켈링은 또 지역사회에서 그래피티나 창녀들이 왔다갔다하는 것 같은 쇠퇴의 미세한 징후에 즉각 대처하지 못하면 더 강력한 범법자들이 그 지구로 들어와서 규제가 부재한 상황을 십분 활용하려 하기 때문에 급히 쇠퇴하게 된다고 주장했다.

공공 영역의 효과적인 유지 관리는 청결하고 건강하며 안전한 환경의 창출과 보전을 요구한다. 공공부문이 주로 궁극적인 책임을 지지만, 긍정적이든 부정적이든 참여와 기여가 공공이나 민간으로부터 이루어질 것이다. 쓰레기 및 환경 보건 서비스, 교통국, 계획국, 공원 및 여가과, 경찰국, 법정 청부업자, 민간회사, 지역사회단체 그리고 대중이 그들이다. 이해가 다양하고 각자가 책임지고 있는 것이 점차 변화하면서 도시관리를 어렵게 한다.

힐먼에 의하면 공공 영역이 퇴락하는 느낌은 부분적으로 교외의 쇼핑몰이 번창하는 것을 설명한다고 한다. 쇼핑몰에서는 소매환경이 개인의 이익을 위해 설계되고 유지되며 통제된다. 영국에서는 1980년대와 특히 1990년대에 교외 쇼핑센터 개발이 전통 도심부와 경쟁하며 위협하고, 전통 도심부의 활력과 생존에 큰 영향을 미친다는 것을 인식하면서 도시관리를 다시 생각하도록 하여 결국 통합된 도심부 관리를 만들어냈다.

주요 도시의 도심이나 농촌의 작은 시장 도시 등 다양한 곳에서 도심 매니저가 고용되어 행위를 조정하고 변화를 검토하며 도심 관리인으로 행동하면서 도심을 성장시키고 개선 계획을 마련한다. 힐먼의 것보다 10년 후에 만들어진 왕립예술위원회의 보고서는 도심의 특성을 고양하고 편의를 증진하며 그에 따라 새로운 생명을 불어넣기 위한 행동

표 11.1 중심가로환경 개선

편리성의 질	성격을 개선하기 위한 행위들	가로성격의 질	특성을 고양하기 위한 행위
환영의 느낌	• 주차장 입구를 단정하게 • 주차장 내부를 멋있게 • 소로를 중심 가로에 연결 • 보행자 안내를 분명히	포장	• 품질 높은 도로포장 • 어지러운 길가구 배치 배제 • 길가구의 합리적 배치
장소 돌보기	• 지저분한 포스터와 그래피티 없애기 • 쓰레기 청소하기 • 재활용 쓰레기통 배치	상점	• 상점 전면의 개선 • 빈 상점 전면의 영향 개선 • 상점 간판의 관계 조정
편안함과 안전	• 교통 정온화	도시공간	• 건물 사이 빈 대지에 끼워넣어 개발되는 건물의 설계에 관심 • 부수적으로 형성되는 도시공간 창출 • 가로수 식재 • 계절별 색채 도입
		거리의 활동	• 노점과 키오스크 장려 • 도시공간의 행위 다양화 • 특별 이벤트 만들기
		지역의 랜드마크	• 랜드마크 강조하기 • 특별한 장소를 위한 도로포장 디자인 • 공공 조명 도입 • 공공장소에 예술 도입

(출처 : Davis, 1997)

계획을 제안했다(Davis, 1997). 제시된 체크리스트는 요구되는 공공부문의 행위를 다양하게 그림으로 표현할 뿐 아니라, 높은 질의 도시설계를 이루고 유지하기 위해 공공부문들 사이에, 그리고 공공과 민간 부문 사이에 필요한 이해 조정의 범위를 포함하고 있다(표 11.1).

결론

이 장에서는 높은 수준의 도시 및 환경 설계를 장려하고 확보하고 유지하는 데 필요한 공공부문의 역할에 대해 소개하고 논의했다. 다양하고 모든 행위에 관계되며 매우 실제적인 이 역할은 여섯 개의 행위 형태로 정리할 수 있다.

- 종합 평가와 진단 : 맥락을 분석해 장소의 특성과 의미를 이해한다.
- 정책 : 적절한 디자인을 유도, 장려, 그리고 규제할 정책 수단을 마련한다.
- 규제 : 정책 목표를 협상, 심의, 그리고 법적인 절차를 통해 실행하는 수단
- 설계 : 대규모 기반시설부터 대지의 특별한 해결까지, 특성 있는 설계와 개발 대안을 발전하고 촉진한다.
- 교육과 참여 : 소문을 내서(홍보) 미래의 사용자들을 과정에 참여시킨다.
- 관리 : 도시 조직의 지속적인 관리와 유지 보수

민간 부문과 마찬가지로 공공부문이 혼자서 작동하는 것이 아니기에, 지속 가능한 도시설계를 위해 가장 중요한 것은 민관 사이의 성공적인 협력이다.

12
대화와
설득의 과정

서론

이 장에서는 도시설계에 있어 대화와 설득의 과정에 대해 다루고자 한다. 도시설계의 아이디어와 프로젝트의 운명은 많은 경우 아이디어를 효과적으로 전달하는 도시설계가의 능력에 달려 있기 때문에 도시설계가들은 눈에 보이는 형태와 언어로 다양한 청중에게 명백하면서도 논리 있게 아이디어를 표현하고 전달할 수 있어야 한다. 최고의 아이디어와 원리라도 효과적으로 의사소통이 이루어지지 못하면 제대로 가치를 인정받을 수 없다. 더구나 설계는 탐구와 발견의 과정이므로 도면이나 다른 형태의 표현 방법 그리고 의사소통 방법도 그 과정의 한 부분을 담당한다. 이 장에서는 세 가지의 주요한 논점을 다룬다. 첫 번째는 의사소통을 위한 행위이며, 두 번째는 의사소통의 한 형태로서 참여에 관한 것이다. 세 번째는 표현 수단과 방법에 관한 내용을 다룬다.

| 의사소통, 설득 그리고 조작 |

도시설계가들이 원활한 임무 수행, 프로젝트에 대한 지지 획득, 재원 조달, 개발 계획안 인허가를 원할 때 가장 먼저 고려해야 하는 사항은 의사소통의 과정과 과제이다. 설계가들은 개인적인 친분이 있는 사람이나 기업, 정부기관 또는 정치인 등 잠재 고객에게 자신의 서비스에 대해 적극적으로 홍보할 수 있어야 한다. 모든 프로젝트는 '의뢰인' 측 대표에서부터 다른 분야의 전문가, 공공부문, 투자기관, 지역 공동체, 언론매체 등의 대표자에 이르기까지 성격과 유형이 다양한 다수의 청중에게 발표해야 하는 것이다. 여기서 의사소통은 청중에 따라 언어 표현과 그래픽 프레젠테이션 기법 등으로 달리할 필요가 있다. 프레젠테이션은 그 자체가 목적이라기보다는 대지에 뭔가 가치 있는 것을 만들어내려는 목적 달성을 위한 하나의 수단이다.

의사소통은 직선적인 과정이 아니다. 권한과 관련된 중요한 논점, 조작, 유혹 그리고 잘못된 정보와 연관지어서 살펴볼 수 있다. 『장소의 표현 : 도시설계에서의 실제성과 현실주의(Representation of Places : Reality and Realism in City Design)』라는 책에서 피터 보슬만은 제안자들이 어떻게 부정적인 면을 최소화하거나 생략하여 최대의 이익을 위한 제안을 하는지와 그와 반대로, 반대자들은 어떻게 부정적인 면과 이점이 거의 없다는 점을 부각시키는지를 언급하고 있다(PeterBosselmann, 1998, p.202).

원칙적으로 의사소통에는 두 가지 기본 유형이 있다. 하나는 정보의사소통(informative communication)으로 프로젝트에 대해 보다 깊게 이해할 수 있는 정보 제공을 주요 목적으로 하며, 다른 하나는 설득의사소통(persuasive communication)으로 프로젝트에 대한 수락과 승인, 동의 및 자금 지원을 확고히 하는 데 목적이 있다. 이 두 가지를 구별하는 것은 다소 학문 차원의 일이다. 실질적으로 의사소통의 모든 형태는 설득과 정보 전달의 성격을 다 가지고 있다. 보다 현저한 차이는 의도적으로 설득하거나 우연 혹은 무의식적으로 설득하며, 또는 고의로 조작하는 의사소통의 과정에서 만들어진다. 다양한 기술을 사용해 계획의 현실성을 증명할 수는 있겠지만, 이미지가 조작될 가능성이 있어 현실성을 어느 정도까지 조작할 것인지는 발표자의 선택에 달려 있다.

설득과 조작은 밀접한 관련이 있지만, 조작은 주로 청중이 모르는 상황을 지속함으로써 영향을 미친다. 도비는 설계 프로젝트의 발표는 내용을 잘 알지 못하는 참여자들의 '조작된 동의'를 받아내는 것으로 왜곡되는 것이 일반적이라고 주장한다(Dovey, 1999, p.11). '유혹'은 또 다른 형태의 조작이다. 도비의 설명에 따르면, '유혹'은 주제에 대한 관심과 욕구를 조작하며, 건조환경에 대한 중요한 함축된 의미를 주어 욕구와 자기 정체성을 구축하게 만드는 고도로 정교한 행위이다. 보통 유혹은 긍정적이고 조작은 부정적이나 두 개념 모두 권력의 사용 혹은 오용과 관계된다. 조작의 가능성은 항상 존재한다. 개발 제안서를 설명할 때 사용하는 '때로 놀라운 이미지'에 대한 언급에서, 비딜프는 '미래 환경(예상도)'과 '광고' 사이에서 구별하기 어려운 점을 지적하고 있다(Biddulph, 1999, p.126).

의사소통은 청중을 혼란스럽게 하고 유혹하거나 조작하기보다는 그것에 대항해서 새로운 통찰력을 드러내 보이는 데 활용해야 할 것이다. 설계가들은 종종 청중에게 이전에 고려하지 않았던 것을 보여주고자 한다. 계획과 아이디어를 전달하기 위해 설계가들은 은유나 분석 기법을 활용하거나 사례들을 보여줄 것이다. 예를 들어, 트랜식은 "실제 사례를 통해 설계의 의도를 설명함으로써 설계가들은 쉽게 인지할 수 있는 이미지와 제안의 목적을 전하기 위한 친숙한 분위기를 만들어낼 수 있다."고 주장하면서 사례가 의사소통을 위한 효과적인 도구가 될 수 있음을 강조했다(Trancik, 1986, p.60). 예를 들어 이탈리아 언덕 마을의 이미지가 글래스고 북쪽의 바람받이인 언덕 꼭대기에 위치한 컴버널드(Cumbernauld) 뉴타운의 이미지로 그려지기도 하기 때문에 사례와 은유는 주의 깊게 사용해야 한다.

권한은 의사소통에 있어 피할 수 없는 부분이다. 예를 들면, 첫 번째 발표자는 발표의 주도권과 의제를 결정할 수 있는 권한을 가지며 이후 발표자들은 이에 대해 경쟁해야 한다. 또한 보다 효과적으로 의사를 전달하기 위해서는 신뢰나 존경 같은 기준에 기반한 믿음이 필요하다. 청중은 유혹이나 조작에 속지 않을지도 모르지만, 조작을 가한 의사전달자는 신뢰를 잃을 것이 분명하며 설명하는 내용 또한 받아들여질 리 만무하다. 존 포레스터(John Forester, 1989)는 계획 분야에 있어 의사소통의 개념에 대해 논했다. 계획이라는 말 대신 '도시설계'로 대치해도 그의 주장은 적용 가능하다. 도시설계가는 다음과 같아야 한다.

바람직하고 실현 가능한 미래에 대해 도시설계가는 실질적이고 정치적으로 계속 주장하고 설득해야 한다. 만약 도시설계가의 일상적인 행동이 미묘한 의사소통에 어떤 영향을 주는지 깨닫지 못한다면, 도시설계가가 좋은 목적을 가지고 이야기했을지라도 받아들여지지 않고 역효과를 낼 수도 있다. 도시설계가는 성실해도 신뢰받지 못할 수 있으며, 이론적으로 정당하지만 진가를 인정받지 못할 수도 있고, 또 안심시키려고 했지만 오히려 원망을 들을 수도 있다. 도시설계가가 도움을 주려하지만 오히려 도움을 받을 수도 있다. 또한 확실한 신념을 표현하려는 데서 예상치 못했던 비극적인 결과가 나타날 수도 있을 것이다. 그러나 이러한 문제는 반드시 피할 수 없는 것은 아니다. 도시설계가들이 그들의 행동 속성이 실제적이며 소통 가능하여야 하는 것을 인식할 때, 이런 문제를 피할 뿐만 아니라 도시설계의 실무를 개선하는 전략을 마련할 수도 있다(Forester, 1989, pp.138~9).

'이상적인 연설 상황'에 대해 논하면서, 위르겐 하버마스(Jurgen Habermas, 1979)는 "우리는 연설이 이해하기 쉽고 성실하고 합법적이며 진실하리라고 기대한다."고 주장했다. 하버마스의 이러한 생각을 바탕으로 포레스터는 상호 이해는 다음의 네 가지 기준을 충족하느냐에 달려 있다고 주장했다(Forester, 1989, p.144).

상호 간의 이해 없이 대화를 나눈다면 우리는 의미 전달이 아니라 혼란을 겪게 될 것이다. 성실함의 척도가 없다면, 우리는 신뢰보다 조작이나 허위에 의존하게 될 것이다. 연설자의 주장이 비논리적으로 만들어질 때, 우리는 권위의 실행보다는 남용을 보게 된다. 그리고 주장되는 것의 진실을 측정할 수 없을 때, 우리는 실체와 주장 그리고 사실 사이에서 차이를 말할 수 없을 것이다.

이것은 이상적인 조건이다. 실제로 연설의 질은 위의 조건에 비해 얼마나 부족한가를 통해 측정할 수 있다.

의사소통의 차이

효과적인 의사소통은 연설자와 청중의 연결과 관련된 말하기와 듣기 양 방향의 과정이다. 비록 의사소통이 사람들에게 건설적으로 기여할 수 있도록 힘을 부여하는 수단이라 할지라도 연결의 차이로 인해 거꾸로 영향을 받을 수도 있다. 도시설계가는 의사소통의 차이에서 발생할 수 있는 문제를 어떻게 해결해야 하는지 이해할 필요가 있다. 예를 들어, 도시환경 생산자와 소비자 사이에는 전형적인 차이가 있다(10장 참조). 또한 설계가와 사용자, 전문가와 일반인 사이에도 의사소통과 사회적 차이가 존재한다. 만약 사람들을 위한 장소를 만들고자 한다면, 도시설계가는 이러한 차이를 심화시키기보다는 줄이는 지혜를 발휘해야 할 것이다.

(i) 전문가와 일반인의 차이

도시설계 전문가는 훈련과 교육을 통해 실재하는 것과 현실로 드러낼 수 있는 것 모두를 표현하는 데 필요한 기술을 익힌다. 이것은 강점인 동시에 약점이기도 하다. 랭은 "환경설계가들은 '그림으로 나타내는(pictorial)' 형식에 고착되어 있어 도시를 일상적인 삶의 장소보다는 예술 작품으로 다루고 있다."고 주장했다(Lang, 1987). 비슷한 관점에서 허버드도 다음과 같이 주장한다(Hubbard, 1994, p.271).

> 설계 교육과 사회화는 환경의 개관적인 물리적 질을 강조하고, 개인적이고 주관적인 반응을 절제하는 전문가의 관점을 가르친다. 이런 격차는 일반적으로 '설계가'와 '비설계가'의 차이가 단순히 스스로의 생각을 표현하는 방법의 차이가 아니라 여러 관점에서 주변 환경을 생각하는 데 있어서 근본적인 차이가 있다는 것을 반영한다.

이 문제는 단순히 전문가의 견해에 관한 것이 아니라 어떠한 표현 행위와 관련이 있다. 보슬만의 주장에 따르면, 현실 세계의 풍부함과 복합성은 완벽하게 표현할 수 없기 때문에 설계가는 실체로부터 '실제 조건의 추상'을 선택한다(Bosselmann, 1998, p.xiii). 즉 설계가에게 표현 과정은 추론하는 복잡한 형태이다. 설계가가 표현하기로 선택한 것은 실체에 대한 설계가의 관점에 영향을 미치며 설계와 계획의 결과를 규정하고 결국 도시의 미래 형태를 결정한다.

이는 전문지식의 속성에 관한 논점과 전문가와 비전문가 사이의 잠재적인 차이에 대한 논점을 만들어낸다. 전문가와 비전문가를 생각하기보다는 오히려 전문지식의 다양한 형태라는 측면에서 이를 개념화하는 것이 낫다. 이것은 도시설계 전문가들이 커뮤니티와 사용자를 대하는 상황에서 활용하는 특별한 태도이다. 벤틀리(Bentley, 1999)는 '지역적' 전문 지식과 '세계적' 전문 지식을 구별할 것을 제안했다. 그는 전문가는 '세계적' 전문지식을 가지며 지역 주민은 '지역적' 전문지식을 가진다고 주장한다.

전문가와 비전문가의 차이는 사진과 이미지를 통해서뿐만 아니라 글과 말의 사용을 통해서 더욱 크게 나타날 수 있다. 도시설계 전문가에게는 공간적으로 생각하는 것은 물론 공간 개념과 아이디어 그리고 원칙을 글로 표현하는 일 모두가 필요하다. 예를 들어 허가와 동의를 얻어내고 도식화된 제출물을 보완하고자 할 때, 도시설계가는 설계 설명서를 작성할 필요가 있을 것이다. 그러나 언어 · 단어 · 구절 · 속어 그리고 속기 등 일반적인 개념은 의사소통의 차이를 만들 수 있다.

두아니는 몇몇 건축가들이 신비주의처럼 표현한 것을 통해 어떻게 권한을 다시 얻는지 관찰했다(Duany 외, 2000, p.213). 즉 알아보기 힘든 표현기술을 개발하고, 수수께끼 같은 전문용어로 자신들의 작업을 숨김으로써 건축가들은 의사소통의 영역을 더욱 좁게 만든다. 두와니와 동료들은 단독주택 계획을 설명하는 하버드설계대학원 소식지에 제시된 예를 인용했다(겨울/봄 1993, p.13).

이러한 왜곡은 해석을 어렵게 만든다. 예를 들어 주택을 담론으로 유추하고 필요 이상의 설명을 요구하는 몇 가지 복합 개념으로 난해하게 해석하는 경우 그 기본 의미마저 왜곡된다. 이러한 복합 개념은 건축가들의 기본적인 도식과 그들이 만든 구체적인 형태와의 충돌(상충)에 의해 지속적으로 동기부여를 받기도 하고 좌절하기도 한다. 건축가들은 이상적이거나 실제적인 목적과 조직, 과정 그리고 역사를 인용하여 주택을 대략적으로 유추하거나 이의를 제기한다.

도시설계 분야에서 언어를 긍정적으로 사용한 예는 1990년대 영국 버밍엄의 환경 개선에서 볼 수 있다(Wright, 1999, p. 298). 1980년대 후반 이전에는 도시의 물리적 비전에 대한 개념이 아주 약했으며, 따라서 주민들이 도시설계가 의도한 것을 이해할 수 있도록 도시설계 아이디어와 원리에 대해 의사소통하는 것을 중요하게 여겼다. '우리 도시의 개선', '맨홀 주변의 콘크리트 없애기', '좋은 환경에서 장사가 잘된다', '거리와 광장', '도시의 삶', '거리를 보행자에게 돌려주기' 등과 같이 불필요한 전문용어를 없애고 중요한 도시설계 원칙의 본질을 표현했다.

(ii) 설계가와 비설계가의 차이

설계가와 비설계가 간에는 차이가 있다. 설계 감각이 거의 없는 사람들은 종이 위에 그려진 형태와 선을 평면(2차원)적으로 보는 경향이 있다. 반대로 설계가는 공간을 정의하고 공간에 의해 정의되는 3차원 물체를 나타내는 것으로 도면을 공간적으로 읽는다. 그리고 설계하는 행위는 손과 눈, 머리 사이의 중요한 연계성을 포함한다. 기계적이고 컴퓨터에 의존한 도면 형식은 이런 연결성을 감소시킨다.

단순히 다를 수도 있지만, 설계가들은 비설계가들과 자신이 얼마나 다른지 자신의 진가를 설명할 필요가 있다. 예를 들어, 몇몇 대규모 주택 건설업자는 표준화된 배치와 주택 형태, 2차원 배치도를 사용해 주택 개발 계획을 설계하기 위해 설계가보다 오히려 '기술자'를 고용한다. 이것은 장소를 답사하고 지역의 잠재능력과 가능성을 평가하는 기술자가 없는 상황을 만들 수도 있다.

(iii) 실제와 표현의 차이

일반적으로 계획안을 사실적으로 표현할수록 관찰자가 현실 세계에 있는 것처럼 프로젝트를 이해할 가능성이 높다. 그러나 공통의 문제는 지각 대상을 그래픽처럼 완전히 표현할 수 없다는 것이다. 많은 표현들이 폭넓은 지각 요소와 사회 요소를 표현하는 데 한계가 있는 개인적이고 주로 시각적인 경험을 나타낸다. 예를 들면, 우리가 공간 속을 이동할 때는 환경에 대한 시각과 감각적 지각도 함께 움직인다. 표현 기술이 보다 정교해지고 사실성을 띰에 따라 우리는 표현에서 사실주의의 혼란으로부터 발생하는 문제에 점점 더 직면하게 된다(즉 사실주의와 사실성 차이). 그 문제의 요점은 표현 형태가 사실적이거나 왜곡되거나 오해를 일으키거나 혹은 그렇지 않을 수도 있다는 것이 아니라, 이런 경우를 위해 잠재적 가능성을 인식하는 것이 필요하다는 점이다. 표현을 사실과 혼돈해서는 안 된다. 이를 위해 청중은 표현 기술의 강점과 약점 그리고 한계에 대해서 교육을 받을 필요가 있다. 이 문제는 후에 언급할 것이지만, 특히 축척이 적용된 모형은 오해를 불러일으킬 수 있는 표현 기법 중의 하나이다.

(iv) 힘이 있는 것과 없는 것의 차이

비록 도시설계에서 힘이 있는 것과 없는 것과의 차이는 많은 방면에서 명백하게 드러나지만, 보통은 돈을 지불하는 고객과 돈을 지불하지 못하는 고객 사이(1장, 3장 참조), 그리고 생산자와 소비자 사이(10장 참조)의 차이에서 기인한다. 경제 이론에 따르면, 시장 경제가 작동하는 곳에서 소비자는 권리를 가지고 있으며, 생산자는 소비자가 원하는 것을 생산한다. 실제로는 경제적 능력에 있어 열세하거나 불균형을 이루는 상황에는 때때로 정부나 관리기관의 권한으로 조정하기도 한다. 1969년에 셰리 안스테인(Sherry Arnstein)은 시민 참여의 8단계를 나타내는 참여 사다리를 제시했다(그림 12.1). 낮은 단계는 보통 명목적이지

그림 12.1 안스테인의 참여 사다리

만, 높은 단계로 올라갈수록 시민들에게 좀 더 많은 권한이 위임된다. 안스테인은 원칙적으로 '참여'는 민주주의의 초석이라고 주장했다 (Arnstein, 1969, p.216). '인정받는 아이디어', '실질적으로 모든 이에게 열렬한 갈채를 받는 아이디어', '존중받는 아이디어'에 대해 셰리는 "원칙이 가지지 못한 자들에 의해 지지를 받을 때, 권력을 가지지 못한 자가 권력의 재분배로서 참여를 정의할 때 이러한 갈채는 의례적인 박수가 될 것이다."라고 언급했다.

이러한 점을 고려하면 설계는 공공 정책의 다른 분야와 차이점이 없다. 제로섬(zero-sum) 게임을 가정한다면, 지역 시민에게 더 많은 권한이 위임될수록 프로젝트의 재원과 개발 그리고 설계와 정치적 허가는 더욱 줄어들 것이다. 다른 한편으로 이것은 또한 맥글린(McGlynn)의 영향력 도표에서 오른손 부분에만 권한을 부여하는 것을 의미할 수도 있다. 권력은 복잡한 현상이며, 따라서 다차원으로 고려해야 하는 것이다. 힘 있는 몇몇 관계자와 힘 없는 다른 관계자들에 의해서보다는 (안스테인의 모델에서 고려한 방법이다) 약간의 권한을 가진 다른 모든 사람들이 함께 복잡한 방법으로 서로 영향을 주고받는 것이다(Lukes, 1975).

파트너십이란 이해관계를 내부적으로 해결하는 영향력 행사의 한 형태이다. 개편된 힘의 관계는 초기의 충돌을 해결하기 위한 잠재력이 높다는 점에서 정당화될 것이다. 예를 들면, 상호 협력과 지원에 기초하여 계획을 이룸으로써 보다 지속 가능한 결과물을 낳게 하고, 더 심도있게 설계 정책이나 제안을 검토함으로써 가치를 증진시키며, 개발과 설계 제안에 대해 책임의식을 갖게 하는 것 등이다. 행정기관이나 지지단체뿐만 아니라 도시설계에서의 파트너십 또한 지역의 어메니티를 보호하는 압력 및 로비 단체로서 영향력을 행사할 수도 있다.

지역주민의 환경에 대한 주인의식은 그 지역이 갖는 경제적 이해에 따라 쉽게 훼손될 수 있다. 이 경우 공공부문은 자주 사회·경제·환경 측면에서 예기치 않은 결과에 대처해야 하는 상황에 놓인다.

(v) 설계가와 사용자의 차이

설계 분야에서 끊임없이 제기되는 문제는 설계가의 선호와 열망이 사용자의 요구와 일치하지 않을 수 있다는 점이다. 1960~70년대 설계가들은 인간의 행태와 요구에 대한 정보와 모델을 찾기 위해 사회과학에 집중했다. 사회과학 연구는 어떤 환경조건에서 나타날 수 있는 인간의 행동을 예측하는 그럴듯한 방법을 제시했다. 설계가는 그 연구가 잘못된 확신이더라도 종종 과학적 근거로 활용해왔다. 이러한 주장이 터무니없다고 생각하는 연구자와 연구를 충분히 검증하지 않은 연구자 그리고 평가를 무시했던 설계가 중 누가 비난을 받아야 하는지에 대해서는 논의해 볼 만하다. 그러나 어렵게 인정받은 자료라 해도 실무자들이 반드시 환영하는 것 같지는 않다. 젱크스는 이에 대해 다음과 같이 지적했다(Jenks, 1988, p. 54).

> 시험적인 지침은 편집하고 요약할 수 있으며, 권고 사항은 수행해야 할 행위를 만들어놓은 것이다. 권고사항은 설계업무를 수월하게 진행하기 위한 지침이나 설계원칙 또는 기준으로 변환할 수 있다. 이와 관련해서 근본적으로 잘못된 것은 없으며 분명히 유용하다. 그러나 일단 기준이나 지침 등으로 확실히 전환되고 나면, 이론적 근거와 논리, 신중한 필요조건은 곧 사라지는 경향이 있다. 이 단계에서 기준이나 권고 사항이 효력이 있는지, 혹은 연구나 가설에 기초하는지 그렇지 않은지는 명확하지 않을 수 있다.

보다 근본적으로 비셔(Vischer, 1985)는 사용자의 '요구와 선호도'를 연구하는 모델에서 환경에 적응하고 조절하는 사용자의 능력을 발전시키는 데 관심을 갖는 '적응과 조절' 모델로 전환할 필요성을 제안했다. 개념 측면에서 보면 요구와 선호도에 대해 소극적인 표현을 하는 사용자에서 변화에 적극적인 사용자로의 변신을 의미한다. '적응'은 다양한 환경 맥락에 대응하여 사용자 자신과 행태를 변화시키는 사용자의 능력과 관련이 있다. '조절'은 적응하기 위한 동기를 부여해주지 못하는 환경의 물리적 차원을 변화시키려는 사용자의 능력과 관련이 있다.

　사용자의 요구와 선호도 연구는 사람들이 자신의 목소리를 낼 수 없다는 것과 프로젝트 스폰서가 설계가에 대한 사용자의 견해를 옹호하려 한다는 가정에 기반을 둔다. 이러한 생각은 만약 설계 과정에서 사용자에 관한 더 많은 정보를 활용할 수 있다면 사용자의 요구를 보다 많이 충족시킬 수 있다는 것을 의미한다(Vischer, 1985, p. 289). 이 모델은 적어도 세 가지 의문이 있는 가정에 기초하고 있다.

- 첫 번째 가정은 사용자의 요구와 선호를 밝힐 수 있다는 것이다. 사용자는 요구와 선호의 순위에 관해 전체적인 리스트를 공식처럼 정할 수 없기 때문에 연구자의 가치를 이러한 평가 과정에 도입하는 가정을 해봐야 한다.
- 적절한 물리적 환경을 설계하면 사용자의 요구에 부합할 수 있다.
- 사용자는 상대적으로 수동적인 역할을 한다. 비셔의 언급처럼, 사용자의 요구를 확인하고 대응하는 것은 환경에 대한 행태적 관계라는 측면에서 사용자를 수동적인 위치에 놓게 될 것이고, 또한 사용자와 환경 사이의 관계를 궁극적으로 맞춰줄 책임 있는 핵심 역할자로서 요구를 파악하는 연구자와 요구에 대응하는 설계가의 역할을 자리매김하는 것이다(Vischer, p. 291). 그러므로 비셔는 이 모델이 환경 변화의 주도자로서 그리고 환경의 관리자로서 사용자의 적극적인 역할을 인식하는 데 실패했다고 주장한다.

비셔는 결론적으로 사용자에게 환경을 어느 정도 통제할 수 있도록 권한을 주는 것이 사용자 스스로 설명하는 요구를 직접 반영하여 설계하는 것보다 효과적이라고 밝혔다(Vischer, pp. 293~4). 즉 사용자는 수동적이고 무기력한 존재가 아니며, 자신에게 주어진 상황을 여건에 맞게 조절하고 상호작용하면서 환경에 적극적인 역할을 한다는 것이다.

| 참여와 개입 |

도시설계 과정에서 커뮤니티의 개입은 전문가와 일반인, 힘이 있는 자와 힘이 없는 자, 그리고 설계가와 사용자의 차이를 극복하거나 적어도 줄이는 방안으로서 점점 더 부각되고 있다. 참여는 위에서 아래로의 하향식 접근 혹은 아래에서 위로의 상향식 접근과 같이 매우 다양한 형태를 취한다.

하향식 접근(top-down)은 공공 기관이나 개발자들이 시행하는 경향이 있으며, 대체로 제안에 대한 대중의 의견을 조사하고 대중의 지지를 얻기 위해 활용한다. 개발 대안과 정책 제안은 참여를 실행하는 데 초점을 맞추고 준비한다. 여기서 위험 요소는 의제가 순수한 참여이기보다는 지역 의견을 조작하기 위한 목적으로 사전에 기획될 수 있다는 것이다. 보다 긍정적인 측면에서 보면, 그러한 접근은 커뮤니티의 의견을 모으고 조정하며 해석할 수 있는 전문 기술을 사용함으로써 한정된 자원을 보다 효과적으로 활용할 방안을 제공한다는 점이다.

상향식 접근(bottom-up)은 일반적으로 직면한 기회나 위협에 대응하여 풀뿌리 단계에서부터 시작해 이끌게 된다. 이러한 실행은 정치적인 의사 결정 과정에 영향을 주는 매우 효과적인 수단이 되기도 한다. 그러나 다른 한편으로는 전문가의 의견을 발전시키고 의견을 수렴하는 데 많은 시간이 소요되는 특성으로 인해, 여러 자원을 실효성 있게 결합하여 목표와 연계하는 데 있어 잦은 실패로 고통을 받는다. 이상적으로는 어떤 접근 방법을 적용하든 간에, 단기적이든 장기적이든 목적은 상호 이익이 되는 대화와 공공과 민간 그리고 자발적으로 참여하는 이해관계자 사이의 파트너십을 발전시키도록 하는 것이다.

루들린과 포크는 흄메(Hulme) 지역에 대한 맨체스터 시의회의 설계 지침의 연구를 통하여 설계 아이디어와 원칙, 제안서를 위한 지지 단체를 만들고 유지해야 하는 필요성에 대해 주장하였다(Rudlin and Falk, 1999, p.213; Hulme Regeneration Ltd, 1994). 초기 설계지침은 개인과 공공 주택 개발자, 경찰, 교통전문가 그리고 기관투자자들로부터 많은 반대에 부딪혔지만, 그럼에도 내포된 원칙과 아이디어를 유지하기 위해 노력했다. 흄메에서 도움을 주는 것은 전문 컨설턴트와 지역 정치가들 간에 설립된 강력한 연합단체이다.

단체의 핵심 부분은 제안 내용에 직접적으로 영향을 받는 사람들인 커뮤니티에서 비롯한다. 공공 개입과 자문은 도시설계 원칙과 제안에 대한 지지를 이끌어내는 중요한 수단이 된다. 도시설계 그룹에서 진행한 연구는 지역 공동체의 참여 요구가 높음을 보여주었다. 더구나 지역 공동체가 개입함으로써 의사결정 과정에서 주민들에게 주인의식이 생겨날 것이고, 계획 구상에 대한 도시설계의 질이 궁극적으로 향상될 것이며, 이로 인한 이익은 모두에게 돌아갈 것이다.

자문 및 참여의 실행에 있어 세 가지 분명한 활동이 이루어져야 한다. 즉 정보를 발신하고, 정보를 모으며, 대화를 증진시키는 활동이다. 세 번째와는 달리 처음 두 가지는 본질적으로 한 방향(단일 논리)의 의사소통 형태이다. 비록 지역 공동체가 개발 제안에 대해 자문 역할을 하고 있지만 그러한 지역 공동체의 역할은 단지 설계 과정에서 사용에 대한 측면을 권유하는 것보다 정보를 알리는 경향이 있다. 또한 지역 공동체의 역할은 직접적으로 전달하기보다는 간접적이며, 설계 과정보다는 상황이 종료된 이후에 일어나게 된다. 결과적으로 지역 공동체의 참여는 보잘것없는 것이 되어버렸고, 지역 공동체의 이익 역시 최소화되었다. 이 같은 접근방법은 안스테인의 참여 사다리에서 점점 더 낮은 단계로 향하는 특징을 보여주는 것이다.

설계과정에 지역 공동체를 완전하게 포함시키려는 시도는 대화를 증진하고 양방향 상호작용을 추구하는 보다 적극적인 참여 방법으로 발전해왔다. 비록 초기에는 약간의 격려와 지지가 필요하지만, 상향식 방법으로 시작한다면 보다 효과적으로 작동할 수 있을 것이다. 가장 일반적인 방법을 제시하면 다음과 같다.

- 실제 계획하는 실습 : 문제를 설명하거나 규명하는 데 있어 직접 접촉해보지 않은 지역 공동체의 개입을 권장하기 위해 대형 모델을 사용한다. 참가자는 제안 카드를 채우고 이를 모델에 첨부하면서 한껏 고무되어 제안을 만들어낸다. 그리고 다음 번 그룹회의에서 세부사항을 추구하려고 애쓰게 된다. 이 과정은 진행자로서 결과를 기록하고 중재하며 행동하는 전문가와 함께 차별화된 아이디어를 시도하는 지역 공동체 구성원에 달려 있다.
- 계획 이벤트와 커뮤니티 토론회 개최 : 지역 공동체의 소그룹이 다양한 경험을 가진 전문가들과 함께 사업을 하기 위해 여러 실천적 제안을 하는 협력적 이벤트를 의미한다. 이벤트는 보통 여러 날에 걸쳐 열리며, 핵심 이해관계자들과 함께 물리적 맥락의 분석, 워크숍과 브레인스토밍, 제안의 분석과 발표, 기록, 그리고 결과 홍보에 대한 간단한 설명회를 포함한다.
- 도시설계지원팀(UDATs) : 이벤트를 보다 원활하게 진행하기 위해 외부에서 영입한 다양한 전문 영역을 갖춘 팀이다. 지역 공동체와 함께 어떤 문제에 접근하는 '브레인스토밍'은 지역 공동체가 실천을 위한 권고 사항을 작성하는 데 도움이 된다. 도시설계지원팀은 지역 공동체가 격려하고 이끌어가야 한다(그림 12.2).

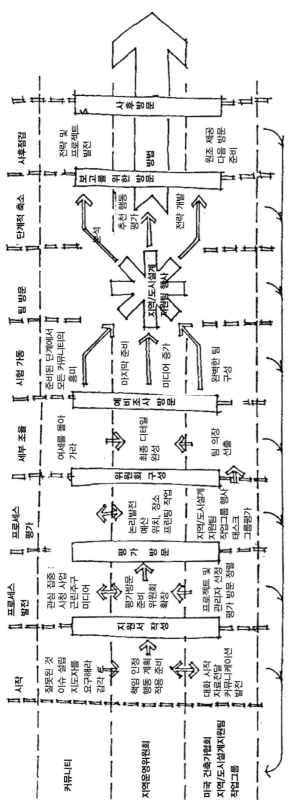

그림 12.2 도시설계 지원팀의 진행 과정

많은 출판물들은 이제 참여 방법에 대해 폭넓은 자료를 분류하고 있다. 최근에 소개된 보고서로는 신경제재단(NEF : The New Economics Foundation, 영국의 독립적인 싱크탱크)의 「참여가 역할을 한다 (Participation Works)!」, 「21세기를 위한 커뮤니티 참여의 21가지 기술 (21 Techniques of Community Participation for 21st Century, 1998)」, 그리고 도시설계그룹의 「도시설계 과정에 지역 커뮤니티 참여 시키기(Involving local Communities in Urban Design, UDG, 1998)」 등이 있다. 또한 이러한 보고서들과 함께 78가지로 분류된 기술을 규정했다(Box 12.1). UDG(1998, pp.18~9) 보고서는 커뮤니티 계획과 설계 상황에 적용할 수 있도록 다음과 같은 22가지 일반적인 방법을 제시하고 있다.

1. 영향을 받는 모든 것을 포함하라.
2. 과정을 통해 주인의식을 고취하라.
3. 주의 깊게 독자적인 과정을 계획하라.
4. 규칙과 범위를 인정하라.
5. 양이 아닌 질이다.
6. 지역 공동체의 모든 부분을 포함하라.
7. 필요한 돈을 사용하라.
8. 돈의 가치를 이해하라.
9. 다양한 목표를 수용하라.
10. 다양한 의무를 받아들여라.
11. 정직해라.
12. 투명해라.
13. 다른 이들로부터 배워라.
14. 한계를 인정하라.
15. 전문가를 이용하라.
16. 신중히 제3자를 이용하라.
17. 진행자를 이용하라.
18. 시각적이어야 한다.
19. 추적하라.

20. 지속성을 유지하라.
21. 재미있게 하자.
22. 최선을 다해 성공하자.

컴퓨터는 설계와 개발 과정에서 보다 많은 일반 대중이 참여할 수 있는 기회를 제공한다. 문서와 도면, 비디오, 오디오, 그리고 컴퓨터 파일 같은 정보는 이미 다른 요소와도 의사소통할 수 있으며, 결과적으로 인터넷상에서 가상 설계 스튜디오나 디지털 설계는 필연적으로 증가하게 될 것이다(Graham and Marvin, 1996). 협력적인 설계 프로젝트의 비중이 점점 증가함에 따라 월드와이드웹(www)은 설계 정보의 소통과 저장 그리고 실시간 그룹 토의로 통합된 작업을 위한 방법을 제공한다. 시간이 좀 더 지나면, 도시설계 프로젝트의 가상 체험을 할 수 있을 것이다. 또한 인터넷 접속은 지역 수준의 도시설계에 있어 지역 공동체의 참여를 훨씬 더 용이하게 해줄 것이다.

비록 지역 공동체를 포함하고 힘을 불어넣을 수 있는 정보와 자원을 제공하는 것이 더 필요하지만, 기존의 좋은 관행을 멈추게 할 수도 있다. 올바른 접근 방법을 선택함에 있어 도시설계가는 다음과 같은 핵심적인 질문을 해봐야 한다.

• 주요 목적은 무엇인가?
• 조직원들 간의 합의된 사항은 무엇인가?
• 그들의 가치는 무엇이며, 채택된 접근 방법에 어떻게 반영할 수 있는가?
• 어떤 자원이 존재하며, 시간은 얼마나 주어지나?
• 어떤 수준의 참여가 필요한가?
• 어떻게 작업 과정에서 주인의식을 고취할 수 있는가?
• 참여의 질과 양 사이의 균형을 어떻게 유지할 것인가?
• 권한이 없는 그룹을 어떻게 포함할 것인가?
• 전문가들은 어떤 역할을 해야 하는가?
• 어떻게 추진력을 지속해나갈 수 있는가?

Box 12.1

참여를 위한 접근 방법(출처 : UDG, 1998 and New Economics Foundation, 1998)

가시적 모의실험	상상	지역의 지속가능한 모델
가장 적합한 슬라이드 규칙	상호 전시	집을 찾는 것–지도를 그리는 것으로
감식력 있는 조사	선택 방법	우리 미래를 가시화
거리 매점	설계보조팀	참여적 극장
건설에 합의	설계워크숍	참여적 전략
건축 센터	설계의 날	참여적 평가
건축 주간	시민 옹호	커뮤니티 계획
게임을 설계해라	시민위원회	커뮤니티 계획 포럼
경험을 창조하는 행동(ACE)	신뢰의 발전	커뮤니티 설계 센터
계획 부문 프로세스	실물 크기의 모형	커뮤니티 전략 계획
계획의 날	실제 시간의 전략적 변화	커뮤니티 지역 운영 계획
고무된 계획	실질 계획	커뮤니티 지지자
공간 워크샵 개최	안내된 가시화	커뮤니티 평가
공개설계 경기	연회 및 이벤트 계획	커뮤니티 프로젝트 지금
교구 지도들	위원회안 전시	타임 달러(time dollars)
근린주구 계획 사무실	워크샵 브리핑	특별전문위원회
논점, 목적, 기대, 오늘의 도전과 대화	원조 계획	포럼
도시설계 게임	원탁의 워크샵	폭넓은 조직
도시설계 가두연설	웹 사이트	표현
도시설계 스튜디오	이동이 쉬운 계획 단위	피쉬보울(fish bowl)
도시 학습 센터	인식을 높이는 날	행동 계획(실행 계획)
로드쇼	일에 대한 대화	행동 지도
몽타주 이용	자원 센터	혁신적 모델
미래 예측 회의	적용할 수 있는 모델	흔적(trail)
비전에서 행동으로	주말 계획	
빌딩 워크샵 능력	주요 워크숍	
사회적 회계 감사	주택 이벤트 개최	

가능한 다양한 접근 방법은 명목적인 조언 수준을 넘어선 노력을 필요로 한다는 것을 의미한다. 이해관계가 다른 일반 대중(사회 집단)과 공공 참여의 형태나 기술, 정보 교환(공청회, 전시회, 포커스 그룹, 기술 보고서), 가능성의 체계 등은 도시설계가가 지역의 요구와 환경에 맞게 참여와 자문 프로그램을 고안하도록 도와주는 과정에서 만들어질 수 있다.

| 표현 |

도시설계가는 일반적으로 스케치, 다이어그램, 기타 여러 가지 그래픽 표현 기법을 통해 아이디어와 개념 제안서를 발전시키고 표현한다. 베이커는 다이어그램은 분석가와 설계가에게 핵심 수단으로, 개념의 핵심을 찾아낼 수 있는 사고체계를 자극한다는 것을 강조한다(Baker, 1996, p.66). 개념의 핵심을 찾아내고 아이디어를 완벽하게 발전시키는 것을 이해해야 설계 행위에서 핵심적인 역할을 할 수 있다.

그러나 보슬만은 조심스럽게 이에 대해 언급하고 있다(Bosselmann, 1998, p.xiii). 도시설계를 실행하는 사람은 보통 표현기법의 힘과 한계에 대해 알고 있지만, 표현이 설계의 사고과정에 영향을 미친다는 것 또한 당연하게 생각할 것이다. 따라서 설계의 질에 대한 다른 사람과의 의사소통뿐만 아니라 설계에 사용된 표현 방법도 우리의 사고에 영향을 미친다.

표현기법은 기본적으로 2차원의 도면과 다이어그램에서부터 정교하게 구성된 4차원(3차원 공간과 1차원의 시간)을 표현하는 시각화 기법에 이르기까지 다양하다. 기본적으로 모든 표현은 현실을 바탕으로 한 추상화 작업이다. 피터 보슬만은 "영상은 우리가 본 것을 그대로 나타내지 않는다."라고 말한다. 즉, 우리는 사진이 우리 주변의 세상을 진실하게 기록한다고 생각하는 반면, "어떤 광학체계도 우리 눈이 수행하는 것과 같이 보이는 것을 그대로 나타내지 않는다."고 주장한다.

그래픽 표현의 전통적인 방법은 투시도와 평면도를 보여주는 것이었다(Bosselmann, 1988, pp.3~18). 필리포 부르넬레스키는 대체로 선형 투시법을 발견 혹은 재발견한 사람으로 여겨져 왔다(Filippo Brunelleschi, 1377~1466). 부르넬레스키의 사후 레오나르도 다빈치가 최초로 이탈리아의 에밀리아 로마나(Emilia Romana)란 도시에서 이몰라(Imola)라는 작은 마을을 직접 조사하여 평면도를 그린 것으로 알려져 있다. 보슬만은 지도와 투시도의 두 가지 방식으로 세상을 이해하고 볼 수 있다고 주장했다(Bosselmann, p.18). 부르넬레스키의 평면도는 다빈치보다 이른 시기의 것으로 눈으로 본 경험을 바탕으로 세상을 이해했던 반면, 레오나르도의 지도는 우리가 필요로 하는 사물의 구조와 같이 직접적인 경험뿐만 아니라 그 이면에 있는 이론을 상징화한 것이다.

보슬만은 표현을 위한 이 두 가지 방법이 "추상의 명료화(조감적 시각)와 현혹의 풍족과 혼란(보행적 시각) 사이에서 전문적인 사고 과정의 구분을 만들었다."고 주장했다. 비록 전자는 건축가의 관점에서, 후자는 계획가의 관점에서 고려하는 것일지라도 각각의 장소를 충분히 표현하기 위해서는 두 가지 방법이 모두 필요하다. 지도와 투시도가 둘 다 추상적이긴 하지만, 그래도 투시도가 우리의 실제 경험과 더욱 가까이 관련되어 있다.

일반적으로 3차원 혹은 4차원의 동영상이나 몽타주, 컴퓨터 모델링, 스케치 표현은 다이어그램이나 평면보다 효과적으로 사람들을 이해시킬 수 있다. 그러므로 도시설계가는 기존 환경과 함께 더 나아가 미래에 실현될 환경을 사실적으로 표현해야 한다. 본래부터 풍요롭고 복합적인 현실 환경을 구현하기 위해서 추상적인 방법으로 표현하더라도 현재의 환경을 대신할 만큼 이해가 가능한 시각적 표현을 창출해야 한다.

도시설계안을 표현하는 방법은 상당히 중요하다. 도시설계가는 도시설계 프로젝트에 대해서 다른 사람과 이야기하고 설득하기 위한 가장 적합한 방법을 알고 있어야 한다. 도시설계 아이디어, 제안, 프로젝트 분석 등을 표현하기 위해 사용하는 그래픽 기법은 다음 네 가지로 분류할 수 있다.

1. 분석과 개념 표현
2. 2차원 표현
3. 3차원 표현
4. 4차원 표현

이 장의 나머지 부분은 이러한 기법들의 함축된 의미와 날로 증대하는 현대 기술 발전의 역할에 대해 다룰 것이다.

분석과 개념 표현

도시의 맥락을 보여주는 분석 및 개념 다이어그램은 도시설계가의 핵심 도구이다. 대지 분석, 도시경관 도표, 보행활동 지도 등이 여기에 포함된다. 설계 분석과 설계 행위의 의사소통에서 다이어그램의 역할에 대

해 논의해볼 때, 베이커가 관찰한 다이어그램의 특징은 다음과 같다
(Baker, 1996, p.66).

- 선택적이다.
- 명확성과 의사소통에 관한 것이다.
- 핵심을 밝힌다.
- 때로는 단순명료하다.
- 쟁점들을 분리하여 복잡한 것을 보다 잘 이해할 수 있도록 한다.
- 어느 정도의 예술성을 허용한다.
- 다이어그램이 그 자체의 생명력을 갖는다.
- 글이나 사진보다 공간이나 형태를 더 잘 설명한다.

분석적인 다이어그램은 설계에 영향을 주는 제약 요소를 밝히고 이해하는 데 중요하다. 다이어그램은 프로젝트 초기 단계에서 보통 대지 조사와 분석의 한 부분으로 이용된다. 기회요소와 잠재된 문제를 이해하는 데 도움을 주는 맥락적 정보와 함께 대지 자체를 설명하는 내용을 포함한다. 대지와 대지 환경을 분석하는 다른 그래픽 기법으로는 태양 궤적과 일조, 음영, 풍향 · 풍속 평가 등이 있다.

　추상적인 형태로 초기 생각을 나타내는 개념적인 다이어그램은 프로젝트의 중요 원리와 기능을 설명하는 데 자주 활용된다. 11장에서 언급한 것처럼 대지 조사와 분석은 설계 과정에서 가장 중요한 요소이다.

　분석적이고 개념적인 다이어그램은 계획안이나 대지에 의도하는 '현실성'을 표현하기보다는 아이디어와 원리를 전달하기 위해 상징과 주석, 이미지, 단어를 사용함으로써 종종 고도로 추상화된다(그림 12.3). 그리고 설계가로 하여금 원래 목적한 바나 비전을 유지할 수 있도록 해준다. 프로젝트의 설계 발전 과정과 의사 결정 과정에서 다이어그램은 맥락 또는 설계 제안을 이해하는 데 도움을 주기도 한다.

　구상과 기능 그리고 흐름에 관한 다이어그램은 초기 설계 과정의 한 부분을 이루는 개념도와 유사하다. 이러한 다이어그램은 프로젝트에서 동향과 방향, 강도, 그리고 잠재적 갈등을 규명함으로써 다른 부분들과의 관계를 강조하고 또한 시간 개념을 추가하여 4차원으로도 만들 수 있

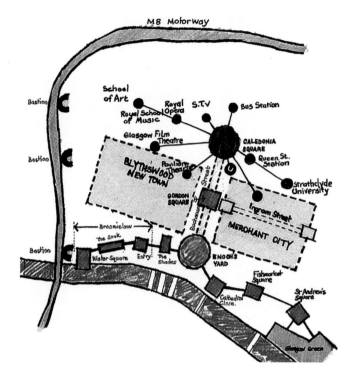

그림 12.3 글래스고(Glasgow)의 중심부를 위한 개념도(출처 : Mackinsey Cullen in Gillespies, 1995, p.6)

다.

　도시설계가는 케빈 린치가 제시한 도시 이미지 요소, 즉 길·결절점·경계·지구·랜드마크 요소를 적용해서 대지와 지역을 분석한다. 보통 평면 관점에서 린치의 요소를 찾아 기록한다. 이들 다섯 가지 요소는 일반적이고 유용한 기법임에도 불구하고 린치는 설계가가 장소 안에서 생활하는 사람들과 직접 상담을 통해 필요한 내용을 얻어야 한다는 당초 그의 연구 목적을 잘못 이해하는 것에 대해 주의해야 한다고 했다(Lynch, 1984, p.251). 린치는 계획이 결절점 등을 갖춘 최신의 것으로 장식되어온 데 반해 실제 주민에게는 영향을 미치려는 시도가 거의 이루어지지 않았다는 점을 안타까워했다.

　시민들이 설계에 영향을 미치는 길을 연 린치의 새로운 전문용어 대신에, 새롭게 만들어진 용어들은 시민들을 설계와 멀어지게 만드는 수단이 되었다. 더욱 의미 있는 이미지 요소는 환경의 사용자로부터 나오는 정신적인 경험 지도를 제작하는 린치의 고유한 기법으로 회귀함으로써 얻을 수 있을 것이다.

일부 설계가는 도시설계의 특성이나 특징을 표현하기 위해 기호 체계를 발전시켰다. 예를 들어 린치의 요소는 보통 개별 건물의 특수성까지 고려하지 않고 공간이나 형태를 만드는 것에 관한 생각을 공유하는 데 사용되었다. 기호는 도시설계가와 그곳에 살며 커뮤니티를 이루는 사람들 간의 대화 수단으로 효과적이고 중요한 의미를 지닌다. 기호의 다양한 형태는 문맥의 특성을 전달하고 평가하기 위한 기법으로 지금도 쓰이고 있다. 초기 사례로 고든 컬른(Gordon Cullen)의 기호는 마을 경관을 표현하는 데 사용되었는데, 이 기호는 다양한 유형과 환경에 대응하는 인식까지도 포함하고 있다. 크게 네 가지 분야로 나누어 정의하면 다음과 같다.

- 인간(예 : 사람에 대한 연구)
- 인공(예 : 건물과 오브제)
- 분위기(예 : 장소의 성격)
- 공간(예 : 물리적인 공간)

그리고 앞의 네 가지 분야를 세분하여 나누어보면 다음과 같다.

- 공간 범위
- 유용성
- 행태
- 관계

지표는 대부분 시스템의 부분을 이루며 각자 고유의 특성을 표시한다. 예를 들어 레벨이나 높이, 경계, 공간의 형태, 연계, 조망, 전망 등을 나타낸다(그림 12.4).

컬른(Cullen)의 업적 이후 많은 체계가 개발되었으나 아직도 완전한 형태의 체계는 존재하지 않는다. 체계는 프로젝트마다 변화 가능하고 쉽게 해석하고 적응하고 첨가할 수 있는 것이 바람직하다. 한 예로 오리곤 주 포틀랜드에서는 도시설계의 아이디어를 '도시설계틀'로 일관되

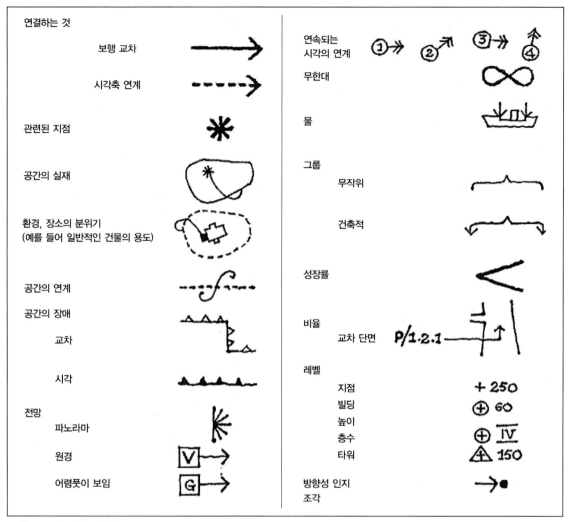

그림 12.4 컬른의 기호(출처 : Cullen, 1967)

게 표현하기 위해 기호를 발전시켰다(그림 12.5).

　　도시설계 분석을 위한 또 하나의 그래픽 수단은 보행자의 활동을 나
타내는 지도를 이용하는 것이다(그림 12.6). 이러한 다이어그램은 사람
들이 어디에 모이고 또 모이지 않는지, 서 있는지 또는 지름길은 어딘지
에 관해서 관찰한 것을 기록하는 것이다. 하루의 시간과 기후상의 조건
을 기록함으로써 사람들이 도시공간을 어떻게 이용하는지에 대한 분석
이 가능하다. 또한 다이어그램을 이용해서 사람들의 이용 패턴을 분석
하고 이용 계획을 구상할 수 있다. 거주지의 가로에서 교통량에 따라 보

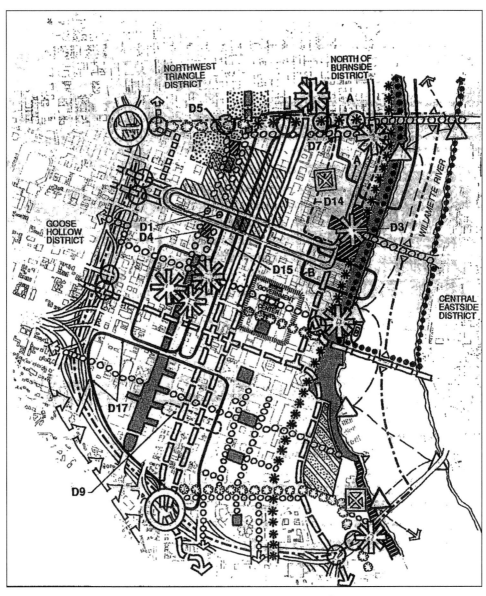

NORTHWEST TRIANGLE DISTRICT

NORTH OF BURNSIDE DISTRICT

GOOSE HOLLOW DISTRICT

CENTRAL EASTSIDE DISTRICT

WILLAMETTE RIVER

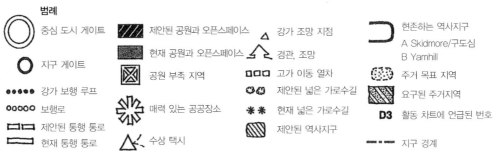

범례

⊚ 중심 도시 게이트
○ 지구 게이트
●●●●● 강가 보행 루프
ooooo 보행로
▱▱ 제안된 통행 통로
▱ 현재 통행 통로

▨ 제안된 공원과 오픈스페이스
▩ 현재 공원과 오픈스페이스
⊠ 공원 부족 지역
✳ 매력 있는 공공장소
△ 수상 택시

△ 강가 조망 지점
⚔ 경관, 조망
▱▱▱ 고가 이동 열차
◍◍ 제안된 넓은 가로수길
✱✱ 현재 넓은 가로수길
▨ 제안된 역사지구

⊐ 현존하는 역사지구
  A Skidmore/구도심
  B Yamhill
▨ 주거 목표 지역
▨ 요구된 주거지역
D3 활동 차트에 언급된 번호
━ㆍ━ 지구 경계

그림 12.5 포틀랜드 : 중심 도시계획(출처 : Punter, 1999, p. 82)

행자의 패턴이 어떻게 영향을 받는지에 대해 연구한 애플야드(Apple yard, 1981)의 유명한 논문이 있다. 또 다른 대안으로 '공공공간 프로젝트 단체(The Project for Public Space, 2001)'의 연구에서는 저속 촬영 카메라와 비디오를 이용하여 짧은 시간의 한정적 움직임과 강한 인상을 주는 이동과 활동 유형을 분석했다.

그림-배경 이론(figure-ground), 공간구문분석(8장 참조), 공간교차 분석기법 등은 도시형태분석의 수행과 의사소통을 위한 수단을 제공한다. 그림-배경 이론의 분석기법은 지암바티스타 놀리(Giambattista Nolli)가 로마를 연구하면서 처음 도입한 것으로 공공부문으로 접근 가능한 공간은 흰색, 건물(단 그림 4.6에서처럼 교회의 내부나 공공 건물은 흰색으로 표기)은 검은색으로 표현한 것이다. 이 도면은 채워진 공간인 건폐 공간과 비어 있는 비건폐 공간의 관계를 강한 대비로 나타낸 것이다. 이 기법은 지역의 도시 조직을 나타내고 새로운 개발과 주변 맥락과의 관계를 대비해서 보여준다. 이러한 도면은 즉각적으로 명확하지 못한 것을 드러나게 해주고, 지역이나 프로젝트를 인식하는 방법을 변화시킴으로써 관계와 패턴을 보다 깊이 이해하도록 도와준다.

도시 조직 연구는 이미 잘 알려지고 성공적인 사례를 비교하여 도시의 형태와 규모, 공간 척도를 평가하는 것이다(Hayward and McGlynn, 1993, p.24~9). 이 기법은 다른 도시 지역의 크기와 규모를 제대로 인식할 수 있도록 하나의 단지 계획 위에 같은 규모의 또 다른 지역을 중첩하는 것을 뜻한다.

중첩 지도(sieve maps)는 층이 다른 공간 정보를 겹쳐 볼 수 있게 해준다. 가장 간단한 형태는 트레이싱페이퍼를 사용해 조사 지역의 법적 요소나 다른 제약 조건을 표현한 지도를 겹쳐보는 것이다.

이 방법은 예를 들면 개발이 일어나기 어려운 복합적인 문제를 가지고 있는 지역이나 대지의 정체성을 파악하는 데 도움이 된다(Moughtin 외, 1999, p.70). 지리정보시스템(GIS)을 사용하면 사회·경제·물리적 데이터 층을 겹쳐서 결합하거나 비교할 수 있다. 공공기관은 인구 통계, 사회 빈곤 패턴, 교통 및 환경오염 수준, 환경자원, 토지 이용(도시설계 분석에서 특히 중요한 요소) 등 다양한 논점에 대해 광범위한 GIS 데이터를 수집하고 관리한다. 대상지 분석과 결합한다면 이러한 데이터

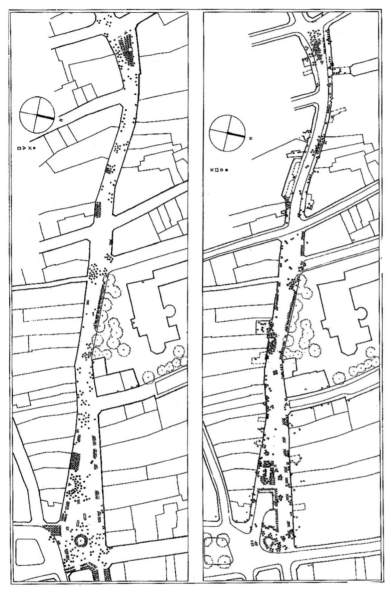

● 서 있는 사람
✕ 앉아 있는 사람
△ 음악하는 사람, 공연하는 사람
□ 노점상, 웨이터

1995년 7월 19일 수요일
시간 : 13:30
날씨 : 좋음, 섭씨 23도
서 있는 사람 : 340명
앉아 있는 사람 : 389명
총인원 : 753명

● 서 있는 사람
○ 서서 이야기하는 사람
□ 서서 기다리는 사람
✕ 앉아 있는 사람

1968년 7월 23일 월요일
시간 : 낮 12:00
날씨 : 좋음, 섭씨 20도
서 있는 사람 : 429명
앉아 있는 사람 : 324명
총인원 : 729명

그림 12.6 1995년 7월 19일 수요일과 1968년 7월 23일 월요일의 같은 시간대에 같은 가로의 보행 활동을 그린 지도(**출처** : Bosselmann, 1998, p.44)

는 도시설계 분석을 위한 강력한 도구로 활용할 수 있다.

2차원의 표현

여기서는 2차원 형식으로 도시설계를 표현하는 두 가지 방법인 직교투영법과 지리정보시스템(GIS)을 다룬다.

(i) 직교투영법(orthographic projections)

직교투영법은 2차원 그림 안에서 평면도와 단면도, 입면도를 통해 3차원을 나타낸다. 위에서 본 평면도와 정면에서 본 입면도는 투시로 인한 변형이 없는 추상화된 시각도면이다. 수평차원에 대한 수직차원을 보여줌으로써 각 단면도는 충분한 정보를 제공할 수 없는 평면도와 입면도를 보완한다(그림 12.7). 단면도는 또한 공간 내·외부, 다양한 층들을 보여주고 그들 간의 관계를 연구할 수 있도록 한다. 직교투영법은 설계 프로젝트에 관한 의사소통에 있어 중요한 수단이다. 특히 실제 규모에서 계획안을 보여주는 실시도면이나 시공도면집의 부분으로서 중요한 의미를 갖는다.

(ii) 지리정보시스템(geographic information systems)

도시설계가들에게 유용한 도구의 하나로 최근에 추가된 것이 컴퓨터를 기반으로 지리 정보를 처리하는 지리정보시스템(GIS)이다. 이 시스템은 상하수도와 전기, 가스 등 각종 설비와 서비스에 관한 정보 그리고 공간과 편의시설에 대한 목록과 교통 노선에 대한 정보를 포함하고 있다. 또

그림 12.7 단면도는 내부와 외부 공간의 관계를 설명하는 데 유용하다(출처 : Papadakis, 1993, p.102).

한 보다 전통적인 데이터 형태와 함께 사진이나 비디오 이미지와 같은 시각 혹은 청각적인 정보를 저장하고 보여준다. 이러한 다층적 접근 방식은 GIS가 2차원 이상의 표현을 할 수 있도록 한다. 지역에 연계된 건물과 공간 그리고 건물과 공간의 사용 방식에 관해 많은 양의 정보를 시스템 안에 저장할 수 있다. 원래 지리학과 도시계획의 영역이었던 GIS는 도시설계 분석과 설계 진행 과정에도 점점 더 많이 사용되고 있다.

2차원 표현의 가장 큰 단점은 비전문가들이 공간이나 도시경관과 같은 현실 세계에 친숙한 3차원 공간을 2차원 도면으로 이해하는 데 어려움을 겪을 수 있다는 점이다. 그러나 GIS는 전문가들 사이에서 설계 정보를 상호 교환하는 주요 수단으로서 복잡한 그래픽이나 시각적 표현에 비해 빠르고 쉽다.

3차원 표현

3차원 표현은 조금 더 넓은 이해력을 심어줄 수 있는 형태로 소통을 한다. 그러나 이를 위해서는 더 많은 기술과 시간이 필요하며, 2차원 그래픽보다 더 많은 비용이 든다. 그럼에도 물리적 모델을 제외하고 이러한 다이어그램은 여전히 종이나 컴퓨터 스크린과 같은 2차원을 통해서 의사소통에 활용된다.

도시설계를 표현하는 데 있어 가장 흔히 사용하는 수단은 투시도, 스케치, 평형투상도면, CAD, 물리적 모델을 들 수 있다.

(i) 투시도

공간에서 대상물의 위치를 정의하고 현실성을 표현하는 기술로서 부르넬레스키의 일점 투시도(linear perspective)는 시각적 표현의 전환점이 되었다(그림 12.8). 투시도는 거리가 멀어지면 한 점으로 모이는 시각적 인식 같은 광학 효과를 표현한다. 투시도는 설계안의 최종 결과로서, 또 초기 개념 설정 단계에 도움이 되는 스케치로서 모두 활용된다. 분위기나 특성 등의 추상적인 질을 직교의 드로잉(ortho gonal drawing)보다 훨씬 더 잘 전달할 수 있으며, 그래서 비전문가들에게 설계를 이해시키는 데 가치가 있다. 그러나 투시도는 눈에 보이는 것을 그대로 표현할 때만 유용하다. 현실 세계에서는 자주 경험할 수 없는 예술적인 부분이

그림 12.8 브리드만 드 브리스의 퍼스펙티브(투시도)(출처 : Porter, 1997, p.16)

투시도에 사용되기 때문이다. 또 다른 잠재적인 함정은 기존 문맥 위에
계획안을 묘사하는 데 있다. 이는 주변과 조화를 이루는 것처럼 보이게
할 수도 있지만 실제로는 이대로 되지 않을 수도 있다는 것이다. 이와
마찬가지로, 완벽한 묘사 없이는 투시도는 질감이나 색감, 재료에 대한
느낌을 거의 주지 못한다.

(ii) 스케치와 사진 몽타주

스케치는 환경을 관찰하고 분석하는 동안 아이디어를 신속히 묘사하는
데 도움을 줌으로써 초기 설계 아이디어를 연구하고 시각 효과를 시험
하거나 맥락에 적합한 설계를 위해 유용하고 중요한 의사소통 장치이
다. 스케치는 그 자체가 목적이라기보다는 이해 과정의 한 부분으로 생
각해야 한다. 설계 예시도를 사진에 겹쳐 인화한 사진 몽타주는 사실적
느낌을 줄 수 있다. 이러한 사진 몽타주는 기존 맥락과 조화롭게 연계하
는지를 생각해볼 수 있도록 한다. 다만 사실적인 효과를 위해 그림자와
같은 세부사항에 매우 신경 써야 하는 어려움이 있다. 사진 몽타주와 같
은 표현은 의뢰인이나 지역 도시계획 기관과 대중에게 제안 내용을 빠
르게 이해시킬 수 있어 인기가 높다.

(iii) 평행투상도면(paraline drawings)

직교투영도면에 기초한 평행투상도면은 액소노메트릭과 아이소메트릭을 이용한 한 도면 내에 길이, 폭, 높이를 표현한다(그림 12.9). 평행투상도면은 공간을 직교투영도면과 같이 2차원인 면으로 표현하는 것보다는 3차원적인 입체로 구성하는 것을 가능하게 한다. 여기서는 투시효과가 무시되기 때문에 제한된 각도로만 시각적으로 인식한다.

(iv) 컴퓨터지원설계(CAD)

CAD는 아이디어를 신속하게 풀어내는 것은 물론 대안을 만드는 데도 도움을 주었다(그림 12.10). CAD는 설계가에게 프로젝트의 초기 단계에서 3차원으로 보다 쉽게 생각할 수 있도록 도움을 준다. 소프트웨어는 질감이나 색의 적용을 통해 일광 조건과 재료 등을 계산하고 모의실험을 할 수 있으며, 컴퓨터 모델은 사람, 운송수단, 풍경, 거리 조형물, 그 밖의 다른 사물을 추가함으로써 애니메이션과 함께 실제 차원을 구현한다.

　컴퓨터로 재현되는 도시 지역의 3차원 모델은 새로운 건물의 영향과 기존 도시경관의 변화를 평가하는 데도 도움을 준다. 그리고 컴퓨터로 만들어진 기존 도시 모형에 개발 계획이나 설계안을 투입하여 어느 각도에서나 볼 수 있도록 한다. 색채 계획이나 재료, 지붕 경사, 높이, 창문 설계 등과 같은 선택 사항도 이전 표현매체에서보다 훨씬 더 정확하고 빠른 시간 안에 수정할 수 있다. 그래서 주요 설계 논점을 거의 순간적으로 수정하여 신속하고 효율적으로 해결할 수 있다. 컴퓨터 기술은 또한 이미지를 스캔(일조를 준다거나 그림자를 지게 하는 방법)하고 컴퓨터 기법으로 강조함으로써 프리핸드 기법을 보완하는 방법으로도 사용 가능하다. 그러나 컴퓨터 기술이 가지고 있는 화려함으로 인해 설계 본연의 취지를 가려버릴 수 있는 잠재적 위험을 미연에 방지하는 것이 중요하다. 또한 기술이 설계를 과도하게 좌지우지하는 경향에 대해서도 경계해야 한다.

(v) 모형

모형은 프로젝트에 대한 보다 나은 이해와 소통을 위해 도면을 대신하거나 보완할 수 있다(그림 12.11). 모형 제작 시 모형의 특정 용도나 프로젝트 진행 단계에 따라 모형 역할은 다양하다.

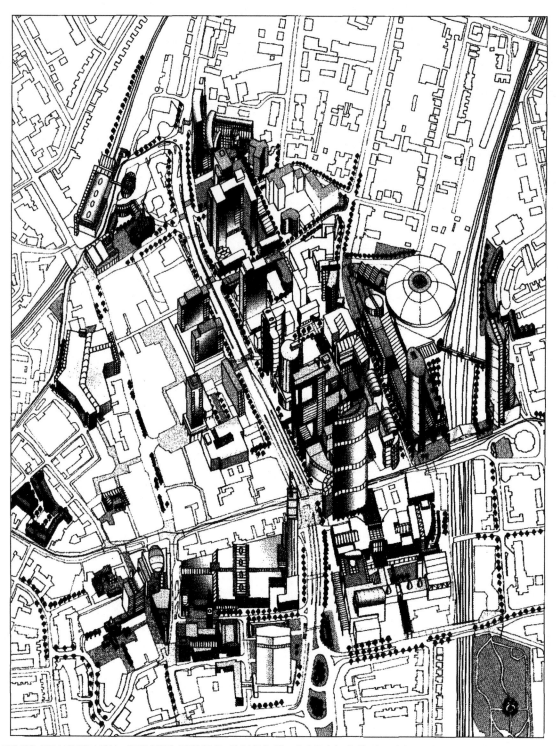

그림 12.9 아이소메트릭과 액소노메트릭 투영은 3차원 형태로 의사소통을 하는 데 유용하다. 이것은 영국 런던 크로이든(Croydon)의 중심을 보여주는 액소노메트릭으로 개발 상황을 나타내고 있다(출처 : EDAW, 1998).

그림 12.10 캐드 프로그램을 이용한 도쿄 도심 모형(출처 : Webscape.com)

- **개념 모형** : 초기 설계 단계에서 사용되는 개념 모형은 설계가의 초기 아이디어를 표현하고 탐구하는 3차원의 다이어그램이다.
- **작업 모형** : 설계 발전 과정에 사용되는 모형으로 공간 이해와 연속적인 관계를 강조하고, 빛과 기후 조건을 실험하는 데도 사용할 수 있다.
- **프레젠테이션 모형** : 최종 설계 대안을 표현한다. 사람, 조경, 차량 등의 주변 환경을 적절하게 표현함으로써 의사 결정보다는 프로젝트에서 의사소통과 마케팅의 중요한 지원 수단이 된다.

모형은 오랜 시간에 걸쳐 만들어진 건축과 도시형태를 표현하는 방식이지만, 사실주의와 사실성 차이에서 영향을 주는 까다로운 문제를 가지고 있다. 모형은 제안하는 개발 사업을 3차원으로 표현한 형태로 도면보다는 사실적이지만, 실제 건물과 환경의 미래 모습을 이해해야 한다는 어려운 문제가 있다. 이것은 목적과 수단 간의 혼돈이다. 다시 말해서 모형은 다른 목적을 실현하기 위한 매개 수단이 아니라 보는 사람들에게 그 자체를 목적으로 바라보도록 유혹한다. 콘웨이(Conway), 로니시(Roenisch)는 모형이 어떻게 수단이 아닌 목적으로 작용하는지를 지적했다.

아름답게 만들어진… 모형은 우리로 하여금 어릴 적 가지고 놀던 인형의 집과 모형 프레임, 기차길 등을 떠오르게 한다. 모형이 우리를 사로잡는 매

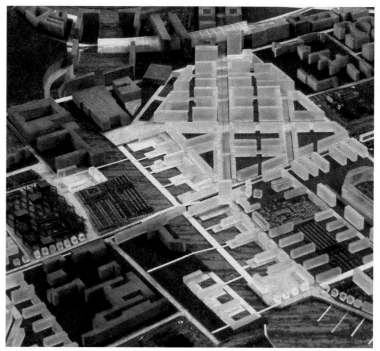

그림 12.11 도시 모델(사진 : Glynn Halls, **출처** : Matthew Byron, Alisdair Russell and Peter Wraight)

력은 크기와 사용한 재료, 매끈하고 선명한 모습과도 관계가 있다. 또 모형에 불이 밝혀지고 그림자가 지는 것도 이에 해당한다. 마치 맥락이 제거되고 날씨와 시간에 의해 마모되지 않는 상상의 건물과 같이 모형은 상황이 고려되지 않은 단순한 것이다.

모형은 또한 상상의 세계를 표현하는 것으로 보일 수도 있다. 모형이 정교하게 세부적인 부분까지 만들어져 있고 색도 완벽하게 칠해져 있으며, 건물과 규모에 맞게 사람과 나무, 자동차 등도 만들어져 있다 하더라도, 그 안에는 쓰레기통도 없고, 거리에 낙서도 없으며, 가난한 자들과 노인들도 없다. 또한 우리는 어디서 해가 뜰지 예측조차 할 수 없다(Conway and Roenisch, 1994, p. 200).

모형은 의도적으로 이상적이거나 추상적으로 제작되는 경향이 있다. 단지 모형이라는 것을 강조하면서 특정한 형태가 돋보이도록 도와준다. 회색이나 흰색 모형은 뚜렷한 음영이 생기기 때문에 형태를 잘 나타낸다. 또한 모형은 설계가와 의뢰자에게 재료, 마감, 색감 등에 대해 선택할 수 있도록 한다. 그러나 마찬가지로, 모형은 주변의 환경으로부터 건물을 추상화해버린다. 일부 도시설계가들은 적정한 모형 축척을 1:300으로 제안한다. 이렇게 축척된 모형이 건물을 상세하게 보여주는 것보다 개발 계획의 매싱과 새롭게 창조되는 공간을 검토하고 서로 의사소통하는 데 적합하다는 견해를 밝히고 있다. 이보다 크게 축척된 모형은 일반적으로 건축적 세부사항을 표현하는 데 중점을 두게 되므로 도시공간 설계 측면에서 토론해야 할 논점을 흐리게 한다.

4차원 표현

도시환경은 움직임과 시간과 관련된 다이내믹한 활동이므로(9장 참조), 그래픽 표현에 시간 개념을 추가함으로써 이해와 의사소통을 더 강화할 수 있다. 수세기 동안 설계가와 예술가들은 그래픽과 시각 용어로 그러한 것들을 끌어내려 노력해왔다. 예를 들면 뒤샹(Duchamp)의 '계단에서 추락하는 숙녀'에서 나타나는 것처럼 입체파는 그들 작품에 이러한 점을 시도했다.

공간 표현에 있어 일부 기술은 공간과 시간의 연속적인 묘사를 통해 복잡하고 상호적인 3차원 경험을 전달하고 기록하기 위해 발전해왔다. 여기서는 세 가지의 4차원 표현을 고려하기로 한다. 즉 연속 시점, 비디오 애니메이션, 컴퓨터로 만들어진 애니메이션과 가상 현실 등이다.

(i) 연속 시점

연속 시점은 일련의 연속적인 도면을 통해 움직임을 설명하여 도시경관의 경험을 의사소통하는 방법이다.

『간결한 도시풍경(The Concise Townscape, 1971)』에서 나타난 고든의 스케치와 『도시설계(Design of Cities, 1974)』에서 에드먼드 베이컨(Edmund Bacon)의 다이어그램은 움직임이 연속적인 그림처럼 읽히고 이해될 수 있다는 개념을 통합하고 있다. 7장에서 논의했듯이, 고든 컬른은 시각적인 분석과 창의적인 설계를 매개로 연속 시점에 대한 아이디어를 옹호했다. 전통적인 정적 이미지가 시간에서 특정 순간의 공간을 표현하는 것에 반해, 연속 시점은 동적인 활동으로서 움직임의 시간 전개를 보여준다. 그 이미지는 옛날 만화책과 비슷한 것으로 생각할 수 있다. 그러나 보슬만의 관찰에서 알 수 있듯이, 연속 시점의 그래픽은 우리가 실질적으로 어떻게 장소를 경험하고 해석하는지, 또한 어떻게 구조를 생성하고 공간 안에 위치하는지 등의 느낌을 제공하지는 않는다.

(ii) 비디오 애니메이션

TV와 비디오 기술에 길들여진 사람들은 비디오 이미지로 표현되는 프로젝트를 쉽게 이해한다. 비디오 기술은 시각·청각·공간·시간적 감각 등을 통해 보는 사람들과 접촉한다. 비디오 기술은 정지 영상보다 치수와 비율에 대해 정확한 판단을 할 수 있게 한다. 그러나 보는 사람들은 미리 결정하거나 본인의 지식 범위 안으로 한정한다. 이 때문에 환경에 대한 인식도 제한적이며 그래서 어느 정도 피드백도 미리 결정하게 된다. 연속 시점은 시점의 범위가 너무 좁아 사람들이 볼 수 있고 다른 감각이 인지할 수 있는 것만큼 사실적으로 표현하지 못한다. 표현은 필연적으로 주목받을 수도 있는 지엽적인 영상에 해당하는 정보를 지워버린다.

(iii) 컴퓨터 이미지와 애니메이션

전통적인 표현 방법이 정적인 것(즉 공간에서 고정된 시점)임에 반해 비록 표현이 컴퓨터 화면의 2차원으로 한정되지만 컴퓨터는 공간 안에서의 움직임을 보여줄 수 있다. 도시설계에 명백한 영향을 미쳤던 가상현실과 같은 새로운 기술은 1990년대에 나타났다. 가상현실만큼 상상력을 표현하는 새로운 컴퓨터 기술은 거의 없었다. 이전에는 실시간으로 프로젝트를 수행해낼 수 있는 유일한 방법은 실제 규모의 모형을 만드는 것뿐이었다. 오늘날 이미지와 소리, 기타 효과들을 합성할 수 있는 컴퓨터의 능력으로 사용자가 인식하지 못할 정도로 빠르고 직관적인 대화식 시스템을 만들어낼 수 있다. 더욱 숙련된 피드백과 참여가 가능하도록 보는 사람들은 자신들의 방식으로 환경을 인지하고 이해할 수 있다.

4차원 방식의 도시환경 표현 기법과 설계 제안은 프로젝트의 의사소통 및 홍보와 영업에 있어서 눈에 띄게 중요해지는 것 같다. 그러나 이렇게 진화하는 기술은 설계가와 비전문가 모두에게 제안의 이해를 향상시키기 위해 이용해야 한다. 새로운 기술은 미리 정해진 프로그램대로 보여주는 기존 방식에서 벗어나 사용자가 자신이 가야 할 방향을 선택할 수 있도록 하는 등 고도로 사실적이며 양방향적인 환경을 제공한다. 이러한 명백한 잠재력에도 불구하고, 설계가들은 가상현실이 설득력이 없음을 인지해야 한다. 기술은 또한 단순화되고 더 많은 전문가들이 사용할 수 있도록 저렴해져야 한다.

가상현실은 도시설계에서 우리가 보는 것과 얻는 것 사이의 격차를 줄일 수 있는 기회를 제공한다. 창의적인 과정의 부분으로서 그리고 이해와 평가를 돕기 위한 의사 결정과 표현의 도구로서 그 중요성은 더욱 커질 것이다.

많은 시각 기술과 그래픽 기술은 장소의 경험을 공유하기 위해 존재한다. 이제 전문가와 대중에게 급속도로 친숙해진 의사소통 기술의 잠재력을 활용할 수 있도록 기회를 넓혀야 한다. 이전 장에서는 기술이 도시설계의 표현과 의사소통에 있어 중요한 역할을 한다는 사실을 보여주었다. 1970년대 이래로 점점 더 영화와 TV, 컴퓨터를 설계 매개체로 사용해오고 있다. 표현의 수단으로서 CAD는 이전의 모든 방법을 대신한다. 확실히 컴퓨터 사용은 이제 거의 모든 설계 사무실에서 일반적으로 볼 수 있는 모습이다.

비록 새로운 기술이 정보에 더 쉽게 접근하고 이해할 수 있는 기회를 제공한다 하더라도, 설계가들은 컴퓨터가 설계 과정에서 하는 역할과 함께 각각의 업무에서 수행하는 장·단점을 비롯한 많은 역할에 감사해야 한다. 설계를 보다 설득력 있게 전달하는 능력은 의사소통의 도덕성과 관련하여 중요한 논점으로 떠오른다. 최첨단 기술을 활용한 프로젝트의 시각적 결과물은 데이터가 처리되었는지 혹은 정보 시뮬레이션의 정확도를 확인할 수 있는 정보 접근 방법을 소수의 사람만이 정확히 이해한다는 것을 의미한다. 그래서 기술 발전은 환경에 영향을 주는 결정 측면에서 일반 대중의 보다 나은 이해와 참여를 도모할 수 있다. 기술의 발전은 건조환경을 계획함에 있어 도시설계의 높은 자각을 창출하고 모든 사람들이 대응할 수 있는 능력을 촉진하며 상호작용을 지원할 수 있다.

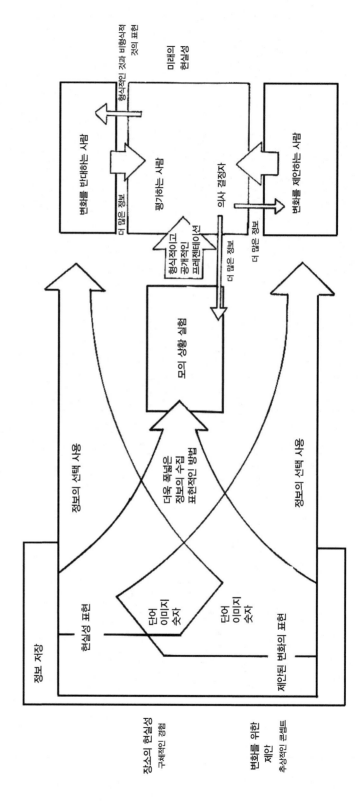

그림 12.12 설계 의사소통 모델(출처 : Bosselmann, 1998, p.202)

결론

도시설계에서 의사소통은 언어나 비언어적 표현, 또는 다른 이들의 의견을 듣는 능력, 그리고 다른 사람의 관점과 가치와 소망을 중요하게 인식하고 존중하는 것까지도 포함한다. 모든 도시설계 프로젝트의 의사소통에서 프로젝트의 관심 부분에 대해 표현은 최대한 진실해야 한다. 의사소통은 의사 결정 과정에 영향을 줄 수 있는 가장 중요한 수단이다(그림 12.12).

적합성, 비용, 시간, 설계가의 기량 등을 포함해 표현 수단은 많은 의미를 담고 있다. 표현이 프로젝트에서 많은 의미가 있을지라도 설계는 프레젠테이션보다 훨씬 더 중요하다. 설계가가 자신의 작품을 인식하는 방법대로 프레젠테이션 기법에 영향을 미치는 만큼, 표현 방법은 설계에 강한 영향력을 가질 수 있다. 설계가는 실재 세상이 아닌 표현 수단을 위해 설계하는 것을 경계해야 한다. 또한 단지 몇몇 설계가만이 이해할 수 있는 너무나 추상적이고 복잡한 표현 기법을 사용하는 경향이 증가하고 있다. 건축을 순수예술로만 생각하는 일부 건축가들에 의한 전문적인 엘리트주의(elitism)가 만들어낸 이러한 형태는 설계안의 이점에 대해 듣고 있는 청중을 설득할 수 없으며 설계 아이디어에 대한 효과적인 의견 교환을 가로막는다.

우리가 각자 관심이 있는 특별한 현상에 대해 반응하는 것처럼 모든 사람은 도시환경을 각자 다른 방법으로 인지하고 있다. 환경을 바라보는 방법은 개인이 살아온 배경과 장소가 갖는 목적, 그리고 경험의 유형을 통해 결정된다(5장). 도시설계 프로젝트에서 의사소통을 위해서는 가능한 다양한 관점의 사람들이 현실에서와 비슷한 방법으로 계획을 인지하는 것을 목표로 해야 한다. 좋은 시각 이미지는 읽기 쉽고 다양하고 폭넓은 층의 사람들도 쉽게 이해할 수 있도록 표현해야 하며, 설계에 영향을 받고 또 사용할 사람들이 평가할 수 있도록 해야 한다. 발표하는 사람은 의사소통 과정의 맥락을 이해하고 청중을 이해하며 또한 적합한 표현을 사용해야 한다. 발표자는 사회 · 심리 · 기술적인 요인을 포함하는 잠재적인 장애물에 대해서도 인지하고 있어야 한다. 그리고 언어 사용과 보디랭귀지 같은 비언어적 의사소통에 대해서도 인지하고 있어야 한다.

13
도시설계의
총체적 접근

서론

이 책은 이론에서 시작하여 점차적으로 실제적인 내용을 다뤄왔다. 1부에서는 도시설계의 본질은 무엇이며, 도시설계가의 역할은 무엇인가에 관한 일반적인 논의로부터 시작하여, 도시설계의 발전 과정과 그것이 도시형태에 미치는 영향을 점검하고, 이어서 도시설계가 처하게 되는 다양한 상황, 즉 지역적(local), 지구적(global), 시장적(market), 규제적(regulatory) 맥락에 대해서 논의했다. 2부에서는 도시설계의 핵심 영역을 여섯 가지 차원으로 나누어 살펴보았다. 형태적(morphological), 인지적(perceptual), 사회적(social), 시각적(visual), 기능적(functional), 시간적(temporal) 차원이 그것이다. 3부에서는 질 높은 도시설계를 지속적으로 만들어내는 데 있어 공공부문과 민간 부문의 속성과 역할은 무엇이어야 하는가를 탐색했다. 이 책을 통해 견지된 도시설계의 중심 개념은 그것이 사람들을 위한 장소 만들기라는 점이다. 도시설계에 대한 이러한 개념 정의는 다음 네 가지 주제의 중요성을 부각시킨다.

- 사람을 생각하는 도시설계
- 장소의 가치를 인식하는 도시설계
- 현실 세계에서 적용할 수 있는 도시설계, 특히 시장과 규제에 의한 제약 속에서 실제 적용할 수 있는 도시설계
- 과정으로서의 도시설계

이 책의 마지막인 이번 장에서는 네 번째 주제, 즉 과정으로서의 도시설계를 반복하여 강조하고자 한다.

| 도시설계에 대한 점검 |

앞서 언급했듯이, 공간(spaces)을 장소(places)로 바꾸는 것은 도시설계가의 작업이라기보다는 그 공간에 거주하며 활동하는 사람들에 의한 경우가 많다. 그럼에도 이 책이 다루고 있는 핵심적인 내용은 어떻게 도시설계가 공간으로부터 '장소'를 만들어낼 수 있는가에 대한 논의이다. 이 책은 이 점에 초점을 맞추고, 체계적인 논의를 위해 도시를 설계함에 있어 고려해야 할 사항을 여섯 가지 영역으로 나누는 구조를 취했다. 이러한 구조는 느슨한 개념틀로 제시되긴 했지만, 그럼에도 주요한 도시설계 이론을 종합하고 그것을 서로 연계할 수 있도록 하기 위한 것이었다.

그러나 이러한 구조에 따른 도시설계 이론의 체계화는 다양한 개별적인 이론과 주장을 제대로 자리매김한 것인가에 대해 논쟁의 여지를 남겨두고 있다. 특히 도시설계의 통합적인 속성으로 인해 대부분의 논점이 한 가지 측면에만 해당하는 것이 아니라 다른 측면에도 관련되기 때문이다. 이 책의 구조는 도시설계가 다차원적이며 다층적인 속성을 가졌다는 점을 강조하고 있다. 논의의 편의를 위해 나눈 구조가 우리의 체험과 부합하는 것은 아니다. 도시환경에 대한 우리의 체험은 통합적인 것이다. 그러나 그것을 보다 잘 이해하기 위해서는 여러 부분으로 나누어 각각 분석을 해보는 것도 필요하다. 역으로 새로운 장소를 만들거나 또는 기존의 장소에 긍정적인 개선을 꾀하고자 장소를 설계하는 경우에는 나뉜 부분을 다시 모아 전체로서 고려해야 한다.

도시설계를 위한 사례를 제시함에 있어 이 책은 새로운 규범 이론을 만들어낸다거나, 주제에 대한 새로운 개념 규정을 시도한다거나, 도시설계에 대한 어떤 공식화된 해결책을 제시한다거나 하는 일을 시도하지 않았다. 예컨대 1장에서는 도시설계에 대한 많은 개념 정의가 적절하기도 하고 가치도 있지만 동시에 완전하지 못하거나 논쟁의 여지도 있다는 점을 논의했다. 저명한 도시설계가들로부터 유용한 분석의 틀을 빌려올 수는 있지만, 그것을 공식처럼 기계적으로 받아들인다거나 절대적인 철칙으로 여기지 말아야 한다고 당부한 바 있다. 어떤 하나의 공식을 신봉하여 그것을 적용시키려 하는 것은 설계(design)라는 창의적인 과정을 무력화하고 설계가의 역할을 왜소하게 만드는 것이다. 그것이 무엇이든 한 가지만의 규칙과 목표를 설정하는 것은 도시설계의 포괄성과 복잡성을 담아낼 수 없다. 또한 그렇게 하는 것은 성공적인 결과를 얻는 데 필요한 단계적인 접근 방식과도 거리가 멀다. 설계란 탐색적이고 직관적이며, 연역적인 과정이다. 도시설계는 제기된 문제를 파악하고 대상 지역이 갖는 시간과 장소의 특성, 그리고 그 특성에 관련된 여러 가지 변수에 대한 연구를 동반하는데 이러한 작업은 탐색적 · 직관적 · 연역적인 과정을 통해 수행된다. 이 말이 어느 장소의 구성 요소와 과정 사이의 복잡한 상호작용은 점검할 수 없다거나, 왜 어떤 장소는 성공하고 어떤 장소는 실패했는가에 대해 일반적인 실마리를 줄 수 없다는 것은 아니다.

또한 도시설계에 대해서는 끊임없이 질문을 던지고 호기심을 갖는 접근 방식이 필요하다. 모든 설계 과정에서와 마찬가지로 어느 것이 옳고 어느 것이 틀리다는 식의 정답은 없으며, 더 좋고 더 나쁜 것이 있을 따름이다. 그리고 이러한 속성은 시간이 지남에 따라 비로소 알게 된다. 로손의 주장에 의하면 설계는 의사 결정이라는 형식을 거쳐 실행되는데 이러한 의사 결정은 충분하지 못한 시간과 지식에 근거해서 내려야 할 때도 있다(Bryan Lawson, 2001, p.247). 이러한 이유 때문에 의사 결정자들이 조금이나마 덜 즉흥적으로 의사 결정을 하도록 유도하기 위해 설계가는 자신의 생각을 때로는 좀 과도하게 단순화하더라도 충분히 구조적으로 정리해줄 필요가 있다. 이러한 태도는 프랭크 로이드 라이트(Frank Lloyd Wright)가 말년에 설계한 건물 가운데 어느 것이 최고인가라는 질문을 받고 '다음 것(the next one)'이라고 대답한 데 잘 함축되어 있다.

최근의 여러 저술(예컨대 Tibbalds 외, 1990; DETR, 1998; Cowan, 2001)은 도시설계가들이 도시설계 이슈에 대한 어젠다를 작성하는 데 도움이 되는 조언이나 질문을 제시하고 있다. Box 13.1은 이 책에서 논의된 여러 다양한 측면과 논점을 종합하여 도시설계에 대한 일련의 질문을 제시한다. 이렇게 하는 이유는 도시설계의 개념을 철저히 정의하고자 하는 것이 아니며 도시설계를 위한 처방 차원의 어젠다를 제시하려는 것도 아니다. 이는 독자들에게 도시설계의 핵심 이슈를 환기시키기 위한 것이다. 여기에 수록된 질문은 도시설계안을 작성할 때 그것을 평가해보는 데 이용할 수 있다. 그러나 더욱 적절하게는 왜 어떤 장소는 성공하고 다른 장소는 실패하는지, 그 요인은 무엇인가에 대한 질문에 활용할 수 있다.

Box 13.1

도시설계에 대한 점검

도시설계의 정의

- 이 프로젝트는 미미하게나마 공공 영역에 영향을 미칠 것인가?
- 이 프로젝트는 의미 있는 장소를 만들거나 개선하는 데 기여를 할 것인가?

여건

- 이 프로젝트는 기존의 여건을 존중하고 이해했으며, 그것으로부터 배우고 일체화되었는가?
- 이 도시설계안은 환경을 적극 지원하는가, 그렇지 않다면 적어도 환경에 우호적인가?
- 이 도시설계안은 경제적으로 타당하며, 지속 가능한 요소를 포함하도록 설계되었는가?
- 이 도시설계안은 여러 이해 당사자를 참여시키고 그들의 지원을 받도록 만들어졌는가?

형태

- 대상지의 형태적 특성은 이해했는가? 그리고 그것을 적극 반영함으로써 특색 있는 도시 블록과 응집력 있는 가로 및 공간 네트워크를 창출하려고 했는가?

인식 혹은 지각

- 이 프로젝트는 이미 형성되어 있거나 혹은 새로운 장소성을 만들어내는 데 기여할 것인가?
- 이 프로젝트는 식별성이 높고 의미 있는 공공 영역을 만들어낼 것인가?

사회

- 이 개발은 공공 영역을 보다 잘 접근할 수 있고 안전하게 사용할 수 있도록 할 것인가?
- 이 개발은 사회적인 상호 접촉, 계층 간의 혼합과 다양성을 높일 수 있는 기회를 제공할 것인가?

시각

- 건물, 가로, 공간, 조경, 가로장치 등은 시각적인 흥미와 드라마를 유발하며, 서로 상승작용을 일으키거나 장소성을 높이도록 고려되었는가?

기능

- 용도의 혼합과 배분은 공공 영역에 활기를 불어넣는가? 그리고 필요에 따라서, 혹은 선택적으로나 자발적으로 일어나는 사회 활동을 담아내기에 적절한가?
- 계획된 기반시설은 기존의 기반시설망과 잘 통합되어 있으며, 필요한 경우에는 확장이 가능하도록 되어 있는가?

시간

- 이 도시설계안은 주간과 야간, 여름과 겨울, 장기와 단기 등 여러 가지의 시간대를 고려하고 있는가?
- 이 프로젝트는 옛것과 새것을 점진적으로 혼합할 수 있게 하는가? 가능한 한 전면적인 재개발을 피하고 있는가? 프로젝트가 진행됨에 따라 주변부가 개선되어 나가며, 중간 단계별로도 전체성을 가지고 진행되는가?

도시설계 발전시키기

- 제시된 안은 재정적으로 타당하며, 개발가와 투자자, 단기·중기·장기적으로 거주자에게 안전성을 제공하는가?

도시설계 관리하기

- 제안된 개발은 사람들이 바라는 바를 어떻게 표현하고 반영시키는가?
- 장기적인 관리와 유지 문제는 고려하고 있는가?

도시설계 소통하기

- 도시설계안의 비전과 내용은 지역사회를 포함한 이해 당사자들이 공유하고 명확하게 이해할 수 있게 되어 있는가? 그래서 상호 간에 명확하게 생각이나 의견을 교환할 수 있는가?

| 도전 |

지속적으로 도시설계의 질을 향상시키는 일은 우리가 매일 직면하는 절실한 문제이다. 이는 요즘 들어 질 높은 도시설계의 사례를 찾아보기 어렵다는 사실에서 잘 나타난다. 보다 나은 도시설계를 구현하는 데는 여러 가지 장애 요소가 있다(Carmona 외, 2001, pp.32~3). 이들 요소 가운데 상당수는 이미 이 책에서 직간접적으로 논의한 바 있는데 다음과 같은 요소는 다시 강조할 필요가 있다.

- **낮은 의식** : 환경의 질과 관련하여 투자자와 실제 사용자들 사이에는 도시설계 문제에 대한 의식의 차이가 있다. 또한 시장의 성격에 따라서도 설계에 대한 관심과 수준이 다르다는 점이 연구에서 밝혀진 바 있다. 예컨대 소매업주는 매장을 운영하는 데 있어 사무실에 근무하는 사람보다도 설계 문제를 더 많이 의식하는 경향이 있다.
- **부족한 정보** : 환경을 조성하는 데 있어 장차 이를 사용하게 될 사람과 그 환경에 투자할 사람이 어떤 환경을 선호할 것인가에 대해 믿을 만한 정보가 부족한 상황에서는 위험을 줄이기 위해 진부하고 표준화된 설계안을 채택하기 쉽다.
- **예측하기 어려운 시장** : 부동산시장과 투자시장이 예측하기 어렵게 변동하는 상황에서 개발을 진행해야 하는 경우, 도시설계의 질에 대한 투자는 위험 부담의 인식 정도에 따라 달라진다. 그러므로 부동산시장이 주기에 따라 요동하는 것은 좋은 도시설계를 만들어내는 데 장애가 된다.
- **높은 토지비용** : 토지비용이 높으면 수익이 감소할 수 있기 때문에 대부분 질 높은 개발에 추가로 투자할 여유가 없게 된다. 이는 무엇보다도 부동산시장에서는 가격이 천천히 그리고 불완전하게 조절되기 때문이다.
- **세분화된 토지소유권** : 토지소유권이 세분화되어 있는 경우 개발 과정에 소요되는 시간과 불확실성이 증가하게 되고, 이는 조정되지 않은 산발적인 개발로 이어질 가능성이 있다.
- **조정되지 않은 개발** : 개별적인 개발은 흔히 조정되지 않은 채 이루어져 하나의 큰 전체로서 통합성이 부족하다. 일반적으로 토지를 합병

하여 단일 소유권이 된 대규모 부지의 경우가 장소 만들기 문제에 신경을 쓸 가능성이 보다 크고, 그렇기 때문에 투자자들은 임대료와 재산 가치에 있어 외부 효과의 이점을 얻을 수 있다. 그러나 작은 단위로 일어나는 점진적인 개발도 어떤 방식으로든(아마도 무의식적으로) 조정된다면 보다 나은 장소를 만들어낼 것이다.

- **대립 관계** : 개발업자와 공공부문이 대립 관계에 있게 되면 개발에 필요한 시간을 연장시키고, 이는 불확실성과 위험 부담을 증대하는 결과를 초래한다.

- **경제 조건** : 경제가 불확실하고 안정적이지 못한 상황에서는 흔히 투자에 있어 단기적인 결정을 하게 되고 디자인에 대한 투자를 줄이는 경향이 있다.

- **선택의 부족** : 바람직한 위치에서 양호한 부지가 공급되지 않으면 사용자의 의사 결정에서 디자인에 대한 고려는 줄어든다. 사용자는 어떤 위치를 다른 위치보다 좋다고 생각할 때 그 위치를 선택하기 위해 빈약한 개발을 감수하기도 한다.

- **속성주의** : 계획기간이 3~5년이라는 점을 감안할 때, 자본시장의 구조는 기업이 좋은 디자인에 투자하는 것을 어렵게 한다. 왜냐하면 보다 나은 디자인에 투자하기 위해서는 보다 장기적인 계획이 있어야 하기 때문이다. 이것은 기업들이 중복 납세를 수반하는 장기적인 관계보다 단기적이고 일회적인 거래를 선호한다는 점에서 나타난다.

- **비용에 대한 인식** : 좋은 디자인은 주변에도 여러 가지 이익(사회적 편익)을 주지만, 공간을 점유하고 있는 사람들은 그 비용이 높은 임대료나 유지 관리 비용, 또는 상품의 가격(개인적 비용)에 반영되어 자신들이 지불하게 되는 것이라고 인식한다.

- **의사결정 패턴** : 도시설계에 있어 대부분의 중요한 의사 결정은 계획가나 개발가, 도시설계가에 의해 이루어지는 것은 아니다. 오히려 중요한 결정은 자신은 도시설계에 관련되어 있다고 생각하지 않는 사람들(이들을 '무자각적' 도시설계가들이라고 할 수 있다)에 의해 내려진다. 이들은 대개 자신의 결정이 어떤 파급 효과를 가져올지, 특히 도시 환경에 미칠 영향에 대해서는 이해가 부족하다.

- **소극적인 계획** : 많은 도시들이 미리 앞서서 적극적으로 도시설계를 하기보다는 사후 대응 차원으로 접근하는 경향이 있고, 도시 재생을 위한 관심을 양질의 도시설계와 연결시키지 못하고 있다.
- **자질 부족** : 도시개발 과정에 참여하는 공공부문과 민간 부문 모두 도시설계를 어떻게 수행해야 하는가에 대한 이해와 기술 수준이 낮은데, 이는 좋은 도시설계를 효과적으로 만들어내는 데 늘 작용하는 장애 요인이다.

이와 같은 제약 조건은 도시설계가들이 직면하고 있는 도전이기도 하다. 훌륭한 도시설계가는 이러한 제약 조건에 대응해 그것을 극복할 수 있도록 훈련되어 있다. 도시설계는 단순히 변화에 수동적으로 대응하는 것이 아니며, 변화를 선도하고 보다 좋은 장소를 만들려는 적극적인 시도이다.

10장에서 자세히 논의했듯이, 도시설계가는 세 가지 종류의 힘과 영향력을 동원할 수 있다. 첫째는 지식과 전문성을 통해서인데, 도시설계가는 교육 · 연구 · 실무 경험을 통해서 습득한 지식과 전문성을 바탕으로 영향력을 발휘할 수 있다. 좀 더 일반적으로 말하면 이러한 지식과 전문성은 도시설계가가 이전의 도시설계에 대해서 늘 관심을 가지고 경험을 축적하기 때문에 얻어지는 것이다. 둘째는 명성을 통해서인데, 이는 도시설계가가 도시환경 조성 사업에서 일하게 되는 이유이며, 도시설계가는 '문화자산'이라는 사회적 평판인 것이다. 셋째 도시설계가는 선도적인 역할을 통해서 도시의 변화에 힘과 영향력을 발휘할 수 있다. 그러나 성공적으로 힘과 영향력을 발휘하기 위해서는 정치적이고도 실천적인 기술이 필요하다. 예컨대 티볼즈는 성공적인 도시설계가가 갖추어야 하는 자질을 제시한 적이 있는데 다음과 같은 사항이 포함돼 있다 (Tibbalds, 1988a, pp. 12~3).

- 높은 수준에서 도시설계를 실천할 수 있는 능력(정치가, 행정관료, 기업주, 개발사업자 등으로부터 인정받고 그들을 움직일 수 있는 힘이 되는 것)

- 도시설계를 실현하는 것에 대한 열정적인 관심(여러 가지 도시설계 아이디어를 현실화하는 능력)
- 도시설계가 이루어지는 외부 상황을 주시하면서, 다른 분야와 지역사회에 대해 존중과 겸손을 보여줄 수 있는 능력
- 도시설계 아이디어를 실현하기 위해 비용·토지·인력 등 자원의 필요성을 설득력 있게 주장할 수 있는 능력
- 비용에 대한 빈틈없는 감각
- 이상적이면서도 현실적인 감각(일이 제대로 되지 않을 경우, 그 원인을 파악하는 능력)
- 무한한 상상력, 질에 대한 열정과 일을 완결짓는 능력

티볼즈가 정확하게 말했듯이, 이러한 자질은 목표를 달성하기 위한 수단일 뿐이다(Tibbalds, 1988a, p.13). 진정한 목표는 토지 위에 무언가 가치 있는 것을 이루어내는 일이다. 그러나 같은 논리로, 수단이 없으면 목표 또한 이루어질 수 없는 것이다. 위에서 열거한 여러 가지 장애 요소는 좋은 도시설계를 꽃피울 수 있게 하는 정치와 규제적 풍토를 갖추는 데 있어 공공부문이 중요하다는 점을 잘 보여준다. 우수한 도시설계 사례를 갖고 있는 바르셀로나, 코펜하겐, 버밍엄, 포틀랜드, 샌프란시스코, 시드니 같은 도시의 경우, 이러한 장애 요소를 잘 극복해오고 있다. 이들 도시는 도시설계를 위한 올바른 풍토를 확립하는 데 있어 공공 기관의 적극적인 역할이 있었음을 보여준다. 그러나 공공부문의 역할과 마찬가지로 중요했던 것은 민간 부문에서 개발업자와 투자자들의 적극적인 공감대와 역할인데, 서로 다른 입장을 가진 그룹이 질 높은 도시환경이라는 공통의 관심사를 갖고 함께 일해왔다는 점이 주목할 만하다. 모든 부문에서 좋은 도시환경에 대한 공감대와 기여가 있다고 하면, 어느 시대에도 뒤지지 않는 질 높은 공공장소와 도시공간을 우리 시대에서도 만들어낼 수 있다. 그림 13.1~13.3은 이러한 가능성을 보여주는 세 가지 예를 제시하고 있다.

질 높은 도시설계를 구현하는 데 장애가 되는 많은 요소들이 도시설계 과정, 도시개발, 공공 규제와 관련되어 있다면, 그것의 해결책 또한

그림 13.1 노르웨이 오슬로의 아케르 브리게(Aker Brygge). 오슬로의 새로운 도시중심부가 된 아케르 브리게 지역은 성공적인 도시설계 사례이다. 매년 6백만 명의 방문객이 찾아오는데, 이 도시설계가 성공한 데는 다음과 같은 요인이 작용하고 있다.

- **다양한 용도** : 카페, 식당, 소매점, 페스티벌 쇼핑, 사무실, 공연장, 연극 아카데미, 주거, 영화관, 헬스센터, 유치원
- **형태 특성** : 수변 환경과의 적절한 조화, 활발하게 이용되는 용도를 따라서 형성된 공간의 흐름, 자동차를 배제한 보행 친화적 환경, 양호한

대중교통의 연결성, 시각적으로나 물리적으로 친근한 느낌을 잃지 않으면서도 잘 투과할 수 있도록 한 점 등
- **건축의 혼합** : 역사적 건물을 되살리고 그것을 과감하게 현대의 건축물과 다채롭게 혼합한 점
- **기후에 대한 고려** : 겨울철에 대비한 미니공원, 실내 보행로와 실내 공간. 좋은 날씨에는 외부공간과 연결되도록 한 용도 배치
- **크기와 밀도** : 높은 밀도를 가진 640,000㎡의 부지지만 상대적으로 작은 규모의 건물로 이루어져 있고, 거주자와 근로자를 적절히 수용함

이러한 요소와 관련되어 있다. 지역의 시장 조건이나 미시적 경제 상황과 같이 과정에 관련된 장애 요인에 대해서는 도시설계가가 거의 아무런 영향을 미칠 수 없다(사실 이는 도시환경에 관련된 모든 전문가들도 마찬가지이다). 이들 외에 다른 요소들은 장기간에 걸쳐 또는 국가나 지역의 공공 정책을 통해서 영향을 미칠 수 있는 여지가 있을 뿐이다. 그런 요소는 도시개발에 참여하는 주요 대상자들에게 도시설계에 대한 의식을 높이는 일, 의사 결정 패턴을 확립하는 일, 토지의 가격을 결정하는 일, 계획 체제와 규제 방식의 성격을 규정하는 일 같은 것이다. 이러

그림 13.2 영국 런던의 뱅크사이드(Bankside). 뱅크사이드는 런던의 성공적인 도시설계 사례로서 다양한 유인요소를 갖고 있다. 템스 강을 건너 런던 시와 웨스트민스터 시가 보이는 전망으로 인해 도시의 맥락이 드라마틱하게 드러나 수많은 관광객과 런던 시민이 모여들고 있다. 그러나 이것은 오늘날 흔히 볼 수 있는 신개발 형태의 도시설계가 아니다. 대신 타워 브리지 동쪽에서 웨스트민스터 브리지까지 뻗어 있는 강변 보행로를 재활성화한 것이다. 이 사이에 런던의 디자인 박물관, 서더크 성당, 버로우 마켓, 글로브 극장, 테이트 미술관, 국립 극장 등이 있고, 또한 각종 위락, 예술, 주거, 상업, 카페와 레스토랑 용도가 함께 입지하고 있다. 가장 강력한 요소는 보행루트이며 이 루트를 따라 대부분의 유인 요소가 자리하고 있다. 도시형태는 고밀도의 전통적인 공간과 현대적인 상업 개발이 혼합되어 있다. 역사적으로 공공 영역이었던 공간에 대해서는 상당한 공공 투자가 있었으며, 여기에는 수준 높은 공공 예술과 조경이 포함되어 있다. 또한 여러 가지 새로운 현대 요소가 추가되었는데, 타워 브리지 광장과 코인 스트리트 공공 주택 개발을 들 수 있다. 건축 측면에서 볼 때 다수의 아이코닉한 구조물이 이 지역의 특성을 더하고 있다. 타워 브리지, 런던 의회 건물, 용도가 전환된 뱅크사이드 발전소, 밀레니엄 브리지(상단 사진), 런던 아이(London Eye), 로열 페스티벌 홀 등이 그것이다. 시각적으로나 사회적으로 특징이 있는 여러 가지 요소가 있고, 그런 것들의 양과 질은 뱅크사이드를 기억에 남을 만한 특별한 장소로 만들고 있다. 이 지역의 성공은 장소 만들기에 관여한 사람들이 매우 다양하다는 점에서 더욱 돋보인다. 지방 정부의 도시재생팀, 자원봉사단체, 공동체 집단과 상인단체 등이 그 예이다. 크게 보아 이 지역은 거창한 마스터플랜에 의해서가 아니라 잘 관리된 점진적인 개발에 의해 재생된 것이다. 그리고 템스 패스(Thames Path)가 통합 요소가 되어 주변 환경의 질에 대한 관심이 높았기 때문에 성공할 수 있었던 것이다.

한 내용은 3장에서 도시설계의 시장과 규제의 맥락으로서 논의한 바 있는데, 도시설계가들은 흔히 이러한 맥락을 주어진 것으로 받아들이는 경향이 있다.

　　그럼에도 여러 가지 제약 조건에 대해서는 도시설계가와 도시설계의 발주자 및 지역사회가 영향을 미칠 수 있다. 이를테면 개발 수요와 대중의 선호도에 대한 정보를 이용할 수 있게 하는 일, 이용 가능한 토

그림 13.3 미국 오레곤 주 포틀랜드 시 파이어니어 광장(Pioneer Court house Square). 포틀랜드 도심부의 중심에 위치하고 있는 파이어니어 광장은 도시설계의 성공 사례이다. 이 광장은 오랜 기간에 걸쳐 형성되면서 도시의 시민들에게 장소에 대한 성격과 주인의식을 갖게 하는 데 기여했다. 1952년, 포틀랜드 호텔이 철거되고 2층의 주차장 구조물이 건설되었다. 1960년대 초반 주차장을 헐고 광장으로 만들자는 제안이 있었다. 그러나 1972년이 되어서야 포틀랜드 도심부 계획은 이 블록을 광장으로 지정했다. 포틀랜드 시는 1979년 이 부지를 매입하고 1980년 광장의 디자인을 위해 국제현상공모를 실시했다. 시민을 대표하는 심사위원은 포틀랜드 지역의 건축가가 제안한 디자인을 선택했으나, 시장이 바뀌고 도심부의 상인협회(Downtown Business Association)가 형성되면서 광장 계획을 중단했다. '파이어니어 광장의 친구들(Friends of Pioneer Square)' 이란 이름의 시민단체가 광장 조성 계획을 지속하기 위해 1,600,000달러를 모금하여 이에 항의했다. 이 기금은 광장의 벤치와 수목, 조명 그리고 60,000개가 넘는 포장벽돌 조성을 위해 모금한 것이었다. 1984년 개장한 이 광장은 한적하게 쉬기도 하고 적극적으로 즐길 수 있는 다양한 공간을 제공하고 있다. 광장의 중심은 여러 가지 용도로 사용할 수 있는 기회를 제공하고 있으며, 매년 300회의 이벤트가 열리고 있다. 이 광장은 포틀랜드의 도심부가 지역의 사회·경제적 중심으로서 다시 살아나는 데 큰 기여를 했으며, 포틀랜드의 모범적인 교통 정책에 따라 설치된 대도시권의 경전철 노선과도 잘 결합되어 있다.

지에 부합하는 개발 기회를 찾아내는 일, 계획 과정이 긍정적인 변화의 동인이 되도록 운영하는 일, 보다 나은 설계가 가치 있다는 것을 교육하는 일, 공공부문과 민간 부문 모두에서 잘 훈련된 인력을 활용하는 일, 잘 구성된 지역의 비전을 만들고 그것을 채택하는 일 등이 그것이다. 무엇보다도 도시설계가는 근시안적이고 편협한 접근에서 벗어나 여러 분야의 사람과 함께 협력적인 관계 속에서 일하는 방식을 받아들여야 한다.

| 총체적 접근 |

이 책의 결론을 맺기 위해 도시설계의 총체적 속성 혹은 종합적 속성을 다시 강조하고자 한다. 어떤 설계에 있어서든, 즉 그것이 심미적인 것이든 기능적인 것이든 기술적인 것이든 경제적인 것이든 어느 한 가지 측면만 좁게 한정하여 부각하는 것은 위험하다. 이것은 설계를 그 맥락으로부터 고립시키고 좀 더 큰 전체에 기여하지 못하도록 만든다. 현대 건축에서 흔히 '기능주의'라고 불리는 사조는 바로 이러한 문제의 폐해를 잘 보여준다. 기능주의 접근 방식은 기능 측면을 가장 우선시하고 그에 근거하여 건물의 배치와 형태를 결정하고 시각적 표현을 만들어낸다. 공업도시의 과밀하고 비위생적인 조건에 대응하여 모더니스트들은 보다 많은 채광, 신선한 공기, 햇빛과 녹지를 사람들에게 제공해주어야 한다고 주장했다. 따라서 새로운 건물의 설계에 있어 일조 조건이 가장 중요한 기준이 되고, 건물은 이 기준에 따라 엄격하게 설계되고 분산시켜 배치해야 한다고 생각했다. 이와 같은 접근 방식은 한 가지 측면을 적절하게 강조할지 모르지만 다른 측면을 간과하는 단점이 있다. 즉 한 장소의 개발을 주변의 맥락과 잘 조화시킨다든가(가령 그 장소에 형성된 기존의 이동 패턴과 연결하는 것과 같은) 또는 거기에 살게 될 사람들의 선호와 그들이 취할 수 있는 선택을 잘 연결하는 것 같은 측면은 고려하지 못하는 것이다.

3장에서는 견고성, 상품, 기쁨이라는 잘 정립된 삼위일체 기준에 더해 경제라는 네 번째 요소를 추가하면서, 각 기준은 동시에 충족되어야 한다는 점을 주장했다. 경제는 좁은 의미로 예산의 제약 속에서 고려해야 하는 재정적인 의미로 해석하는 동시에, 한편으로는 가장 넓은 측면에서 환경의 비용을 최소화해야 한다는 의미로 해석했다. 현 시대에서 지속 가능성의 문제는 매우 중요하며, 도시설계가가 도전해야 할 가장 큰 문제는 이 복잡한 지속 가능성 문제에 대응하는 일일 것이다. 도시 지역의 설계와 관리에 관여하고 있는 모든 사람들이 이 도전에서 중요한 역할을 수행할 수 있는 여지를 가지고 있다. 지속 가능성 문제는 이제까지 논의한 도시설계의 여러 차원에 다양한 방식으로 연관되어 있다.

- **형태의 차원** : 자원 소비와 오염(특히 이동에 따른 오염)은 도시개발 형태에 큰 영향을 받는다.
- **지각의 차원** : 사람들의 심리적 복지는 장소의 사회적 안정성과 긴밀히 연결되어 있다. 장소가 어떤 가치를 가지며, 무엇을 추구하는가가 중요하다.
- **사회의 차원** : 생활의 다양한 패턴은 환경적 복지를 증진시키기도 하고 훼손시키기도 한다.
- **기능의 차원** : 용도의 혼합, 밀도, 지역 환경에 대한 고려 등이 모두 에너지 소비에 영향을 미친다.
- **시각의 차원** : 인공환경과 자연환경에 있어 다양성은 지속 가능한 개발의 핵심 원칙이다. 한편 심미적인 관심은 지속 가능성을 위해 투자할 용의가 있다는 것을 보여준다.
- **시간의 차원** : 지속 가능한 개발을 추구하는 것은 수많은 소규모 개발을 통해 성취되는 장기적인 목표이다.

지속 가능한 개발을 성취한다는 것은 정치적인 과제이기도 하다. 프레이는 다음과 같이 주장한다(Hildebrand Frey, 1999, p.144).

> 지속 가능한 도시 지역을 실현한다는 것은 도시 또는 주변 도시화 지역에 대해서는 물론이고 현재의 정책과 접근 방식, 전문분야의 책무, 그리고 교육에 대해서까지 다시 생각할 것을 요구한다. 지금 필요한 것은 이러한 목표에 근거하여 강력하고 일관되게 정책과 전략을 집행할 수 있는 의지이다. 이는 점잖고 우호적인 혁명과도 같다. 확고한 신념 없이 미온적인 의지로는 지속 가능한 도시 지역을 만들어내지 못할 것이다.

환경의 질을 개선하는 역할을 수행함에도 불구하고, 건축 분야와는 달리 도시설계에서는 '대가'가 거의 없다. 이는 부분적으로 좋은 도시설계는 대개 잘 드러나지 않기 때문이다. 도시설계는 혼합되어 있고 사라지기도 한다. 우리는 도시설계가 주변에 있다는 것을 눈치 채지 못한다. 역으로 흔히 잘못된 도시설계는 뚜렷이 드러난다. 사실 도시설계는 잘못되었을 때만 눈에 띄는지도 모른다. 좋은 도시설계는 축구시합에서 심판과 같은 것이어서, 좋은 경기에서 심판은 눈에 잘 띄지 않는 법이다. 더욱이 좋은 도시설계에서는 개인의 공헌이 팀의 공헌에 묻혀버리기 십상이다. 이는 다시 접합의 과정이라는 도시설계의 본질을 나타내준다. 즉 도시설계는 환경과 장소를 접합시켜 환경이 장소가 되게 하는 일이며, 전문가와 각 분야의 참여자가 서로를 접합하고, 지역사회와 그 장소에 투자를 원하는 사람들을 접합하는 과정인 것이다. 오늘날의 여건에서 좋은 도시설계는 거의 항상 협력적인 설계와 작업 과정을 통해 성취된다.

도시설계의 잠재력이 완전히 성취되기 위해서는 공공과 민간 부문의 의사결정 과정에서 도시설계가 중심 주제가 될 필요가 있다. 또한 도시환경을 다루는 교육 프로그램에서도 도시설계가 중심 주제가 될 필요가 있다. 그리고 사회 전반에 걸쳐 도시설계가 보다 많은 관심을 받고 그 중요성이 더욱 크게 인식되는 방향으로 문화여건의 변화가 일어나야 한다. 이 책은 도시설계가 이러한 방향을 지향하는 데 공헌할 수 있기를 희망한다. 도시설계가 사람을 위한 공공장소에 관한 것이라면, 우리의 과제는 도시공간을 사람들이 사용하기를 원하는 공공장소로 설계하는 일이다.

참고문헌

|A|

Abbott, C. (1997), Portland: Gateway to the North-West, American Historical Press, Washington.

Adams, D. (1994), Urban Planning and the Development Process, UCL Press, London.

Adams, D., Disberry, A., Hutchison, N. and Munjoma, T. (1999), Do Landowners Constrain Urban Redevelopment?
RICS Research Findings 34.

Aldous, T. (1992), Urban Villages: A concept for creating mixed-use developments on a sustainable scale, Urban Villages Group, London.

Alexander, C. (1965), A City is Not a Tree, Architectural Forum, 122 (1 and 2), April/May, also in Bell, G. and Tyrwhitt, R. (1992) (eds), Human Identity in the Urban Environment, Penguin, London.

Alexander, C. (1975), The Oregon Experiment, Oxford University Press, Oxford.

Alexander, C. (1979), The Timeless Way of Building, Oxford University Press, Oxford.

Alexander, C., Ishikawa, S. and Silverstein, M. (1977), A Pattern Language: Towns, Buildings, Construction, Oxford University Press, Oxford.

Alexander, C., Neis, H., Anninou, A. and King, I. (1987), A New Theory of Urban Design, Oxford University Press, New York.

Ambrose, P. (1986), Whatever Happened to Planning, Methuen, London.

Anderson, S. (1978) (ed.), On Streets, MIT Press, Cambridge, Mass.

Appignanesi, R. and Garratt, C. (1999), Introducing Postmodernism, Icon Books, London.

Appleyard, D. (1976), Planning a Pluralist City: Conflicting realities in Ciudad Guyana, MIT Press, Cambridge, Mass.

Appleyard, D. (1980), Why buildings are known: A predictive tool for architects and planners, in Broad-bent, G., Bunt, R. and Llorens, T. (1980) (eds), Meaning and Behaviour in the Built Environment, John Wiley & Sons, Chichester.

Appleyard, D. (1981), Liveable Streets, University of California Press, Berkeley.

Appleyard, D. (1982), Three kinds of urban design practice, in Ferebee, A. (1982) (ed.), Education for Urban Design, Institute for Urban Design, New York.

Appleyard, D. (1991), Foreword, from Moudon, A.V. (1991), Public Streets for Public Use, Columbia University Press, New York, pp. 5.8.

Appleyard, D. and Lintell, M. (1972), The environmental quality of city streets: The residents' viewpoint, Journal of the American Institute of Planners, **38**, 84.101.

Appleyard, D., Lynch, K. and Myer, J. (1964), The View from the Road, MIT Press, Cambridge, Mass.

Ardrey, R. (1967), The Territorial Imperative: A Personal Inquiry into the Animal Origins of Property and Nations, Collins, London.

Arefi, M. (1999), Non-place and placelessness as narratives of loss: Rethinking the notion of place, Journal of Urban Design, **4**, 179.93.

Arendt, H. (1958), The Human Condition, University of Chicago Press, Chicago.

Arnheim, R. (1977), The Dynamics of Architectural Form, University of California Press, Berkeley.

Arnstein, S. (1969), A Ladder of Citizen Participation, American Institute of Planners Journal, July, pp. 216.24.

Arup Economics and Planning (1995), Environmental Capacity, A Methodology for Historic Cities, Cheshire County Council, Chester.

Arup Economics and Planning (2000), Survey of Urban Design Skills in Local Government, DETR, London.

Ashworth, G.J. and Tunbridge, J.E. (1990), The Touristic-Historic City, Belhaven Press, London.

Attoe, W. and Logan, D. (1989), American Urban Architecture: Catalysts in the Design of Cities, University of California Press, Berkeley.

Auge, M. (1995), Non-places: An Introduction to an Anthropology of Supermodernity, Verso, London.

| B |

Bacon, E. (1974, 1992), Design of Cities, London, Thames & Hudson (first published in 1967).

Baker, G. (1996), Design Strategies in Architecture: An approach to the analysis of form, second edition, London: E & FN Spon.

Ball, M. (1986), The built environment and the urban question, Environment & Planning D: Society & Space, **4**, 447.64.

Ball, M. (1998), Institutions in British Property Research: A Review, Urban Studies, **35**, 1501.17.

Ball, M., Lizieri, C. and MacGregor, B.D. (1998), The Economics of Commercial Property Markets, London, Routledge.

Banham, R. (1976), Megastructures: Urban Features of the Recent Past, London, Thames and Hudson.

Banerjee, T. (2001), The Future of Public Space: Beyond Invented Streets and Reinvented Places, APA Journal, 67, 9.24.

Banerjee, T. and Baer, W.C. (1984), Beyond the Neighbourhood Unit, Plenum Press, New York.

Banerjee, T. and Southworth, M. (1991) (eds), City Sense and City Design: Writings and Projects of Kevin Lynch, MIT Press, Cambridge, Mass.

Barnett, J. (1974), Urban Design as Public Policy, Harper & Row, New York.

Barnett, J. (1982), An Introduction to Urban Design, Harper & Row, New York.

Barr, R. and Pease, K. (1992), A place for every crime and every crime in its place: an alternative perspective on crime displacement, in Crime, Policing and Place: Essays in Environmental Criminology, Evans, D.J., Fyfe, N.F. and Herbert, D.T. (eds), London, Routledge.

Barrett, S., Stewart, M. and Underwood, J. (1978), The Land Market and the

Development Process, occasional paper 2, SAUS, University of Bristol, Bristol.

Barthes, R. (1967), Elements of Semiology, Hill & Wang, New York.

Barthes, R. (1968), The death of the author, in Barthes, R. (1977), Image-Music-Text, Flamingo, London, pp. 2-8.

Barton, H. (1995), Going Green by Design, Urban Design Quarterly, Issue 57, January, pp. 13-18.

Barton, H., Davis, G. and Guise, R. (1995), Sustainable Settlements: A Guide for Planners, Designers, and Developers, Local Government Management Board, Luton.

Baudrillard, J. (1983; in French, 1981), Simulations, Semiotext, New York.

Baudrillard, J. (1994; in French, 1981), Simulacra and Simulation, University of Michigan, Ann Arbor.

Bell, P.A., Fisher, J.D., Baum, A. and Greene, T.C. (1990), Environmental Psychology (third edition), Holt, Rinehart & Winston, Inc., London.

Ben-Joseph, E. (1995), Changing the Residential Street Scene: Adopting the Shared Street (Woonerf) Concept to the Suburban Environment, Journal of the American Planning Association, **61**, 504-15.

Bentley, I. (1976), What is Urban Design? Towards a Definition, Urban Design Forum, No. 1.

Bentley, I. (1990), Ecological Urban Design, Architects Journal, **192**, 69.71.

Bentley, I. (1998), Urban design as an anti-profession, Urban Design Quarterly, Issue 65, p. 15.

Bentley, I. (1999), Urban Transformations: Power, people and urban design, Routledge, London.

Bentley, I., Alcock, A., Murrain, P., McGlynn, S. and Smith, G. (1985), Responsive Environments: A Manual for Designers, Architectural Press, London.

Bianchini, F. (1994), Night cultures, night economies, Town & Country Planning, **63**, 308-10.

Biddulph, M. (1995), The value of manipulated meanings in urban design and architecture, Environment & Planning B: Planning & Design, **22**, 739-62.

Biddulph, M. (1999), Book review of Bosselmann, P. (1998), Representation of Place: Reality and Realism in City Design, Journal of Urban Design, **4**, 125-7.

Biddulph, M. (2000), Villages don't make a city, Journal of Urban Design, **5**, 65-82.

Birmingham City Council (1994), Convention Centre Quarter, Planning & Urban Design Framework, Birmingham City Council, Birmingham.

Blake, P. (1974), Form Follows Fiasco, Little & Brown, Boston.

Blakely, E.J. and Snyder, M.G. (1997), Fortress America: Gated Communities in the United States, Brookings Institution Press, Washington DC and Lincoln Institute of Land Policy, Cambridge, Mass.

Blowers, A. (1973), The City as a Social System: Unit 7: The Neighbourhood: Exploration of a Concept, Open University, Milton Keynes.

Blowers, A. (1993), Planning for a Sustainable Environment, Earthscan Publications

Ltd, London.

Boddy, T. (1992), Underground and overhead: Building the analogous city, in Sorkin, M. (1992) (ed.), Variations on a Theme Park, Noonday Press, New York, pp. 123-53.

Bollnow, O.F. (1980), p18.

Booth, N.K. (1983), Basic Elements of Landscape Architectural Design, Elsevier, Oxford.

Borchert, J. (1991), Future of American cities, in Hart, J.F. (ed.) (1991), Our Changing Cities, John Hopkins Press, Baltimore.

Bosselmann, P. (1998), Representation of Places: Reality and Realism in City Design, University of California Press, Berkeley.

Bottoms, A.E. (1990), Crime prevention in the 1990s, Policing and Society, **1**, 3-22.

Boudon, P. (1969), Lived-in Architecture: Le Corbusiers Pessac Revisited, MIT Press, Cambridge, Mass.

Boyer, M.C. (1992), Cities for Sale: Merchandising History at South Street Seaport, in Variations on a Theme Park: The New American City and the End of Public Space, Sorkin, M. (ed.), New York, Hill & Wang, pp. 3-30.

Boyer, M.C. (1993), The city of illusion: New York's public places, in Knox, P. (1993) (ed.), The Restless Urban Landscape, Prentice Hall, Eaglewood, California, pp. 111-26.

Boyer, M.C. (1994), The City of Collective Memory, MIT Press, Cambridge, Mass.

Boyer, M.C. (1996), Cybercities, MIT Press, Cambridge, Mass.

Brand, S. (1994), How Buildings Age: What happens after they are built, Penguin Books, Harmondsworth.

Braunfels, W. (1988), Urban Design in Western Europe: Regime and Architecture 900-1900, University of Chicago Press, Chicago.

Breheny, M. (1992a) (ed.), Sustainable Urban Development and Urban Form, Pion, London.

Breheny, M. (1992b), The Contradictions of the Compact City: A Review, in Breheny, M. (1992) (ed.), Sustainable Urban Development and Urban Form, Pion, London.

Breheny, M. (1995), The Compact City and Transport Energy Consumption, Transactions of the Institute of British Geographers, **20**, 81-101.

Breheny, M. (1997), Centrists, Decentrists and Compromisers: Views on the Future of Urban Form, in Jenks, M., Burton, E. and Williams, K. (1997) (eds), Compact Cities and Sustainability, E & FN Spon, London, pp. 13-35.

Brill, M. (1989), Transformation, nostalgia and illusion in public life and public place. In Public Places and Spaces, Altman, I. and Zube, E. (eds), New York, Plenum Press.

Broadbent, G. (1990), Emerging Concepts of Urban Space Design, Van Nostrand Reinhold, New York.

Brolin, B.C. (1980), Architecture in Context: Fitting New Buildings With Old, Van Nostrand Reinhold, New York.

Buchanan, P. (1988a), What city? A plea for place in the public realm, Architectural Review, No. 1101, pp. 31-41.

Buchanan, P. (1988b), Facing up to facades, Architects Journal, **188**, 21-56.

Building Research Establishment (BRE) (1990), BRE Digest 350: Climate and Site Development, BRE, Watford.

Building Research Establishment (BRE) (1999), An Assessment of the Police's Secured by Design Project, BRE, Watford.

Burke, G. (1976), Townscapes, Harmondsworth, Penguin.

Burtenshaw, D., Bateman, M. and Ashworth, G.J. (1991), The European City: A Western Perspective, London, David Fulton Publishers.

|C|

Cadman, D. and Austin-Crowe, L. (1991, Cadman and Tapping, 1995), Property Development (third edition edited by Topping, R. and Avis, M.), Chapman & Hall, London.

CAG Consultants (1997), Sustainability in Development Control, A Research Report, Local Government Association, London.

Calhoun, C. (1992) (ed.), Habermas and the Public Sphere, Mit Press, Cambridge, Mass.

Calthorpe, P. (1989), Pedestrian Pockets: New strategies for suburban growth, in Kelbaugh, D. (1989) (ed.), The Pedestrian Pocket Book: A New Suburban Design Strategy, Princeton University Press, Princeton, pp. 7-20.

Calthorpe, P. (1993), The Next American Metropolis: Ecology, community and the American Dream, Princeton Architectural Press, New York.

Campbell, K. and Cowan, R. (1999), Finding the Tools for Better Design, Planning, No. 1305, 12 February, pp. 16-17.

Caniggia, G. and Maffel, G.L. (1979), Composizione Architettonica e Tipologia Edilizia: 1, Lettura dellEdilizia di Base, Marsilio Editori, Venice.

Caniggia, G. and Maffel, G.L. (1984), Composizione Architettonica e Tipologia Edilizia: 2, Il OprogettonellEdilizia di Basi, Marsilio Editori, Venice.

Cantacuzino, S. (1994), What makes a good building? An inquiry by the Royal Fine Arts Commission, RFAC, London.

Canter, D. (1977), The Psychology of Place, Architectural Press, London.

Carmona, M. (1996), Sustainable Urban Design: The Local Plan Agenda, Urban Design Quarterly, Issue 57, pp. 18-22.

Carmona M. (1998a), Design Control . Bridging the Professional Divide, Part 2: A New Consensus, Journal of Urban Design, **3**, 331-58.

Carmona, M. (1998b), Urban design and planning practice, from Greed, C. and Roberts, M. (1998), Introducing urban design: Interventions and responses, Longman, Harlow.

Carmona, M. (2001), Housing Design Quality: through policy, guidance and review,

Spon Press, London.

Carmona, M., Carmona, S. and Gallent, N. (2001), Working Together: A Guide for Planners and Housing Providers, Thomas Telford, London.

Carmona, M., de Magalhaes, C. and Edwards, M. (2001), The Value of Urban Design, CABE, London.

Carmona, M., Punter, J. and Chapman, D. (2002), From Design Policy to Design Quality: the Treatment of Design in Community Stretegies, Local Development Frameworks and Action Plans, London, Thomas Telford Publishing.

Carr, S., Francis, M., Rivlin, L.G. and Stone, A.M. (1992), Public Space, Cambridge University Press, Cambridge.

Carter, S.L. (1998), Civility: Manners, Morals and the Etiquette of Democracy, Harper Perennial, London.

Case Scheer, B. and Preiser, W. (eds) (1994), Design Review: Challenging Urban Aesthetic Control, Chapman & Hall, New York.

Case Scheer, B. (1994), Introduction: The debate on design review, in Case Scheer, B. and Preiser W. (eds), Design Review: Challenging Urban Aesthetic Control, Chapman & Hall, New York, pp. 3-9.

Castells, M. (1989), The Informational City, Blackwells, Oxford.

Chapman, D. and Larkham, P. (1994), Understanding Urban Design, An Introduction to the Process of Urban Change, University of Central England, Birmingham.

Chermayeff, S. and Alexander, C. (1963), Community and Privacy, Pelican, Harmondsworth.

Chih-Feng Shu, S. (2000), Housing layout and crime vulnerability, Urban Design International, 5, 177-88.

Clarke, R.V.G. (ed.) (1992), Situational Crime Prevention: Successful Case Studies, Harrow & Heston, New York.

Clarke, R.V.G. (ed.) (1997), Situational Crime Prevention: Successful Case Studies, 2nd edition, Harrow & Heston, New York.

Clifford, S. and King, A. (1993), Local Distinctiveness: Place, Particularity and Identity, Common Ground, London.

Cold, B. (2000), Aesthetics and the built environment, in Design Professionals and the Built Environment: An Introduction, Knox, P. and Ozolins, P. (eds), London, Wiley.

Coleman, A. (1985), Utopia on Trial: Vision and Reality in Planned Housing, Shipman, London.

Collins, G.R. and Collins, C.C. (1965), Translators Preface, in Sitte, C. (1889), City Planning According to Artistic Principles (translated by Collins, G.R. and Collins, C.C., 1965), Phaidon Press, London, pp. ix.xiv.

Commission of the European Communities (CEC) (1990), Green Paper on the Urban Environment, EUR 12902, CEC, Brussels.

Congress for the New Urbanism (1999), Charter for the New Urbanism (http://www.cnu.org/charter.html).

Conrads, U. (1964), Programmes and Manifestos of Twentieth Century Architecture, Lund Humphries, London.

Conway, H. and Roenisch, R. (1994), Understanding Architecture: An introduction to architecture and architectural history, Routledge, London.

Conzen, M.P. (1960), Alnwick: a study in town plan analysis, Transactions, Institute of British Geographers, **27**, 1-122.

Cook, R. (1980), Zoning for Downtown Urban Design, Lexington Books, New York.

Council for the Protection of Rural England (CPRE) (2001), Compact Sustainable Communities, CPRE, London.

Countryside Commission & English Nature (1997), The Character of England: Landscape, Wildlife & Natural Features, English Nature, Peterborough.

Cowan, R. (1995), The Cities Design Forgot, Urban Initiatives, London.

Cowan, R. (1997), The Connected City, Urban Initiatives, London.

Cowan, R. (2000), Beyond the myths on urban design, The Planner, 17 November, p. 24.

Cowan, R. (2001a), Responding to the Challenge, Planning, Issue 1413, 6 April, p. 9.

Cowan, R. (2001b), Arm Yourself With a Placecheck: A Users Guide, Urban Design Alliance, London.

Crang, M. (1998), Cultural Geography, Routledge, London.

Crawford, M. (1992), The world in a Shopping Mall, in Variations on a Theme Park: the New American City and the End of Public Space, Sorkin, M. (ed.), New York, Hill & Wang, pp. 3-30.

Crowe, T. (1991), Crime Prevention through Environmental Design, Oxford, Butterworth-Heinemann.

Cullen, G. (1961), Townscape, Architectural Press, London.

Cullen, G. (1967), Notation, Alcan, London.

Cullen, G. (1971), The Concise Townscape, Architectural Press, London.

Cullingworth, B. (1997), Planning in the USA: Policies, Issues and Processes, Routledge, London.

Curdes, G. (1993), Spatial organisation of towns at the level of the smallest urban unit: plots and buildings, in Montanari, A., Curdes, G. and Forsyth, L. (eds) (1993), Urban Landscape Dynamics: A multi-level innovation process, Avebury, Aldershot, pp. 281-94.

[D]

Dagenhart, R. and Sawicki, D. (1992), Architecture and planning: the divergence of two fields, Journal of Planning Education & Research, **21**, 1-16.

Dagenhart, R. and Sawicki, D. (1994), If urban design is everything, maybe its nothing, Journal of Planning Education & Research, **13**, 143-6.

Davis, D. (1987), Late Postmodern: the end of style, Art in America, June, pp. 5-23.

Davis, C. (1997), Improving Design in the High Street, Architectural Press, Oxford.

Davis, M. (1990), City of Quartz: Excavating the future in Los Angeles, Verso, London.

Davis, M. (1998), Ecology of Fear: Los Angeles and the imagination of disaster, Picador, London.

Davison, I. (1995), Viewpoint: Do We Need Cities Any More? Town Planning Review, **66**, iii-vi.

Dear, M. (1995), Prolegomena to a postmodern urbanism, in Healey, P., Cameron, S., Davoudi, S., Graham, S. and Mandanipour, A. (1995) (eds), Managing Cities: The New Urban Context, John Wiley, Chichester, pp. 27-44.

Dear, M. and Flusty, S. (1999), The postmodern urban condition, in Featherstone, M. and Lash, S. (1999) (eds), Spaces of Culture: City-Nation-World, Sage Publications, London, pp. 64-85.

Dear, M. and Wolch, J. (1989), How territory shapes social life, in Wolch, J. and Dear, M. (eds) (1989), The Power of Geography: How territory shapes social life, Unwin Hyman, Boston.

De Jonge, D. (1962), Images of urban areas: Their structure and psychological foundations, Journal of the American Institute of Planners, **28**, 266-76.

Denby, E. (1956), Oversprawl, Architectural Review, December, pp. 424-30.

Department of Environment, Transport and Regions (DETR) (1998), Places, Streets and Movement: A Companion Guide to Design Bulletin 32 Residential Roads and Footpaths, DETR, London.

Department of Environment, Transport and Regions (DETR) (1999), Good Practice Guidance on Design in the Planning System, DETR, London.

Department of Environment, Transport and Regions (DETR) (2000a), Best Value Performance Indicators 2001/2002, DETR, London.

Department of Environment, Transport and Regions (DETR) (2000b), Survey of Urban Design Skills in Local Government, DETR, London.

Department of Environment, Transport and Regions/Commission for Architecture and the Built Environment (DETR/CABE) (2000), By Design: Urban Design in the Planning System: Towards Better Practice, DETR, London.

Department of Environment (DoE) (1992), Planning Policy Guidance Note 12: Development Plans and Regional Planning Guidance, HMSO, London.

Department of Environment (DoE) (1994), Quality in Town and Country: A Discussion Document, DoE, London.

Department of Environment (DoE) (1996), Analysis of Responses to the Discussion Document Quality in Town and Country, HMSO, London.

Department of Environment (DoE) (1997), Planning Policy Guidance: General Policy and Principles (PPG1), The Stationery Office, London.

Department for Transport, Local Government and the Regions (DTLR) (2001), Green Paper: Planning: Delivering a Fundamental Change, London.

Dickens, P.G. (1980), Social sciences and design theory, Environment & Planning

B: Planning & Design, **7**, 353-60.

Downs, A. (2001), What does "Smart Growth" really mean? Planning (American Planning Association), April.

Dovey, K. (1990), The Pattern Language and its enemies, Design Studies, **11**, 3-9.

Dovey, K. (1999), Framing Places: Mediating power in built form, Routledge, London.

Duany, A. and Plater-Zyberk, E. (1991), Towns and Town-Making Principles, Rizzoli, New York.

Duany, A., Plater-Zyberk, E. and Chellman, C. (1989), New Town Ordinances and Codes, Architectural Design, **59**, 71-5.

Duany, A. and Plater-Zyberk, E. with Speck, J. (2000), Suburban Nation: The rise of sprawl and the decline of the American Dream, North Point Press, New York.

Dubos, R. (1972), A God Within, New York, Charles Schribners Sons.

Duffy, F. (1990), Measuring Building Performance, Facilities, May.

Dyckman, J.W. (1962), The European motherland of American urban romanticism, Journal of the American Institute of Planners, 28, 277-81.

[E]

Eco, U. (1968), Function and sign: semiotics in architecture, in The City and the Sign: An Introduction to Urban Semiotics, Gottdiener, M. and Lagopoulos, A. (eds), New York, Columbia University Press.

EDAW (1998), Croydon 2020: The Thinking and the Vision Ideas Competition, London Borough of Croydon, London.

Edwards, B. (1994), Understanding Architecture through Drawing, E & FN Spon, London.

Ekblom, P., Law, H. and Sutton, M. (1996), Safer Cities and Domestic Burglary, London, Research and Statistics Directorate, Home Office.

Elkin, T., McLaren, D. and Hillman, M. (1991), Reviving the City: Towards Sustainable Urban Development, Friends of the Earth, London.

Ellin, N. (1996), Postmodern Urbanism, Blackwells, Oxford.

Ellin, N. (1997) (ed.), The Architecture of Fear, Princeton Architectural Press, London.

Ellin, N. (1999), Postmodern Urbanism (revised edition), Blackwells, Oxford.

Ellin, N. (2000), The Postmodern Built Environment, in Knox, P. and Ozolins, P. (2000) (eds), Design professionals and the built environment: An introduction, Wiley, London, pp. 99-106.

English Heritage (1997), Sustaining the Historic Environment: New Perspectives in the Future, English Heritage, London.

English Heritage (1998), Conservation-led Regeneration: The Work of English Heritage, English Heritage, London.

English Heritage (2000a), Streets for All: A Guide to the Management of Londons

Streets, English Heritage, London.

English Heritage (2000b), Power of Place: The future of the historic environment, English Heritage, London.

English Partnerships (1998), Time for Design 2, English Partnerships, London.

Engwicht, D. (1999), Street Reclaiming, Creating Liveable Streets and Vibrant Communities, New Society Publishers, British Columbia.

Entrikin, J.N. (1991), The Betweenness of Place: Towards a Geography of Modernity, John Hopkins University Press, Baltimore.

Environmental Protection Agency (EPA) (2001), What is Smart Growth? EPA Fact Sheet, Environmental Protection Agency (United States), April 2001.

Eppli, M. and Tu, C. (1999), Valuing the New Urbanism: The Impact of New Urbanism on Prices of Single Family Houses, Urban Land Institute, Washington DC.

Essex County Council (1973), A Guide to Residential Design, Essex County Council, Colchester.

Essex Planning Officers Association (EPOA) (1997), A Design Guide for Residential and Mixed Use Areas, EPOA, Essex.

Evans, G., Lercher, P., Meis, M., Ising, H. and Kofler, W. (2001), Community Noise Exposure and Stress in Children, Journal of Acoustical Society of America, **109**, 1023-27.

[F]

Fainstein, S. (1994), The City Builders: Property, politics and planning in London and New York, Blackwell, Oxford.

Fawcett, J. (1976) (ed.), The Future of the Past: Attitudes to Conservation 1740-1974, London, Thames & Hudson.

Featherstone, M. (1991), Postmodernism and Consumer Culture, Sage Publications, London.

Featherstone, M. (1995), Undoing Culture: Globalisation, Postmodernism and Identity, Sage Publications, London.

Featherstone, M. (2000), The Flaneur, the city and the virtual public realm, Urban Studies, **35**, 909-25.

Featherstone, M. and Lash, S. (1999) (eds), Spaces of Culture: City-Nation-World, Sage Publications, London.

Felson, M. and Clarke, R.V. (1998), Opportunity Makes the Thief: Practical theory for crime prevention, Police Research Series Paper 98, Home Office, London, p. 25.

Fishman, R. (1987), Bourgeois Utopias: The rise and fall of suburbia, Basic Books, New York.

Fitch, R. (1990), Historic preservation: Curatorial Management of the Built Environment, University Press of Virginia, Charlottesville.

Fitzpatrick, T. (1997), A tale of tall cities, The Guardian On-Line, 6 February, p. 9.

Flusty, S. (1994), Building Paranoia: The proliferation of interdictory space and the erosion of spatial justice, Los Angeles Forum for Architecture and Urban Design, West Hollywood, CA.

Flusty, S. (1997), Building Paranoia, in Ellin, N. (1997) (ed.), Architecture of Fear, Princeton Architectural Press, New York, pp. 47-59.

Flusty, S. (2000), Thrashing Downtown: Play as resistance to the spatial and representational regulation of Los Angeles, Cities, **17**, 149-58.

Ford, L. (2000), The Spaces Between Buildings, The John Hopkins University Press, London.

Forester, J. (1989), Planning in the Face of Power, University of California Press, Berkeley.

Francescato, D. and Mebane, W. (1973), How citizens view two great cities, in Downs, R. and Stea, D. (1973) (eds), Image and Environment, Aldine, Chicago.

Franck, K.A. (1984), Exorcising the ghost of physical determinism, Environment & Behaviour, **16**, 411-35.

Frey, H. (1999), Designing the City, Towards a More Sustainable Urban Form, E & FN Spon, London.

Frieden, B.J. and Sagalyn, L. (1989), Downtown Inc.: How America rebuilds cities, MIT Press, Cambridge, Mass.

Fyfe, N. (1998) (ed.), Images of the Street: Planning, identity and control in public space, Routledge, London.

[G]

Galbraith, J.K. (1992), The Culture of Contentment, Penguin Books, London.

Gans, H.J. (1961a), Planning and social life: friendship and neighbour relations in suburban communities, Journal of the American Institute of Planners, **27**, 134-40.

Gans, H.J. (1961b), The balanced community: homogeneity or heterogeneity in residential areas? Journal of the American Institute of Planners, **27**, 176-84.

Gans, H.J. (1962), The Urban Villagers: Groups and Class in the Life of Italian-Americans, New York, Free Press.

Gans, H.J. (1967), The Levittowners: Ways of Life and Politics in a New Suburban Community, Allen Lane & The Penguin Press, London.

Gans, H.J. (1968), People and Planning: Essays on Urban Problems and Solutions, Penguin, London.

Garcia Almerall, P., Burns, M.C. and Roca Cladera, J. (1999), An economics evolution model of the environmental quality of the city, paper presented at the 6th European Real Estate Society (ERES) Conference, Athens, Greece, 23-25 June.

Garreau, J. (1991), Edge City: Life on the new frontier, Doubleday, London.

Garreau, J. (1999), Book review of Kay, J.H. (1997), Asphalt Nation: How the Automobile Took Over America and How We Can Take it Back, in Journal of Urban Design, **4**, 238-40.

Gehl, J. (1996, first published 1971), Life Between Buildings: Using public space (third edition), Arkitektens Forlag, Skive.

Gehl, J. and Gemzoe, L. (1996), Public Spaces . Public Life, The Danish Architectural Press, Copenhagen.

Gehl, J. and Gemzoe, L. (2000), New City Spaces, The Danish Architectural Press, Copenhagen.

Gibberd, F. (1953a, 1969), Town Design, Architectural Press, London.

Gibberd, F. (1953b), The Design of Residential Areas, in Ministry of Housing and Local Government (MHLG) (1953), Design in Town & Village, HMSO, London.

Giddens, A. (2001), The Global Third Way Debate, Polity Press, Bristol.

Giedion, S. (1971), Space, Time and Architecture, fifth edition, Harvard University Press, Cambridge, Mass.

Gillespies (1995), Glasgow City Centre Public Realm, Strategy and Guidelines, Strathclyde Regional Council, Glasgow.

Gleave, S. (1990). Urban Design, Architects Journal, 24th October, **192**, 63-64.

Gordon, P. and Richardson, H. (1991), The commuting paradox . Evidence from the top twenty, Journal of the American Planning Association, **57**, 416-20.

Gordon, P., Richardson, H. (1989), Gasoline Consumption and Cities . A Reply, Journal of the American Planning Association, **55**, 342-5.

Gore, T. and Nicholson, D. (1991), Models of the land development process: A critical review, Environment & Planning A, **23**, 705-30.

Gosling, D. (1996), Gordon Cullen: Visions of Urban Design, Academy Editions, London.

Gosling, D. and Maitland, B. (1984), Concepts of Urban Design, Academy, London.

Gottdiener, M. (1995), Postmodern Semiotics: Material culture and forms of postmodern life, Blackwell, Oxford.

Gottdiener, M. and Lagopoulos, A. (1986), The City and the Sign: An Introduction to Urban Semiotics, New York, Columbia University Press.

Government Office for London (1996), London's Urban Environment, Planning for Quality, HMSO, London.

Graham, S. (2001), The Spectre of the Splintering Metropolis, Cities, **18**, 365-8.

Graham, S. and Marvin, S. (1996), Telecommunications and the City: Electronic spaces, urban places, Routledge, London.

Graham, S. and Marvin, S. (1999), Planning cybercities? Integrating telecom munications into urban planning? Town Planning Review, **70**, 89-114.

Graham, S. and Marvin, S. (2001), Splintering Urbanism: Networked infrastructures, technological mobilities and the urban condition, Routledge, London.

Greed, C. (1999), Design and Designers Revisited, in Introducing Urban Design: Interventions and Responses, Greed, C. and Roberts, M. (eds), Harlow, Longman, pp. 197-9.

Greed, C. and Roberts, M. (eds) (1998), Introducing Urban Design: Interventions and Responses, Addison Wesley Longman, Harlow.

Gummer, J. (1994), More Quality in Town and Country, Department of the Environment News Release 713, DoE, London.

Guy, S., Henneberry, J. and Rowley, S. (2002), Development cultures and urban regeneration, Urban Studies, **39**, 1181-96.

[H]

Habermas, J. (1962), The Structural Transformation of the Public Sphere (translated by Burger, T. and Lawrence, F., MIT Press, Cambridge, Mass.

Habermas, J. (1979), Communication and the Evolution of Society (translated by McCarthy, T.), Beacon Press, Boston.

Hall, D. (1991), Altogether misguided and dangerous . A review of Newman and Kenworthy (1989), Town & Country Planning, **60**, 350-1.

Hall, P. (1995), Planning and Urban Design in the 1990s, Urban Design Quarterly, Issue 56, pp. 14-21.

Hall, P. (1998), Cities in Civilisations: Culture, Innovation and Urban Order, Weidenfeld & Nicolson, London.

Hall, P. and Imrie, R. (1999), Architectural practices and disabling design in the built environment, Environment & Planning B: Planning & Design, **26**, 409-25.

Hall, T. (1998), Urban Geography, Routledge, London.

Hannigan, J. (1998), Fantasy City: Pleasure and profit in the postmodern metropolis, Routledge, London.

Hart, S.I. and Spivak, A.L. (1993), The Elephant in the Bedroom: Automobile dependence and denial: Impacts on the economy and environment, New Paradigm Books, Pasadena.

Harvey, D. (1989a), The Condition of Postmodernity: An enquiry into the origins of cultural change, Basil Blackwell, Oxford.

Harvey, D. (1989b), The Urban Experience, Blackwell, Oxford.

Harvey, D. (1997), The New Urbanism and the Communitarian Trap, Harvard Design Magazine (Winter/ Spring), pp. 8-9.

Hass-Klau, C. (1990), The Pedestrian and City Traffic, Belhaven Press, London.

Hass-Klau, C., Crampton, G., Dowland, C. and Nold, I. (1999), Streets as Living Space: Helping public spaces play their proper role, Landor, London.

Haughton, G. and Hunter, C. (1994), Sustainable Cities, Jessica Kingsley Publishers, London.

Hayward, R. and McGlynn, S. (1993) (eds), Making Better Places, Urban Design Now, Butterworths Architectural Press, Oxford.

Healey, P. (1991), Models of the development process: A review, Journal of Property Research, **8**, 219-38.

Healey, P. (1992), An institutional model of the development process, Journal of Property Research, **9**, 33-44.

Healey, P. and Barrett, S. (1990), Structure and agency in land and property development processes: Some ideas for research, Urban Studies, **27**, 89-104.

Heath, T. (1997), The Twenty-Four Hour City Concept: A review of initiatives in British cities, Journal of Urban Design, **2**, 193-204.

Heath, T. and Stickland, R. (1997), Safer Cities: The Twenty-Four Hour Concept, in Oc, T. and Tiesdell, S., Safer City Centres: Reviving the Public Realm, Paul Chapman, London, pp. 170-83.

Henneberry, J. (1998), Development process, course taught at the Department of Town and Regional Planning, University of Sheffield.

Hiedegger, M. (1962), Being and Time, Harper & Row, New York.

Hiedegger, M. (1969), Identity and Difference, Harper & Row, New York.

Hildebrand, F. (1999), Designing the City: Towards a More Sustainable Urban Form, London, E & FN Spon.

Hillman, J. (1988), A New Look for London, HMSO, London.

Hillman, J. (1990), Planning for Beauty, RFAC, London.

Hillier, B. (1973), In defence of space, RIBA Journal, November, pp. 539-44.

Hillier, B. (1988), Against enclosure, in Teymur, N., Markus, T. and Wooley, T. (1988) (eds), Rehumanising Housing, Butterworths, London, pp. 63-88.

Hillier, B. (1996a), Space is the Machine, Cambridge University Press, Cambridge.

Hillier, B. (1996b), Cities as movement systems, Urban Design International, **1**, 47-60.

Hillier, B. and Hanson, J. (1984), The Social Logic of Space, Cambridge University Press, Cambridge.

Hillier, B., Leaman, A., Stansall, P. and Bedford, M. (1986), Space Syntax, Environment & Planning B: Planning & Design, **13**, 147-85.

Hillier, B., Penn, A., Hanson, J., Gajewski, T. and Xu, J. (1993), Natural Movement: or configuration and attraction in urban pedestrian movement, Environment & Planning B: Planning & Design, **20**, 29-66.

Hitchcock, H.R. and Johnson, P. (1922), The International Style: Architecture since 1922, W.W. Norton & Company, New York.

Hodgson, G.M. (1999), Economics and Utopia: Why the Learning Economy is Not The End of History, London, Routledge.

Holford, W.G. (1953), Design in Town Centres, in Ministry of Housing and Local Government (MHLG) (1953), Design in Town & Village, HMSO, London.

Hope, T. (1986), Crime, community and environment, Journal of Environmental Psychology, **6**, 65-78.

Horan, T.A. (2000), Digital Places: Building Our City of Bits, Urban Land Institute, Washington.

Hough, M. (1984), City Form and Natural Process: Towards a new urban vernacular, Routledge, London.

HRH, The Prince of Wales (1988), A Vision of Britain: A Personal View of Architecture, London, Doubleday.

Hubbard, P.J. (1992), Environment-behaviour studies and city design: A new agenda for research? Journal of Environmental Psychology, **12**, 269-77.

Hubbard, P.J. (1994), Professional versus lay tastes in design control . an empirical investigation, Planning Practice and Research, **9**, 271-87.

Hulme Regeneration Limited (1994), Rebuilding the City: A Guide to Development, Manchester City Council, Manchester.

Huo, N. (2001), The Effectiveness of Design Control in China, unpublished PhD thesis, Glasgow, University of Strathclyde.

Huxtable, A.L. (1997), The Unreal America: Architecture and Illusion, The New Press, New York.

【 I 】

Imrie, R. and Hall, P. (2001), Inclusive Design: Designing and Developing Accessible Environments, Spon Press, London.

Isaac, D. (1998), Property Investment, Macmillan, Basingstoke.

Isaacs, R. (2001), The Subjective Duration of Time, Journal of Urban Design, **6**, 109-27.

Ittelson, W.H. (1978), Environmental perception and urban experience, Environment & Behaviour, **10**, 193-213.

【 J 】

Jackson, J.B. (1994), A Sense of Place, A Sense of Time, Yale University Press, New Haven.

Jacobs, A.B. (1993), Great Streets, MIT Press, Cambridge, Mass.

Jacobs, A. and Appleyard, D. (1987), Towards an urban design manifesto: A prologue, Journal of the American Planning Association, **53**, 112-20.

Jacobs, J. (1961, 1984 edition), The Death and Life of Great American Cities: The failure of modern town planning, Peregrine Books, London.

Jameson, F. (1984), Postmodernism or the cultural logic of late capitalism, New Left Review, No. 146, pp. 53-92.

Jarvis, R. (1994), Townscape revisited, Urban Design Quarterly, No. 52, October, pp. 15-30.

Jarvis, R. (1980), Urban environments as visual art or social setting, Town Planning Review, **151**, 50-66.

Jencks, C. (1969) (ed.), Meaning in Architecture, The Cresset Press, London.

Jencks, C. (1977), The Language of Post Modern Architecture, Rizzoli, London.

Jencks, C. (1980), The Architectural Sign, in Broadbent, G., Bunt, R. and Jencks, C. (1983) (eds), Signs, Symbols and Architecture, John Wiley, Chichester, pp. 71-118.

Jencks, C. (1984), Late Modern Architecture, Rizzoli, London.

Jencks, C. (1986), What is Postmodernism? St Martins Press, London.

Jencks, C. (1987), The Language of Post-Modern Architecture, London, Academy

Editions.

Jencks, C. (1990), The New Moderns: From Late to Neo-Modernism, Academy Editions, London.

Jenks, M. (1988), Housing problems and the dangers of certainty, in Teymur, N., Markus, T.A. and Woolley, T. (eds) (1988), Rehumanising Housing, Butterworth, London, pp. 53-60.

Jenks, M., Burton, E. and Williams, K. (1996) (eds), The Compact City, A Sustainable Urban Form? E & FN Spon, London.

Jenks, M., Burton, E. and Williams, K. (1997a) (eds), Compact Cities and Sustainability, E & FN Spon, London.

JMP Consultants (1995), Travel to Food Superstores, JMP Consultants, London.

Jupp, B. (1999), Living Together: Community Life on Mixed
Tenure Estates, London, DEMOS.

[K]

Katz, P. (1994), The New Urbanism: Towards an Architecture of Community, McGraw-Hill, New York.

Kaplan, S. (1987), Aesthetics, affect and cognition: Environmental preferences from an evolutionary perspective, Environment & Behaviour, **191**, p. 12.

Kaplan, S. and Kaplan, R. (1982), Cognition and Environment: Functioning in an uncertain world, Praeger, New York.

Kay, J.H. (1997), Asphalt Nation: How the automobile took over America and how we can take it back, Crown, New York.

Kelbaugh, D. (1997), Common Place: Toward Neighbourhood and Regional Design, University of Washington, Seattle.

Kidder, R.M. (1995), How Good People Make Tough Choices: Resolving the dilemmas of ethical living, Simon & Schuster, New York.

Kindsvatter, D. and Van Grossman, G. (1994), What is Urban Design? Urban Design Quarterly, Spring/Autumn, pp. 9-12.

King, R. (2000), The built environment, in Knox, P. and Ozolins, P. (2000) (eds), Design professionals and the built environment: An introduction, Wiley, London.

Klosterman, R.E. (1985), Arguments for and against planning, Town Planning Review, **56**, 5-20.

Knox, P.L. (1984), Styles, symbolism and settings: the built environment and the imperatives of urbanised capitalism, Architecture et Comportment, **2**, 107-22.

Knox, P. (1987), The social production of the built environment: Architects, architecture and the post-Modern city, Progress in Human Geography, **11**, 354-78.

Knox, P. (1993), The Restless Urban Landscape, Prentice Hall, Englewood Cliffs, New Jersey.

Knox, P. (1994), Urbanisation, Prentice Hall, Englewood Cliffs, New Jersey.

Knox, P. and Marston, S.A. (1998), Places and Regions in a Global Context: Human Geography, Upper Saddle River, Prentice Hall.

Knox, P. and Ozolins, P. (2000), The built environment, in Knox, P. and Ozolins, P. (2000) (eds), Design professionals and the built environment: An introduction, Wiley, London, pp. 3-10.

Knox, P. and Pinch, S. (2000), Urban Social Geography: An Introduction, Prentice Hall, Harlow.

Kostof, S. (1991), The City Shaped: Urban patterns and meanings throughout history, Thames & Hudson, London.

Kostof, S. (1992), The City Assembled: The elements of urban form through history, Thames & Hudson, London.

Kreitzman, L. (1999), The 24 Hour Society, Profile Books, London.

Krieger, A. (1995), Reinventing public space, Architectural Record, **183**(6): 76-77.

Krier, L. (1978a), The reconstruction of the city, in Deleroy, R.L. (1978), Rational Architecture, Archives d' Architecture Moderne, Brussels, pp. 38-44.

Krier, L. (1978b), Urban transformations, Architectural Design, **48**(4).

Krier, L. (1979), The cities within a city, Architectural Design, **49**, 19-32.

Krier, L. (1984), Houses, places, cities, Architectural Design, **54**(7/8).

Krier, L. (1987), Tradition . Modernity . Modernism: Some Necessary Explanations, Architectural Design, **57**(1/2).

Krier, L. (1990), Urban Components, in Papadakis, A. and Watson, H. (1990) (eds), New Classicism: Omnibus Edition, Academy Editions, London, pp. 96-211.

Krier, R. (1979; first published in German in 1975), Urban Space, Academy Editions, London.

Krier, R. (1990), Typological elements of the concept of urban space, in Papadakis, A. and Watson, H. (1990) (eds), New Classicism: Omnibus Edition, Academy Editions, London, pp. 212-19.

Kropf, K.S. (1996), An Alternative Approach to Zoning in France: Typology, Historical Character and Development Control, European Planning Studies, **4**, 717-37.

Krupat, E. (1985), People in Cities: The Urban Environment and its Effects, Cambridge, Cambridge University Press.

Kunstler, J.H. (1994), The Geography of Nowhere: The rise and decline of America's man-made landscape, Simon & Schuster, New York.

Kunstler, J.H. (1996), Home from Nowhere: Remaking our everyday world for the 21st century, Simon & Schuster, New York.

[L]

Lagopoulos, A.P. (1993), Postmodernism, geography and the social semiotics of space, Environment & Planning D: Society & Space, **11**, 255-78.

Lane, R.J. (2000), Jean Baudrillard, Routledge, London.

Lang, J. (1987), Creating Architectural Theory: The Role of the Behavioural Sciences in Environmental Theory, Van Nostrand Reinhold, New York.

Lang, J. (1989), Psychology and Architecture, Penn in Ink Newsletter of Graduate School of Fine Arts, University of Pennsylvania, Fall, pp. 10-11.

Lang, J. (1994), Urban Design: The American Experience, Van Nostrand Reinhold, New York.

Lang, J. (1996), Implementing Urban Design in America: Project types and methodological implications, Journal of Urban Design, **1**, 7-22.

Langdon, P. (1992), How Portland does it: A city that protects its thriving, civil core, Atlantic Monthly, **270**, 134-41.

Langdon, P. (1994), A Better Place to Live: Reshaping the American Suburb, The University of Massachusetts Press, Amherst.

Lange, B. (1997), The Colours of Copenhagen, Royal Danish Academy of Fine Arts, Copenhagen.

Larkham, P. (1996a), Settlements and growth, in Chapman, D. (1996) (ed.), Neighbourhoods and Places, E & FN Spon, London, pp. 30-59.

Larkham, P. (1996b), Conservation and the City, Rout-ledge, London.

Lasch, C. (1995), The Revolt of the Elites and the Betrayal of Democracy, London, W.W. Norton.

Lash, S. and Urry, J. (1994), Economies of Signs and Space, Sage, London.

Laurie, M. (1986), An Introduction to Landscape Architecture (second edition), Elsevier, Oxford.

Lawrence, R.J. (1987), Houses, Dwellings and Homes: Design, Theory, Research and Practice, Wiley, New York.

Lawson, B. (1980, 1994), How Designers Think: The design process demystified, Butterworth Architecture, Oxford.

Lawson, B. (2001), The Language of Space, Architectural Press, London.

Layard, A., Davoudi, S. and Batty, S. (2001), Planning for a Sustainable Future, Spon Press, London.

Leccese, M. and McCormick, K. (eds) (2000), Charter of the New Urbanism, New York, McGraw-Hill.

Le Corbusier (1927), Towards a New Architecture (1970 edition), Architectural Press, London.

Le Corbusier (1929), The City of Tomorrow and its Planning (reprinted 1947), London, Architectural Press.

Ledrut, R. (1973), Les images de la ville, Anthropos, Paris.

Lee, T. (1965), Urban neighbourhood as a socio-spatial schema, from Proshansky, H.M., Ittleson, W.H. and Rivlin, L.G. (eds) (1970), Environmental Psychology: Man and His Physical Setting, Holt Rinehart & Winston, New York, pp. 349-70.

Lefebvre, H. (1991), The Production of Space, Basil Blackwell, London.

Lewis, R.K. (1998), Architect? A candid guide to the profession (revised edition), MIT Press, Cambridge, Mass.

Lichfield, N. (1988), Economics in urban conservation, Cambridge University Press, Cambridge.

Linden, A. and Billingham, J. (1998), History of the Urban Design Group, in Urban Design Group (1998), Urban Design Source Book, UDG, Oxford, pp. 40-3.

Littlefair, P.J. (1991), Site Layout Planning for Daylight and Sunlight: A Guide to Good Practice, Building Research Establishment, Watford.

Littlefair, P.J., Santamouris, M., Alvarez, S., Dupagne, A., Hall, D., Teller, J., Coronel, J.F. and Papanikolaou, N. (2000), Environmental site layout planning: Solar access, microclimate and passive cooling in urban areas, BRE/European Commission JOULE/DETR, London.

Llewelyn Davies (2000), Urban Design Compendium, English Partnerships/Housing Corporation, London.

Llewelyn Davies, Weekes, Forestier-Walker and Bor, W. (1976), Design Guidance Survey: Report on a Survey of Local Authority Guidance for Private Residential Development, DoE & Housing Research Federation, HMSO, London.

Lloyd-Jones, T. (1998), The scope of urban design, in Greed, C. and Roberts, M. (1998), Introducing Urban Design: Intervention and Responses, Longman, Harlow.

Lofland, L. (1973), A World of Strangers: Order and Action in Urban Public Space, Basic Books, New York.

Logan, J.R. and Molotch, H.L. (1987), Urban Fortunes: The Political Economy of Place, Berkeley, California, University of California Press.

Lohan, M. and Wickham, J. (2001), Literature Review: Car Systems in European Cities . Environment and Social Exclusion. Report for the European Commission, Scene-SusTech, available at www.tcd.ie/erc/cars/reports.html.

London Docklands Development Corporation (1982), Isle of Dogs Development and Design Guide, LDDC Publications, London.

Loukaitou-Sideris, A. and Banerjee, T (1998), Urban Design Downtown: Poetics and Politics of Form, University of California Press, Berkeley, CA.

Lovatt, A. and O' Connor, J. (1995), Cities and the night time economy, Planning Practice & Research, **10**, 127.34.

Lowenthal, D. (1981), Introduction, from Lowenthal, D. and Binney, M. (1981), Our Past Before Us . Why do We Save It, Temple Smith, London, pp. 9-16.

Loyer, F. (1988), Paris Nineteenth Century: Architecture and Urbanism, New York.

Lucan, J. (1990), OMA - Rem Koolhaas: Architecture 1970-1990, Princeton Architectural Press, New York.

Lukes, S. (1975), Power: A Radical View, Macmillan, Basingstoke.

Lynch, K. (1960), The Image of the City, MIT Press, Cambridge, Mass.

Lynch, K. (1972a), Openness of open space, in Banerjee, T. and Southworth, M. (1990) (eds), City Sense and City Design: Writings and Projects of Kevin Lynch, MIT Press, Cambridge, Mass, pp. 396.412.

Lynch, K. (1972b), What Time Is This Place? MIT Press, Cambridge, Mass.

Lynch, K. (1976), Managing the Sense of a Region, MIT Press, Cambridge, Mass.

Lynch, K. (1981), A Theory of Good City Form, MIT Press, Cambridge, Mass.

Lynch, K. (1984), Reconsidering The Image of the City, in Banjeree, T. and Southworth, M. (1991) (eds), City Sense and City Design: Writings and Projects of Kevin Lynch, MIT Press, Cambridge, Mass, pp. 247-56.

Lynch, K. and Carr, S. (1979), Open Space: Freedom and Control, in Banerjee, T. and Southworth, M. (1991) (eds), City Sense and City Design: Writings and Projects

of Kevin Lynch, MIT Press, Cambridge, Mass, pp. 413-17.

Lynch, K. and Hack, G. (1994; first published 1984), Site Planning, MIT Press, Cambridge, Mass.

[M]

MacCormac, R. (1978), Housing and the Dilemma of Style, Architectural Review, 163, 203-6.

MacCormac, R. (1983), Urban reform: MacCormac's manifesto, Architects Journal, June, pp. 59-72.

MacCormac, R. (1987), Fitting in Offices, Architectural Review, May, pp. 62-7.

McGlynn, S. (1993), Reviewing the Rhetoric, in Making Better Places, Urban Design Now, Hayward, R. and McGlynn, S. (eds). Architectural Press, Oxford, pp. 3-9.

McGlynn, S. and Murrain, P. (1994), The politics of urban design, Planning Practice & Research, 9, 311-20.

McHarg, I. (1969), Design with Nature, Doubleday & Company, New York.

Madanipour, A. (1996), Design of Urban Space: An inquiry into a socio-spatial process, John Wiley & Sons, Chichester.

Malmburg, T. (1980), Human Territoriality, Mouton Publishers, New York.

Manchester City Council (1994), Rebuilding the City: A Guide to Development in Hulme, Manchester.

Mandix (1996), Energy Planning: A Guide for Practitioners, London, Royal Town Planning Institute.

March, L. (1967), Homes beyond the fringe, Architects Journal, July, pp. 25-9.

Marcus, C.C. and Sarkissian, W. (1986), Housing as if People Mattered: Site design guidelines for medium-density family housing, University of California Press, Berkeley.

Marsh, C. (1997), Mixed Use Development and the Property Market, in Coupland, A. (1997), Reclaiming the City: Mixed use development, London, E & FN Spon, pp. 117-48.

Martin, L. (1972), The Grid as Generator, in Urban Space and Structures, Martin L. & March, L. (eds), Cambridge University Press, Cambridge.

Martin, L. and March, L. (1972), Urban Space and Structures, Cambridge University Press, Cambridge.

Maslow, A. (1968), Towards a Psychology of Being, Van Nostrand, New York.

Maxwell, R. (1976), An Eye for an I: The failure of the townscape tradition, Architectural Design, September.

Mayo, J. (1979), Suburban Neighbouring and the Cul-de-Sac Street, Journal of Architectural Research, **7**(1).

Mazumdar, S. (2000), People and the built environment, in Knox, P. and Ozolins, P. (2000) (eds), Design rofessionals and the built environment: An introduction, Wiley, London, pp. 157-68.

Meyrowitz, J. (1985), No Sense of Place, Oxford University Press, Oxford.

Michell, G. (1986), Design in the High Street, Architectural Press, London.

Middleton, R. (1983), The architect and tradition: 1: The use and abuse of tradition in architecture, Journal of the Royal Society of Arts, November, pp. 729-39.

Milgram, S. (1977), The Individual in a Social World: Essays and Experiments, Addison Wesley, Reading, Mass.

Mitchell, D. (1995), The End of Public Space? People's Park, Definitions of the Public, and Democracy, Annals of the Association of American Geographers, **85**, 108-33.

Mitchell, W.J. (1994), City of Bits: Space, Place and the Infobahn, MIT Press, Cambridge, Mass.

Mitchell, W.J. (1999), E-Topia: Urban Life, Jim . But Not As We Know It, MIT Press, Cambridge, Mass.

Mitchell, W.J. (2002), City Past and Future, Urban Design Quarterly, Winter, Issue 81, pp. 18-21.

Mitchell, W.J. (2000), Foreword: The Electronic Agora, in

Horan, T.A. (2000), Digital Places: Building Our City of Bits, Urban Land Institute, Washington, DC, ix.xii.

Mitchell, W.J. (2001), Rewiring the City, Building Design, 10 September, p. 10.

Mohney, D. and Easterling, K. (1991), Seaside: Making a Town in America, Princeton Architectural Press, New Haven.

Montgomery, J. (1994), The Evening Economy of Cities, Town & Country Planning, **63**, 302-7.

Montgomery, J. (1995), Animation: a plea for activity in urban places, Urban Design Quarterly, No. 53 (January), pp. 15-17.

Montgomery, J. (1998), Making a City: Urbanity, Vitality and Urban Design, Journal of Urban Design, **3**, 93-116.

Montgomery, R. (1989), Architecture invents new people, in Ellis, R. and Cuff, D. (eds) (1989), Architects People, Oxford University Press, Oxford, pp. 260-81.

Morris, A.E.G. (1994), A History of Urban Form Before the Industrial Revolution, Longman, Harlow (first published 1972).

Morris, E.W. (1996), Community in Theory and Practice: A framework for intellectual renewal, Journal of Planning Literature, **11**, 127.50.

Moudon, A.V. (1986), Built for Change: Neighbourhood Architecture in San

Francisco, MIT Press, Cambridge, Mass.

Moudon, A.V. (1987), Public Streets for Public Use, olumbia University Press, New York.

Moudon, A.V. (1992), The evolution of twentieth-century residential forms: An American case study, in Whitehead, J.W.R. and Larkham, P.J. (1992) (eds), Urban Landscapes: International Perspectives, Routledge, London, pp. 170-206.

Moudon, A.V. (1994), Getting to know the built environment: typo-morphology in France, in Franck, K. and Scneekloth, L. (1994) (eds), Ordering Space: Types in Architecture and Design, Van Nostrand Reinhold, New York, pp. 289-311.

Moughtin, C. (1992), Urban Design, Street and Square, Butterworth Architecture, Oxford.

Moughtin, C., Cuesta, R., Sarris, C. and Signoretta, P. (1999), Urban Design, Method and Techniques, Architectural Press, Oxford.

Moughtin, J.C., Oc, T. and Tiesdell, S.A. (1995), Urban Design: Ornament and Decoration, Butterworth-Heinemann, Oxford.

Mulholland Research Associates Ltd (1995), Towns or Leafier Environments? A Survey of Family Home Buying Choices, House Builders Federation, London.

Mumford, L. (1938), The Culture of Cities, Harcourt Brace, New York.

Mumford, L. (1961), The City in History: Its origins, its transformations and its prospects, Harcourt Brace Jovanovich, New York.

Murphy, C. (2001), Customised Quarantine, Atlantic Monthly, July-August, pp. 22-4.

[N]

Nasar, J.L. (1998), The Evaluative Image of the City, Sage, London.

National Playing Fields Association (NPFA) (1992), The Six Acre Standard: Minimum Standards for Outdoor Playing Space, NPFA, London.

New Economics Foundation (1998), Participation Works! 21 Techniques of Community Participation for the 21st Century, New Economics Foundation, London.

Newman, O. (1973), Defensible Space: People and Design in the Violent City, Architectural Press, London.

Newman, O. (1995), Defensible Space . A New Physical Planning Tool for Urban Revitalisation, Journal of the American Planning Association, **61**, 149-55.

Newman, P. and Kenworthy, J. (1989), Gasoline Consumption and Cities: A comparison of US cities with a global survey, Journal of the American Planning Association, **55**, 24-37.

Newman, P. and Kenworthy, J. (2000), Sustainable Urban Form: The Big Picture, in Williams, K., Burton, E. and Jenks, M. (2000) (eds), Achieving Sustainable Urban Form, E & FN Spon, London, pp. 109-20.

Norberg-Schulz, C. (1965), Intentions in Architecture, MIT Press, Cambridge, Mass.

Norberg-Schulz, C. (1969), Meaning in Architecture, in Jencks, (1969) (ed.),

Meaning in Architecture, The Cresset Press, London.

Norberg-Schulz, C. (1971), Existence, Space and Architecture, London, Studio Vista.

Norberg-Schulz, C. (1980), Genius Loci: Towards a phenomenological approach to architecture, Rizzoli, New York.

[O]

Oc, T. and Tiesdell, S. (1997), Safer City Centres: Reviving the Public Realm, Paul Chapman Publishing, London.

Oc, T. and Tiesdell, S. (1999), The fortress, the panoptic, the regulatory and the animated: Planning and urban design approaches to safer city centres, Landscape Research, **24**, 265-86.

Oc, T. and Tiesdell, S. (2000), Urban design approaches to safer city centres: The fortress, the panoptic, the

regulatory and the animated, in Gold, J.R. and Revill, G. (2000) (ed.), Landscapes of Defence, Prentice Hall, Harlow, pp. 188-208.

Oldenburg, R. (1999), The Great Good Place: Cafes, coffee shops, bookstores, bars, hair salons and the other hangouts at the heart of a community (second edition), Marlowe & Company, New York.

Osbourne, D. and Gaebler, T. (1992), Reinventing Government, New York: Plume Publishing.

Owens, S. (1992), Energy, environmental sustainability and land-use planning, in Breheny, M. (1992) (ed.), Sustainable Urban Development and Urban Form, Pion, London.

[P]

Papadakis, A. and Toy, M. (1990), Deconstruction: A Pocket Guide, Academy Editions, London.

Papadakis, A. (1990) (ed.), Terry Farrell: Urban Design, Academy Editions, London.

Papadakis, A. and Watson, H. (1990) (eds), New Classicism, Academy Editions, London.

Parfect, M. and Power, G. (1997), Planning for Urban Quality, Urban Design in Towns and Cities, Routledge, London.

Pearce, D. (1989), Conservation Today, London, Routledge.

Penwarden, A.D. and Wise, A.F.E. (1975), Wind Environment Around Buildings: A Building Research Establishment Report, London, HMSO.

Pepper, D. (1984), The Roots of Modern Environmentalism, London, Croom Helm.

Perry, C. (1929), The Neighbourhood Unit, in Lewis, H.M. (1929) (ed.), Regional Plan for New York and its Environs, Volume 7, Neighbourhood and Community Planning, New York.

Pisarski, A.E. (1987), Commuting in America: A national report on commuting patterns and trends, ENO Foundation for Transportation, Westport, Connecticut.

Pitts, A. (1999), Technologies and Techniques, presentation given at Education for the Next Millennium: Environmental Workshop, University of Sheffield, January.

Pocock, D. and Hudson, R. (1978), Images of the Urban Environment, Macmillan, London.

Pope, A. (1996), Ladders, Princeton Architectural Press, New York.

Popper, K. (1972), Objective Knowledge, Oxford University Press, London.

Porteous, L. (1977), Environment and Behaviour, Addison-Wesley, London.

Porteous, J.D. (1996), Environmental Aesthetics: Ideas, politics and planning, Routledge, London.

Porter, T. (1982), Colour Outside, Architectural Press, London.

Porter, T. (1997), The Architects Eye: Visualisation and depiction of space in architecture, E & FN Spon, London.

Porter, T. and Goodman, S. (1982), Manual of Graphic Techniques 2, Butterworth Architecture, Oxford.

Porter, T. and Goodman, S. (1983), Manual of Graphic Techniques 3, Butterworth Architecture, Oxford.

Porter, T. and Goodman, S. (1985), Manual of Graphic Techniques 4, Butterworth Architecture, Oxford.

Porter, T. and Greenstreet, B. (1980), Manual of Graphic Techniques 1, Butterworth Architecture, Oxford.

Porter, D., Phillips, P. and Lassar, T. (1988), Flexible Zoning, How it Works, Urban Land Institute, Washington, DC.

Portland Bureau of Planning (1992), Central City Developers Handbook, Portland Bureau of Planning, Portland.

Powell, K. (1999), Architecture Reborn: The conversion and reconstruction of old buildings, Lawrence King Publishing, London.

Project for Public Space (PPS) (2001), How to Turn a Place Around: A Handbook for Creating Successful Public Spaces, Project for Public Spaces, Inc., New York.

Property Council of Australia (1999), The Design Dividend, PCA National Office, Canberra.

Proshansky, H.M., Ittelson, W.H. and Rivlin, L.G. (1970) (eds), Environmental Psychology: Man and His Physical
Setting, Holt Rinehart & Winston, New York.

Punter, J. (1991), Participation in the Design of Urban Space, Landscape Design, Issue 200, pp. 24-7.

Punter, J. (1995), Portland Cements Reputation for Design Awareness, Planning, No. 1114, 14th April, pp. 22-1.

Punter, J. (1998), Design, from Cullingworth, J.B. (1998), British Planning: 50 years of Urban & Regional Policy, The Athlone Press, London, pp. 137-55.

Punter, J. (1999), Design Guidelines in American Cities, Liverpool University Press, Liverpool.

Punter, J. and Carmona, M. (1997), The Design Dimension of Planning: Theory, Content and Best Practice for Design Policies, E & FN Spon, London.

[R]

Rabinowitz, H. (1996), The Developer's Vernacular: The owners influence on building design, Journal of Architectural & Planning Research, **13**, 34-42.

Rapoport, A. (1977), Human Aspects of Urban Form: Towards a Man-Environment Approach to Urban Form and Design, Pergamon Press, Oxford.

Read, J. (1982), Looking Backwards, Built Environment, **7**, 68-81.

Reade, E. (1987), British Town and Country Planning, Milton Keynes, Open University Press.

Reekie, R.F. (1946), Draughtsmanship, Edward Arnold, London.

Relph, E. (1976), Place and Placelessness, Pion, London.

Relph, E. (1981), Rational Landscape and Humanistic Geography, Croom Helm, London.

Relph, E. (1987), The Modern Urban Landscape, John Hopkins University Press, Baltimore.

Reps, J.W. (1965), The Making of Urban America, Princeton University Press, New Haven.

Richards, B. (2001), Future Transport in Cities, Spon Press, London.

Richards, J. (1994), Facadism, Routledge, London.

Robbins, K. (1991), Tradition and translation: National culture in its global context, in Corner, J. and Harvey, S. (1991) (eds), Enterprise and Heritage: Crosscurrents of National Culture, Routledge, London.

Robinson, N. (1992), The Planting Design Handbook, Gower, Aldershot.

Rogers, R. (1988), Belief in the future is rooted in memory of the past, Royal Society of Arts Journal, November, pp. 873-84.

Rogers, R. (1997), Cities for a Small Planet, Faber & Faber, London.

Rossi, A. (1982; first published in Italian, 1966), The Architecture of the City, MIT Press, Cambridge, Mass.

Rouse, J. (1998), The Seven Clamps of Urban Design, Planning, No. 1293, 6 November, pp. 18-19.

Rowe, C. and Koetter, K. (1975), Collage City, Architectural Review, August, pp. 203-12.

Rowe, C. and Koetter, K. (1978), Collage City, MIT Press, Cambridge, Mass.

Rowley, A. (1994), Definitions of Urban Design: The nature and concerns of urban design, Planning Practice & Research, **9**, 179-97.

Rowley, A. (1996), Mixed use development: ambiguous concept, simplistic analysis and wishful thinking? Planning, Practice & Research, **11**, 85-98.

Rowley, A. (1998), Private-property decision makers and the quality of urban design, Journal of Urban Design, **3**, 151-73.

Rowley, A., Gibson, V. and Ward, C. (1996), Quality of Urban Design: A study of the involvement of private property decision-makers in urban design, Royal Institution of Chartered Surveyors, London.

Rudlin, D. (2000), The Hulme and Manchester Design Guides, Built Environment, **25**(2).

Rudlin, D. and Falk, N. (1999), Building the 21st Century Home: The sustainable urban neighbourhood, Architectural Press, Oxford.

Rybczynski, W. (1994), Epilogue, in Scheer, B.C. and Preiser, W. (eds) (1994), Design Review: Challenging Urban Aesthetic Control, Chapman & Hall, New York, pp. 210-12.

Rybczynski, W. (1995), City Life, Simon & Schuster, London.

Rybczynski, W. (1997), The Pasteboard Past, New York Times Book Review, 6 April, p. 13.

[S]

Sandercock, L. (1997), Towards Cosmopolis, Academy Editions, London.

Saoud, R. (1995), Political Influences on Urban Form, paper presented to the New Academics in Planning Conference, Oxford Brookes University.

SceneSusTech (1998), Car-Systems in the City: Report 1, Department of Sociology, Trinity College, Dublin.

Schwarzer, M. (2000), The Contemporary City in Four Movements, Journal of Urban Design, **5**, 127-44.

Scoffham, E.R. (1984), The Shape of British Housing, George Godwin, London.

Scottish Office (1994), Planning Advice Note 44: Fitting New Housing Development into the Landscape, Scottish Office, Edinburgh.

Scruton, R. (1982), A Dictionary of Political Thought, Pan, London.

Sebba, R. and Churchman, A. (1983), Territories and territoriality in the home, Environment and Behaviour, **15**, 191-210.

Sennett, R. (1970), The Uses of Disorder, Faber & Faber, London.

Sennett, R. (1977), The Fall of Public Man, Faber & Faber, London.

Sennett, R. (1990), The Conscience of the Eye: The design and social life of cities, Faber & Faber, London.

Sennett, R. (1994), Flesh and Stone: The body and the city in Western Civilisation, Faber & Faber, London.

Sharp, T. (1953), The English Village, in Ministry of Housing and Local Government (MHLG) (1953), Design in Town & Village, HMSO, London.

Shearing, C.D. and Stenning, P.C. (1985), From the Panopticon to Disney World: the Development of Discipline, in Criminological Perspectives: A Reader, Muncie, J., McLaughlin, E. and Langan, M. (eds), London, Sage Publications, pp. 413-22.

Sheller, M. and Urry, J. (2000), The City and the Car, International Journal of Urban & Regional Research, **24**, 737-57.

Shelton, B. (1999), Learning from the Japanese City: West Meets East in Urban Design, E & FN Spon, London.

Sherman, B. (1988), Cities fit to live in, Channel Four Books, London.

Sherman, L., Gottfredson, D., MacKenzie, D., Eck, J., Reuter, P. and Busways, S. (2001), Preventing Crime: What works, what doesn't, what's promising, USA National Institute of Justice, Washington.

Shields, R. (1989), Social spatialisation and the built environment: The West Edmonton Mall, Environment & Planning D: Society & Space, **7**, 147-64.

Siksna, A. (1998), City centre blocks and their evolution: A comparative study of eight American and Australian CBDs, Journal of Urban Design, **3**, 253-83.

Sircus, J. (2001), Invented Places, Prospect, 81, Sept/Oct, pp. 30-5.

Sitte, C. (1889), City Planning According to Artistic Principles (translated by Collins, G.R. and Collins, C.C., 1965), Phaidon Press, London.

Smith, P.F. (1980), Urban Aesthetics, in Mikellides, B. (1980) (ed.), Architecture and People, Studio Vista, London, pp. 74-86.

Smithson, A. (ed.) (1962), Team 10 Primer, Architectural Design, **32**, 556-602.

Sohmer, R.R. and Lang, R.E. (2000), From Seaside to Southside: New Urbanism's Quest to Save the Inner City, Housing Policy Debate, **11**, 751-60.

Soja, E. (1980), The socio-spatial dialectic, Annals, Association of American Geographers, **70**, 207-25.

Soja, E. (1995), Postmodern Urbanisation: The six restructurings of Los Angeles, in Watson, S. and Gibson, K. (eds), Postmodern Cities and Spaces, Blackwell, Oxford, pp. 125-37.

Soja, E. (1996), Los Angeles, 1965.1992: The six geographies of urban restructuring, in Scott, A.J. and Soja, E. (1996) (eds), The City: Los Angeles and Urban Theory at the End of the Twentieth Century, University of California Press, Los Angeles, pp. 426-62.

Sorkin, M. (ed.) (1992), Variations on a Theme Park:
The New American City and the End of Public Space, Hill & Wang, New York.

Southworth, M. (1997), Walkable Suburbs? An evaluation of neotraditional communities at the urban edge, Journal of the American Planning Association, **63**, 28-44.

Southworth, M. and Ben-Joseph, E. (1995), Street Standards and the Shaping of Suburbia, Journal of the American Planning Association, **61**, 65-81.

Southworth, M. and Ben-Joseph, E. (1997), Streets and the Shaping of Towns and Cities, McGraw-Hill, New York.

Southworth, M. and Owens, P.M. (1993), Studies of community, neighbourhood and street form at the urban edge, Journal of the American Planning Association, **59**, 271-87.

Spreiregen, P.D. (1981), Urban Design: The Architecture
of Towns and Cities, Robert E. Krieger, Malabar, Florida.

Sternberg, E. (1996), Recuperating from market failure: Planning for bio-diversity and technological competitiveness, Public Administration Review, **56**, 21-9.

Sternberg, E. (2000), An Integrative Theory of Urban

Design, Journal of the American Planning Association, **66**, 265-78.

Sudjic, D. (1992), The 100 Mile City, London, Harcourt Brace & Co.

Sudjic, D. (1996), Can we fix this hole at the heart of our cities? The Guardian, Saturday 13 January, p. 27.

[T]

Talen, E. (1999), Sense of community and neighbourhood form: An assessment of the social doctrine of New Urbanism, Urban Studies, **36**, 1361-79.

Talen, E. (2000), The Problem with Community in Planning, Journal of Planning Literature, **15**, 171-83.

Taylor, D. (2002), Highway Rules, Urban Design Quarterly, Issue 81, pp. 27-9.

Terence O'Rourke plc (1998), Planning for Passive Solar Design, BRECSU, Watford.

Thiel, P. (1961), A sequence-experience notation for architectural and urban space, Town Planning Review, **32**, 33-52.

Tibbalds, F. (1988a), Ten commandments of urban design, The Planner, **74**(12), 1.

Tibbalds, F. (1988b), Mind the Gap!, The Planner, March, pp. 11-15.

Tibbalds, F. (1992), Making People Friendly Towns: Improving the public environment in towns and cities, Longman, Harlow.

Tibbalds, F., Colbourne, Karski and Williams (1990), City Centre Design Strategy (Birmingham Urban Design Strategy), City of Birmingham, Birmingham.

Tibbalds, F., Colbourne, Karski, Williams and Monro (1993), London's Urban Environmental Quality, London Planning Advisory Committee, Romford.

Tiesdell, S. and Oc, T. (1998), Beyond fortress and panoptic cities . Towards a safer urban public realm, Environment & Planning B: Planning & Design, **25**, 639-55.

Tiesdell, S., Oc, T. and Heath, T. (1996), Revitalising Historic Urban Quarters, Oxford: Butterworths.

Toffler, A. (1970), Future Shock, Random House, New York.

Tranche, H. (2001), Promoting Urban Design in Development Plans: Typo-Morphological Approaches in Montreuil, France, Urban Design International, Vol. 6, Issue 3/4, pp. 157-72.

Trancik, R. (1986), Finding Lost Space: Theories of Urban Design, Van Nostrand Reinhold, New York.

Tripp, H.A. (1938), Road Traffic and its Control, Arnold, London.

Tripp, H.A. (1942), Town Planning and Road Traffic, Arnold, London.

Tschumi, B. (1983), Sequences, Princeton Journal, 1, 29-32.

Tugnutt, A. and Robertson, M. (1987), Making Town-scape: a Contextual Approach to Building in an Urban Setting, London, Batsford, London.

Tugnutt, A. and Robertson, M. (1987), Making Town-scape: a Contextual Approach to Building in an Urban Setting, London, Batsford, London.

[U]

University of Reading (2001), Training for Urban Design, DETR, London.

Unwin, R. (1909), Town Planning in Practice: An introduction to artistic city planning, T. Fisher Unwin, London.

Urban Design Alliance (UDAL) (1997), The Urban Design Alliance Manifesto, UDAL, London.

Urban Design Group (UDG) (1994), Urban Design Source-book, Urban Design Group, Oxon.

Urban Design Group (UDG) (1998a), Involving Local Communities in Urban Design, Promoting Good Practice, Urban Design Quarterly, Special Report, Issue 67, July, pp. 15-38.

Urban Design Group (UDG) (1998b), Urban Design Sourcebook, Urban Design Group, Oxon.

Urban Design Group (2002). Urban Design Guidance, Urban Frameworks, Development Briefs and Master Plans, London, Thomas Telford Publishing.

Urban Task Force (1999), Towards an Urban Renaissance, Urban Task Force, London.

Urban Villages Forum (1995), Economics of Urban Villages, Urban Villages Forum, London.

Urban Villages Forum/English Partnerships (1999), Making Places: A Guide to Good Practice in Undertaking Mixed Development Schemes, Urban Villages Forum/English Partnerships, London.pp. 2-5.

Urry, J. (1999), Automobility, Car Culture and Weightless Travel: A Discussion Paper, available at http:// www. comp.lancs.ac.uk/sociology/soc008ju.html.

[V]

Vandell, K. and Lane, J. (1989), The economics of architecture and urban design: Some preliminary findings, Journal of the American Real Estate and Urban Economics Association, 17, 235-60.

Varoufakis, Y. (1998), Foundations of Economics: A Beginners Companion, London, Routledge.

Venturi, R. (1966), Complexity and Contradiction in Architecture, MOMA, New York.

Venturi, R., Scott Brown, D. and Izenour, S. (1972), Learning from Las Vegas: The Forgotten Symbolism of Architectural Form, MIT Press, Cambridge, Mass.

Vischer, J.C. (1985), The adaptation and control mode of user needs: A new direction for housing research, Journal of Environmental Psychology, **19**, 287-98.

Von Meiss, P. (1990), Elements of Architecture: From form to place, E. & FN Spon, London.

[W]

Ward, G. (1997), Postmodernism, Hodder & Stoughton, London.

Warren, J., Worthington, J. and Taylor, S. (1998) (eds), Context: New buildings in historic settings, Architectural Press, Oxford.

Warren, S. (1994), Disneyfication of the metropolis: Popular resistance in Seattle, Journal of Urban Affairs, **16**, 89-107.

Watkin, D. (1984), Morality and Architecture, University of Chicago Press, Chicago.

Webber, M.M. (1963), Order, diversity: Community without propinquity, in Wingo, L. (1963) (ed.), Cities and Space: The future use of urban land, John Hopkins University Press, Baltimore, pp. 23-54.

Webber, M.M. (1964), The urban place and the non-place urban realm, in Webber, M.M., Dyckman, J.W., Foley, D.L. et al. (1964), Explorations into Urban Structure, University of Pennsylvania, Philadelphia pp. 79-153.

Weintraub, J. (1995), Varieties and vicissitudes of public space, in Kasinitz, P. (1995) (ed.), Metropolis: Centre and Symbol of Our Times, Macmillan, London, pp. 280-319.

Wells-Thorpe, J. (1998), From Bauhaus to Boiler House, in Context: New Buildings in Historic Settings, Warren, J., Worthington, J. and Taylor, S. (eds), Architectural Press, Oxford, pp. 102-14.

Whitehead, J.W.R. (1992), The Making of the Urban Landscape, Blackwell, Oxford.

Whitehead, J.W.R. and Larkham, P. (1992) (eds), Urban Landscapes: International Perspectives, Routledge, London.

Whyte, W.H. (1980), The Social Life of Small Urban Spaces, Conservation Foundation, Washington DC.

Whyte, W.H. (1988), City: Rediscovering the Centre, Doubleday, New York.

Wiggington, M. (1993), Architecture: the rewards of excellence, in Better Buildings Mean Better Business, Report of Symposium, London, Royal Society of Arts, pp. 4-7.

Wilford, M. (1984), Off to the Races or Going to the Dogs, Architectural Design, Vol. 54, No. 1/2, pp. 8.15.

Willmott, P. (1962), Housing density and town design in a new town: A pilot study at Stevenage, Town Planning Review, **33**, 115-27.

Williams, K., Burton, E. and Jenks, M. (2000a) (eds), Achieving Sustainable Urban Form, E & FN Spon, London.

Williams, K., Burton, E. and Jenks, M. (2000b), Achieving Sustainable Urban Form: An Introduction, in Williams, K., Burton, E. and Jenks, M. (2000) (eds), Achieving Sustainable Urban Form, E & FN Spon, London, pp. 1-5.

Williams, R. (1961), The Long Revolution, Penguin, Harmondsworth.

Williams, R. (1973), The Country and the City, Chatto & Windus, London.

Wilson, E. (1991), The Sphinx in the City: The control of disorder and women, Virago, London.

Wilson, J.Q. and Kelling, G.L. (1982), Broken Windows, Atlantic Monthly, March, pp. 29.36.

Wolf, C. (1994), Markets or Government? Choosing between Imperfect Alternatives (second edition), MIT Press, Cambridge, Mass.

Wolfe, T. (1981), From Bauhaus to Our House, Penguin Books, Harmondsworth.

Worskett, R. (1969), The Character of Towns: An approach to conservation, Architectural Press, London.

Wright, G. (1999), Urban design 12 years on: The Birmingham experience, Built Environment, **25**, 289-99.

[Z]

Zeisel, J. (1975), Sociology and Architectural Design, Russell Sage Foundation, New York.

Zeisel, J. (1981), Inquiry by Design: Tools for environmentbehaviour research, Cambridge University Press, Cambridge.

Zucker, P. (1959), Town and Square: From the Agora to Village Green, Columbia University Press, New York.

Zukin, S. (1989), Loft Living: Culture and Capital in Urban Change, Rutgers University Press, New Brunswick, NJ.

Zukin, S. (1991), Landscapes of Power: From Detroit to Disney World, University of California Press, Berkeley.

Zukin, S. (1995), The Cultures of Cities, Basil Blackwell, Oxford.

찾아보기

역자약력

강홍빈

서울시립대학교 도시공학과 교수. 도시계획론, 도시계획사를 강의한다. 서울대학교에서 건축을, 미국 하버드대학교에서 도시설계를, MIT에서 도시학 역사·이론·비평을 공부했다. 서울시 시정연구관, 시정개발연구원장, 행정1부시장을 역임했으며, 서울시 재직 시 남산제모습찾기, 월드컵공원과 디지털 미디어시티 조성, 가회동과 인사동 역사환경보전, 시립미술관과 역사박물관 개관을 주도했다. 공저로 〈사람의 도시〉, 〈서울 에세이〉 등이 있다.

김광중

서울대학교 환경대학원 및 도시설계협동과정 교수. 도시계획 및 도시설계 관련 과목을 강의한다. 충남대학교에서 건축을, 서울대학교와 미국 워싱턴대학교에서 도시계획 및 도시설계를 공부했다. 서울시정개발연구원 도시계획연구부장, 도시설계연구센터 실장을 역임했으며, 서울 도심부계획, 도심재개발 기본계획, 용산지역 개발계획 등을 수립하였다. 저서로 〈서울 20세기 공간변천사〉, 〈Urban Management in Seoul〉 등이 있다.

김기호

서울시립대학교 도시공학과 교수. 도시설계와 도시역사환경보전을 강의한다. 서울대학교에서 건축을, 독일 아헨공과대학교(TH Aachen)에서 주거지설계 및 도시설계를 공부했다. 한국도시설계학회 부회장이며, 걷고 싶은 도시만들기 시민연대(도시연대) 대표를 맡고 있다. 중동신도시 중심지구도시설계, 이태원로 도시설계, 돈화문로 지구단위계획수립과 동탄2 신도시 도시계획현상설계에서 가작을 수상했다. 사진집 〈서울—도시형태와 경관〉을 기획했다.

김도년

성균관대학교 건축학과 교수. 도시설계 및 단지계획 관련 과목을 강의한다. 성균관대학교에서 건축을, 미국 프랫 인스티튜트(Pratt Institute) 건축대학원에서 도시설계를, 서울대 건축학과에서 도시설계와 단지계획을 공부했다. 서울시정개발연구원 도시설계연구팀장을 역임하였으며, 노유동과 명동 가로환경을 주민들과 함께 계획했고, 상암 디지털미디어시티(DMC) 마스터플랜과 2012 여수 엑스포 마스터플랜, 서울시 도심재창조 기본계획, 용산지역 개발계획 등을 수립했다.

양승우

서울시립대학교 도시공학과 교수. 도시설계, 지구단위계획, 도시형태론을 강의한다. 서울대학교에서 학부부터 박사까지 도시설계 및 도시형태학을, 독일 오토 프리드리히 밤배르그대학교 지리학과에서 도시형태학에 대한 박사후과정을 이수했다. 공저로 〈서울건축사〉, 〈서울의 소비공간〉, 〈서울남촌; 시간, 장소, 사람—20세기 서울변천사연구 Ⅲ〉 등이 있다.

이석정

한양대학교 도시공학과 도시설계 교수. 한양대학교에서 건축을, 독일 슈투트가르트대학교에서 도시설계를 공부했다. 독일 도시설계사무실 ISA—Stadtbauate lier의 소장이며, 슈투트가르트대학교의 조교수를 역임하였다. Esslingen과 Potsdam 등 여러 독일 도시의 도시설계 및 공공디자인을 주도했으며, 상해와 여강 등의 신도시현상설계 당선 및 서울 강서구 마스터플랜을 수립하였다. 공저로 〈도시와 인간〉, 〈Perspektiven des Urbanen Raumes〉, 〈StadtBauAtelier〉가 있다.

정재용

홍익대학교 건축대학 건축학부 교수. 친환경 건축, 도시계획, 도시설계를 강의한다. 영국 리버풀대학교에서 학부부터 박사까지 건축 및 도시설계를 공부하였다. 영국에서 건축실무를 했으며, 국내에서는 서울시정개발연구원 및 충남대학교에 근무했다. 공저로 〈The Political Economy of Development and Environment in Korea〉가 있고, 번역서로 〈뉴 어버니즘〉이 있다.

저자소개

Matthew Carmona
The Bartlett School of Planning, University College London.

Tim Heath
Institute of Urban Planning, University of Nottingham.

Taner Oc
Institute of Urban Planning, University of Nottingham.

Steve Tiesdell
Department of Land Economy, University of Glasgow.